中国科研信息化蓝皮书

2022

中国科学院
中华人民共和国教育部
中华人民共和国科学技术部
中国科学技术协会
中国社会科学院
中国工程院
国家自然科学基金委员会
中国农业科学院
编

電子工業出版社
Publishing House of Electronics Industry
北京 · BEIJING

内容简介

《中国科研信息化蓝皮书2022》由中国科学院联合教育部、科学技术部、中国科学技术协会、中国社会科学院、中国工程院、国家自然科学基金委员会和中国农业科学院共同编纂而成，旨在全面归纳和总结我国科研信息化的建设情况、应用成果及发展态势，科学地指导和推动我国科研信息化的未来发展，为我国未来科技创新提供全局性、前瞻性和战略性的参考。

本书得到了参与单位相关领导的高度重视和大力支持，邀请了国内科研信息化领域的权威专家围绕我国科研信息化的态势战略、应用实践及基础设施建设等内容编撰了29篇文章，从不同角度展示了近两年来我国科研信息化的新态势、新进展和新成果。

全书内容丰富、案例翔实，可供政府部门、科研机构、高等院校和相关企业从事信息化或科研工作的领导、管理人员和一线科研人员等阅读和参考。

图书在版编目（CIP）数据

中国科研信息化蓝皮书. 2022/中国科学院等编. —北京：电子工业出版社，2023.5
ISBN 978-7-121-45264-2

Ⅰ.①中…　Ⅱ.①中…　Ⅲ.①信息技术－应用－科学研究工作－研究报告－中国－2022
Ⅳ.①G322-39

中国国家版本馆CIP数据核字（2023）第049410号

审图号：GS京（2023）0990号

责任编辑：徐蕾薇　　文字编辑：赵　娜
印　　刷：天津千鹤文化传播有限公司
装　　订：天津千鹤文化传播有限公司
出版发行：电子工业出版社
　　　　　北京市海淀区万寿路173信箱　　邮编：100036
开　　本：787×1092　1/16　印张：27　　字数：692千字
版　　次：2023年5月第1版
印　　次：2023年5月第1次印刷
定　　价：298.00元

凡所购买电子工业出版社图书有缺损问题，请向购买书店调换。若书店售缺，请与本社发行部联系，联系及邮购电话：（010）88254888，88258888。

质量投诉请发邮件至 zlts@phei.com.cn，盗版侵权举报请发邮件至 dbqq@phei.com.cn。

本书咨询联系方式：xuqw@phei.com.cn。

《中国科研信息化蓝皮书 2022》

编写委员会名单

主　任：李树深

副主任（以联合编撰单位为序）：

周德进　雷朝滋　叶玉江

高　勘　闫小娜　丁养兵

李　东　周清波　孙德刚

廖方宇

成　员（以联合编撰单位为序）：

褚大伟　郑晓欢　袁雅琴

邹　晖　金国胜　闫　伟

李福强　范桂梅　彭升辉

赵瑞雪　汪　洋　洪学海

班　艳　唐　川　张　娟

前　　言

党的二十大报告指出，当今世界正经历百年未有之大变局，新一轮科技革命和产业变革深入发展，国际力量对比深刻调整，我国发展正面临新的战略机遇。在新的发展阶段，科技创新成为影响全球发展格局和竞争格局的关键变量。近年来，新一代信息技术作为科技创新的重点攻关领域，保持着高速发展的态势，与各行业、各领域的融合深度和广度不断拓展，带动了生产模式的变革，凸显了对经济社会和科技创新高质量发展的支撑引领作用。以习近平同志为核心的党中央审时度势、高瞻远瞩，将“建设网络强国、数字中国”列为国家战略发展目标，高度重视信息化工作，多次强调“信息化为中华民族带来了千载难逢的机遇”“我们必须敏锐抓住信息化发展的历史机遇”。

科研信息化，即科学研究的信息化，是信息时代科研环境和科研活动的典型体现，是我国信息化建设的重要组成部分，是提高科研效率、促进科技创新和重大成果产出的强有力抓手。当前，科研信息化在促进科技资源汇交与共享、引发科研组织与研究模式变革、推动科技转型等方面发挥了重要的作用。

科研信息化是重大科技突破的加速器。随着科学研究向超宏观、超微观和极端方向发展，信息技术作为最活跃、渗透力最强的前沿高新技术，其与科学研究活动结合得越来越紧密，逐渐成为科技成果产出必不可少的助推剂。例如，2021 年获得诺贝尔物理学奖的“复杂物理系统”研究成功预测了全球变暖的趋势，该成果是应用超级计算系统进行气候物理模拟方法实现，科研信息化应用功不可没。

科研信息化是科研范式变革的驱动力。随着人类社会进入大数据时代，科学研究也步入以“数据密集型”“人工智能 + 大数据”为代表的第四范式。以大数据和人工智能为代表的信息化技术应用不仅能够帮助科学家提高科研产出的效率，还可以颠覆传统科研模式，引领和推动科研范式变革。例如，2021 年，DeepMind 公司推出了能够精确预测蛋白质 3D 结构的人工智能程序 AlphaFold2，开启了生物学家使用计算结构预测作为科研工具的时代。

科研信息化是实现科技强国目标的重要支撑。当前，世界各国高度重视科研信息化建设，欧美等发达国家和地区均将其作为提升创新能力和国际竞争力的战略举措。科研信息化是实现我国重大科技基础设施、超级计算中心、科学数据中心、野外科学台站以及科研院所、高校、企业等科研要素互联互通的基础。国家级科研信息化基础平台“中国科技云”通过对网络、计算、存储和软件等基础资源的整合汇聚，促进了科技资源的开放共享，为科技工作者提供发现、访问、使用与交付一体化云服务，大幅提升了从科学数据到知识发现的转换能力与效率，为重大科技创新活动提供了关键支撑。

在党中央的坚强领导下，近年来，我国科技事业突飞猛进，我国科研信息化在支撑科技创新、促进成果产出方面取得了一系列新进展、新成效和新突破。科研信息化技术与基础设施为 500m 口径球面射电望远镜（FAST）、高海拔宇宙线观测站（LHAASO）、高能同步辐射光源（HEPS）等重大科技基础设施产生的海量数据提供了存储、计算和传输解决方案，支撑了中国散裂中子源（CSNS）与欧洲核子中心开展国际合作。依托高速网络的 e-VLBI 技术应用保障了我国探月与行星探测工程的测轨定位；基于“一网两平台”的多星多任务并行信息系统支撑了“悟空号”“实践十号”“墨子”和“慧眼”等空间科学系列卫星的海量数据处理；西太平洋科学观测网攻克了大水深、长时序潜标数据实时传输的世界难题。科研信息化在工业、农业、能源和环境等科技创新领域的应用不断深化，持续推动了国民经济和产业化发展，支撑了“一带一路”开展防灾减灾研究、驱动了农业数字化和智能化转型与中国经济低碳转型可能性研究。大数据、人工智能、物联网等信息技术在医药学、生物学、基因组学等领域的深度结合与应用，为新冠疫苗研制、疫情防控做出了积极的探索和贡献。

当前，新一轮科技革命和产业变革深入发展，正推动新一轮科研范式的变革和创新模式的重组。我国正处于以信息化全面引领创新、以信息化为基础重构国家核心竞争力的重要战略机遇期，这是我国从网络大国迈向网络强国、率先完成科研范式变革的关键窗口期。为总结和展示我国近两年来科研信息化建设的经验和取得的成果，进一步推动我国科研信息化的发展，中国科学院联合教育部、科学技术部、中国科学技术协会、中国社会科学院、中国工程院、国家自然科学基金委员会和中国农业科学院共同编撰出版了《中国科研信息化蓝皮书 2022》。本书得到了参与单位相关领导的高度重视和大力支持，邀请了国内科研信息化领域的权威专家围绕我国科研信息化的态势战略、应用实践及基础设施建设等内容编撰了 29 篇文章，从不同角度展示了近两年来我国科研信息化的发展态势、应用成果及建设现状。全书内容丰富、案例翔实，既具有一定的理论性，又对实际工作具有较好的参考价值，可供政府部门、科研机构、高等院校和相关企业从事信息化或科研工作的领导、管理人员和一线科研人员等阅读和参考。

最后，由于工作周期短、掌握资料不全等原因，本书的内容可能无法完整、全面地反映中国科研信息化建设所有层面的工作与成效，特此致歉。同时，欢迎各界读者对本书提出宝贵意见和建议，我们将在以后工作中不断改进完善，竭诚做得更好。

《中国科研信息化蓝皮书 2022》编写委员会

2023 年 3 月 20 日

目　录

第一篇

态势战略篇

科研信息化——促进科研范式变革的关键驱动力

孙九林[1]　洪学海[2,3]　汪　洋[3]　班　艳[3]

（1. 中国科学院地理科学与资源研究所；2. 中国科学院计算技术研究所；
3. 中国科学院计算机网络信息中心）

摘　要

科研范式是促进科学范式变革的重要动力。当前，积极探讨科研范式转变，对提高科研效率和促进重大成果产出及促进科技机制体制改革等都具有重要意义。本文阐述了科研范式的内涵、特征，解释了科研范式转变的类型和在不同科学领域的表现形式及多维度表现。提出了科研信息化在不同科学领域促进了科研范式转变的表现，指出科研信息化是促进科研范式转变的重要动力。最后提出对科研信息化的建设要适应和促进科研范式转变的相关要求。

关键词

科学范式；科研范式；科研信息化；范式要素；转变

Abstract

Scientific research paradigm is an important driving force to promote the transformation of scientific paradigm. At present, it is of great significance to actively explore the transformation of scientific research paradigm for improving the efficiency of scientific research, promoting the output of major achievements and promoting the reform of scientific and technological mechanism and system. This paper expounds the connotation and characteristics of scientific research paradigm, and explains the types of transformation of scientific research paradigm, its manifestations in different scientific fields and its multi-dimensional expression. It is pointed out that scientific research informatization promotes the transformation of scientific research paradigm in different scientific fields, and that scientific research informatization is an important driving force to promote the transformation of scientific research paradigm. Finally, the paper proposes that the construction of scientific research informatization should adapt to and promote the transformation of scientific research paradigm.

Keywords

Scientific Paradigm; Scientific Research Paradigm; Scientific Research Informatization; Paradigm Elements; Transformation

2021 年 5 月 28 日，习近平总书记在中国科学院第二十次院士大会、中国工程院第十五次院士大会和中国科协第十次全国代表大会上的讲话中指出，当前，新一轮科技革命和产业变革突飞猛进，科学研究范式正在发生深刻变革，学科交叉融合不断发展，科学技术和经济社会发展加速渗透融合[1]。这表明科研范式变革已经成为科学体共同面临的新形势，需要科技界共同努力，在思想观念、科研手段和科研活动组织模式等方面适应和实现科研范式的重大转变。

科研信息化是科研管理和科研活动中科研要素的信息化，是实现科研范式变革的重要支撑和驱动力。自人类进入信息化时代以来，科学研究的方法、路径、评价体系等都发生了显著的变化，而这些变化与以往的科学研究范式相比有了很大的不同。一些旧建制、方法、手段、研究路径不再被采用，新一套规则快速出现，旧科研范式被替代。因此，在由中科院联合国家网信办、科技部、教育部、工信部、社科院、国家自然科学基金委等单位组织编写的《中国科研信息化蓝皮书 2015》中，中科院院士谭铁牛曾明确指出，科研信息化将进一步促进科研范式变革。他同时指出，当前，科学研究从微观和宏观两个方向均面临更加深奥、复杂的挑战，天文、气象、地球物理、地球系统科学、生物学、基因组学等若干数据密集型科学领域均需要新的、更先进的跨学科工具和信息化平台，以实现海量科学数据的管理与分析，解决复杂科学问题[2]。

在当前全球科技竞争日益激烈的大环境下，如何充分利用科研信息化的平台、环境、数据和机制，进一步提高科研效率，如何实现快速的科学发现和重大科技问题的突破，促进我国科研范式变革，对我国科技创新发展具有重要的意义。

1　科研范式的内涵与特征

1.1　科研范式的内涵

范式（Paradigm）一词是美国科学家托马斯•库恩在《科学革命的结构》一书中提出的抽象的概念[3]，主要针对的是科学范式。托马斯•库恩认为科学范式（或学科范式）的一个标志是：如果一个学科主要依靠专著来推进知识，它就没有范式，说明大家都需要从基本问题开始阐述；有范式的学科主要依靠期刊论文来推进知识产生。一般形成范式共识的学科都很少讨论范式问题，而正是没有形成范式共识的学科才会经常有范式的争论，争论中人们往往更喜欢在描述自己或自己支持的阵营时使用“范式”一词。而那些还达不到 normal science（常规科学）的范式，则拓展成为“科研范式”这个词。这就很容易引起对“科学范式”和“科研范式”的理解和表达的混淆。

从狭义上理解，托马斯•库恩提出的范式应该是科学范式。科学范式是指当代科学共同体所共同信奉与接受的理论体系，并以此作为常规学科科研工作的理论预设。例如，人类今天的科学研究活动，总体上仍然限定在 20 世纪初物理学革命所确立的基本理论框架下，远没有到理论的衰落期。从这个意义上说，当今世界的科学范式并没有发生太大的变化。

科研范式，也称为科学研究范式或研究范式，是特定历史时期科学共同体进行科学研究的方式，与科技创新的内在规律要求相适应。我们认为，科研范式是学术共同体为了使日常科研活动高效有序运转所依赖与普遍采用的一套规则体系的集合，包括建制环境、研究路径、评价体系、研究方法、研究工具、技术路线与研究模式等。虽然这个定义不是严格的概念定义，但是关于科研范式的内涵是明确的，就是被学术共同体认可或接受的一套规则体系的集合，并受到社会、经济、文化、国际环境及个体偏好等的影响。据此，我们认为，科研范式是包含科研活动的科研手段、科研方法与路径、科研资源、科研组织、科研评价和科研制度等混合要素的规则体系。这种规则体系中的各个混合要素之间不一定是层次化的结构，还可以是网状化的结构。不同的人可以从不同规则要素维度给出自己对科研范式的理解和认识，并据此定义相关科研活动的过程性特征。因此，当前，人们对科研范式的总结和描述，更多的是从科研手段（如科研信息化）、科研资源（如大数据）和科研活动组织方式（如科学家个人或团队）及科研管理制度等某一个要素来进行概括的，如数据密集型的第四科研范式、举国体制性的科研范式等。这些科研范式的总结与概括，虽然有利于指导当前的科研活动的组织与管理，但也会造成对科研范式理解的片面性。因此，需要系统总结科研范式的共性特征及各个学科领域科研范式的不同特点，从而有利于指导具体领域的科研活动。

1.2 科研范式的特征

科学范式在一个学术共同体中，具有一定程度的公认性，是由其基本定律、理论、应用等构成的一个整体，它的存在给科学家提供了一个研究遵循纲领。科学范式的突破会引发科学革命，从而使科学获得一个全新的面貌。例如，能源科学范式是基于能量转化的科学范式变革，引发传统化石能源变革到核能，促使从人力马车驱动发展到内燃机驱动。而科研范式的突破将带来科研手段的变革、科研效率的提高及科研组织与管理模式的改变。与学科内在的科学范式显著不同，科研范式变革并不能引起一个学科内在的科学机理和规律的变革。科研范式具有以下几个特征。

（1）科研范式具有科学范式所不能描述的特征。科研范式不能表现为各个学科领域的科研活动都遵从同一个行为准则。例如，不能将自然科学研究活动的共同行为准则套到工程科技的研发活动中，也不能套到人文与社科领域研究活动中。

（2）科研范式具有个性化的特征。科研范式在不同的学科领域甚至是同一学科不同发展阶段的表现形式是不同的。例如，自然科学研究的科研范式与工程科技的科研范式不是同一类型。自然科学的科研在于创造或发现新知识，表现形式为知识载体的论文、专著。工程科技通常是在自然科学基本原理和知识基础上的技术创新与开发研究，表现形式为技术专利和产品等。例如，生命科学领域的蛋白质结构分析，以前是基于实验设备（如冷冻电子显微镜）的研究模式，现在发展成为基于数据 +AI 的研究模式。

（3）科研范式具有不断变化、演进的特征。按照不同阶段的特征，通常把科研范式分为第一范式、第二范式、第三范式、第四范式，甚至是第五范式。这些范式是随着科研活动的不断深入、面临的科学问题的复杂性增长，以及科研手段、工具的技术进步等不断演化，而表现出来的一类阶段性的共性特征。

从以上描述中可以看出，科学范式是一个科学共同体遵循的理论、知识。科研范式是在一个学科的科学范式的基础上，针对特定学科发展出来的不同科研方式或模式。科学范式是学科内容和方法的统一，科研范式是范式学科中的方法部分。科学范式与科研范式不是同一个概念。一般来说，科研范式为科学研究提供可模仿的成功先例，是作为一种依靠本身成功示范的工具、一个解疑难的方法，是人工范式或构造范式。例如，当前依靠“大数据 + 人工智能”推动各个学科领域的科研活动的范式，是一种在人工智能科学范式下，运用大数据技术方法，衍生出来的适应很多学科科研活动需要的科研模式，是科研范式要素中科研资源要素变化引起的科研范式转变。因此，这类科研范式中某种要素的变化，会产生新的科研范式，这也是科研信息化为什么能够促进当代科研范式转变的理论基础。例如，科研信息化的发展就有可能提供了促进科研范式变革所需的要素变化。

2 科研范式转变及其多维度表现

2.1 科研范式转变

科研范式转变主要基于两大驱动力。一个是科学领域发展的内在驱动力。另一个是技术进步带来的研究手段进步的外在动力，典型的就是科研信息化。在人类的科学研究历史上，已经发生了 4 次科研范式的转变。从采用简单实验方法的第一范式转变到基于理论推演的第二范式，再转变到基于计算机模拟的第三范式和海量数据驱动的第四范式。目前，科技界提出了第五范式的概念。这几种科研范式之间不是替代的关系。每一种科研范式的转变都继承了上一代科研范式的优点，并且是并行不悖的，在各学科领域也可能同时存在。表 1 展示了各阶段科研范式转变比较，包括科学研究问题的属性、研究手段与典型案例。

表 1　各阶段科研范式转变比较

	科学研究问题的属性	研究手段与典型案例
第一范式	实验科学：自然规律的发现，如由热生火、重力加速度等，以记录和描述自然现象为特征。现代自然物理机理发现，如“上帝粒子－希格斯玻色子”，主要通过实验记录数据、分析研究对象内在机理	早期的钻木取火、伽利略的比萨塔抛球实验。现代的大型科学仪器和科学大装置，如大型强子撞加速装置等
第二范式	理论科学：受到实验条件的限制，难以完成对自然现象更精确、更复杂的理解。科学家尝试去掉次要因素干扰，只留下关键因素，尽量简化实验模型，然后通过数学演算进行归纳总结。这种研究范式一直延续至今	基于数学方程演算与推理。例如，牛顿三大经典力学定律，麦克斯韦的电磁学理论，以及量子力学和相对论等

续表

	科学研究问题的属性	研究手段与典型案例
第三范式	计算模拟：随着验证经典和现代物理理论的难度和经济投入越来越高（需要大装置），科学研究开始进入难题难解阶段。而后，冯·诺依曼体系结构的计算机出现，利用计算机对科学实验进行模拟仿真的科研模式得到迅速普及，人们可以对复杂现象进行模拟计算和模拟仿真，使复杂问题清晰地得到解释	基于物理理论、计算理论和计算技术。典型案例如模拟核试验、天气预报等。随着用计算机模拟的方式越来越多地取代实验，其逐渐成为现代科研的常规模式
第四范式	数据智能：随着现代信息技术的快速发展，数据呈现爆发式增长，从海量的数据中也能挖掘发现科学知识和自然界及物理社会事物的发展规律，即挖掘数据中各类事物、事件的相关关系、因果关系及知识并进行预测。该范式是从第三范式中分离出来的一个独特的“数据密集型知识发现科研范式”	基于大数据理论与技术和计算技术，利用数据挖掘与机器学习等算法。典型案例如基于高通量基因组测试数据，发现人的潜在疾病；基于宇宙观测数据，发现引力波；基于网络社交数据，发现人与人之间的作用关系；等等
第五范式	AI for Science：针对现实世界复杂系统的建模、理解高维空间和工程实践的有效预测等问题，克服第四范式中单纯依赖数据驱动的机器学习“黑箱”问题，融合物理知识，利用人工智能的相关算法和先进计算技术，求解描述复杂高阶系统，得到复杂系统问题的解。该范式是第二、第三范式与第四范式交叉综合的新发展，属于正在探讨的科研范式	基于大数据和物理知识、规律，利用机器学习神经网络预训练和推理技术（含深度学习网络、卷积网络和物理信息网络等）。典型案例如 DeepMind 的 AlphaFold2 对蛋白质新结构分析与预测、大规模方程组压缩，以及将物理信息神经网络应用于纳维斯特克斯方程求解等

总的来看，第三范式是“人脑 + 计算”结合的科研模式，人脑是主角，计算方法是辅助。第四范式是“计算机 + 人脑 + 数据”结合的科研模式，计算机是主角，人脑是主导，数据是辅料。程学旗等在其文章[4]中指出的“第五范式”，是基于数据科学本体论认识；“第五范式”强调从本体论的角度看待数据，认为数据本身蕴含自然智能的规律，也是新型智能的载体和产物，期望在数据驱动智能的同时，突破现有计算智能的能力边界，借助自然智能构造新型智能范式。

从上述的科研范式演变过程看，各阶段科研范式的特征实际上融合了科学范式和科研范式的概念。第一范式和第二范式，本质上遵循了科学范式的一般性共识，具有公认性，即任何一门科学研究中，都存在实验观察和理论的一种研究范式。而第三范式和第四范式，实际上是科研工具和科研数据的范式要素变化形成的一种科研范式转变，是范例性的（Exemplar），只存在于某些科学研究领域。第五范式是由于算力得到极大发展，再加上 AI 领域取得突破性进展，由此引发在众多学科领域的科研范式变革，其本质上也是由科研要素转变引发的。从上述科研范式的演化可以看出，计算机在科研范式转变中发挥了巨大的作用，它为现代科学研究范式的转变提供了工具要素和资源要素，这就为科研信息化促进科研范式转变的理论奠定了坚实的科研要素依据。

2.2 不同科学领域范式转变

从宏观视角看，随着各种科研活动中的科研范式要素的变化，科研范式在不同学科领域的表现形式是不同的，并且会发生转变。自然科学领域的科研范式、工程科技领域的科研范式、人文与社科领域的科研范式都各不相同，甚至不同学科领域还存在不同阶段的科研范式。在人类科研活动的每个发展历史阶段，科研范式也随着自身的科学技术进步进行转变。这就意味着对科研活动的科研组织与管理不能用同一个科研范式来驱动，也不能用同一类科研要素来驱动。这也是科研信息化能够促进科研范式转变的动机和立足点。但是，无论哪种学科领域的科研范式，其目标都是：实现重大科学快速发现，解决重大的经济与社会发展问题，有效地提高科研效率，实现最优化的科研任务目标。

在自然科学研究领域，研究路径与研究模式的转变是最常见的科研范式变革之一。第二次世界大战以后，随着科学存在形态完成从小科学向大科学的转变，科学研究的路径与模式也发生了根本性变化。在小科学时代，科学研究范式奉行个人英雄主义，并由此成就了无数科学奇才，如爱因斯坦、居里夫人等，他们凭借个人努力，取得了杰出的科学成就。而到了大科学时代，要想取得重大科学成就，已远非凭一己之力所能完成，如美国曼哈顿工程、阿波罗登月计划、引力波探测、中国的神舟飞船等，这些耗资巨大的科学项目，都是由庞大的科研团队通过复杂的现代管理技术有机整合起来完成的，任何个人都是无力完成的。由此不难看出，这是科研范式中，人的要素和科研组织要素及管理模式要素变化引发的一种转变。大科学时代的研究活动不是个体“独善其身”和分类研究的“孤岛”。“单打独斗”和“包打天下”全谱系创新的科研范式已不适应大科学时代的科技创新要求。

在自然科学领域，不管是当前还是未来，重大自然科学发现都越来越依靠重大科技基础设施。重大科技基础设施是突破科学前沿、解决经济社会发展和国家重大科技问题的物质技术基础。这是科研工具与手段要素变化引发的一种科研范式的升级和转变。从科学研究的范式升级可以看出，重大科学发现和技术变革越来越依靠重大科技基础设施、创新平台和极端实验条件及大科学团队集体攻关，这也是统筹发挥国家战略科技力量、实现重大科技创新的政策立足点。未来要进一步通过国家战略科技力量推动科研范式升级。

近几十年来，随着信息技术的快速发展，高速大容量通信、物联网、大数据、人工智能、高性能计算等技术不断进步，在自然科学研究领域，以数据驱动自然科学研究的范式转变已经发生，产生了基于密集型数据进行科学发现的新范式，即第四科研范式。这是科研要素之一的数据要素，改变了传统的自然科学研究中单纯依靠实验观测和理论推演的科研范式。

因此，自然科学领域的科研范式转变，实质上是相关科研范式要素发生了变化，引发了自然科学研究范式的转变。当代大型自然科学研究活动中，大科学研究团队的组织与管理、重大科技基础设施作用的发挥，以及依托重大科学设施产生的海量科学数据采集、管理与挖掘利用、知识发现等，都是不同于以往传统自然科学的科研范式。这些科研范式转变都离不开科研信息化的工具、平台、数据和环境等的支撑。

在工程科技领域，工程科学是研究工程技术的各种学科，是在工程中运用的综合性的知识体系。工程技术研究的重点不在于新的科学发现，也不在于科学原理性创新，主要呈现形式依靠科学原理、知识在技术实现方面的创新与进步。例如，在信息技术领域，人们对半导体的理论和知识的认知属于知识发现（如量子力学的能带理论），但依靠这类理论、知识做成半导体器件，则需要工程技术上的创新。近代以来，工程科技更直接地把科学发现同产业发展联系在一起，成为经济社会发展的主要驱动力。工程科技将知识转变为产品，给人类生产生活带来了空前便利。“两弹一星”、载人航天、探月工程等一批重大工程科技成就，大幅度提升了中国的综合国力和国际地位。三峡工程、青藏铁路、高速铁路等一大批重大工程建设成功，大幅度提升了中国的基础工业、制造业、新兴产业等领域的创新能力和水平。其中工程科技创新驱动功不可没。

工程科技的显著特点是“工程”，是实现“实物”的创造。从科研范式是否转变的角度看，观察工程科技是否实现范式转变，需要关注在“工程”中的科研范式的相关要素，如科学家、科研资源、科研工具、科研组织与管理、研究路径、研究模式及机制等要素是否转变来进行观察。

从人的要素来看，当代工程科技的一个显著特点是“大”，意味着“工程”实现不是由单一的科学家（技术专家）个体能够实现的，而是需要大型的科研团队来实施。从工程科技实现的手段、工具和资源要素来看，现代工程科技实现一项工程，不再只是依赖某一个科研仪器或装备，也不再只是依赖计算机工具或数据资源，而是依赖各种科研仪器、计算机工具和各种数据资源等，无论是在工程设计的前期论证，还是工程实现过程中使用的各种工具、资源，都是如此。因此，工程科技的范式要素由原来单一的要素，转变为多要素综合。从工程科技的组织和管理要素来看，过去是依赖某一个人或单位的组织和管理，而现代工程科技一般都是大工程，需要复杂的组织和管理，已演变为大团队组织和多单位的协同组织与管理，甚至是跨国的组织与协同。即便在当代大型自然科学研究中，如引力波探测、天体科学发现、人类基因组计划等，也还需要依靠大团队建设完成大科学工程的重大科研基础设施，在此基础上实现自然科学的重大研究目标，这是工程科技必不可少的。

从上述分析可以看出，随着现代技术的进步，工程科技的科研范式要素在实现转变。工程科技的每一个环节、每一个阶段都可能有自己的科研范式。由此，对于工程科技的科研范式转变，不论在哪个工程科技的研发阶段，都不能简单地归纳为是第几范式。实际上，在工程科技领域，第一、第二范式提供了直接的观察和理论基础，第三和第四范式乃至第五范式提供了工程实现的技术和方法。每一种科研范式在工程中都可以发挥作用。因此，每一个科研范式要素在工程实现中，都可能实现转变，从而促进工程科技的科研范式转变。因此，我们对工程科技的管理不能简单地使用单一的科研组织和管理模式。这需要我们改变“一刀切”的科研管理和政策制定的方式。同时，工程科技的显著特点是“工程”，工程科技内部的多学科的交叉和融合错综复杂，这为科研信息化发挥作用和价值实现带来了显著的空间。

当前，我国存在不少被“卡脖子”的问题，本质上属于工程科技问题。国外能够“卡”我们“脖子”的，都是发展了几十年的成熟工程技术。问题不是我们不懂其科学原理、知识，而是我们在“持续改进”阶段掉队了。改进阶段是一点点的进步积累起来的，每一点进步可能都没有多少理论水平，但都能对系统进行改善。从科研范式角度而言，这其中没有任何科研范式转变，需要改变的是科研范式要素中的科研组织、管理和评价等方面，以及如何利用科研信息化手段加速这种科研范式要素的转变。

在社会科学与经济研究领域，美国社会学家里尔茨定义了社会学 3 种不同的研究范式[5]：社会事实范式、社会定义范式和社会行为范式，这种划分主要表明社会学家看待社会现象的不同方式或不同观察角度。社会事实范式（结构功能学派、冲突学派、新马克思主义学派）强调的是社会现象的客观性。社会定义范式（符号互动论、现象学、民俗方法学）强调的是社会现象的主观性质，以及在微观层次研究人们是如何建立社会、如何在社会中行动的。社会行为范式（行为理论、交换理论）强调的是对个人的社会行为进行客观、精确的分析。在我们看来，社会科学领域的科研范式，主要是社会科学研究学者观察、总结社会发展现象和发展趋势后，再进行理论观点抽象化的研究模式。从总体上看，这属于第一范式。当然，现代社会科学研究强调精细化研究，强调社会现象因果关系，强调可解释性，就必然走向依靠数据驱动的研究趋势，这也将促进社会科学研究基于数据密集型的科研范式产生（第四范式）。当前，基于互联网大数据进行社会科学研究的科研活动，正发生在社会科学与信息科学交叉研究领域。

同样，在现代经济学研究领域，存在两种主流经济学范式（科学范式）：一种是“新古典”的经济学范式，另一种是“新凯恩斯主义”范式。这两种经济学范式在研究经济学问题（科研范式）时，一方面通过观察、统计等方式进行研究，另一方面采用先以基本假设为前提进行研究，然后采用各自的理论对假设进行经济发展的理论推演、解释性研究。从科研范式角度来看，这是典型的第一范式和第二范式。在宏观经济学研究活动中，更多地使用了建立理论数学模型，然后进行计算分析研究的方式，这是第三范式。在微观经济研究活动中，越来越多地依靠数学模型和数据驱动进行研究，这属于第四范式。由此可以看出，在经济学研究活动中，这 4 种科研范式共同存在，而且在同一研究活动的不同研究阶段，可能存在不同的科研范式。

2.3　科研范式转变的多维度表现

如前文所述，当前，人们对科研范式的描述和总结，更多的是从科研手段（如科研信息化）、科研资源（如大数据）、科研活动组织方式（如科学家个人或团队）及科研管理制度等某一个要素来进行概括的。下面我们从科研范式转变的多个要素维度对科研范式转变进行总结。

2.3.1　从科研人的组织维度看，由个人到小团队再到大团队的科研范式转变

人类一开始的科学研究活动，始于科学家个人的兴趣驱动，主要是科学家个人利用观察和实验手段进行的科研模式，属于小科学研究范式。但是，科研问题的复杂度越来越高、深度越来越大，单纯地依靠科学家个体的小科研模式不能解决复杂而又深入的

科学问题，需要团队的力量（不仅仅是一个小团队，也许是一个研究机构的团队，甚至是跨单位、跨国家的团队组织在一起），共同协同合作，解决研究问题。在工程科技领域，团队的大科研模式更为突出。因此，既要发挥科学家个人的能动作用，实施兴趣驱动的科研模式，主张释放科学家个人能量，同时也强调科研团队的协同研究模式，强调团队能量，实现大科学研究目标。最近有人提出了“精英中心化”科研范式，指出传统科研体制打造的是一个以科学精英为核心的科研范式，引用了时任哈佛大学校长科南特（James B. Conant）博士的观点：“10 个第二流的人抵不上 1 个第一流的人”。这种“精英中心化”科研范式，强调的是发挥“科学精英”的作用。这个“科学精英”可以是某一个杰出科学家个体，也可以是一个“创新群体”。在现代科研组织中，单独依靠个别“科学精英”的科研范式在某些学科领域依然存在，尤其是在纯理论基础研究的科学研究领域，如数学，以及社会科学、经济学的研究领域。但越来越多的科研领域，如工程科技、大型自然科学探索研究领域依靠的是“团队”力量组织的科研范式。

2.3.2　从科研活动依赖的工具（平台）和资源维度看，由用简单科研工具、简单的小数据到依赖单个大装置、大数据再到依赖网络化装置的科研范式转变

早期科学家个人进行的科研活动甚至当前一些学科的科学家的科研活动，使用的工具可能就是简单的工具，如尺子、显微镜等一个或有限的几个科研工具和小数据。但是，现在依赖重大科研设施（装置）和大数据进行科研，正成为领先当前科研水平，快速促进科研成果产出的方式。例如，在生命科学研究领域，科学家依赖几千万元一台的冷冻电子显微镜、核磁共振设备等进行学科研究。在地球科学领域，科学家依赖大型超算平台、大数据资源，进行地球物理过程的模拟和计算。此外，在现代国际上跨国大科学研究中，由于科学研究的组织方式是网络化的，使用的设备往往也是分布在不同国家的，由此产生了网络化的共享设备的科研组织模式和大数据集成的数据密集型知识发现。例如，地震科学研究的全球地震观测网络、海洋环境研究的全球海洋观测网络等。

2.3.3　从科研技术路线变化的维度看，由单一学科的科研范式到多学科融合的科研范式转变

自第二次世界大战以来兴起的各类学科交叉研究和使命导向的研究，在 21 世纪初期逐渐凝结并演变成了融合科学。目前，许多重大科学问题的研究面临的是高度复杂的大系统、大问题，单一学科的研究解决不了实际问题，如在重大工程科技问题的研究中，更多的是呈现多学科融合的科研范式，即融合科学是一种基于多学科融合来解决重大问题的科研新范式，并得到以美国为典型代表的科技发达国家的积极倡议[4]。

中国科技界近年来的改革探索也与国际上“融合科学”新范式的发展趋势高度契合。例如，中国科学院立足于多学科综合优势，在“十三五”发展规划中提出了 8 个重大创新领域的战略部署，以及国家自然科学基金委员会推动的“交叉科学学部”成立和支持计划改革等。这些战略部署和支持计划的改革，表明融合科学研究范式已经成为学术界的共识，并且既在工程科技领域科研活动中继续发挥作用，又在自然科学交叉研究领域的科研活动中得到系统性支持。

从科学发展史来看，融合科学范式是科学研究范式的“分久必合”的阶段性呈现。

人类的科技史是思想观念与学科分支的开创乃至融合的过程。科学在分裂的过程中，存在着一种本能的整合的冲动。例如，在科研历史上，人们先从有限的观察和实验手段中，获得有限的“小数据”，进行科学研究。而当今已经发展到对大数据进行分析的科研活动，是将大数据凝练成小智能、深度智能和精准知识等来进行研究。在合成生物学领域，定量生物学和合成生物学交叉互补的研究方法将推动合成生物学从定性、描述性、局部性的研究，向定量、理论化和系统化的变革。在人工智能研究领域，其融合科学的思维是对内的融合和统一，是计算机科学、数学及物理学等多学科研究的内在融合和思维的统一，是催生新科研范式的关键。

2.3.4 从科研方法论变化的维度看，由早期的单一科研范式到多科研范式组合与单一科研范式并存、促进还原主义科研范式和整体主义科研范式融合的转变

科学研究方法是指在研究中发现新现象、新事物，或提出新理论、新观点，揭示事物内在规律的工具和手段。由于人们认识问题的角度、研究对象的复杂性等因素，对于研究方法的分类很难有一个完全统一的认识。但一般可以分类为经验法、理论研究法和系统科学法。

当前，在许多学科的科研活动中，单一科研范式的模式依然存在，同时也存在多科研范式组合的模式，这取决于不同学科属性科研活动的不同特征。饶毅教授认为，生命科学领域的主要科研范式仍然停留在对生命现象的描述阶段，而进一步的工作，则是在了解了生物学的现象、过程和功能的基本描述之后，再通过以化学、物理为主的交叉来推动生命科学研究。在数学领域，科学家则更多地将观察数据驱动研究的开普勒范式（第一范式）和基本原理驱动的牛顿范式（第二范式）有效地结合在一起进行科研活动。鄂维南院士认为，当前，科学家努力将数据驱动的机器学习方法、基本原理，和量子力学、分子动力学等物理中的基本原理结合在一起，解决以往无法解决的科学问题，实现从小农作坊模式升级为集成大平台的模式，完成多科研范式的组合。通过大平台将还原主义科研范式和整体主义科研范式有效组合，先将整体还原成各组分加以研究，再在高层次本身和整体开展研究复杂系统问题，两种科研范式不再对立。因此，由多科研范式组合演变成依赖大平台的科研范式，促进还原主义和整体主义科研范式组合，使当今科研范式呈现了多科研范式融合的状态。

2.3.5 从科研组织和科技评价的维度看，科研范式由单一模式向多模式转变

科研体制不同将影响科研组织模式不同，进而影响科研范式也不相同。对我国科学家而言，比较熟悉的是举国体制（现在又提出新型举国体制）。由于我国近代科技的整体落后，导致我国科学家科研活动从“兴趣驱动”科研转变到围绕国家目标，组织大的科技攻关科研活动，从改革开放前后的“能干什么”（兴趣驱动）转变到当前的“该干什么”（国家目标驱动）。从过去我国的“两弹一星”重大科技工程，到现今着力解决“卡脖子”问题，这是举国体制的科研范式。当然，在我国现行的科研体制下，国家也鼓励科学家从事“科研兴趣”驱动的科研范式。我国国家自然科学基金委员会支持的很多面上科研项目就是以“科研兴趣”驱动的，当然这样的支持是属于国家自然科学基金委员会支持的“四类属性问题”中的一种。

此外，目前正在进行的科研体制改革，也将引起“中心化”的科研范式向“去中心化”科研范式转变。文献 [6] 指出，围绕着科学精英开展科研活动的“精英中心化”科研范式是自 20 世纪中叶以来国际科学界的主流。其主要特征是科学研究的职业化，科研人员的等级化，科学交流的专业化。这种“精英中心化”科研范式虽然能够取得一定的成功，但自身却逐渐演化成为高度“内卷”的封闭体系，导致科研资源分配的倾向性形成了“四唯现象”（“唯论文、唯职称、唯学历、唯奖项”）。徐匡迪院士在一次报告中说的“颠覆性技术，这种创新在目前的行政审批和评审制度下，是难以实现的”，指的就是这种“内卷”。这一点与鼓励科学“自由探索”的精神相违背。当前，国家正在实施科技评价体制改革——“破四唯”，实施代表作、典型成果等多维度评价制度，这也需要探索并建立具有共赢效应的“去中心化”的新的科研范式，释放科学家活力和科学的张力。然而，目前这种科研范式还没有真正有效形成，“破四唯”的科研范式与“四唯”的科研范式还将持续存在一段时间。

3　科研信息化促进科研范式转变

“科学研究的信息化”简称“科研信息化”，是指信息技术渗透到科研活动中，产生的科研组织、管理的信息化和科学家个人、团队、组织具体的科研活动过程的信息化。这两类信息化，都要依靠数据与计算、网络与通信、信息与安全等各类信息技术属性的软、硬件系统和数据资源、计算平台，以及相配套的政策、制度等。科研信息化发展出来新的科研手段、科研模式、科研平台和科研环境，在当代，无论是在自然科学研究领域，还是在工程科技研究领域，以及社会科学研究领域，都已经有效地推动了各项科研工作的进步，成为各个学科研究领域科研范式转变的重要驱动力。

3.1　科研信息化促进科研组织与管理模式的科研范式转变

科研组织与管理是科研范式诸要素中的关键要素，其中任何要素的变化，都可能带来科研范式的变化。如前文所述，在人类早期的科研活动中，主要是基于科学家个人科研兴趣驱动的科研活动，也就是主要存在于第一范式和第二范式的科研活动，科研组织与管理对于科学家的科研活动影响不大。但在现代科研活动中，科研组织与管理的好坏，将对科研效率和科研导向产生巨大的影响。这是因为，当代科研活动的组织与管理必须有适配本国的科技体制与机制，这具有全局性影响，也将直接引起科研模式的不同。

科研信息化中的管理信息化发展，有效地促进了科研组织模式的转变，从而使科研范式得以转变。通过各类管理信息化系统，科研组织模式突破了个人、小团队的科研组织与管理边界，可以高效支撑形成大团队、建制化、分布型的科研组织与管理模式，在重大的科研任务中甚至可以形成跨组织、跨国家（国际性）的科研组织与管理模式。例如，中科院历经二十年建设的科研管理信息系统——ARP（Academia Resource Planning）系统，有效地实现了整个中科院系统 100 余个跨地域的科研单位和相关管理机构的科研管理活动的全覆盖。该系统涵盖科研管理相关的项目、人员、设备、经费等信息的管理和共享机制，实现了对科研项目实施过程及科研成果的动态监管。该系统有力地保障和支撑了中科院一系列重大科研项目的组织和管理，如中科院先导专项；有效地提高了科研管理效率，加速了重大科研成果的产出，有效地保障了发挥中科院作为国家科技战略力量建制化队伍（大团队）的作用。在国家层面，科技部建设了“国家科技管理信息系统服务平台”，极大地提升了国家科技组织与管理的工作效率，为实施全国范围内的大科研组织模式提供了坚实的支撑。ARP 系统和国家科技管理信息系统服务平台，成功地保障和实现了由以往小团队科研组织模式到大团队的“举国体制”科研范式的转变。

3.2 科研信息化促进自然科学研究的范式转变

在自然科学领域，当现有的研究范式不能有效地解决所面临的挑战，而需要一种新的范式方法来应对这些挑战时，就会发生科学范式的转变，也称为“科学革命”。科研范式从第一“实验科学”范式到第二“理论科学”范式的转变经历了 2~3 个世纪的时间，但自计算机发明出来以来，信息技术飞速发展，在过去的几十年间科研范式便经历了第三“计算科学”范式，并发展到目前的第四“数据密集型”范式，乃至第五“AI for Science”范式。由此可见，信息技术的蓬勃发展与科研信息化的建设与应用高效地促进和保障了科研范式转变。

“数理化、天地生”是自然科学的主要研究领域，其科研范式转变最为明显。这是由于信息技术的发展引发了科研范式的变迁，科研信息化不断渗透到各个学科领域，其技术、方法和手段被用于学科领域的科研创新与知识发现。科研范式的转变甚至对学科发展也产生了深远的影响，学科与信息技术发生了交叉融合，出现了二元发展态势——“计算 X 学”与“X 信息学”（X 代表某一具体学科，如生物学、物理学、天文学等）。

2013 年的诺贝尔化学奖颁给了“为复杂化学系统创立了多尺度模型”的 3 位美国科学家，他们在 20 世纪 70 年代就开始研究用计算机程序了解和预测化学过程，使计算模型能够将微观尺度上的基本认识转化为宏观尺度上的预测能力，从而产生计算化学这门学科。计算化学改变了化学家们曾用塑料做成的球和棍来搭建分子模型，用试管和烧杯进行试验分析的研究模式，现如今科学家们可以用计算机建立模型、实验预测、研究化学反应机理。当前，随着人工智能与大数据技术的兴起，化学家们不断尝试利用建立健全化学反应基础数据库，结合 AI 机器学习的方式加速化学物质的发现。2020 年，利物浦大学研究团队研制的智能移动 AI 化学家（Mobile Robotic Chemist），不仅可以不分昼夜地工作，还可以从 10 个思维维度进行分析，根据实验结果确定下一步的最佳试验方式，经过 8 天 688 次试验后，智能移动 AI 化学家首次发现了比原始配方活性高 6 倍的光催化剂混合物。这标志着“人工智能 + 计算机”在推动合成化学的自动化与智能化等方面开始发挥重要作用，这势必将在化学研究领域驱动新一轮的科研范式变革。

天文望远镜作为天文学研究中心捕捉天体信息的主要工具，从最初的光学望远镜、反射望远镜已经发展到当今可捕捉全波段的射电望远镜。随着天文观测装置的发展，天文观测的数据呈爆发式增长，网络技术、数据存储、计算处理等信息技术为当今天文学研究提供了基础，科研信息化为天文学家提供了丰富的资源和强大的服务，并驱动了天文学大科学装置的互联协作，促进了天文学研究的全球化、一体化。20 世纪 70 年代，美国麻省理工学院泰勒教授和他的学生赫尔斯，通过观察双中子星相互缠绕的现象，用爱因斯坦的理论精确计算出两颗中子星轨道变化，从而间接证实了引力波的存在，但引力波存在的直接证据一直没有找到。直到 2016 年 2 月 11 日，3 位美国科学家探测到了引力波的存在，这个发现被科学界认为完成了爱因斯坦广义相对论预言中最后一块缺失的“拼图”。初次引力波发现的背后，是对观测数据近 20 亿核小时长达 5 个月的数据分析，并通过高效能的计算，只需要几十秒就能向全世界发布引力波观测的准确时间与位置。此后，美国激光干涉引力波天文台（LIGO）和欧洲的室女座（Virgo）引力波探测器已经陆续发现了 50 例引力波信号。2018 年，伊利诺伊大学香槟分校美国国家超级计算中心（NCSA）的科学家将深度学习算法与数值化黑洞合并相对论模型及通过 LIGO 获得的数据项相结合，开发出了一套端到端的时间序列信号处理方法——深度滤波器（Deep Filtering），该方法具有更高的计算效率及更小的计算误差，能够更快地利用 LIGO 的数据对引力波进行处理，以检测出新型的引力波源。由此可见，信息技术的发展与科研信息化的应用深刻影响了天文学领域研究的方式与方法，超级计算助力了引力波的发现，大数据与 AI 技术的结合加速了科研新发现，推进了天文学科研范式的深刻变革。

在过去的 20 年里，生命科学的研究由过去的实验、观察、调查研究发展为基因分析研究阶段，这是典型的生命科学领域的科学范式革命，并由此产生了生物信息学这个学科。而生物信息学研究模式，基本上是依靠现代的计算技术加上相关的模型、算法，对生物 DNA 数据进行分析和处理来实现研究目标的。在生物信息学领域，随着 DNA 测序数据的积累，出现了一个小的范式转变，即生物信息学科学研究模型（Scientific Research Model，SRM），即利用已知基因结构模式训练的模型进行模式识别，发现了一批新的基因。CLUSTAL W、MEGA、PDB 等知名的生物信息学工具和数据库都是在 SRM 中开发的。传统的研究范式只能通过费时费力的方法逐一发现新的基因。然而，复杂的生物系统往往通过许多基因、蛋白质或其他组件之间的相互作用，以及通路、模块或网络来发挥作用。生物信息学快速、高效地通过高通量计算方法，促进了生命科学的加速发展，使在应用信息系统上研究生物和医学问题成为可能。微阵列技术、酵母双杂交实验和进化建模技术促进了范式向系统生物学的转变，旨在重建相互作用或协同网络来解释系统中的涌现特性。基因本体论、KEGG、Cytoscape 等系统生物数据信息化工具得到了发展和广泛应用[7]。2020 年美国谷歌 DeepMind 公司研究的 AlphaFold2 算法在蛋白质结构预测科研领域已经达到了人类利用冷冻电镜等复杂设备观察预测的水平，这是史无前例的巨大进步，也是“人工智能 + 计算机”在科学领域应用的重大突破。

信息技术飞速发展，科研信息化建设突飞猛进，网络基础设施环境的持续升级优化促进了科研全球化协同合作，网格（Grid）整合了广泛分布在各处的计算机资源，大科学装置实现了互联共享，产生的科研数据呈爆发式增长，各学科领域大科学数据中心随之建立，科学研究日趋复杂，加速了学科领域的计算科学（第三范式）向数据密集型科学（第四范式）、AI for Science（第五范式）的科研范式的转变。现代科学研究已进入复杂系统科学研究深水区，特别是在天文观测、物理系统、地球系统、生物系统及医学等领域的科学研究，数据、算力、算法等科技要素逐渐成为科研创新和突破的重要动力，大数据、人工智能等新兴技术成为科学研究的重要手段。因此，在自然科学领域，一系列重大成果产出，一方面表现在科研信息化的工具［计算机、软件（含算法）及数据］在学科领域科研范式转变中巨大的推进作用上；另一方面也表明科研范式的转变，有效地推动了这些领域的科研交叉和融合，不再由过去单一的第一、第二科研范式来推动。

3.3 科研信息化促进工程科技的科研范式转变

工程科技更直接地把科学发现与产业发展联系在一起，是经济社会发展的主要驱动力。每一次产业革命都同技术革命密不可分。18 世纪，蒸汽机引发了第一次产业革命，使人类进入了机械化时代；19 世纪末至 20 世纪上半叶，电机和化工引发了第二次产业革命；20 世纪下半叶，信息技术引发了第三次产业革命，使社会生产和消费从工业化向自动化、智能化转变，社会生产力再次实现大提高，劳动生产率再次实现大飞跃。

在工程科技研究领域，整体的信息化作用主要体现在先进信息技术与产业、生产相结合方面，更表现在重大工程建设方面。近年来，物联网、区块链、5G、人工智能、大数据、数字孪生等新兴信息技术在航空航天、交通运输、设备制造、生物医药、新能源等不同行业和产业领域得到了广泛的应用和结合。物联网使得实现人与物、物与物的信息交互、无缝连接，在智能交通、智能家居、食品追溯等领域广泛应用；5G 使得智能驾驶与智慧交通成为可能；人工智能大大提高了药物研发与测试的效率；数字孪生实现了航空航天等大型制造与建设工程领域的数字化建模与智能制造；区块链技术在数字货币和金融领域的应用大放光彩。

1996 年，联合国大会通过了全面禁止核试验的公约，但这并不意味着各国已经停止了对核武器的研发，事实上各国在之前几十年的核试验中已经积攒了足够的数据，而根据这些数据可推算出一套核武器实验模型，利用现代的超级计算模拟仿真技术，即可在实验室对核爆炸进行模拟，信息技术的发展不仅避免了核爆炸对环境带来的不利影响，降低了研究成本，也彻底转变了原有的核爆炸研究与实验方式。

在水利工程建设中，施工周期一般较长，施工内容也较多，施工成本很高，所涉及的施工技术复杂多样，施工过程中需要处理的问题也比较繁多。如果按照过去的传统人工组织管理，基本上不可能按照工期如期进行。如果不使用信息技术进行科学设计，也没有办法保障工程建设的科学性和质量及实现成本控制。为了提高水利工程的施工科学性和工程质量及实现成本控制，必须引进新技术手段。可以将信息技术融入水利工程建设管理、设计及成本控制中，以有效提高水利工程的建设质量，更好地发展水利工程事业。此外，当前，在水利工程信息化基础上的大数据技术，可以更好地促进水利工程信息化的建设与发展。在保持现状的前提下，我国大多数水利管理单位都根据实际情况建立了相关的水利工程信息管理系统，并利用水利工程信息管理系统，有效地制定工程施工方案，对施工条件、施工质量、施工进度、施工成本、施工安全等进行优化和有效管理[8]。

“数字孪生”于 2011 年由美国空军研究实验室提出，是融合了三维建模、仿真与优化、物联网与传感器、人工智能和虚拟现实等多种新兴技术的复合技术，最初应用于解决航空航天飞行器的健康维护与保障等问题。近几年，数字孪生技术迅速成为热潮，并应用于智能制造领域。数字孪生可以虚拟构建产品数字化模型，对其进行仿真测试和验证。在生产制造时，可以模拟设备的运转，还有参数调整带来的变化。通过对以往生产及维护数据的收集，建立拟真的数字化模型，工程师们可以在虚拟空间调试、实验，能够让待生产的产品效果达到最佳。通过应用数字孪生技术，在提高生产效率的同时，还可以大大提升最终产品的质量与应用效果。数字孪生技术的应用是利用信息化技术促进产业变革的典型案例，其将数字世界与物理世界相融合，为工业设备等提供了完整的生命周期数据，逐渐成为智能制造等行业的重要应用趋势。

从上述几个例子可以看出，各种信息技术在工程建设和产品创新中的各个环节得到了综合运用。科研信息化有效地促进了工程科技领域大型科研活动的有效组织和管理，多种科研范式在各种工程科技领域广泛存在。科研信息化的应用切实改变了过去工程科技组织管理和研究手段，并有效地将各类学科知识进行融合，从而提高了工程科技科研产出的效率和劳动生产的效率。

3.4　科研信息化促进人文社科领域研究范式转变

人文社科与自然科学、工程科学的研究对象具有本质的差异：前者面向人，后者面向物；前者是精神世界，后者是物质世界，因此在研究方法方面社会科学领域与自然科学对比也有一定的偏差。当前传统的社会科学研究方法还是“理论假设驱动”的模式，但随着网络的普及和信息技术的发展，大数据、科学计算技术也在不断推动社科领域科研范式的转变，从而催生了“计算经济学”“计算社会科学”“计算人文”等典型的交叉学科。

同时，类比于科研信息化，社会科学信息化（e-Social Science, eSS）也逐渐在20世纪初被提出并逐步发展，其内容主要指两方面：一是用来描述计算机专家与人文社会科学家之间的合作；二是包含了社会科学技术方法和工具开发。英国雷丁大学于2014年成立大数据研究中心，利用大数据技术成功完成英国公投分析、移民研究、房屋买卖与数据分析等诸多社会科学研究任务。中国社会科学院也先后完成了各种数据库和管理软件系统，试图把电子信息化充分应用到科研及管理中来。科研信息化作为支撑社会科学研究的工具和环境，改变了社会科学研究的方法和手段，也增加了研究领域，拓宽了研究范围[9]。

大数据技术的发展，对社会科学研究产生了显著的影响。在社会科学研究方面，除“全样本”数据、大数据技术及数据驱动的知识发现3个方面的直接影响外，大数据还进一步推动社会科学研究范式3个层面的变革：一是研究路径变革，“大数据驱动”模式与当前社会科学“理论假设驱动”模式相结合形成新的研究模式；二是研究手段变革，大数据及相关技术将成为因果发现的强大武器；三是功能变革，预测问题和因果问题将得到同等重视，并将有机统一于有关研究特别是政策研究中[10]。

相较于自然科学和工程科技领域的研究与信息化的结合密切程度，社会科学信息化仍有一定的距离。人文社会科学领域的科研信息化促进科研范式的转变，更多的是实现了由过去单一的田野调查、文献解析、观点立论到基于数据、计算模型呈现结果的科研范式转变。人文社会科学领域基于当前大数据的发展，需要充分利用海量数据进行深度挖掘，从而更客观和深入地认识与研究社会现象的因果关系与发展趋势，进而更好地支撑领导决策与把握社会相关领域走向。将人文社会科学与信息技术进一步结合，以推动社会研究范式的转变，仍是当前社会科学信息化的挑战与趋势。

4 科研信息化促进科研范式转变带来的新要求

科研信息化为各个科学领域的科研范式转变提供了范式要素转变的各种工具（软件、硬件、网络、平台、数据等），并促进科研范式转变。这主要是由于科研信息化能够改变原有的科研组织模式和管理模式，能够为各类科研人员的科研活动提供从数据、算法、软件、硬件到各类平台的需求。可以说，科研信息化就是推动科研范式转变的革命性力量，而科研范式在转变的过程中，也仅对科研信息化的建设产生了新的要求。

4.1 信息化建设项目要保障各个领域的数据要素开放、共享和合作

科学数据要素开放、共享和合作，一方面是极大化地发挥科研数据的价值密度，另一方面是促进科学家在科学数据开放共享中加强合作，共同推动科研领域的科技进步和加速科学发现。信息化建设项目要保障这些科学数据要素能够开放、共享。同时，建立良好的跨平台服务机制，加速科学数据流通，保障更大范围内的科研合作。科研大数据是学术共同体进行学科融合研究的基础，科研信息化应用平台和服务体系不只服务于某一个单位和机构、某一个学科或者某一个地域，它可以为分布在不同地方、不同学科的科研人员提供数据资源共享和挖掘分析服务，不同学科的研究人员便能够围绕重大科学技术问题，共同设定研究目标、开展合作研究。不同科学领域的理论、知识、方法和工具以及数据相互交织和影响，最终形成不同学科人员之间能共同理解的研究方法、研究框架、科学语言和共用的科学数据，以及共识的科研范式，这进一步提升了科研创新活动的速度、质量和效能。

4.2 科研信息化建设项目选择要有利于形成新的科研范式

科研信息化是推动科研范式转变的革命性力量，因此，推动科研范式的转变，既是科研信息化建设项目的“平台体系 + 服务”的重要使命，也是其运行的重要保障。在科研信息化建设项目的遴选上，要选择那些能将从依托局部空间的有限资源转变为依托数字空间的无限资源项目，使信息化建设的项目能够尽可能地广覆盖于各类科研活动，能够实现有效的大团队合作，能够充分实现科研要素的聚集（如科研数据），从而通过信息化建设项目促进科研范式由小团队到大团队转变。在科研信息化项目的运行机制上，遴选的项目应能够将线下的物理空间转到线上的数字空间，实现数字空间的运行和保障，通过信息化建设项目促进科研数据要素和空间组织要素的转变。在科研决策上，科研信息化建设项目要将模糊的主观决策转变为基于大数据的科研决策和人机协同的精准决策，防止主观上的单一决策，促进科研决策机制转变。在科研信息化项目建设成效评估上，要从以单一的项目建设作为主要成果性指标，转变到服务是否覆盖全创新链的全域协同指标上，促进科研评价机制的转变。因此，科研信息化建设项目的遴选应防止变成单一的信息技术应用项目，遴选的科研信息化项目应考虑是否促进了从依赖经验和简单的实验模拟到依赖数据、知识和算力的计算模拟的变革，是否促进了学科领域的科学

范式变革等。

4.3 信息化建设要体系化，保障现代各项科研的“平台体系＋服务”的科研活动模式

首先，信息化规划要进行严谨的战略研究分析与预判，形成严密的逻辑体系，使信息化建设的各类平台之间能够形成技术互用、数据互通、基础设施复用、支撑队伍互用的格局。不能只注重某一个平台建设，更不能忽视服务机制的要素，应面向不同领域的科研活动特点，形成综合性的“平台体系＋服务”的建设模式。其次，要基于科研活动智能化的需求，实现对各类科研对象的数据服务和工作流程智能化。在各类科研信息化的平台上，能够支撑科研数据管理、存储和处理的智能化服务，使科研人员能够及时、方便地利用人工智能的各种方法、模型，从大规模科研数据中挖掘出有用的信息，提高科研效率。

5 结束语

科学范式变革是革命性的，是学科变革的内在驱动力，对一个学科领域产生的影响是根本性的，对促进人类科技进步的作用也是巨大的。科研范式是科学范式的具体化，是工具化和模式化的。科研范式的转变是促进科学范式变革的外在动力。科研信息化是促进科研范式转变的重要驱动力。随着现代科技的进步，科研信息化促进科研范式转变越来越显著。在当代科学范式革命还比较缓慢的情况下，科学居主导地位的核心理论并没有发生根本性的变化，但是由于科学问题的复杂性与过去比已不可同日而语，科技学术共同体要努力通过新工具、新环境和新方法，促进科学范式变革；要在信息技术快速发展的基础上，通过科研信息化衍生的各类手段，促进科研范式的转变。科研范式变革的新时代即将到来，我们需要主动拥抱变革、积极谋划变革、适应变革。

参考文献

[1] 习近平．在中国科学院第二十次院士大会、中国工程院第十五次院士大会、中国科协第十次全国代表大会上的讲话 [EB/OL]. [2022-11-08]. https://www.ccps.gov.cn/xxsxk/zyls/202105/t20210529_148977.shtml.

[2] 谭铁牛．科研信息化发展态势与发展模式分析 [C]// 中国科学院，等．中国科研信息化蓝皮书 2015. 北京：科学出版社，2016.

[3] KUHN T S.The structure of scientific revolutions[M]. Chicago: the University of Chicago Press, 1970.

[4] 程学旗，梅宏，赵伟，等．数据科学与计算智能：内涵、范式与机遇 [J]. 中国科学院院刊，2020，35（12）：1470-1481.

[5] GEORGE R. Sociology: A Multiple Paradigm Science[M]. Boston: Allyn and Bacon, 1975.

[6] 吴家睿．“精英中心化”科研范式的特征及其面临的挑战 [J]. 科学通报，2021，66（27）：3509-3514.

[7] YIN H, SUN Z, WANG Z, et al. The data-intensive scientific revolution occurring where two-dimensional materials meet machine learning[J]. Cell Reports Physical Science, 2021, 2(7): 100482.

[8] CHEN R, ZHANG W, ZHAO L, et al. Research on Crack Propagation Law of Assembly Concrete Structure in Hydraulic Engineering Based on Large Data Analysis[C] //Journal of Physics: Conference Series. IOP Publishing, 2019, 1314(1): 012141.

[9] 王小霞 . 电子信息技术在社会科学研究中的应用——e-Social Science 研究模式及其发展趋势 [J]. 数字技术与应用，2017（2）：100-102.

[10] 刘涛雄，尹德才 . 大数据时代与社会科学研究范式变革 [J]. 理论探索，2017（6）：27-32.

作 者 简 介

孙九林（1937 年 8 月 10 日—2023 年 5 月 10 日），中国工程院院士，生前为中国科学院地理科学与资源研究所研究员，博士生导师，国家级有突出贡献专家，著名资源学家，农业与资源环境信息工程学科带头人之一，资源信息科学与技术、环境信息科学与旅游信息科学、地球系统科学数据挖掘与关键技术等多领域专家，是我国科学数据共享和数据汇交的开拓者和奠基人。

洪学海，博士，中国科学院计算技术研究所研究员、博士生导师。中国科学院计算机网络信息中心研究员、博士生导师（兼）。主要研究方向为高性能计算、信息技术与信息化发展战略等。

汪洋，博士，高级工程师，研究生导师。中国科学院计算机网络信息中心信息化战略与评估中心主任。主要研究方向为大数据、信息化战略与评估等。

班艳，高级工程师，中国科学院计算机网络信息中心战略研究主管，主要研究方向为信息化战略与评估。

工程科技领域大数据知识服务——中国工程院科技知识中心建设与应用

潘云鹤、陈左宁及知识中心参建团队
（中国工程院）

摘 要

中国工程科技知识中心（China Knowledge Centre for Engineering Sciences and Technology，CKCEST）旨在发挥中国工程院学科分布优势和工程科技领域的示范引领作用，构建知识服务协同创新体系，支撑国家战略决策和高端智库建设，落实我国大数据战略，服务科技强国建设。CKCEST 重点针对高端智库和工程科技人员两类用户，聚焦工程科技领域多类型、多来源、跨领域数据资源，与国内信息技术领先企业、权威数据服务机构等共同形成知识服务协同创新体系，通过体制创新、技术创新、知识创新与服务创新，创建了多领域知识服务联盟机制，制定了工程科技知识服务标准规范，开拓了国家大数据应用与知识工程，形成了高端智库支撑与知识服务体系，培育形成了庞大的国际、国内用户群体，取得了显著成效。本文结合 CKCEST 九年的建设过程，系统分析其建设背景和意义、实施框架和建设成果，并对未来运营和建设方向进行展望。

关键词

中国工程科技知识中心；工程科技；大数据；知识服务

Abstract

China Knowledge Centre for Engineering Sciences and Technology (CKCEST) aims to make full use of playing the advantages of discipline distribution and the leading role on engineering science and technology, build the knowledge service collaborative innovation system to support the proposal of the national major strategic policy and the construction of high-end think tank, and serve the Chinese strategy on the big data industry. CKCEST focuses on approaching two types of users, namely high-end think tank and engineering scientists, and collecting multi-type, multi-source and cross-domain data resources in the field of engineering science and technology, forming a collaborative knowledge service innovation system with domestic information technology giants and authoritative data service institutions, etc. Based on the innovation derived from system, technology, knowledge and service, CKCEST has created a multi-disciplinary knowledge service alliance mechanism, formulated the standard specification of engineering science and technology knowledge service, explored national big data application and knowledge engineering, shaped the advanced talent supporting structure and knowledge service system, cultivated the worldwide user group and achieved remarkable results. This paper combines the nine-year construction process of CKCEST, systematically analyses the concept, framework, result and experience on its construction and provides an outlook on the future operation and construction direction.

Keywords

CKCEST; Engineering Technology; Big Data; Knowledge Service

1 建设背景、意义和目标

1.1 建设背景

科学技术迅猛发展带来的知识革命，在世界范围内对经济和社会发展产生了深刻的影响。以科技信息资源为代表的知识资源的占有、配置、创造和利用方式的优劣，日益成为决定国家竞争力强弱的关键因素。以期刊论文、专利数据、科研项目、科技报告、新闻资讯等多源数据融合的大数据服务平台已经成为竞相追逐的知识服务高地。众多国内外情报服务机构及智库研究团队构建了“人工智能 + 信息资源”的知识服务模式。根据知识服务平台的服务模式的不同，可以分为三类：基于泛需求的数据发现平台、基于特定主题的专题知识服务平台、面向个性化需求的知识分析平台。

基于泛需求的数据发现平台是指基于科技大数据知识仓储和语义知识网格、语义搜索和情境感知等关键技术，实现特定领域普适性的智能知识搜索引擎，提供专业知识一站式搜索、多维聚类、精准发现、智能推荐、知识关联、可视化分析及知识可靠获取等服务，帮助用户在海量资源中快速发现有价值的知识。这类知识服务平台有基于 AI 的 Yewno 知识发现平台、Semantic Scholar 学术搜索、基于 AI 的 Magi 搜索及 ELIXIR- 数据平台等。

基于特定主题的专题知识服务平台指面向不同学科、产业方向、重大战略、专业热点，以及不同服务群体的差异化、精细化需求，基于专题快速构建工具，构建特色专业知识专题，实现线上专题中各类知识资源的有效打通和聚合服务，如联合国教科文组织 TAIR 拟南芥信息资源服务平台、ELIXIR 互操作性平台（EIP）。

面向个性化需求的知识分析平台是指基于“数据 + 人 + 工具”的个性化知识应用平台，面向应急性、复杂性、交互性、开放性等需求提供知识服务，包括专家学术圈、知识脉络分析、科技动态监测等，如医景网——工具类。

面对国内外工程科技快速发展形势及大数据发展趋势，中国工程院诸多院士认为应建设中国工程科技界的数字图书馆，为国家工程科技思想库建设提供强有力的技术支撑，搭建我国工程科技知识整合平台。中国工程院重大咨询研究项目“建设中国工程院数字图书馆调研和实施方案设计论证研究”于 2011 年正式立项。经过项目组深入调研并充分讨论，认为中国工程院应建设“中国工程科技知识中心”，而不是传统意义上的“数字图书馆”[1]。中国工程科技知识中心将对数字图书馆（信息）进行完全重组和提炼，促使用户更加活跃地加入知识的创造中去，从获取信息转变到共享知识和创造知识中去。2012 年 3 月，中国工程科技知识中心（以下简称知识中心）建设项目应运而生。

1.2 建设意义

知识中心由中国工程院联合国家级研究院、各部委情报所、高等院校、行业信息中心及大型企业等共同建设，协同开展领域资源建设和专业知识服务。其建设意义体现在：

（1）满足战略咨询研究和国家工程科技思想库建设的需要。开展战略咨询研究是中国工程院的中心任务，其中最基础的工作是对数据与资料进行分析与研究，深度挖掘出数据潜在价值。建设知识中心，可以提供“数据—信息—知识—价值”的深度服务，这正是开展战略咨询、建设国家工程科技思想库的基础性工作。

（2）满足国家实施创新驱动发展战略的需要。创新需要人才、平台、技术和信息，知识中心将通过整合国内外工程科技资源，传播科技知识和科学思想，促进工程科技学术交流，实现工程科技创新和发展，培养创新型人才队伍。

（3）满足国家工程科技战略长期发展的需要。工程科技的创新发展离不开科技信息资源的支撑保障，知识中心的建设与服务可提升国家科技信息资源基础设施水平，对我国科技信息资源进行战略布局。同时，整合国际工程科技数据资源，推动国际工程和科学技术知识库的建设，争取在新一轮大数据浪潮中占得先机，为提升国家经济和科技国际竞争力发挥重要作用。

1.3　建设目标

知识中心是经国家批准建设的首个以跨领域专业数据融合与深度知识挖掘为目标的公益性、开放式的资源集成和知识服务平台。它以满足国家经济科技发展需要、提高国家自主创新能力为总体目标，以为国家工程科技领域重大决策、重大工程科技活动、企业创新与人才培养提供信息支撑和知识服务为宗旨，最终建设成为国际先进、国内领先、具有广泛影响力的工程科技领域信息汇聚中心、数据挖掘中心和知识服务中心。

知识中心的建设聚焦以下目标：推动数据汇聚与资源共享，实现科学配置和高效互通；推动技术创新与能力开放，实现知识融合和生态繁荣；推动知识增值与特色服务，实现智慧引领和价值创造；推动运营统筹与创新实践，实现合作共赢和持续发展。

2　建设理念和实施框架

2.1　建设理念

以服务为宗旨。知识中心是国家工程科技思想库中独具特色的重要组成部分，其建设要以服务为宗旨，服务于国家工程科技思想库的建设和系统应用，服务于广大科技工作者，服务于工程科技的发展。

以创新为灵魂。创新是引领发展的第一动力。知识中心的建设必须与创新紧密结合，在平台联盟建设、关键核心技术研发应用、跨领域资源融合服务等方面，不断进行理念创新、技术创新、管理创新和服务创新。

以开放为特色。要把开放作为知识中心建设的主要特色和主要优势，按照“互惠互利，优势互补，共建共享，共同发展”的开放思路，加强国内、国际间的开放合作，尤其要以全球化的视野，推动国际工程科技知识中心（International Knowledge Centre for Engineering Sciences and Technology under the Auspices of UNESCO，IKCEST）建设[2]。

2.2 实施框架

2.2.1 组织架构

在组织管理上，知识中心主要依托中国工程院项目领导小组、专家委员会、项目管理办公室、技术专家组、各分中心及技术研发中心开展工作，逐渐形成了完善的组织架构（见图 1）。在知识中心项目管理办公室的统筹协调下，由总中心、技术研究中心、专业分中心分工协作共同推进项目建设。

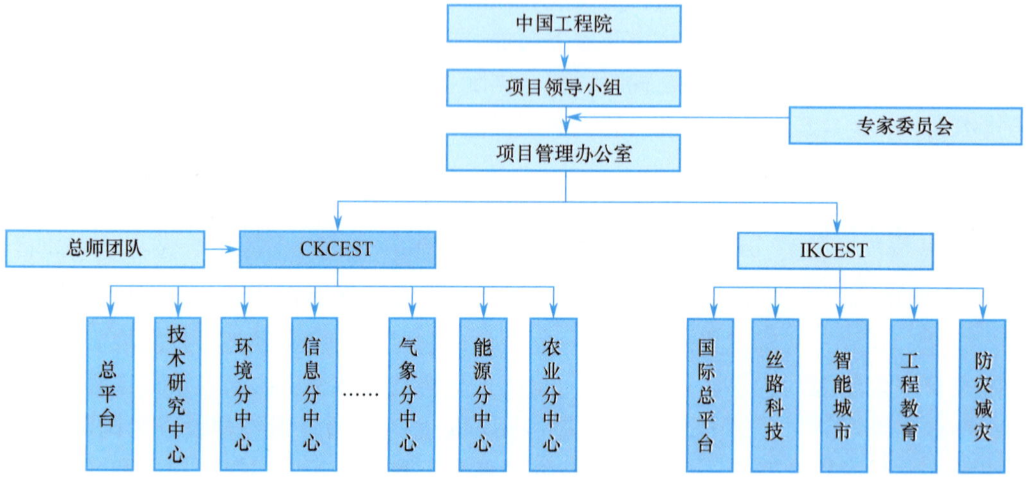

图 1 知识中心组织架构

总中心是贯彻执行各项规范标准、汇聚融合专业领域数据资源、研发和推广应用技术、集成各种专业知识服务应用、维护知识中心日常运行的核心机构。总中心的基础设施包括总平台、应用系统平台和共享平台，总平台汇聚各分中心领域资源，提供门户网站服务、跨领域服务和泛在服务，应用系统平台侧重于系统设施支撑，共享平台侧重于数据资源支撑。

技术研究中心是知识中心关键共性技术和前沿新技术的研发机构，其核心任务是为知识中心持续发展和技术升级提供有效的需求对接及技术研发支撑。

专业分中心是特定工程科技专业领域建设的子系统，是知识中心全面覆盖工程科技各个专业领域的重要组成部分。分中心承担本专业领域资源的整体规划，全面负责厘清本领域内数据资源脉络以及数据加工组织与整合，研发专业知识服务系统，构建专业领域分平台，开展专业领域用户群体的知识服务，并提供分中心系统运行与维护支持。

2.2.2 建设框架

知识中心建设内容主要包括云基础设施环境、资源体系、技术体系、产品体系、运营体系、管理体系及知识中心门户系统等（见图 2）。其中，云基础设施环境是指整个知识中心的基础计算、存储和网络环境；资源体系建设重点是汇聚中国工程科技领域知识资源，建立资源汇聚、资源组织、资源管控一体化的数据治理服务体系；技术体系建设主要涉及能力开放与数据流通、数据处理、知识组织与计算以及应用与服务支撑等；

产品体系建设主要涉及跨领域知识服务、专业领域知识服务和国际工程科技知识服务等；运营体系建设重点主要包括运营机制、运营模式、评价体系、宣传推广和运维保障；管理体系建设主要包括标准规范、网络安全、知识产权、人才队伍等。

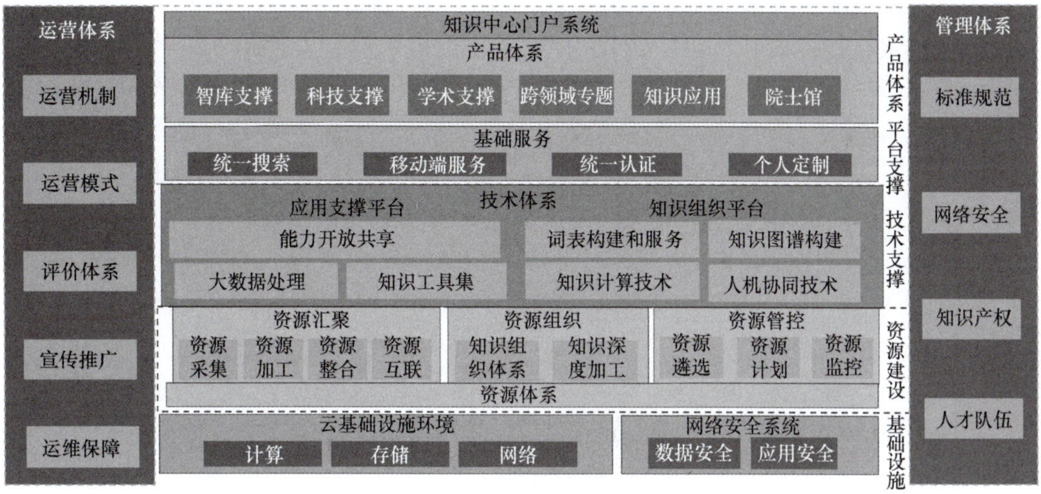

图 2　知识中心建设框架

2.3　技术方案

云基础设施环境建设。云基础设施环境建设重点是完善基于云的计算、存储设施和网络运行环境。搭建知识中心公有云和私有云相结合的混合云，建成灾备中心，为知识中心总平台及各领域知识服务平台提供统一的云资源服务，实现不同种类及重要等级数据的分类存储。

大数据处理环境建设。建立不同类型资源的元数据标准规范体系，支撑资源汇交、关联融合和服务；建立完善的大数据治理体系，实现多源异构数据全过程管理；制定知识中心工程科技分类，对资源进行分类标注，支持深度智能搜索；建设数据库资源台账系统，对资源数据监控、数据质量统计和统计分析，实现对多源异构数据资源的全过程精细化管理。

资源体系建设。通过自建、联盟、采购、开放获取等多种方式，汇聚工程科技领域知识资源。建立资源汇聚、资源组织、资源管控一体化的数据治理服务体系。在总中心的统一管理下，分中心组织汇聚本领域的各类数据资源到总中心，扩充工程科技领域的公共基础数据资源，推进各领域特色资源建设与数据汇交，促进多来源数据资源的融合与拓展，实现工程科技元数据的整合、优化与持续更新。

知识组织与计算技术体系建设。推进知识计算关键共性技术的集成创新和自主研发，研发数据汇聚与标引技术、知识加工与知识重组技术、深度搜索与多维导航技术、协作众包技术、大数据可视化分析技术、知识网络技术、智能问答技术等，开展关键技术集成测试与参考系统构建，开展专业知识服务系统参考模型、专业知识服务系统支撑软件 KS-Studio 建设；推动知识计算技术工程化及应用，实现命名实体识别和链接、层次概念标引、实体属性及关系抽取，实现多源数据的融合，实现专家群体智慧和知识计算工具的高效协同和深度共融[3]，建设一站式人机协同知识加工众包服务系统；开展知识组织方法工具的研究和构建工作，建成知识组织体系构建管理系统，构建中国工程科技词表，开发知识图谱的构建及配套技术工具、新词发现工具和关系推荐工具，有效支持工程科技资源加工和知识应用构建[4]。

智能搜索服务研发。知识中心打造开放的技术集成环境，与百度开展搜索引擎技术合作，融合清华大学、浙江大学等国内高校及机构的人工智能技术、知识图谱技术，打造国内领先的知识搜索引擎；与百度学术开展资源合作，建立国内最大的工程科技搜索资源库，协同开展工程科技原文资源加工、前端产品开发等工作，共同建设更加专业的智能搜索服务；持续优化敏感词管理、日志管理、原文服务、权限管理等用户管理系统；持续探索知识图谱在搜索中的应用，基于知识图谱，从搜索广度和深度、搜索效率和搜索质量等方面进行优化和提升，提高检索结果的准确性和全面性；基于语义理解和知识关联，提升工程科技各领域数据融合的知识揭示；实现用户单点登录全网跨平台无障碍漫游、全站跨领域资源高效率发现、原文及实体数据的便捷获取，向用户提供"所需即所在、所见即所得"的一站式发现服务。

知识服务体系建设。建立总中心综合性服务与分中心专业性服务协同的知识服务体系。建立专业知识应用，从大数据中发现知识，汇集群体智慧，为用户提供深层次知识服务；面向高端智库和战略咨询提供高价值数据一站式发现、全生命周期信息化支撑、智能化工具支撑、报告自动撰写、高价值情报推送等系列服务；面向工程科技界持续聚焦科研需求，做优做强知领系列精品服务；聚焦国家战略，应对突发事件，持续丰富各个专业领域知识应用。

产品体系建设。通过打造智库支撑平台、智库观点、战略咨询智能支持系统等产品，为战略咨询与研究提供强大的知识和应用服务，初步实现从资料收集到数据分析，再到报告协同撰写的全流程支撑，基本形成以专家为核心、流程为规范、数据为支撑、交互为手段的工程科技战略咨询支撑服务体系。

标准规范体系建设。针对知识中心多类型数据资源，围绕资源创建、描述、组织、检索、服务和长期保存的整个生命周期，提出知识中心总体标准规范架构，包括数据资源规范、技术规范、应用服务规范、安全规范及运行管理规范等。

运营管理体系建设。从多方面制定了相应的管理办法及制度。例如，在综合管理制度方面，制定《知识产权管理办法》《网络信息安全管理办法》等；在资源建设制度方面，制定《资源建设方案》《资源共享管理办法》《资源安全管理和长期保存管理办法》等；在服务管理制度方面，制定《知识服务管理办法》《平台运行服务管理办法》等。在宣传推广方面，联合各方力量，创新运营机制，打造统一的知识服务品牌，推动生态合作，形成覆盖工程科技领域的服务运营推广体系。

3 建设成果

3.1 创立完善的多领域知识服务联盟机制

中国工程院与各协建单位采取联盟的机制，共同建设知识中心。联盟机制的实行，使知识中心工作决策实现了领域研究人员与文献信息专家的结合。通过权利与义务的规定，较好地解决了联盟单位与项目整体目标、联盟单位之间的关系，开拓了一种数据与应用共建共享的全新管理模式。截至2021年年底，中国工程院已实现与涵盖各部委情报所及行业信息中心、国内顶尖高校、国家级科研院所、国内信息技术领先企业、权威数据服务机构等50多家信息服务单位的联盟，联合产、学、研、用各方力量，共同构建工程科技领域大数据产业生态。

3.2　建成工程科技知识服务标准规范与管理体系

知识中心根据业务与管理需要，制定并完善了相应的标准规范及必要的规章制度，既促进了跨领域数据的有效融合，也保证了以联盟为机制、多机构参与的知识中心的高效运行。构建了知识中心总体标准规范架构（见图3），包括应用服务规范、数据规范、技术规范、安全规范及运行维护规范。知识中心已制定通用元数据规范24项、特色资源元数据规范95项。

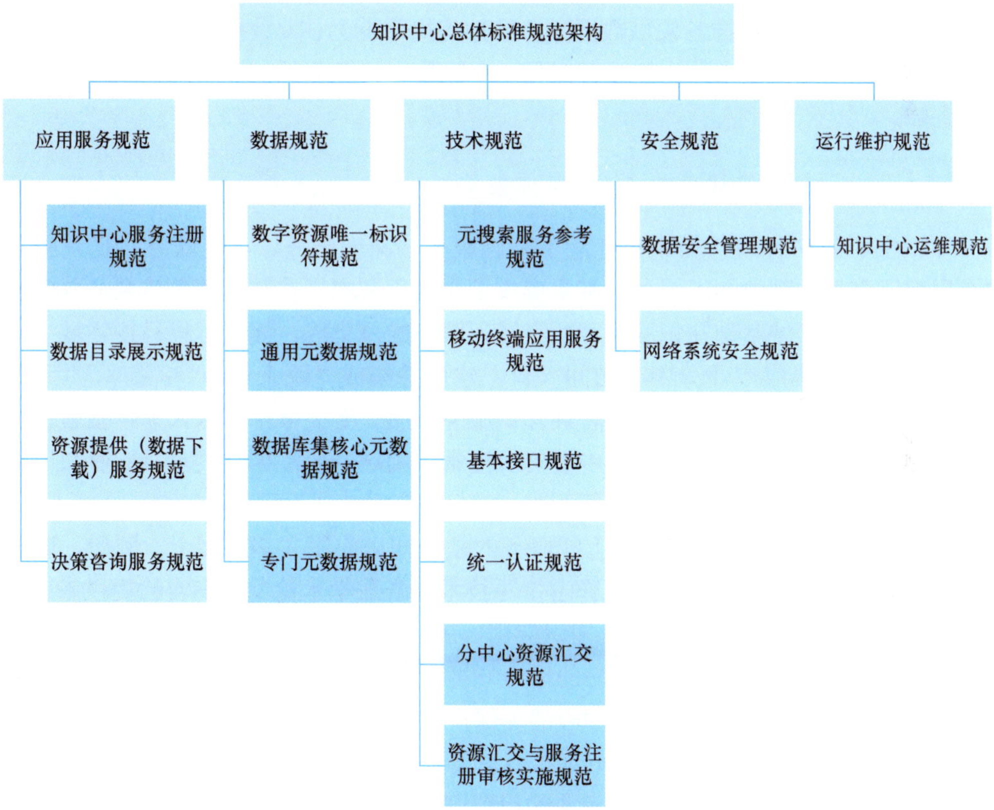

图3　知识中心总体标准规范架构

3.3　打造海量工程科技资源体系

截至2021年年底，知识中心资源总量达到73亿条，体量达到100TB，工程科技领域一级学科覆盖率达 100%，二级学科覆盖率达 90%。协同总、分两级，构建了 34 个专业领域大数据知识服务平台，集成各领域高质量的专业特色数据集近 3000 个。总分中心联合构建工程科技领域的知识库和专业词表系统，总表核心词条达到 19.6 万条，扩展词条达 320 万条，分领域词条超过 60 万条，构建了 973 个大类和 620 个子类的知识中心分类体系。建成了中医药、水利和油茶等领域的知识图谱，构建了专家、学者、项目与成果的工程科技知识图谱。

3.4　开创大数据应用与知识工程技术路径

知识中心在一体化基础设施建设和技术环境、知识组织与计算技术、大数据挖掘与知识发现等方面的系列技术支撑工作及成果，为促进跨组织多领域协同，推动资源汇聚、关联融合、大数据挖掘与知识服务，实现从数据到信息到知识，形成了开创性实践和示范效应。一体化技术环境、标准规范建设和大数据处理环境，为各领域知识服务平台基础环境及支撑提供了保障能力，打通了跨单位的组织藩篱，确保了跨领域数据资源的横向流动，确保了用户跨平台访问的无障碍漫游和一致性体验；知识组织体系建设、语义标注提升了工程科技各领域数据融合的知识揭示能力；大数据挖掘、知识计算、跨媒体计算和深度搜索技术，为建设智能化、个性化、特色化的工程科技数据服务平台提供了保障。

3.5　形成网格化工程科技知识服务体系

知识中心面向各级各类用户开展了基础服务、深度服务、特色服务、定制服务等多个层面、多种类型的知识服务，基本形成了立体化和网格化知识服务体系。总中心主要提供工程科技领域基础知识服务和所有知识服务的总集成，提供工程科技领域一站式知识发现服务，集成专业分中心访问入口，建设并集成“院士馆”“专家库”“一带一路”“知领直播”“知领视频”等综合性知识服务产品。专业分中心深入垂直领域提供深度知识服务，面向各自领域，提供专业资源搜索、领域特色汇聚与展示、专业知识关联展示、知识深度分析及定制化服务等。

截至 2021 年年底，知识中心上线服务的领域知识应用共 260 余个。例如，地理信息分中心的版图智检工具为科技工作者撰写技术报告或学术论文插图自检提供参考；地理资源分中心的科教文卫专题特色知识应用，展示了中国改革开放 40 多年来科教文卫的时空分布和变化趋势；海洋分中心的动力环境专题产品，为航运及沿海的渔业等生产方面提供了环境支撑保障；环境分中心的环保产品应用服务，提供了多维度环保产品当前数量情况分析服务；林业分中心的油茶专题知识应用产品，开发了油茶知识图谱应用系统；水利分中心的“水问”水利专业知识图谱建设，实现了对水利主要研究对象的关系梳理和可视化展示；医药分中心的传染病智能分析服务，实现了我国近年来 28 种常见甲乙类法定报告传染病数据的比较和可视化分析。

3.6　建成国家高端科技智库服务支撑体系

通过打造智库支撑平台、智库观点、战略咨询智能支持系统等多类型智库知识产品，构建了工程科技战略咨询支撑服务体系。将线下服务嵌入咨询研究全流程，初步构建了领域跟踪、信息参考和数据分析相结合的智库信息服务模式。提供针对不同需求的智能化支撑工具，以数据驱动新型智库建设，全面助力高端智库建设高质量发展。

3.7　知识中心国际影响持续扩大

在 UNESCO 框架下积极参与国际工程科技开放服务与合作交流，构建了“1+*N*”布局，即建设 1 个总平台、4 个分平台（防灾减灾、丝路科技、工程教育、智能城市），初步实现了总分一体化的管理和运营体系。在统一标准规范体系下，持续汇聚国际工程科技资源和优势领域国际特色资源。IKCEST 平台数据资源量达 1.3 亿条，提供防灾减灾、公共卫生安全、人工智能伦理、文化遗产保护、全球工程、科技脉动、“一带一路”指数等 51 个在线知识应用。IKCEST 为发展中国家和高等教育机构提供持续人才培训服务。2015—2021 年，IKCEST 共举办国际培训班 93 期，涉及 28 个主题、115 个国家和地区、13000 多名学员（其中，女性占比为 35%），培训满意度超过 90%。IKCEST 致力于打造国际高端学术交流平台，举办覆盖大数据、人工智能、在线工程教育等主题领域的国际高端研讨会，为国内外知名专家和学者搭建学术交流平台。

4　未来展望

“十四五”时期是全面建成小康社会、实现第一个百年奋斗目标后，开启全面建设社会主义现代化国家新征程，向第二个百年奋斗目标进军的新起点。《中华人民共和国国民经济和社会发展第十四个五年规划和 2035 年远景目标纲要》（以下简称国家“十四五”规划）提出，我国需要“构建国家科研论文和科技信息高端交流平台”。《“十四五”国家信息化规划》提出，充分发挥数据作为新生产要素的关键作用，以数据资源开发利用、共享流通、全生命周期治理和安全保障为重点，建立完善数据要素资源体系，激发数据要素价值，提升数据要素赋能作用，以创新驱动、高质量供给引领和创造新需求，形成强大国内市场，推动构建新发展格局。

为全面落实国家“十四五”规划，大力实施创新驱动发展战略，知识中心将立足构建知识发现、汇聚、加工、管理与服务体系，持续推动工程科技领域资源的汇聚融合，深度挖掘数据价值，促进数据向知识的转化，建立工程科技领域知识资源体系，打造知识中心品牌；突破大数据、人工智能和知识服务等关键技术，强化知识产品自主研发，建成国际先进、国内领先的国家工程科技信息高端交流平台，面向工程科技领域提供知识搜索、智能问答、深度分析、在线交流和群体协作等全流程知识服务，成为支撑国家战略决策和科技创新的重大科技基础设施；积极融入全球创新网络，链接全球创新资源，形成开放融合的工程科技信息交流生态环境，提升国际交流能力与影响力。

参考文献

[1]　潘云鹤，等．建设中国工程院数字图书馆调研和实施方案设计论证研究 [R]. 北京：中国工程院，2012.

[2] WANG J, BU K, YANG F. et al. Disaster Risk Reduction Knowledge Service: A Paradigm Shift from Disaster Data Towards Knowledge Services[J]. Pure and Applied Geophysics, 2020, 177: 135-148.

[3] PAN Y H. Multiple Knowledge Representation of Artificial Intelligence[J]. Engineering, 2020, 6(3): 216-217.

[4] 潘刚，张运良，钟庆虹 . 工程科技领域知识服务的思考与实践 [J]. 情报工程，2018，4（5）：4-12.

作者简介

潘云鹤，中国工程院院士，1995—2006 年担任浙江大学校长，2006—2014 年担任中国工程院常务副院长，2013—2018 年担任第十二届全国政协常委、外事委员会主任。长期从事计算机图形学、人工智能、CAD 和工业设计的研究，兼任国务院学位委员会委员、国家新一代人工智能战略咨询委员会组长、战略性新兴产业发展专家咨询委员会副主任、中国发明协会理事长、中国创新设计产业战略联盟理事长、中国图象图形学学会名誉理事长等职。

陈左宁，中国工程院院士，毕业于浙江大学计算机应用技术专业，工学硕士，高级工程师。国家并行计算机工程技术研究中心总工程师。现任中国工程院党组成员、副院长。第十届全国人大代表，第十七届、十八届中央候补委员。先后参加或领导多台国产高性能计算机系统研制工作，主持研制了多套国产大型系统软件项目，其中，在 20 世纪 80 年代领导研制了我国第一个与 UNIX 系统完全兼容的并行操作系统，在并行处理技术方面达到国际先进水平。两次获得国家科技进步特等奖、两次获得国家科技进步奖一等奖。获得中国青年科技奖、国家有突出贡献的中青年专家、求是奖、中国青年科学家奖等。

地球大数据服务全球可持续发展

郭华东 梁 栋 孙中昶 陈 方
（可持续发展大数据国际研究中心）

摘 要

2015 年，联合国 193 个会员国通过《改变我们的世界——2030 年可持续发展议程》的成果文件，提出了 17 个可持续发展目标（Sustainable Development Goals, SDGs）和 169 个具体目标，以及 230 余个指标，旨在解决社会、经济和环境三个维度的发展问题，让全球走向可持续发展的道路。由于数据缺乏、技术障碍、资金短缺，实现 SDGs 面临严峻的挑战。伴随科技发展，全球数据量正呈指数级增长。计算和数据技术的进步，使得实时处理和分析大数据变成了现实，而新型数据与统计和调查数据等传统数据的结合，可创造更详细、更及时的高质量信息。充分发掘利用和创新地球大数据技术，是解决当前可持续发展面临的数据鸿沟以及信息和工具缺失问题的有效途径。中国科学院战略性先导科技专项“地球大数据科学工程”围绕 6 个 SDGs 及其指标进行研究和监测评估，取得一系列成果，促成可持续发展大数据国际研究中心成立。该研究中心致力于加强国际合作，通过科技创新和大数据为实现 SDGs 提供科学支撑。

关键词

地球大数据；数字地球；科学大数据；可持续发展目标

Abstract

In 2015, 193 member states of the United Nations adopted the 2030 Agenda for Sustainable Development, in which, 17 Sustainable Development Goals (SDGs), 169 targets, and more than 230 indicators were proposed to guide the economic, social, and environmental aspects of development. However, several factors have constrained the implementation of the SDGs, including lack of data, technical obstacles, and shortage of funds. With the development of science and technology, the global data volume is growing exponentially. Advances in computing and data technologies have made real-time processing and analysis of big data a reality, while new types of data combined with traditional data, such as statistical and survey data, can create more detailed, timely, high-quality information. Big Earth Data technology, through its extensive use and further innovation, can be an effective way to address the data divide and the lack of information and tools for sustainable development. The Big Earth Data Science Engineering Program of the Chinese Academy of Sciences carried out research on improving the monitoring and evaluation of SDGs and achieved a series of goals. To this end, the International Research Center of Big Data for Sustainable Development Goals (CBAS) was established to strengthen national and international efforts through improved scientific support driven by innovative big data solutions for SDGs.

Keywords

Big Earth Data; Digital Earth; Scientific Big Data; Sustainable Development Goals

1 地球大数据发展态势

地球大数据是科技创新的核心要素，是数字经济时代的战略高地，是国家和全球的新型战略资源，正在成为人类认识地球的新钥匙、知识发现的新引擎、科学认知的新范式[1]。地球大数据是基于数字地球和科学大数据发展而来的。

1.1 数字地球

数字地球理念于 1998 年被提出。1999 年，第一届国际数字地球会议通过了“数字地球北京宣言”[2]，自此数字地球正式开启了全球发展。我国是开展数字地球研究较早的国家之一。由我国科学家发起且总部设在中国的国际数字地球学会已成为国际上该领域最重要的学术组织，创刊的《国际数字地球学报》（*International Journal of Digital Earth*）被 SCI 收录，是国际上该领域唯一的学术期刊[3]。

数字地球是把有关地球的海量的、多分辨率的、三维的、动态的数据按地理位置集成起来的虚拟地球，是地球科学、空间科学、信息科学的高度综合[4]。数字地球的发展是一场意义深远的科技革命，是地球科学研究的一场纵深变革。

在 20 多年的发展历程中，数字地球面临着地球大数据管理、数字地球平台构建、数字地球基础研究扩展、数字地球生态系统建设、社会复杂性应对、数字地球教育开展等方面的严峻挑战。然而，随着当前大数据与云计算、人工智能、区块链与物联网等新技术的兴起及持续发展，数字地球研究在服务、应用和科学研究范式等方面面临新的发展机遇，同时也面临着新的挑战。

在地球大数据背景下，全球数字地球领域的首部国际学术著作——《数字地球手册》（*Manual of Digital Earth*）完成，并由斯普林格（Springer）出版社以开放获取的方式在线出版，分析了数字地球技术，梳理了数字地球多领域应用，介绍了数字地球区域及国家的发展，以及探讨了数字地球教育与伦理[5]。该书是具有前瞻性的专业性很强的学术著作，推动了数字地球在全球的积极发展，亦为我国的数字中国战略做出了学术贡献。

1.2 科学大数据

随着智能技术和网络技术的深入发展，半结构化、非结构化数据的大量涌现，数据的产生已不受时间和空间的限制，引发了数据爆发式增长，数据类型繁多且复杂，已经超越了传统数据管理系统和处理模式的能力范围，人类开启了大数据时代的征程[6]。

2013 年 9 月，科学大数据概念被提出，并以“科学大数据与数字地球”为题发表于《科学通报》。该文提出，科学大数据与互联网大数据、商业大数据等存在本质属性和特点上的区别，具有自己独特的科学内涵和特点[7]。

科学大数据作为大数据的一个分支，正在成为科学发现的新型驱动力，带来了科学发现的新范式——数据密集型科研范式。首先，科研对象发生了变化。人们事实上并不用望远镜来看东西了，取而代之的是通过把数据传递到数据中心的大规模复杂仪器上来“看”。其次，科学发现的工具发生了变化。“数里淘金”是大数据时代科学工作者最重要的工作，数据挖掘成了科学发现的主要工具。再次，科学数据与知识产品发生了变化，出现了全数据模式和数据规律。科学大数据追求的不再是高精度而是海量、混杂，即“全数据模式”。最后，科学发现的分工、流程发生了变化。部分科研工作已经被社会化或自动化，许多民众在不知不觉中参与了科学数据的生产工作。

科学大数据作为少量依赖因果关系，主要依靠相关性发现新知识的新模式，已成为继经验、理论和计算模式之后的数据密集型科学范式的典型代表[8]。

1.3 地球大数据

地球大数据是科学大数据的重要组成部分，正成为地球科学和信息科学交叉的新兴前沿研究领域，是面向地球科学研究形成的新型数据密集型研究方法[9]。

地球大数据是具有空间属性的地球科学领域大数据，尤其指基于空间技术生成的海量对地观测数据。地球大数据主要产生于大型科学实验装置、探测设备、传感器、社会经济观测及计算机模拟过程，它一方面具有海量、多源、异构、多时相、多尺度、非平稳等大数据的一般性质，另一方面具有很强的时空关联和物理关联，具有数据生成方法和来源的可控性。地球大数据是自然科学、社会科学及工程学交叉融合的产物，基于地球大数据分析来系统研究地球系统的关联和耦合，即综合应用大数据、人工智能和云计算，将地球当作一个整体进行观测和研究，理解地球自然系统与人类社会系统间复杂的交互作用和发展演进过程，可为人类命运共同体、全球可持续发展、“一带一路”建设做出重要贡献（见图 1）[10]。

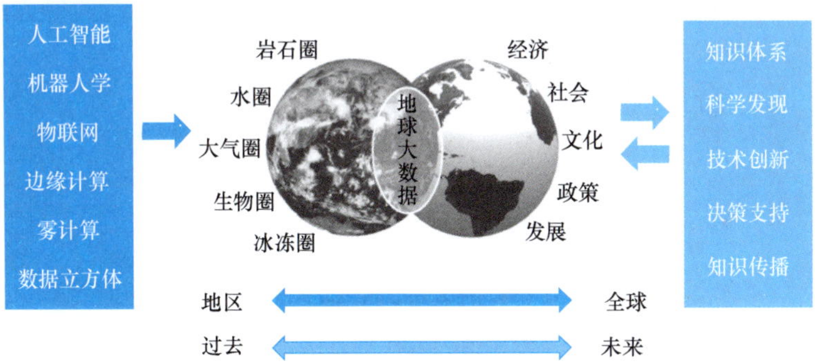

图 1 地球大数据

中国科学院充分认识到地球大数据的重要性，2018 年年初设立了战略性先导科技专项（A 类）“地球大数据科学工程”（“地球大数据科学工程”先导专项），系统开展地球大数据研究，旨在促进和加速从单纯的地球数据系统和数据共享到数字地球数据集成系统的转变，促进全球范围内的数据、知识和经验共享，为科学研究、决策支持、知识传播提供支撑[11]。

2 地球大数据科学

2.1 地球大数据科学概述

科学研究的进步，更多的是依赖观测或测量数据的驱动。利用这些数据，同时借助于计算科学的强大推力，科学研究才得以蓬勃发展。地球科学研究亦是如此。建立数字地球科学平台，用于管理、处理和分析对地观测数据，并综合使用大数据、人工智能、云计算等先进科技手段，对包括自然世界、物理世界及数据世界在内的地球整体进行观测与测试，即为地球大数据科学[10]。

地球大数据科学是一门依赖数据驱动的科学，因此也可以视其为数据科学的子领域。地球大数据科学对于研究地球大数据生态系统的设计和架构，以及它在当今社会的数字化转型和全球可持续发展领域中的应用，具有重要意义。地球大数据科学必须建立一种基于自然科学、社会科学，以及大数据和人工智能等工程科学的集成方法。为了产生可操作和可信赖的知识，需要开展地球大数据平台生态系统研究，建立为理解地球宏观现象而设计的可操作的、程序化的有机体。

2.2　地球大数据科学的研究目标

地球大数据科学包括用来研究地球大数据分析生态系统的方法和技术活动。作为一个有机体，它支持从与地球相关的数据中系统地发现信息。如图 2 所示，地球大数据科学价值链框架将大数据、认知、服务相连通，通过开发和部署各种方法和技术，实现在一个有效的分析环境中收集、存储、检索和访问不同自然领域和社会领域中的数据，在提供决策支持的同时，也可提供个性化服务，使不同社区均可访问，也确保数据和信息的民主化。

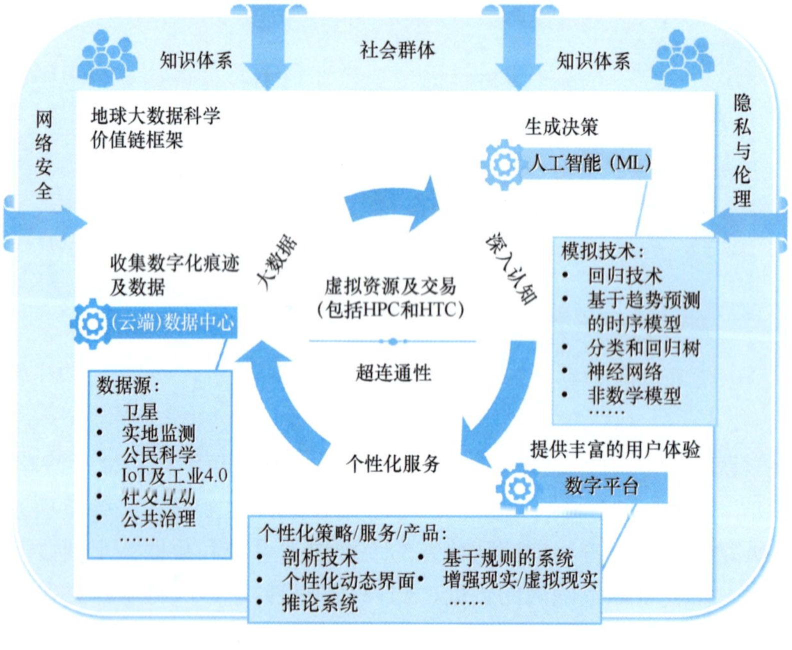

图 2　地球大数据科学价值链框架[10]

地球大数据科学的重要目标是对数据转化为信息的过程进行科学理解、建模与应用，并提供实现全球可持续发展所需的知识。地球大数据科学研究对解决重大社会问题至关重要[12]。

2.3 地球大数据科学的技术体系

地球大数据科学旨在利用各种工具和算法，从多源、海量、复杂的地球大数据中获取知识，发展相关理论来解释社会－物理系统的运行及演变机制，以确保建立一个对保护地球至关重要的可持续发展人类社会。

地球大数据科学的主要技术体系包括：①数据泛在感知；②数据可信共享；③多元数据融合；④数字孪生及复杂模拟；⑤空间地球智能认知[10]。

（1）数据泛在感知即充分利用全空间体系的数据感知与采集设施，基于统一的数据资源体系框架，实现泛在数据的高效感知与集成，并能够为数据融合、关联分析、空间统计等提供即时可用数据源。

（2）数据可信共享即通过分布式记账账本，精确记录地球空间数据在整个生命周期中经历的全部处理流程及其精度水平，保证数据可溯源、决策可信、隐私数据可保护性使用。

（3）多元数据融合是指为了充分挖掘多元数据的关联关系及其价值，通过多层次、多角度、多尺度的数据关联、转换、过滤、集成等，实现价值提升，进而为决策制定提供知识。

（4）数字孪生及复杂模拟是指采用非线性、高维度的复杂系统模拟地理、人文、社会、经济等多要素约束下的地球系统演变、发展规律，并根据多重反馈源数据进行自我学习，几乎实时地在数字世界里呈现物理实体的真实状况。

（5）空间地球智能认知是在要素提取、识别、分类等机器视觉的基本功能完成的基础上，辅以人工智能、机器学习和软件分析，使得模拟系统能够像人一样认知、理解地球系统的复杂现象和过程。

3 地球大数据支撑可持续发展目标应用研究

2015 年，联合国通过 17 项可持续发展目标（SDGs），涵盖经济、社会、环境三大领域，其为各国全面转向可持续发展指明了方向[13]。然而，数据缺失、发展不均衡、目标间关联且相互制约等问题对 SDGs 实现造成了制约[14]，2020 年新冠病毒感染疫情的暴发更加大了各国实现 SDGs 的难度。

科学技术在推动实现 SDGs 上的重要作用已成为国际共识。《2019 年全球可持续发展报告》进一步强调了科学技术是推动可持续性转型和全球发展变革的重要力量[15]。作为科技创新的重要方面，地球大数据在支撑 SDGs 实现中具有重要作用。为此，“地球大数据科学工程”先导专项以技术促进机制为导向，结合地球大数据的优势和特点，深入开展了地球大数据服务 SDG2（零饥饿）、SDG6（清洁饮水和卫生设施）、SDG11（可持续城市和社区）、SDG13（气候行动）、SDG14（水下生物）和 SDG15（陆地生物）及 SDG 多指标交叉的研究工作，为实现全球跨领域、跨学科协作提供了一种解决方案，是技术促进机制支撑 SDGs 实现的一项创新性实践[16]。

4 年来，“地球大数据科学工程”先导专项针对 24 个具体目标汇集了 64 个典型案例，展示了国家、典型地区、区域和全球 4 个尺度在数据、方法模型和决策支持方面对相关 SDGs 及其指标进行的研究和监测评估成果，包括 53 套数据产品、33 个方法模型、42 个决策支持。基于已有的研究成果，针对 6 个可持续发展目标中的 20 个指标，开展了 2010—2020 年的中国可持续发展目标进程评估（见表 1）[17]。

表1　基于地球大数据的中国可持续发展目标进展评估（2010—2020年）

	指标	评估内容	2010—2015年	2015—2020年
SDG 2	2.2.1 5岁以下儿童发育迟缓发病率	5 岁以下儿童生长迟缓比例	● ↑	● ↑
	2.4.1 从事生产性和可持续农业的农业地区比例	土地生产力、水资源利用、化肥过施量	● ↑	
SDG 6	6.3.2 环境水质良好的水体比例	湖库水体透明度	● ↑	● →
	6.4.1 按时间列出的用水效率变化	用水效率		● ↑
	6.5.1 水资源综合管理的程度	水资源综合管理评估		● ↑
	6.6.1 与水有关的生态系统范围随时间的变化	湿地（河流、湖库、沼泽）面积	● ↑	● ↑
SDG 11	11.2.1 可便利使用公共交通的人口比例，按年龄、性别等分列	可便利使用公共交通的人口比例		● ↑
	11.3.1 土地使用率与人口增长率之间的比率	土地使用率与人口增长率之比	● ↓	● ↑
	11.4.1 保存、保护和养护所有文化和自然遗产的人均支出总额	遗产地单位面积投入	● ↑	● →
	11.5.1 每 10 万人当中因灾害死亡、失踪和直接受影响的人数	地市级自然灾害总体损失年际变化	● ↑	● ↑
	11.6.2 城市细颗粒物（如 $PM_{2.5}$ 和 PM_{10}）年度均值（按人口权重计算）	城市细颗粒物（$PM_{2.5}$）	● ↓	● ↑
	11.7.1 城市建设区中供所有人使用的开放公共空间的平均比例，按性别、年龄等分列	城市开放空间面积		● ↑
SDG 13	13.1.1 每 10 万人当中因灾害死亡、失踪和直接受影响的人数	每 10 万人当中因灾害死亡、失踪和直接受影响的人数	● ↑	● ↑
	13.2.2 年温室气体总排放量	温室气体浓度		● ↑
SDG 14	14.1.1 (a) 沿海富营养化指数和 (b) 漂浮塑料碎片密度	近海海洋垃圾与微塑料	● ↑	● ↑
	14.2.1 基于生态系统的方法管理海洋区域的国家数量	红树林面积	● ↑	● ↑
	14.7.1 可持续渔业占国内总产值的比例	近海筏式养殖面积		● ↑
SDG 15	15.3.1 已退化土地占土地总面积的比例	土地退化面积比例	● ↑	● ↑
	15.4.2 山区绿化覆盖指数	山地绿色覆盖指数		● →
	15.5.1 红色名录指数	红色名录指数	● ↑	● ↑

圆圈颜色表示 2030 年目标落实状况

● 有较大挑战

● 有一定挑战

● 接近或实现

箭头方向表示变化趋势

↑ 向好

→ 变化不大

↓ 变差

深色填充表示数据在 2010—2020 年涵盖的年份，如下图表示 2010—2018 年目前，评估的20个指标中，中国有4个指标整体已接近或达到要求，包括SDG 2.2.1 5岁以下儿童生长迟缓比例，SDG 11.2.1可便利使用公共交通的人口比例，SDG 15.3.1已退化土地占土地总面积的比例以及SDG 15.4.2山区绿化覆盖指数。然而，SDG 6.4.1用水效率和SDG 15.5.1红色名录指数，虽然近年有所改善，但仍面临较大挑战，未来需要重点关注并加大节约用水和野生动植物保护力度。结果显示，2010—2015年有2个指标变差，正在改善的有11个；2015—2020年无变差指标，正在改善的有16个。总之，中国正朝着2030年实现可持续发展迈进，尤其是2015年之后，改善幅度较大。下面重点介绍已接近或者达到目标要求的4个案例。

3.1 中国5岁以下儿童生长迟缓变化

中国历来高度重视儿童健康。儿童营养状况的改善既是SDGs的关注重点，也是推进健康中国建设的重要组成部分。近年来，中国儿童营养改善政策与项目的持续推进和落地使中国5岁以下儿童的营养状况得到极大的改善。2002—2017年，中国5岁以下儿童生长迟缓率从18.8%下降至4.8%（已达到SDG 2.2对应目标），其中，城市从7.8%下降至3.4%，农村从25.6%下降至5.8%，城乡差距大幅缩小[1]。中国政府实施的儿童营养改善工作成果突出，中国5岁以下儿童营养状况改善效果显著，城乡差距明显缩小（见图3）。

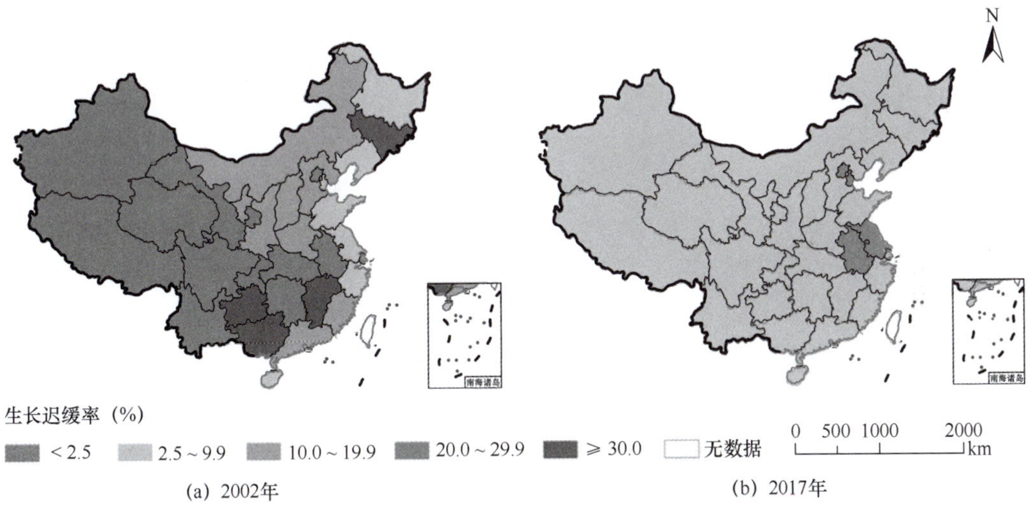

图3 2002年和2017年中国各省5岁以下儿童生长迟缓率分布

3.2 中国可便利使用公共交通的人口比例

城市公共交通是城市交通不可缺少的部分，是保证城市生产、生活正常运转的动脉，是实现与教育、粮食安全、环境有关可持续发展目标的关键因素。中国大力实施公共交通优先发展战略，出台实施多项规划以完善城市公共交通顶层设计。2020年中国可便利使用公共交通人口整体比例为90.15%。整体指标与2018年相比上升9.59%，全国约96.90%的城市出现不同程度的增长，约3%的城市出现小幅下降（见图4）[18]。

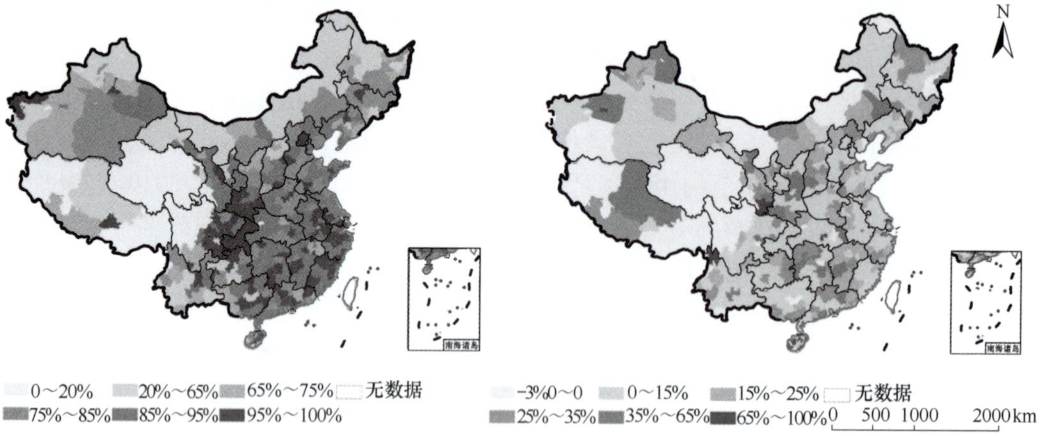

(a) 2020年人口比例　　(b) 2018—2020年人口比例变化

图 4　中国可便利使用公共交通的人口比例及变化

3.3　中国土地退化零增长跟踪评估及其全球贡献

中国在土地退化治理方面取得了举世瞩目的成就。基于联合国防治荒漠化公约（UNCCD）的框架体系与地球大数据，开展了全球一致、空间可比的国别尺度土地退化零增长基准及进展的监测评估工作（见图 5）。结果表明，中国土地退化零增长趋势持续向好，与 2015 年相比，2018 年净恢复土地面积同比增长 60.30%，土地恢复净面积约占全球的 1/5，对全球土地退化零增长贡献最大 [19]。

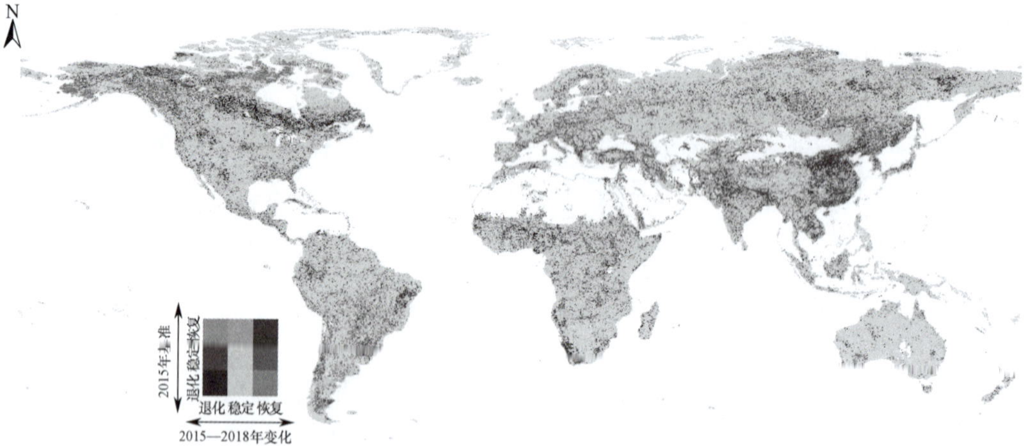

图 5　2015—2018 年全球土地退化基准与动态空间分布 [19]

3.4　全球山地绿色覆盖指数高分辨率监测

中国是山地大国，山地面积比例高达 64.59%，是世界第一山地大国。中国提出和践行的“绿水青山就是金山银山”山地绿色可持续发展理念现已深入人心。基于联合国环境规划署（FAO）的国别尺度山地绿色覆盖指数估算方案和地球大数据，开展了高分辨率栅格尺度的全球山地绿色覆盖指数动态监测工作（见图 6）。结果表明，2020 年全球山地平均绿色覆盖指数为 80.56%，中国山地绿色覆盖指数达到 82.05% 且与 2015 年基本持平 [17,20]。考虑到高海拔地区环境限制，中国已基本实现山地绿色覆盖指数目标，未来需重点关注地区间差异。

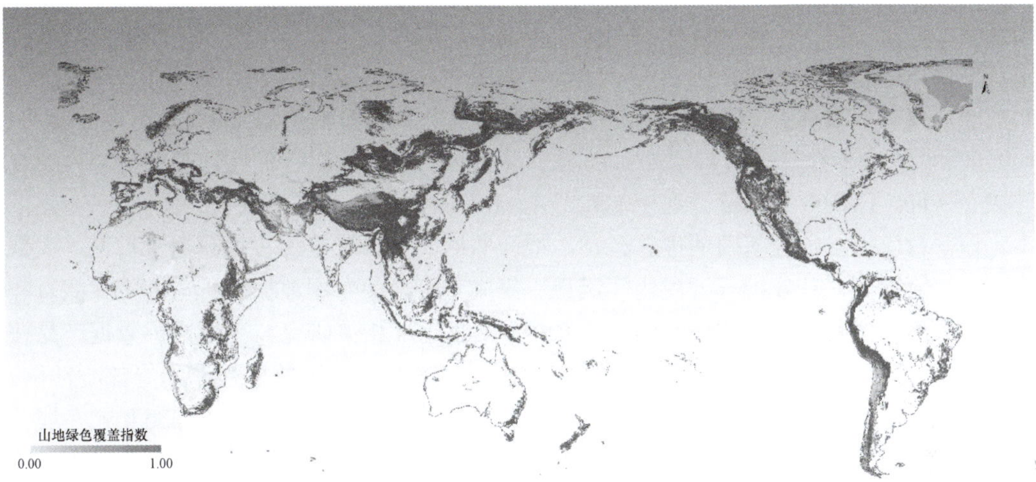

图 6　2020 年全球山地绿色覆盖指数分布

“地球大数据科学工程”先导专项组织撰写的《地球大数据支撑可持续发展目标报告》年度系列报告，连续 3 年由中国国家领导人发布。其中，《地球大数据支撑可持续发展目标报告（2019）》[21] 被列为中国政府参加第 74 届联合国大会的 4 个正式文件之一和联合国可持续发展目标峰会的 2 个文件之一，为国际社会填补数据和方法论空白、加快落实《2030 年可持续发展议程》提供了新视角、新支撑；在联合国成立 75 周年、《2030 年可持续发展议程》通过 5 周年之际，《地球大数据支撑可持续发展目标报告（2020）》[22,23] 由中国国家领导人在 2020 年 9 月 26 日减贫与南南合作高级别视频会议期间发布，为各国加强《2030 年可持续发展议程》落实监测评估提供了借鉴；《地球大数据支撑可持续发展目标报告（2021）》由国家领导人在 2021 年可持续发展论坛发布，为国际社会落实 2030 年议程提供了有益借鉴。

4　可持续发展大数据国际研究中心

2021 年 9 月 6 日，可持续发展大数据国际研究中心成立大会暨 2021 年可持续发展大数据国际论坛开幕，宣告可持续发展大数据国际研究中心（International Research Center of Big Data for Sustainable Development Goals，CBAS，以下简称中心）正式成立。这是全球首个以大数据服务联合国 2030 年可持续发展议程的国际科研机构 [24]。

中心秉承可持续发展技术促进机制，开拓地球大数据驱动的可持续发展研究新范式，建立全球可持续发展目标监测与评估体系，为联合国相关机构、成员国提供数据共享、科技支撑、决策支持，建设国际一流水准的科研机构。

中心五大任务包括研发和建设可持续发展大数据平台、开展可持续发展指标监测与评估科学研究、研制和运行可持续发展科学卫星、建设科技创新促进可持续发展智库、提供面向发展中国家的教育和培训。

目前，面向可持续发展目标实现的重大需求，在“地球大数据科学工程”先导专项的基础上，中心建设了多学科融合的可持续发展大数据云服务系统平台。该平台系统采用自主设计的新型超融合系统架构，融合了超级计算、大数据云、数据存储、高速网络四大子系统，具备每秒 1000 万亿次的双精度浮点超级计算能力、50PB 数据存储能力、10000CPU 核心云计算能力。该平台部署了自主研发的大数据管理、计算分析与可视化等核心软件，已汇聚数据量达到 10PB。

该平台已系统整合基础地理、遥感、地面监测、社会统计等多种数据，贯通“大数据存储—管理—计算分析—可视化”流程，集成了百余种专用数据分析与人工智能算法工具，通过统一服务的中英文双语门户系统，为 SDGs 相关研究与决策提供数据产品按需生产、指标在线计算、交互式分析与决策支持、SDGs 专用数据存储库等核心功能。科研人员只需通过一台个人计算机连上互联网，就可以实现 TB 量级数据交互式在线分析，按需生产所需的数据产品，以及各类指标在线计算和可视化展示。

同时，创建了面向 SDGs 应用的集成服务环境，实现了可持续发展科学卫星 1 号（SDGSAT-1）运控处理、数据共享服务管理以及 SDGs 指标协同分析功能，建成了世界先进的 SDGs 决策支持和综合分析可视化模拟平台。截至 2021 年 9 月，累计用户已超过 37 万（独立 IP），遍及全球 174 个国家和地区，共享系统访问量超过 6000 万次，为可持续发展目标研究工作提供超过 13TB 的数据支撑保障。

5 建议和总结

如何利用好地球大数据，推动地球系统科学的进步，准确理解、预测复杂的可持续发展科学问题，还需要不断深入开展工作。

5.1 加强地球大数据处理基础设施建设

面向地球大数据特点，以及 SDGs 应用的典型需求，未来的地球大数据处理基础设施需进一步凝练和抽象典型负载和应用模式，基于基准测试的结果，开展更具针对性的系统设计和建设。以数据透明访问和高效流转为中心，实现高性能计算、高吞吐计算、智能计算和云计算等融合服务和资源按需调度，达到兼顾性能、容量、灵活性的软硬一体的融合架构。

基于高速的网络基础设施，汇集计算和存储资源，面向 SDG 海量数据提供安全可靠的数据存储管理服务。支持统一的标准数据接口及完善的权限管理机制，基于动态的资源供给和应用特征适配，精准满足不同规模、不同模式的计算分析需求。基础平台要实现单一系统镜像和单一服务入口，为全球可持续发展研究组织、学者提供一站式的集成化数据检索、在线分析、远程可视化及决策支持服务。

5.2　提升地球大数据分析及开放应用能力

地球大数据分析范式、算法和模型，是地球大数据应用的基础和核心。下一步需不断完善地球大数据分析范式，搭建地球大数据分析框架，实现云计算、机器学习算法、深度学习算法、数理统计方法、空间分析方法与地球大数据深度融合，开展从地球大数据基础分析到应用分析建模及模型优化的深入研究，推动地球大数据向信息和知识转化。

地球大数据方法论的建立、大数据的应用需要多学科交叉、协同分析的生态系统。未来需要基于云计算基础设施，研发智能分析算法、完善地球大数据发展政策和共享机制，以全球可持续发展指标评估等需求为牵引，构建地球大数据示范应用，推动地球大数据的科学应用，打造地球大数据获取、加工、分析、应用的相关方法和算法开源的生态系统。

5.3　推动地球大数据数据共享及知识服务

进一步加强从工程的角度理解地球大数据，以“数据—知识—服务”为主线，从地球大数据的全生命周期出发来开展数据工程建设，以提升地球大数据的治理水平。特别是过去几十年，发达国家的数据产品在支撑国际重要报告甚至重大决策中占主导地位，我国下一步应尽快通过工程化支撑，加快研发高质量的地球大数据全球公共产品，为2030年可持续发展议程，以及碳中和、碳达峰进程评估等提供中国数据方案。

同时，应进一步强化科技创新，发展地球大数据数据共享服务模式，促进学科交叉融合应用和知识发现。例如，加快将人工智能等先进技术赋能地球大数据，打造集数据、计算、服务于一体的数据共享新模式。这种模式共享的不仅仅是数据，也是算法、模型和服务，从而实现多学科数据关联分析和融合应用，驱动重大科学发现与决策支持。

参考文献

[1] 郭华东，梁栋，陈方，等．地球大数据促进联合国可持续发展目标实现 [J]. 中国科学院院刊，2021，36（8）：874-884.

[2] 国际数字地球学会．数字地球北京宣言 [Z/OL]. [2021–11–03]. https: //www.cas.cn/zt/hyzt/gjszdqhy/ ljhy/dyj/200909/t20090903-2463154. html.

[3] 郭华东，王长林．数字地球：十五年发展与前瞻 [J]. 中国科学院院刊，2013，z1：59-66.

[4] GUO H, LIU Z, JIANG H, et al. Big Earth Data: a new challenge and opportunity for Digital Earth's development[J]. International Journal of Digital Earth, 2017, 10(1): 1-12.

[5] GUO H, GOODCHILD M F, ANNONI A. Manual of Digital Earth[M]. Singapore: Springer, 2020.

[6] 郭华东．科学大数据——国家大数据战略的基石 [J]. 中国科学院院刊，2018，33（8）：768-773.

[7] 郭华东，王力哲，陈方，等．科学大数据与数字地球 [J]. 科学通报，2014，59（12）：1047-1054.

[8] 郭华东．大数据 大科学 大发现——大数据与科学发现国际研讨会综述 [J]. 中国科学院院刊，2014，29（4）：500-506.

[9] GUO H. Big Earth data: A new frontier in Earth and information sciences[J]. Big Earth Data, 2017, 1(1-2): 4-20.

[10] GUO H, NATIVI S, LIANG D, et al. Big Earth Data science: an information framework for a sustainable planet[J]. International Journal of Digital Earth, 2020, 13(7): 743-767.

[11] 郭华东 . 地球大数据科学工程 [J]. 中国科学院院刊，2018，33（8）：818-824.

[12] GUO H. Steps to the digital Silk Road[J]. Nature, 2018, 554: 25-27.

[13] UNITED NATIONS. Transforming our World: The 2030 Agenda for Sustainable Development[R]. New York: United Nations, 2015.

[14] UNITED NATIONS. Global indicator framework for the Sustainable Development Goals and targets of the 2030 Agenda for Sustainable Development[R]. New York: United Nations, 2017.

[15] UNITED NATIONS. Global Sustainable Development Report 2019: The Future is Now – Science for Achieving Sustainable Development[R]. New York: United Nations, 2019.

[16] GUO H, CHEN F, SUN Z, et al. Big Earth Data: a practice of sustainability science to achieve the Sustainable Development Goals[J]. Science Bulletin, 2021,66:1050-1053.

[17] 中国科学院战略性先导科技专项“地球大数据科学工程”. 地球大数据支撑可持续发展目标报告（2021）[R]. 北京：中国科学院，2021.

[18] 黄春林，孙中昶，蒋会平，等 . 地球大数据助力“可持续城市和社区”目标实现：进展与挑战 [J]. 中国科学院院刊，2021，36（8）：914-922.

[19] 李晓松，卢琦，贾晓霞 . 地球大数据促进土地退化零增长目标实现：实践与展望 [J]. 中国科学院院刊，2021，36（8）：896-903.

[20] BIAN J, LI A, LEI G, et al. Global high-resolution mountain green cover index mapping based on Landsat images and Google Earth Engine[J]. ISPRS Journal of Photogrammetry and Remote Sensing, 2020, 162: 63-76.

[21] GUO H. Big Earth Data in Support of the Sustainable Development Goals (2019)[M]. Beijing: Science Press and EDP Sciences, 2019.

[22] GUO H. Big Earth Data in Support of the Sustainable Development Goals (2020): The Belt and Road[M]. Beijing: Science Press and EDP Sciences, 2020.

[23] GUO H. Big Earth Data in Support of the Sustainable Development Goals (2020): China[M]. Beijing: Science Press and EDP Sciences, 2020.

[24] GUO H, LIANG D, CHEN F, et al. Innovative approaches to the Sustainable Development Goals using Big Earth Data[J]. Big Earth Data, 2021, 5(3): 263-276.

作者简介

郭华东，中国科学院空天信息创新研究院研究员，可持续发展大数据国际研究中心主任。中国科学院院士、俄罗斯科学院外籍院士、芬兰科学与人文院外籍院士、发展中国家科学院院士。现任国际数字地球学会名誉主席、联合国教科文组织国际自然与文化遗产空间技术中心主任、国际科学理事会全球可持续发展科学使命高级别委员会委员、“数字丝路”国际科学计划主席、《国际数字地球学报》和《地球大数据》主编，曾任第二届联合国可持续发展目标技术促进机制 10 人组成员（2018—2021 年）、国际环境遥感委

员会主席（2017—2020 年）、国际数字地球学会主席（2015—2019 年）、国际科技数据委员会主席（2010—2014 年）等职。从事空间地球信息科学研究，在遥感信息机理、雷达对地观测、数字地球科学等方面取得系列成果。发表论文 500 余篇，出版著作 24 部，获国内外科技奖励 19 项。

梁栋，可持续发展大数据国际研究中心主任助理。2006 年毕业于英国赫尔大学数学系，2009 年获瑞典麦拉达伦大学应用数学硕士学位。现任国际数字地球学会中国国家委员会副秘书长。主要从事地球大数据和极地遥感研究，发表论文 30 余篇。

孙中昶，中国科学院空天信息创新研究院副研究员，可持续发展大数据国际研究中心合作发展部部长。2011 年获中国科学院大学地图学与地理信息系统博士学位。2013 年申请 DAAD 奖学金在德国宇航局（DLR）德国遥感数据中心（DFD）交流访问；2016—2017 年，申请 CSC 奖学金作为访问学者在美国南卡罗来纳州立大学地理系进行学术交流。2020 年入选第二批海南省“南海系列”育才计划（“南海名家青年”）。长期从事城市环境遥感和城市可持续发展等研究工作。发表论文 60 余篇，其中发表 SCI 论文 30 篇；作为副主编出版专著 6 部。主持国家重点研发计划、国家自然科学基金、中国科学院战略性先导科技专项（A 类）等 10 余项国家 / 省部级项目。

陈方，中国科学院空天信息创新研究院研究员，博士生导师，中国科学院大学岗位教授（A 类）。现任可持续发展大数据国际研究中心常务副主任、中国科学院－发展中国家科学院空间减灾卓越中心常务副主任。担任世界工程组织联合会（WFEO）减灾委员会委员、国际科学理事会（ISC）灾害风险综合研究计划（IRDR）中委会秘书长、国际数字地球学会（ISDE）中委会数字减灾专委会主任委员。任 *Frontiers in Earth Science*、*Remote Sensing* 等期刊编委。主要从事灾害遥感及地球大数据支撑可持续发展目标研究，发表 SCI 论文 100 余篇（第一 / 通讯作者 71 篇）、出版中英文著作 6 部。2014 年当选发展中国家科学院（TWAS）青年通讯院士。

第二篇

应用实践篇

面向世界科技前沿

中国散裂中子源和高能同步辐射光源信息化建设与应用

陈和生[1,2]　陈　刚[1,2]　齐法制[1,2]　胡　皓[3,1]　李亚康[1,2]　侯丰尧[1,2]
（1. 中国科学院高能物理研究所；2. 散裂中子源科学中心；3. 中国科学技术大学）

摘　要

中国散裂中子源（CSNS）是继英国散裂中子源、美国散裂中子源和日本散裂中子源之后，全球第四台脉冲型散裂中子源，为我国材料、物理、化学化工、生命、资源环境和新能源等领域提供了一个功能强大的先进交叉科学科研平台。目前，CSNS 一期 3 台谱仪已投入运行，建设中的 8 台用户谱仪也正陆续投入运行，CSNS 二期工程规划中的谱仪也将于 2027 年前后建成。高能同步辐射光源（HEPS）是我国“十三五”期间面向国家重大战略需求和前沿基础科学研究需求优先建设的国家重大科技基础设施，其主要服务于超高空间分辨、时间分辨和能量分辨的高通量同步辐射实验。CSNS 和 HEPS，在进行实验时每天将产生海量的原始实验数据，实验装置的运行状况、科学数据处理效率及科学实验用户使用体验至关重要，平台在海量数据存储、实验数据实时处理、科学数据规范管理和实验用户服务等面临着巨大的挑战。CSNS 和 HEPS 的信息化系统建设将为 CSNS 和 HEPS 设施、科研人员、工程技术人员及用户提供包括数据传输、数据存储、数据分析、数据共享、科研协同等在内的网络、计算和存储等基础设施保障能力，同时提供科学软件、通用软件、通用信息系统和网络信息安全服务等。通过开发面向 CSNS 和 HEPS 信息化系统软件的探索和实践，将为我国大科学装置上基础科学软件的合作开发模式提供借鉴，建立相应的软件标准和技术规范，形成开放、自主的软硬件协同发展的基础研究科学软件生态，为我国大科学装置的成功运行奠定坚实的信息化基础。

关键词

中国散裂中子源；高能同步辐射光源；信息化；科学软件；科学数据处理；数据共享

Abstract

China Spallation Neutron Source (CSNS) is the fourth pulse spallation neutron source in the world after the U.K., U.S. and Japan. With three spectrometers built and put into operation in CSNS Ⅰ, the other eight being built-now, and more to be built before 2027 in CSNS Ⅱ, CSNS will become a powerful advanced interdisciplinary research platform for the research of materials science, physics, chemistry, chemical industry, life science, resources, environment and new energy in China. As a priority large-scale scientific facility during the 13th Five-Year Plan period, High Energy Photon Source (HEPS) will provide a technical platform for national strategic needs and frontier basic research and serve the high-throughput synchrotron radiation experiment of ultra-high spatial resolution, time resolution and energy resolution. The experimental data of the CSNS and HEPS produced every day will be rather huge and difficult to process promptly. Huge raw data to be saved and shared, experimental data to be analyzed and processed, scientific data to be normalized and managed, and experimental users to be serviced and supported, these all will impact the facility's normal running, scientific data processing efficiency and experimental users' good experience. For the facilities, researchers, engineers, and users in CSNS and HEPS, information system will provide network, computing and storage capabilities and technological services, such as data transmission, data storage, data analysis, data sharing and research collaboration, scientific software, general software, general information system and network information security. The exploration in information software system of CSNS and HEPS will help to form the development mode, establish the technical standards, and open development ecology of the basic software in large scale scientific facilities. This will lay a solid information foundation for the successful operation of the large-scale scientific facilities in China.

Keywords

China Spallation Neutron Source(CSNS); High Energy Photon Source(HEPS); Informatization; Scientific Software; Scientific Data Processing; Data Sharing

中国散裂中子源[1]（China Spallation Neutron Source，CSNS）位于广东省松山湖科学城，是我国“十一五”期间重点建设的大科学装置之首，CSNS 一期于 2018 年 8 月通过国家验收，目前已有一期工程的 3 台谱仪投入运行，建设中的 8 台用户谱仪也将陆续在 2023 年年底前投入运行，规划中的二期谱仪将于 2027 年前后建成，届时加速器功率将从 100kW 升级到 500kW。CSNS 是继英国散裂中子源、美国散裂中子源和日本散裂中子源之后，全球第四台脉冲型散裂中子源，为我国材料、物理、化学化工、生命、资源环境和新能源等领域提供了一个功能强大的先进交叉科学科研平台。

高能同步辐射光源[2]（High Energy Photon Source，HEPS），位于北京市怀柔科学城北部核心区域，是我国“十三五”期间面向国家重大战略需求和前沿基础科学研究优先建设的国家重大科技基础设施。HEPS 建成之后将是我国第一台高能同步辐射光源，也将是世界上亮度最高的第四代同步辐射光源。

CSNS 和 HEPS 作为开放的大型交叉科学科研平台，可为国内外科研人员提供中子散射、X 射线衍射、散射、成像和谱学等多学科交叉实验研究。

CSNS 吸取了当前国际上加速器、靶站和谱仪技术的最新成果，其有效脉冲中子通量达 2.0×10^{16}/（$cm^2\cdot s$）。CSNS 二期工程束流功率提高到 500kW 后，脉冲中子通量将达到美国、日本兆瓦级散裂中子源的水平。CSNS 选择 25Hz 脉冲重复频率，可大幅提高有效长波中子通量和每个脉冲内的中子利用效率，有利于生物、化学大分子和分子团簇等方面的研究；同时，高通量粉末衍射仪、高分辨粉末衍射仪、小角散射仪、多功能反射仪和高能直接几何非弹性散射仪等，将能够满足生命科学、材料科学、纳米科学、物理学和化学等学科领域前沿研究对散裂中子源的不同需求。

HEPS 作为第四代同步辐射装置，产生的 X 射线能够达到毫电子伏级的能量分辨率、纳米级的空间分辨率和飞秒级的时间分辨率[2]，与现有光源相比性能指标有较大的提升。同时，随着光学、电子学技术的发展，使用先进的光学仪器、探测器后，用户实验过程中产生的数据将呈现爆发式增长[3]。海量的实验原始数据和元数据需要高效、安全地进行采集、传输、存储、分析和共享，以满足装置、光束线实验站、用户等各方面的需求，进而促进科研实验产出。

国际高能物理领域已形成了一套行之有效的发展大科学装置科研信息化系统的工作模式。科研团队在合作的过程中基于知识共享的原则，成立了相应的软件合作组织，如高能物理软件发展基金会（HSF）、未来高能物理实验软件框架（KEY4HEP）等，围绕高能物理大科学装置上的特定实验需求，发展相应的实验软件框架和软件系统。

英国科学技术设施委员会（STFC）和美国能源部（DOE）合作支持了面向散裂中子源相关科学数据处理软件框架研究的 Mantid 项目。该项目于 2007 年由英国散裂中子源（ISIS）发起，2010 年美国橡树岭国家实验室散裂中子源（SNS）和高通量同位素反应堆（HFIR）加入了该项目。Mantid 项目软件框架由一个高度模块化的 C++/Python 体系结构组成，提供了一个面向中子散射和缪子自旋测量的数据操作、分析和可视化的具有可扩展性的高性能计算软件框架。近年来，欧洲劳厄 - 朗之万研究所（ILL）、瑞士保罗 • 谢勒研究所（PSI）、澳大利亚布拉格研究所（ANSTO）、欧洲散裂中子源（ESS），以及中国散裂中子源（CSNS）也都加入了 Mantid 项目，共同研究发展该软件框架。目前 Mantid 项目已在数据分析、可视化方面已经取得了显著的进展。此外，欧洲散裂中子源（ESS）、瑞典同步辐射实验室（MAX IV）、瑞士保罗 • 谢勒研究所（PSI）正在联合研究开发科学数据元数据管理系统（SciCat Data Catalog System）。

当前，欧美国家还未形成面向先进光源的综合性的、大型的软件系统及框架。欧盟第七框架计划资助的“光子和中子数据基础设施”（PaNdata）项目汇集了 14 个欧洲研究设施，计划合作解决数据交互标准和工具等共性问题。德国电子同步加速器（DESY）与欧洲硬 X 射线激光（Eu-XFEL）、美国的直线加速器相干光源（LCLS）等科研团队联合开发了在线分析软件 OnDA。美国能源研究应用高级数学中心则聚焦相干衍射成像的科研需求进行基础数学、新算法、代码及软件开发，其成果已应用于美国 ALS 等多个装置。我国也由上海光源、上海自由电子激光、合肥光源、北京同步辐射光源、高能同步辐射光源等组成了联合科研团队一起研究科学数据全生命周期管理与处理软件框架，相关工作的成果将有效解决我国先进光源科学软件对国外高度依赖的问题，实现我国相关大科学装置从硬件到软件的自主研发，促进科学数据的开放共享和充分利用，充分发挥大科学装置在我国科技创新中的重要作用。

1　CSNS 和 HEPS 的信息化挑战

CSNS 和 HEPS 是依托高能物理技术建设的多学科交叉科研平台，其用户来自国内外不同单位，需要在做好中子源、光源装置和谱仪、线站的稳定运行保障的同时，服务好科学实验用户，使其在装置上更好地开展科学研究。

1.1 海量数据对存储的挑战

目前，中国散裂中子源建设规划了 20 台谱仪，其中一期工程已经建成运行的小角中子散射仪、多功能反射仪、通用粉末衍射仪，每年产生的实验原始数据有 30TB，后续能量升级到 500kW 后每年可产生 120TB 的原始数据。

目前在建设中、将于 2023 年年底前陆续投入使用的用户谱仪，预计每天将产生约 3TB 原始数据，后续能量升级到 500kW 后，每天可产生约 12TB 原始数据（见表 1）。这些中不同谱仪的原始数据产生速率差异较大，其中能量分辨中子成像谱仪每天产生的数据量高达 2TB。加速器功率从 100kW 升级到 500kW 后，这些谱仪每天产生的数据量将是原来的 3 ～ 4 倍。这些数据将通过数据处理和传输系统转存到中央存储系统进行离线分析和长期保存。

表 1　CSNS 用户谱仪原始数据统计表

谱仪名称	每天平均产生数据量（Byte）（能量为 100kW 时）	每天平均产生数据量（Byte）（能量为 500kW 时）
能量分辨中子成像谱仪	2048G	8192G
高压中子衍射谱仪	150G	600G
工程材料中子衍射谱仪	150G	600G
高分辨中子粉末谱仪	50G	200G
微小角中子散射谱仪	60G	240G
多物理谱仪	512G	2048G
大气中子辐照谱仪	21G	84G
高能直接几何非弹性中子散射谱仪	150G	600G
合计	3.14T	12.56T

HEPS 一期工程共包括 14 个线站和 1 个测试线站（B1 ～ BE），预计平均每天产生约 700TB 的原始实验数据（峰值可达每天约 1200TB）（见表 2）。但这些不同线站数据的产生速率差异较大，其中，B7 线站的原始数据产生速率约为 10GB/s，后续有可能继续增加到 23.6GB/s，预计每天在采样时间内产生的数据量为 680 ～ 1100TB；B2、BA 和 BE 线站的原始数据产生速率为 500MB/s ～ 1.5GB/s，预计每天在采样时间内产生的数据量为 15 ～ 40TB；其余线站的数据产生速率均小于 200MB/s，每天在采样时间内产生的数据量均小于 4TB。三种线站的数据吞吐率各相差了一个数量级，B7 线站的存储空间需求和数据读 / 写需求超过其他线站的总和。这些原始数据将通过对探测器像素的分块采集，采用多流方式写入存储系统。

表 2　HEPS 各实验站原始数据统计表

线站编号	每天平均产生数据量（Byte）	每天峰值产生数据量（Byte）
B1	820G	4T
B2	14T	20T
B3	112.5G	1.4T
B4	2T	2T
B5	6.8G	10G
B6	20G	50G
B7	680T	1100T
B8	10.32G	30G
B9	5G	10G
BA	35T	35T
BB	91.08G	165.6G
BC	1T	1T
BD	275M	500M
BE	11.2T	25T
合计	744.27T	1188.67T

1.2　实验数据实时处理的挑战

CSNS 和 HEPS 上产生的科学实验数据均需要及时、快速的处理、分析、存储和共享，同时需要对实验数据的分析进行快速反馈，为实验站用户提供决策，以指导和修正实验过程。

对运维装置的工程技术人员来说，需要足够的数据存储资源和满足不同计算需求（CPU、GPU、FPGA 等）的在线分析环境。对部分实验数据产生速率较大的线站（如 HEPS 上采用高分辨率面探测器的 B7 线站）还需要具有融合数据、计算、网络、软件环境等多种功能并且性能优异的科学数据处理平台作为支撑，来实现科研所需实验数据的及时处理、反馈和利用。

对实验用户来说，希望能在短时间内完成实验数据的分析、获得理想的实验结果，就需要能够提供快捷、便利、易用和友好的支撑环境，方便用户跟踪、访问、下载实验数据和结果，同时保证实验数据的安全、完整和长期保存。对于部分实验，由于数据量庞大（如衍射断层扫描实验，一次实验可能产生高达 54TB 的数据），一方面需要高性能网络实现实验数据的快速传输，另一方面还需要强大的计算平台和软件环境对实验数据进行快速处理和分析。

1.3　实验数据管理的挑战

CSNS 和 HEPS 在面向用户实验时，需要处理大量来自国内外不同实验组的实验数据。工程技术人员要面对平均每天近 200TB、文件大小不一（KB 级至 GB 级）、格式不一（ASCII 码、图像、HDF5 数据）、来源不一（不同实验技术、光束线、前端等）的实验数据统一化管理，包括科学数据库（实验数据库、元数据库、仪器设备数据库等）、数据管理规范、数据标准化、数据接口等一系列工作，这些工作是科学数据利用和共享的重要支撑和保障。

CSNS 二期将大幅提升加速器功率，而 HEPS 总体规划中将有超过 90 个光束线站运行，届时每天产生的实验数据量与现在相比将会有更大幅度的提升，这给科学数据存储、分析、管理和共享等工作带来了更大的压力，这就要求科学数据处理系统在规划时需要充分考虑架构、技术上的可扩展性。

高能同步辐射光源具有亮度高、光束线站多、实验数据量大的特点，而国内外当前的软件框架还不成熟，仍处在快速发展阶段，因此大力发展相应的科学数据管理分析软件框架就显得更为迫切。

1.4 用户服务的挑战

CSNS 和 HEPS 作为面向全球用户开放的交叉科学科研平台，年均提供实验机时在 5000 小时以上，每年都会有来自全球各地的大量用户，向 CSNS 和 HEPS 提交提案、申请机时、到站实验、获取数据、分析数据、上传成果等。随着 CSNS 二期建设的谱仪投入运行，科学实验数量、用户规模和数据规模将呈现爆发式增长，对其综合服务的业务范围、业务流程、数据关联性、用户便捷性、国际化等方面均提出了巨大挑战。平台亟须建设一个功能强大的用户服务系统，来满足用户整个实验过程的科研的全流程管理需要，为用户提供清晰、流程化的使用体验，并接受用户的反馈，提高用户实验效率，提升装置运行效率，加速科学成果的 产出。

2 面向用户的信息化系统

CSNS 和 HEPS 作为我国综合性交叉科学研究平台和重大科技基础设施，实验装置的运行状况、科学数据处理效率及科学实验用户使用体验至关重要。面向 CSNS 和 HEPS 的信息化系统建设与应用将为大科学装置、线站科学家、工程技术人员及用户提供包括数据传输、数据存储、数据分析、数据共享、科研协同等在内的网络、计算、存储等基础设施，以及科学软件、通用软件、通用信息系统和网络信息安全等服务，实现不同系统之间的数据规范化和接口标准化。

CSNS 和 HEPS 的信息化系统建设要立足科学家的科研需求和管理需要，进行信息化基础设施的建设和信息化业务系统软件的研发，在整个科学实验的前、中、后阶段均需要统一的融合科研信息化综合服务，实现科学实验数据全生命周期的管理（见图 1）。信息化系统为 CSNS 和 HEPS 提供了多维度、流程化的信息化支撑和技术服务，实现了科学实验过程、实验数据分析与共享、科学成果发布、科研项目管理等过程的自动化、数字化和智能化。

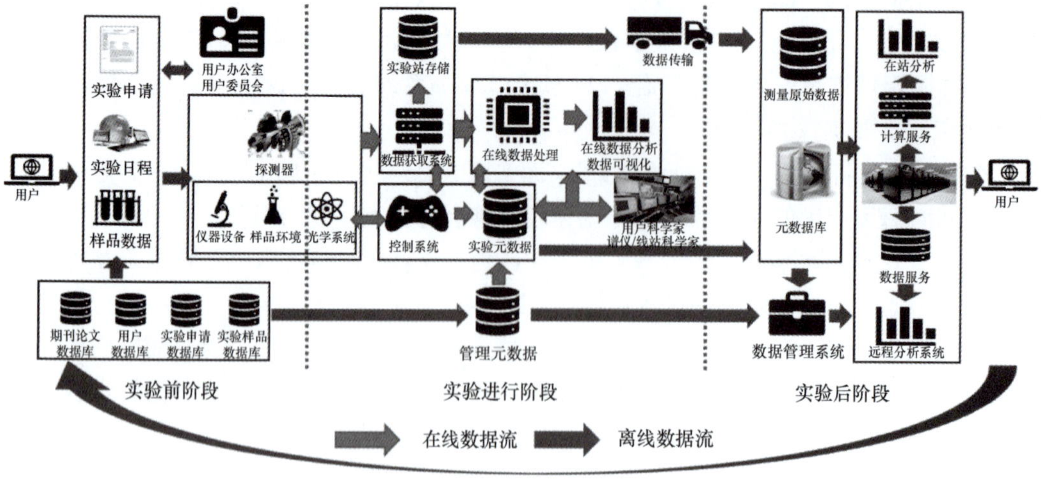

图 1　科学实验过程与科学数据的全生命周期管理

信息化系统的建设与应用，实现了 CSNS 和 HEPS 装置实验全过程的信息化、自动化、便利化；实现了实验运行过程的数字化和智能化，保障了设施的高效、可靠和安全地运行。信息化系统和应用的硬件架构异构化、软件功能模块化、功能接口及数据管理标准化，实现了 CSNS 和 HEPS 科学实验过程与科学数据的全生命周期管理，有效促进了科研成果的产出，加深了学科交叉和科研合作，进而带动物理、化学、生命科学、材料科学、资源环境等学科的发展。

2.1　信息化系统技术架构与实现

面向 CSNS 和 HEPS 的信息化建设主要包括支撑实验的科学数据存储系统、科学数据处理软件系统、科学数据管理系统、用户综合服务系统和支撑信息化基础设施运维的网络系统、存储系统、计算系统、公共信息系统、网络安全系统、智能化运维保障系统等，以及各类开源软件 OpenStack、Lustre、SLURM、MySQL、OpenLDAP、CASTOR、CernVM-FS 等。信息化系统面向用户提供安全与可靠的一站式、全流程信息化服务，其由一套高可靠、高可用数据库集群构成，为用户提供统一的数据库访问服务及一系列用户完成科学实验所需的综合性信息化服务，以方便用户安全、便捷地开展中子实验。

2.2　科学数据处理软件系统

科学数据处理软件系统是 CSNS 和 HEPS 科学数据处理平台的重要组成部分，其任务是利用平台提供的数据存储和访问服务、计算资源管理和网络环境服务等，把实验采集的测量数据处理成为具有明确物理意义的科学数据，并通过对科学数据的分析获得对实验对象的科学认识。CSNS 和 HEPS 科学数据处理软件系统的设计目标是开发能支持多个领域模型的软件，并保证各领域模型、科学数据处理软件架构及 CSNS 和 HEPS 科学数据处理平台的迭代升级互不影响。

实验用户的多样性、设备仪器的差异性和方法学的丰富性，决定了科学数据处理软件是以解决和支持特定科学应用为驱动的开发模式。这种领域驱动设计模式（Domain Driven Design，DDD）要求首先对特定业务知识进行梳理，形成领域模型（Domain Model），然后进一步驱动科学数据处理软件的设计和实现。

科学数据处理软件有两个典型的运行环境：①在线实时数据处理环境，即在实验执行的同时，利用有限的在线计算资源，对采集数据进行实时处理，其结果可以作为线站科学家和用户判断实验进展情况，并对随后的实验做出动态调整的依据；②离线数据处理环境，即在实验结束后，利用用户或计算中心的计算资源，对采集的数据进行细致、全面和深入的处理分析，其结果可以作为用户科学发现的实验证据。基于计算技术和实验方法学的发展，原来很多需要离线处理的数据现在已经可以实时处理。同时，现代的实验的技术和方法，如材料、基因组等研究的高通量实验方法、成像线站的计算机断层扫描方法，都会在短时间内获得大量的测量数据，使得离线数据处理也需要借鉴在线数据处理系统在自动化和集成计算方面的经验。因此，我们在设计 HEPS 科学数据处理软件系统时，希望在线和离线数据处理系统能最大限度地共享计算组件。这种在线、离线软件融合的设计，不但能减少开发和维护的工作量，也有利于提升用户的操作体验，降低学习难度。

为了实现这一目标，科学数据处理软件系统被划分为四个部分：①软件框架；②可视化和数据分析平台；③基于微服务的分布式中间件；④第三方软件库和外部程序集成。由于 CSNS、HEPS 的运行时间长达数十年，其间仪器技术、实验方法和计算硬件都会发生巨大的变化，因此软件系统整体的设计必须考虑计算组件之间的低耦合，以及计算平台的可拓展性，故在设计中遵循了如下原则：①面向接口的系统设计，接口是计算组件之间交互的协议，通过定义接口而不是绑定实现来保证计算系统的灵活性；②插件式的开发模式，插件是遵循接口定义完成特定功能的计算组件，软件平台通过插件开发来拓展系统的功能。

2.2.1　科学数据处理软件框架

DAISY 是为了提供 CSNS 和 HEPS 科学计算所需通用功能组件而发展的科学数据处理软件框架[4]（见图 2）。DAISY 基于 SNiPER[5] 开发，是以数据为中心、面向接口的软件架构，由 C++ 开发并提供 Python 接口，兼顾计算的高效性和软件架构的灵活性，已经成功应用在中国散裂中子源[6] 的数据处理系统中。该框架最重要的两个组件是瞬态数据对象和算法对象。瞬态数据对象是软件运行过程中（内存中）保存的数据对象，呈树型结构，能通过路径名被框架其他组件直接访问。由于现在大量科学计算程序都是基于 Python 科学计算库 NumPy 开发的，且 NumPy 的基础数据对象 ndarray 能方便地被 C++ 调用，HEPS 的基本瞬态数据对象也采用了 ndarray 数据对象，因此用户可以在此基础上拓展定义自己的数据对象。算法对象是执行数据处理的具体计算组件，领域模型被包装在具体算法中，由 Python 或者 C++ 实现，其输入、输出一般为特定瞬态数据对象，并且支持框架实现的算法接口，这样框架就能通过接口调用算法，实现算法和框架之间调用的解耦合。HEPS 科学数据处理软件接受两种输入、输出数据：一种是文件，软件通过指定路径读 / 写，文件有明确的大小和边界（文件头和文件结束标记）；另一种是数据流（Data Stream），软件通过指定端口获取数据，数据流没有明确的边界。软件需要支持 HDF5 格式文件的读 / 写操作，以及线站要求的其他格式数据，因此软件的输入、输出模块应该具有插件架构，可以灵活地更换数据源并转换为指定瞬态数据对象，实现外部数据源和瞬态数据对象的解耦合。软件框架对外提供 C++ 和 Python 的应用程序接口（Application Programming Interface，API），其他应用程序可以通过 API 访问软件的所有功能。

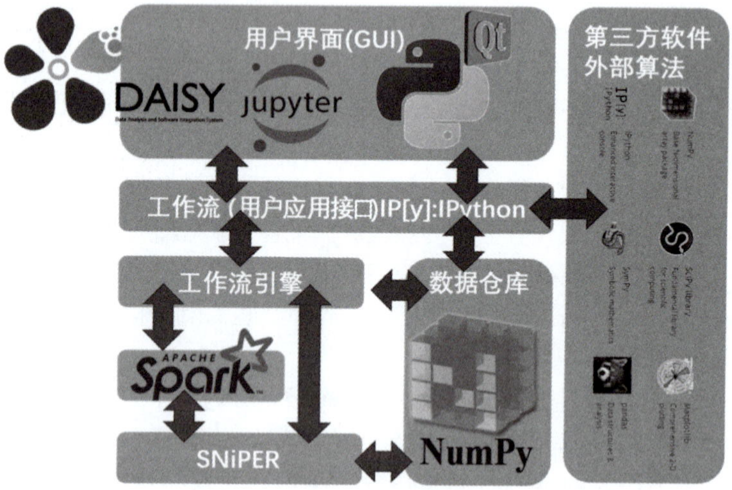

图 2　软件框架

2.2.2　可视化和数据分析软件

可视化和数据分析软件是搭建在软件框架上的一个重要应用（见图 3）。可视化和数据分析软件由 Python 实现，并通过框架提供的 Python API 访问其功能。可视化和数据分析软件提供 3 种用户界面，分别为基于 ipython 的脚本窗口、基于 Matplotlib 和 PyQt 的图形化用户界面（Graphical User Interfaces，GUI）和基于 Jupyter 的 Web 界面。对于通用 GUI 界面，我们开发了多种常用图形化组件（Widget），包括项目导航（The Project Explorer）、文件导航（File Browsing）、瞬态数据浏览（Data Browsing）、数据视图（Data View）、绘图界面（Dataset Plot）、算法导航（Algorithm Browsing）、运行日志（Log）和终端（Console）等，并通过 PyQt 提供的用户界面标记语言（Qt Modeling Language，QML）定义这些图形化组件的组合和排列，为每条线站和应用提供自己独特的用户界面。传统交互式数据处理软件遵从“读入—求值—输出的循环”（Read-Evaluate-Print Loop，REPL）编程模型，在此模型中，所有操作都在同一单进程 / 单线程中循环执行，由于光源数据量较大，数据分析算法的运行时间往往较长，采用这种编程模型会导致程序暂时失去响应，因此可视化和数据分析软件的前端用户界面和执行模块分属不同进程，并通过 ZeroMQ 消息队列和 Jupyter Message 消息标准进行通信。这种编程模式也有很好的拓展性，可以适应从单机程序到分布式并行程序的迁移。

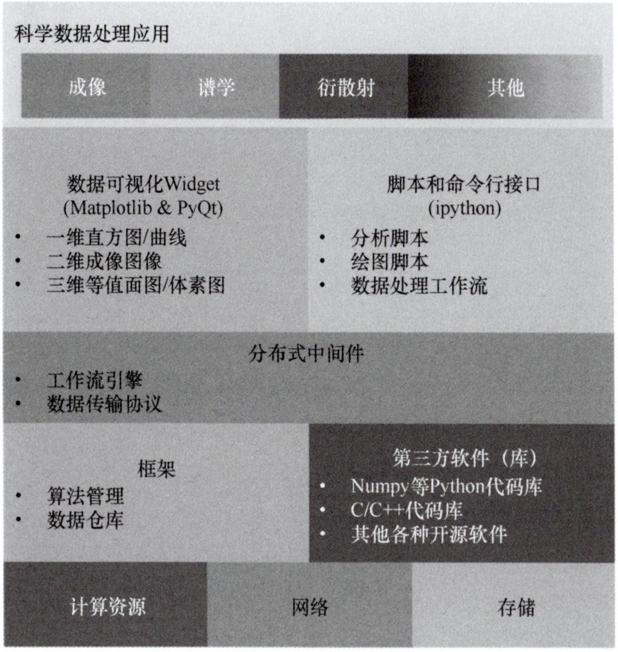

图 3 可视化和数据分析软件

2.2.3 分布式中间件

CSNS 和 HEPS 数据处理软件需要运行在不同的计算环境中，包括在线实时处理环境、离线高性能计算环境和用户个人计算机环境，我们希望线站科学家的注意力可以不必放在配置和管理计算资源上，而是通过技术实现计算资源按使用所需可以自动、弹性地伸缩。微服务架构（见图 4）是解决这一问题的较好方案，其中，微服务是一个有独立功能的可访问应用，通常以容器的形式部署在科学数据分析系统提供的异构分布式计算环境中；微服务网关是所有微服务的入口和反向代理，调用申请首先到达网关，网关根据服务路由将请求重定向到特定的微服务；工作流引擎根据用户提交的业务申请和初始参数，生成微服务调用序列，即工作流（Work Flow）或管道（Pipeline），数据输入工作流，经过一系列微服务的调用，最终获得结果输出。一个基于微服务的分布式中间件，可以通过微服务网关屏蔽分布式环境的实现细节，在不修改程序代码的同时，能满足从用户单台计算机到计算集群等不同计算环境的适配。同时，领域模型被控制在微服务的边界内部，不同微服务通过轻量级的通信协议交互，可以较好地实现计算组件的高内聚和低耦合。我们采用消息队列（Message Queue，MQ）实现微服务之间的通信。科学数据处理软件需要传递大量数据，主要分为两种类型的消息，一种是含控制指令的远程过程调用（RPC）消息，另一种是数据对象序列化后生成的数据流，前者数据量较小，要求响应及时，采用符合 Jupyter Message 消息标准的 JSON 数据对象表达；后者着重于吞吐量，由数据发送方和接收方共同定义数据格式，并自行实现瞬态数据对象的序列化与反序列化。

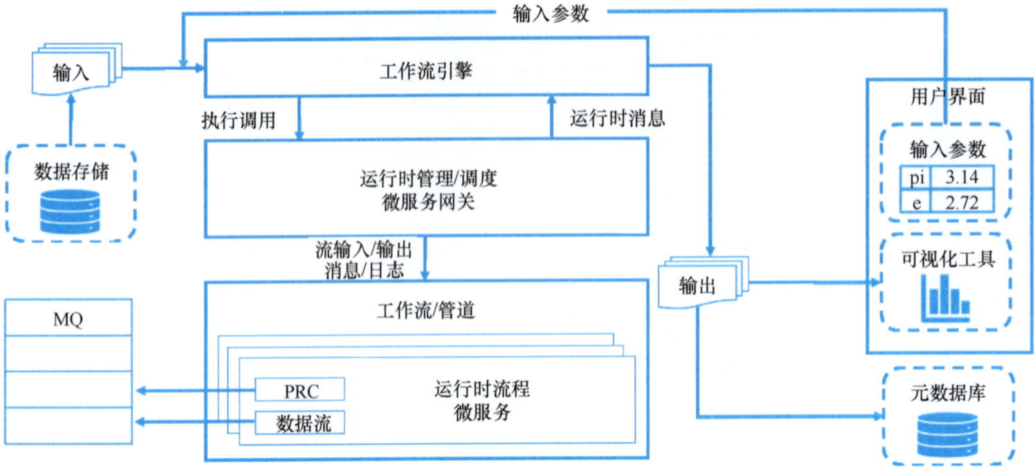

图 4　微服务架构

2.2.4　面向用户的软件集成

在开发先进的软件架构的同时，继承前人积累的遗留代码依然是一项重要的工作。第三方软件和外部程序可以通过两种方式集成接入数据处理软件系统，一种方式是通过算法包装外部程序，实现框架定义的算法接口，并在算法内部实现框架标准数据对象和外部程序数据对象的转换；另一种方式是通过微服务包装外部程序。前一种方式，外部程序能通过算法直接调用框架的所有功能，集成度较好，数据对象直接通过瞬态数据对象机制访问和管理，效率较高，但要求深入理解框架和外部程序的内部实现，工作量较大，是科学计算组件集成较好的选择；后一种方式，外部程序包装成微服务，独立部署运行，通过消息队列与其他组件交互，虽然集成度不及前者，而且需要分布式环境的支持，但是相对容易实现，是其他系统接入科学数据处理软件系统的较好选择。

基于面向科学用户提供便捷化、易用性的服务需求，我们使用软件框架将设备控制系统、数据获取系统及数据处理软件系统和用户交互功能结合应用在线数据处理环境中，使得数据处理软件通过数据获取系统访问实时采集的测量数据，经过快速数据处理后，获得快视结果，并反馈给控制系统，作为下一步实验计划的依据，构成“数据获取—数据分析—控制反馈”的闭环过程。因此，有必要开发一个集成环境，实现实验用户访问数据获取系统、在线数据处理系统和控制系统软件框架的统一。

集成环境和软件系统的交互可以分为两个层次。第一个层次是可视化和数据分析软件，作为集成环境的子系统，提供通用分析界面和功能，如文件导航、瞬态数据浏览、数据视图、绘图界面、算法导航和 ipython 终端。由于可视化和数据分析软件采用的前端用户接口和执行模块分属不同进程，可以利用 Qt 运行环境并通过 QML 加载所需图形化组件的方式配置分析界面组件，实现各线站定制的在线快视分析界面，执行模块在后台运行数据分析算法，并通过消息队列进行交互。第二个层次是集成环境作为客户端，通过调用 HEPS 数据处理软件系统开放的 API，向在线数据处理系统发出访问请求，以获得特定微服务响应，或者向工作流引擎发出业务申请，以启动所需数据处理的工作流。

2.3　科学数据管理系统

CSNS 和 HEPS 中海量的科学数据需要制定科学数据管理标准与规范，并通过科学数据管理系统实现对实验产生的科学数据在获取、传输、存储、分析和成果发布各个阶段进行全生命周期的管理和跟踪。在实验的不同阶段，对从控制系统、用户服务系统、数据分析系统获取的数据和元数据，需要设计并建立科学数据目录管理架构，以实现对科学数据全生命周期的管理，保证科学数据的完整性和可追溯性；提供数据访问和通讯标准接口，满足其他各系统之间的协作与通信，提供高效、便捷的用户数据服务，从而实现标准规范下对数据的可查看、可下载、可共享和可利用。

科学数据管理系统数据流图（见图 5）描述了整个实验过程中的所有数据流向。一方面，从谱仪或线站接收的原始数据和科学元数据以文件的形式保存到数据中心；另一方面，原始数据流经过在线分析系统得到的分析结果数据同样也保存到数据中心。如果从谱仪或线站获取的原始数据文件不是标准 HDF5 格式的，则需要对数据进行格式转换和数据封装（包括原始数据和所有元数据），形成标准 HDF5 文件，注册元数据并长期保存。同时，元数据提取器从用户服务系统获取提案、用户、样本相关信息，从实验参数文件获取部分关键实验元数据，存储到元数据目录数据库，用于实验数据的查找、搜索和共享。用户通过数据服务门户可以对数据进行搜索、查看、下载和离线分析，经过离线计算分析得到的结果数据同样会被长期保存到数据中心。

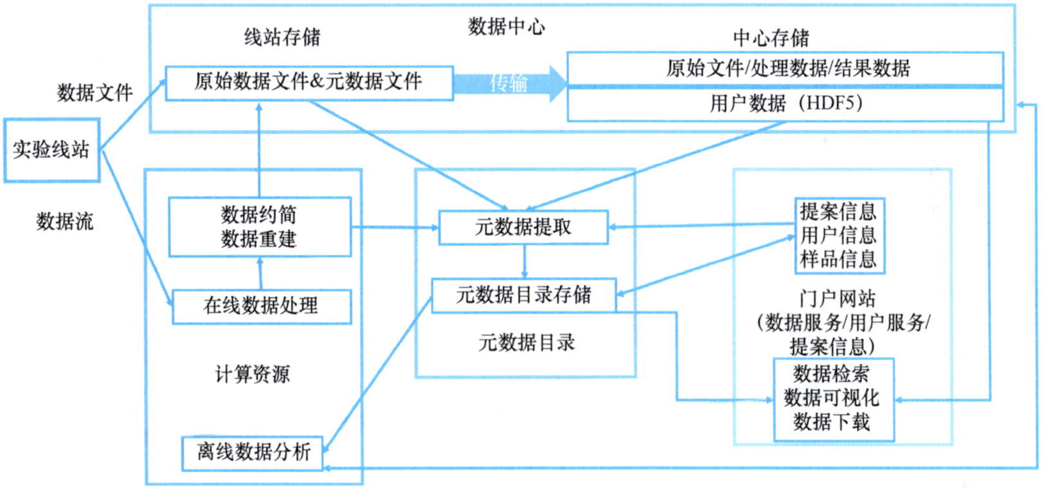

图 5　科学数据管理系统数据流图

科学数据开放共享已经成为国际科研领域的必然发展趋势，欧美国家和地区已陆续发布了相关的科学数据开放共享策略（如 Scientific Data Policy of European X Ray Free-Electron Laser Facility GmbH）。我国为进一步加强和规范科学数据管理，保障科学数据安全，提高开放共享水平，国务院办公厅已发布《科学数据管理办法》[7]。它是整个数据管理过程的制度和规范，CSNS 和 HEPS 的科学数据管理必须遵从其各项规定。但是，我国目前仍然缺乏相关国家法律法规细则对科学数据的所有权和使用权做清晰的解释和说明。因此，制定科学数据策略[8]对 CSNS 和 HEPS 科学数据管理执行及未来科学数据开放共享具有重大意义。

CSNS 和 HEPS 科学数据策略包括对的所有数据及元数据的所有权、管理、存储、访问 4 个方面的约束和说明。在对 CSNS 和 HEPS 产生的数据进行保存方面，策略要求提供至少 3 个月磁盘存储和永久磁带存储；对原始数据、结果数据、刻度数据、用户数据长期存储，对缩减数据、过程数据短期保存。每个数据集都会分配唯一永久标识（PID），任何发表的与该数据集相关的文章都必须引用数据集的 PID。制定数据保护期，保护期之内，只有授权用户拥有数据所有权，保护期过后，数据可以提供给其他合法用户访问和下载。

2.4 科学数据分析系统

CSNS 和 HEPS 的实验机时非常宝贵，用户希望能在给定的实验时间内尽可能多地完成实验，并取得准确、满意的实验结果，这就要求信息化系统能够提供快速的在线数据处理，让用户能够及时判断已完成的实验是否符合预期，以便为下一个实验的参数调整提供判断依据。建立一套高效的科学数据分析系统，对提高实验的效率、加速数据处理和共享至关重要。

科学数据分析系统旨在满足 CSNS 和 HEPS 实验的科学研究需求，系统的功能主要包括在线数据处理服务和离线数据集群两部分，图 6 显示了 HEPS 实验数据在产生、处理、存储、传输等过程中的数据流。该系统将提供一个混合 CPU、GPU、FPGA 等多类型计算资源的大规模异构计算环境，可以根据不同实验及不同用户的使用模式，设计合适的计算服务解决方案，保证科学计算任务的高效执行。

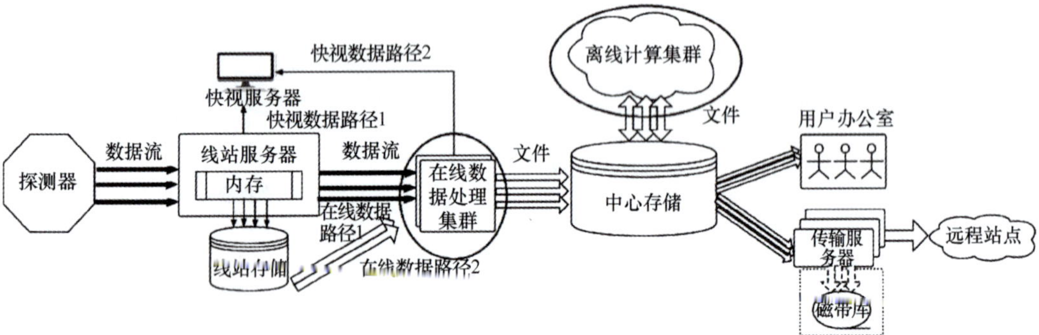

图 6 实验数据流

实时快速的在线数据分析系统可以根据实验的数据量和计算复杂度分配计算资源，满足不同实验站的需求，提供面向用户定制的高性能数据分析服务，实时反馈数据处理结果，让用户能够方便、快捷地获得实验结果。实验结束后，还需要大规模的计算资源用于对实验数据的进一步离线分析，以获得更好的成果。HEPS 科学数据分析系统架构如图 7 所示，其提供了 4 种计算服务模式，包括基于 CPU 的流式计算、基于 Web 的数据处理、云主机分析和批作业处理。

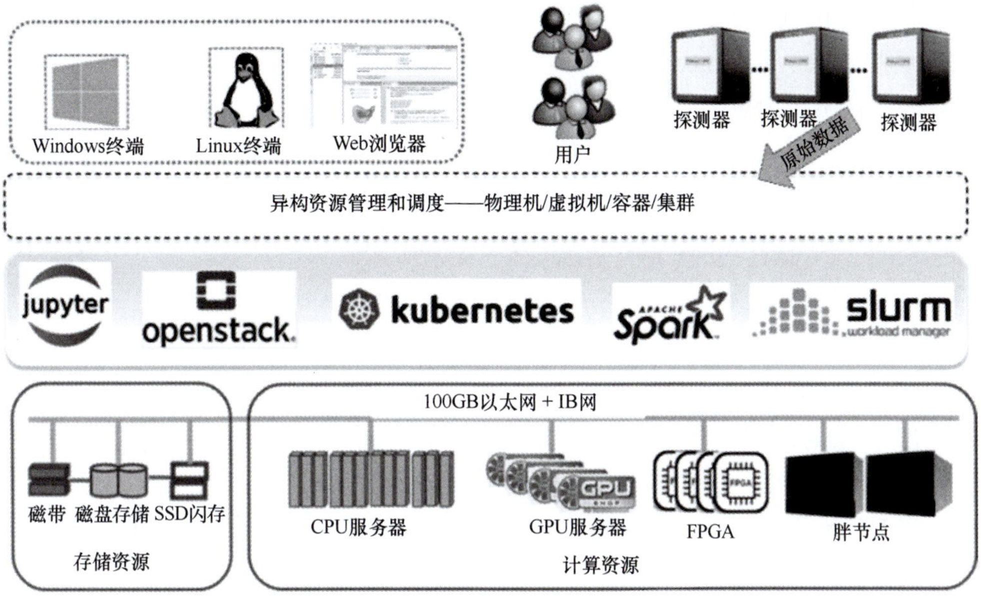

图 7　HEPS 科学数据分析系统架构

2.4.1　基于 CPU 的流式计算

基于 CPU 的流式计算指数据从探测器出来后直接进入在线计算系统提供的基于 CPU 的流式计算集群，对数据处理后进行快速展示（见图 8）。涉及的关键技术是基于 Spark streaming 计算和消息队列的接收和分发。这种计算模式适用于数据量大且数据处理实时性要求较高的光束线站。

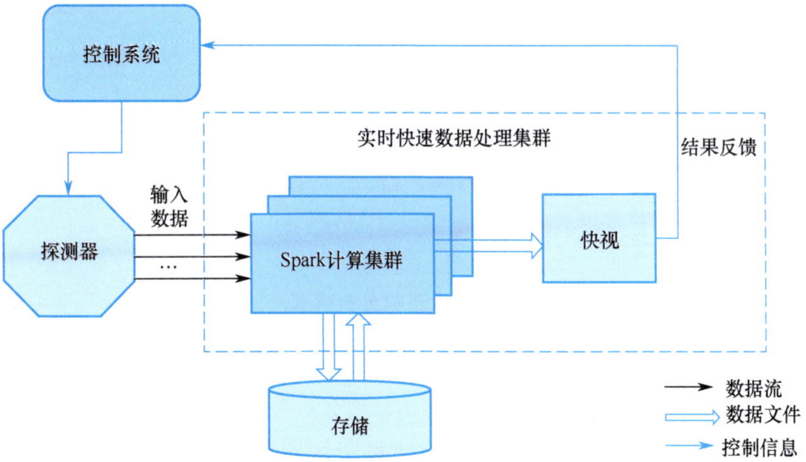

图 8　流式计算模式

2.4.2 基于 Web 的数据处理

基于 Web 的数据处理可由用户前端层、中间软件层和底层资源管理层构成。用户前端层基于 Jupyter Notebook，可实现多用户访问，为不同光束线站开发数据分析 Jupyter Notebook，提供固定的数据分析流程。中间软件层基于 Jupyter Hub，提供用户的认证和授权、计算资源的申请，以及 Jupyter Notebook 的管理。底层资源管理层基于 Kubernetes，并根据中间层软件的需求，提供动态的计算资源创建、管理和调度。该计算模式支持一键式数据分析和可视化，用户可灵活定制分析步骤，适用于中小型线站、轻量级的数据处理。

2.4.3 云主机分析

云主机分析系统底层计算资源由对用户透明的 CPU 和 GPU 等异构资源组成，利用云软件管理和按需调度物理计算资源，如图 9 所示，针对不同光束线站的数据分析需求创建不同的数据处理环境，包括集成用户身份信息、实验数据存储系统、软件仓储等，实现计算资源的按需请求和高安全性隔离等，为用户提供一站式的数据分析和可视化服务。

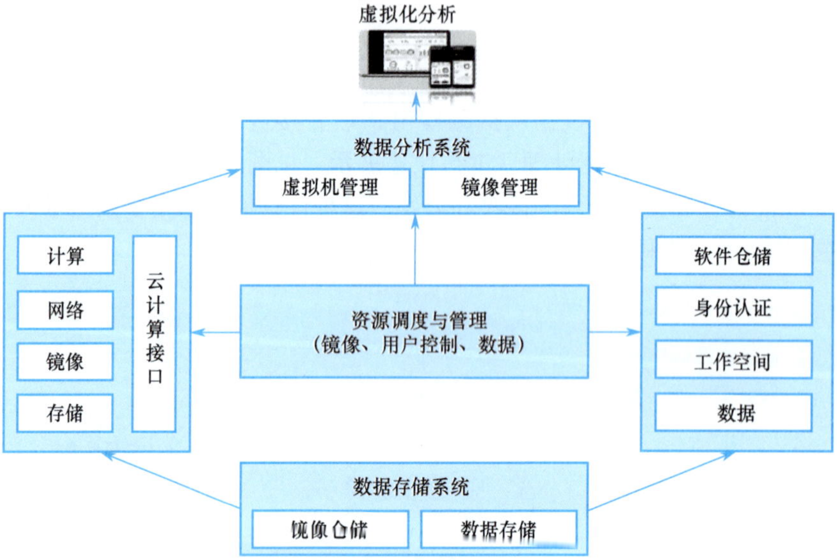

图 9 云主机分析模式

2.4.4 批作业处理

批作业处理系统是由 CPU 和 GPU 等计算资源组成的高性能集群，由 SLURM 管理和调度，并提供批作业处理的接口，方便用户进行大规模的离线数据处理分析。

科学数据分析系统可整合所有可用计算资源，并对资源进行统一管理和调度（见

图 10），实现在线和离线计算资源的快速分配。系统可根据 HEPS 用户的提案信息，获知实验所需的计算资源情况、数据处理环境（包括操作系统、软件、数据等），生成相应的计算集群 / 云主机，并匹配 CPU/GPU/FPGA 等硬件资源。整个资源的调度和分配及底层硬件细节均对用户透明，用户无须花时间部署数据处理环境，从而大大提高了工作效率。

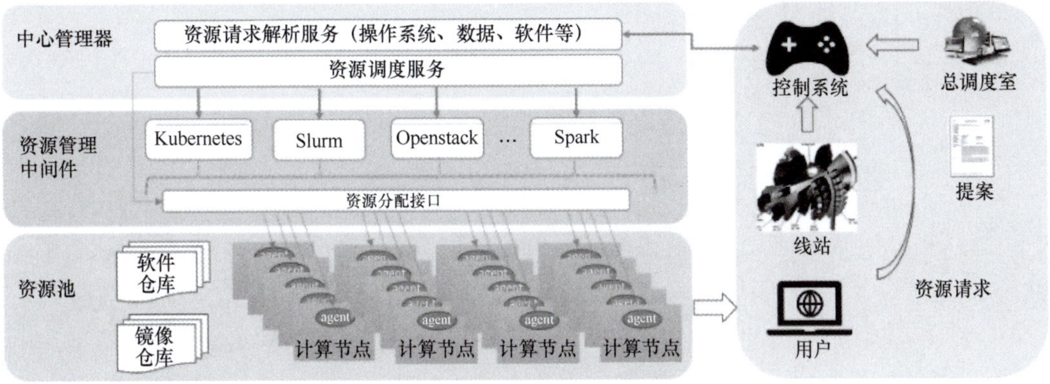

图 10 资源的统一管理和调度

系统将进一步基于虚拟化技术开发上层调度管理软件，通过虚拟机和容器技术，降低应用与基础设施的耦合程度，提供可以弹性伸缩的计算服务，以满足不同实验和应用需求，并使资源利用率最大化。

2.5 用户综合服务系统

CSNS 和 HPES 的用户综合服务系统是一个开放的综合信息服务平台，面向国内外用户提供简捷、方便的服务，以满足用户注册、提案提交、机时申请、专家评审等需求，并对用户实验过程、实验数据及其实验结果进行管理，同时提供面向用户的安全培训和行程安排。

用户综合服务系统主要包括 4 个方面的管理流程，分别是用户服务、实验过程、装置运行和数据共享的管理流程，从而实现以“人”为中心的业务流程，以“数据”为中心的科研流程，以“项目”为中心的管理流程，以“装置”为中心的运维流程。其中，用户服务流程是面向装置用户，提供从提案申请、机时分配、实验过程、数据服务到成果反馈的实验全生命周期服务（见图 11）。实验过程管理流程是面向谱仪或束线站管理员，提供用户管理、样品管理、实验过程管理和实验结果分析管理。装置运行状态管理流程是面向谱仪或束线站运行管理人员和实验用户，提供装置的运行状态和运行分析。数据共享管理流程是面向数据管理员，提供遵照数据共享策略进行数据共享分配，并对数据使用情况进行分析的。

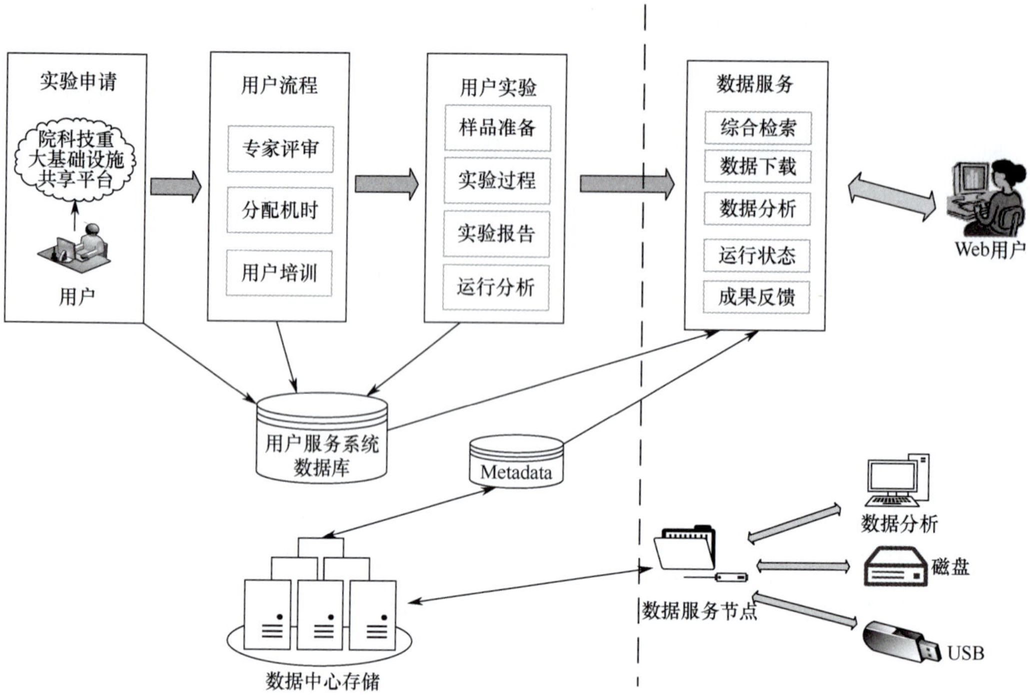

图 11　用户综合服务系统用户服务流程

用户综合服务系统是一个 Web 服务系统，以统一认证为核心，通过 OAUTH 和 LDAP 的形式认证和授权用户访问。该系统采用 SpringBoot + JPA + Thymeleaf 的技术架构，共分为 6 层，底层是数据，放置关系数据库和文件；实体层使用 JPA 框架，将数据库中的表和表关系映射成实体类和配置文件，所有针对数据库的操作都针对这些实体类进行；再上一层是数据访问层，所有对实体类的操作都位于该层的文件内；服务层调用数据访问层完成系统的业务逻辑，在该层使用 SpringBoot 框架的事务管理以保证数据的完整性、一致性；控制层处理页面逻辑并判定用户请求的跳转关系，该层记录用户的操作日志；视图层面向用户，是控制层输入、输出的接口，使用 JQuery、Thymeleaf、AJAX 技术动态形成页面向用户提供服务。

3　大科学装置上信息系统的未来

作为依托国家重大科技基础设施开展科学研究和科学实验的重要支撑服务系统，信息化系统在功能、性能、易用性等各方面均面临巨大的挑战。

随着加速器技术和探测器技术等的快速进步，CSNS 和 HEPS 在科学数据产生速度，以及对科学数据分析和计算的需求上将不断增加。信息化系统在满足功能性需求的基础上，需要采用模块化、可扩展的技术架构设计，并根据数据规模的增加和科研活动模式变化，不断提升系统性能指标和功能实现。

新的计算体系架构及云计算、人工智能等先进计算技术的发展，为 CSNS 和 HEPS 上数据获取、数据触发判选、数据准实时在线处理和离线处理方面的应用提供了新的机遇。通过开展可计算存储、人工智能等先进技术的探索研究，加强与科研单位、企业界在关键技术、前沿技术等方面的合作与交流，将进一步提升科学数据处理的效率。

作为 CSNS 和 HEPS 基础系统框架软件，信息化系统软件连接大科学装置、科学数据计算平台和科学实验用户的桥梁，是大科学装置稳定运行、及时处理和分析科学数据的重要保障，有效促进了科研产出和科技创新。

当前，我国已经运行且正在规划和建设多个光源类重大科技基础设施，如北京同步辐射装置、合肥光源、大连自由电子激光装置、上海光源、中国散裂中子源、高能同步辐射光源、上海自由电子激光、合肥先进光源、南方光源（预研）等，这些设施在科学数据处理方面均面临类似的需求和挑战，具有一定的技术共性。目前，国内光源类重大基础设施科研团队已达成合作研发基础性科学软件框架的共识，建立了合作研发的项目团队，有望在此领域建立更广泛的合作。通过在 CSNS 和 HEPS 上建设信息化系统软件的探索和实践，已逐步形成了我国大科学装置上基础科学软件的合作开发模式，成立全国性的基础科学软件合作开发组织，建立相应的软件标准和技术规范，充分利用先进的计算体系架构和先进计算技术，形成开放、自主的软硬件协同发展的基础科学软件生态，将为我国大科学装置的成功运行奠定坚实的信息化基础。

参考文献

[1] 陈和生 . 中国散裂中子源 [J]. 现代物理知识，2016，28（1）：3-10.

[2] 姜晓明，王九庆，秦庆，等 . 中国高能同步辐射光源及其验证装置工程 [J]. 中国科学：物理学 力学 天文学，2014，44（10）：1075-1094.

[3] VESEL S, SCHWARZ N , SCHMITZ C. APS Data Management System[J]. Journal of Synchrotron Radiation, 2018，25 :1574-1580.

[4] HU H, QI F Z, ZHANG H M,et al.The design of a data management system at HEPS[J]. Journal of Synchrotron Radiation, 2021, 28: 169-175.

[5] ZOU J H, HUANG X T, LI W D, et al. SNiPER: an offline software framework for non-collider physics experiments[C]. Journal of Physics: Conference Series, 2015, 664(7):072053.

[6] TIAN H L, ZHANG J R, YAN L L, et al. Distributed data processing and analysis environment for neutron scattering experiments at CSNS[J]. Nuclear Instruments and Methods in Physics Research Section A: Accelerators, Spectrometers, Detectors and Associated Equipment, 2016, 834(21):24-29.

[7] 中华人民共和国中央人民政府 . 国务院办公厅关于印发科学数据管理办法的通知 [EB/OL]. [2018-03-17]. http://www.gov.cn/zhengce/content/2018-04/02/content_5279272.htm.

[8] WANG C, STEINER U, SEPE A. Synchrotron Big Data Science[J]. Small, 2018, 14(46):e1802291.

作者简介

陈和生，粒子物理学家，中国科学院院士，中国科学院高能物理研究所研究员。主要从事高能实验物理研究，首次发现带电类粲偶素 Zc（3900）及其伴随态，被美国物理学会评为 2013 年世界物理学 11 项最重要的物理成果之首。第十一、十二届全国人大代表，1999 年获中国科学院科技进步奖一等奖，2001 年获国家科技进步二等奖，2011 年获中国科学院杰出成就奖，2016 年获国家科技进步奖一等奖，2017 年获全国创新争先奖章，2021 年获“南粤创新奖”，领导和参与的散裂中子源国家重大科技基础设施项目被授予 2021 年度广东省科技进步奖特等奖。曾任中国科学院高能物理研究所所长（1998—2011 年）、中国高能物理学会理事长、中国物理学会副理事长、亚洲未来加速器委员会主席等职，现任北京正负电子对撞机国家实验室主任，中国散裂中子源工程总指挥，核电子学与核探测国家重点实验室学术委员会主任。

陈刚，中国科学院高能物理研究所研究员。1991 年至 2003 年期间，参与欧洲核子研究中心（CERN）的 L3 大型高能物理实验、北京正负电子对撞机上的BES实验及阿尔法磁谱仪AMS 实验，从事粒子物理研究工作。2003年起，在国内主持建设高能物理高性能计算平台。2006 年与中外同行建立欧盟支持的 FP6 框架项目欧中网格 EUChinaGrid 合作项目，担任中方协调人及项目管理委员会主席。作为创始人之一发起国际高能物理数据长期保存与利用合作联盟 DPHEP 及国际高能物理软件联盟 HSF。2019 年起担任国家高能物理科学数据中心主任，推动高能物理科学数据汇交和开放共享。

齐法制，博士，研究员，中国科学院高能物理研究所计算中心主任，高能同步辐射光源和中国散裂中子源计算与网络通信系统负责人。负责多个国家重大科技基础设施的网络、计算、存储、数据、软件等规划和建设，推动国内多个先进光源装置在信息技术方面的合作。多年从事高能物理实验数据管理、数据分析及网格计算、云计算等技术研究与平台建设和运行工作。负责中国科学院高能物理和射线学科科技云项目，研制和建设面向大科学工程的计算系统。参与多项欧盟第六及第七框架合作项目，2016 年起担任中法粒子物理联合实验室（FCPPL）计算方向中方负责人，推动和协调中法粒子物理领域的信息技术合作。2020 年担任 LHC 网格计算（WLCG）部署委员会（Grid Deployment Board，GDB）委员。

胡皓，硕士，中国科学院高能物理研究所计算中心工程师，高能同步辐射光源科学数据管理系统负责人，研究方向为科学数据策略、科学数据管理等。主持国家自然科学基金项目“面向北京同步辐射装置科学数据管理的关键技术研究”，发表数据管理、数据策略研究、先进光源软件框架研究等方面的中英文学术论文 6 篇。

李亚康，中国科学院高能物理研究所高级工程师，硕士生导师，研究方向为机器学习、云计算技术，主持国家自然科学基金项目“基于深度学习的中子散射样品结构与属性表征技术研究”、中国科学院网信专项“面向中国散裂中子源的科学数据治理示范”等，发表学术论文6篇。

侯丰尧，博士，中国科学院高能物理研究所高级工程师，硕士生导师，研究方向为高性能计算、性能优化、AI+Physics等。曾主持和参与国家自然科学基金博士后基金、博士后特别资助基金、青年基金、面上基金及中国科学院学部咨询评议项目、中国科学院网信专项等多个项目。

高海拔宇宙线观测站信息化建设与应用

曹 臻 姚志国 顾旻皓 程耀东*

（中国科学院高能物理研究所）

摘 要

高海拔宇宙线观测站（LHAASO）是国家重大科技基础设施，每年收集万亿级的宇宙线事例，产生 10PB 实验数据，为全世界物理学家探索高能宇宙线起源，以及相关的宇宙演化、高能天体演化和暗物质的研究提供宝贵的科学数据资源。本文首先总体介绍 LHAASO 项目及其探测器的组成；其次详细介绍 LHAASO 信息化系统，包括数据获取系统、数据处理平台、数据处理软件及科学应用等；最后对 LHAASO 数据处理及信息化建设进行总结，以期为国内外同类型的大科学装置提供参考。

关键词

高海拔宇宙线观测站；宇宙线；数据获取；数据处理；数据存储与管理

Abstract

The Large High Altitude Air Shower Observatory (LHAASO) is a major national science and technology infrastructure project. The project collects trillions of cosmic ray events every year, generating about 10 PB of data, providing valuable scientific resources for physicists all over the world to explore the origin of high-energy cosmic rays, the related evolution of high-energy celestial bodies, and search for dark matter. In this paper, we firstly give a brief introduction to the LHAASO experiment including its detectors, and then explain in detail the information system in the LHAASO experiment, including data acquisition system, data processing platform, data processing software, and scientific applications. Finally, we summarize the LHAASO data processing and information construction. It is expected that the experience could be useful to similar projects in future.

Keywords

LHAASO, Cosmic Ray; Data Acquisition; Data Processing; Data Storage and Management

1 概述

1.1 LHAASO 项目概述

高海拔宇宙线观测站[1]（Large High Altitude Air Shower Observatory，LHAASO）是国家重大科技基础设施建设项目，在国务院发布的《国家重大科技基础设施建设中长

* 为本文通讯作者，下同。

期规划（2012—2030年）》中被列为16个优先安排的重大项目之一，于2015年12月31日获得国家发展和改革委员会批准立项。LHAASO主体工程于2017年11月动工，2019年4月完成1/4规模建设并投入科学运行，2021年7月完成全阵列建设，2021年10月17日通过工艺验收。LHAASO边建设、边运行，在初步运行期间已经取得突破性的重大科学成果，发现了银河系中广泛存在拍电子伏加速器[2,3]，打开了超高能伽马射线观测窗口。

LHAASO的核心科学目标是探索高能宇宙线起源并开展相关的高能辐射、天体演化、暗物质分布等基础科学的研究。LHAASO具体的科学目标如下：

（1）探索高能宇宙线起源。通过精确测量伽马源宽范围能谱，特别是寻找100TeV以上能区的宇宙加速器（Pevatron），研究高能辐射源粒子的特征，探寻银河系内重子加速器的存在证据，在发现宇宙线源方面取得突破；精确测量宇宙线能谱和成分，研究加速和传播机制。

（2）开展全天区伽马源扫描搜索，大量发现新伽马源，特别是河外源，积累各种源的统计样本，探索其高能辐射机制，包括产生强烈时变现象的机制，研究以超大质量黑洞为中心的活动星系核的演化规律，捕捉宇宙中的高能伽马射线暴（Gamma Ray Burst，GRB）事例，探索其爆发机制。

（3）探寻暗物质、量子引力或洛仑兹不变性破缺等新物理现象，发现新规律。

1.2　LHAASO探测器

紧扣相关科学目标，LHAASO分别在3个能量范围内，采用不同的技术手段，对宇宙线粒子和伽马射线在大气中产生的空气簇射（EAS）做多参数的精确测量。LHAASO实验主要包含3个探测器阵列[4]（见图1），分布面积最大的阵列称为1平方千米地面粒子探测器阵列（1 km² Array，KM2A），在1.3km² 范围内均匀放置5216个地面电磁粒子探测器（Electromagnetic particle Detectors，ED）和1188个地下缪子探测器（Muon Detectors，MD）；中心部分是全覆盖、低阈能、总面积为78000m² 的水切伦科夫光探测器阵列（Water Cherenkov Detector Array，WCDA）；还有可以机动布置以适应不同物理需求的18台广角大气切伦科夫光望远镜组成的望远镜阵列（Wide Field Cherenkov Telescope Array，WFCTA）。

1.3　信息化系统的需求与挑战

WCDA全阵列联合运行的事例率约为160kHz，稳定运行有效时间约占93%，每天能获取140亿个宇宙线事例，经过噪声过滤后的原始数据存储量为12TB/天，即4380TB/年。除正常触发模式数据外，WCDA还对视场内的每个伽马射线暴（GRB）事件进行2.5小时的全记录，其间每秒产生1.4亿个探测器信号（hit），每个GRB事件共记录1.26万亿个hit，数据存储量约为20TB。预期WCDA视场内每3天记录1个GRB事件，全年共获得153.3万亿个hit，原始数据存储量为2.4PB/年。KM2A全阵列包含5216个ED和1188个MD，阵列触发事例率约为2500Hz，其稳定运行有效时间超过95%，每天获取宇宙线事例1.7亿个，原始数据存储量为800TB/年。WFCTA每年获取共约 8 亿个宇宙线事例、激光事例和 LED 事例，原始数据存储量为 150TB/ 年。

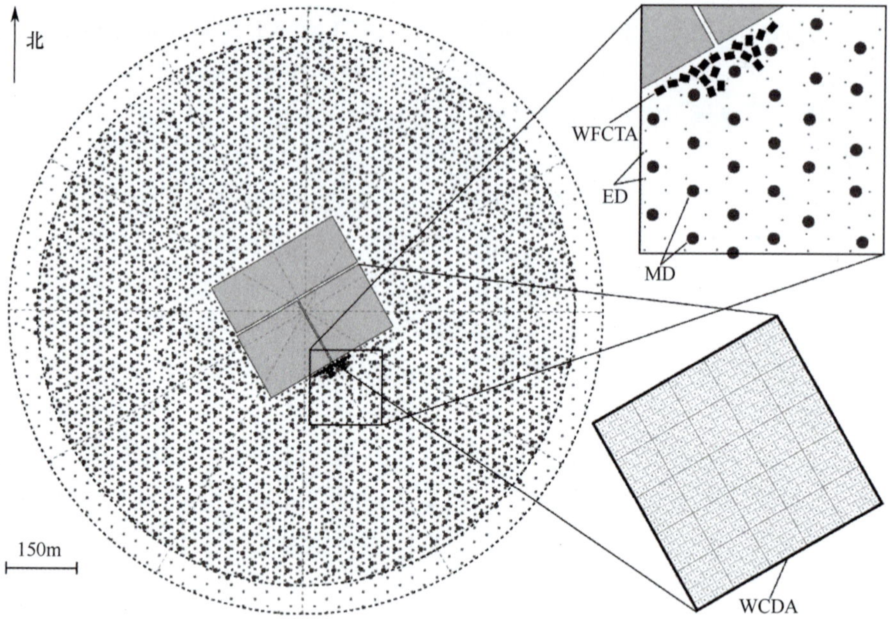

图 1　LHAASO 阵列布局

获取到探测器原始数据以后，要进行解码和重建等操作，产生重建数据。WCDA 正常模式的重建数据为 540TB/ 年，GRB 模式的重建数据为 240TB/ 年。KM2A 的重建数据为 510TB/ 年，WFCTA 的重建数据为 120TB/ 年。3 个探测器阵列的重建数据为 1410TB/ 年，同时还要产生等量的模拟数据用于后续的数据分析。LHAASO 每年获取的科学数据共 10550TB（见表 1），包括各探测器的触发数据、WCDA 的 GRB 数据、重建和模拟数据等。

表 1　LHAASO 每年获取的科学数据

科学数据名称	获取量（亿个）	存储量（TB）
WCDA 的触发数据	43000	4380
WCDA 的 GRB 数据	1533000（hit）	2400
KM2A 的触发数据	620.5	000
WFCTA 的触发数据	8	150
重建和模拟数据	—	2820
小计	—	10550

如此巨大的数据量，给数据获取、传输、处理、存储与管理等信息化技术带来了前所未有的挑战。

2　LHAASO 信息化系统

2.1　主要目标

LHAASO 信息化系统是 LHAASO 实验重要的组成部分，可以实现海量科学数据的获取、存储、传输、处理、共享及长期保存等全生命周期的数据管理，基于科学数据管理系统、数据处理软件和计算平台，为 LHAASO 科学目标的实现提供强有力的信息化支撑。LHAASO 信息化建设的主要任务和目标包括：

（1）高速的数据获取系统。数据获取系统的主要目标是完成探测器系统电子学通道的数据读出、事例触发、在线数据处理和存储，同时能够实现对探测器的运行控制，满足探测器阵列原始数据 4.5Gbps 带宽的数据获取需求。

（2）高效的数据处理平台。数据处理平台的主要目标是实现海量实验数据的及时传输、存储、处理、长期保存等，包括计算系统、存储系统、网络系统及元数据管理系统等，满足每年 10PB 级海量实验数据的高效处理需求。

（3）易用的数据处理软件。LHAASO 数据处理软件给用户提供一个简单易用、安全可靠、服务齐全的数据处理环境，同时利用它可以将离线数据处理和分析等各部分软件模块灵活和有机地组成一个整体，以完成模拟、重建、物理分析等数据处理任务。

2.2　总体结构

LHAASO 信息化系统主要包括数据获取系统、在线数据处理平台、离线软件系统等，分别位于在站小型数据中心、北京大型数据中心及中控室。在站小型数据中心建设于稻城海子山 LHAASO 观测基地，内设时钟分配系统（仅顶端节点，其他节点位于探测器阵列中）、数据获取系统（DAQ）、在线数据处理平台；中控室位于稻城县城的测控基地；北京大型数据中心位于中国科学院高能物理研究所，内设离线数据处理平台和离线软件系统。各分系统或平台借助网络连接在一起，通过数据、时钟、控制、状态等信息流相互关联，如图 2 所示。

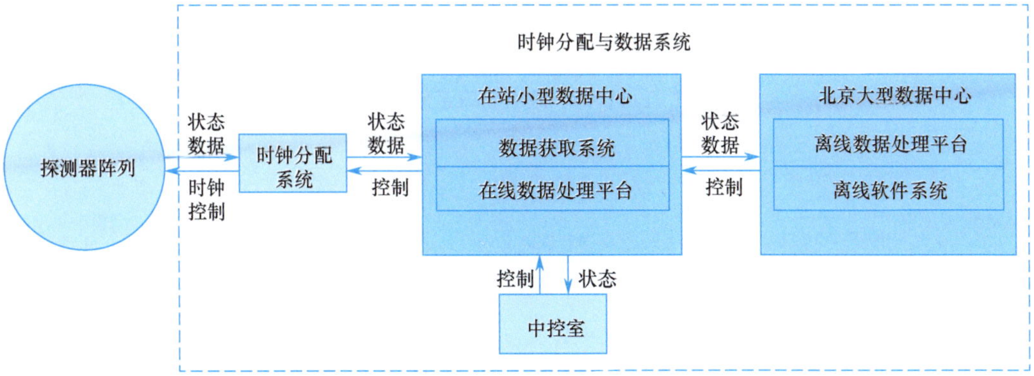

图 2　LHAASO 信息化系统的总体结构

时钟分配系统[5]内部设置原子钟，并实时接收 GPS 信号，产生绝对时钟。时钟信号可以通过连接探测器和中心计算机的数据传输网络分配给探测器阵列的电子学系统，实现各个探测器之间的时钟同步，精度达到 0.2ns。

各个探测器阵列的电子学系统通过时钟分配系统获取高精度绝对时间，并同时通过网络把数据传输至数据获取系统；数据获取系统获取数据后，通过计算集群实施软件事例触发判选，触发后把信号组装形成事例，记录到数据文件里，传送给在线数据处理平台进行处理；在线数据处理平台接收系统传送的数据，通过计算集群进行实时处理。其中，WCDA 的数据需要经过初步重建，过滤掉大部分噪声信号，然后存储在缓冲区磁盘上；而其他探测器阵列的数据直接存盘，无须经过在线重建。存盘后的数据通过网络实时传送到位于中国科学院高能物理研究所的离线数据处理平台。离线数据处理平台接收到数据后，存储在磁盘上，同时写入磁带，作为永久备份。

位于中控室、数据中心或其他远程位置的计算机可以通过网络把控制命令发送给在线数据处理平台、数据获取系统，从而控制这两个系统，还可以通过数据获取系统把控制命令传送给时钟分配系统，甚至更进一步发送给探测器阵列，从而实现对整个观测站的网络控制和远程值守。

3 数据获取系统

LHAASO 数据获取系统（DAQ）可以实现 ED、MD、WCDA、WFCTA 共 4 种探测器电子学通道的数据读出、软件触发、在线数据处理和存储，以及实验的运行控制。DAQ 由计算机群、读出网络构成的硬件系统和一套数据获取软件组成。WCDA、KM2A 无全局硬件触发，探测器信号经过前端电子学系统的数字化后，形成原始数据片，DAQ 软件将读出的数据片按照电子学系统给出的时间戳打包成时间片，分发到在线集群进行触发计算；WFCTA 的每台望远镜都有独立硬件触发，数据以事例为单位打包，DAQ 软件面向望远镜事例数据完成所需的在线计算任务。DAQ 软件提供了灵活的软件触发与在线计算接口，用户可扩展在线数据处理算法。LHAASO 数据获取系统性能需求如表 2 所示。

表 2　LHAASO 数据获取系统性能需求

参数名称	KM2A	WCDA	WFCTA
通道数（个）	e：5252 μ：1188	3120	18
单通道 hit 率（kHz）	e：2 μ：10	50	—
输入数据获取系统（MB/s）	546	2400	240
触发后存盘数据量（MB/s）	≈ 10	430	15

3.1 读出网络

读出网络是由商用交换机和自研交换机构成的二层网络。自研交换机基于 White Rabbit 时钟同步协议 [6] 自主研制，简称 WRS（White Rabbit Switch）。White Rabbit 时钟同步协议由欧洲核子研究中心（CERN）提出，能够基于以太网实现亚纳秒级精度的大规模节点同步。LHAASO 项目通过对 White Rabbit 协议的改进，将其远距离同步精度提高了 5 倍，达到 0.2ns。读出网络接入节点包括 5252 个 KM2A-ED 前端电子学、1188 个 KM2A-MD 前端电子学、3120 个 WCDA 前端电子学、18 个 WFCTA 读出电子学约 60 个计算节点。读出网络为电子学和数据获取系统提供下行配置信息和上行原始数据的通道，其结构如图 3 所示。

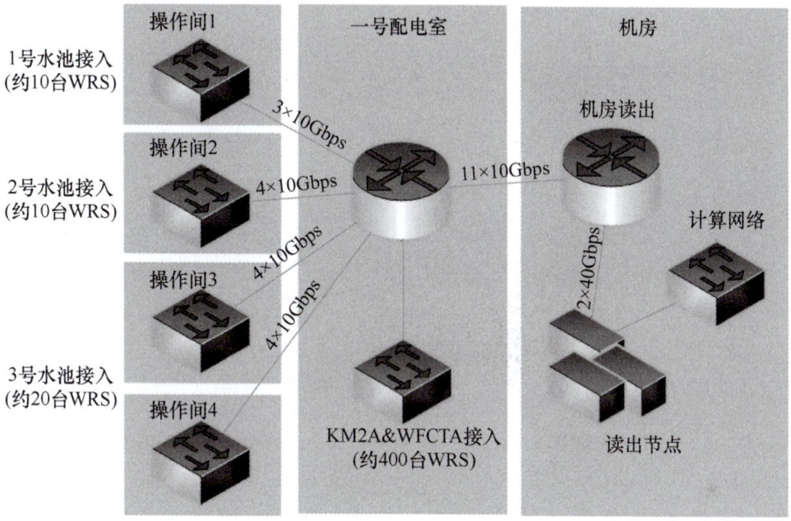

图 3 数据获取系统中的读出网络结构

3.2 在线计算集群与在线存储

在线计算集群为数据获取软件中读出、时间片数据组装、软件触发等应用提供计算服务。在线存储用于保存触发后事例数据，该数据被传输到中国科学院高能物理研究所后删除。

DAQ 包含一套 IO 密集型硬件与软件系统，数据在经过多级软件流水线式处理后被保存，实现了 36Gbps 原始数据的读出与处理，在线集群计算节点由刀片式服务器和高密服务器构成，计算节点间网络采用主流的 10Gbps 网络互联和 40Gbps 汇聚，以满足实验读出和数据处理需求。

在线存储硬件由机架式服务器和磁盘阵列构成，部署 GlusterFS 分布式文件系统，管理存储资源。KM2A 和 WFCTA 使用 3 台机架式服务器内置存储和 GlusterFS 保存物理数据。WCDA 探测器部署 1 套磁盘阵列和 2 台机架式服务器（配置 40Gbps 网卡），用来保存物理数据。

3.3 数据获取软件系统

LHAASO 数据获取软件系统[7]包括以下 4 个部分（见图 4）。

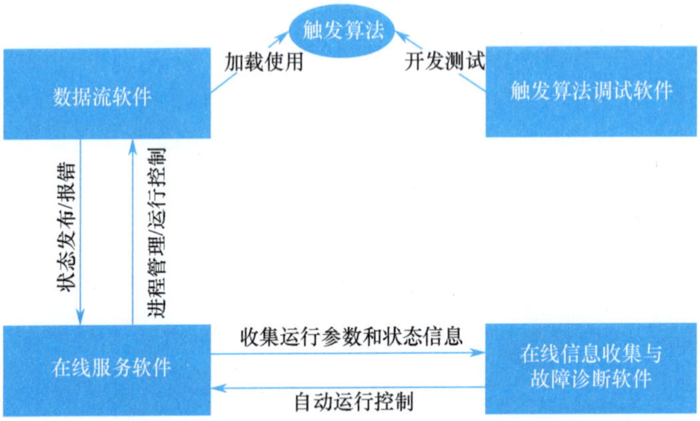

图 4 数据获取软件系统构成

（1）在线服务软件。为数据流模块提供部署配置、进程状态监控、信息共享、控制命令下发等功能。

（2）数据流软件。由读出、组装、数据流管理、在线处理、存储 5 个模块构成，每个数据流模块在集群中运行一个或多个副本（数据流进程），数据流进程间协作完成数据获取和在线数据处理任务。

（3）在线信息收集与故障诊断软件。收集数据获取软件运行状态参数，并将部分参数（如探测器单道计数率、报警信息）保存至 MongoDB 数据库。根据 DAQ 运行存盘数据率、探测单元单道计数率、数据流进程是否退出、数据流进程内存占用情况、计算节点 ping 状态等信息判断运行是否正常，必要时执行自动恢复逻辑（如某个计算节点死机、ping 异常，故障诊断系统将自动重启 DAQ 软件，将应用切换到备用节点运行）。

（4）触发算法调试软件。该软件能读取触发前数据文件，调用触发算法，并输出事例数据文件。该软件输出文件格式与在线系统保持一致，用于开发和调试触发算法。

其中，数据流软件是整个数据获取软件的核心模块，主要组件包括读出（Readout）、时间片组装（Builder）、触发与在线处理（Processor，PS）、存储（Event Store，ES），它们在数据流管理模块（Data Flow Manager，DFM）的协调下逐级完成在线数据处理任务。DAQ 数据流软件设计实现了三级数据处理模型（见图 5）和两级数据缓存，子系统读出功能在 Readout 模块中实现，数据流合并功能在 Builder 模块中实现，在线处理与筛选模块在 PS 模块中实现。

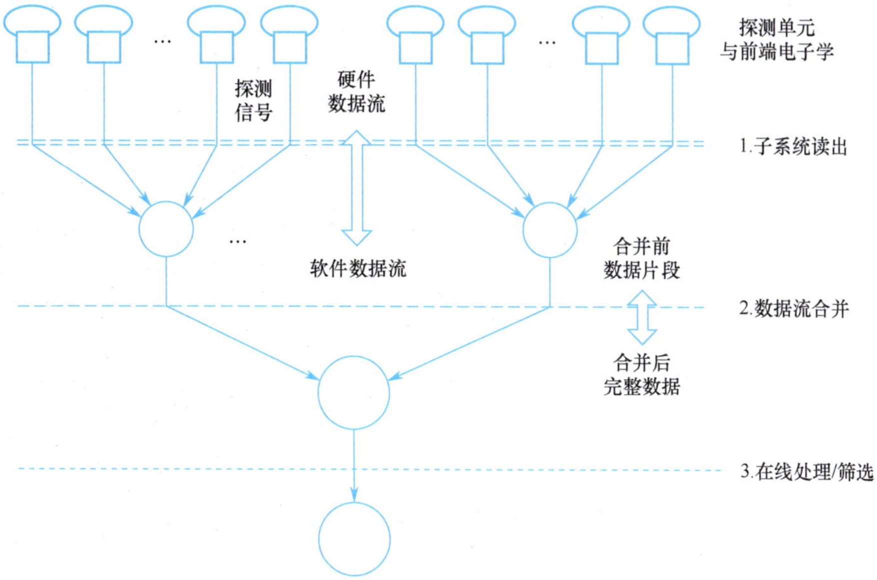

图 5 DAQ 数据流软件三级数据处理模型

4 数据处理平台

数据处理平台为 LHAASO 实验运行监控、数据传输、存储、解码、刻度、重建、模拟及数据分析等提供基础的计算和网络服务，包括高通量计算集群、海量存储系统、高速传输网络、分布式数据共享和处理系统等部分，是物理学家开展日常工作的基础。

数据处理平台包含海子山在站小型数据中心、北京大型数据中心、网络传输系统及稻城运行控制中心等，其总体构成如图 6 所示。

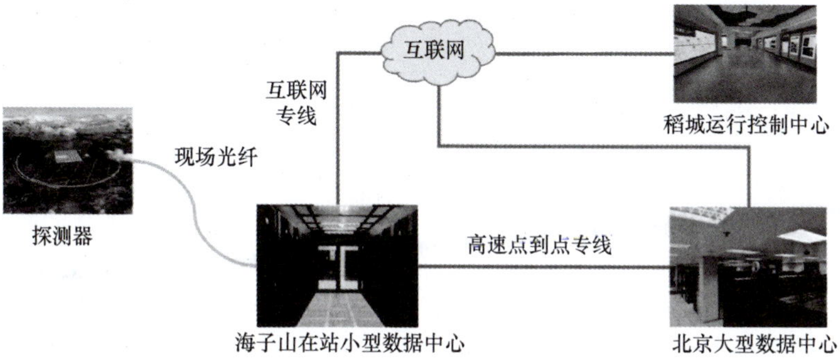

图 6 LHAASO 数据处理平台总体构成

在站小型数据中心位于海子山观测基地，对在线获取的数据进行快速预处理和压缩，并能缓存一定时间的数据。预处理和压缩后数据率将比 DAQ 的数据率大幅降低，然后直接传输到北京大型数据中心。海子山在站小型数据中心安装了一定规模的高通量计算集群和磁盘存储系统，同时部署作业调度系统、海量存储系统、数据传输系统及监控系统等支撑软件。

北京大型数据中心位于中国科学院高能物理研究所，承担数据存储和数据处理的任务，支撑物理模拟产生、数据重建、物理分析及长期数据存储等任务。北京大型数据中心装备大规模的高通量计算集群、磁盘存储系统及大型磁带库系统等，并部署作业调度系统、分布式文件系统、磁带库管理系统、数据传输与分发系统、数据备份系统、运维管理系统、元数据管理系统等。

截至 2021 年 10 月，LHAASO 数据处理平台装备了 25PB 的高性能磁盘分布式文件系统、1 台大型磁带库（25PB 在线磁带及 20 个 LTO7 驱动器）、12250CPU 核的高通量计算系统及 2.4Gbps 的广域网专线链路。

4.1 实验数据传输

数据传输系统要把在海子山观测基地产生的海量科学数据及时传输到北京大型数据中心。海量数据的及时传输是 LHAASO 数据处理的基础，为此我们开发了 LHAASO 数据传输系统，支持海量数据实时发现、多目标、多链路、多流、校验、重传等功能，其架构如图 7 所示。一旦 DAQ 产生数据并注册到数据库中，数据传输系统就立即把数据从稻城通过网络专线传输到北京并进行校验，以确保其正确性和完整性。由于采用了多流等传输技术，带宽利用率能够接近 100%。

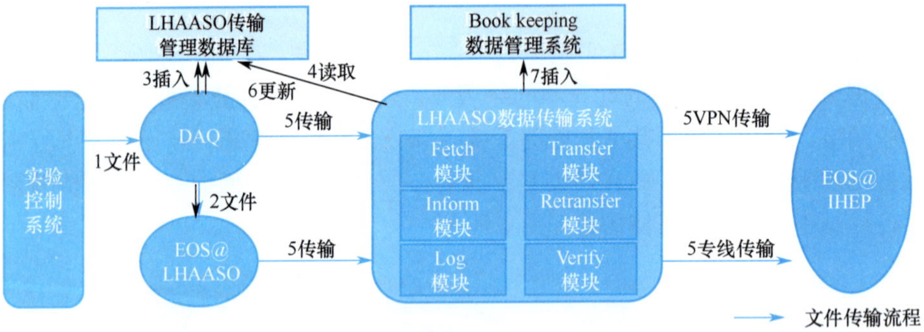

图 7 LHAASO 数据传输系统架构

目前，观测基地和中国科学院高能物理研究所之间有两条网络链路，一条是 2Gbps 的中国科技网点到点专线，另一条是 400Mbps 的中国电信互联网链路，两条链路完全独立。根据网络链路情况，数据传输时采用“尽最大努力交付”（Best-effort Delivery）的策略，实现“负载均衡”与“容错”两种方式，保证两条链路充分利用，并且当单条链路故障时仍可传输数据。

4.2 数据存储系统

在海子山在站小型数据中心和北京大型数据中心分别部署了磁盘分布式文件系统和磁带库管理系统，其中，Lustre 并行文件系统 [8] 作为用户目录，存放用户程序、作业脚本及分析结果等；EOS 分布式存储系统 [9] 作为实验数据的存储空间；Amanda 软件 [10]

作为用户数据备份系统；CASTOR 软件[11]用于磁带库管理和存储。CASTOR 已于 2022 年年初升级为 CTA 软件[12]。LHAASO 数据存储系统全部使用开源软件建设，形成了基于开放硬件、开源软件及二次开发的模式，提供高性能、高可靠、易管理、自主可控的数据存储服务。数据存储系统的总体构成及部署如图 8 所示。

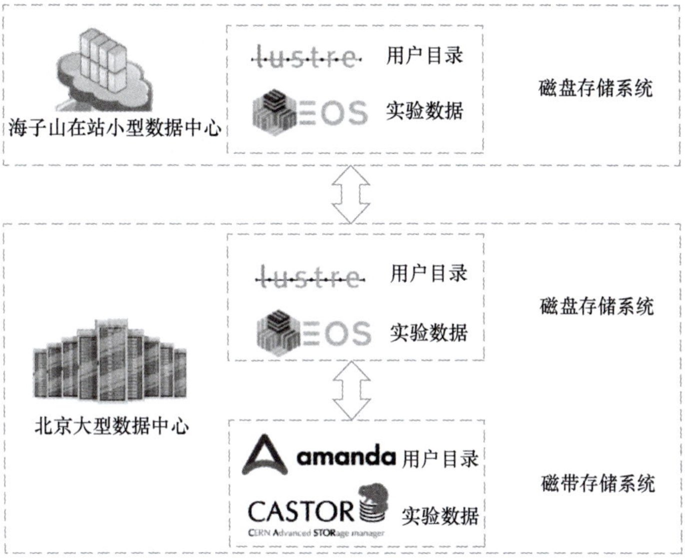

图 8　数据存储系统的总体构成及部署

数据存储系统采用了多项前沿 IT 技术，包括内存数据库集群、硬件辅助的数据冗余技术、分布式分层存储技术等。LHAASO 的文件数量达到 10 亿级别，并且还要支持数万个作业并发访问，这给存储系统的元数据服务器带来了巨大的压力，为此我们采用 QuarkDB[13]内存数据库集群来保存元数据信息并执行文件系统操作，通过 RAFT 协议[14]同步内存数据库，实现了非常高的可扩展性和可靠性。

传统的磁盘冗余阵列（Redundant Array of Independent Disks，RAID）通过控制器实现阵列内部的数据冗余，随着阵列里硬盘越来越多，控制器成为性能瓶颈。为此，LHAASO 存储系统摒弃了传统的 RAID 方式，转而采用硬盘直连服务器的模式，数据冗余功能完全由上层的存储软件来实现，如副本、纠删码、校验等，而纠删码等计算调用 CPU 内部加速引擎（Intelligent Storage Acceleration Library，ISA-l）[15]，实现了一种硬件辅助的数据冗余技术。在采用 84 块 3.5 英寸 SATA 硬盘的情况下，该方法的性能比传统的 RAID 提高 4 倍以上，而且还实现了服务器间的数据冗余，进而提高了数据的可靠性与可用性。

随着 SSD 的快速发展，我们基于 SSD-SATA-TAPE 构建了分布式分层存储系统，实现了高性能访问和海量数据长期存储的需求。首先，在存储系统内部构建 3 个存储池，即 SSD 固态硬盘池、SATA 磁盘池和磁带池。这些存储池被分布式存储系统 EOS 统一管理，对外完全透明。然后，在用户写入文件时，通过人工智能的方法判断这个文件应该放在哪个存储池，以尽量减少后期数据迁移的成本[16]。最后，在系统运行过程中详细收集数据访问日志，对数据访问的热度进行预测，提前实现磁带、磁盘、SSD 各个存储池间的数据流动[17]。

通过采用一系列的先进技术和系统，数据存储系统很好地满足了 LHAASO 实验数据海量存储、高性能访问和长期保存的需求。

4.3 高通量计算系统

LHAASO 数据处理是典型的数据密集型计算，应用场景为多用户、大作业量、高并发、大 IO 访问。因此，在海子山在站小型数据中心和北京大型数据中心部署了开源的高通量计算资源调度软件 HTCondor[18]，实现了资源的全局管理和作业调度，并形成了多站点、多种资源的统一管理和使用，如图 9 所示。

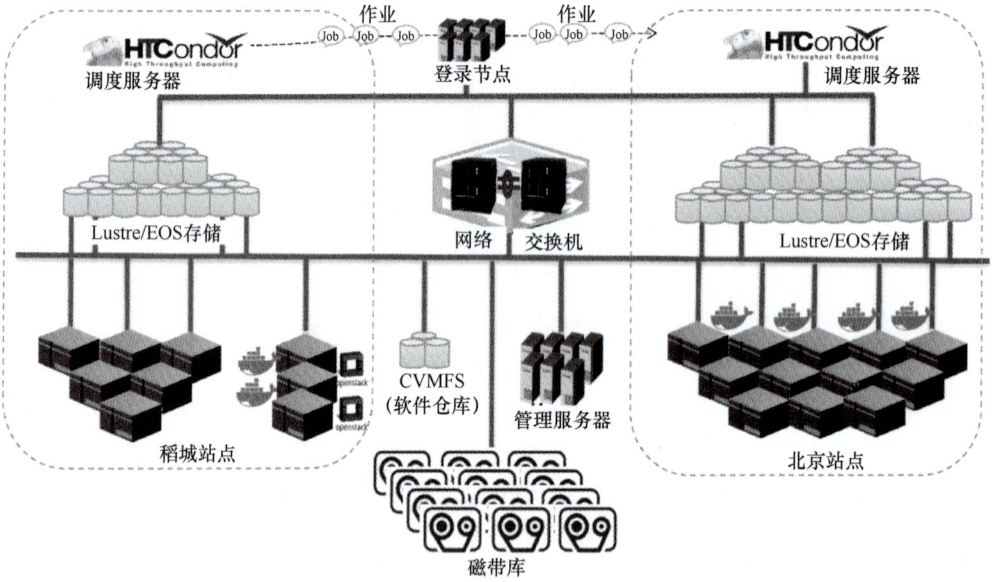

图 9　基于 HTCondor 的高通量计算集群

用户通过登录节点（Login Farm）进行作业提交与管理。在登录节点上部署了我们自主开发的 HEP_JOB 工具，该工具根据用户指定的站点名称将作业分配到稻城站点或者北京站点。在北京站点和稻城站点分别部署了一套独立的 HTCondor 系统，管理各自的站点资源，两套系统既可以独立工作，又可以统一管理和资源共享。为了支持 LHAASO 的解码、重建、模拟、分析等不同任务的需求，我们对 HTCondor 系统进行了定制开发和优化，定义了不同的优先级和资源调度策略，在保证紧急任务优先完成的前提下实现了数万个大规模作业运行和资源共享。

考虑到山上的自然条件及远程站点无人值守的因素，海子山在站小型数据中心采用了容器和虚拟化技术，基于 Openstack+Kubernetes 的微服务架构进行建设。通过 Openstack[19] 建立虚拟机，所有的登录节点和管理节点以容器的形式提供服务，并利用 Kubernetes[20] 对容器集群进行管理，充分利用容器的负载均衡和容错机制，提高了系统的可用性。计算任务采用 Singularity 容器[21]进行封装，由 HTCondor 调度运行。基于虚拟化技术的远程站点资源管理架构如图 10 所示。

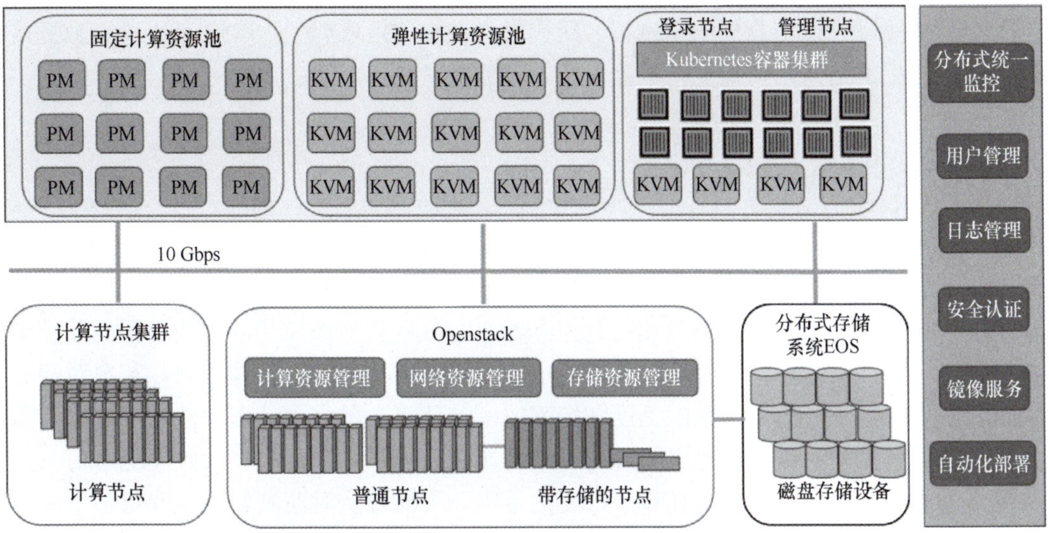

图 10 基于虚拟化技术的远程站点资源管理架构

4.4 科学元数据管理系统

如上所述，LHAASO 探测器每年要产生万亿级的事例和 10PB 级的科学数据，其中包含原始数据、解码数据、刻度数据、重建数据、分析数据等。同时，与这些数据相关的元数据信息非常丰富，如探测器类型、数据产生的时间、数据类型、探测器运行参数、模拟程序的版本及参数、重建程序的版本及参数、刻度常数、数据路径、RUN 号、校验值等。因此，我们专门开发和建设了科学元数据管理系统，用来保存海量的元数据信息，同时支持数据集创建、查询、修改、发布等功能，其技术架构如图 11 所示。通过科学元数据管理系统，管理员和用户能够快速查找和访问各类数据及其属性，从而高效地支持 LHAASO 数据处理，包括模拟、标定、重建、分析等。

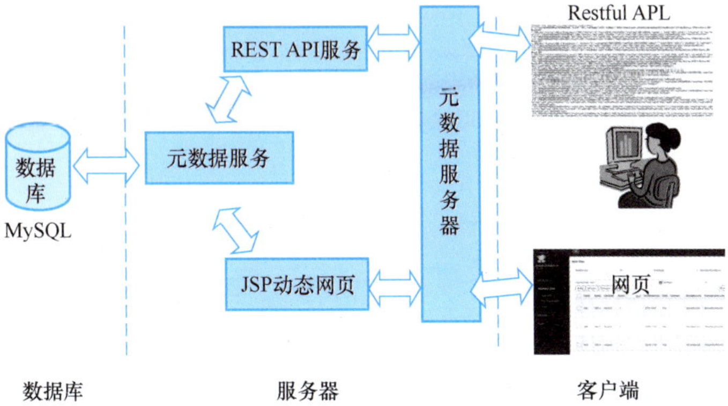

图 11 科学元数据管理系统技术架构

这些元数据保存在后台的数据库中，服务器基于 HTTP 发布数据，客户端使用 Web 网页或 Restful API 进行查询。每个数据或数据集都被赋予了一个唯一的标识符 ID，可以通过时间、RUN 号、数据类型等条件进行灵活检索。科学数据管理系统记录了从数据产生、传输、处理到分析的全过程，用户通过数据 ID 或者数据集 ID 可以检索数据或溯源整个数据的信息，从而支持数据发布、开放与共享。

5　数据处理软件

LHAASO 数据处理软件分为事例模拟软件、探测器标定软件、数据预处理软件、数据重建软件、天体源实时监测软件、数据产品生成与分析软件 6 个软件，如图 12 所示。事例模拟软件主要实现空气簇射及探测器对空气簇射次级粒子的探测过程的蒙特卡罗模拟仿真。探测器标定软件用于分析特定的标定数据或真实的实验数据，实现对探测器时间同步的修正、信号幅度的刻度和探测效率的计算。数据预处理软件实现对探测器原始信号的解析并对噪声信号进行过滤，从而压减数据量。数据重建软件实现对每一个触发事例的方向与能量的重建和粒子种类的鉴别。天体源实时监测软件实现对多个河外源及 GRB 类爆发现象的实时观测和爆发监控。数据产品生成与分析软件用于把不同天体源或局部天区的观测数据按照特定的时间和条件抽取出来，形成天体源观测数据产品，提供给用户进行分析。以上每个数据处理过程都会读入大量的数据，也会产生大量新的数据，在计算平台上通过批处理作业实现。

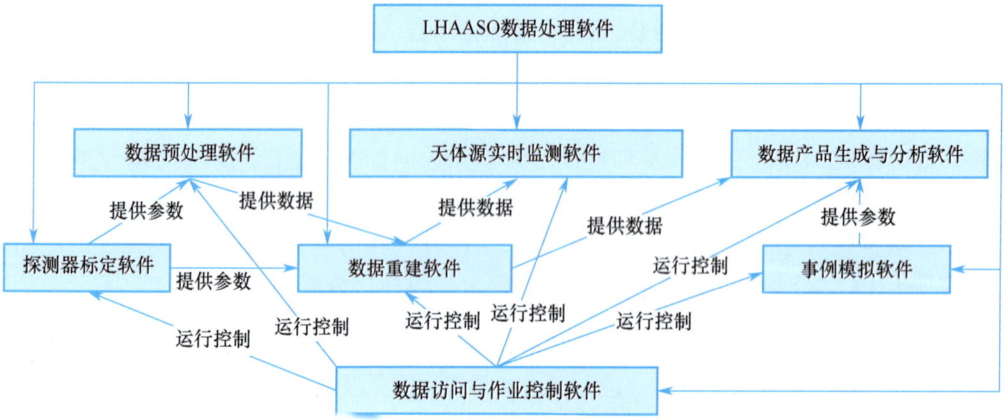

图 12　LHAASO 数据处理软件分类及其相互关系

5.1　事例模拟软件

LHAASO 事例模拟软件主要基于空气簇射模拟程序库 CORSIKA 和粒子物理探测器模拟框架 GEANT4 开发，采用 ROOT Tree 格式[22]存储。模拟程序分为 KM2A 独立、WCDA 独立、WFCTA 独立及 3 个阵列联合 4 种模式。模拟样本有宇宙线和伽马射线两类，可以实现对天体源的跟踪模拟，也可以实现各向同性的 26 种原初宇宙线及伽马射线的模拟。不同模式下的模拟样本所涉及的原初粒子种类、能区和能区跨度具有一定的差别，如 KM2A 主要致力于 10TeV ～ 10PeV 的甚高能和超高能区；WCDA 主要关注 10GeV ～ 1PeV 的甚高能区；而 WFCTA 及 3 个阵列联合主要聚焦 100 TeV ～ 100 PeV 的超高能区。

5.2 探测器标定软件

探测器标定软件根据应用场景、开发方式与维护方式分为专用程序和通用程序两类。专用程序主要用于分析实验室测试或一些专用标定系统产生的数据。例如，MD 的波形采样数据（标定水质和水位）、ED 触发数据中提取的触发窗口边缘信号数据（标定探测器的粒子数测量）、WCDA 的单路数据（标定 PMT 增益和效率）、WCDA 水衰减长度测量系统数据（标定水质）、WFCTA LED 和激光标定系统发射信号形成的观测数据（标定效率和大气质量）等。

通用程序对标准实验数据进行处理，通过对几千万到几十亿个宇宙线簇射事例多次迭代重建，利用簇射前锋面的特征，得到同一探测器不同通道间甚至不同探测器间的时间同步差异，并含有时间差异对电荷幅度及簇射芯位距离的依赖。

5.3 数据预处理软件

数据预处理软件包括原始数据解码软件和噪声过滤软件两类。前者实现对原始数据格式的转换，生成可随机访问的 ROOT Tree 格式数据。ROOT Tree 采用列存储的方式，利用列数据同一类型的特性，基于 zlib/xz 可实现 50% 以上的无损压缩。噪声过滤软件主要应用于 WCDA 数据，采用复杂的事例重建方法，去除大量单元探测器的噪声，最终把数据量减少至原有量的 1/4 以下，其数据量在各个流程中的变化如图 13 所示。

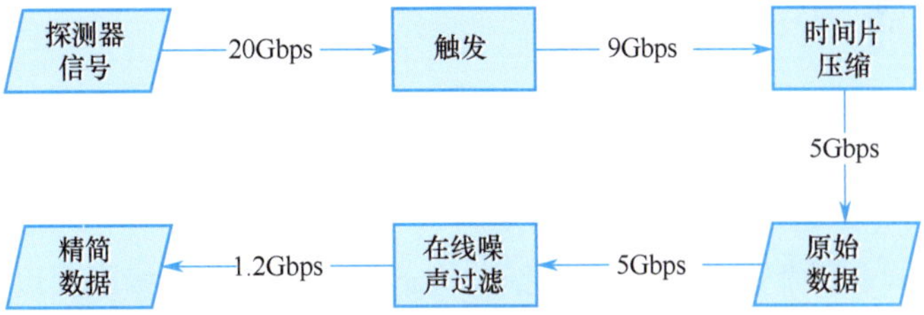

图 13 LHAASO-WCDA 数据量在各个流程中的变化

5.4 数据重建软件

数据重建软件用于实现对簇射事例的芯位、方向、能量的重建，并对 hit 的空间与时间分布进行综合分析，得到原初宇宙线（包括伽马射线）粒子种类甄别的参量。KM2A 和 WCDA 的主要科学目标是伽马天文，重建算法比较接近。芯位重建采用了重心法、聚群法、二维高斯等方法。方向重建通过对 hit 点进行多轮线性平面回归拟合得到。能量重建通过分析各个 hit 的信号幅度和对应的探测器位置的二维横向分布得到。在粒子种类鉴别方面，KM2A 采用 MD 探测到的簇射事例中的缪子个数与总簇射大小

（ED 探测到的信号总数）的比值对伽马事例进行判选，可以排除大部分的宇宙线背景。WCDA 相对复杂，主要采用 hit 信号时间与幅度的二维分布形态来排除宇宙线背景，得到若干个与粒子鉴别相关的参量，并提取类别相似性参量对事例进行加权，获得更高的信噪比。WFCTA 记录簇射在大气中纵向发展的图像，然后采用算法去除图像中的噪点，接着对图像的各种参量进行提取，包括图像的大小（总信号幅度）、图像的长轴与短轴方向及其长度比例等，还需要从 KM2A、WCDA 的数据中找到对应的信号，以获得多种信息，借助神经网络等方法，实现粒子种类的多参量分析。

5.5 天体源实时监测软件

很大比例的天体源的辐射流强都在变化之中，更有一些未知的天体源或天体辐射现象会突然发生。通过对部分候选天体源甚至整个天区的实时跟踪观测可以及时发现这些天体现象，并向国际各类望远镜和探测装置发布预警，从而实现多波段乃至多信使的观测研究。为此，LHAASO 发展了天体源实时监测软件，对部分天体源的信号进行实时分析。

天体源实时监测软件对数据预处理产生的在线重建数据进行分析。首先，定期生成背景分析数据库，包含每个选定的天体源向源区与对应的背景区在地平坐标系下接收度的比值。然后，实时分析实验数据，得到每个天体源向源区及其背景区的事例数，并把背景区的事例数直接转换为背景事例数。同时，如果发现当日（指恒星日，每个源对应的恒星日的起始时间都不同）已经完成处理的实验数据文件数与全部实验数据的比值超过某个设定的比例（如 90%）后，启动显著性计算程序，并根据显著性的大小判断偶然发生概率。若概率超过 1 个 / 年，则启动预警程序，把信息通过企业微信和邮件发出，并更新网页。此信息最终将发送至 GCN[23] 等国际天文监测体系，为国际其他各类实验的迅速观测提供预警。

5.6 数据产品生成与分析软件

LHAASO 的天文观测数据量极其庞大，而宽视场、全天候也使得观测的天体源的数量非常多。LHAASO 通过定期发布天体源观测数据产品，来满足国内外参与 LHAASO 合作的天体物理研究人员的需求。

数据产品生成软件把整个视场天区细分为近似等立体角、横纵尺度接近相等的若干个天区窗口，横纵两个方向的临近窗口都有 1/2 相互叠加。每天发布一套每个天区窗口的观测数据，包括此天区的向源区事例及对应的背景区事例。为实现能谱分析，每个产品中都包含了向源区和背景区的每个事例的时间、方向、能量估计参量等参数。同时，数据产品也提供了整个视场天区随天体源方向、能量变化的探测器响应数据库，包括角分辨、有效面积等参数。

数据产品分析软件可以实现对 LHAASO 数据产品的访问与分析。这套软件基于天文界通用软件包构建，编程语言为 Python，被命名为 LHAASO-PI。软件包中包含了天体源分析的若干算法，包括位置及能谱拟合等功能。例如，它包含了 3ML 软件包[24]，可以实现对同一天区内多个叠加天体源的解析。另外，软件包也融合了其他实验（如费米伽马射线太空望远镜）的数据分析程序，以便于实现多波段观测数据的联合分析。

6 科学应用效果

LHAASO 探测器稳定运行，获取了大量的数据，并基于 LHAASO 信息化系统开展了卓有成效的数据处理与分析，获得了多项重要的科学成果。

6.1 探测器高占空比运行，获取了大量的实验观测数据

LHAASO 探测器采用边建设边运行的策略，部分探测器安装后就启动了科学运行。2019 年 4 月，1/4 阵列启动运行，标志着 LHAASO 科学观测的开始。2019 年 12 月和 2020 年 12 月，LHAASO 1/2、3/4 规模探测器阵列先后投入科学运行。2021 年 7 月 26 日，LHAASO 全部探测器建成并投入运行，各项性能达到设计指标，探测器运行占空比超过 95%。截至 2021 年 11 月底，LHAASO 已经获取了约 20PB 的数据，采用多种观测手段和不同触发条件，记录了宽广天区的天体源和宇宙线在甚高能、超高能段的信号。

6.2 数据分析稳步开展，获得了多项重要的科学成果

LHAASO 实验在规模上远超国际上同领域的其他同类实验，采用的多项先进技术也属国际领先，其中包括基于计算集群的无触发与软触发的数据获取技术、大规模存储与作业管理的数据处理平台技术及功能强大的数据处理软件等。以上多方面的特色造就了 LHAASO 强大的观测能力，在 2021 年上半年，基于 1/2 阵列不到一年的数据，LHAASO 合作组就在 *Nature*、*Science*、*Physical Review Letters* 等国际一流期刊上发表了科学成果，发现了 12 个具有 100TeV 以上的伽马射线源，并观测到了最高 1.4PeV 来自 Cygnus 区域的伽马光子；对 CRAB 能谱进行了从 1TeV 到 1PeV 的精确测量，把传统理论模型推至极限；观测到了来自 PSR J0622+3749 的 25TeV 能量以上的慢扩散晕；等等。LHAASO 直接观测到了 PeV 光子，标志着 PeV 伽马天文窗口的开启，使得 2021 年成为 PeV 伽马天文的元年。

现在 LHAASO 探测器阵列已经全部建成，事例观测将会更加完整。伴随着观测数据的不断积累，数据分析的逐步深入，预期将会涌现出更多的科学成果。

6.3 合作队伍持续扩大，将采用先进的数据分析技术对数据进行深度挖掘

到目前为止，LHAASO 合作组的参加单位已经达到 26 个，科研合作人员已经达到 260 人。随着亮点成果的涌现，LHAASO 将会吸引更多科研团队加入合作组，基于 LHAASO 观测数据开展科学研究。合作团队的扩大，意味着将会有更多的人力投入到数据处理与物理分析中来，也会带来更多计算资源的加盟。机器学习等人工智能技术的飞速发展为 LHAASO 数据的深度挖掘提供了契机和手段，我们将采用人工智能技术，扩展 GPU、FPGA、TPU 等异构处理平台的应用，对 LHAASO 大数据进行精细化处理，期望在噪声过滤、方向重建、粒子鉴别方面获得突破，显著提高观测灵敏度和精度，发现更多的天体辐射源和辐射现象，对天体辐射源进行更高精度的能谱与形态测量，探索更深层的天体运动机制，揭示新规律，并最终解决宇宙线起源这一百年之谜。

7 总结与展望

LHAASO 是世界上海拔最高、规模最大、灵敏度最强的宇宙射线探测装置。为了应对海量数据的挑战，LHAASO 研发和采用了先进的信息化技术，包括：在数据获取方面发展了基于“White Rabbit”的时钟同步技术，实现了 4000m 以上高海拔野外工况的大面积、多节点、高精度时钟同步；在数据传输方面采用数据无损压缩、多流多链路自动分配、数据发现与校验等技术，实现了从海子山到中国科学院高能物理研究所的及时数据传输；在数据存储方面，采用内存数据库、硬件辅助的数据冗余、分布式分层存储等技术，实现了高性能、大容量和长期存储；在数据处理方面，采用高通量计算及容器和虚拟化等技术，实现了多数据中心资源统一管理及远程站点无人值守；在数据处理软件方面，采用模块化的软件框架及人工智能的数据分析技术等，实现了高效易用的数据分析。基于这些技术，LHAASO 信息化系统提供了数据获取、存储、传输、处理、发布及共享等全生命周期管理，高效处理每年 10PB 级的海量科学数据，为国内外天体物理学家提供高质量的天体源观测数据产品和数据处理服务。通过 LHAASO 平台，我国对于宇宙线的研究必将跨上一个新的台阶，将为人类的科学事业做出重要贡献。

参考文献

[1] CAO Z, CHEN M J , CHEN S Z, et al. Introduction to large high altitude air shower observatory (LHAASO)[J]. Chinese Astronomy and Astrophysics, 2019, 43(4): 457-478.

[2] CAO Z, AHARONIAN F A, AN Q, et al. Ultrahigh-energy photons up to 1.4 petaelectronvolts from 12 γ-ray Galactic sources[J]. Nature, 2021, 594(7861): 33-36.

[3] CAO Z, AHARONIAN F, AN Q, et al. Peta–electron volt gamma-ray emission from the Crab Nebula[J]. Science, 2021, 373(6553): 425-430.

[4] 曹臻，陈明君，陈松战，等 . 高海拔宇宙线观测站 LHAASO 概况 [J]. 天文学报，2019，60（3）：16.

[5] GONG G, CHEN S, DU Q, et al. Sub-nanosecond timing system design and development for LHAASO project[C]. Proceedings of ICALEPCS2011, 2011.

[6] MOREIRA P, SERRANO J, WLOSTOWSKI T, et al. White rabbit: Sub-nanosecond timing distribution over ethernet[C]//2009 International Symposium on Precision Clock Synchronization for Measurement, Control and Communication, IEEE, 2009: 1-5.

[7] 顾旻皓，朱科军，庄建，等 . LHAASO 原型系统数据获取软件 [J]. 核电子学与探测技术，2013，33（5）：5.

[8] SCHWAN P. Lustre: Building a File System for 1,000-node Clusters[C]. Proceedings of the Linux Symposium, 2003.

[9] PETERS A J , SINDRILARU E, ADDE G . EOS as the present and future solution for data storage at CERN[J]. Journal of Physics: Conference Series, 2015, 664(4):042042.

[10] GUTHMUNDSSON O, DA SILVA J, GUOMUNDSSON O. The Amanda network backup manager[C]// Proceedings of USENIX Systems Administration (LISA VII) Conference,1993.

[11] BAUD J P, BARRING O, DURAND J D. CASTOR project status[C]. CHEP2000, 2000.

[12] CANO E, BAHYL V, CAFFY C, et al. CERN Tape Archive: production status, migration from CASTOR and new features[C]//EPJ Web of Conferences, EDP Sciences, 2020, 245: 04013.

[13] BITZES G, SINDRILARU E A, PETERS A J. Scaling the EOS namespace–new developments, and performance optimizations[C]//EPJ Web of Conferences, EDP Sciences, 2019, 214: 04019.

[14] ONGARO D, OUSTERHOUT J. In search of an understandable consensus algorithm[C]// USENIX Annual Technical Conference (USENIX ATC 14), 2014: 305-319.

[15] GU J, WU C, XIE X, et al. Optimizing the parity check matrix for efficient decoding of rs-based cloud storage systems[C]// IEEE International Parallel and Distributed Processing Symposium (IPDPS). IEEE, 2019: 533-544.

[16] CHENG Z, WANG L, CHENG Y, et al. Heat Prediction of High Energy Physical Data Based on LSTM Recurrent Neural Network[C]// EPJ Web of Conferences, EDP Sciences, 2020, 245: 04002.

[17] 程振京，程耀东，陈刚，等．基于随机森林的高能物理数据放置策略 [J]. 计算机工程与应用，2020，56（21）：5.

[18] FAJARDO E M, DOST J M, HOLZMAN B, et al. How much higher can HTCondor fly?[C]//Journal of Physics: Conference Series, IOP Publishing, 2015, 664(6): 062014.

[19] ROSADO T, BERNARDINO J. An overview of openstack architecture[C]//Proceedings of the 18th International Database Engineering & Applications Symposium, 2014: 366-367.

[20] BERNSTEIN D. Containers and cloud: From lxc to docker to kubernetes[J]. IEEE Cloud Computing, 2014, 1(3): 81-84.

[21] KURTZER G M, SOCHAT V, BAUER M W. Singularity: Scientific containers for mobility of compute[J]. PloS one, 2017, 12(5): e0177459.

[22] BLOMER J, CANAL P, NAUMANN A, et al. Evolution of the ROOT Tree I/O[C]//EPJ Web of Conferences. EDP Sciences, 2020, 245: 02030.

[23] BARTHELMY S D, CLINE T L, BUTTERWORTH P, et al. GRB Coordinates Network (GCN): A Status Report[C]//AIP Conference Proceedings. American Institute of Physics, 2000, 526(1): 731-735.

[24] BURGESS J M, VIANELLO G. The Multi-Mission Maximum Likelihood Framework (3ML)[C]// Eighth Huntsville Gamma-Ray Burst Symposium, 2016, 1962: 4110.

作者简介

曹臻，研究员，LHAASO 项目首席科学家。1982 年毕业于云南大学物理系，1994 年在中国科学院高能物理研究所获得博士学位。先后任日本东京大学宇宙线研究所访问学者、美国俄勒冈大学物理系研究助理、美国犹他大学物理系研究助理、研究副教授等。2004 年作为海外杰出人才引进，同年晋升为中国科学院高能物理研究所研究员、博士生导师。2015 年入选中国科学院特聘研究员，任中国科学院大学岗位教授。2021 荣获“中国科学院先进工作者”称号。自 1994 年起，活跃于国内外宇宙线和伽马天文领域，在国际专业刊物发表 120 多篇科学论文，总引用率超过 5500 次。

姚志国，中国科学院高能物理研究所研究员、博士生导师。1998 年在中国科学院高能物理研究所获得博士学位，先后参与 L3 宇宙线（L3+C）的实验、西藏羊八井国际宇宙线实验 ARGO-YBJ 及高海拔宇宙线观测站 LHAASO 实验。研究方向为粒子天体物理、宇宙线物理。

顾旻皓，中国科学院高能物理研究所副研究员。2008 年在中国科学院高能物理研究所获得博士学位，从事数据获取技术研究，先后承担并完成散裂白光中子源和高海拔宇宙线观测站实验数据获取系统的研发。

程耀东，博士，中国科学院高能物理研究所研究员、博士生导师。2006 年在高能物理研究所获得博士学位，研究方向为高性能计算、海量数据存储与处理、云计算与大数据等。参与并完成多项国家重大科技基础数据处理平台的研发与建设，包括 BESIII、LHAASO 等。

地球系统数值模拟装置建设中的高性能计算技术与应用

周广庆[1*] 赵 莲[2] 姜金荣[2*]
（1. 中国科学院大气物理研究所；2. 中国科学院计算机网络信息中心）

摘 要

数值模拟是开展地球科学研究的重要手段，地球系统模式是进行地球系统数值模拟的基础工具，其发展水平是衡量一个国家综合科学技术水平的重要标志之一。国家“十二五”重大科技基础设施建设项目“地球系统数值模拟装置”旨在将我国自主研制的地球系统模式软件与国产高性能计算机有机结合，构建地球系统科学研究与应用的实验平台，为开展高水平地球系统科学研究与应用提供保障，为防灾减灾、气候与环境治理、实现“双碳”目标等提供科学支撑。本文在简要介绍地球系统数值模拟装置建设情况的基础上，重点介绍其核心软件“地球系统模式数值模拟系统”的研发及其高性能并行计算的优化工作，同时对高性能计算支撑地球系统数值模拟向高分辨率、高复杂性发展进行展望。

关键词

地球系统模式；装置；并行计算；优化技术；高性能计算

Abstract

Numerical simulation is a considerable means to drive the earth science research forward. The earth system model, as the flag of the national science and technology strength, is the fundamental tool for earth system numerical simulation. As one of the national scientific and technological infrastructure construction project during the “Twelfth Five-Year Plan” period, the “Numerical Simulation Device of the Earth System”, which is designed based on the Chinese earth system model software with the high-performance computer, is aimed to supply an experimental platform for earth system research and application, which provide guarantees and scientific support for the high-level earth system scientific research and application, prevention and mitigation, climate and environmental governance and carbon emission and neutrality. Based on a brief introduction to the construction of the Earth system numerical simulation device, this paper will focus on introducing the development of the software, “Earth System Model Numerical Simulation System,” and the optimization based on high-performance parallel computing. At last, it will show the trend of the development of high resolution and high complexity of the numerical simulation of the Earth system.

Keywords

Earth System Model; Device; Parallel Computing; Optimization Technique; High Performance Computing

1 引言

1.1 地球系统模式

从 20 世纪 70 年代开始，气候学研究提出了“气候系统”的概念，把大气、海洋、冰雪和陆面四个圈层作为一个整体来考虑，主要考虑各个圈层内部的物理过程及其相互作用。进入 21 世纪，地球系统成为地球科学研究的热点和前沿。其在气候系统的基础上，进一步考虑生态系统、空间天气和固体地球系统，通过研究圈层内部的物理、化学和地球生物化学过程以及圈层之间的能量、动量和物质交换来了解地球能量过程、生态过程和新陈代谢过程的运行规律（见图 1）。人们越来越重视诸如碳、氮循环等生物地球化学等过程对气候系统的作用及人类活动对这些循环过程的影响。过去对地球系统规律的理解和认识更多的是依赖于观测实验。随着各类观测实验的丰富、认识的提高和计算机的发展，数值模拟手段成为现今地球系统科学研究必不可少的实验手段，它已贯穿到地球系统科学研究和应用的各个环节，是地球系统科学向整体、综合、定量化发展的重要标志之一[1,2]。

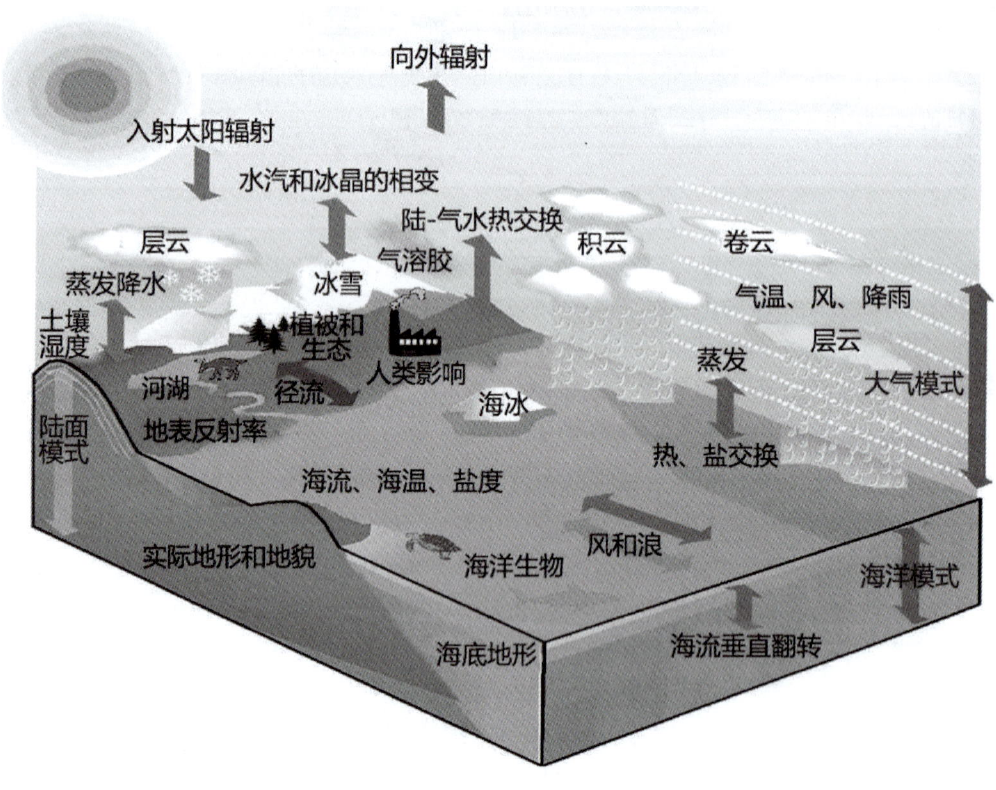

图 1　地球系统示意图

地球系统模式是最复杂和最具综合性的数值模拟工具，是地球系统科学数值模拟的“圣杯”。地球系统模式是基于地球各圈层中的物理、化学和生物过程及它们之间的物质和能量交换规律建立数学物理模型，然后用数值的方法进行求解，最终编写成一种大型综合性计算程序，并通过超级计算机付诸实现对地球系统复杂行为和过程的模拟与预测的科学工具[3]。实现对地球系统的预报，不仅要预测天气和气候，还包括预测生态环境演变及其灾害等。目前，国际上所说的“地球系统模式”还限于对地球表面各圈层的模拟，主要由气候系统和生态环境系统组成[4]。

1.2　建设地球系统模式的意义

通过地球系统模式可以获得地球系统各圈层的时空分布和演变的海量数据。地球系统具有广阔的时空张度及物理“不可达”性（如固体地球、海洋深部和近地空间），尽管对地观测系统在卫星和传感器新技术发展的支撑下取得了巨大的进展，但仅靠观测还不能满足对关键过程完整、定量描述的要求，制约了对地球系统的深入认识。地球系统模式可以产生地球系统主要圈层的海量数据，并通过将资料同化技术与观测数据结合起来，为地球系统的定量描述提供越来越完整、真实的数据，为地球系统科学发展奠定坚实的数据基础。

通过地球系统模式这个虚拟地球系统的实验平台，可使地球系统科学研究像物理和化学研究那样在实验室中设计和进行各类科学试验，细致区分和理解认识影响地球各圈层及其相互作用的因子和规律，回答目前全球变化的若干重大问题，如气候变化的机理和驱动是什么，今后气候与环境将如何演变等。

全球气候与生态环境变化是关乎我国可持续发展的重要因素，也是国际气候环境外交的核心问题之一。利用地球系统模式阐明全球气候和环境变化的机理并进行预测，已经成为当今国际地球系统科学研究的重要内容，同时也为国际上就气候与环境变化问题进行协商和制定协议（如 Intergovernmental Panel on Climate Change，IPCC）提供关键的科学依据。由此可见，地球系统模式的先进性体现了一个国家在地球系统科学领域研究的核心竞争力，是衡量一个国家地球科学研究综合水平的重要指标，同时，只有掌握先进、完善的地球系统数值模拟技术和实验手段，才能做出有自己独立见解的模拟和预测，提升气候外交谈判的话语权。国际上主要发达国家都把研制地球系统模式作为地球系统科学的重要发展方向，我国也于 2007 年开始在自主研发的气候系统模式的基础上研制地球系统模式，并取得了很好的成果[1,3,18]。

1.3　地球系统模式与高性能计算

地球系统模式被定义为封装了大量自然定律的计算机程序，是对地球系统物理、化学、生态过程、碳、氮循环等生物地球化学循环过程的数学表达。目前，地球系统模式主要包括大气、海洋、陆面、海冰等物理气候系统过程及气溶胶与大气化学、陆地海洋生态系统与生物地球化学循环等生态环境过程的子系统，并用一个耦合器软件来传输上述各子系统之间的物质和能量交换的信息，把它们耦合起来。因此，耦合器也往往被认为是地球系统模式的一个组成部分。由此可见，地球系统模式是在多学科交叉研究的基础上对地球系统规律认识的产物，它不仅需要地球科学中的物理、化学和生命过程的认识，也需要高性能计算机和海量存储设备等现代高技术设施的支撑。

高性能计算技术在推动地球系统模式发展方面起到了关键作用。地球系统模式“一体化”和“精细化”的发展使得计算量日益增加，高分辨率的地球系统模式对计算能力的需求极大，同时，随着物理、化学过程的增加，更多新的分量模式的引入促使计算需求呈几何级数增加，同化技术和集合模拟技术的应用又将计算需求推高一个量级。因此，高性能计算技术的不断发展是地球系统模式的基础保障。

随着地球系统模式计算需求的不断攀升，如何有效使用计算资源成为一个不可回避的问题。传统的“串行模式并行化”技术途径在提高模式并行计算的效率和模块化程度等方面受到限制，需要采用新的高性能计算技术来进一步提升模式的可扩展性及并行计算效率。新兴的处理器及技术，如 GPU（Graphics Processing Unit）和异构众核处理器，可变浮点精度计算技术等为提高地球系统模式的计算效率提供了新的技术路线。因此，发展适用于地球系统模式的计算中间件，并与模式程序协同设计，建立高性能软件支撑平台成为地球系统模式发展的重要技术支撑。另外，近年来大数据和人工智能技术已被应用于模式和预报技术的发展，如改进积云对流和云降水参数化、对流系统的超短时预报等，也为降低模式中复杂参数化方案的不确定性提供了帮助。

2 地球系统数值模拟装置建设情况

2.1 建设背景

“地球系统数值模拟装置”（Earth System Numerical Simulation Facility）为国家“十二五”重大科技基础设施建设项目，中国科学院大气物理研究所为项目建设法人，清华大学为共建单位。该装置拟建成我国首个具有自主知识产权，以地球系统各圈层数值模拟软件为核心，软、硬件指标相适应，规模及综合技术水平位于世界前列的专用地球系统数值模拟装置。其核心软件是中国科学院大气物理研究所经过长期科研攻关自主研发的中国科学院地球系统模式 CAS-ESM（Chinese Academy of Science-Earth System Model）[18]，它集成耦合了大气、海洋、海冰、陆面过程、植被动力学、气溶胶与大气化学、陆地和海洋的生物地球化学在内的 8 个地球子系统模式，能够模拟大气圈、水圈、冰冻圈、岩石圈、生物圈的演变规律，对地球的过去进行反演，对现在进行观察，对未来进行预测。

2.2 建设内容

地球系统数值模拟装置为研究地球系统的大气圈、水圈、冰冻圈、岩石圈、生物圈的物理、化学、生物过程及其相互作用，探究上述相互作用对地球系统整体和我国区域环境的影响等提供实验平台。它融合模拟技术与观测数据以提高预测的准确性，能实现对地球系统复杂过程在中尺度分辨率的定量描述与模拟，为国家防灾减灾、应对气候变化、大气环境治理等重大问题提供科学支撑；推动地球系统科学不同学科之间的学科交叉和融合，促进我国地球系统科学整体向国际一流水平跨越。

地球系统数值模拟装置包括地球系统模式数值模拟系统、区域高精度数值模拟系统、超级模拟支撑与管理系统、支撑数据库和资料同化及可视化系统、面向地球科学的高性能计算系统（见图 2）及土建配套设施。

图 2　地球系统数值模拟装置系统构成

“地球系统模式数值模拟系统”是整个装置的最核心部分，它在“超级模拟支撑与管理系统”的支持下，在装置硬件系统——“面向地球科学的高性能计算系统”上可实现大规模并行计算，其模拟输出结果为“区域高精度环境模拟系统”提供侧边界条件，以实现更高精度的区域模拟和预测。此外，本装置的“支撑数据库和资料同化及可视化系统”将支撑地球系统模式数值模拟系统模拟输出结果的存储与实时可视化显示与分析。

2.3　建设情况

地球系统数值模拟装置位于怀柔科学城东部组团密云经济开发区，是北京国家综合性科学中心的重要组成部分，也是北京科技创新中心、怀柔科学城的重要建设内容。装置项目总投资 125521 万元，建筑面积 24310 平方米，建设周期 4 年。装置于 2018 年 11 月全面开工，2021 年 6 月基本建成，2022 年完成验收。

2017 年 2 月 28 日，装置建议书获得国家发展和改革委员会的立项批复。2018 年 6 月 14 日，获得国家发展和改革委员会的可行性研究报告批复。2018 年 7 月 30 日，获得中国科学院和教育部关于装置初步设计方案的联合批复。2018 年 11 月 16 日，获得国家发展和改革委员会关于核定装置初步设计概算的批复。至此，装置建设所需批复全部完成，项目进入全面实施阶段。

经过两年多的集中建设，2021 年 6 月 23 日，“地球系统数值模拟装置”在北京怀柔科学城落成启用，装置硬件机器如图 3 所示。这是我国首个以数值模拟软件为核心建设内容的重大科技基础设施，它将服务于应对气候变化、生态环境建设、碳达峰碳中和愿景目标、防灾减灾（如天气预报）等国家重大需求，为国际气候与环境谈判提供有力科学支撑。

图 3　地球系统数值模拟装置硬件机器

未来，随着日地空间环境模式、大陆冰盖模式和固体地球模式逐步耦合到地球系统模式中，地球系统数值模拟装置将实现从地球系统到空间天气的全耦合数值模拟，并进一步推动地球科学的理论化和数值化，推动地学各学科之间的交叉和融合，促进我国地球系统科学整体迈向国际一流水平。

3　地球系统模式数值模拟系统研发和优化

3.1　地球系统模式数值模拟系统核心功能

“地球系统模式数值模拟系统”是在中国科学院前期研制的地球数值模拟装置原型系统 CAS-ESM1 的基础上，针对为地球系统专门研制的高性能计算机硬件系统，进一步发展而来的 CAS-ESM2，它包含“大气环流模式”“海洋（海冰）环流模式”“陆面过程模式”“植被动力学模式”“气溶胶和大气化学过程模式”“海洋生物地球化学模式”“陆地生物地球化学模式”“大陆冰盖模式”“固体地球模式”“日地空间环境模式”“地球系统模式集成模块”11 个分系统（见图 4），其中前 7 个模式分系统通过地球系统模式集成模块进行物质和能量的交换，从而构成一个统一的地球系统模式，日地空间环境模式、大陆冰盖模式和固体地球模式 3 个分系统因其特征时空尺度，目前相对独立，现阶段主要考虑其对外界强迫的响应。

（1）大气环流模式分系统是在已有的大气环流模式 IAP-AGCM4.1[5] 的基础上进行发展完善的，用于模拟大气温度、风速、压力、降水、云量、水汽等基本的大气环流特征，其模拟结果可以为陆面过程模式、海洋（海冰）环流模式、海洋生物地球化学模式等提供上边界条件，也可以为系统二中区域大气模式提供侧边界条件。所建立的大气环流模式分系统水平分辨率达到 25km 左右，实现了全球气候（大气）的高分辨率模拟，也可以为气候模拟研究、提高短期气候预测水平及防灾减灾的科学预测和预警提供先进的模拟软件。

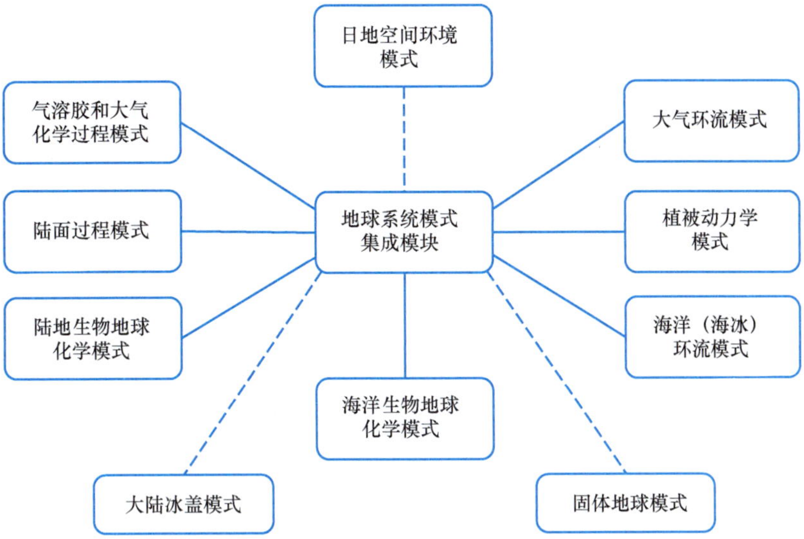

图 4　地球系统模式数值模拟系统总体结构

（2）海洋（海冰）环流模式分系统是海洋－海冰耦合的分系统，包括单独的海洋环流模式和海冰模式，二者通过耦合器进行通量交换，可以在给定的边界条件和初始条件下，模拟海水温度、盐度、流速、海表高度、海冰流速、海冰厚度和密集度等基本特征，同时其模拟结果可以作为大气模式的下边界条件，也可以为系统二中区域海洋模式提供侧边界条件。海洋（海冰）环流模式分系统采用中国科学院大气物理研究所的 LICOM[6] 模式，海冰环流模式采用全球通用的 CICE[7] 模式，从而使得所建立的海洋－海冰耦合的海洋（海冰）环流模式分系统的模式整体水平与国际主流模式相当，为我国气候模拟和预估、海洋与海冰预报和研究提供先进的模拟软件平台。

（3）陆面过程模式分系统采用的是我国通用陆面模式 CoLM[8]。它包含土壤水热、植被冠层双大叶模式等一系列子模式，全面改进和改写了早期美国大气研究中心的公共陆面模式 CLM[9]。通过将地球水圈、岩石圈、生物圈视为一个相互作用的大系统，进行其物理、化学和生物过程及其变化规律的系统性研究。它是进行区域/全球气象－水文－生态的精细业务预报、土地利用与变化、气候与生态环境变化等研究的重要平台，可为定量探究陆面过程在地球系统中发挥的作用，以及人类活动与环境的相互影响提供科学依据。

（4）植被动力学模式分系统主要以中国科学院大气物理研究所的植被动力学模式 IAP-DGVM[10] 为核心研制。该系统主要通过获取不同气候资料、植被参数资料、土壤基本属性资料，以及根据陆面过程模式给定的土壤物理环境条件、植被光合作用和呼吸作用的数据，基于植被动力学的基本原理，模拟全球植被分布及其随气候的演变过程，以及各种植被类型特征随时空的变化。同时，还考虑了人类活动影响（包括农作物及林业管理等）。在地球系统模式全耦合模拟时，其模拟结果可为陆面过程模式提供植物生理生态特征信息，为大气环流模式提供植被－地表－大气间的通量交换（如碳通量、痕量气体排放）等。

（5）气溶胶和大气化学过程模式分系统主要以中国科学院大气物理研究所的气溶胶

和大气化学模式 GEATM[11] 为基础研制，主要通过获取人为活动（如工业、交通等）和自然过程（如植被、火山等）的全球化学成分排放源数据、大气环流模式分系统的全球气象要素模拟预报数据及气候平均态的上边界条件，集成国际先进的大气物理化学过程机制，实现主要大气化学成分的全球三维时空分布模拟预测。气溶胶和大气化学过程模式分系统将为全球大气环境、气候变化及两者相互作用的科学研究提供国际先进的模拟软件工具，利用该软件系统可开展全球多尺度大气污染预报、污染物跨洲跨国传输定量评估等工作，为我国的“一带一路”倡议提供科学技术支撑。

（6）海洋生物地球化学模式分系统基于大气物理研究所 IAP-OBGCM[12] 研制，主要描述海洋中碳的生物地球化学循环过程，包括海洋生物地球化学模式和海洋生态模式两个部分。海洋生物地球化学模式从海气界面发生的碳交换开始，详细描述碳在海洋中的吸收、转化、存储等过程，并通过模拟这些过程对不同气候状态的反应，来量化海洋碳库对大气碳浓度的调节作用。海洋生态模式主要描述海洋上层浮游生物的动力学过程，通过对生态系统生长、消亡的在线模拟，为海洋上层无机碳向有机碳的转化提供过程描述。海洋生物地球化学模式分系统为大气环流模式分系统提供海气碳通量，以计算大气 CO_2 浓度随时间的改变。海洋生物地球化学模式分系统可以量化海洋对人为 CO_2 的吸收能力，以及这种能力对气候变化的响应。通过与其他分系统模式的全面耦合，可以研究碳循环与气候变化的相互作用，也可以预估未来海洋环境（如海水 pH 值）等的演变。

（7）陆地生物地球化学模式分系统是根据陆面过程模式给定的土壤物理环境条件，以及融合多源数据而构建的农田分布、农艺管理措施、作物参数、土壤基本属性等数据库，模拟土壤的碳氮生物地球化学过程，主要包括碳氮元素的迁移转化，其模拟结果可以为大气环流模式、气溶胶和大气化学过程模式提供不同陆地生态系统的 CO_2、CH_4、N_2O 净排放通量，即大气系统物质交换的下边界条件。该系统的主要功能是根据环境因子子系统模拟构建的生物地球化学变量场，模拟陆地生态系统的碳氮循环过程，以及相关碳氮气体的排放，并为陆面过程模式分析提供所需的碳氮物质时空分布。分系统建成后可以实现农田生态系统重要温室气体（CO_2、CH_4、N_2O）排放通量的模拟和估算。

（8）大陆冰盖模式分系统通过 NSIDC（美国国家冰雪中心）提供的极区冰盖和地貌数据，以国际上较为成熟的冰盖模型为基础，建立高分辨率的大陆冰盖数值模拟软件系统，可以对大陆冰盖在数百年内的发展趋势做出可靠的预测，为全球大气和海洋相关的科学研究提供有价值的参考。

（9）固体地球模式分系统旨在建立全球尺度的、多物理场的地球动力学模式。该系统通过不同的子系统对地球不同圈层或是同一圈层不同尺度下的物理环境和物理运动进行模拟。与此同时，该系统还将提供用于大规模的并行可视化系统的模拟计算数据，以对分系统内多个子系统获得的数据进行系统分析。利用该分系统可以实现在复杂条件下对固体地球各个区域的科学研究，并且未来能够在多个时间和空间尺度上与大气、海洋、冰盖和植被等多个不同维度和尺度的模式分系统建立耦合，实现地球复杂系统的完备模拟体系。

（10）日地空间环境模式分系统整合运动学模型和三维磁流体运动学（Magneto Hydro Dynamics，MHD）数值模型，以太阳大气等观测数据为驱动，考虑体积加热等物理机制，模拟太阳风在太阳日冕到地球空间中的传播演化过程。该模式用于研究不同太阳活动期的背景太阳风演化特征、大尺度太阳风扰动结构传播演化过程、日冕物质抛射（Coronal Mass Ejection，CME）/ 行星际激波相互作用等物理过程。日地空间环境模式输出地球空间附近的太阳风磁场与等离子体基本参数的时空变化，可弥补当前日地空间探测数据稀少的缺陷，可用于分析地磁暴成因和空间天气预报实验。

（11）地球系统模式集成模块分系统基于中国科学院地球系统模式 CAS-ESM 耦合框架，增加耦合接口自动生成功能模块和复杂网格映射及三维耦合功能，改进编译运行系统，完成地球系统模式的耦合，实现上述各个分系统模式之间的数据交互，以及地球系统模式的运行、优化和诊断，实现耦合的地球系统模式便捷组装运行。

3.2 地球系统模式数值模拟系统并行优化

地球系统模式的主要发展方向是提高分辨率和增加复杂性。为了保障模式在数值模拟过程中的计算稳定性和准确性，所能选取的时间积分步长随着分辨率的提高而减少，而模式的计算量随着分辨率的提高呈指数级增长。同时，为了进行气候和环境模拟，往往需要将地球系统模式积分几十年、几百年乃至上千年，所需要的计算量是巨大的。随着地球系统模式计算需求的不断攀升，如何有效使用计算资源也成为一个不可回避的问题。由于受早期模式的可扩展性和并行效率的限制，模式运行速度慢，难以满足实际应用的时效需求，其核心算法在通用处理器上只能发挥不到 5% 的计算能力。众核和异构架构的采用，使得对于高度复杂的地球系统模式来说，编程难和计算效率低下问题变得更加突出。地球系统模式往往有上百万行代码，不同算法间计算特点多种多样，如在东西、南北、垂直方向上的计算方法各不相同，无法找到一个对各段代码或各核心算法通用的并行化方法。计算分散、变量多、同步多、分支计算多，造成计算访存比低，数据迁移通信多，使得浮点计算效率和并行计算效率低下。可以想象，百万行代码只有 5% 的计算量不适合并行，做到极限也只能获得 20 倍并行加速效果，而模式分辨率提高 10 倍，所需计算量将提升数千倍。因此，不进行大规模并行计算来提高计算效率，是无法开展高分辨率模拟的。为了提高模式的计算效率和并行可扩展性，科研人员在模式并行算法设计、并行实现、并行性能优化和浮点计算效率优化等方面做了大量工作。目前，地球系统模式中大气环流模式和海洋环流模式面临的主要瓶颈是提高计算效率，发挥大型计算平台的综合计算能力。

3.2.1 大气环流模式并行优化

提升大气环流模式的计算效率成为提高整个地球系统模式性能的关键。我国自主研发的大气环流模式 IAP-AGCM，采用的是在球面经纬网格上的有限差分离散方法，该方法的计算特点是计算精度高、计算量小，但存在极点问题。在南北高纬度（极点）区域，为了增大时间积分步长并保持计算稳定性，计算过程中采用了东西方向（x 方向）的 FFT（傅里叶变换）滤波，这造成了东西方向计算的强关联，无法进行剖分；而垂直对流、湍流计算等物理过程的计算又存在垂直方向（z 方向）强关联，所以 IAP-AGCM 最早使用了一维区域剖分并行化方法。为了提高模式可扩展性，科研人员发展了混合二维区域剖分并行化方法，即在中低纬度地区，未采用东西方向（x 方向）的 FFT 滤波，仅在垂直方向存在强关联，此时使用水平二维（*x-y* 方向）区域剖分；而在高纬度地区，垂直和东西方向都存在强关联计算，此时使用南北－垂直二维（*y-z* 方向）区域剖分，增加了并行可扩展性，并通过实现 MPI+OpenMP 计算，将 IAP-AGCM 并行可扩展性和计算速度提升了近 10 倍 [13]，但同时也增加了多种区域剖分之间的数据转换通信开销。为了进一步提高可扩展性，科研人员发展了自适应的局部高斯滤波替代 FFT 滤波，把全局通信变为局部通信，实现了大气模式动力框架的三维剖分并行算法；而在物理过程计算中采用水平二维区域剖分，其中部分垂直或东西强关联的计算过程特殊处理，整体大幅提升了大气模式的整体性能 [14]。同时，针对异构计算，实现了部分物理过程模块（长短波辐射模块、云微物理模块）的 GPU 异构加速 [15,16]，取得了不错的效果。大气环流模式动力框架的异构加速计算也正在开展中。

我们对 IAP-AGCM 在基于国产 X86 处理器的超级计算机上进行了大规模的测试。模式水平分辨率为 1/4°×1 /4°（25km 左右），分别使用 8192 个进程至 196608 个进程，对模式的可扩展性和性能加速比进行测试分析，实验结果如图 5 所示，程序可扩展至近 20 万核，相比 8192 核加速 7.4 倍（相比 1024 核加速 23.6 倍），并行效率达到 32%（以 8192 核为基准）。

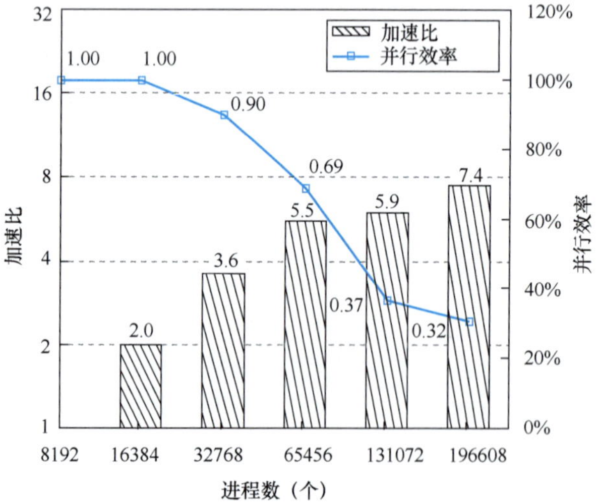

图 5　大规模可扩展性和性能加速比测试实验结果

3.2.2　海洋环流模式并行优化

海洋环流模式也是地球系统的重要组成部分和计算热点。我国自主研发的海洋环流模式 LICOM3.0，采用了三极坐标网格和有限差分离散方法，解决了极点问题，并行剖分采用了水平二维区域剖分。为了进一步提升 LICOM3.0 的计算速度，我们设计了 LICOM3.0 的 GPU 异构计算方法，实现了异构计算版本 LICOM3-HIP。LICOM3-HIP 首先使用水平二维区域剖分并行，将剖分后的每一块计算网格上的计算交给 GPU 来完成；其次根据网格计算的特点，采用一维、二维或三维区域剖分将网格点分配给不同的 GPU 核心计算。

LICOM3-HIP[14] 除了运用传统优化手段，如使用共享内存、重计算（Rematerialization）、循环外提（Loop Unswitching）、循环展开之外，为适应 GPU 加速卡的单指令多数据（Single Instruction，Multiple Data，SIMD）体系结构，通过重新设计某些数值算法或其实现过程解耦数据依赖、避免内存写冲突及改写逻辑判断优化分支等技术手段进行优化（Branch divergence），使得每个 GPU 上的计算尽可能采用三维剖分，提升其并行可扩展性。同时，为了减少通信开销，LICOM3-HIP 采用“可伸缩伪边界”的策略优化通信，以计算代替通信来减少通信。最终大幅提升 LICOM3.0 的并行可扩展性和计算速度，在国产异构超算系统中科先导一号上（26200 张 DCU 加速卡）实现了国际上排名第二的高分辨率的全球海洋长时间模拟[17]。采用 26200 张 DCU 加速卡的计算速度相较于 384 张 DCU 加速卡提升了 5.37 倍，并行效率为 8%（见图 6）。

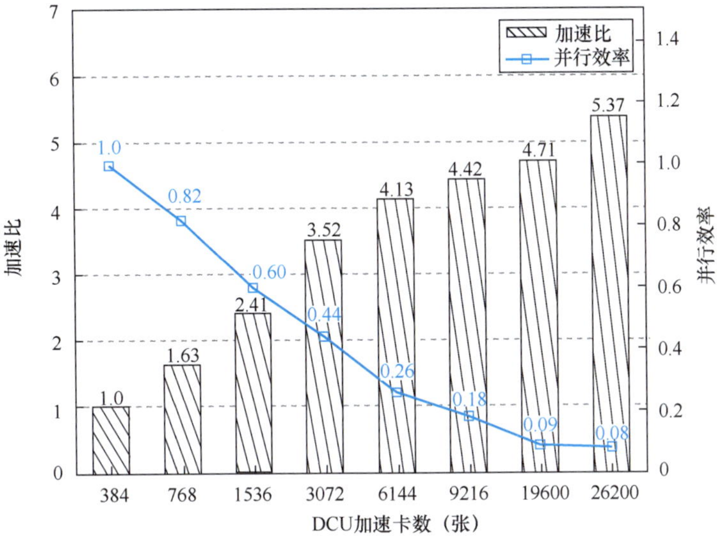

图 6　加速比、并行效率测试

3.2.3　耦合集成模式并行优化

在大气、海洋等分量模式并行优化的基础上，进一步发展了我国自主研发的高分辨率气候系统耦合模式，在国产异构超算系统中科先导一号上实现百万核并行计算和高分辨率模拟应用，模式分辨率指标在国际上从跟跑转变为并跑。所使用的分量模式组合和使用的节点数如表 1 所示。

表 1　分量模式组合和使用的节点数

	大气分量（ATM）	海洋分量（OCN）	陆面分量（LND）	海冰分量（ICE）
名称	IAP-AGCM	LICOM-HIP	CoLM	CICE
分辨率	25km	10km	25km	10km
使用的节点数	2880 个	768 个	384 个	768 个

在国产 X86 处理器集群上，对上述高分辨率气候系统耦合模式进行了一组性能测试。根据对各分量模式的计算量估计，计算过程采用大气分量和海洋分量模式并发执

行，其中海洋分量模式使用 768 个计算节点，大气分量模式使用 2880 个计算节点，共计 3648 个节点。而陆面分量模式和海冰分量模式与大气分量模式共同使用 2880 个节点串行执行。处理器分配方案如图 7 所示，测试结果如图 8 所示。使用 3648 个节点，105 万核，模拟速度能够达到 6.4 模式年 / 天，相对于 10 万核并行效率超过 40%。

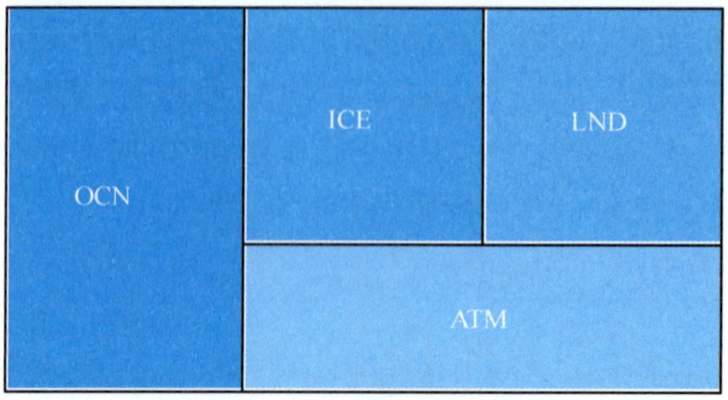

图 7　处理器分配方案

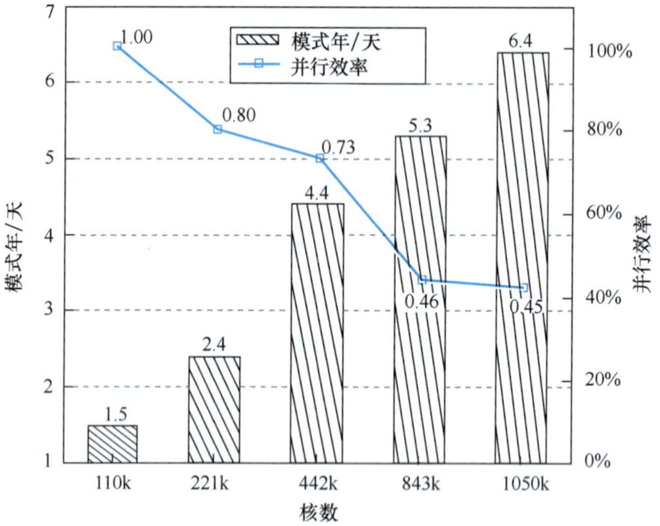

图 8　测试结果

3.3　地球系统模式耦合集成和模拟结果

地球系统模式集成模块分系统负责各个分量模式之间的数据传递及地球系统模式的运行，实现耦合的地球系统模式便捷组装运行。地球系统模式集成模块（通量耦合器）由 4 个子系统组成，分别为总控制程序、耦合器上层、耦合器中层和耦合器底层，如图 9 所示。

（1）地球系统模式集成模块总控制程序负责地球系统模式的开始、运行和结束。在开始阶段，总控制程序构造并行环境，分配处理器，校准各类时钟，准备 I/O，生成数据结构，读取数据映射的配置文件，初始化映射程序，并且依次启动地球系统模式的各个分量模式。在运行阶段，总控制程序根据各种时钟闹铃，设定各分量模式的起止和运行时间点，同时对数据进行迁移、映射、融合和重排。在结束阶段，总控制程序负责存储空间的回收和销毁。

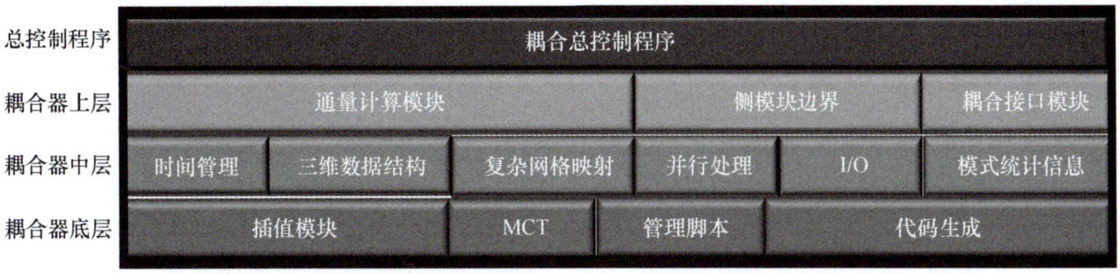

图 9　地球系统模式集成模块分系统组成图

（2）耦合器上层子系统包括通量计算模块、侧模块边界及耦合接口模块。这些模块由总控制子系统调用。

（3）耦合器中层子系统包括时间管理、三维数据结构、复杂网格映射、并行处理、I/O、模式统计信息等模块。这些模块由总控制子系统和上层子系统调用。

（4）耦合器底层子系统包括插值模块、MCT、管理脚本及代码生成模块。其中，MCT 由总控制子系统和中、上层子系统调用。插值模块用于映射矩阵生成，管理脚本用于地球系统模式运行参数配置，代码生成则用于地球系统模式扩展，均属于地球系统模式集成模块的支撑。当三者完成功能后，地球系统模式集成模块总控制子系统在运行实例中调用其他子系统各模块，完成地球模式系统的开始，运行和结束。

目前已经实现了大气环流模式、海洋（海冰）环流模式、陆面过程模式、植被动力学模式、气溶胶和大气化学过程模式、陆地和海洋生物地球化学模式 8 个分系统模式耦合集成，形成了“全耦合”的地球系统模式 CAS-ESM2，模拟了工业革命（ 1850 年 ）以来，在人为排放驱动下，全球 CO_2 及陆地和海洋（自然）碳过程变化（见图 10）[18]。

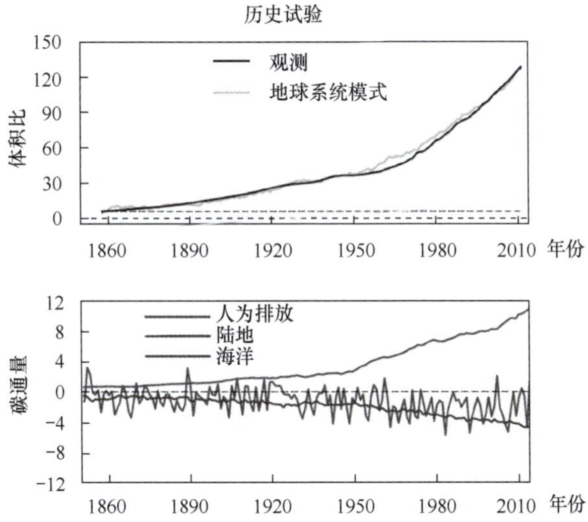

图 10　全球 CO_2 及人为排放、陆地和海洋（自然）碳过程变化 [19]

除上述全耦合地球系统模式外，CAS-ESM2 也实现了大气 / 陆面 25km、海洋 / 海冰 10km 耦合的高分辨率气候模拟。图 11 展示的是大气云量、土壤温度、海洋温度流场及海冰密集度的模拟结果。

图 11　大气云量、土壤温度、海洋温度流场及海冰密集度的模拟结果

4　总结与展望

地球系统模式是开展地球系统科学研究的重要工具和实验平台，是一个复杂的涉及多个学科的大型软件系统，与计算数学、高性能计算软件和硬件的发展密切相关。我国自主研发的地球系统模式和高性能计算机系统的发展为建设国际先进的地球系统模式装置奠定了基础。我们针对装置的核心软件系统 CAS-ESM2，开展了大量高性能并行计算方法和并行优化工作，实现了气候与生态环境系统全耦合的地球系统模拟，有力地支撑了“地球系统数值模拟装置”的建设，使我国地球系统科学模拟达到世界先进水平。CAS-ESM2 参加了国际耦合模式比较计划第六阶段实验（Coupled Model Intercomparison Project Six，CMIP6），开展了多个类别的比较计划实验，产出了大量有关气候变化的模拟实验数据，为气候变化及其对策研究和应用提供了支撑[1]。该系统的成功开发，也是国产先进高性能计算软硬件建设的一次成功实践，不仅有利于地球系统模式的可持续发展，也为我国建设以软件为核心的大科学装置提供了范例。

在未来发展方向上，CAS-ESM2 将在自主高分辨率气候系统模式（25km 大气 + 10km 海洋）的基础上，进一步提升模式的分辨率，并发展全耦合的高分辨率地球系统模式，同时还将耦合更多的子系统 / 分系统模式，特别是人类活动影响过程、大陆冰盖、中高层大气等。

致谢

感谢国家重大科技基础设施项目“地球系统数值模拟装置”提供支持。

本文的计算（部分）得到“东方”超级计算系统的支持与帮助。

感谢“地球系统数值模拟装置”建设单位中国科学院大气物理研究所、系统一承建单位中国科学院计算机网络信息中心及系统一参建单位中国科学院计算技术研究所、中山大学等单位的项目参与人员为装置的建成所做的工作。

参考文献

[1] 周广庆，张云泉，姜金荣，等 . 地球系统模式 CAS-ESM[J]. 数据与计算发展前沿，2020，2（1）：38-54.

[2] 王斌，周天军，俞永强 . 地球系统模式发展展望 [J]. 气象学报，2008，66（6）：857-869.

[3] 曾庆存，林朝晖 . 地球系统动力学模式和模拟研究的进展 [J]. 地球科学进展，2010，25（1）：1-6.

[4] 周天军，陈梓明，邹立维，等 . 中国地球气候系统模式的发展及其模拟和预估 [J]. 气象学报，2020，78（3）：332-350.

[5] ZHANG H, ZHANG M H, ZENG Q C. Sensitivity of Simulated Climate to Two Atmospheric Models: Interpretation of Differences between Dry Models and Moist Models[J]. Monthly Weather Review, 2013, 141(5) : 1558-1576.

[6] LIU H L，LIN P F，YU Y Q，et al. The Baseline Evaluation of LASG/IAP Climate System Ocean Model (LICOM) Version 2[J]. Acta Meteorologica Sinica, 2012, 26(3):318-329.

[7] HUNKE E C , LIPSCOMB W H . CICE: The Los Alamos sea ice model documentation and software user' s manual version 4.0 LA-CC-06-012[C]. Los Alamos NM: Los Alamos National Laboratory, 2008.

[8] DAI Y，ZENG X，DICKINSON R E，et al. The Common Land Model[J]. Bulletin of the American Meteorological Society, 2003, 84(8) : 1013-1023.

[9] BONAN G B , OLESON K W , VERTENSTEIN M , et al. The Land Surface Climatology of the Community Land Model Coupled to the NCAR Community Climate Model[J]. Journal of Climate, 2002, 15(22):3123-3149.

[10] ZENG X D. Evaluating the dependence of vegetation on climate in an improved dynamic global vegetation model[J]. Advances in Atmospheric Sciences, 2010, 27(5) : 977-991.

[11] 罗淦，王自发 . 全球环境大气输送模式（GEATM）的建立及其验证 [J]. 大气科学，2006（3）：504-518.

[12] XU Y F, LI Y C,CHU M. A global ocean biogeochemistry general circulation model and its

simulations[J]. Advances in Atmospheric Sciences, 2013, 30(3) : 922-939.

[13] WANG Y Z, JIANG J R, ZHANG H, et al. A scalable parallel algorithm for atmospheric general circulation models on a multi-core cluster[J]. Future Generation Computer Systems, 2017, 72:1-10.

[14] WU B D, LI S G, ZHANG Y Q, et al. AGCM3D: A Highly Scalable Finite-Difference Dynamical Core of Atmospheric General Circulation Model based on 3D Decomposition[C]. Singapore: IEEE, 2018.

[15] WANG Y Z, GUO M X, ZHAO Y, et al. GPUs-RRTMG_LW: high-efficient and scalable computing for a longwave radiative transfer model on multiple GPUs[J]. The Journal of Supercomputing, 2021, 77(5):4698-4717.

[16] WANG Y Z, ZHAO Y,JIANG J R, et al. A Novel GPU-Based Acceleration Algorithm for a Longwave Radiative Transfer Model[J]. Applied Sciences, 2020, 10(2):649.

[17] WANG P , JIANG J , LIN P , et al. The GPU version of LASG/IAP Climate System Ocean Model version 3 (LICOM3) under the heterogeneous-compute interface for portability (HIP) framework and its large-scale application[J]. Geoscientific Model Development, 2021, 14(5): 2781-2799.

[18] ZHANG H, ZHANG M H, JIN J B, et al. 2020: Description and Climate Simulation Performance of CAS-ESM Version 2[J]. Journal of Advances in Modeling Earth Systems, 2020, 12(12):1-35.

[19] GAO X F, ZHU J W, ZENG X D,et al, 2021: Changes in global vegetation distribution and carbon fluxes in response to global warming: simulated results from IAP-DGVM in CAS-ESM2[J]. Advances in Atmospheric Sciences, 2022, 39 (8) :1-14.

作者简介

周广庆，理学博士，研究员，博士生导师。中国科学院大气物理研究所研究员，信息科学中心主任，地球系统数值模拟装置总工艺师。主要从事地球系统数值模式的研发、数值模拟研究及短期气候预测研究。1988 年毕业于南京气象学院气象系，1996 年在中国科学院大气物理研究所获博士学位。担任中国科学院知识创新工程“三期”重要方向项目群“地球系统动力学模式研究”领导小组组长，并主持“IAP 海洋模式改进及与大气和海洋生化过程的耦合研究”项目。2005 年度国家自然科学奖二等奖“气候系统模式、模拟及气候可预报性研究”获奖人之一。

赵莲，博士，高级工程师。中国科学院计算机网络信息中心高性能计算部并行算法与共性技术实验室副主任。2016 年获中国科学院计算机网络信息中心计算机软件与理论博士学位。主要研究方向为高性能计算、并行计算。参与国家重大科技基础设施建设项目“地球系统数值模拟装置”系统一“地球系统模式数值模拟系统”，担任项目办公室主任和植被动力学模式分系统负责人。

姜金荣，博士，研究员，博士生导师。中国科学院计算机网络信息中心高性能计算部副主任。主要研究方向为并行计算、计算地球科学。1999 年获北京大学计算数学和经济学学士学位，2007 年获中国科学院软件所计算机软件与理论博士学位。作为课题负责人参与了 863、973、中国科学院项目等地学模式开发项目，并作为技术负责人承建了国家重大科技基础设施建设项目“地球系统数值模拟装置”系统一“地球系统模式数值模拟系统”，参与完成我国多个自主模式的开发。

中国生物多样性信息学发展现状与展望

肖　翠[1]　林聪田[2]　许哲平[3]　马克平[1*]

（1. 中国科学院植物研究所植被与环境变化国家重点实验室；2. 中国科学院动物研究所动物生态与保护生物学院重点实验室；3. 中国科学院文献情报中心资源建设部）

摘　要

生物多样性信息学在计算机、人工智能、物联网等技术的带动下，已逐渐发展成数据密集型的科研范式。国际上，生物多样性信息学在数据（物种名录、标本数字化、文献志书、彩色照片、公众科学数据）建设、在线数据分析和建模方法、多学科交叉融合和数据产品等方面取得较大发展。近 20 年来，中国生物多样性信息学快速发展。本文通过梳理生物多样性信息学的概念、发展历程和学科前沿，重点介绍了中国生物多样性信息学在数据库建设、专题平台和国际合作等方面的进展。尽管中国生物多样性信息学的快速发展，改善了亚洲数字化生物数据薄弱的状况，但其发展力度仍需加大，具体包括：①重视生物多样性大数据资源的整合，形成功能更加强大的综合信息平台。②加大数据的共享力度，当前整个亚洲数据的共享水平与欧美国家有很大差距。③建好大数据平台与数据源的联系，有可持续的数据源才能使数据保持不断更新。④加强生物多样性信息学方面的能力建设，尤其是数据挖掘的能力建设。⑤加强区域和国际合作。通过理论知识的积累，只有对问题进行准确把握，再加上对数据的收集、整合和再分析，才能真正解答科学问题，实现生物多样性信息学的长效发展。

关键词

生物多样性；数据标准；标本数字化；数据平台；国际合作

Abstract

Driven by computer science, artificial intelligence and other technologies, biodiversity informatics has gradually developed into a data intensive scientific research paradigm. Internationally, biodiversity informatics has made great progress in the construction of large data platform (species checklist, specimen digitization, literature, color photos, public scientific data), online data analysis and modeling methods, interdisciplinary integration and data products. In recent 20 years, China's biodiversity informatics has developed rapidly. By combing the concept, development process and discipline frontier of biodiversity informatics, this paper focuses on the achievements of China's biodiversity informatics in database construction, special platform and international cooperation. The rapid development of biodiversity informatics in China has changed the weak situation of digital biological data in Asia. Nevertheless, the development of biodiversity informatics in China still needs to be strengthened: ① Attach importance to the integration of biodiversity big data resources to form a more powerful comprehensive information platform. ② Increase data sharing efforts. At present, the sharing level of data in the whole Asia is very different from that in Europe and the United States. ③ Establish the connection between big data platform and data source. Only continuous data source can keep the data updated. ④ Strengthen capacity-building in biodiversity informatics, especially in data mining. ⑤ Strengthen regional and international cooperation. Only through the accumulation of theoretical knowledge and accurate grasp of the problem, together with the collection, integration and analysis of data, can we really answer scientific problems and realize the development of biodiversity informatics.

Keywords

Biodiversity; Data Standard; Specimen Digitization; Data Platform; International Cooperation

随着信息技术的发展和大数据时代的到来，将信息学技术应用于生物多样性领域，如分类学、生物地理学或生态学，利用现代计算机技术查看和分析现有信息，并预测未来的发展，成为一种新型的研究模式，即生物多样性研究与信息技术融合产生了生物多样性信息学（Biodiversity Informatics，BDI）[1]。生物多样性信息学是指利用信息技术，对生物有机体的基础数据（Primary Data）进行整合、管理、分析和解释等方面的研究，尤其是在物种水平上的应用[2,3]。它重点关注单个有机体、种群和分类群，以及它们的相互关系，其内容覆盖系统学、进化生物学、种群生物学、行为科学，以及从传粉生物学到寄生病学和植物群落学等领域[4]。

生物多样性信息学是一个新兴的学科，它通过收集、整理、整合、分析、预测和传播与生物多样性有关的数据，为生物多样性保护和可持续利用的决策提供信息[5]。在过去几十年中，全球开发了用于管理、规范和发布数据的关键软件工具，如 Lifewatch[6]、The Integrated Publishing Toolkit[7] 等，同时产生了一批权威的数据库和大型的生物信息网络[8]，如全球的生物多样性信息网（简称 GBIF），实现了生物多样性数据的全球共享，从而推动了农业科学、生物医学、生物技术、环境管理、病虫害防治、公共卫生健康、科普教育与生物多样性保护等行业的发展。国际生物多样性信息学发展历程如图 1 所示。

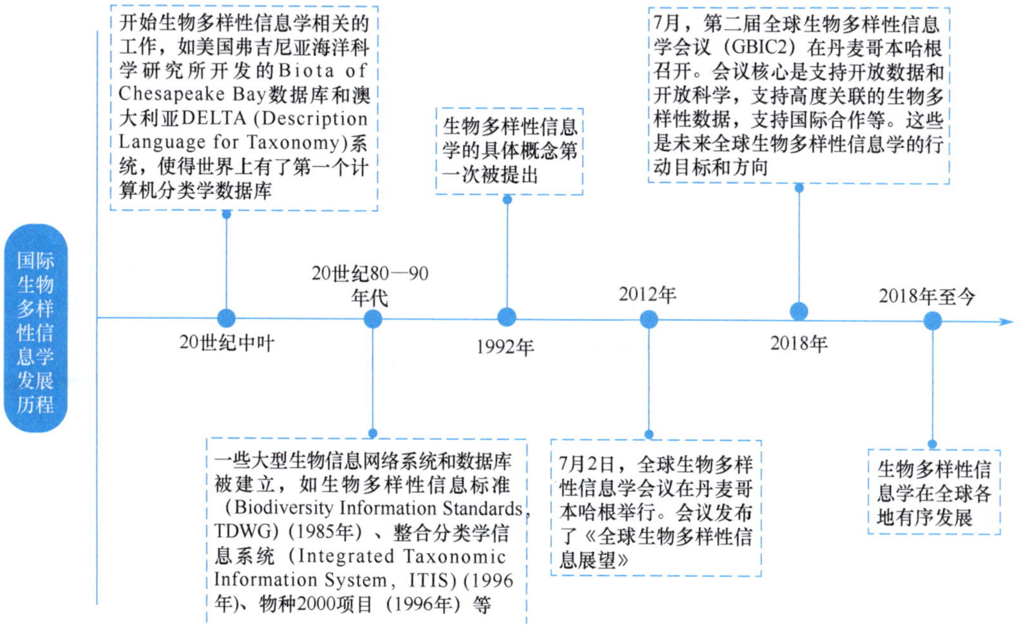

图 1　国际生物多样性信息学发展历程

中国生物多样性信息学相关的工作始于20世纪80年代，不同领域学者紧跟国际发展形势，探讨了我国建设生物多样性信息学的必要性与面临的问题、研究方法、建设内容及可能支撑的研究等[4, 9-14]。中国科学院于1983年提出了“科学数据库及其信息系统”项目，开始建设生物学、地球科学、海洋科学等学科的专题数据库，包括一批生物多样性相关的数据库，如中国动物数据库、中国植物数据库、中国西南资源植物数据库、淡水藻种库等，逐步发展成今天的中国科学院科学数据中心。科技部自2003年开始建设国家科技基础条件平台，包括标本资源的标准化整理、整合与共享平台建设，越来越多的单位和专业技术人员加入生物多样性信息学领域[14-17]。2019年，为完善科技资源共享服务体系，推动科技资源向社会开放共享，科技部和财政部对原有国家科技基础条件平台进行优化调整，形成20个国家科学数据中心和30个国家生物种质与实验材料资源库，其中与生物多样性信息学相关的国家科技资源共享服务平台有19个（见表1）。这些资源平台为科学研究、技术进步和社会发展提供了高质量的科技资源共享服务。

表1　19个与生物多样性信息学相关的国家科技资源共享服务平台名单

序号	平台名称	主管部门
1	国家基因组科学数据中心	中国科学院
2	国家微生物科学数据中心	中国科学院
3	国家青藏高原科学数据中心	中国科学院
4	国家生态科学数据中心	中国科学院
5	国家地球系统科学数据中心	中国科学院
6	国家基础学科公共科学数据中心	中国科学院
7	国家林业和草原科学数据中心	国家林业和草原局
8	国家海洋科学数据中心	自然资源部
9	国家重要野生植物种质资源库	中国科学院
10	国家园艺种质资源库	农业农村部
11	国家热带植物种质资源库	农业农村部
12	国家林业和草原种质资源库	国家林业和草原局
13	国家海洋水产种质资源库	农业农村部
14	国家淡水水产种质资源库	农业农村部
15	国家寄生虫资源库	国家卫生健康委员会
16	国家菌种资源库	农业农村部
17	国家病原微生物资源库	国家卫生健康委员会
18	国家植物标本资源库	中国科学院
19	国家动物标本资源库	中国科学院

2005年以来，在中国科学院生物多样性委员会和相关单位的大力推动下，中国积极与国际著名的生物多样性信息学项目［如全球生物物种名录（Species 2000）、网络生

命大百科（EOL）、生物多样性图书馆（Biodiversity Heritage Library，BHL）、全球生物多样性信息网络（GBIF）等］开展合作。从2009年开始，中国每两年组织召开一次“全国生物多样性信息学研讨会”，搭建专业的学术交流平台，推动生物多样性信息学在国内的发展。从在CNKI中以“生物多样性”和“数据”组合检索年度文章数量，以及在Web of Science中以“biodiversity”和“data”作为组合主题词检索的结果，均可以看出随着时间的推移，关注生物多样性信息学的人越来越多（见图2）。

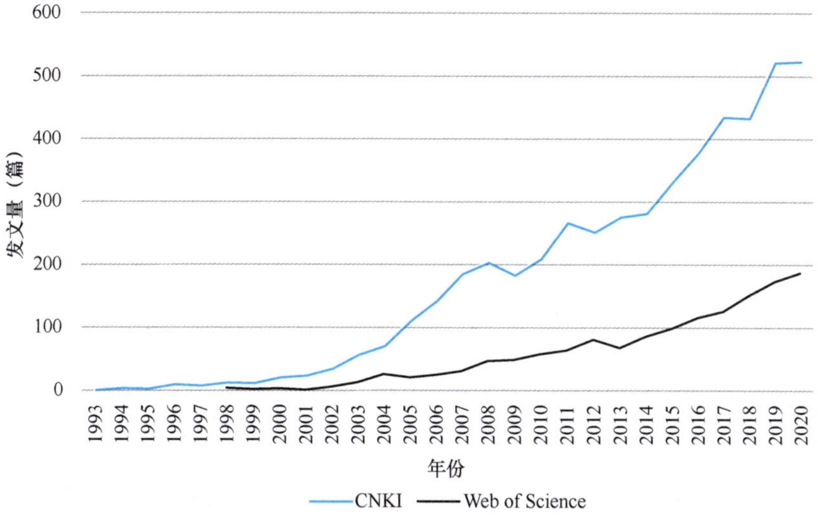

图2 “生物多样性”和“数据”与“biodiversity”和“data”组合检索的文章数量

1 数据库建设

数据是生物多样性信息学发展的基础，其中的物种名称和分布地信息最为重要。中国物种数据以生物多样性编目、标本数据、彩色照片、文献志书及基于各类重大项目所产生的数据为核心。在遗传多样性方面，主要是种质资源、DNA条形码及组学数据；在生态系统和景观方面，主要是野外调查的样地数据、基于卫星遥感和近地面遥感等手段获取的数据。

1.1 数据标准

生物多样性信息学有着广泛而复杂的数据源，在数据融合和共享过程中，数据标准尤为重要。Darwin Core作为生物多样性数据标准，在国际上的应用较为广泛，它能够很好地扩展到其他生物领域（分子、基因、古生物、标本管理）。随着观测数据多元化和集成度的增加，在Darwin Core的基础上出现了DwC（Dawin Core archive，达尔文核心档案）。这是一种基本的文本集合（如TAB或CSV）文件，通过一个简单的描述符对文件进行组织，格式是预先按照Darwin Core文本指南的规则定义的。它不再仅限于物种记录数据，还紧紧地与 Dublin Core 联系。全球生物多样性信息网络（GBIF）将其用来对生物名称、类群、物种信息、分布和出版物等资料进行编码和关联。档案格式的关键思想是通过一个核心数据文件和多个扩展文件的关联进行结构的组织。每条扩展记录都指向核心文件中的一条记录。由此，多条扩展记录可以以单独核心记录的形式存在，能够极大地减少数据冗余，从而压缩数据集。GBIF IPT（集成发布工具）正是基于该标准整合汇集了全球 19 亿条数据记录。

1.2 物种多样性数据

1.2.1 生物物种名录

为了能够追踪生物分类的研究进展并动态整合中国生物物种名录，中国科学院生物多样性委员会从 2008 年起就与国际上的物种 2000（Species 2000）组织合作，发起《中国生物物种名录》的建设，其目的是集成所有在中国分布的生物物种清单，按照国际物种 2000 标准规范进行数据库建设，向全球提供免费开放的服务。《中国生物物种名录》从 2008 年开始发布，每年发布一个版本（见图 3），截至 2021 年已经收录超过 12 万个物种及种下单元（见图 4），覆盖动物界、原生动物界、植物界、真菌界、色素界、细菌界和病毒等生物类群，数据内容包括物种学名、中文名、分类系统、别名、分布及相关文献，是目前国内收录类群最全、使用广泛的名录数据库。

图 3　2008—2021 年《中国生物物种名录》封面

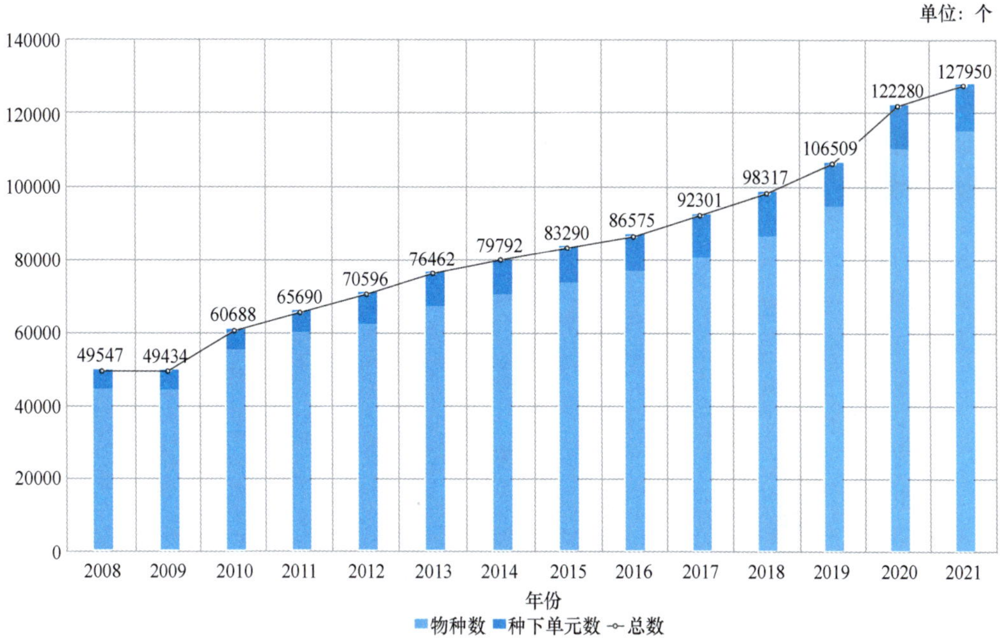

图 4 《中国生物物种名录》收录物种及种下单元

为了更有效地保护和发展生物多样性相关研究，我国学者采用世界自然保护联盟（IUCN）红色名录的分类和标准，聚集了全国 600 多位专家，对我国已知的高等植物、脊椎动物（海洋鱼类除外）和大型真菌受威胁状况进行了全面评估。结果表明，我国鸟类、爬行类和两栖类动物的保护状况正在恶化，而哺乳动物、裸子和被子植物的保护状况正在改善[18]。《中国生物多样性红色名录》的发布为制定生物多样性保护政策和规划奠定了科学依据，为开展生物多样性科学研究提供了数据基础，为公众参与生物多样性保护创造了必要条件，是贯彻落实《中国生物多样性保护战略与行动计划（2011—2030 年）》和履行《生物多样性公约》的具体行动。此名录成为社会各界参与生物多样性保护的重要依据。

2021 年 2 月，国家林业和草原局、农业农村部公开发布了新版《国家重点保护野生动物名录》。新版名录共列入野生动物 980 种和 8 类，其中国家一级保护野生动物 234 种和 1 类、国家二级保护野生动物 746 种和 7 类。这是我国 32 年来首次对名录进行的大调整[19]。2021 年 9 月，经国务院批准，国家林业和草原局、农业农村部发布了调整后的《国家重点保护野生植物名录》，455 种和 40 类野生植物被列入其中。这是继 1999 年发布《国家重点保护野生植物名录》（第一批）20 多年后的一次较大调整[20]。

1.2.2 生物标本数字化

生物标本以实物为基础，具有“经过专业人员鉴定、涵盖信息丰富、跨越时空尺度大”等特点[21]。一份完整的生物标本包括采集信息、鉴定信息等多个字段。随着摄影技术、扫描技术、计算机技术的发展，标本数字化变得简单易行，进而克服了使用实体标本的诸多不便[22]，使得保存在标本馆和博物馆用于科学研究的标本以数字化的形式，被更多人使用。科技部科技基础条件平台从 2003 年开始生物标本数字化工作，经过 18 年的发展，截至 2020 年年底已经完成超过 1560 万份的标本数字化工作，近 10 年来，标本数字化数据量逐年增加（见图 5），新增标本照片 627 万张。标本数字化数据包括植物（超过 1096 万份）、动物（超过 435 万份）、化石、岩石、矿物、矿石、沉积物、陨石、冰雪样品和真菌标本等。其中，植物、动物标本数据分别占数据总量的 70.7% 和 28%。所有数字化标本均在国家标本资源共享平台网站上实时共享，用户可通过在线浏览或填写数据申请表获取数据 [15]。

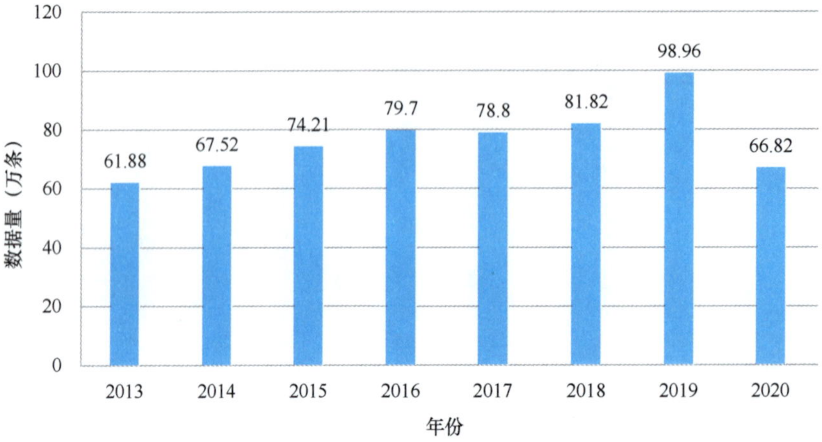

图 5　标本数字化数据的年度增量

1.2.3　文献志书数字化

文献志书数字化能够为科研人员提供诸多便利。中国生物多样性文献志书数字化建设依托生物多样性图书馆中国节点（Biodiversity Heritage Library-China）建设。生物多样性图书馆中国节点对重要生物多样性文献进行全面收集、扫描、重要生物学信息提取和系统整理，建立可供查询的中国生物多样性信息咨询和交流的网络平台，同时开放接口，为生物多样性信息平台［如网络生命大百科（EOL）中国节点、NSII 和中国数字植物标本馆（CVH）等］及其他相关领域研究提供文献数据服务。生物多样性图书馆中国节点目前收录中文文献 1.8 万册、英文文献 10.8 万册，包括植物志书、物种名录、科考报告、图谱等。英文文献的共享，解决了一些高校或机构无法直接查看外文文献的问题。目前，生物多样性图书馆中国节点的文献志书每年保持 1000 册的增量。

文献志书数字化是提取物种分布数据的基础。物种的名称和分布对于生物多样性研究最为重要，而发表的文献和出版的志书在内容上具有较高的准确度，通过文献志书收集数据已经成为生物多样性数据建设的一个重要方面。以植物为例，目前基于文献志书建成的中国植物物种分布数据库包括 5789603 条物种分布记录。

1.2.4　多媒体数据

物种彩色照片数据库伴随着数码照相机的流行而产生。准确鉴定彩色照片具有重要的价值。“是什么物种”“在哪里拍摄”“怎样的状态”“有哪些特征”等信息可以通过物种彩色照片解析出来，而这些正是生物多样性信息学的重要内容。以植物为例，中国植物彩色照片库的建设与标本数字化工作几乎同期发展，始于 2003 年，经过 18 年的积累与建设，目前已经形成中国自然标本馆（CFH）和中国植物图像库（PPBC）两大彩色照片库，成为中国植物彩色照片数据的主体，完成了中国 68.9% 的植物物种彩色照片的采集。

伴随着人工智能的发展，2016 年至今，多个植物识别软件问世，如花伴侣、形色、花帮主、百度识图、生物记等。用户在使用这些工具识别物种时，会自动产生带有经纬度坐标的物种数据。这些数据也将成为物种分布数据的重要来源。

1.3 遗传多样性数据

遗传多样性是生物多样性的核心内容之一。保护生物多样性最终是要保护其遗传多样性，一个物种的稳定性和演化潜力依赖其遗传多样性，而物种的经济和生态价值也依赖其特有的基因组成[23]。物种的遗传多样性数据包括种质资源、DNA 条形码数据和组学数据等。

1.3.1 种质资源

1. 农作物种质资源

农作物种质资源是生物多样性的重要组成部分，是一个国家最有价值、最具战略意义的资源[24]。中国最早驯化栽培了大豆、粟、李、桃、杏等作物，也是稻、亚麻、茄子、香蕉、甜橙等作物的原生起源地之一。中国农作物共涉及分类学上 574 个栽培物种、1930 个野生近缘种。起源于中国的粮食作物有 20 种（类）、蔬菜和调料作物有 45 种（类）、果树作物有 53 种（类）、经济作物有 26 种（类）。中国作物种质资源信息网拥有粮食、纤维、油料、蔬菜、果树、糖、烟、茶、桑、牧草、绿肥、热作等 340 多种作物、47 万份种质的信息。2021 年，中国开展农业种质资源普查工作，新收集农作物种质资源 2.08 万份，新发现鉴定畜禽遗传资源 18 个，新收集水产养殖种质资源 3 万余份[25]。

2. 林木树种

中国有木本植物 8000 多种，其中乔木约 2000 种。用材树种种类繁多，为用材林培育及良种选育提供了基础。用材树种中有落叶松属 10 种、1 变种，杨树 53 种；栎属 51 种、14 变种、1 变型。经济树种约有 1000 种，主要以木本油粮、药用、化工原料、果树、木本蔬菜等树种为主。木本油粮树种有 200 多种，其中可食用的有 50 种；木本粮食树种有 100 多种；果树约有 140 种；木本药用植物约有 1000 种。防护树种主要有樟子松、白蜡、新疆杨、旱柳、紫穗槐等。例如，中国的柳树约有 256 种、63 变种，沙棘属有 7 种、有 4 亚种。园林观赏树种有 1200 种以上，主要有七叶树、鹅掌楸、雪松、白皮松、海棠、蜡实、木槿等。例如，中国木兰科树种有 11 属、140 种，丁香属有 20 多种，蔷薇属有 90 种。能源树种繁多，其中速生优质的薪炭树种有 60 种，主要木本油料树种 10 多种。竹藤种类繁多，中国有 37 属、500 余种竹类，其中特有竹分类群 10 属、48 种；藤类资源丰富，有棕榈藤 3 属、42 种、26 变种，省藤属 37 种、26 变种[26]。国家林木种质资源库显示，2021 年林业植物新品种授权量共 761 件，授权品种以蔷薇属（共 159 件）、李属（105 件）、芍药属（95 件）、杜鹃花属（49 件）、木兰属（23 件）、苹果属（23 件）为主。2021 年新审定通过 22 个品种为林木良种，包括杨树、沙棘、薄壳山核桃、油茶等 12 个树种。

截至 2021 年年底，中国已公布两批国家林草种质资源库 99 处，保存树种 240 种，主要保存栎类、油茶、杜仲、皂荚、山茶、元宝枫、秤锤树等乡土树种，保存珍稀濒危树种及具有栽培利用价值或潜在利用价值的树种资源约 5 万份，建设国家林草种质资源设施保存库分库 4 处。

3. 花卉资源

中国花卉种类繁多，拥有花卉 1331 属、4708 种，其中草本花卉 1000 多种，包括观花植物 400 多种、观叶植物 100 多种、水生观赏植物 100 多种、草类近 300 种及多肉植物 200 多种等。山茶花、杜鹃花、月季、牡丹、桂花、报春花等大多以中国为资源分布中心。目前，中国还缺乏全国性的花卉资源网站来统一汇总和展示国家级花卉种质资源。截至 2021 年年底，梅花品种达 300 多个；桂花有 150 多个品种；菊花有 3000 多个品种；牡丹有 800 多个品种；芍药有 400 多个品种；茶花有 300 多个品种；此外，月季、蔷薇、丁香、紫薇、杜鹃、桃花、杏花、樱花等也名品繁多[26]。以茶花为例，截至 2021 年年底，已有 144 个山茶属植物品种获得国家植物新品种权证书。目前已完成梅花、中国莲、蔷薇属缫丝花、大树杜鹃、菊属菊花脑、牡丹等花卉资源的测序，特别是 333 份梅花品种、15 份梅花野生种的重测序工作。

4. 牧草资源

中国目前共有 604 个牧草新品种通过审定，其中育成品种有 227 个，乡土草品种有 83 个。2021 年，两次审定通过“西乌珠穆沁”羊草等 32 个草品种，包括老芒麦、山麦冬、狼尾草等 25 个草种，多以牧草和生态修复草兼用。累计鉴定评价 1.3 万余份草种质资源，筛选出高蛋白苜蓿、长穗苜蓿、饲草高产型燕麦等一批优异种质资源，发掘扁蓿豆抗寒基因 6 个，筛选优异种质资源 500 多份，为新品种选育提供了育种材料。

5. 野生植物资源

国家重要野生植物种质资源库（National Wild Plant Germplasm Resource Center）以中国西南野生生物种质资源库为核心，联合全国范围内从事野生植物种质资源收集保藏的相关单位，围绕国家战略需求持续开展重要野生植物种质资源的标准化收集、整理、保藏工作。截至 2022 年 2 月底，通过网站共享 307 科、2893 属、18390 种植物资源。

6. 野生动物资源

中国开展了濒危野生动物，如大熊猫、麋鹿、华南虎、金丝猴、朱鹮、扬子鳄等人工种群的遗传多样性测定、遗传管理及谱系建档。以小熊猫为例，小熊猫被分为喜马拉雅亚种和中国亚种两个亚种，全基因组、Y 染色体和线粒体基因组可以全面区分物种、亚种和种群。中国完成了小熊猫 65 个全基因组、49 个 Y 染色体和 49 个线粒体基因组的测序，为小熊猫的物种分化提供了第一个全面的遗传证据[27]。中国开展了野生动物的人工种群基因交流，以避免近亲繁殖，维护遗传多样性，利用野生动物基因资源改良家养动物的遗传品质。

7. 食用菌

中国是世界上大型真菌资源最为丰富的国家之一，已知食用菌多达 1020 种，90 余种被驯化，50 余种实现商业化栽培，食用菌年产量超过 3000 万吨，占全球年总产量的 70% 以上。从地域来看，中国西南地区是全国菌类资源最丰富的地区，仅在云南就发现食用菌约 54 科、161 属、882 种。一些广泛栽培的食用菌，如香菇、金针菇、木耳、蛹虫草等在中国分布范围广且具有很高的遗传多样性。

1.3.2　DNA 条形码数据

DNA 条形码（DNA Barcoding）是利用生物体内普遍存在的一个或几个、较短的且标准化的基因片段作为通用片段，通过碱基序列差异来实现物种水平准确鉴定的工具。相对于传统的分类学，DNA 条形码技术具有不依赖形态特征和发育阶段、鉴定数字化、快速准确、操作简单规范等优势，已成功应用于生物多样性监控、中药材真伪鉴定、法医鉴定、动植物检疫、生物入侵、食品和药物市场监督等诸多领域。经过 15 年的发展，DNA 条形码研究已基本确定针对不同生物类群使用不同的通用片段，同时构建了标准的全球生命条形码数字化数据库[28]。目前，DNA 条形码研究主要集中在如何提高近缘类群物种分辨率和构建区域条形码数据库两个方向[28]。

中国在推动 DNA 条形码技术的发展中做出了巨大贡献，特别在植物条形码领域。通过大量数据分析，中国科学家推荐将 ITS（Internal Transcribed Spacer）作为植物条形码的核心片段，并提出适合植物条形码研究的技术标准和规范[29, 30]。由中国科学院植物研究所建设的中国植物 DNA 条形码参考序列数据库，覆盖植物 1058 科、16854 属、18 万余种，包括国际通用 DNA 条形码和类群专一 DNA 条形码 503 万余条，其中，中国国产类群 4 个通用条形码的数据量约占全部数据的 1/3。该数据库管理平台搭建了基于二代测序技术的高通量 DNA 条形码获取技术体系，创新完善了样品标记方法和数据自动化处理方法。

2012 年，中国科学院昆明植物研究所主导启动新一代智能植物志（iFlora）研究计划[31]。该计划以中国电子植物志为基础，融合了 DNA 条形码数据、新一代测序技术、地理信息数据和计算机技术等元素，以实现物种快速、准确鉴定为目标，搭建了信息共享的植物志平台。截至 2022 年 1 月 20 日，该平台已完成涉及 300 科、3434 属、39971 种（含种下等级）物种的核心数据、基础数据和拓展数据三级信息的整合。

中国是生命条形码数据系统（Barcode of Life Data System，BOLD）中提交植物条形码数据最多的国家。此外，在中药材方面，中国医学科学院建立了中药材 DNA 条形码鉴定系统，香港中文大学构建了药材 DNA 条形码数据库。

1.3.3　组学数据

高通量测序技术的飞速发展为我们提供了强大的基因组测序能力，从而使生物数据在不同组学水平（包括基因组学、转录组学、蛋白质组学、表观基因组学、代谢组学等）以前所未有的速度快速提高。国家基因组科学数据中心成立于 2019 年 6 月，是在 2003 年成立的北京基因组研究所（BIG）和 2015 年成立的 BIG 数据中心（BIGD）的基础上成立的。面向国家大数据战略发展需求，国家基因组科学数据中心围绕人、动物、植物、微生物基因组数据，重点开展了数据资源及数据库体系建设，并开展了数据服务、系统运维、技术研发、数据挖掘等系列工作。目前，国家基因组科学数据中心已拥有自主知识产权的基因组数据汇交、管理与共享系统，保障数据安全性，支撑并服务于国家重点研发计划、国家自然科学基金、中国科学院先导专项等 300 余个科研项目的数据存储、管理和共享。截至 2021 年 9 月 28 日，国家基因组科学数据中心拥有超过 10PB 的原始序列数据。

深圳国家基因库（China National GeneBank）由国家发展和改革委员会、财政部、工业和信息化部、国家卫生健康委员会（原卫生部）四部委批复建设，由深圳华大生命科学研究院（原深圳华大基因研究院）承建，于 2016 年建成使用。深圳国家基因库拥有千万级样本存储能力、691 万亿次 / 秒的计算能力、PB 级数据产出能力、百万碱基 / 年的基因组合成支撑能力，30 多个科学专用数据库，10 余个分析工具。深圳国家基因库对生物遗传资源进行存储、读取、合成运用和开放共享，并以此为基础搭建起挖掘基因资源，是支撑生命科学研究与生物产业创新发展的，具有公益性、开放性、引领性、战略性的科技平台，是世界领先的存、读、写一体化综合性生物遗传资源基因库。

1.4 植被生态数据

2020 年，《中国植被图（1 ： 1000000）》更新为 12 个植被型 866 个群系和亚群系，与 2001 年出版的《中国植被图集（1 ： 100 万）》和 2007 年出版的《中华人民共和国植被图（1 ： 1000000）》相比较，大约有 330 万平方千米的植被类型发生了变化[32]。NSII 网站的“1 ： 100 万中国植被图数据库”包含 60 个分图及其数据，标明了中国 11 个植被型组、55 个植被型、960 个群系和亚群系，以及 2000 多个群落优势种、主要农作物和经济作物的地理分布。“1 ： 50 万中国新一代植被图数据库”将进一步对 1 ： 100 万中国植被图进行细化，并包含 40TB 卫星遥感及近地面遥感数据和 20 多万条地面记录。

2 信息平台建设

信息平台是数据的展示窗口与产出载体。信息平台建设的好坏与数据的数量和质量密切相关。近年来，生物多样性信息学领域涌现出各类数据平台（见图 6）。国家、省份和保护区等各级综合型平台、应用型平台陆续建立。相关的政府机构、科研院所、高等院校等根据需要建设了生物多样性相关的数据信息平台。

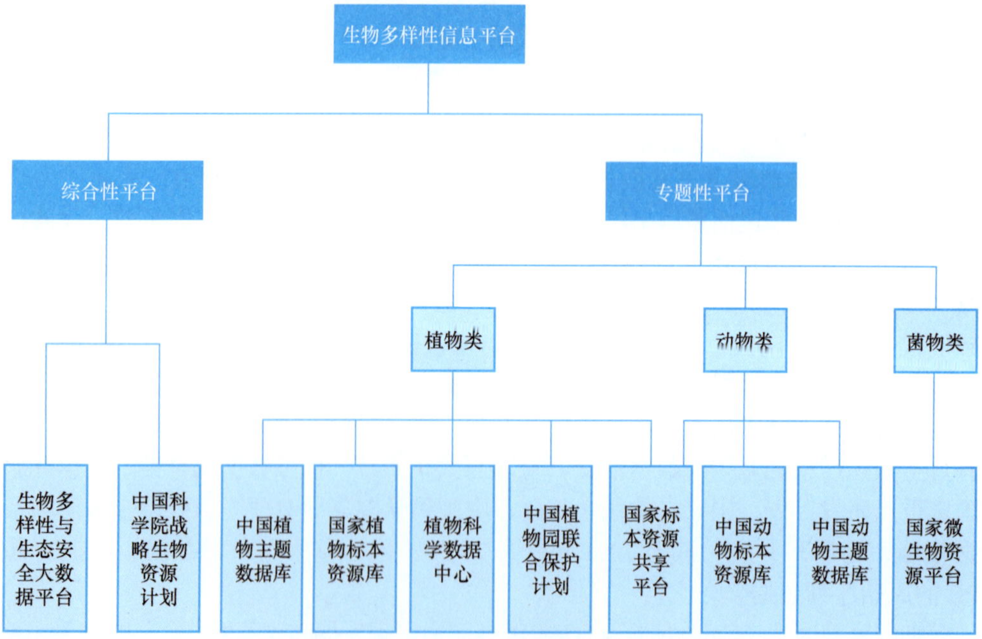

图 6 国内生物多样性信息学相关平台

2.1　综合性生物多样性平台

2.1.1　生物多样性与生态安全大数据平台

生物多样性与生态安全大数据平台（BioONE）（见图 7）依托中国科学院植物研究所建设，旨在全面整合中国科学院的生物、生态信息资源，提升数据关联融合、质控和数据挖掘能力，完善数据管理标准制定和数据可视化工具研发，提供最核心的科学支撑，服务于生态文明建设、生态功能区划、生态安全格局构建、生物多样性和区域生态保护、生物资源产业创新和可持续发展目标的实现等。目前，BioONE 已经集成 26 亿条生物多样性与生态安全相关数据，总容量达到 5133TB，包括古生物数据、物种多样性数据、生物遗传数据、植被图及生态安全数据等，覆盖了从古生物到现生生物，包括遗传数据、物种数据及生态系统数据，可以提供不同时间及空间尺度的多维度数据检索及可视化展示。

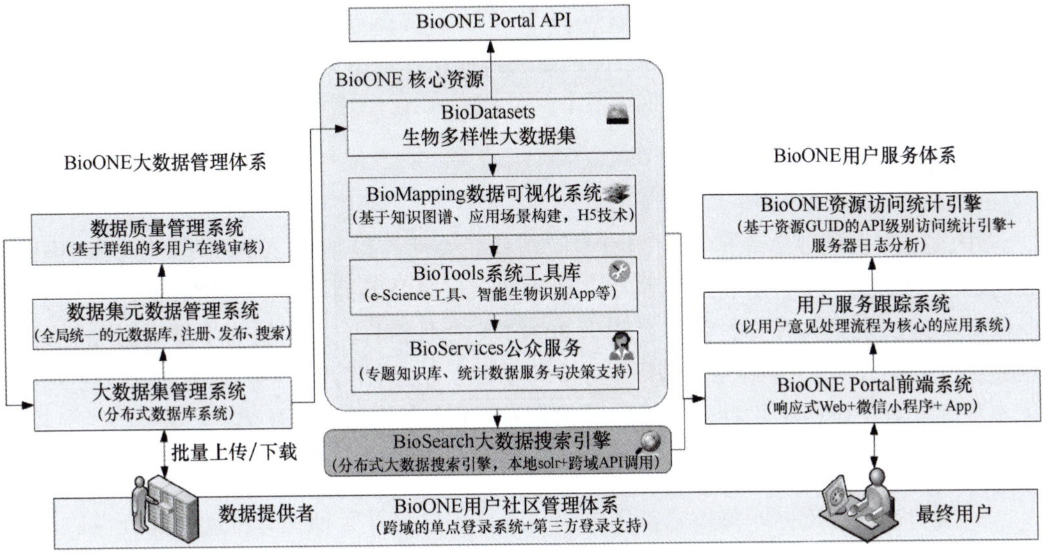

图 7　生物多样性与生态安全大数据平台

2.1.2　中国科学院战略生物资源计划

“十二五”期间，中国科学院启动战略生物资源计划（Biological Resources Programme, BRP），以服务社会发展和支撑科学研究为基本职能，面向国家重大需求和国民经济主战场，集成中国科学院植物园、标本馆、资源库、生物多样性监测网、实验动物平台等相关资源，构建整体化资源体系；在坚持资源长期收集保藏的基础上，实现资源的分析、评价和利用，推动资源的数字化与信息化建设，为重要科研任务提供资源支撑、人才支撑和技术支撑。

中国科学院战略生物资源计划已形成“5+3+1”网络构架，即 5 个资源收集保藏平台、3 个资源评价与转化平台和 1 个战略生物资源信息中心，并设立科学指导委员会和管理委员会，以加强对战略生物资源计划的指导和管理。截至 2022 年 1 月 22 日，中国科学院战略生物资源计划已有生物标本数据 6735941 条、植物记录数据 139945 条、生物遗传资源数据 158375 条、模式与实验动物数据 19822 条、生物多样性监测网络数据 384624 条。

2.2 专题数据平台

2.2.1 国家标本资源共享平台

国家标本资源共享平台（NSII）依托中国科学院植物研究所，以共享数字化标本为主，提供标本查询、标本数据下载、标本数据清理、标本的可视化展示、标本资源推广等服务。国家标本资源共享平台下设 6 个子平台：植物标本子平台（于 2019 年发展为国家植物标本资源库）、动物子平台（于 2019 年发展成国家动物标本资源库）、保护区子平台、岩矿化石子平台（于 2019 年发展成为国家岩矿化石标本资源库）、教学子平台、极地资源子平台，每个子平台或资源库均有对应网站，对外提供服务。NSII 从 2013 年建立网站并共享数据以来，标本数据每年均有增量。截至 2021 年 12 月 1 日，NSII 网站有标本记录 1636 万条、标本照片 674 万张、物种彩色照片 1610 万张、文献志书 10 万册、专题 200 多个。目前，NSII 已成为亚洲最大的生物标本数据共享平台。

2.2.2 中国植物主题数据库

中国植物主题数据库依托中国科学院植物研究所，以物种 2000 中国节点和中国植物志名录为基础，整合植物彩色照片、植物文献记录及不同类型的植物数据，服务于科学研究、政府决策和教育科普等。截至 2021 年 12 月 1 日，中国植物主题数据库数据容量超过 2.74TB，涵盖中国植物名录 90% 的物种，植物图片涵盖中国植物物种的 80%，标本数据涵盖中国植物物种的 60%，有数据集 29 个、软件工具 7 个。

2.2.3 中国动物主题数据库

中国动物主题数据库覆盖脊椎动物全部类群、昆虫及其他无脊椎动物部分类群，物种数超过 4 万种，年均访问超过 35 万人次，年均下载量超过 1TB，用户来自全球的科研机构、高校、政府部门及公众科学团队。动物主题数据库是“国家基础学科公共科学数据中心”的组成部分之一，是目前国内动物学方面数据内容最全、应用广泛的科学数据库。

2.2.4 国家微生物资源平台

国家微生物科学数据中心于 2019 年 6 月成立，依托中国科学院微生物研究所建设。该中心数据资源总量超过 2PB，数据记录数超过 40 亿条，数据内容完整覆盖微生物资源、微生物及交叉技术方法、研究过程及工程、微生物组学、微生物技术，以及微生物文献、专利、专家、成果等微生物研究的全生命周期。该中心重点推进微生物领域科技资源向国家平台汇聚与整合，加强微生物资源开发应用与分析挖掘，提升微生物资源有效利用和科技创新支撑能力，为科学研究、技术进步和社会发展提供高质量的科技资源共享服务。

2.2.5　国家植物标本资源库

国家植物标本资源库成立于 2020 年，依托中国科学院植物研究所建设，是科技部和财政部批准的国家科技资源共享服务平台之一。国家植物标本资源库有标本数据 8181464 条、模式标本 66688 条、标本照片 66113 张。国家植物标本资源库旨在通过宏观布局和精准收集，全面提升实体馆和数字平台的收藏量、代表性、管理水平和共享服务能力，服务于国内外植物分类与进化生物学研究、植物资源保护和利用等方面的工作。

2.2.6　国家动物标本资源库

国家动物标本资源库是科技部和财政部批准的国家科技资源共享服务平台，是 30 个国家生物种质与实验材料资源库之一。国家动物标本资源库依托中国科学院动物研究所建设，有 13 家共建单位。目前，馆藏各类群动物标本实物资源 2000 余万号，收集的标本覆盖了我国所有省份、海域和典型生态系统，占有我国近 70% 的动物标本资源和近 90% 的已知动物物种。国家动物标本资源库旨在通过整合我国动物标本资源，制定、完善平台标准规范，并依据标准、规范开展动物标本的收集、整理、制作、保藏、研究等工作，对其进行数字化建设，以此推进我国动物标本资源保藏、管理、建设水平提升；以实物资源、数字化资源和科研资源为依托，通过实体馆、门户网站等途径面向社会进行资源共享，实现动物标本资源在科学研究、国家建设和科学普及等方面的服务功能。

2.2.7　植物科学数据中心

植物科学数据中心在中国科学院植物科学相关研究所（园）已有数据、平台和设施的基础上，围绕“支持科学研究、促进国家发展”思想，以中国科学院内植物科学数据资源清查（类型、数量、质量评估、存放部门、服务方式）、数据汇交模式探索（不同类型的数据库、科研项目数据、论文关联数据）、数据共享开放与服务的提升、数据产品的研发 4 个方面为抓手，全面整合中国科学院植物物种、植被生态和迁地保育 3 个方面的数据资源，实现中国科学院植物科学数据资源集中管理的新模式。截至 2022 年 1 月底，共汇总植物数据 1138157858 条，文件容量达 266121886 MB。

2.2.8　中国植物园联合保护计划

中国植物园联合保护计划的前身为中国植物园联盟，是在中国科学院、国家林业和草原局、住房和城乡建设部及生态环境部支持下，共同设立的我国植物园（树木园、药用植物园）间协调管理机制。其定位于推进全国植物园的规范化建设和有序发展，逐步完善植物园布局，推进植物园间物种资源、信息共享与人员技术交流，促进中国植物园体系建立和创新能力的提升，服务于生态文明发展和创新型国家建设。目前，通过开展“本土植物全覆盖保护计划”、国家植物园标准体系建设、公众科普计划、能力计划等工作，有效促进了国家战略植物资源保护、我国植物多样性保护和国家植物园体系建设，并取得了显著成效；同时，建成并不断优化迁地保护植物大数据平台（涵盖 PIMS 植物信息管理系统、植物园影像库、本土植物全覆盖保护数据库等 7 个子系统），正式发布全球生物图片搜索引擎，名称数据达 340 万条，可搜索 4470 科 43031 属 35 万种生物。

3 国际合作

我国发起或参与的生物多样性信息学相关国际合作如表 2 所示。

表 2 我国发起或参与的生物多样性信息学相关国际合作

序号	机构或组织名称	目标	简介	中国行动
1	《生物多样性公约》（CBD）	旨在保护生物多样性及其组成部分的可持续利用，公平公正地分享利用遗传资源所产生的惠益	保护地球生物资源的国际性公约，截至 2021 年 11 月，共有 196 个缔约方	于 1993 年 12 月 29 日对中国生效，适用于中国香港、澳门。2021 年 10 月 11—15 日，CBD 第十五次缔约方大会（COP15）在中国昆明召开，主题为“生态文明：共建地球生命共同体”
2	世界自然保护联盟（IUCN）	主要使命包括拯救濒危的动植物，建立国家公园和自然保护地，评估物种和生态系统的保护现状等	是世界上规模最大、历史最悠久的全球性非营利性环保机构。它活跃于 160 多个国家和地区，汇集了世界上 1400 多个成员组织和 18000 多名专家	1996 年中国政府加入 IUCN，中国成为国家会员；2003 年成立中国联络处；2012 年正式设立 IUCN 中国代表处。IUCN 已有 32 个中国会员单位，其中香港 4 个
3	《濒危野生动植物种国际贸易公约》（CITES）	旨在确保物种的国际贸易不致危及野生动植物的生存	是一个政府间国际贸易公约，截至 2019 年 12 月，共有 183 个缔约方	于 1981 年 4 月 8 日对中国正式生效，1982 年在中国科学院成立中华人民共和国濒危物种科学委员会，作为履约的科学机构；在国家林业和草原局成立中华人民共和国濒危物种进出口管理办公室，作为履约的管理机构
4	物种 2000（Species 2000）	旨在为地球上所有已知物种创建清单，作为全球生物多样性研究的基础数据集	成员资格向任何有兴趣推进该组织目标的组织、项目或个人开放	物种 2000 中国节点于 2006 年 10 月 20 日正式启动。中国科学院生物多样性委员会与其合作伙伴一起，支持和管理物种 2000 中国节点的建设
5	全球生物多样性信息基础设施平台（GBIF）	旨在为世界各地的数据保存机构提供通用标准和开源工具，提供对地球上所有类型生命数据的开放访问	由全球多个国家和组织机构合作建设	中国科学院于 2013 年加入 GBIF，已发布 160 万条数据
6	生物多样性图书馆（BHL）	旨在建设生物多样性文献存储库	世界上最大的生物多样性文献和档案开放访问数字图书馆	中国科学院植物研究所贡献了 1033 卷图书，共计 32.7 万页

续表

序号	机构或组织名称	目标	简介	中国行动
7	国际植物园保护联盟（BGCI）	旨在动员植物园及其合作伙伴参与保护植物多样性	成立于 1987 年，目前拥有 120 多个国家和地区的 800 多个植物园、研究机构以及个人会员	BGCI 中国项目办公室成立于 2007 年，旨在利用全球植物园网络中的专业和技术支持中国对植物的保护，并将中国植物保护取得的成功经验向世界传播
8	海洋生物多样性信息系统（OBIS）	旨在建立一个全球开放获取的数据和信息交换所	全球 20 多个 OBIS 节点连接来自 56 个国家和地区的 500 家机构	中国于 2004 年 5 月加入
9	亚洲植物数字化计划（MAP）	旨在通过收集、整理亚洲植物物种、分布等数据集，建立一个亚洲植物多样性分布的网络平台	目前已完成亚洲 48 个国家和地区植物名录的梳理	2015 年 11 月成立
10	中国—东盟环境信息共享平台	旨在促进中国和东盟之间环境信息的互联、互通、互用，提高环境信息和数据收集、整理、分析、加工和应用的能力，促进区域绿色和可持续发展等	参与国家包括中国和东盟 10 个成员国	由中国—东盟环境保护合作中心于 2016 年启动建设
11	“一带一路”生物多样性监测保护研究中心	在投资贸易中加强生态环境、生物多样性等合作	推进“数字一带一路”生物多样性保护工作	2018 年 5 月，中国生物多样性保护与绿色发展基金会与中国科学院遥感地球所专家正式建立合作关系，联合成立“一带一路”生物多样性监测保护研究中心

3.1 中国参与全球性项目

物种 2000（Species 2000）是一个致力于建设电子化的全球生物物种名录的国际组织。物种 2000 中国节点是物种 2000 项目的一个地区节点，由物种 2000 秘书处于 2006 年 2 月 7 日提议成立，并于同年 10 月 20 日正式启动。中国科学院生物多样性委员会与其合作伙伴一起，支持和管理物种 2000 中国节点的建设。物种 2000 中国节点的主要任务是，按照物种 2000 标准数据格式，对在中国分布的所有生物物种的分类学信息进行整理和核对，建立和维护中国生物物种名录，为全世界使用者提供免费服务。

全球生物多样性信息网络（GBIF）是由全球多个国家和组织机构合作建设的国际网络和数据基础设施，是最大的生物多样性基础数据库。GBIF 旨在为世界各地的数据保存机构提供通用标准和开源工具，提供对地球上所有类型生命数据的开放访问。

GBIF 亚洲区域包括东北亚、南亚、东南亚、西亚子区域共 9 个国家或机构的成员，中国科学院于 2013 年加入 GBIF，并在中国建立节点，已发布 160 万条数字化植物标本数据。

生物多样性图书馆（BHL）是世界上最大的生物多样性文献和档案开放访问数字图书馆。BHL 旨在发展成为数据丰富的生物多样性文献和其他原始材料的最全面、最可靠、最有信誉的存储库，创建有助于发现 BHL 内容的服务和工具等。中国科学院植物研究所贡献了 1033 卷图书，共计 32.7 万页。

海洋生物多样性信息系统（Ocean Biodiversity Information System，OBIS）是一个全球开放获取数据和信息交换的平台，其使命是建立和维护一个与科学界合作的全球联盟，以促进对生物多样性和生物地理数据以及海洋生物信息的自由和开放获取及应用。目前，全球有 20 多个 OBIS 节点连接来自 56 个国家和地区的 500 家机构，中国于 2004 年 5 月加入 OBIS。

3.2 中国发起的国际合作

亚洲植物数字化计划（Mapping Asia Plants，MAP）是 2015 年 11 月由中国科学院生物多样性委员会在其主导的亚洲生物多样性保护与信息网络（ABCDNet）年度工作会议上提出的，得到了中国科学院国际合作局、“一带一路”国际科学组织联盟（ANSO）、东南亚生物多样性研究中心、中国科学院 A 类战略性先导科技专项地球大数据科学工程（CASEarth）的支持。MAP 旨在通过收集、整理亚洲植物物种、分布等数据集，建立一个亚洲植物多样性分布的网络平台，为亚洲植物多样性保护与研究提供综合性基础信息和跨学科数据挖掘环境。目前已初步完成亚洲 48 个国家和地区植物名录的梳理。

“中国—东盟环境信息共享平台”由中国—东盟环境保护合作中心于 2016 年启动建设。该平台建设的主要目标是促进中国和东盟之间环境信息的互联、互通、互用，提高环境信息和数据收集、整理、分析、加工与应用的能力，促进区域绿色和可持续发展等。该平台包括生物多样性与生态保护和环境可持续发展等多个环境主题，参与国家包括中国和东盟 10 个成员国。

在“一带一路”建设的纲领性文件、指导意见及规划文件中，强调投资贸易中需加强生态环境、生物多样性等合作，强调建立生物多样性数据库和信息共享平台的必要性。2018 年 5 月，由中国科学院遥感地球所牵头，推进“数字一带一路”（DBAR）建设，共享生物多样性领域的信息。

4 展望

生物多样性数据和信息的可用性，以及我们有效利用这些信息的能力，反映了生物多样性信息学不断发展的价值。发展“动员、管理、出版和使用生物多样性数据”的能力可以支持生物多样性战略，这需要可靠和准确的数据[33]。生物多样性战略将被纳入国际倡议，包括《濒危物种国际贸易公约》（CITES）、政府间生物多样性和生态系统服务平台（IPBES）、《生物多样性公约》（CBD）爱知目标、《联合国防治荒漠化公约》（UNCCD）、《联合国气候变化框架公约》（UNFCCC）和可持续发展目标（SDG）等。

2019 年 4 月，生物多样性和生态系统服务政府间科学政策平台（IPBES）在法国巴黎召开第七次全体会议，会议一方面总结了第一轮工作方案（2014—2019 年）各目标的实现情况，另一方面通过了第二轮工作方案（2019—2030 年）。第二轮工作方案将科学评估 2030 年全球生物多样性目标、《2030 年可持续发展议程》和《巴黎协定》的阶段进展情况。在讨论第一轮工作方案的成果时，也发现了一些关键问题，“有些用于评估的数据较为陈旧，报告评估周期一般为 3 ～ 4 年，所用数据甚至有 10 年前的，降低了评估结果的可参考性和对政策的现实指导意义……由于评估作者背景文化差异、语言限制等，导致数据和信息等评估证据的置信度低”[34]。IPBES 最新提出的概念框架中关键要素之一是大自然对人类的贡献（Nature’s Contributions to People，NCP），该概念建立在千年生态系统评估（Millennium Assessment）提出的生态系统服务（Ecosystem Service）概念的基础上[35]，涵盖了大自然对人类的所有贡献[36]。2019 年，IPBES 完成了首次全球评估，探讨了大自然对人类贡献的总体状况和趋势[37]，但 NCP 的时空变化格局建模仍然是一项重大挑战，特别是数据的可信度和计算能力[38]。因此，生物多样性信息学的数据是进行全球 NCP 的时空变化格局评估的基础。

对中国而言，相关领域缺乏本土的研究基础或因为评估数据不完整，研究成果不具国际竞争力[39]，甚至有些评估专题（如传粉者、传粉）处于本底不清状态[40]。鉴于 IPBES 的相关评估正受到越来越多政府和国际组织的关注，且能够影响相关公约的谈判进程，我国需要积极开展第二轮工作方案相关专题评估，针对研究空缺发展学科建设和基础研究，同时加快建设国内生物多样性综合信息平台，进一步做好数据的存储、管理和应用，为今后的评估工作提供支撑。而中国生物多样性信息学的发展，将会带动周边国家及其“一带一路”国家的数据建设、共享及应用，进而促进全球生物多样性数据的积累、挖掘及服务。

2021 年，在昆明召开的联合国生物多样性公约第 15 次缔约方大会（COP 15）第一阶段会议上通过的《昆明宣言》和设立的“昆明生物多样性基金”，显示了中国未来在生物多样性保护工作中的国际担当。中国生物多样性信息学近几年发展迅速，服务支撑的科研和政府决策案例也越来越多。

尽管如此，中国生物多样性信息学发展仍需加大力度：

一要重视生物多样性大数据资源的整合，形成功能更加强大的综合信息平台。特别需要加强多源数据的整合和共享力度，在数据联合编目和应用程序编程接口（API）交互的基础上，进一步打通不同部门、不同机构之间数据相互孤立的局面。

二要加大数据的共享力度，当前整个亚洲数据的共享水平较欧美国家有很大差异。在国内探索互惠互利的多方合作机制（包括学术机构、政府机构、出版机构、公民科学平台和社交媒体等），促进数据利益相关方相互认同的“软环境”建设。

三要建立好大数据平台与数据源的联系，只有源源不断的数据源才能使数据保持更新。尽管中国已经数字化 1600 万份动植物标本并进行了在线共享，但是相对中国标本馆藏量来说，数字化程度还需要大幅提高[41]。另外，馆藏文献资源含有大量的调查、观测和分布数据有待整理和挖掘。

四要加强生物多样性信息学方面的能力建设，包括通过技术培训和项目实施，培养从业人员在数据生命周期各个环节的相关能力，尤其是数据挖掘的能力建设。鼓励新技术和新方法在数据采集、管理和挖掘等全生命周期流程中的利用，如红外相机技术、音视频录制技术、遥感技术、环境 DNA 技术、人工智能技术和科研工作流技术等。

五要加强区域和国际合作。在亚洲地区，通过中国科学院海外科教中心、国家“一带一路”合作网络和 COP 15 大会新设立的“昆明生物多样性基金”等渠道，积极“走出去”，扩展中国在亚洲地区的合作规模和影响。在全球国际合作方面，通过 GBIF、世界自然保护联盟（IUCN）、生物多样性图书馆（BHL）、国际植物园联盟（BGCI）等国际平台，积极参与国际项目和事务，面向联合国可持续发展目标（SDGs），贡献中国的生物多样性数据和案例。

参 考 文 献

[1] 许哲平，陈彬，王立松，等 . 生物多样性信息学研究进展与发展趋势 [C]//《新生物学年鉴 2013》编委会 . 新生物学年鉴 2013 . 北京：科学出版社，2014：290-312.

[2] SOBERON J, PETERSOR T. Biodiversity informatics: managing and applying primary biodiversity data[J]. Philosophical Transactions of the Royal Society of London. Series B: Biological Sciences, 2004, 359(1444): 689-698.

[3] JOHNAON N F. Biodiversity informatics[J]. Annual Review of Entomology, 2007, 52: 421-438.

[4] 王利松，陈彬，纪力强，等 . 生物多样性信息学研究进展 [J]. 生物多样性，2010，18（5）：429-443.

[5] HARDISTY A, ROBERTS D. A decadal view of biodiversity informatics: challenges and priorities[J]. BioMed Central Ecology, 2013, 13(1): 1-23.

[6] FUENTES D, FIORE N. The LifeWatch approach to the exploration of distributed species information[J]. ZooKeys, 2014 (463): 133.

[7] ROBERTSOR T, DöRING M, GURALNICK R, et al. The GBIF integrated publishing toolkit: facilitating the efficient publishing of biodiversity data on the internet[J]. PloS One, 2014, 9(8): e102623.

[8] BISBY F A. The quiet revolution: biodiversity informatics and the internet[J]. Science, 2000, 289(5488): 2309-2312.

[9] 徐海根 . 我国生物多样性信息系统建设若干问题研究 [J]. 农村生态环境，1998，14（4）：11-15.

[10] 钟扬，张亮，任文伟，等 . 生物多样性信息学：一个正在兴起的新方向及其关键技术 [J]. 生物多样性，2000，8（4）：397.

[11] MA K. Rapid development of biodiversity informatics in China[J]. Biodiversity Science, 2014, 22(3): 251.

[12] 邵广昭，李瀚，林永昌，等 . 海洋生物多样性信息资源 [J]. 生物多样性，2014，22（3）：253.

[13] 王昕，张凤麟，张健 . 生物多样性信息资源 . I. 物种分布、编目、系统发育与生活史性状 [J]. 生物多样性，2017，25（11）：1223-1238.

[14] 张健 . 大数据时代的生物多样性科学与宏生态学 [J]. 生物多样性，2017，25（4）：355.

[15] 肖翠，雒海瑞，陈铁梅，等 . 国家标本资源共享平台数字化进展与现状分析 [J]. 科研信息化技术与应用，2017，8（4）：6-12.

[16] 马克平，朱敏，纪力强，等 . 中国生物多样性大数据平台建设 [J]. 中国科学院院刊，2018，33（8）：838-845.

[17] 米湘成 . 生物多样性监测与研究是国家公园保护的基础 [J]. 生物多样性，2019，27（1）：1-4.

[18] MI X, FENG G, HU Y, et al. The global significance of biodiversity science in China: an overview[J]. National Science Review, 2021, 8(7): nwab032.

[19] 国家林业和草原局，农业农村部 .《国家重点保护野生动物名录》（2021 年 2 月 1 日修订）[J]. 野生动物学报，2021，42（2）：605-640.

[20] 鲁兆莉，覃海宁，金效华，等 .《国家重点保护野生植物名录》调整的必要性、原则和程序 [J]. 生物多样性，2021，29（12）：1577-1582.

[21] 贺鹏，陈军，乔格侠 . 中国科学院生物标本馆（博物馆）的现状与未来 [J]. 中国科学院院刊，2019，34（12）：1359-1370.

[22] 何云松，张玉武，张珍明 . 植物标本馆数字建设的现实意义与思考 [J]. 南方农机，2017，48（9）：43-44，48.

[23] 王洪新，胡志昂 . 植物的繁育系统、遗传结构和遗传多样性保护 [J]. 生物多样性，1996（2）：32-36.

[24] 曹永生，方沩 . 国家农作物种质资源平台的建立和应用 [J]. 生物多样性，2010，18（5）：454-460.

[25] 吉蕾蕾 . 农业种质资源普查获阶段性进展 [N]. 经济日报，2021-11-29（6）.

[26] 薛达元，张渊媛 . 中国生物遗传多样性与保护 [M]. 郑州：河南科学技术出版社，2022.

[27] HU Y, THAPA A, FAN H, et al. Genomic evidence for two phylogenetic species and long-term population bottlenecks in red pandas[J]. Science Advances, 2020, 6(9): eaax5751.

[28] 刘娟，胡冬南，周增亮，等 . DNA 条形码技术在林业科学研究中的应用 [J]. 林业科学研究，2019，32（3）：152-159.

[29] GROUP C P B O L, LI D Z, GAO L M, et al. Comparative analysis of a large dataset indicates that internal transcribed spacer (ITS) should be incorporated into the core barcode for seed plants[J]. Proceedings of the National Academy of Sciences, 2011, 108(49): 19641-19646.

[30] 高连明，刘杰，蔡杰，等 . 关于植物 DNA 条形码研究技术规范 [J]. 植物分类与资源学报，2012，34（6）：592-606.

[31] LI D Z, WANG Y H, YI T S, et al. The next-generation flora: iFlora[J]. Plant Diversity and Resources, 2012, 34(6): 525-531.

[32] 马克平，郭庆华 . 中国植被生态学研究的进展和趋势 [J]. 中国科学：生命科学，2021，51（3）：215-218.

[33] PARKER-ALLIE F, PANDO F, TELENIUS A, et al. Towards a Post-Graduate Level Curriculum for Biodiversity Informatics. Perspectives from the Global Biodiversity Information Facility (GBIF)

Community[J]. Biodiversity Data Journal, 2021, 9: e68010.

[34] PAN Y, ZHANG B, WU Y, et al. The latest developments of IPBES and China' s countermeasures[J]. Biodiversity Science, 2020, 28(10): 1286-1291.

[35] RUSSO K, SMITH Z. What water is worth: Overlooked non-economic value in water resources[M]. New York: Springer, 2013.

[36] DíAZ S, PASCUAL U, STENSEKE M, et al. Assessing nature's contributions to people[J]. Science, 2018, 359(6373): 270-272.

[37] SCHOLES R, MONTANARELLA L, BRAINICH A, et al. Summary for policymakers of the assessment report on land degradation and restoration of the Intergovernmental Science-Policy Platform on Biodiversity and Ecosystem Services[R]. Bonn, Germany: IPBES secretariat, 2018:44.

[38] CHAPLIN-KRAMER R, SHARP R P, WEIL C, et al. Global modeling of nature's contributions to people[J]. Science, 2019, 366(6462): 255-258.

[39] PAN Y, TIAN Y, XU J, et al. Methodological assessment on scenarios and models of biodiversity and ecosystem services and impacts on China within the IPBES framework[J]. Biodiversity Science, 2018, 26(1): 89-95.

[40] TIAN Y, LAN C, XU J, et al. Assessment of pollination and China's implementation strategies within the IPBES framework[J]. Biodiversity Science, 2016, 24(9): 1084-1090.

[41] 肖翠，李明媛，叶芳，等. 基于千万标本记录的NSII发展方向的探索[J]. 科研信息化技术与应用，2018，9（5）：7-26.

作 者 简 介

肖翠，野生动植物保护与利用专业博士，中国科学院植物研究所工程师。长期从事我国植物数据资源建设、数据平台搭建、数据管理、数据挖掘与服务等工作，发表相关论文 10 多篇。

林聪田，生态学博士，中国科学院动物研究所工程师。长期从事生物多样性信息学研究，深耕生物多样性数据平台建设和数据挖掘方法等。获得全球网络生命大百科“Rubenstein Fellow”奖项，是深度学习技术及应用国家工程实验室认证的“飞桨开发者技术专家”，发表论文 12 篇，制定国家数据标准 1 项，取得软件著作权 10 项。

许哲平，博士，中国科学院文献情报中心副研究馆员。长期从事科学数据资源的建设、管理和应用服务等工作，主要研究领域包括生物多样性信息学、数字图书馆、科技产业情报分析等，发表相关论文 30 多篇。

马克平，中国科学院植物研究所研究员，中国科学院生物多样性委员会副主任兼秘书长，IUCN 亚洲区会员委员会主席，Species 2000 国际项目董事会成员，多个国内外相关刊物的主编 / 编委。30 多年来一直从事生物多样性的研究，为中国生物多样性科学的发展做出了系统性和创新性贡献，发表学术论文 400 多篇，其中 SCI 期刊论文 250 多篇，包括顶级学术刊物 *Science*、*PNAS*、*Science Advances*、*Nature Communications* 等。2012 年获得国家科技进步奖一等奖。作为中国政府代表团的科学顾问，参加了多届联合国《生物多样性公约》缔约方大会。

大数据时代下生物信息科研范式比较与展望
——以蛋白质结构预测为例

卜东波　张海仓　于春功
（中国科学院计算技术研究所）

摘　要

蛋白质结构预测是一个典型的交叉领域研究课题，吸引了生物学、物理学、生物化学、数学、计算机等诸多领域的研究者。更重要的是，这些不同领域研究者的学术背景不同，看待问题的角度不同，因此即使面对同一个问题，采用的研究范式也迥然不同：物理学家试图揭示“第一性原理”；统计学家一上手就对结构或序列进行建模；数学家和计算机科学家一上手就把蛋白质结构预测问题形式化成了一个最优化问题。

近期，以 AlphaFold2 为代表的蛋白质结构预测方法取得了突破性进展，似乎表明了一种新的研究范式：只要规律确实存在、数据足够多、规律足够简单或者能够简化，深度学习技术就可能利用规律进行预测。

本文试图从蛋白质结构预测的角度，一斑窥豹，阐述大数据时代生物信息研究范式的嬗变。

关键词

蛋白质结构预测；数据模型；生物信息研究范式

Abstract

As an interdisciplinary research topic, protein structure prediction has attracted researchers from manfelds including physics, bio-chemistry, statistics, mathematics, and computer science. More importantly, researchers in these different fields come from different academic backgrounds and view the problem from different perspectives, so that even when faced with the same problem, they adopt very different research paradigms: physicists try to reveal “first principles”; statisticians start by modelling the structure or sequence; mathematicians and computer scientists start by formalising the protein structure prediction problem as an optimisation problem.

Recent breakthroughs in protein structure prediction methods, represented by AlphaFold2, seem to indicate a new research paradigm: deep learning techniques may exploit laws for prediction as long as the laws do exist, there is enough data, and the laws are simple enough or can be simplified.

This paper attempts to provide a glimpse of the changing paradigm of bioinformatics research in the era of big data from the perspective of protein structure prediction.

Keywords

Protein Structure Prediction; Data Model; Bioinformatics Research Paradigm

1　引言

2001 年，里奥 • 布莱曼（Leo Breiman）提出了一个观点，认为统计建模有两种文化（或者说两种“研究范式”）：第一种是“数据模型”（Data Model），强调对数据产生过程的研究；第二种是“算法模型”（Algorithmic Model），不强调数据的产生过程，而是强调模型的预测精度[1]。布莱曼提出这个观点时深度学习尚未兴起，因此布莱曼所谓的第二种文化，主要是指支撑向量机和随机森林。但是布莱曼在比较分析之后，很有洞察性地预言了第二种文化的兴起。

到了 2020 年，布拉德利 • 埃弗龙（Bradley Efron）在大数据和深度学习的背景下，重新审视了这两种研究范式，并以新生儿存活率、全基因组关联性分析、DNA 微阵列分析等问题作为实例，详尽地比较了这两种研究范式[2]。

蛋白质结构预测是一个典型的交叉科学研究课题，而这个课题的研究过程集中展现了多种不同的研究范式。近期，以 AlphaFold2 为代表的蛋白质结构预测方法取得了突破性进展，似乎表明了一种新的研究范式的兴起。

本文从蛋白质结构预测的角度，分析和比较不同的研究范式。我们先从蛋白质结构预测的背景知识谈起。

2　什么是蛋白质结构

蛋白质是重要的生物大分子，是生命体的重要组成部分：据估计，生命体中 15%~20% 的细胞是蛋白质[3]。

蛋白质的基本组成单元是氨基酸。常见的氨基酸有 20 种，由中心碳原子及其相连的氨基（$-NH_2$）、羧基（$-COOH$）、氢原子及侧链构成；不同的氨基酸具有不同的侧链。氨基酸有两种记号：一种是三字母缩写，另一种是单字母缩写。例如，丙氨酸（Alanine）记为 Ala 或 A，谷氨酸（Glutamate）记为 Glu 或 E。

一个氨基酸的氨基可以和另一个氨基酸的羧基脱水缩合形成肽键，氨基酸脱水之后的残留部分称作残基（Residue）；因此，蛋白质由残基以肽键相连而成的一条或多条长链（称为肽链）组成。从计算机的观点看，一条肽链就是由 20 个字母组成的一个字符串，其中一个字母代表一个残基。例如，蛋白质 1ctf 由两条链构成，其中一条链的氨基酸序列是“AAEEKTEFDVILKAAGANKVAVIK…”。

在天然环境中，蛋白质并不是松散的、无规则的长链，而是会在残基之间的相互作用及周边水分子作用的驱使下，自发地折叠成特定的空间结构。所谓结构，可以直观地理解为残基间的相对位置，其中每个原子都有基本固定的 (x, y, z) 相对坐标。如图 1 所示，蛋白质 lctf 由多个氨基酸依靠肽键连接成一条长链，自发折叠成右侧的三级结构，以 53 号残基 Glu 为例，其中心碳原子的坐标是 (17.706, 17.982, −14.905)，N 原子的坐标是 (18.222, 18.496, −16.203)。不过直接展示各个原子的空间坐标很不直观，也不易于观察残基之间的形成模式，因此我们常常把相邻的残基之间连上一条光滑的曲线，形似绸带，可以方便地看出螺旋、片层等模式［见图 1（b）］。

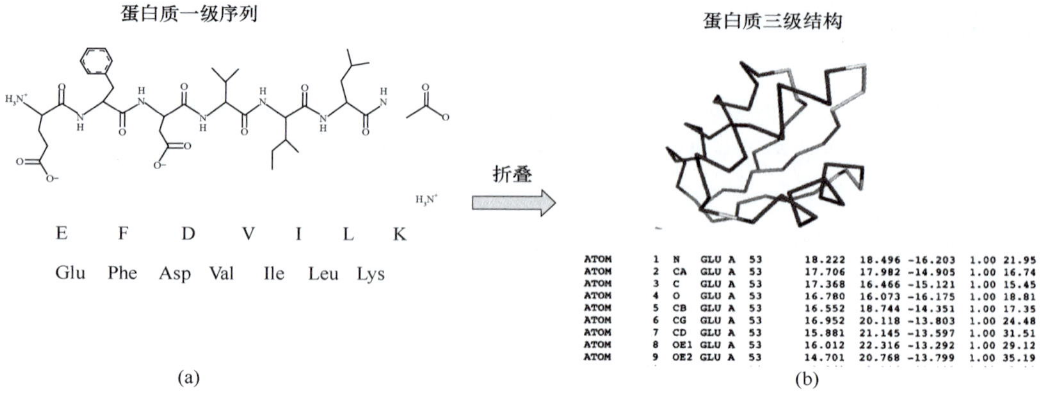

图 1 蛋白质 1ctf 折叠示例

蛋白质只有在折叠成特定的结构之后才能行使特定的生物学功能，因此了解蛋白质结构对于认识其功能有着重要意义 [3]。例如，疯牛病是由朊蛋白（Prion Protein，PrP）的结构变异引发的。在正常情况下，朊蛋白是水溶性的 α 螺旋结构，然而在某些诱因下，朊蛋白会转变成不溶于水的 β 片层结构，沉积在脑组织中并引发神经细胞退行性改变 [4]。

经典的测定蛋白质三级结构的方法有 X- 晶体衍射实验、核磁共振和冷冻电镜等。然而，上述蛋白质结构测定方法的速度远远跟不上蛋白质序列的测定速度（包括 DNA 测序及之后的基因预测、基于质谱的蛋白质序列鉴定技术等），无法满足全蛋白质组结构预测的需求。因此，根据蛋白质序列使用计算技术预测蛋白质结构是非常有意义的工作 [5]。所谓蛋白质结构预测，就是指从蛋白质序列出发，预测蛋白质的空间结构，即给残基的每个原子赋予一个空间坐标。

3 蛋白质结构预测方法简史

要想预测好蛋白质结构，根基是了解蛋白质的折叠过程。简要地说，驱动蛋白质形成特定空间结构的主要因素是残基之间以及残基与周边水分子之间的大量非共价相互作用，包括疏水作用、范德华力、离子键及氢键等。从具有相互作用的残基间序列距离来看，相互作用可以分为近程相互作用和远程相互作用两类，其中近程相互作用主导蛋白质形成局部结构，远程相互作用则引导局部结构的合理摆放，最终形成稳定的整体空间结构 [3]。

与自然语言处理不同，蛋白质是一个生物大分子，其重要的信息源是进化信息。如果能够找到目标蛋白质足够多的同源蛋白质（与目标蛋白质有同一个祖先的蛋白质），我们就能知道每个残基在进化过程中是否保守，进而推断出该残基是否为稳定结构的关键残基。我们还能进一步地推断出两个残基之间的协同进化，进而推断出残基间是否存在接触。

现有的蛋白质结构预测方法基本上都是依据上述两类信息，具体可以分为两类：有模板建模法和从头预测法[6]，其中有模板建模法又细分为同源建模法和归范法（Threading，此前非正式译为“穿线法”），简要介绍如下。

（1）同源建模法的核心思想是通过目标序列的同源蛋白质推断其三维结构，其关键步骤是“序列 - 序列”相似性计算，以推断蛋白质之间的同源关系（见图 2），其理论依据是：如果两个蛋白质的序列比较相似，则其结构也可能比较相似。

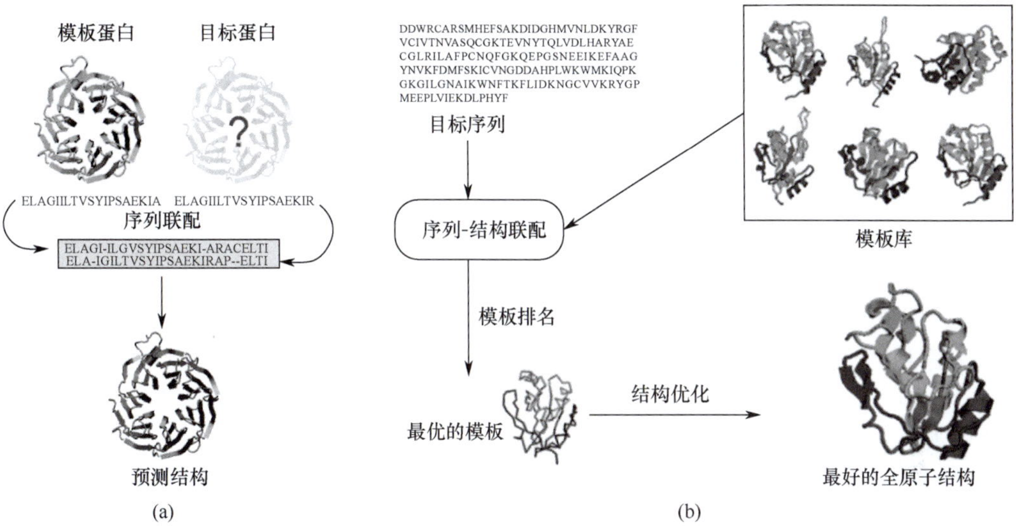

图 2 蛋白质结构预测的同源建模法和归范法

（2）同源建模法的前提是目标蛋白质必须和某个结构已知的蛋白质（称为模板）有较高的序列等同度。与之相反，归范法的目的是寻找与目标序列具有同一结构折叠类型（Fold）的蛋白质，因此其关键步骤是“序列－结构”比较计算，以获得最可能的序列－结构联配[7,8]。

一般来说，归范法能够得到比同源建模法更精确的预测结果，其主要原因在于归范法能够充分利用模板的结构信息，如残基间相互作用、溶液可及性等，这是同源建模法不具备的优势。

（3）从头预测法的核心思想是从第一性原理出发，寻找目标蛋白质能量最小的构象。从头预测法的基本原理是：系统的稳定状态通常是自由能最小的状态[9-11]。

对从头预测法来说，一个核心工作是能量函数的设计。能量函数可以基于物理原理设计（Physics-based）。由于能量函数不准确及搜索空间太大，导致直接模拟策略非常慢。例如，Duan 和 Kollman 在 256 个处理器的克雷（Cray）超级计算机上计算了两个月，模拟了一个蛋白质（长为 36 个氨基酸）一毫秒的折叠过程[12]。

能量函数也可以基于统计设计（Knowledge-based），如 Rosetta 全原子能量函数采用了 140 余项能量项，其中大多数是基于统计的能量项[13]。

为了清晰认识蛋白质结构预测领域的发展动态，我们总结和回顾了蛋白质结构预测方法的发展史，绘制了关键技术里程碑路线图（见图 3），简要陈述如下。

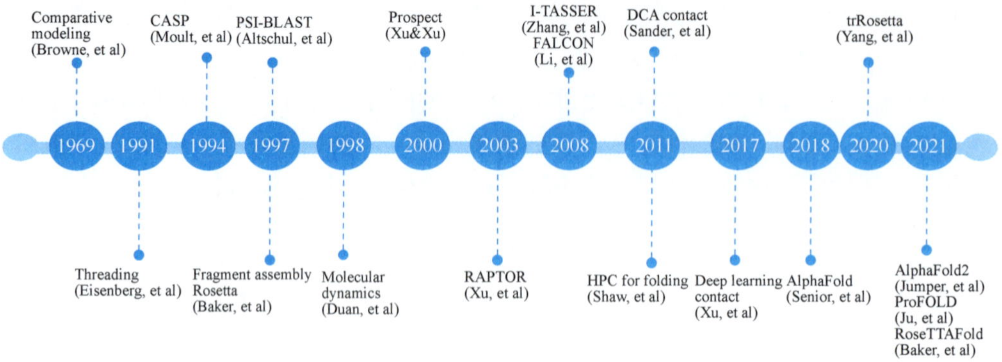

图 3　蛋白质结构预测关键技术里程碑路线图

（1）1969 年，布朗（W. J. Browne）等首次提出“比较建模”策略，即借助具有充分序列相似度的蛋白质模板进行预测。

（2）1991 年，艾森伯格（D. Eisenberg）等首次提出了“归范法”策略，其核心思想是“序列－结构”比对，核心概念是氨基酸要适应其“局部微环境”。

（3）1994 年，约翰 • 莫尔特（J. Moult）等组织了 CASP 竞赛，采用盲测策略，客观评价预测算法的性能，显著促进了结构预测的发展。

（4）1997 年，阿尔丘尔（S. F. Altschul）等开发了 PSI-BlAST 工具，用于序列比对，其核心是“位置特异性”打分矩阵。

（5）1997 年，贝克（D. Baker）等开发了蛋白质结构从头预测法和软件 Rosetta，其核心思想是“结构片段拼接”，采用局部结构隐式表示“能量函数中的精细细节”，并采用蒙特卡罗策略搜索出能量足够小的构象。

（6）2008 年，张阳（Y. Zhang）等提出了 I-TASSER，基于“归范法”得到的局部结构片段进行组装，其核心思想是“不等长局部结构片段”及“依据模板估计残基间距离”；之后，徐东等进一步开发了 QUARK；李帅成（S. C. Li）等提出了“片段隐马尔科夫模型”，对二面角进行采样，并采用类似“原始 - 对偶”的优化策略，逐次迭代改进，获得了较高精度的预测结构 [14]。

（7）2011 年，克里斯 • 桑德（Chris Sander）等提出了“直接耦合分析”（Direct-Coupling Analysis，DCA）策略，从目标蛋白质的多序列联配中预测残基接触，其核心思想是“去除共变中的传递性”。

（8）2017 年，许锦波等引入深度学习技术，基于 CCMPred 预测结果和一维信息学习残基接触模式，显著提高了残基接触的预测精度 [15]。

（9）2020 年，杨建益等提出了 trRosetta 算法，利用残基间距离构建能量函数，进而计算出能量足够小的构象 [16]。

（10）2021 年，鞠富松等提出了新型神经网络架构 CopulaNet，弥补了协方差矩阵的信息丢失缺陷，直接从多序列联配估计残基间距离，显著提高了预测精度，进而开发了预测软件 ProFOLD，其性能超过了 AlphaFold；DeepMind 公司继 AlphaFold 之后，提出了 AlphaFold2，采用 3D 旋转等变网络，实现了“端到端”的结构预测 [18]。

2021年，莫尔特（J. Moult）对历届CASP比赛中出现的各种预测方法的性能进行了总结分析（见图4），认为影响预测精度提升的关键技术是：①基于结构片段拼接的预测方法；②基于共进化信息预测残基间接触；③采用ResNet预测残基间距离；④采用Transformer预测残基间距离，以及端到端的结构预测技术。

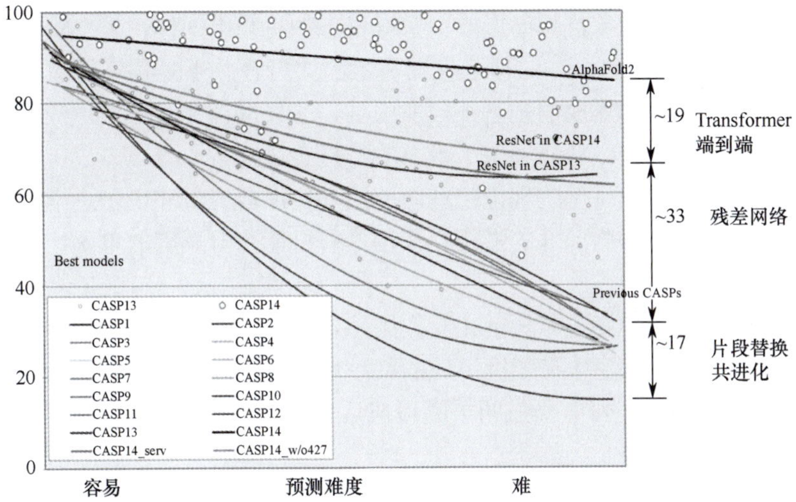

图4　历届CASP比赛中各预测方法的性能对比及导致性能提升的关键技术

蛋白质结构预测是一个典型的交叉学科课题，研究者既有生物学家、物理学家、生物化学家，也有数学家、统计学家和计算机科学家。那么，这些不同领域的研究者看待和研究同一个问题时，研究风格有何异同呢？我们对此进行了比较。

4　物理学家和生物学家怎么做

物理学家试图揭示“第一性原理”，研究在蛋白质折叠过程中哪些是关键因素，哪些是次要因素。

对于蛋白质折叠的过程，一直存在一个根本性的困惑：假如每个残基可取3种状态（α螺旋、β片层及卷曲），那么由n个残基组成的蛋白质的状态总数是3^n；这种指数级的状态空间使得蛋白质的快速折叠很难理解：蛋白质高分子怎样在几微秒或几毫秒的时间内从高能的无规构象搜索能量最低（热力学最稳定）的构象呢？

1968年，物理学家利文索尔（C. Levinthal）首次提出了这个困惑（称为“Levinthal佯谬”），并提出了“折叠路径”解释[10]。他认为，多肽链无须在天文数字般的构象中搜索，蛋白质的折叠有其特殊路径，沿着路径只需搜索有限的构象即可，这将使折叠速率大大加快。根据“折叠路径”假说，如果在实验中能观察到折叠中间体（局部能量最低状态），就能标识出蛋白质折叠的特殊路径。

20世纪90年代中后期，折叠路径的概念逐渐被一种新的观点取代[11]。这种新观点认为，能量函数的势曲面（Energy Landscape）可以形象地看作一个漏斗（Funnel），漏斗的宽度代表构型的数目，即熵；漏斗的高度表示能级，即焓。天然态处在漏斗的底部，而其他高能态构象处在漏斗的上部，这些构象沿着漏斗的势曲面汇聚到能量最低状态。新观点认为，蛋白质在折叠过程中不是只有一条特殊的路径，而是存在很多条路径，这取决于具体蛋白质的能量势曲面。能量势曲面上有很多“凹陷”，代表折叠的局部能量最低状态。蛋白质折叠过程中还存在着一些能垒（Energy Barrier），它们会阻碍蛋白质达到最稳定分子构象，从而形成一些亚稳态的折叠中间体。

“折叠路径”和“势曲面”的理论启发：蛋白质折叠并不是各态历经的，而是由一些靠局部相互作用能快速形成的残基片段所引导，这些局部相互作用形成的固定结构引导了肽段进行下一步折叠，从而加快了蛋白质的折叠过程。

受此观点启发，中国科学院理论物理研究所郑伟谋研究员和中国科学院计算技术研究所卜东波团队合作，猜测局部的强相互作用最有可能来自螺旋的单圈，并设计算法寻找这些“强结构信号”[19]。

以螺旋为例，由于螺旋是靠氢键相互作用稳定在一起形成的二级结构模式，因此我们猜测，序列信号的模式隐含在氢键形成的最小单元“螺旋单圈”中。螺旋的形成可以看作一个合作过程，即序列信号强的单圈形成后引导其他位置的残基逐步向两端延伸，最终形成稳定的螺旋结构。

以概率比（Log-odd）为工具，王超等首先发现了螺旋单圈中关键残基对的显著模式[20]，并解释其对结构稳定性的影响（见图 5）；其次用其进行二级结构标注（不使用任何多序列联配信息，仅考虑单条序列）；二级结构标注的高准确率说明了关键残基对的确携带了足够强的结构信息；再次用进化的观点解释这种稳定结构的模式在序列上也是保守的；最后通过对蛋白质 G 的折叠过程的深入分析指出显著模式能够快速识别出螺旋特征。

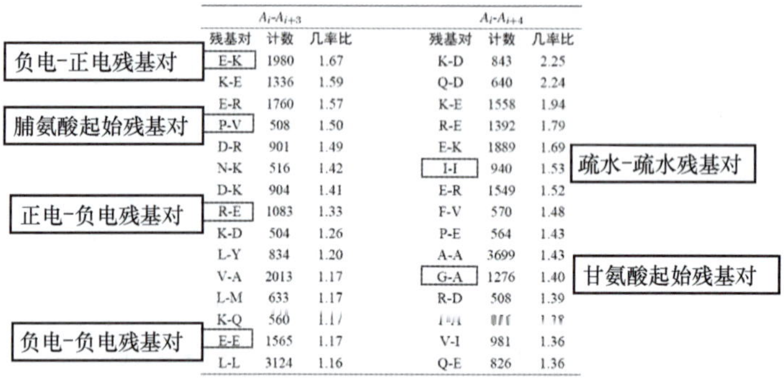

A_i-A_{i+3}			A_i-A_{i+4}		
残基对	计数	几率比	残基对	计数	几率比
E-K	1980	1.67	K-D	843	2.25
K-E	1336	1.59	Q-D	640	2.24
E-R	1760	1.57	K-E	1558	1.94
P-V	508	1.50	R-E	1392	1.79
D-R	901	1.49	E-K	1889	1.69
N-K	516	1.42	I-I	940	1.53
D-K	904	1.41	E-R	1549	1.52
R-E	1083	1.33	F-V	570	1.48
K-D	504	1.26	P-E	564	1.43
L-Y	834	1.20	A-A	3699	1.43
V-A	2013	1.17	G-A	1276	1.40
L-M	633	1.17	R-D	508	1.39
K-Q	560	1.17	[illegible]	[illegible]	[illegible]
E-E	1565	1.17	V-I	981	1.36
L-L	3124	1.16	Q-E	826	1.36

图 5　蛋白质结构中带有“强结构信号”的螺旋单圈中的关键残基对

郑伟谋等将对蛋白质折叠过程的认识概括成：“精英绑架，层次折叠；强弱搭配，弱是必须”。其大意为：在蛋白质折叠过程中，起主导作用的氨基酸并不多，而折叠过程是按照“先局部起始，再全局调整”的层次进行的；在蛋白质中，有些残基携带强结构信号，有些残基携带弱结构信号。值得强调的是：虽然蛋白质总是能够自发折叠成固定的天然态构象，但是并不意味着所有残基携带的结构信息是同等重要的，恰恰相反，弱结构信号的残基是必不可少的，否则会妨碍蛋白质形成全局最优的构象。

5 数学家和统计学家（或“第一类统计建模文化”）怎么做

秉承“第一类统计建模文化”的统计学家一上手就是建模，目的是回答如下问题：产生数据的模型是什么？数据的分布是什么？

这一轮蛋白质结构预测的突破性进展部分归功于“第一类统计建模文化”：2011 年，克里斯·桑德斯提出了“残基间接触预测算法”；知道了残基间接触（后期发展到残基间距离）就能推断出蛋白质的空间结构。

统计学家估计残基间接触的基本思路是寻找“残基间的共进化”，即空间邻近的两个残基倾向于共同进化；因此，反过来想，原则上可以利用残基共进化来估计残基间的接触或距离（见图 6）。基于这个想法，我们可以推断残基间的接触：对于待预测的目标蛋白质来说，首先找到其同源蛋白质（在进化上有共同祖先的蛋白质），然后观察两个残基之间的“共同突变”情况，根据共同突变情况推断残基间是否有接触，并进一步估计残基间的距离。

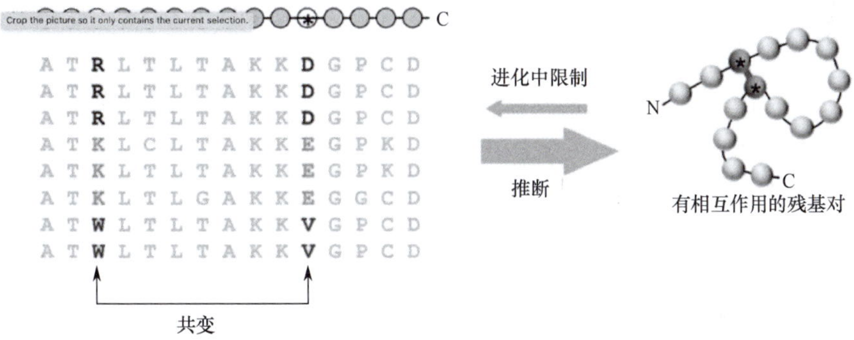

图 6 蛋白质中有接触的残基对（右图带星号的氨基酸）在进化过程中表现出的共变性

如果把残基对一对对地割裂开来，单独预测是否有接触的话，会受到“传递性”的干扰：残基 A 和 B、A 和 D、C 和 D 之间存在接触，并能够观察到共进化，但是由于传递效应，B 和 C 之间也能观察到共进化，虽然它们之间不存在接触。

为克服“传递性”造成的干扰，法拉克·莫考斯（F. Morcos）等提出了“直接耦合分析”算法[21]，其基本思想是：对蛋白质序列进行全局建模，以同时考虑所有的残基对，而不是一对对割裂地考虑残基对。具体地说，这一类算法要么假设目标蛋白质序列服从一个高维的正态分布，进而利用精度矩阵（协方差矩阵的逆）表征残基间的共进化程度；要么假设目标蛋白质序列由一个马尔科夫随机场模型（Markov Random Fields，MRF）产生，进而用两体项表征残基间的共进化程度。例如，AlphaFold[22] 和 RaptorX[15] 都依赖于 CCMpred 预测的残基间接触，而 CCMpred 使用了马尔可夫随机场模型。

现有共进化分析技术仍然存在一些不足，其根源在于：假设蛋白质序列服从一个高维的高斯分布。但这个假设是不成立的，相关实验也证实了这一点。具体到精度矩阵，一个明显的缺点是“信息丢失”。如图 7 所示，P1 和 P2 两个蛋白质在序列和结构上都有显著差异，但是一旦按统计模型计算协方差矩阵，结果就会完全相同，从而导致预测出完全相同的残基间距离，这表明传统的统计模型有缺陷[17]。

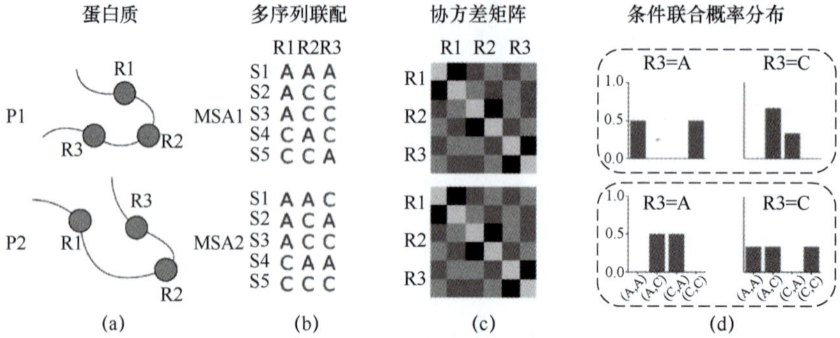

图 7　传统统计学方法的不足示例

6　数学家和计算机科学家（或“第二类统计建模文化”）怎么做

早期，数学家和计算机科学家多是按“能量最小化”的思路预测蛋白质结构，把蛋白质结构预测问题形式化成一个最优化问题：定义能量函数，设计最小化能量函数的优化算法；或者直接最小化预测结构与真实结构（又称天然态结构）之间的差异。

近期，随着蛋白质序列和结构数据的积累，采用深度学习技术直接“学”出蛋白质结构，成为这一轮革命性进展的核心，一些典例工作列举如下：

2017 年，许锦波等提出了一个深度学习模型 RaptorX[15]，以 CCMpred 预测出的残基间接触为输入，预测残基间的距离。这是深度学习技术首次应用于残基间接触 / 距离预测。RaptorX 模型有 3 个特点：

（1）与过去的 CNFpred 仅考虑一个残基对不同，RaptorX 同时考虑所有的残基对。

（2）与 CCMpred 仅考虑目标蛋白质不同，RaptorX 是一个机器学习模型，可以借鉴训练集中的其他蛋白质进行预测。

（3）RaptorX 采用 ResNet 架构，把网络做得很深（达到 60 多层）。

2020 年，杨建益等提出了 trRosetta[16]，不仅预测了残基间距离，还预测了远程残基间的相对角度；更重要的是，trRosetta 还将预测出的残基间距离转换成能量函数，用于计算能量最小的结构构象。虽然构象搜索部分仍然采用 Rosetta 的搜索算法，但是其能量函数定义更简洁、更准确，从而避免了 Rosetta 中纯靠人工经验定义的复杂能量函数（全原子能量函数含有 100 多个能量项）。

2020 年，龚海鹏等提出了 AmoebaContact 算法，不仅预测残基间存在接触的概率，还预测残基间不存在接触的概率，并进而开发了从头预测算法 GDFold[23]。

2021 年，鞠富松等提出了新型的神经网络架构 CopulaNet[17]，直接从多序列联配中学习残基间距离（见图 8），避免了传统统计方法依赖于协方差矩阵的不足，显著提高了预测精度。这个方法最主要的创新点在于：CopulaNet 输入不用统计模型，仅仅用原始的同源序列，这是与其他方法相比最本质的区别。鞠富松等开发了“从头预测”算法 ProFOLD，将 CopulaNet 预测得到的残基距离转化为势能函数，并通过最小化势能函数得到蛋白质的三级结构。

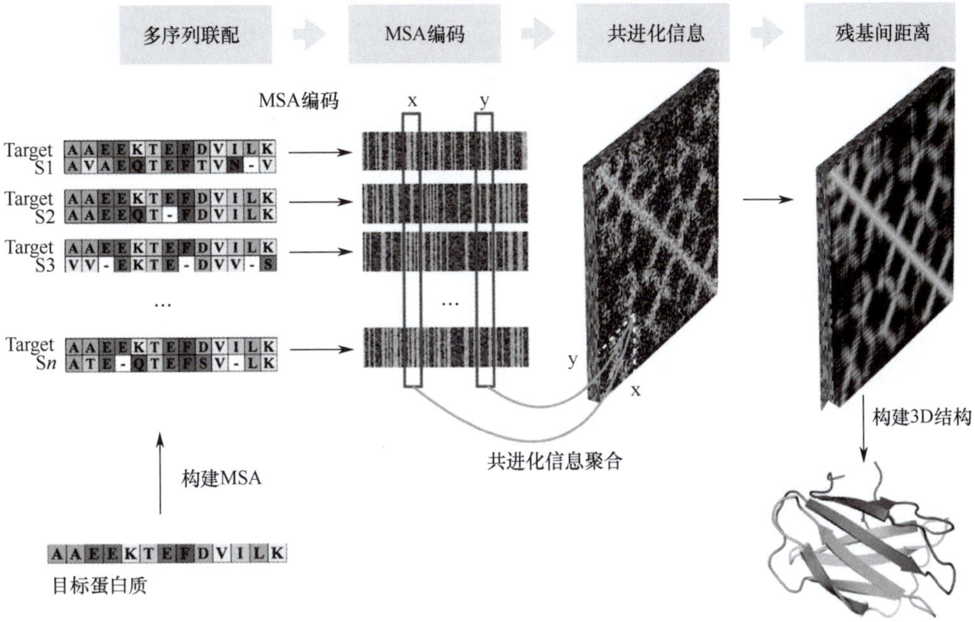

图 8 CopulaNet 直接从多序列联配出发预测残基间距离

2021 年，孔鲁鹏等提出了计算序列－结构最优联配的深度学习模型 ProALIGN，其核心思想是发现并利用联配中的频现模式——“联配模体”（Alignment Motif）。ProALIGN 将联配表示成矩阵形式，采用深度卷积神经网络，同时考虑多个残基间的相关性，学习从目标序列和模板到最优联配的映射 [24]。

同年，DeepMind 团队发布了新的预测算法 AlphaFold2[18]。AlphaFold2 采用了等变网络等适用于蛋白质三维结构的技术，其最大特点是“端到端”地预测，其优势是能把最终预测出构象的误差直接反传回多序列联配构造、残基间距离预测等前端环节，避免了其他方法采用“残基间距离预测、能量函数构造、搜索能量最小的构象”三段论引入的系统误差。另一代表性工作是 Rosetta 团队开发的 RoseTTAFold 算法，其优势在于同时考虑蛋白质一维序列信息、二维的残基接触 / 距离信息，以及三维的空间结构信息 [25]。

7 大数据时代的新研究范式：思考与困惑

“第一类统计建模文化”的一个基本假设是数据来源于“回归表面 + 噪声”机制

（Surface Plus Noise），所发展出的技术适用于样本量远多于特征数目的“窄”数据（Tall Data）；然而，大数据的特点不仅有“多”，还有“宽”（Wide Data），即样本数目和特征数目都很大[1]，因此需要新的研究范式。

以 AlphaFold2 为标志的蛋白质结构预测的新进展，似乎表明了研究范式正在发生变化，总结如下[26]。

观点一：只要规律确实存在（1973 年安芬森发现“结构信息蕴含于序列之中”）、数据足够多（迄今有 17 万个已知蛋白质结构、22 亿条非冗余序列）、规律足够简单或者能够简化，深度学习技术就可能借助这些规律进行预测。

换句话说，传统的研究范式是“生物学洞察—理性建模—实验结果—分析与结论”，而现在的研究范式似乎已经转变为“生物学洞察—神经网络模型—实验结果—分析与结论—重新理解神经网络”。传统研究范式中的“理性建模”特指“第一种统计建模文化”，即模型的假设是清楚的（如假设数据服从多元正态分布），模型的构造逻辑是清楚的，数据的产生过程也是清楚的。

然而，正如布莱曼所述，这种数据分布的假设往往是错误的，我们在 ProFOLD/ProALIGN 研制过程中的实验结果也证实了这一点。

从这个观点来看，深度学习技术的优势在于可避免人工提取特征带来的误差和错误；靠“数据垒出经验分布”，而不是“靠人工经验定义分布”。

观点二：一个成功的深度神经网络架构设计是建立在足够深刻的生物学洞察（Biological Insight）的基础之上的。

深度学习技术显著促进了蛋白质结构预测的发展，但这并不是说只需要深度学习技术就能够做好结构预测；恰恰相反，深度神经网络的架构设计需要对蛋白质结构预测有着深刻的洞察，AlphaFold2 从残基距离矩阵到多序列联配的那条边的添加就是一个生动的例子。我们设计的蛋白质序列联配算法 ProALIGN，也是建立在对“联配模体”的认识的基础上的。

观点三：理论研究与工程之间的界限日趋模糊，可以用工程的手段做基础研究。

以 AlphaFold2 为例，训练过程使用了 128 张张量处理器（TPU）卡，单次训练需要 11 天的时间，这是一项浩大的工程。

从这个观点来看，如何发挥各研究院所、高等院校等理论与工程学科齐全、生物与计算基础扎实的优势，是值得思考的问题。例如，国家超算中心拥有上万张海光加速卡 DCU，中国科学院计算技术研究所拥有上千张寒武纪加速卡，如何基于这些基础设施，用“工程的手段做基础研究”，克服“小作坊”模式，是需要仔细谋划的。

观点四：如何从深度学习的结果中获得知识，是值得思考的关键问题。

需要特别强调的是：AlphaFold2 只是提高了预测精度，但对于折叠机理的揭示并没有太多的促进作用，换句话说，虽然我们知道神经网络的每个参数，但是对于神经网络为何能够达到如此高的预测精度却不能完全解释清楚。因此，我们需要保持足够的清醒，防止走向“单纯强调工程”的极端，防止产生“短期科学”（Short-term Science）[1,2]。

在这方面，物理学家有值得计算机科学家学习之处：物理学家注重探究“事物的背后”；相比之下，尤其在近期的 AI 浪潮之下，计算机科技工作者过于重视工程，过于看重榜单，而忽略了对规律本身的认识，这是值得注意和防范的。

对于这个问题，布拉德利·埃弗龙提出了两种可能的途径：一是用“第一种统计建模文化”的技术分析“第二种统计建模文化”的预测结果；二是直接为“第二种统计建模文化”建立理论基础。

总而言之，大数据时代的研究范式发生了显著的嬗变：从以“数据模型”为主转变为以“算法模型”为主。当然，“算法模型”研究范式[1]能够显著促进预测类任务的完成，但是对于“估计回归平面”（Estimation of Regression Surface）和“显著性分析”（Attribution or Significance Testing）这两类任务，仍然期待理论方面的进展。因此，这两种文化的互相借鉴、取长补短，是值得深思的。

参考文献

[1] BREIMAN L. Statistical modeling: The two cultures (with comments and a rejoinder by the author)[J]. Statistical Science, 2001, 16(3): 199-231.

[2] EFRON B. Prediction, estimation, and attribution[J]. International Statistical Review, 2020, 88: S28-S59.

[3] BRANDEN C I, TOOZE J. Introduction to protein structure[M]. New York: Garland Science, 2012.

[4] KHAN M Q, SWEETING B, MULLIGAN V K, et al. Prion disease susceptibility is affected by β-structure folding propensity and local side-chain interactions in PrP[J]. Proceedings of the National Academy of Sciences, 2010, 107(46): 19808-19813.

[5] BAKER D, SALI A. Protein structure prediction and structural genomics[J]. Science, 2001, 294(5540): 93-96.

[6] ZHANG Y. Progress and challenges in protein structure prediction[J]. Current Opinion in Structural Biology, 2008, 18(3): 342-348.

[7] XU J, LI M, KIM D, et al. RAPTOR: optimal protein threading by linear programming[J]. Journal of Bioinformatics and Computational Biology, 2003, 1(1): 95-117.

[8] ZHU J, WANG S, BU D, et al. Protein threading using residue co-variation and deep learning[J]. Bioinformatics, 2018, 34(13): i263-i273.

[9] HAMELRYCK T, KENT J T, KROGH A. Sampling realistic protein conformations using local structural bias[J]. PLoS Computational Biology, 2006, 2(9): e131.

[10] LEVINTHAL C. Are there pathways for protein folding?[J]. Journal de Chimie Physique, 1968, 65: 44-45.

[11] DOBSON C M, ŠALI A, KARPLUS M. Protein folding: a perspective from theory and experiment[J]. Angewandte Chemie International Edition, 1998, 37(7): 868-893.

[12] DUAN Y, KOLLMAN P A. Pathways to a protein folding intermediate observed in a 1-microsecond simulation in aqueous solution[J]. Science, 1998, 282(5389): 740-744.

[13] BRADLEY P, BAKER D. Improved beta-protein structure prediction by multilevel optimization of nonlocal strand pairings and local backbone conformation[J]. Proteins: Structure, Function, and Bioinformatics, 2006, 65(4): 922-929.

[14] LI S C, BU D, XU J, et al. Fragment-HMM: A new approach to protein structure prediction[J]. Protein Science, 2008, 17(11): 1925-1934.

[15] WANG S, SUN S, LI Z, et al. Accurate de novo prediction of protein contact map by ultra-deep learning model[J]. PLoS Computational Biology, 2017, 13(1): e1005324.

[16] YANG J, ANISHCHENKO I, PARK H, et al. Improved protein structure prediction using predicted interresidue orientations[J]. Proceedings of the National Academy of Sciences, 2020, 117(3): 1496-1503.

[17] JU F, ZHU J, SHAO B, et al. CopulaNet: Learning residue co-evolution directly from multiple sequence alignment for protein structure prediction[J]. Nature Communications, 2021, 12(1): 1-9.

[18] JUMPER J, EVANS R, PRITZEL A, et al. Highly accurate protein structure prediction with AlphaFold[J]. Nature, 2021, 596(7873): 583-589.

[19] ZHENG W M. Knowledge-based potentials in bioinformatics: From a physicist’s viewpoint[J]. Chinese Physics B, 2015, 24(12): 128701.

[20] WANG C. Identifying key motifs and designing energy function in protein structures[D]. University of Chinese Academy of Sciences, 2016.

[21] MORCOS F, PAGNANI A, LUNT B, et al. Direct-coupling analysis of residue coevolution captures native contacts across many protein families[J]. Proceedings of the National Academy of Sciences, 2011, 108(49): E1293-E1301.

[22] SENIOR A W, EVANS R, JUMPER J, et al. Improved protein structure prediction using potentials from deep learning[J]. Nature, 2020, 577(7792): 706-710.

[23] MAO W, DING W, XING Y, et al. AmoebaContact and GDFold as a pipeline for rapid de novo protein structure prediction[J]. Nature Machine Intelligence, 2020, 2(1): 25-33.

[24] KONG L, JU F, ZHENG W M, et al. ProALIGN: Directly learning alignments for protein structure prediction via exploiting context-specific alignment motifs[J]. Journal of Computational Biology, 2022, 29(2): 92-105.

[25] BAEK M, DIMAIO F, ANISHCHENKO I, et al. Accurate prediction of protein structures and interactions using a three-track neural network[J]. Science, 2021, 373(6557): 871-876.

[26] 卜东波．大数据时代的生物信息学研究范式嬗变——以蛋白质结构预测为例 [J]. 中国计算机学会通讯，2022，18：20-28.

作者简介

卜东波，中国科学院计算技术研究所研究员。主要研究方向为生物信息学（蛋白质结构预测、糖结构鉴定）、计算机算法；在 *Nature Comm*、*NAR*、ISMB、RECOMB 等期刊和会议发表论文多篇；著有《算法讲义》；带领团队开发了有模板建模算法 ProALIGN、ProFOLD，ProFOLD 的性能超过 AlphaFold，正努力赶超 AlphaFold2。

面向经济主战场

数据工程支持中巴经济走廊灾害研究探索

张耀南[1,2*] 康建芳[1,2] 艾鸣浩[1,2] 敏玉芳[1,2] 李红星[1,2] 冯克庭[1,2] 赵国辉[1,2]
李茜荣[2] 吴亚敏[2]

（1. 中国科学院西北生态环境资源研究院；2. 国家冰川冻土沙漠科学数据中心）

摘　要

中巴经济走廊特殊的自然地理条件与气候条件导致走廊内冰崩、雪崩、冻融、滑坡、泥石流、岩崩、洪水、冰湖溃决等各类地质灾害频发，给基础设施建设带来了极大的挑战。鉴于走廊内观测系统稀少，观测数据匮乏，本文引入工程思路，基于可获得的数据资源和有限解决问题目标，建立数据工程技术体系，不追求认知走廊内灾害的过程机理，但强调掌握数据隐含的灾害规律，依据数据隐含的规律来解决走廊内典型自然灾害的认知问题，分析走廊内典型灾害的演变发展，开展走廊内典型灾害预测预警，建立了走廊内诱发灾害环境要素现势性数据生产系统，构建了走廊内灾害识别与分析在线模型，开展了盖孜河谷的泥石流、溜石坡易发性评价、典型洪水预测、极端低温、大风、暴雨落区的未来 7 天的模拟预测，探索了数据工程在中巴经济走廊灾害分析预测的应用场景，验证了数据工程开展防灾减灾的可行性。

关键词

数据工程；中巴经济走廊；自然灾害；防灾减灾；易发性评价

Abstract

The special physical geography and climate conditions of CPEC (China–Pakistan Economic Corridor) caused geological disasters more frequent in the corridor such as ice avalanche, snow-slide, freeze-thaw, landslide, debris flow, rockfall, flood and glacial lake outburst. These potential disasters severe threat on CPEC' s infrastructures and constructions which will be planed, but the researches for potential disasters are limited due to the lack of observation instruments and realistic data in CPEC. In this work, a data engineering architecture is designed and established to solve the problem partly based on available data resources. Without regard to focus on process mechanism of the insight disasters, we emphasize aim at to finding the hidden disaster regularity that implied in big data, and using these regularities to solve the problems of typical natural disasters to achieve a certain goal. To analyze the evolutionary processes of typical disasters and carry out the predicting and early warning for typical disasters in the corridor, a data at present situation preparation system online and the identification analysis models of disasters were established by adopting data engineering. The risk assessment and simulation include debris flow and rock slope in the Gezi Valley, typical flood prediction in Yarkant River, the predicting of extreme low temperature and strong wind and rainstorm in the next 7 days have been developed for created an application scenarios of data engineering in disaster analysis and prediction of CPEC. The preliminary application testing verified the feasibility of data engineering in disaster prevention and mitigation.

Keywords

Data Engineering; China-Pakistan Corridor; Natural Disasters; Preventing Disasters and Reducing Damages; Susceptibility Evaluation

1 引言

2013 年 9 月国家主席习近平提出“一带一路”倡议，旨在与沿线国家共同打造政治互信、经济融合、文化包容的利益共同体、命运共同体和责任共同体，建设陆上六大经济走廊和海上丝绸之路。中巴经济走廊作为“一带一路”旗舰项目于 2015 年 4 月 20 日正式启动。中巴经济走廊起于我国喀什，终于巴基斯坦瓜达尔港，全长 3000 多千米，是“一带一路”建设的先行先试区[1,2]。中巴经济走廊穿越喜马拉雅山脉、喀喇昆仑山脉和兴都库什山脉的交汇区，是世界自然环境与工程地质条件最复杂的区域[3]。走廊巨大的地形落差造就了沿线气候垂直差异性和区域分异的特殊气候环境，陡峻的地形条件为地表过程与灾害提供了有利的动力条件，造成该段自然灾害极为活跃[4]，成为影响区域可持续发展与走廊重大工程安全的重要因素。

众多学者先后围绕“中巴经济走廊”灾害开展了研究。2016 年，姚鑫等总结了四大类 17 种主要工程地质问题，划分为显著的 8 个区段，对中巴经济走廊西构造结段主要工程地质问题进行了简析[5]，同时开展了喀喇昆仑山区段蠕滑滑坡 InSAR 识别研究[6]，分析了 2007—2011 年变形特征及分布规律；2018 年，邓恩松等从冰川型泥石流、降雨型泥石流等方面对中巴公路奥布段泥石流危险性评价与防治进行了研究[7-10]；2018 年，丁朋等采用分形理论中的盒维数法，以中巴经济走廊喀喇昆仑公路（Karakoram Highway，KKH）沿线区域斜坡灾害为例，开展了各类别斜坡灾害的空间发育特征分析[11]；2021 年，崔鹏等聚焦中巴经济走廊滑坡和泥石流的空间格局，评估灾害风险，预测未来发展趋势，并针对性地提出相关应对策略[12]；2021 年，张耀南组织《中巴经济走廊》专题，敏玉芳、康建芳、艾鸣浩等分别开展了基础地理信息、冰川、冻土等 8 类基础数据集制备[13-28]，对中巴经济走廊荒漠化程度进行时空动态监测研究；等等。但针对中巴经济走廊灾害研究的总体数据缺乏，因此，需要建立新的方法体系，为走廊的灾害研究提供技术支撑，开展中巴经济走廊灾害演变分析、预测预警及指导公路等线状工程的防灾减灾，形成切合实际的技术方法体系。

国家冰川冻土沙漠科学数据中心（以下简称数据中心）从 2013 年建立寒旱区科学大数据中心开始，将数据工程定位为数据中心的主要学科发展方向，并以 2014 年成立的甘肃省资源环境科学数据工程技术研究中心为基础，重点探索资源环境科学数据工程理论及应用。在数据中心组织和参加的多次中巴经济走廊现地调查等基础上，数据中心进一步完善了数据工程技术体系，基于建立的数据工程方法和技术体系，生产制备了中巴经济走廊内地质灾害发生的多种环境因素的编目数据，完成了走廊内冰川、冰湖、冻土、积雪、沙漠、干旱指数、地表温度、地表变形、荒漠化分布、降水等年尺度、月尺度、天尺度及空间 3km 的专题数据生产，完成了盖孜河谷的泥石流、溜石坡易发性评价、典型洪水预测、极端低温、大风、暴雨落区的未来 7 天的模拟预测，为中巴经济走廊地质灾害识别和经济建设提供参考数据，形成了一套数据触发的在线决策图、决策报自动生成系统。中巴经济走廊形成的数据工程方法体系，已经应用到了近海浒苔灾害在线监测、温昭公路灾害时空分布与演变分析、独库公路积雪灾害监测分析的应用中，也为某部队环境保障提供了多次服务，形成的数据工程防灾减灾新思路，初期应用形成了数据驱动的灾害监测预警好成效。

2 示范场景与数据工程

2.1 示范场景及灾害特征

中巴经济走廊从喜马拉雅山、喀喇昆仑山、帕米尔高原北缘延伸到巴基斯坦南部平原的过渡地带，地理位置介于 23°47′N～41°55′N、60°20′E～80°16′E 之间，跨越全世界海拔最高的地区。地势北高南低，地形地貌复杂、新构造运动活跃，垂直地带分明，气候环境多变，特殊的自然环境和多变的气候条件，形成了山高谷深的奇特景观[29,30]。该研究区横穿现代冰川广泛分布的喀喇昆仑山和部分帕米尔山区，是除极地之外最大的陆地冰川带，分布冰川 1050 条，80% 为山岳冰川[31]。走廊大部分区域位于印度河流域，水系发达，河流湍急[32,33]。走廊气候差异明显，南部湿热，北部山区冬季干燥寒冷，气候恶劣，昼夜温差大。且研究区大部分地区降雨稀少，降雨时空分布差异较大。走廊内地形地貌复杂多变，水文、气候条件时空差异性显著，生态环境脆弱，致灾因子（如冰川活动、地震、干旱等）分布广泛，导致灾害极易被诱发。例如，冰川的进退与消融极易引发各类冰川灾害，冰湖溃决引发的洪水灾害及其次生灾害是研究区典型的灾害类型之一[26]；频发的地震，极易造成雪崩。走廊内泥石流、坍方、滑坡、岩崩等地质灾害频发[28]；走廊沿线分布的干旱区，极易导致干旱灾害及诱发的地质灾害[14,34]。中巴经济走廊特殊的自然地理条件和气候条件，主要发育了雪崩、冰崩、冻融（冻胀、融沉）、冰湖（阻塞胡）溃决、滑坡、泥石流（冰川、洪水）、岩崩、溜石坡（碎石流）、洪水（融雪、降雨）、地震、涎溜冰、沙漠化、暴雪 13 种灾害。因此，地质灾害研究是中巴经济走廊建设必须面对的严峻挑战[35]。

2.2 数据工程及其特征

数据工程（Data Engineering）首先起源于美国 1977 年 IEEE 数据库工程公报[36]，直到 1984 年第一届国际数据工程大会成立的数据工程学术组织，才对数据工程给出了定义，即数据工程是关于数据生产和数据使用的信息系统工程[37]。数据工程的重要性随着数据作为资产形成生产力的要求而越来越重要，其概念、内涵和外延有了拓展，成为数据转化为知识、决策、服务、产品的系统性支持方法。本研究对数据工程学给出了一个初步的定义，即数据工程学是一门以数据为物质基础的多学科交叉融合的产物，是将工程思维引入数据领域，研究数据的工程理论、方法和技术，并与各领域学科理论相结合，开展数据应用实践、工程实施活动和创新应用，为数据价值创造与数据隐含规律发现提供系统解决方案的学科。从科学发展史来看，数据工程就是数据科学发展的必然阶段，只有将数据工程化，也就是说对数据实施工程活动，才能将数据转化为决策、产品、服务等，形成数字经济。

我们认为，利用数据工程解决问题，是基于可获得的数据资源与有限目标，不刻意追求问题或研究对象的过程机理和普适性，但强调发现数据隐含的规律，并依据隐含的规律来解决问题。基于可获得的数据资源提出解决问题的方案、办法，要求能够节省资源，以利于可持续发展[38]，最突出的特点是创造性地揭示与发现隐藏于数据中的特殊关系及数据价值。因此，数据工程学是在充分利用数学、数据科学、信息技术、计算机技术和各领域研究成果的基础上，基于可获得的数据资源，针对领域需求或问题，围绕数据全生命周期和数据价值链，建立专业化的数据工程，挖掘数据中的价值，创新数据衍生产品，实施数据价值转化，实现有限目标问题解决、适度管理决策、一定程度的数据赋能，在进一步获得较完善数据的驱动下，基于数据中发现的隐含规律，通过迭代逐步逼近问题求解、科学决策、高效赋能，形成数字经济业态。

数据工程研究主要涉及开展数据产品创新、数据衍生品创造、数据应用模型构建、数据自身特征表征、数据标准规范构建等工程化实施过程的研究。涵盖了数据获取、数据标准化、数据管理、数据分析、数据挖掘、数据生产、数据应用、数据安全，以及数据与相关领域的有效结合，开展数据产品的创新及其衍生品的价值分析、数据价值转移转化措施等研究。数据驱动的对象是模式、模型、算法、推演规则、应用场景等；数据工程手段包括统计分析、数据处理、数据驱动、模型开发、人工智能、模型和参数优化、专有算法构建与改进，以及不确定性分析、可视化分析等；数据工程的关键是适合领域的数据应用分析模型构建。数据工程建设的重要技术主要包括数据算法分析、数据质量控制、不确定性分析、数据推演技术等。

数据工程将解决问题的过程视为一个数据流，将数据驱动的工作过程分解为以下工程体系：有效数据准备、数据驱动、数据制备（数据再制备）、数据挖掘、数据衍生产品（或数据决策）生产等工程活动。数据准备工程体系包含实现数据种类、粒度、规格、数量遴选，完成数据抽取、处理等工程活动；数据分析工程体系包含构建数据分析、领域应用模型、驱动数据制备、模型参数优化、驱动模型模拟等工程活动；数据生产工程体系包含构建领域要素时空尺度数据集成、数据评价等数据生产工程活动；数据挖掘工程体系包含构建数据表征模型、人工智能模型、专题图表、数据特征评价等数据挖掘工程活动；数据决策应用工程体系包含构建决策平台、领域应用情景分析、预测预警专题图报生产、评价迭代优化等决策支持工程活动。

3　灾害分析数据工程构建

国家冰川冻土沙漠科学数据中心于2016年开展中巴经济走廊自然灾害认知研究，2017年组织开展中巴经济走廊以“认识自然灾害特征与规律，提高预测预警能力”为目的的科学考察及科学数据收集、整理、制备和现势性数据在线生产工作。以“数据驱动—知识发现—信息服务”为主线，以数据驱动的“智能感知、智能认知、智能预知、智慧决策”为目标，针对中巴经济走廊的灾害分析与易发性评价问题，从目标设计、数据采集、数据预处理、数据存储、数据建模、数据分析、数据应用等来梳理各个环节的任务。目标设计：确定目标，对目标灾害进行定位，对现状和发展进行更深层次发现，分析目标灾害特征，确定灾害研究指标。数据采集：检索数据，对遥感数据、气象数据等多形式的数据进行收集，同时统一规范要求，解决数据缺失的问题。数据预处理：多源数据汇聚造成了数据的不规范、不统一，对数据后期的分析、应用有极大的影响，因此对数据进行预处理，统一数据规范，补充缺失值，剔除离群数据，确定数据标准，从而提高数据质量。数据存储：多源数据汇聚出现的数据间关系无法显现，过去的数据现在无法利用，数据生命周期模糊等问题，通过大规模、长周期的存储形式与技术，为数据附加时间属性，并采用特殊的数据组织和存储结构，对数据进行多维度存储，为灾害的多维度统计、分析、应用奠定数据基础。数据建模：统计数据的范围、数据间关系，建立相应数据库，对数据间的关系进行系统分析，将结论中抽象出的概念模型转化为物理模型，引入人工智能，对数据库数据及模型进行机器学习，建立适宜的数据模型。数据分析：挖掘数据隐含的规律，对数据间的关系进行多维分析，发掘不同价值、规律，开发不同数据间相关性的数据产品；对数据的未来发展进行预测，为未来灾害预测预警提供参考和支持。数据应用：基于稳定的数据平台，根据需求进行数据应用的扩展，并通过数据可视化工具，最后提供直观的分析结果，为专业化工具的开发提供底层支持。

根据各个阶段的任务分析，依据数据工程框架体系与具体流程，为认知走廊内自然灾害，开展灾害识别与分析、灾害易发性评价，实现灾害预测预警。围绕中巴经济走廊自然灾害应用场景，建立了以下 4 个数据工程体系，形成了两大系统。

4 个数据工程体系：数据汇聚工程体系、数据分析制备工程体系、模型构建模拟工程体系、决策支持工程体系，如图 1 所示。数据汇聚工程体系主要完成高分 1 和 6、Sentinel、MODIS 1 和 2、Landsat-8 数据聚合、集成和融合；环境因子专题数据生产工程，主要通过融合少量观测数据，制备基础地理信息，实现地表温度、冰川、积雪、冻土及降水等专题数据在线生产；环境要素数据分析工程，主要开展气象、水文要素分析；模型构建模拟工程体系主要构建典型滑坡、溜石坡、泥石流和洪水等灾害分析模型，实现数据驱动的滑坡、泥石流、溜石坡和洪水分析；灾害易发性评价数据工程，主要引入机器学习，构建滑坡、泥石流、溜石坡等灾害易发性评价，形成走廊内上述灾害在线易发性评价专题图、专题报制备。

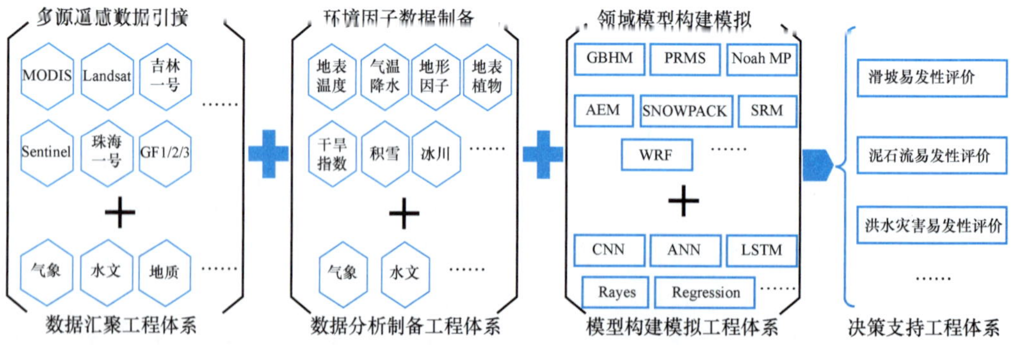

图 1　中巴经济走廊灾害易发性评价数据工程体系架构

两大系统如下：

（1）现势性数据自动生成系统。梳理、收集、汇聚包括基础地理数据、GF 系列国产系列卫星影像，MODIS 遥感数据产品、Landsat、Sentinel、QuickBird 等卫星影像，全球再分析资料、冰雪 / 冻土 / 沙漠等地质资料，气象水文站点数据、计算模拟结果等数据资源。分析上述数据规范，基于元数据管理，建立针对“中巴经济走廊”的数据资源平台，形成包含 7 万余条数据的“数据云”环境。以时空限制相对较小、现势性相对较强的遥感数据为基础，融合气象地形等多源数据，突破了多源遥感多光谱特征参数反演与专题数据集成制备特殊环境要素现势性数据的关键技术，研发了多源异构数据处理方法、遥感数据反演自动化、现势性数据制备系统和要素态势演变分析系统。在超级计算平台的支持下，对现有遥感数据处理方法进行了并行优化，实现遥感数据自动下载、数据自动拼接和自动裁剪、数据处理计算及图报结果自动生成，发展了针对高寒陡峭山区不同下垫面、不同应用领域的冰雪、植被、水体、地表温度等特征参数的反演方法，实现冰川、冰湖、积雪、冻土、地表温度、荒漠化反演及辐射、降水等水文模型 GBHM（Geomorphology-Based Hydrological Model）驱动数据制备。中巴经济走廊现势数据制备系统如图 2 所示。

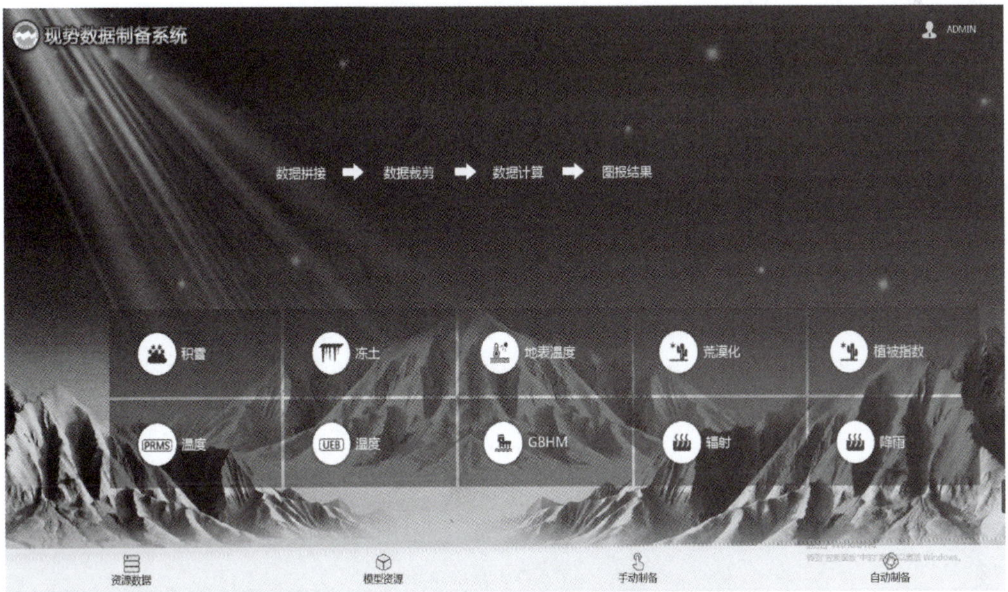

图 2　中巴经济走廊现势数据制备系统

（2）环境态势演变分析系统。针对中巴经济走廊环境的特殊性，基于数据工程构建冰川、冻土、积雪、冰湖等特殊地学因子相关地学模型，滑坡、泥石流、洪水、冻融等和冰雪冻土相关自然灾害模型，以及各类物理分析模型与统计分析模型，形成适用于研究区域特殊要素态势分析的模型库，作为态势演变分析和态势预测推演的基础，目前已收集各类模型 147 个。基于特殊环境要素模型耦合（见图 3），打通模型耦合时空壁垒，使气象预报模型生成数据可用于水文模拟和灾害预警，实现气象－水文，气象－灾害模型耦合，以冰川、冻土、积雪、冰湖、泥石流、滑坡、洪水、气象、冻融 9 种地学因子态势演变分析所需关键要素和空间参数进行模型模拟、数据制备和未来预报，形成研究区域态势演化综合预测模型。

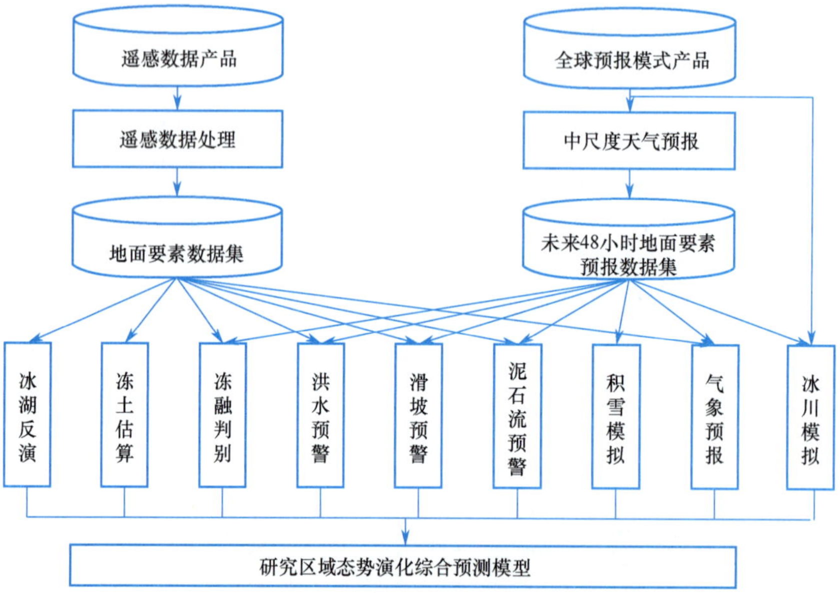

图 3　特殊环境要素模型耦合分析框架

按照数据工程的思路，将整个数据制备、监测分析过程全部工程化，实现多源数据驱动关键致灾因子数据制备与分析，完成了走廊内特殊环境要素现势性数据生产、灾害易发性评价和未来一定时间的灾害因子模拟预测。完成了走廊内冰川、冻土、积雪、沙漠、干旱指数、地表温度、降水等年尺度、月尺度、天尺度及空间 3km 的专题数据生产，完成了盖孜河谷的泥石流、溜石坡易发性评价、典型洪水预测、极端低温、大风、暴雨落区的未来 7 天的模拟预测。

4　数据工程场景应用

4.1　中巴走廊冰川演化分析

以英国东英格利亚大学气候研究中心完全开放共享的 CRU（Climatic Research Unit）再分析资料为气候驱动数据集，结合我国第二次冰川编目数据（2009 年）、巴基斯坦冰川编目数据（2003 年）及 90m DEM 数据为参数，采用开源的 OGGM（Parks and Goosse, 2019）冰川模拟模型，模拟计算了中巴经济走廊区域面积大于 10km^2 的冰川 1901—2020 年的长度变化、物质平衡变化，并模拟预测全球升温 1.5℃情景下冰川厚度的变化，分析结果示意图如图 4 所示。

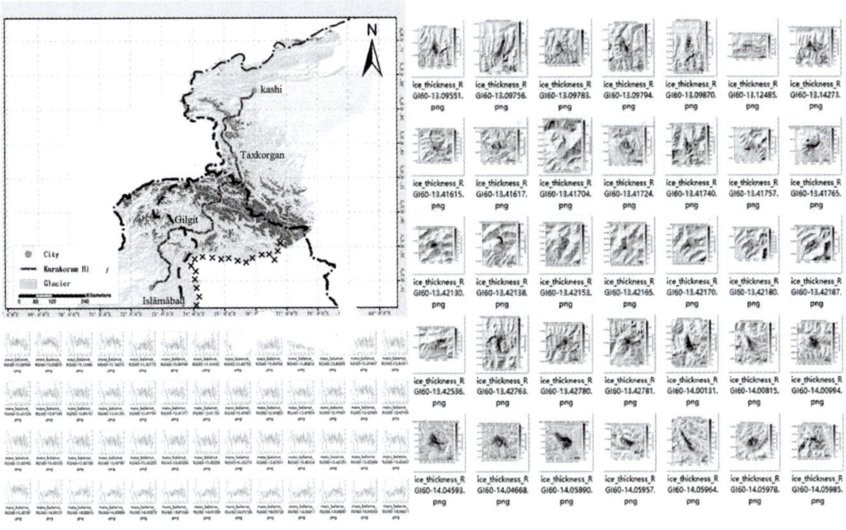

图 4　冰川演化分析结果示意图

4.2　中巴走廊冻土分布格局

以 5 年 MODIS 全球地表温度产品为驱动数据，结合我国第二次冰川编目数据（2009 年）、巴基斯坦冰川编目数据（2003 年）及全球土壤数据，利用顶板温度模型 TTOP（Top Temper of Permafrost），对中巴区域多年冻土分布进行空间分辨率为 1km 的模拟和估算。计算模拟结果与朱彦颖等沿公路沿线实地勘探结果相符，均得到中巴走廊公路沿线除红其拉甫段外无多年冻土的结论。其中，实地勘察红其拉甫段多年冻土影响道路约 4.3km，采用模型估算该段冻土约 3.7km，误差精度约为 13%。红其拉甫段多年冻土模拟结果示意图如图 5 所示。

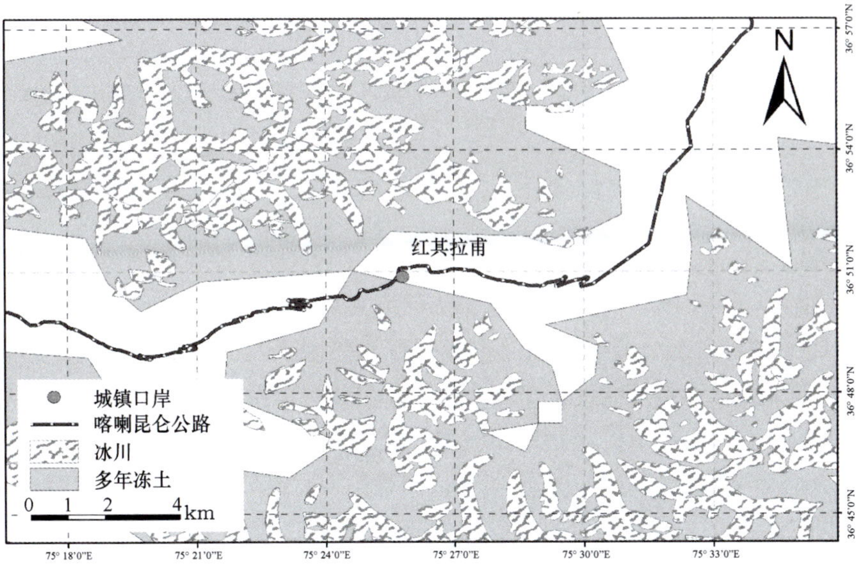

图 5　红其拉甫段多年冻土模拟结果示意图

4.3 中巴走廊积雪演化分析

以再分析资料 GLDAS（Global Land Data Assimilation System）地面要素数据为天气预报驱动数据，以中巴走廊高程、坡度和坡向为参数，以新疆皮山站、西藏狮泉河站观测数据为验证数据，利用 UEB（Utah Energy Balance snowmelt model）模型对中巴经济走廊区域积雪分布、积雪厚度与雪水当量进行模拟和预报（UEB 模型已在新疆额尔济斯河和青海湖流域做过应用，与当地气象观测站点的观测数据对比取得不错的模拟效果）。将 UEB 模型计算模拟的积雪日数与中分辨率成像光谱仪（MODIS）积雪产品积雪日数做比对，受限于再分析资料数据空间分辨率，MODIS 数据分辨率更高，刻画更精细，但 UEB 模型计算模拟积雪日数结果与 MODIS 遥感数据资料的积雪日数在空间分布方面表现出较强一致性，对比结果如图 6 所示。

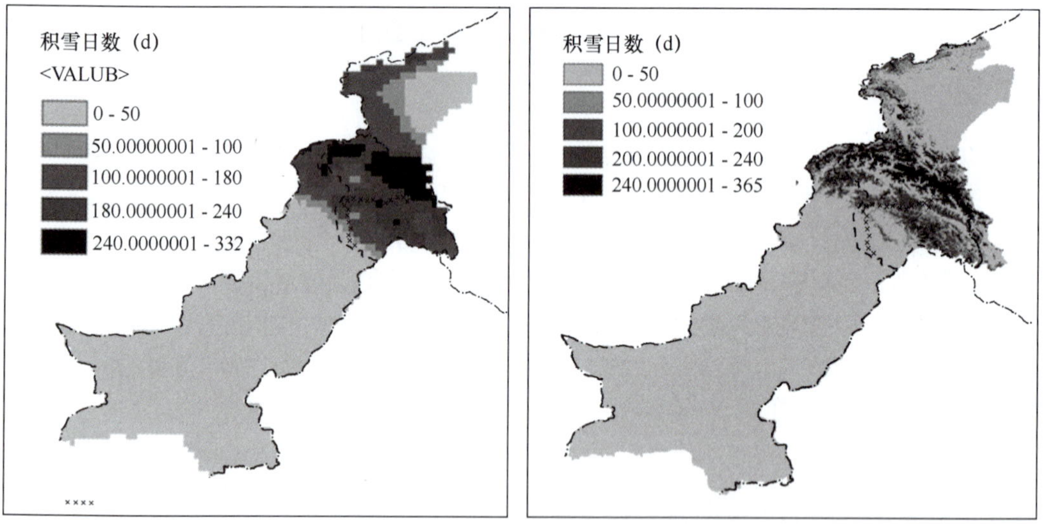

图 6　UEB 模型计算模拟积雪日数（左）与 MODIS 积雪产品积雪日数（右）对比图

4.4 中巴走廊泥石流演化分析

以研究区域现有气象站点气温和降水数据为历史驱动数据，以气象预报数据为未来预测数据，将两种数据时空融合后，以前人研究高加索地区泥石流文献中所述的 7 日累计气温，15 日累计气温、累计降水、当年累计水热因子及泥石流沟谷比降和地貌信息熵为指标，对泥石流发生危险程度做线性回归，得到中巴走廊地区泥石流爆发危险性评级，与 2013 年、2017 年中巴公路奥布段泥石流爆发事件记录资料做比对，可做未来 48 小时泥石流危险性预测。同时，完成了盖孜河谷典型冰缘环境下的融雪型泥石流易发性区划，如图 7 所示。

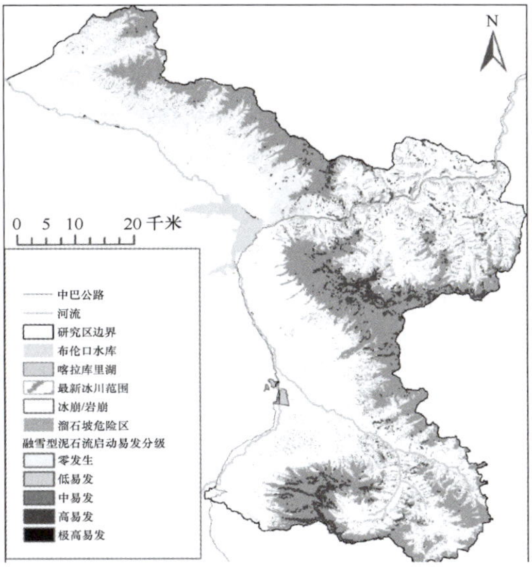

图 7 融雪型泥石流易发性区划

4.5 中巴走廊滑坡演化分析

以时间序列 Landsat 遥感影像和中巴区域坡度数据为数据源，通过遥感图像变化检测估算滑坡的空间分布。通过比对基于像素扰动的 Behling 法，采用深度学习（Recurrent Neural Networks）的时序挖掘法、基于支持向量机（Support Vector Machines，SVM）的分类法，RNN 为滑坡空间分布预测算法。由于中巴走廊预测滑坡点距道路较远，难以直接调查验证。因此，选取影像特征较为类似的云南鲁甸为验证区域，通过对深度学习模拟结果与专家目视解译结果的比对，表明采用 RNN 对滑坡空间分布的模拟预测结果与目视解释的结果具有高度的空间一致性，模拟结果能够覆盖该区域 94.96% 的滑坡空间分布。滑坡预测结果对比如图 8 所示。

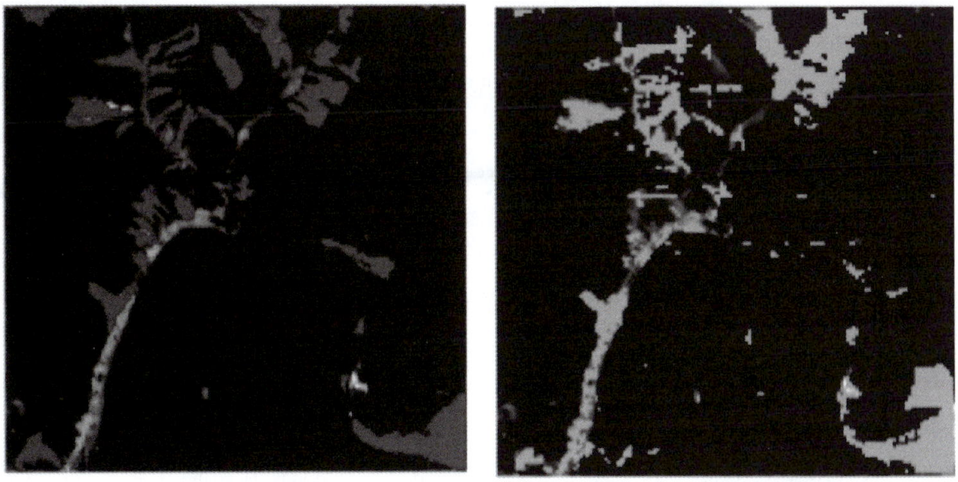

(a) 模拟预测结果　　(b) 目视解译和实地勘察结果

图 8 滑坡预测结果对比

5 结论与建议

数据工程作为数据驱动解决实际问题的一种新手段，其数据驱动的对象是模式、模型、算法、推演规则、应用场景等，基于可获得的数据资源与有限目标来解决问题，不刻意追求问题或研究对象的过程机理和普适性，重在发现隐含于数据中的规律，依据数据中隐含的规律来解决问题。数据工程围绕数据知识体系，利用数学、计算机科学、人工智能科学、各领域学科的综合支持，通过数据驱动、领域模型支持、融合人工智能的计算支持及迭代优化技术支持，来对数据实施工程化措施，从而实现有限目标评价指标的决策支持、产品创新、数据应用和数据赋能。诱发灾害的环境要素基础数据是走廊重大工程实施、道路选线、地质灾害防治的基础，为此我们基于数据工程构建了制备特殊环境要素本底数据、灾害诱发环境要素现势性数据的制备技术，形成了洪水、泥石流易发性、溜石坡易发性等灾害区划及预测预警系统，支持走廊内典型灾害的易发性评价和预测预警研究。中巴经济走廊自然灾害认知与预测数据工程应用，表明了数据工程是实现将数据转化为决策、服务、产品，形成数字经济的一种新思路，该实践也表明有必要发展数据工程学，来构建一个将数据转化为数字经济的学科桥梁。

致谢

感谢国家科技基础条件平台“特殊环境特殊功能观测研究台站共享服务平台”项目（Y719H71001）；中国科学院信息化专项“寒旱区环境演变研究‘科技领域云’的建设与应用”项目（XXH13506 和 XXH13505）；国家冰川冻土沙漠科学数据中心项目（E01Z790201）的支持。

参考文献

[1] 裴艳茜 . 中巴经济走廊地质灾害特征与敏感性分析研究 [D]. 西安：西北大学，2019.

[2] 刘巧，聂勇，王欣，等 . 中巴经济走廊沿线上游冰川冰湖相关灾害（事件）数据集 [J]. 中国科学数据（中英文网络版），2021，6（1）：172-181.

[3] 游勇，魏永幸，柳金峰，等 . 中巴经济走廊沿线交通工程面临的山地灾害问题及对策 [J]. 高速铁路技术，2018（S2）：38-42.

[4] 张帆 . 2001—2019 年中巴经济走廊积雪时空变化分析 [D]. 兰州：兰州交通大学，2021.

[5] 姚鑫，张永双，李凌婧，等 . 中巴经济走廊西构造结段主要工程地质问题简析 [J]. 工程地质学报，2016（10）：909-912.

[6] 姚鑫，凌盛，李凌婧，等 . 中巴经济走廊喀喇昆仑山区段蠕滑滑坡 InSAR 识别研究 [J]. 工程地质学报，2016（10）：1283-1289.

[7] 邓恩松，魏学利，朱志新，等 . 中巴公路奥布段冰川型泥石流危险性评价 [J]. 公路交通科技，2018，35（5）：16-23.

[8] 邓恩松，魏学利，李宾，等 . 中巴公路奥布段降雨型泥石流危险性评价 [J]. 科学技术与工程，2018，18（3）：1-8.

[9] 罗文功，魏学利，陈宝成，等．中巴经济走廊泥石流活动性分析——以中巴公路奥布段为例 [J]. 冰川冻土，2018，40（4）：773-783.
[10] 魏学利，陈宝成，李宾，等．中巴公路奥布段泥石流危险性评价与防治分析 [J]. 公路，2018，63（11）：14-21.
[11] 丁朋朋，杨宗佶，乔建平，等．中巴经济走廊 KKH 沿线斜坡灾害分形特征分析 [J]. 中国科技论文，2018，13（15）：1685-1689.
[12] 邹强，崔鹏，郭晓军，等．中巴经济走廊滑坡泥石流灾害格局与风险应对 [J]. 中国科学院院刊，2021，36（2）：160-169.
[13] 张耀南．《中巴经济走廊专题》卷首语 [J]. 中国科学数据（中英文网络版），2019，4（3）：1-3.
[14] 冯克庭，张耀南，田德宇，等．中巴经济走廊 2000—2017 年逐月温度植被干旱指数数据集 [J]. 中国科学数据（中英文网络版），2019，4（3）：97-111.
[15] 艾鸣浩，张耀南，康建芳，等．2017 年中巴经济走廊冻土分布数据集 [J]. 中国科学数据（中英文网络版），2019，4（3）：8-17.
[16] 赵国辉，张耀南，康建芳．中巴经济走廊 2013—2018 年地表温度高分辨率反演数据集 [J]. 中国科学数据（中英文网络版），2019，4（3）：63-74.
[17] 田德宇，张耀南，韩立钦，等．盖孜河谷溜石坡调查和易发性分布数据集 [J]. 中国科学数据（中英文网络版），2019，4（3）：53-62.
[18] 毛炜峄，姚俊强，陈静．1961—2017 年中巴经济走廊北端东帕米尔高原极端升温过程数据集 [J]. 中国科学数据（中英文网络版），2019，4（3）：32-41.
[19] 方泽华，陶辉，陈金．1961—2015 年中巴经济走廊 SPEI 干旱指数数据集 [J]. 中国科学数据（中英文网络版），2021，6（4）：102-110.
[20] 敏玉芳，冯克庭，康建芳，等．2000—2017 年中巴经济走廊逐年荒漠化分布数据集 [J]. 中国科学数据（中英文网络版），2019，4（3）：75-85.
[21] 谢家丽，颜长珍，常存．1990—2010 年中国西北地区土地覆被数据集 [J]. 中国科学数据（中英文网络版），2019，4（3）：86-96.
[22] 姚俊强，毛炜峄，胡文峰，等．1961—2015 年新疆区域 SPEI 干旱指数数据集 [J]. 中国科学数据（中英文网络版），2019，4（3）：112-121.
[23] 韩立钦，张耀南，田德宇，等．中巴经济走廊（喀什至伊斯兰堡段）高分正射影像数据集 [J]. 中国科学数据（中英文网络版），2019，4（3）：122-132.
[24] 方霞，张弛，张耀南，等．1980—2014 年中国干旱半干旱区生态系统有机碳储量及碳动态数据集 [J]. 中国科学数据（中英文网络版），2018，3（3）：64-67.
[25] 方霞，张弛，张耀南，等．气候变化影响下 1980—2014 年中国西部干旱区生态碳库及碳源汇动态空间数据集 [J]. 中国科学数据（中英文网络版），2018，3（3）：68-78.
[26] 任彦润，张耀南，康建芳．2013—2017 年中巴经济走廊重点区域冰川冰湖分布数据集 [J]. 中国科学数据（中英文网络版），2019，4（3）：18-31，35.
[27] 崔丹丹，张耀南，科瑞斯特·米歇尔，等．2005—2009 年 Drome 河（法国）无人机遥感的正射影像和数字高程模型数据集 [J]. 中国科学数据（中英文网络版），2019，4（3）：133-140.
[28] 白艳萍，康建芳，李萌，等．2014—2018 年中巴经济走廊地表变形数据集 [J]. 中国科学数据（中

英文网络版），2019，4（3）：47-55.
[29] 姚檀栋，陈发虎，崔鹏，等 . 从青藏高原到第三极和泛第三极 [J]. 中国科学院院刊，2017，32（9）：924-931.
[30] 郑来林，金振民，潘桂棠，等 . 喜马拉雅造山带东、西构造结的地质特征与对比 [J]. 地球科学，2004（3）：269-277.
[31] 王景荣 . 中巴公路喀什至塔什库尔干路段冰川泥石流 [J]. 冰川冻土，1987（1）：87-94，102.
[32] 刘杰，毛爱民，王立波，等 . 中巴喀喇昆仑公路奥依塔克镇～布伦口段泥石流灾害及防治 [J]. 公路，2015，60（12）：8-14.
[33] 胡进，朱颖彦，杨志全，等 . 中巴喀喇昆仑公路（巴基斯坦境内）河床沉积物与泥石流堆积物的关系 [J]. 中国地质灾害与防治学报，2014，25（3）：1-8.
[34] 敏玉芳，张耀南，康建芳，等，基于MODIS影像的中巴经济走廊荒漠化程度时空动态监测研究 [J]. 遥感技术与应用，2021，36（4）：827-837.
[35] 李晓敏，韩笑 .“一带一路”涉中国公民自然灾害风险及治理——以中巴经济走廊为例 [J]. 甘肃广播电视大学学报，2019，29（5）：31-35.
[36] VINCENT L.Data Base Engineering Bulletin[J]. IEEE Technical Committee on Data Engineering，1977,1(4): 16-24.
[37] NIRENBURG S,ATTIYA C.Toward a data model for artificial intelligence application[C]. First International Conference on Data Engineering. IEEE, Los Angeles, CA, USA, 1984, 1(1): 446-453.
[38] 俞梦孙 . 学习钱学森“工程科学”思想，开展人类健康工程研究 [J]. 医学研究生学报，2014，27（1）：1-7.

作者简介

张耀南，研究员，博士生导师，中国科学院西北生态环境资源研究院国家冰川冻土沙漠科学数据中心主任，长期从事科学数据及应用工作，先后主持国家自然科学基金委员会重点基金、基础科学人才培养基金（冰川冻土）、科技部、中国科学院重点部署、地方等项目 40 余项，发表论文 60 多篇。目前重点发展数据工程学，构建数据工程防灾减灾体系，开展数据驱动、耦合模型、融合人工智能的数据工程及多源数据融合研究。

康建芳，硕士研究生，中国科学院西北生态环境资源研究院工程师，长期从事科学数据管理、地学大数据分析等工作。参加并承担了国家自然科学基金委员会、科技部、中国科学院多项课题研究，目前负责“国家冰川冻土沙漠科学数据中心”运行管理。已取得软件著作权 30 余项，国内外期刊发表科技论文 10 余篇。

艾鸣浩，中国科学院西北生态环境资源研究院工程师，在读中国科学院大学博士。主要研究方向为地学大数据、数字防灾减灾及人工智能地学应用等。

敏玉芳，博士研究生，中国科学院西北生态环境资源研究院工程师，长期从事地学大数据分析与挖掘、遥感数据处理分析、地学机器学习算法应用等工作。参加并承担了国家自然科学基金委员会、科技部、中国科学院多项课题研究，目前负责“国家冰川冻土沙漠科学数据中心”数据共享平台和数据资源建设。已取得软件著作权 20 余项，国内外期刊发表科技论文 10 余篇。

数据密集型农业科研智能知识服务与应用

赵瑞雪[1,2,3]　赵　华[1,2,3]　郑建华[1,2,3]　姜丽华[1]

（1. 中国农业科学院农业信息研究所；2. 国家新闻出版署农业融合出版知识挖掘与知识服务重点实验室；3. 农业农村部农业大数据重点实验室）

摘　要

随着大数据、人工智能等新一代信息技术加速向各领域广泛渗透，科学研究已步入数据密集型科研新范式，同时对科研信息化提出了更高的要求。我国现代农业发展离不开农业科技创新的支撑，而农业科技创新离不开专业、高效、精准的知识服务。在数据密集型科研新形势下，农业科技创新对知识发现与知识服务提出了新的需求。基于农业科研大数据与新一代信息技术，构建数据密集型农业科研智能知识服务平台，存储、管理、分析、挖掘和发布农业科技信息资源，释放知识价值，同时也为科研院所和科研人员提供数据资产管理服务，构建科研协同环境，辅助提升科研工作效率，从而推动农业科研创新驱动发展。本文分析了数据密集型科研新形势下农业领域数据密集型知识服务平台的客观需求与建设背景，详细介绍了平台建设的关键技术与建设成效，并对未来农业大数据智能知识服务场景及应用进行了展望。

关键词

科研大数据；数据治理；知识组织与计算；智能知识服务；数据密集

Abstract

With the accelerated penetration of new-generation information technologies such as big data and artificial intelligence into various fields, scientific research has entered a new paradigm of data-intensive scientific research, and higher requirements have been put forward for scientific research informatization. The development of modern agriculture in China is inseparable from the support of agricultural technological innovation, and agricultural technological innovation is inseparable from professional, efficient and precise knowledge services. Under the new environment of data-intensive scientific research, agricultural technological innovation has put forward new demands for knowledge discovery and knowledge services. Based on agricultural sci-tech big data and the new-generation information technology, an agricultural intelligent knowledge service platform with sci-tech big data was built, which can store, manage, analyze, mine and release agricultural sci-tech information resources and release the value of knowledge, it can also provide research data management services for scientific research institutes and researchers through building of collaborative environment for scientific research, and assist in improving the efficiency of scientific research, thereby promoting the development of agricultural scientific research innovation. The objective needs and construction background of the agricultural intelligent knowledge service platform with sci-tech big data were analyzed, the key technologies and construction results of the platform were introduced in detail, and the future service scenarios and applications of agricultural intelligent knowledge service were prospected.

Keywords

Sci-tech Big Data; Data Governance; Knowledge Organization and Calculation; Intelligent Knowledge Service; Data Intensive

1 引言

当前，中国正处于近代以来最关键的发展时期，世界处于百年未有之大变局。在此大变局之下，科技成为现代国家的核心力量与战略制高点。科技是第一生产力，科技水平决定产业水平，决定竞争力。农为邦本，本固邦宁。农业科技信息作为促进科技进步的战略性资源[1]，在促进农业科技自立自强方面发挥着重要的战略支撑作用。

随着全球步入信息化时代，大数据、人工智能、数字孪生技术等新兴技术快速发展并得以应用，推动科学研究步入密集型数据驱动的科研第四范式。面对数字化、网络化、智能化引发的变革，科技信息生产、传播、管理和利用的环境也正在发生革命性变化[2]。农业领域科技信息数量庞大、种类繁多、内容复杂且具有多学科交叉性[3]，科研人员全面发现并快速获取到所需信息资源面临挑战。Elsevier 发布的科研用户调研显示，科研人员每周检索文献的时间超过 4 小时，近 10 年，科研人员阅读文献的数量减少了 10%，但用来查找文献的时间却增加了 11%。这充分说明科技情报的供给与科研人员的需求存在严重的不对称、不平衡问题[4]。信息搜索和信息传递作为传统的信息服务已经难以满足知识创新的需求，以用户为导向、面向知识内容、提供知识增值、问题解决方案的知识服务才是信息服务的发展方向。目前，国内外包含学术界、专业信息服务机构乃至商业公司等都在知识服务领域有所探索与实践，国外有 Google 推出的基于知识图谱的智能搜索服务，哈佛大学图书馆的基于 Yewno 概念网络的、帮助用户发掘知识内在联系的知识发现服务[5]，国内学者提出了新一代融合知识组织与认知计算的开放知识服务架构[6]，以及基于科技大数据的智能知识服务系统[4]，基于知识融合的大数据知识服务框架[7]。由此可见，知识服务已经取得了很大的发展，但是仍然存在知识供需脱节方面的问题，尤其面对农业科技自立自强创新发展的需求和数据密集型科研活动的颠覆性挑战，强化数据资源保障，不仅要面向用户提供规模庞大、类型多样、内容丰富、质量可靠的农业科研大数据资源，更迫切需要借助大数据、人工智能等新兴技术，打造农业领域智能知识服务平台，强化农业科技信息全面保障与精准服务，提升农业科技信息的高效传播交流和高质量应用。本文立足于数据密集型农业科研知识服务平台建设的客观需求，阐述该平台建设的技术框架、关键技术与核心功能，并对平台的建设成效和未来应用场景进行概述，以期为相关领域智能知识服务平台建设提供借鉴。

2 数据密集型科研特征及知识服务需求

科学研究经历了从经验科学到理论归纳科学再到计算科学，现在发展到数据密集型科学的阶段，科研范式相应地经历了经验范式、理论归纳范式、计算模拟范式，目前步入了以数据密集型科学为特征的第四科研范式[8]。在数据密集型科研范式下，科研驱动方式发生了变化，数据成为科研活动的直接驱动力，在数据的采集、存储、管理和分析过程中，智能化的仪器、计算机、高效的数据处理技术等在整个科研活动中的占比不断上升，以数据为中心的计算机技术、各类数据研究工具和各种数据管理分析方法成为大数据时代科学活动开展必不可少的重要组成部分。科学研究在科研组织模式上更加重视多学科领域科研人员的交流协作，强调打破各创新主体间的壁垒，围绕共同的创新目标，充分发挥不同创新主体的优势与特色，有效汇聚创新资源和创新要素[9]。当前农业领域科研问题的解决呈现学科知识交叉、协作、融合等新特点，新一代农业科研已进入以云计算和大数据等技术为代表的数据密集型科学研究时代，农业科学研究逐渐呈现出“数据—挖掘分析—领域应用”的发展趋势，如作物计算育种、植物病虫害监测预警、基因工程疫苗研发、农业绿色发展智能预测等方面无不体现出数据密集型科研范式的深刻影响。

随着农业科学研究的不断突破和技术创新的快速发展，农业科研模式和产业形态开始进入到转型升级的跨越式发展阶段[10]，全新的科研范式和业态由此产生。为适应数据密集型农业科学研究数据量巨大、数据相关性强、更加依赖工具仪器及学术信息交流频繁等新特征，农业科学研究更加注重与其他学科领域的协同创新，如农业领域的生态与环境治理、生物安全、复杂产业问题都需要多学科共同攻关。随着生物技术和信息通信技术等新兴技术在农业科学研究中的进一步应用，需要为科研人员创造适应于数据密集型开放科学环境下的知识服务新环境，使科研人员可以便捷地利用科技文献、科学数据、分析工具等，同时促进科学研究过程中的科研成果实现共享，科研人员不仅可以利用本领域的数据资源，还能更方便地获取到跨领域的数据资源，这对新形势下的知识服务提出了更高的要求。

3 数据密集型农业科研智能知识服务平台建设

3.1 建设思路

面向国家农业科技创新和产业发展对科技信息的迫切需求，在全面把握农业领域知识资源建设布局、强化农业学科特色资源建设的基础上，力求形成资源布局合理、类型丰富、权威性强、鲜活度高、安全可靠且可共享的国家农业科技知识资源基础设施，为知识服务提供强有力的支撑。围绕农业领域知识发现对科研信息化的需求，综合利用大数据与知识服务相关技术研发“数据密集型农业科研智能知识服务平台”，通过专业的知识管理、知识计算推进领域知识的精准化表达和智能化关联，构建包括科研论文、科学数据等在内的科技信息交流的新生态，强化国家农业科技信息全面保障和精准服务。

3.2 总体框架

围绕上述建设思路，研究团队从数据资源建设、关键技术研发和智能知识服务 3 个方面来建设数据密集型农业科研智能知识服务平台。平台技术框架自下而上包括知识资源层、关键技术层和应用系统层，如图 1 所示。

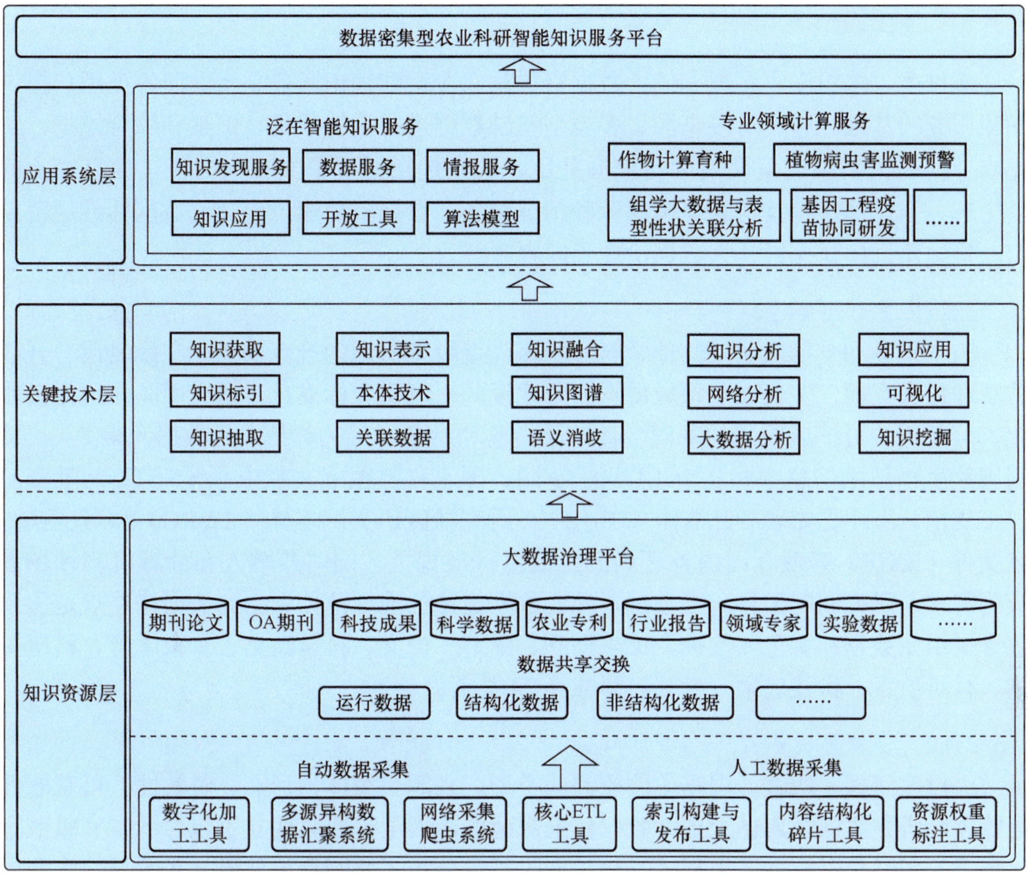

图 1 数据密集型农业科研智能知识服务平台总体框架

（1）知识资源层。知识资源是知识服务的重要基础。在数据密集型科研环境下，知识资源已不仅是传统以“文献”为主的资源，还包括科学数据、科技成果、行业报告及互联网开放资源等多种类型。通过自建、购买、共享、整合等多种方式，实现多源异构知识资源的有效整合和关联打通，构建规范的农业领域科技知识大数据仓储和治理平台，为知识服务提供可靠的基础设施保障。

（2）关键技术层。数据密集型科研范式下，大数据、人工智能等技术正冲击着传统的知识服务模式，新一代知识服务关键技术将围绕传统知识组织技术与大数据、人工智能等新技术的相互融合展开。知识获取、知识标引、关联数据、知识图谱、大数据分析、知识挖掘等是支撑数据密集型知识服务的关键技术，支持数据密集型科研环境下知识精准发现和智能推荐，实现信息资源从数据到知识再到智慧的价值转化和增值。

（3）应用系统层。应用系统层是面向终端用户提供的多形态知识服务产品，通过统一的服务门户实现资源、技术和服务的集成。基于系统的知识服务要解决泛在智能知识服务和专业领域计算服务兼顾的难题，数据密集型农业科研智能知识服务平台打造了普惠型知识发现服务、数据服务、情报服务、开放工具、算法模型及面向专业领域需求的作物计算育种等计算服务的多场景集成服务模式，解决系统服务的适应性和敏捷性。

3.3 数据资源建设

多维度、多粒度、多模态的大数据资源是农业智能知识服务平台面向各类用户提供知识服务的基础。通过对多来源、多类型基础数据进行系统采集、汇聚和综合挖掘，实现农业科研大数据的汇聚治理与挖掘利用，构建包括科研论文在内的科技信息交流的新生态，强化国家科技信息全国保障和精准服务。数据资源建设包括元数据标准规范制定、资源建设模式探索、大数据治理等内容。

3.3.1 元数据标准规范

为了指导和支撑农业及其他学科领域多类型数字资源的规范描述、交换复用、开放共享和关联互通，实现农业领域数据资源建设的规范化和标准化，研究团队在遵循模块化、可复用、可扩展原则的基础上，广泛借鉴和参考《都柏林核心元数据元素集》、美国国家生物技术信息中心（NCBI）的 JATS、国家科技图书文献中心《NSTL 文献资源加工规范》、科技文献书目本体（BIBO）、研究社区语义网本体（SWRC）和可交换图像文件（EXIF）等现有国内外著名的元数据标准规范，同时兼顾人和计算机多种场景应用需求，研究制定了科研大数据资源元数据描述标准规范体系。元数据描述规范体系包含通用元数据和特色元数据，覆盖期刊、图书、论文、科学数据、专家学者、科研机构、科研项目、科技成果、专利、标准等 24 类资源。

3.3.2 资源建设模式

经过多年探索实践，根据不同资源的类型、来源、载体、形态、时效性、可获取性等特点，研究团队在遵循上述元数据标准规范的前提下，研究建立了包含纸本文献数字化加工、网络化资源动态采集、开放数据收割、分布式协同众包建设、多源异构大数据融合 5 种数据资源建设模式。

（1）以国家农业图书馆特色馆藏文献为主要对象的纸本文献数字化加工模式。在农业科技文献资源数字化加工过程中，形成了高效的纸本文献数字化加工方式，基于工作流、流程监控、精细化管理理念等方法，在突破数据智能化批量处理等关键技术的基础上，自主研建了文献资源数字化智能加工与精细化管理技术平台，集数据加工规范、任务流程管理及协同工作环境等于一体，实现了网络环境下文献数字化加工全程跟踪管理、多人协同加工、质量控制及流程监控。

（2）以国内外政策法规和农业科技动态为主的网络化资源动态采集模式。经过需求调研、资源遴选、采集源目录的确定后，根据不同来源的开放资源采用不同的采集处理方法，并对非结构化资源进行自动识别和分类标引。采集方法主要分为网络采集软件自采和自主开发网络采集工具通过程序调用网站开放的 API 接口及功能扩展开发来实现对网络数据资源的定期自动采集。经过明确目标、分析用户需求、确定采集源、选择采集工具、制定采集规则等一系列环节后，最终锁定 1000 多个网络站点进行监测和采集。

（3）针对开放学术仓储和开放性学术资源采取开放数据收割模式。利用开放数据获取遵循的网络通信和数据互操作协议，如 OAI-PMH（Open Archives Initiative Protocol for Metadata Harvesting）和 Restful API 接口等，基于 Kettle 工具建立了批量采集流程体系，实现开放获取期刊元数据的动态收割，以达到对开放元数据数字资源的有效整合。

（4）依托农业科技创新联盟机构等分布式协同众包建设科研机构、专家学者、科技成果等事实工具类资源。针对该类型资源特性，研究团队通过分布式协同众包加工模式对资源进行协作和深度加工。在遵循统一元数据规范的基础上，建立任务发布、用户或联盟机构认领、任务执行、任务上缴、数据质量校验评审的人机一体化协同众包流程，支撑专家学者、科技机构和农业行业报告、农业科学数据等多类型数据资源分布式、跨地域的协同众包建设。

（5）多源异构大数据融合模式。为增加数据的置信度、增强数据的互补性、提高数据可靠性、降低数据冗余性与不一致性，解决数据的结构异构及语义异构等问题，研究团队利用统一元数据标准和加工规范对多源异构数据进行分类整合，实现不同层次的数据融合，寻求最有效的数据治理手段，以提升数据利用率，增强数据完整性和正确性，实现数据的内容增强与知识增值。

3.3.3 大数据治理

为实现多源异构异质大数据资源的汇聚融合、统一存储、分类组织和集中管理，搭建了大数据治理平台，主要面向数据管理人员，供研究团队内部使用，其核心功能是实现数据的全生命周期、全流程和全景式管理，其功能涵盖数据汇聚与加工处理、数据管理、数据关联增值（见图 2）。数据汇聚主要支撑目前各类资源加工模式，利用已有的采集系统、开放性学术资源收割工具、分布式协同众包等多种加工方式进行数据汇聚，经过去重、去噪等标准化数据处理，完成数据入库。数据管理主要实现数据仓储的元数据管理、主数据管理。元数据管理是数据治理的底层模块，利用统一的元数据模型，为数据标准、数据质量、数据模型、数据资产管理等数据治理专题提供技术扩展支持。主数据管理是数据资产的核心，通过大数据治理平台建立数据标准体系和保障体系，利用数据管理工具确保主数据的唯一性、准确性和共享性，提升数据质量。数据关联增值功能主要是基于农业领域叙词表、分类体系等知识组织体系，对平台内数据进行自动标注处理，实现主题概念、学科分类、实体对象的多粒度知识标引。数据可视化通过设计数据大屏与监控分析功能，可实时了解系统运行情况和资源建设与服务情况。数据开放服务与资源调度接口服务提供元数据信息类接口、数据类接口、监控统计类接口，以满足数据分析人员和外部业务系统需求。

3.4 关键技术

数据密集型农业科研智能知识服务平台建设的关键技术包括知识标引、知识抽取、知识本体、知识关联、知识融合、知识图谱等知识组织与知识计算关键技术，大数据分析、知识应用等智能知识服务关键技术及服务平台构建技术等。本文重点介绍知识标引、关联数据构建、知识图谱构建技术。

3.4.1 知识标引

知识标引是根据数据资源的内容特征抽取检索标识知识元的过程，是实现知识组织、知识检索的核心。研究团队基于构建的农业知识组织体系，对文献主题（题名、关键词、摘要、全文等）进行分词处理、术语遴选，完成自动概念标引；基于文献主题概念标引与分类体系之间的映射，完成文献的学科分类；对机构、学者、期刊、动植物物种名称和病虫害等实体对象进行识别、标注，实现知识单元的自动识别、抽取和标注，有效支撑大数据仓储资源的知识组织和知识服务过程中的知识发现。

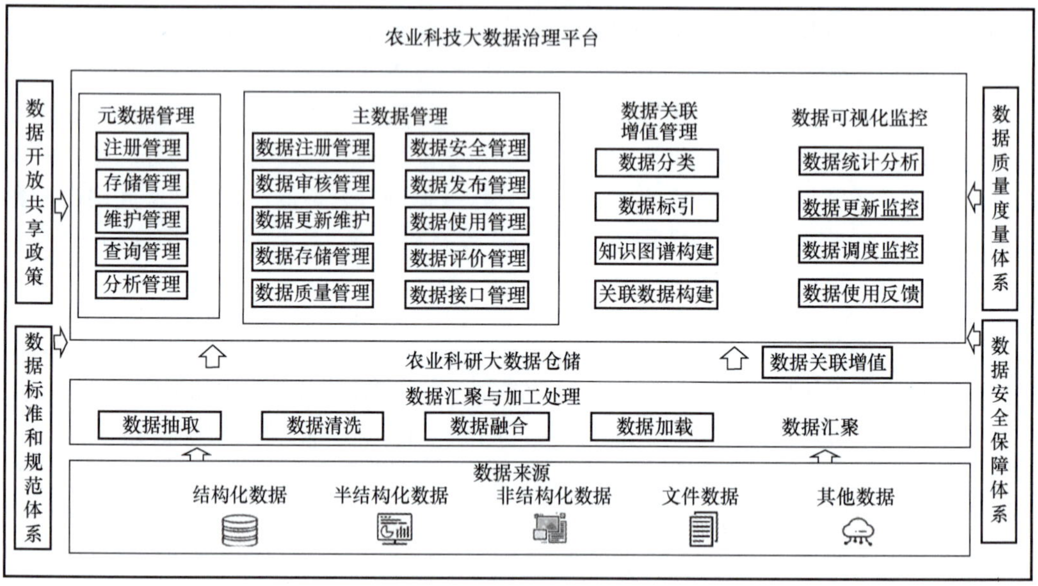

图 2　大数据治理框架

3.4.2　关联数据构建

关联数据是解决海量信息因离散孤立、缺乏语义而难以被计算机智能处理的有效手段。通过对数据仓储中科技文献、科学数据、专家学者、科研机构、基金项目、科研成果等多类资源根据服务场景进行语义关联关系构建，并基于开源工具 D2R，完成关系型数据库中多类资源向多维语义关联数据的语义映射、自动转化与关联构建。同时，基于语义中间件 Jena 自主开发专用工具，将存放于关系型数据库中的资源以关联数据的形式进行动态关联与发布，实现了海量多源异构数据资源的精细化揭示、深度整合和知识组织。

3.4.3　知识图谱构建

知识图谱以结构化的三元组形式描述海量实体及实体之间的交互关系，可以实现多源异构数据的融合计算，将知识更加有序、有机地组织起来，以使用户快速、准确地获取所需知识。研究团队研究构建了科研通用知识图谱和农业专题领域知识图谱。在科研通用知识图谱方面，针对期刊、期刊论文、会议、会议论文、专利、科研项目、科研机构等科技资源，设计了语义表示模型（科研本体）scikg[11,12]，包含 13 个核心类、32 个对象属性、74 个数据属性，并基于 RDF-ETL 工具构建科研知识图谱，生成约 11.6 亿个 RDF 三元组 [13]。在农业专题领域知识图谱方面，初步构建了水稻专题和病虫害专题知识图谱 [14]，通过对仓储中水稻基因、病虫害相关的多源异构数据进行实体抽取、关联标注、概念消歧、知识融合等；初步完成知识图谱驱动的语义检索及可视化导航分析等新型智能服务功能的开发，其他多场景应用仍在不断实践。

同时，基于开源 ETL 工具、RDF4J 语义中间件、SPARQL 协议和主流图数据库，自主研发了支撑大规模 RDF 三元组数据抽取、映射、转换、加载等多种 RDF 数据管理场景的 RDF-ETL 工具套件，该系列插件与 Kettle 整个大数据治理生态体系无缝集成，可以实现工业级的多源异构大数据向 RDF 知识图谱的动态管理与调度，极大地降低了知识图谱构建与管理的难度，提高了易用性和整体效率。

3.5　平台服务功能

本研究团队结合大数据形势下用户对知识的需求呈现随机性、专业性、个性化、综合性等特性，知识供需出现新的不对称矛盾，针对战略咨询、科学研究、产业发展 3 类创新主体的知识需求特点，提出“数据 + 需求”双轮驱动的知识服务供给模式，构建了集知识汇聚、知识计算和知识供应等于一体的农业领域多场景智能知识服务系统架构，面向终端用户提供多形态知识服务产品，通过统一的服务门户（见图 3）实现资源、技术和服务的集成。本研究团队提出了“泛在智能知识服务 + 专业领域计算服务”的多场景集成服务模式，解决系统服务的适应性和敏捷性。泛在智能知识服务包括知识发现服务、数据服务、情报服务、知识应用服务、开放工具服务等，专业领域计算服务面向特定领域科研人员提供知识计算服务。

图 3　数据密集型农业科研智能知识服务系统首页界面

3.5.1　知识发现服务

知识发现是实现知识精准搜索和获取的关键。本研究团队面向用户知识获取需求，基于自主构建的综合性高质量农业科研大数据仓储、语义知识库和多因子智能排序模型，研发了领域普适、语义智能的“农知搜索”引擎，实现了统一检索、高级检索、搜索词联想等多角度、多维度的检索方式，为用户提供了覆盖资讯、文献、数据及特色报告等多种类资源的跨资源及语种的知识检索与获取服务（见图 4）。

图 4　农业科研智能知识服务平台“农知搜索”界面

3.5.2　数据服务

数据服务是提供数据发布、数据更新、数据交换、数据浏览、数据下载、数据可视化、数据分析等数据全生命周期中形态演变的一种信息技术驱动的服务，可为跨学科领域的数据密集型科学研究、前沿分析、决策支持和全球农业可持续发展提供农业领域的科学数据支撑。农业科研智能知识服务平台收集了涵盖农业资源区划数据、畜禽饲料与遗传参数数据等类型的科学数据，以及涵盖世界作物产量、生产指数、畜牧数量、肉类产量、畜牧加工、农业产值、农作物加工产品产量、人口、进出口贸易等各类统计数据，提供数据开放共享、专业加工、运营托管等多形态服务方式。

在数据计算、分析、可视化等服务方面，农业科研智能知识服务平台提供了 10 余种数据分析工具，可对公开或者用户上传的数据进行统计分析并实现图形化展示；为用户提供多种预测模型，实现数据在线分析与预测。此外，该平台还提供以解决用户问题为中心、以基于数据生产的信息产品为主要内容的数据服务，如报表在线编辑服务，可为用户提供一系列报表模板，可实现数据分析过程中得到的图表、模型分析结果等的生成和下载（见图 5）。

图 5　数据服务

3.5.3　情报服务

面向农业科技创新、农业产业、农业生产经营、政府管理决策等需求，基于内容分析、情景分析、网络分析、模型 / 模拟、文献计量分析及技术前瞻等情报分析方法，对海量数据资源进行收集、跟踪、挖掘、整理和分析，为用户提供基于农业科研大数据的专业化、学科化和个性化的情报分析报告及学术热点趋势分析等多方面、全方位的情报知识服务。目前，农业科研智能知识服务平台已汇聚整合国际行业报告、宏观发展报告、农业区划报告、产业分析报告、竞争力分析报告、高端论坛报告、科研态势报告等，实现了情报分析报告的在线阅读与共享。此外，农业科研智能知识服务平台支持用户在线提交报告定制申请，通过需求确认、协议签订、报告交付等流程，实现报告的按需定制。

3.5.4　知识应用服务

知识应用是指针对用户特定需求，结合需求场景，运用相关算法、模型对数据资源进行优化与整合，使得海量数据具有系统化的结构与体系，便于用户理解和吸收的知识服务形式。研究团队紧密结合学科应用领域的特点，基于平台自建资源、互联网资源和第三方资源，结合农业专业知识和可视化展示方式，构建了动植物病虫害智能诊断、国际农产品贸易分析、农业区划分析等 10 余个知识应用。图 6 为动植物病虫害智能诊断知识应用，该应用可为用户提供病虫害图片智能识别与智能问答。

图 6　动植物病虫害智能诊断知识应用

3.5.5　开放工具服务

开放工具服务包括 API 接口开放服务等，通过 API 批量获取系统领域或学科的数据资源。数据密集型农业科研智能知识服务平台实施开放获取政策，提供 OpenAPI 开放平台接口；通过构建基于 OpenAPI 的数据资源开放平台，引入第三方认证开发者用户群体，可实现系统现有资源的 API 接口对接服务。目前，基于开发的农业科学叙词表协同构建与管理系统，可提供农业科学叙词表数据开放接口 API，同时还可提供基于农业百科系统的农业百科术语 API 接口调用，实现数据交换服务。

3.5.6　专业领域计算服务

随着数据密集型科研环境的发展，农业专业领域科研团队在数据处理与科研支撑方面面临巨大挑战。本研究团队结合农业领域科研团队存在的实际困难，挖掘领域专家的数据分析与数据计算需求，面向专业研究团队提供领域数据计算服务，如作物计算育种、植物病虫害监测预警、组学大数据与表型关联分析等，为科研人员提供可参考的试验思路，有效缩短科研周期。在作物育种方面，针对专业领域数据量人、非结构化数据治理欠缺、缺乏一站式数据分析等问题，研究开发数据计算模型，提供数据管理工具与平台，协助科研团队运用大数据技术提升作物育种效率，加快育种现代化进程。

4　数据密集型农业科研智能知识服务平台建设成效

数据密集型农业科研智能知识服务平台按照“总体资源规模化、重点资源精品化”的资源建设思路，遵循“边建设、边使用”的原则，在使用过程中不断完善各项服务功能，并不断提升数据资源质量。目前，该平台建设取得显著成效，主要体现在数据规模体系建设和平台服务两个方面。

在数据规模体系建设方面，该平台整合集成了20多类农业科研大数据资源，包括科技文献、专利、法规、资讯、项目、成果、专家、机构、报告、科学数据、统计数据、专题、百科及农业基础知识库等，资源总量近10亿条，形成了包括文献数据、科学数据、产业数据、战略情报数据、农情数据、互联网数据、基础语料数据、用户行为大数据八大类数据体系格局，打造了优质的农业科研大数据“粮仓”。

在平台服务方面，该平台面向包括农业管理人员、科研人员、产业人员和高校学生等在内的不同用户群体，提供基于不同应用场景的一站式知识发现、数据服务、知识应用、情报服务、模型工具等泛在智能知识服务，以及面向农业专业领域的知识计算服务，为国内外重大科研计划、高端智库、农业生产、政府管理与决策、重大与突发事件、涉农企业等提供科技信息支撑。该平台年访问量超过150万人次，用户覆盖全球161个国家和地区，以及国内34个省（市、区），已服务农业领域院士60余位、875家科研高校和农业企业的40000余名用户、数十个国家重大专项课题组。该平台充分发挥现有的资源优势和服务能力，以全面的数据和精准的服务，有效支撑了科研人员的项目申报、成果报奖等相关工作，受到了广大用户的一致好评。

5 总结与展望

大数据等新兴技术正在深刻改变着科学研究的范式，数据密集型科研范式已成为目前科技创新发展的主流范式。数据的海量获取、数据资源的共享、跨领域合作及科研基础设施的共建共享等逐步成为影响科学研究发展的关键因素。数据密集型农业科研智能知识服务平台的建设正是响应了科研范式变革对科技信息服务和知识服务的新要求，为农业领域科技创新提供强有力的科技信息保障和知识服务支撑，以满足数据密集型农业科研创新对领域知识服务的新需求。该平台的建设与服务宗旨是立足整合农业领域多来源科技信息，打通数据孤岛，挖掘各类数据资源的知识关联，提升数据资源价值，促进领域知识发现，服务于农业科技创新与管理，成为支撑数据密集型农业科研的科技信息高端交流平台和高效的科技保障基础设施。该平台自建设以来，在大数据整合与治理、知识组织与关联、面向用户提供智能知识服务等方面取得了很大的进步，打造了面向农业科技创新领域全面综合的科研信息化应用示范。未来，研究团队将继续从农业科研大数据建设、知识服务关键技术研发、数据应用场景和知识发现等方面继续推进农业智能知识服务平台的建设。

（1）继续完善农业科研大数据中心建设。在不断扩大数据资源规模的基础上，着力打造精品数据资源，面向“十四五”时期的国家重大战略需求和中国农业科学院全院及各下属研究所总体规划，集成创新应用大数据、云计算、人工智能、5G、机器人等先进技术，系统开展多源异构异质农业科研大数据资源建设、采集加工、汇聚融合与治理管控的技术创新。

（2）突破领域知识服务关键技术研发，构建农业专业领域智能知识服务体系。农业领域知识图谱等语义知识库自动构建技术、语义搜索技术等在领域落地实践中仍存在知识表示浅层化、知识获取精度不高等问题，进一步研究基于优质农业科技大数据的大规模语义知识库自动构建技术，研制语义知识库自动学习与构建、进化更新和协同加工工具，突破多元数据的治理与关联计算方法，以实现语义特征的可计算；研究构建大数据驱动的智能农业开放知识服务体系，加强人机交互与语义智能搜索等关键核心技术自主研发与集成应用，为数据密集型农业智能知识服务提供核心算法与平台支撑。

（3）完善平台功能，拓展数据应用场景。加快高科技、高性能计算能力的提升及数据分析、知识挖掘等相关应用技术的交流共享，以形成“科研数据—挖掘分析—领域应用”的融合发展态势，将国内外农业相关领域的知识计算模型、方法工具整合到数据密集型农业科研智能知识服务平台，并根据农业专业领域的具体需求，如以表观遗传学理论和技术为核心的作物智能计算育种、植物病害虫监测预警及农业绿色发展智能预测等方面，研究设计相应的标准化、规范化流程方法，不断完善平台服务数据密集型科研的功能，为领域科学家提供便利。

（4）开发知识计算模型，提升知识发现效率。面向农业领域数据密集型科研的服务需求，以科研大数据资源优化整合和高效利用为导向，积极应对数据密集型科研第四范式的新需求与新挑战，抢占基于“数据”“算力”“算法”的生物计算育种世界科技前沿制高点，深化大数据和人工智能技术与农业科研活动的交互融合，加速推进数字农业和数字科研转型发展，确保国家农业科技创新安全和自立自强，助力我国农业农村高质量发展，保障国家粮食安全。

参考文献

[1] 赵华，赵瑞雪，金慧敏，等 . 农业科技大数据仓储建设与服务 [J]. 数字图书馆论坛，2020（8）：48-55.

[2] 池慧，任慧玲，刘懿 . 面向医学科技发展 做好医学图书馆“十四五”规划 [J]. 数字图书馆论坛，2021（5）：31-36.

[3] 赵华，王健 . 元数据标准与我国农业科学数据元数据 [J]. 中国科技资源导刊，2014，46（5）：79-83.

[4] 钱力，谢靖，常志军，等 . 基于科技大数据的智能知识服务体系研究设计 [J]. 数据分析与知识发现，2019，3（1）：4-14.

[5] 只莹莹 . 机器学习在图书馆知识发现系统中的应用初探——以基于知识图谱的发现工具 Yewno 为例 [J]. 农业图书情报学刊，2018，30（7）：47-50.

[6] 孙坦，刘峥，崔运鹏，等 . 融合知识组织与认知计算的新一代开放知识服务架构探析 [J]. 中国图书馆学报，2019，45（3）：38-48.

[7] 周利琴，范昊，潘建鹏 . 基于知识融合过程的大数据知识服务框架研究 [J]. 图书馆学研究，2017（21）：53-59.

[8] 邓仲华，李志芳 . 基于情报学视角的科学研究第四范式需求分析 [J]. 情报科学，2015，33（7）：3-6，20.

[9] 刘蓉蓉，徐东辉，刘涛，等 . 试论农业科研协同创新的几种模式 [J]. 农业科技管理，2015，34（5）：15-18.

[10] 孙坦，黄永文，鲜国建，等 . 新一代信息技术驱动下的农业信息化发展思考 [J]. 农业图书情报学

报，2021，33（3）：4-15.

[11] 李娇，孙坦，黄永文，等 . 融合专题知识和科技文献的科研知识图谱构建 [J]. 数字图书馆论坛，2021（1）：2-9.

[12] 李娇 . 基于知识图谱的科研综述生成研究 [D]. 北京：中国农业科学院，2021.

[13] LI J, XIAN G J, ZHAO R X, et al. RDF Adaptor: Efficient ETL plugins for RDF data process[J]. Journal of Data and Information Science, 2021, 6(3): 123-145.

[14] 李悦，孙坦，鲜国建，等 . 面向多源数据深度融合的农作物病虫害本体构建研究 [J]. 数字图书馆论坛，2021（2）：2-10.

作者简介

赵瑞雪，管理学博士，研究员，博士生导师。现任中国农业科学院农业信息研究所副所长、中国农业科学院大数据与知识服务创新团队首席，兼任国家农业科学数据中心副主任、中国农学会图书情报分会副主任、全国图书馆标准化技术委员会委员、国际图联（IFLA）科学技术图书馆委员会委员等职。长期从事信息管理与信息系统、数字图书馆、知识组织与知识服务、农业科学数据管理等方面的科研和教学工作。主持或参与国家科技支撑计划、国家“863”计划、科技部基础性项目、中国工程院及其他委托课题等 40 多项，获北京市科技进步及部院级科技成果奖 9 项。主持了农业生产经营管理系统、农业专业知识服务系统、农业科技文献与信息集成服务平台等大型系统及平台研发，获计算机软件著作权登记 40 多项。公开发表科技论文 80 多篇，出版专著 3 部，撰写各类研究报告 100 多篇。曾被授予中国农业科学院“巾帼建功”标兵。

赵华，中国农业科学院农业信息研究所副研究员，管理学硕士，主要从事科学数据管理、信息管理与信息系统、数字资源建设、知识服务等方面研究。先后主持和参与国家科技基础条件平台建设专项、国家社会科学基金、国家自然科学基金等多项科研项目的研究工作，发表学术论文近 30 篇，参编著作 5 部。

郑建华，中国农业科学院农业信息研究所高级工程师，工学博士，主要从事农业信息管理、农业知识服务领域研究，先后主持或参与国家科技图书文献中心文献专项等 10 余项科研项目的研究工作，发表学术论文 20 余篇，参编著作 1 部。

姜丽华，中国农业科学院农业信息研究所副研究员，作物信息科学博士，主要从事农业信息技术研究，先后主持或参与国家科技图书文献中心文献专项等 20 余项科研项目，发表学术论文 20 余篇，参编著作 2 部。

能源互联网发展中的区块链技术应用与展望

李美成[1] 王龙泽[1] 张 妍[2] 吕小军[1] 张德隆[1] 焦淑涝[2]
（1. 华北电力大学新能源学院；2. 华北电力大学经济与管理学院）

摘 要

区块链作为新一代的信息技术正在蓬勃发展，区块链技术的去中心化、公平性、可拓展性等基本特征与能源互联网相契合，有望在能源互联网的建设中发挥重要作用。本文基于区块链的技术特点，结合能源互联网的发展方向，对能源区块链的技术架构进行了分析，并通过4个典型的应用场景，梳理了区块链技术在能源互联网应用方面的现状。进一步提出了能源区块链技术需要解决的关键科学问题，展望了基于区块链的能源互联网的发展愿景，旨在为促进区块链技术在我国能源互联网建设中的应用提供参考。

关键词

区块链技术；能源互联网；能源区块链；科学问题；前景展望

Abstract

Blockchain is booming as a new generation of information technology. The decentralization, fairness and scalability of blockchain technology are in line with the basic characteristics of Energy Internet, and the blockchain is expected to play an important role in the construction of Energy Internet. Based on the technical characteristics of blockchain and combined the development direction of Energy Internet, the technical architecture of energy blockchain is analyzed. This paper outlines the current status of blockchain technology in Energy Internet through four typical application scenarios, and analyzes the key scientific problems to be solved in energy blockchain technology, and charts the development vision of future blockchain-based Energy Internet. The purpose of this paper is to provide a reference for promoting the construction of Energy Internet and blockchain technology application in China.

Keywords

Blockchain Technology; Energy Internet; Energy Blockchain; Scientific Problems; Prospect Forecast

1 引言

2020年9月22日，国家主席习近平在第七十五届联合国大会一般性辩论上郑重向世界宣布，中国将力争在2030年前实现碳达峰、2060年前实现碳中和。这意味着中国经济将正式步入低碳转型的发展轨道，中国将在未来40年对国内的经济增长、产业结构、技术路径、商业模式乃至居民生活方式进行一定程度的调整[1]。能源行业的二氧化碳排放量占全国总量的80%以上，是实现碳达峰、碳中和目标的关键领域[2]。在能源结构低碳转型的背景下，能源互联网产业及技术迎来了重大的发展机遇。

以电力为核心的能源互联网能够把能源技术、信息技术和智能管理技术有机结合，实现电、气、油、煤等各种能源的耦合与互补，并满足电、热、冷等多元化的用能需求[3]。在双碳目标的引领下，风力发电、太阳能发电的装机容量持续攀升，大量的不稳定电源接入能源互联网之中，使能源的协调优化运行成为一项日益紧迫的任务。另外，“双碳”目标加速了能源互联网的规模化发展进程，使能源系统的结构复杂、设备繁多、技术庞杂，并呈现出典型的非线性随机特征与多尺度动态特征，传统的能源调度、交易及管理方法已无法满足能源互联网规划建设和运行管理的要求[4]。

习近平总书记在关于推动区块链技术和产业创新发展的讲话中强调：“要推动区块链底层技术服务和新型智慧城市相结合，探索在信息基础设施、智慧交通、能源电力等领域的应用。”这为区块链技术和产业创新发展联动发展提供了方针性指引，推动了区块链技术与能源互联网的加速融合和功能拓展。本文面向能源互联网的建设与发展需要，对区块链技术的应用方式与基本架构进行了分析，介绍了能源供给、能源消费、能源交易及能源数据管理 4 个典型场景的区块链技术应用现状，最后指出了能源区块链面临的关键科学问题，并提出了基于区块链的能源互联网的发展建议。

2 相关背景

2.1 能源互联网

能源互联网是在现有能源供给系统与配电网的基础上，通过先进的电力电子技术与信息技术，将智能电网、热力网、天然气网、氢能源网等多种能源网络融合在一起，以实现能量流、信息流、价值流双向流动的能源交互与共享网络[5]。2011 年，美国学者杰克米 • 里夫金（Jeremy Rifkin）在其著作《第三次工业革命》中，首次提出了能源互联网是以新能源技术和信息技术的深入结合为特征的一种新型能源利用体系。2015 年 9 月，习近平主席在联合国发展峰会上提出了“探讨构建全球能源互联网，推动以清洁和绿色方式满足全球电力需求”的中国倡议。2016 年，我国政府在《关于推进互联网 + 智慧能源发展的指导意见》（发改能源〔2016〕392 号）中指出[6]，能源互联网是一种互联网与能源生产、传输、存储、消费以及能源市场深度融合的能源产业发展新形态。

在能源产业低碳转型与信息技术发展进步的背景下，能源互联网技术的发展步伐不断加快。目前，能源互联网以可再生能源发电的广泛接入为基础，涵盖不同地域、多种类别的能源供给设施，通过互联网与信息技术将由分布式发电、储能、智能变电和节能设备组成的微型能源网络互连起来，形成能源供给的多能互补[7]。能源互联网作为支撑能源电力清洁低碳转型、能源综合利用和多元主体灵活便捷接入的智慧能源系统，是新型电力系统在能源领域的重要延伸。除提供传统电力输配功能外，能源互联网还建立了能源共享与服务平台，支持小容量的分布式发电、电动汽车、智能家电等能源节点，以即插即用的方式加入能源互联网之中[8]。此外，节能低碳、可持续发展理念的不断深入，使能源交互与碳排放的耦合方式成为全社会关注的热点之一，如何在能源互联网中融入碳排放核查与碳排放权交易业务，也将成为能源互联网未来发展需要考虑的问题[9]。

2.2　区块链技术

区块链本质上是一个去中心化的分布式账本数据库，其本身是使用密码学关联产生的一串数据块，各个数据块内部都会将多项业务有效确认的信息通过时间序列进行排列，并形成链式结构。根据工业和信息化部发布的《中国区块链技术和应用发展白皮书（2016）》，区块链技术是利用块链式数据结构来验证和存储数据、利用分布式节点共识算法来生成和更新数据、利用密码学的方式保证数据传输和访问的安全、利用自动化脚本代码组成的智能合约来编程和操作数据的一种全新的分布式基础架构与计算范式。去中心化、安全性和可靠性是区块链技术的典型特征。

根据参与方式的不同，区块链目前主要分为公有链、联盟链和私有链三种形态。其中，公有链是区块链最早的形态，奉行完全去中心化、节点完全对等的原则，可以由任意节点参与记录维护，但交易量受限；联盟链主要面向某些特定的组织或机构，由预先确定的节点参与记录维护，其共识过程由可信的、数量确定的一组节点完成，内部节点不完全对等；私有链只在内部环境运行，只有少数内部用户能够对其进行记录和访问，内部规则修改容易、交易量和交易速度的限制比较低，但接入节点十分受限[10]。

区块链技术的去中心化、开放透明、公平共享等特性与能源互联网全息感知、开放共享、融合创新的建设方向相一致，可以有效解决能源互联网系统建设中面临的数据融通、网络安全、多主体协同等方面的问题。因此，本文将对区块链技术在能源互联网中的应用进行分析，探讨各类场景下区块链技术的应用方式及未来发展方向。

3　基于区块链的能源互联网技术架构

目前，区块链技术在能源互联网领域的应用尚处于起步阶段，借助区块链去中心化的核心思想与分布式的数据结构有助于构建能源系统信息化平台，通过信息流与能量流的有效融合，可提高能源互联网内的能源交互和利用效率，有效降低整个能源系统的碳排放量，优化能源系统内部的价值流流转。基于区块链的能源互联网技术架构如图 1 所示。

随着新能源产业发展与能源科技进步，能源互联网已逐渐形成横向多能互补、纵向源—网—荷—储协调的运营模式。在能源供给侧，优先开发和利用风力发电、太阳能发电、水力发电等可再生能源，依托化石能源以缓解大规模不稳定电力对能源系统运行调度的压力，并合理配置储能设施，保障能源供给的稳定性。在能源需求侧，通过先进的能源调度与管理手段，满足不同用户对电、热、冷的多元化能源需求，积极拓展新能源汽车充放电、氢能制取等创新应用场景[11]。在能源传输与转换环节，依托于智能配电网、热力及冷力输送等新型技术，建立能源供需两端高效的传输通道，并结合热泵、相变储能等多样化的能量转换设备，促进不同能量流的交互与优化[12]。在能源数据管理方面，依托大数据分析、机器学习和预测等信息化技术，整合能源内部的运行数据、气象数据、电网数据和电力市场数据等，进行大数据分析、负荷预测、发电预测，实现数据流的高效循环利用。

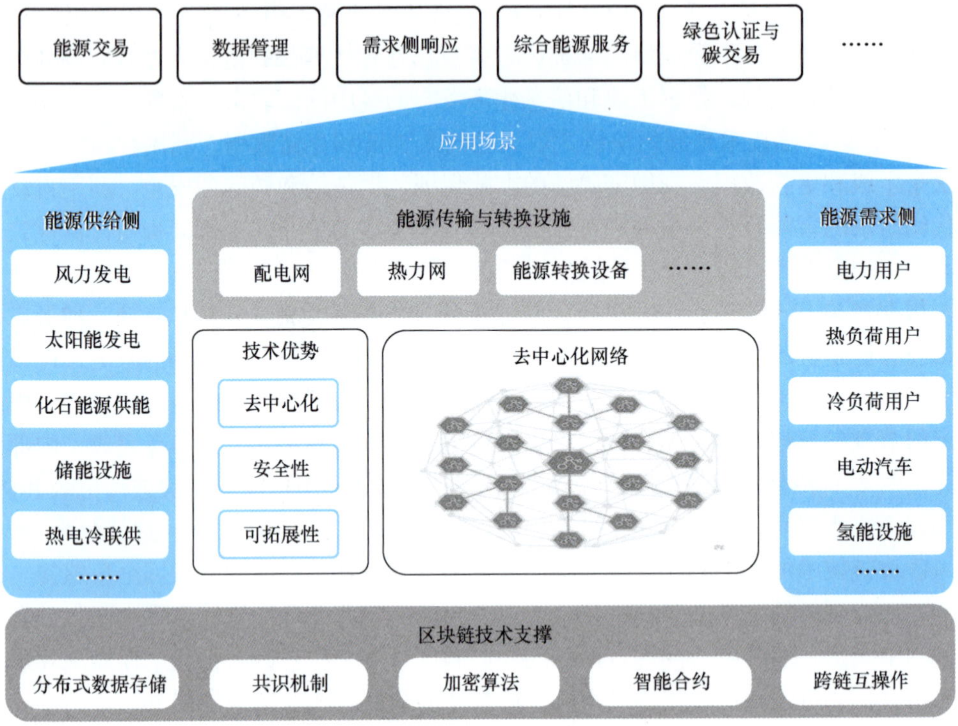

图 1　基于区块链的能源互联网技术架构

区块链的分布式数据存储、共识机制、加密算法、智能合约及跨链互操作等技术，对能源互联网的信息交互起到了关键支撑作用。与传统由一个中心存储能源系统全部数据的方式不同，分布式存储允许系统内所有节点都进行数据存储与管理，能够形成多方维护的分布式账本；共识机制是保证所有能源系统参与方能够形成统一账本的关键，目前比较常见的共识机制有工作量证明机制、权益证明机制、代理权益证明机制、拜占庭容错机制等；哈希算法与非对称加密技术构成了区块链网络的加密算法技术，借助现代密码学的相关成果，保障了多方主体信息的可信交互[13]；智能合约使区块链应用从简单转账交易拓展至能源电力等其他领域，能够部署与能源合约相关的所有条款和逻辑流程，通过事件触发实现合约代码的自动执行，避免了人为操控的低效与安全隐患；跨链互操作是区块链的新兴技术，能够使不同的区块链网络之间相互通信或共享信息，与能源互联网广域互联、多系统交互的特征相符合，已成为未来重点研究的技术之一[14]。

借助区块链的技术支撑，可构建去中心化的网络平台，能源供给侧、需求侧、传输及转换、数据管理等各类主体都可作为独立节点参与到网络平台中，使能源互联网具备去中心化、安全性、可拓展性等技术优势。去中心化是能源区块链网络最典型的特征，随着能源系统参与节点数量的增加，系统的可信度也随之增加[15]，并形成多边信任的能源交互体系。能源区块链的安全性体现在信息的不可伪造和防篡改，区块链通过对某一时间段内发生的事务数据进行验证并打包成数据区块，每一个区块与上一个区块通过密码学算法进行有序链接，这样的块链式数据结构保证了数据的不可篡改、不可伪造。区块链技术的灵活拓展性使其与能源互联网的融合成为可能，分布式运作方式可构建扁平化的网络平台，打破集中式运行、管控、经营的低效模式，提升能源互联网各环节能源流、信息流及价值流的交互效率。基于能源区块链的技术优势，区块链技术已在能源互联网的多个场景中实施应用，具体情况阐述如下。

4　区块链技术在能源互联网中的具体应用

基于区块链的能源互联网采用中台式的接口设计，在能源供给、能源消费、能源交易和数据管理等方面开展了相关应用，实现对各类能源业务的有力支撑。

4.1　能源供给

分布式可再生能源的广泛接入促进了电力多边交易与能源的点对点交互，但分布式的能源管理模式存在管理成本高、运行效率低、数据不透明、隐私保护困难等问题。同时，能源电力行业为实现低碳转型发展，积极参与到碳排放交易中，但碳市场在数据采集、信用监管、信息流通等多个方面依然存在问题[16]。在能源供给侧融入区块链技术，构建平等互信、安全高效的网络平台，将能源企业及设备的供给信息上链，通过链上认证来存储产品或服务的相关信息，并利用时间戳的记录和分配机制，实现对能源调度与管理业务等相关信息的实时查询，以提高多种能源协调互补的能量管理效率。而且，区块链可对能源供给过程中产生的碳排放数据进行跟踪、记录，并利用块链式数据结构与分布式账本技术，将碳排放核查与交易信息全网广播、存储，为碳排放数据的核查与监管提供支撑。基于区块链的能源供给平台如图 2 所示。

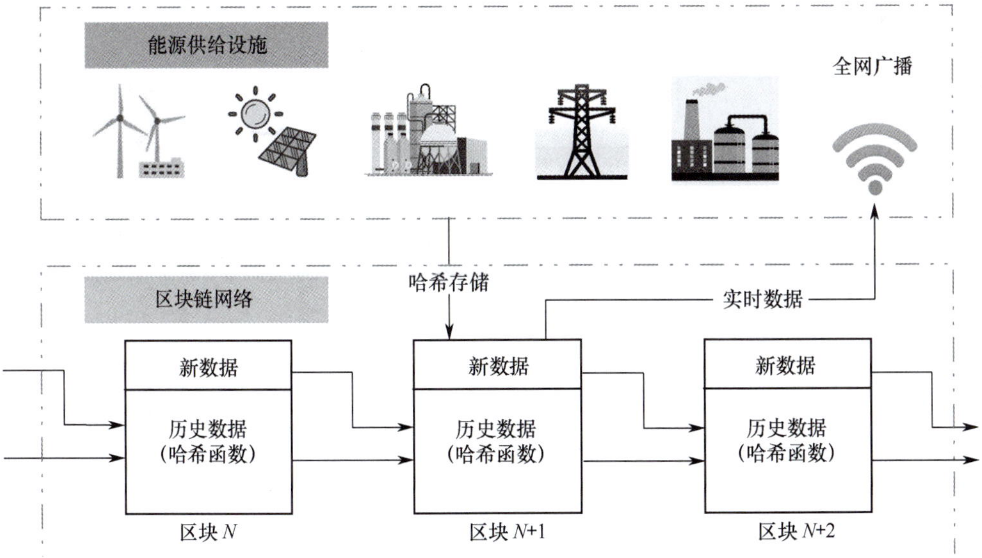

图 2　基于区块链的能源供给平台

很多国家和地区都开展了基于区块链的能源供给管理项目，其中美国是全球能源区块链技术开发与应用实施最活跃的国家之一，并于 2016 年开发了全球首个能源区块链项目，该项目在纽约布鲁克林地区采集分布式光伏的供电信息，并利用区块链技术将富余电力分配给有需求的能源用户。2017 年，美国的 WePower UAB 建立了 WePower 平台，利用区块链代币技术将可再生能源电量虚拟映射成可高效流通的能源代币，提高了能源供给侧的调度效率与灵活性 [17]。我国能源区块链实践起步较晚，2020 年 7 月，北京电力交易中心上线试运行了基于区块链的凭证交易系统，利用区块链全面支撑可再生能源消纳保障机制的实施。宁波市海曙区于 2021 年 7 月正式上线碳管家平台，依托数字经济门户实现了政府侧与企业侧数据的互联互通，实现了对工业企业碳排放数据监测的全覆盖，为工业企业碳配额发放提供了数据基础。

4.2 能源消费

需求侧响应作为能源互联网供需互动的重要手段，能够优化能源供需两端的资源配置，缓解尖峰负荷对电量的需求，有助于提高能源系统整体的运行效率 [18]。我国虽于 2012 年启动了一系列需求侧响应示范项目，但由于能源消费端的主动响应流程烦琐、精细化管理水平低、信息互联与共享困难，项目落地成效不足。如图 3 所示，利用区块链技术，建立能源系统供需两端直接互联的网络平台，链接能源用户、能源企业和监管机构等多类节点，进行能源系统的信息实时共享，为能源消费侧的主动响应和调控提供信息基础保障 [19]。此外，能源消费者可通过访问相关区块的信息找到合适的能源供应商，基于区块链的能源供给平台中的智能合约会对合适的供需双方进行匹配，并实现能源交易的实时确认、即时执行和自动清算，简化能源消费流程。

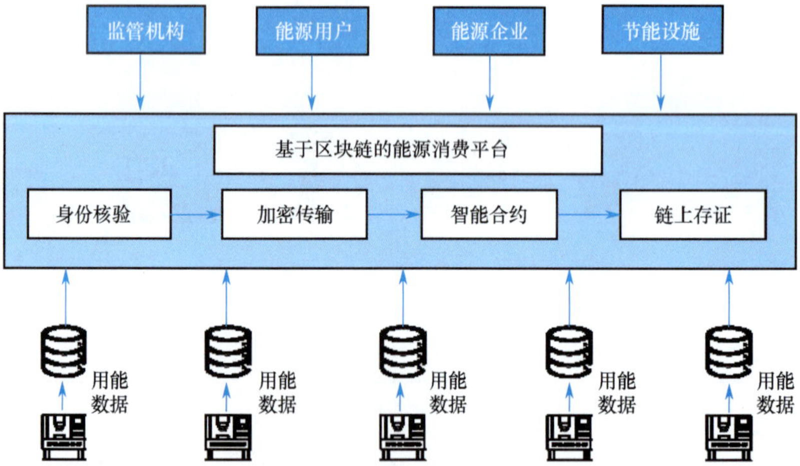

图 3 基于区块链的能源消费平台

为提高能源消费的便利性，引导能源用户主动消费清洁低碳的可再生能源，德国 Innogy Innovation Hub 公司推出了 Share&Charge 项目，将电动汽车用户和充电桩信息进行链上整合，用户可通过手机程序找到可再生能源供电的充电桩为汽车充电 [20]；新加坡 BittWatt 公司针对能源供需互联存在的延迟和低效问题，建立了基于区块链的智能化能源消费平台，实现了能源供需方的实时匹配和数字资产的自动转移；我国深圳市零碳科技有限公司（Xarbon）将区块链与碳汇业务相结合，对不同能源消费数据进行智能分析，开发出引导公众消费绿色能源的“碳汇链”智能平台[21]。

4.3　能源交易

能源互联网中主体参与方的多元化对能源交易的信息透明、交易效率提出了更高要求，传统的电力交易模式已不能满足能源市场的多样化需求。如图 4 所示，在基于区块链的能源交易平台中，能源产销者可在交易周期开始前将报价加密传输至区块链系统，通过双向拍卖等方式使供需双方达成交易意向，交易合同经买卖双方、电网企业共同数字化签名后生效，智能合约将会自动执行能源调度、费用结算等业务，减轻人员工作量、节约人工成本[22]。同时，区块链系统可设置信誉值列表，将信誉值低的恶意节点排除在能源交易之外，降低能源互联网及区块链系统的安全隐患，保证能源交易的正常进行。

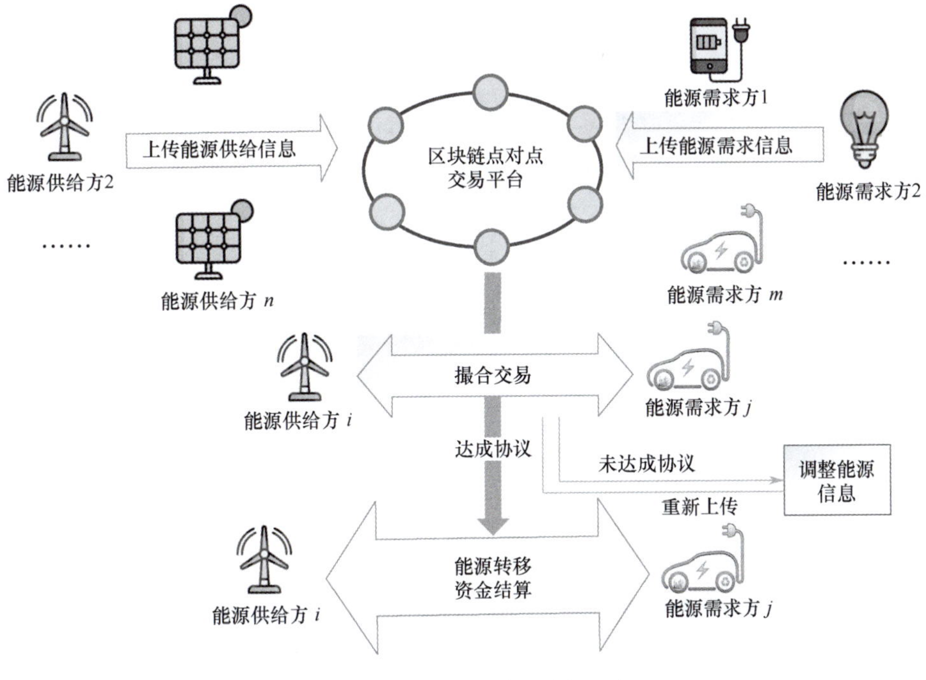

图 4　基于区块链的能源交易平台

英国 Piclo 项目是较早的能源交易区块链平台，该平台可根据用户和供应商的需求，通过撮合交易开展能源直接交互的服务；澳大利亚 Power Ledger 项目充分利用当地的光照资源，搭建了基于区块链的 P2P 太阳能电力交易系统，解决了能源供需双方的相互信任问题[23]。在我国，招商局慈善基金会所发起的蛇口能源区块链项目将位于蛇口南海意库的清洁电力接入能源互联网平台，并选取部分用户参与清洁电力虚拟交易，利用智能合约使供需双方完成能源交易[24]；国网山东电力公司创建了基于区块链的分布式能源智能交易平台，实现了微网内光伏、储能、用户之间的购售电交易，提高了能源交易的透明度与运行效率。

4.4 能源数据管理

实现能源大数据的公开共享，以数字资产推进能源生产与消费革命，对提高能源互联网的能源利用效率和运行管理效率具有重要作用。但价值信息公开面临数据结构多样化、隐私泄露风险、信息安全不易保障等诸多问题[25]。区块链技术的可信机制能够为能源互联网搭建安全性较高的数据管理平台，并在不同层面实现多元化数据的安全交互、开放共享。在微观层面上，各用户可随时随地查看自己的能源数据，发布能源需求信息；能源供应商可通过一个集成化的信息平台来管理能源供应信息，并利用各种决策支持系统助力能源供应计划的制定。在宏观层面上，分布式的区块链网络存储不涉及能源供需的隐私信息，各类参与方均可对其进行提取和利用。海量的实际数据是可再生能源、节能降耗等技术研发的必要保证，构建基于区块链的数据管理平台，能够为能源互联网科技攻关、技术创新提供有力的数据基础[26]。基于区块链的数据管理平台如图 5 所示。

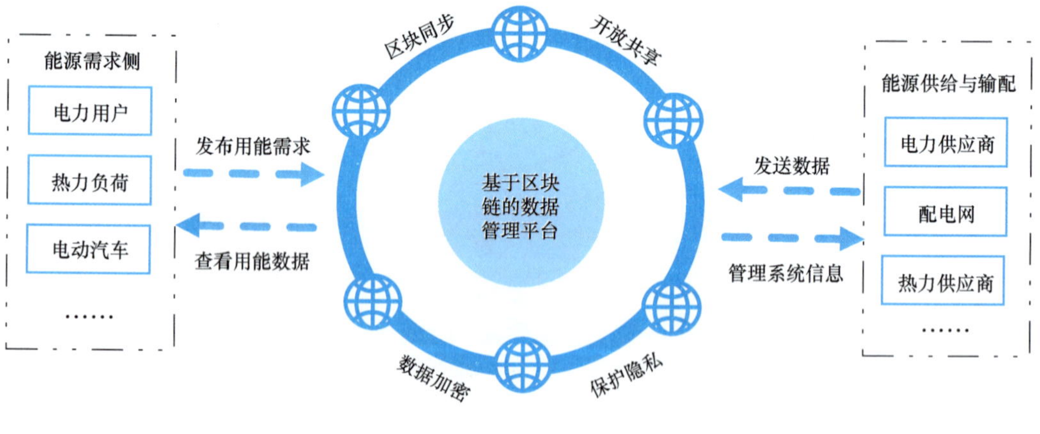

图 5 基于区块链的数据管理平台

为加强对能源行业的数据管理，美国 Filament 公司于 2018 年推出了 Blocklet 芯片硬件及区块链软件解决方案，并将其应用到机器、仪表或其他边缘设备中，实现了对嵌入能源设备的安全交易、实时监视、资产跟踪及管理等功能；德国 PONTON 公司推出了用于电网实时管理的 Gridchain，提升了电网发电、输电、配电、调度等之间的协调性，并为电网拥塞管理提供了解决方案[27]。在我国，国网征信公司利用区块链技术融合国家电网公司系统内部电力数据、电子商务数据，以及工商、司法等外部行业数据，以加密的方式存储和共享黑白名单数据 1 万余条，优化了信用数据的管理模式；南方电网公司投资建成绿色证书交易平台，利用区块链分布式账本功能对用户账号信息和交易信息进行实时管理，避免了人为修改参数、篡改交易数据等违规事件的发生。

5　能源区块链技术应用中的科学问题

虽然能源区块链的理论研究工作已取得了相当多的研究成果，相关的示范项目也得到了初步的实践，但由于区块链技术自身的特点，以及能源互联网的物理特征，使区块链技术在能源互联网的应用仍面临一些挑战。针对这些挑战的关键科学问题总结如下。

（1）区块链技术本身仍有一系列瓶颈需要突破。首先，区块链共识机制存在节点规模、运行效率、容错性三者难以平衡的问题[28]，工作量证明机制在节点规模和容错性方面优势显著，但达成共识耗时过长，无法满足能源系统运行需求，而拜占庭类与代理权益证明等机制虽提升了运行效率，却使部分节点被排除在信息共识验证之外，导致容错性降低；其次，当前区块链技术应用主要集中于对实时性、吞吐量要求不高的业务场景，挖掘创新业务场景的能力相对不足。因此，区块链技术本身的成熟度有待提升，需要持续技术迭代才能满足实际工程的应用需求。

（2）区块链技术应用于能源电力领域仍存在一定的局限性。首先，在碳达峰、碳中和目标的引领下，风、光等新能源电力装机规模持续攀升，新能源发电的间歇性和波动性形成了更为复杂的能源供给方式[29]；其次，能源互联网将打通源—网—荷—储全环节的能源交互，并集成应用吸收式热泵、余热回收等节能降耗设备，以满足电、热、冷等多元化的用能需求，复杂的能源系统物理结构给区块链多种信息融合交互带来一定的困难；此外，能源区块链网络平台建设成本较高，若将现有的能源供需设备及传输转换系统全面改造更新，将产生巨大的投资成本，给区块链技术在能源领域的大规模应用带来挑战。

（3）能源区块链技术的推广应用面临监管难、追责难等问题。一方面，块链式数据结构可保证区块链网络上的信息可追溯、不可篡改，但在涉及线下执行、能源实时交互等场景时，线上记录无法覆盖全部业务流程，可能存在链上数据与链下能源信息不一致的问题。因此，在减少人为干预的条件下，保证链外能源信息真实、可靠地数字化上链仍面临一定困难。另一方面，由于能源互联网关系到国计民生的各个方面，尤其在节能低碳的发展趋势下，能源调度与交易的要求愈发严格，现阶段以联盟区块链为主的能源区块链系统普遍将监管机构排除在外，无法保证区块链技术应用的合法性和合规性，因此，亟须建立适合于未来发展的能源区块链监管机制[30]。

6　基于区块链的能源互联网前景展望

鉴于当前区块链技术应用于能源互联网面临的关键科学问题，未来的能源区块链理论研究与技术创新可能集中在高运行效率、高可拓展性、可有效监管 3 个方面。

6.1　高运行效率

能源系统具有瞬时响应与实时平衡的特性，必须解决区块链自身的性能问题，提高能源区块链网络的运行效率，才能使区块链技术大规模地应用于能源互联网的建设之中[31]。

首先，从区块链底层架构出发，积极探索满足能源互联网所需的共识机制，设计容错性与响应效率兼顾的共识验证方法，以满足能源供需节点大规模接入的实际场景需求；其次，持续改进和优化区块链的加密算法，利用现代密码学的最新研究成果，重构数据区块形成机理，提高能源信息交互过程中的非对称加密效率，更高效地存储与管理海量的能源数据。此外，加快推进能源区块链与人工智能、5G 通信、物联网等信息技术的有效融合，在能源设施终端布置成本低、效率高的通信系统，并通过 5G 的广泛应用，有效管理能源供需两端及传输系统的各类数据，提高能源信息的流通效率。

6.2 高可拓展性

随着能源互联网向多元化、规模化发展，必将对能源区块链技术的可拓展性提出更高要求。因此，需要针对能源互联网的运行特性及未来发展趋势，通过优化平台架构、改进智能合约及发挥跨链技术优势等方法，切实提高区块链在能源互联网中的适用性和实用性。

对于能源区块链网络平台，充分利用公有链开源、开放的技术优势，研究满足能源互联网多类型应用场景的底层架构，使新能源发电设施、节能降耗设备、智能调控系统等模块化嵌入区块链平台架构，实现多能源的自治协同、梯级利用；对于能源区块链的智能合约，要深入研究各类能源设备的运行机理，将能源生产、传输、转化、利用等各环节的能量流与信息流有效融合，并借助高性能可编程的开发语言和计算引擎，构建可模块化调用的能量管理智能合约，缩短能源区块链智能合约开发周期，降低合约部署与调用成本 [32]；在区块链跨链技术利用方面，利用公证人机制、侧链中继、哈希锁定等跨链互操作技术，打破不同能源系统、不同能源属性的“数据孤岛”，通过跨异构能源子系统的信息交互促进能源交互，实现能源互联网的能源广域平衡。

6.3 可有效监管

能源产业的发展与国民经济、节能低碳密切相关，必须引入切实有效的监管机制，保证能源信息的安全可信，才能实现能源区块链技术的广泛推广应用，助力能源互联网的高质量持续发展。

一方面，要通过技术手段加强对能源区块链各参与主体的监管、追责，在去中心化协同自治的网络平台中，引入高安全性的加密算法，提高系统中的数据安全与隐私保护水平；借助区块链跨链互操作等技术，将不涉及隐私的关键信息打包成区块，定期发送至监管节点，在保护能源交互主体隐私的同时，为能源交易、碳排放交易等市场的监管留有余地。另一方面，要通过穿透式的监管机制实现能源互联网的全流程管理，对参与能源调度、交易的各类主体进行严格审查，建立现实身份与虚拟网络之间的实体映射，并对上链数据的真实有效性进行主动校验、追踪核查，对能源互联网各类业务做到事前预防、事中止损、事后追责 [33]。

7 结束语

区块链作为一种去中心化、开放透明、公平对等的新兴技术，在促进数据共享、优化业务流程、降低运营成本、提升协调效率等方面具有基础性、引领性作用，区块链技术应用的价值已得到广泛的肯定和重视，成为许多国家战略布局关键领域的新兴技术方向，开辟了国家竞争的新赛道。能源互联网是能源产业和信息技术深度融合的典型场景，其开放、互联、对等、分享的基本特征与区块链的设计思想高度契合，是区块链集成应用的重要领域之一。基于区块链的能源互联网已在能源供给、能源消费、能源交易、数据管理等方面发挥了独特的技术优势，为能源互联网技术和产业的发展提供了新的思路。

由于区块链在能源领域的融合应用还处于探索阶段，基于区块链的能源互联网仍面临技术瓶颈、拓展困难、监管不力等问题，需要加快推进理论研究与技术创新，力争提高能源区块链的运行效率，提升区块链在能源系统的适用性，并通过技术自主创新与机制变革完善实现能源区块链项目的有效监管。未来，将区块链技术与能源产业相结合，构建适合我国经济、社会可持续发展的能源互联网体系，一定会极大地推动我国能源结构的转型升级，为实现我国碳达峰、碳中和的战略目标贡献力量。

参考文献

[1] SHUYIN C, YI L, XIAO C. Research on Model of Blockchain-enabled Power Carbon Emission Trade Considering Credit Scoring Mechanism[J]. Electric Power Construction, 2019, 40(1):104-111.

[2] SONG J, ZHANG P, ALKUBATI M, et al. Research advances on blockchain-as-a-service: architectures, applications and challenges[J]. Digital Communications and Networks, 2021, 8(4): 466-475.

[3] JOGUNOLA O, ADEBISI B, IKPEHAI A, et al. Consensus Algorithms and Deep Reinforcement Learning in Energy Market: A Review[J]. IEEE Internet of Things Journal, 2021, 8(6):4211-4227.

[4] MIGLANI A, KUMAR N, CHAMOLA V, et al. Blockchain for Internet of Energy management: Review, solutions, and challenges[J]. Computer Communications, 2020, 151:395-418.

[5] HASANKHANI A, MEHDI HAKIMI S, BISHEH-NIASAR M, et al. Blockchain technology in the future smart grids: A comprehensive review and frameworks[J]. International Journal of Electrical Power & Energy Systems, 2021, 129:106811.

[6] 中华人民共和国国家发展和改革委员会．关于推进“互联网+”智慧能源发展的指导意见 [DB/OL]. [2016-02-24]. http://www.nea.gov.cn/2016-02/29/c_135141026.htm.

[7] WU H, LI H, GU X. Optimal Energy Management for Microgrids Considering Uncertainties in Renewable Energy Generation and Load Demand[J]. Processes, 2020, 8(9):1086.

[8] HUANG Y F, YANG L C, LIN J Y. An efficient energy data gathering based on grid-chain for wireless sensor networks[C]. 4th International Conference on Awareness Science and Technology, 2012:78-82.

[9] RUI H, HUAN L, YANG H, et al. Research on secure transmission and storage of energy IoT information based on Blockchain[J]. Peer-to-Peer Networking and Applications, 2020, 13(4):1225-1235.

[10] TAN S, WANG X, JIANG C. Privacy-Preserving Energy Scheduling for ESCOs Based on Energy Blockchain Network[J]. Energies, 2019, 12(8):1530.

[11] JING R, XIE M N, WANG F X, et al. Fair P2P energy trading between residential and commercial multi-energy systems enabling integrated demand-side management[J]. Applied Energy, 2020, 262:114551.

[12] 赵曰浩，彭克，徐丙垠，等 . 能源区块链应用工程现状与展望 [J]. 电力系统自动化，2019，43（7）：10.

[13] 姚国章 . 国际能源区块链的发展进展与启示 [J]. 南京邮电大学学报：自然科学版，2020，40（5）：10.

[14] LIN J, PIPATTANASOMPORN M, RAHMAN S. Comparative analysis of auction mechanisms and bidding strategies for P2P solar transactive energy markets[J]. Applied Energy, 2019, 255:113687.

[15] ASTRIANI Y, SHAFIULLAH G, SHAHNIA F. Incentive determination of a demand response program for microgrids[J]. Applied Energy, 2021, 292:116624.

[16] ZHANG Y J, LIANG T, JIN Y L, et al. The impact of carbon trading on economic output and carbon emissions reduction in China's industrial sectors[J]. Applied Energy, 2020, 260:114290.

[17] AGHAJANI G, SHAYANFAR H, SHAYEGHI H. Demand side management in a smart micro-grid in the presence of renewable generation and demand response[J]. Energy, 2017, 126:622-637.

[18] CASTRO M, COLCLOUGH S, MACHADO B, et al. European legislation and incentives programmes for demand Side management[J]. Solar Energy, 2020, 200:114-124.

[19] MENGELKAMP E, GäRTTNER J, ROCK K, et al. Designing microgrid energy markets[J]. Applied Energy, 2018, 210:870-880.

[20] FOTI M, VAVALIS M. What blockchain can do for power grids?[J]. Blockchain: Research and Applications, 2021, 2(1):100008.

[21] WANG Q, JIA Z, WANG T, et al. A Highly Parallelized PIM-Based Accelerator for Transaction-Based Blockchain in IoT Environment[J]. IEEE Internet of Things Journal, 2020, 7(5):4072-4083.

[22] ZUTSHI A, GRILO A, NODEHI T. The value proposition of blockchain technologies and its impact on Digital Platforms[J]. Computers & Industrial Engineering, 2021, 155:107187.

[23] SAWA T, Blockchain technology outline and its application to field of power and energy system[J]. Electrical Engineering in Japan, 2019, 206(2):11-15.

[24] ANDONI M, ROBU V, FLYNN D, et al. Blockchain technology in the energy sector: A systematic review of challenges and opportunities[J]. Renewable and Sustainable Energy Reviews, 2019, 100:143-174.

[25] WANG Q, LI R, ZHAN L. Blockchain technology in the energy sector: From basic research to real world applications[J]. Computer Science Review, 2021, 39:100362.

[26] ANTE L, STEINMETZ F, FIEDLER I. Blockchain and energy: A bibliometric analysis and review[J]. Renewable and Sustainable Energy Reviews, 2021, 137:110597.

[27] YANG S, ZHANG D, LI D. A Calculation Model for CO_2 Emission Reduction of Energy Internet: A Case Study of Yanqing[J]. Sustainability, 2019, 11(9):2502.

[28] SANG Z X, HUANG J Q, DU Z, et al. The power optimization on tie-line for the island energy internet based on interactive distribution network[J]. Sustainable Energy Technologies and Assessments, 2021, 45:101148.

[29] CHEN G, LIANG Z, DONG Y. Analysis and Reflection on the Marketization Construction of Electric Power with Chinese Characteristics Based on Energy Transformation[J]. Proceedings of the CSEE, 2020, 40(2):369-379.

[30] ZHOU K, YANG S, SHAO Z. Energy Internet: The business perspective[J]. Applied Energy, 2016,

178:212-222.

[31] XUE Y. Energy internet or comprehensive energy network?[J]. Journal of Modern Power Systems and Clean Energy, 2015, 3(3):297-301.

[32] HUANG A, CROW M, HEYDT G, et al. The Future Renewable Electric Energy Delivery and Management (FREEDM) System: The Energy Internet[J]. Proceedings of the IEEE, 2011, 99(1):133-148.

[33] SHEN H, ALI S, ALHARTHI M, et al. Carbon-Free Energy and Sustainable Environment: The Role of Human Capital and Technological Revolutions in Attaining SDGs[J]. Sustainability, 2021, 13(5):2636.

作者简介

李美成，教授、博士生导师，华北电力大学新能源学院院长，享受国务院政府特贴。“长江学者”特聘教授，国家“万人计划”科技领军人才，教育部科技委委员，科技部中青年科技创新领军人才，教育部教指委委员，首都百名科技领军人才。国家科技奖评审专家，IEE PES 能源发展与发电技术委员会副主席、储能材料与器件技术分委会主席，中国可再生能源学会常务理事、光伏专委会副主任。主要从事新能源、储能技术及智慧能源系统等方面的研究工作。在 *Nature Energy*、*Joule* 等国内外期刊发表论文近 300 篇；获中国和美国专利授权 58 项，软件著作权 5 项，编著中英文图书 8 本。以第一完成人获省自然科学一等奖、北京市科技奖等科技奖 6 项。2019 年获“电力科技创新大奖”，入选美国斯坦福大学发布的全球前 2% 顶尖科学家 (World’s Top 2% Scientists) 2020 年、2022 年榜单，2021 年获“电力科技成果‘金苹果奖’一等奖”，2022 年获“中国可再生能源学会技术发明一等奖”。

开源生态商业模式与发展态势

杨丽蕴[1] 耿航航[1] 张宇霞[2] 周明辉[3]
（1. 中国电子技术标准化研究院；2. 北京理工大学；3. 北京大学）

摘 要

20 世纪末，开源为软件开发提供了一种用户创新驱动、成本低、质量高的新思路，取得了巨大成功。越来越多的公司和组织参与到开源运动中，形成商业 - 开源混合项目，并驱动搭建围绕开源软件技术和平台的各种业务模型，促进项目参与者之间的协作和利益关联，形成了“开源软件生态”。

我国在 1997 年前后开始发展开源软件，当时主要以发展操作系统等基础软件为主，取得了一定进展但成效不够显著。近年来，伴随新一代信息技术的快速发展，开源软件在我国逐步得到重视并迅速发展。本文研究开源软件生态要素与开源商业化模式，并结合目前开源软件生态发展现状，为我国开源生态建设提供理论支撑方法。

关键词

开源生态；开源商业化；开源要素

Abstract

At the end of the 20th century, open source has achieved great success because of its advantages, such as user innovation driven, low cost, and high quality. Increasing companies have participated in open source, from hybrid commercial-open source projects, and driven the construction of various business models around open source. The intensive commercial participation in open source promotes the cooperation among different participants and formed the emergence of “open source software ecosystem” .

Around 1997, open source software began to develop in China. At that time, it mainly focused on the development of basic software such as operating system and made some progress, but the effect of open source software was not significant enough. In recent years, with the rapid development of the new generation of information technology, open source software has gradually been valued and developed rapidly in China. This paper studies the elements and commercialization of open source software ecosystem, and provides theoretical supports for the construction of open source software ecosystem in China by combining with the current development status in China.

Keywords

Open Source Ecosystem; Open Source Commercialization; Open Source Elements

开源模式缘起于理想主义，以互联网为载体，有效汇聚用户创新和群体智慧，开发了许多优秀的开源软件，进而以商业化为蓬勃助力，为产业和社会带来了巨大机会。随着开源软件的发展，社会力量不断涌入，供应链关系日益形成，使得开源软件生态化成为趋势。开源生态有其本质复杂性，体现在参与到开源的社会群体的广泛性，开源活动所处环境的开放性，以及开源对象和主体彼此交互和依赖所带来的不确定性等[1]，这使得开源的成功充满了变化性。理解和厘清开源生态的要素和商业化模式势在必行。

本文首先介绍开源生态的关键要素，以定义开源的内涵和外延。其次，对开源商业化的历史演进和现状发展进行分析，以理解开源生态持续发展的关键。最后，根据研究提出我国发展本土开源生态建设的若干建议。

1 开源生态关键要素

随着开源软件的迅速发展，社会力量不断涌入，开源软件生态已经成为当下开源发展的一个核心关键词。生态系统（Ecosystem）一词出自生物学，最早由英国生态学家泰勒于 1935 年提出，指由生物群落和无机环境构成的统一整体，是一个开放系统[2]。2005 年，Messerschmitt 和 Szyperski 第一次提出“软件生态系统”这个概念[3]，指出软件供应商和使用者之间的界限变得不再清晰，并且那些原本是竞争对手的公司为了互利互惠也会参与到同一软件生态系统进行合作。相应地，开源软件生态系统是指由商业组织、非营利机构及广大个体开发者和用户，围绕核心开源技术（软件）的开发、应用和市场建立互利互补的依赖关系，从而构成一个统一开放式整体。在探索和推进开源软件生态发展的过程中，中国电子技术标准化研究院以标准化作为路径之一开展研究，组织产业界系统地分析开源生态发展的核心关键点，总结并提出影响开源生态发展的四大要素，即开源规则、开源对象、参与主体、开源基础设施[4]。

1.1 开源规则

开源规则是维持开源世界运转的基石，包括但不限于开源许可证、开源运营治理规则和应用评价规则等。较为人知的显性开源规则是开源许可证。开源许可证本质上是“非标准”的授权合同文本，规定了企业或开发者基于共同遵守的一类或几类代码分发、应用和知识产权许可条款，共同开发和使用开源软件源代码，遇到纠纷需经法院判决才能生效。软件知识产权中被研究最多、并与开源许可证密切相关的是软件版权。开源软件与私有软件一样也受版权保护，主要区别在于它们的许可模式，即使用开源软件需要得到开源许可证的授权。

开放源代码促进会（Open Source Initiative，OSI，制定开源许可证标准的国际组织）为开源许可证建立了一套标准，称为“开源定义”（Open Source Definition，OSD），并注册了一个认证标志：OSI 认证标志（The OSI Logo）。这个标志可以放在发布的软件上，这样人们就可以很容易地识别出这是开源软件并且所使用的许可证符合开源定义。通常业界认为符合开源定义的许可证就是开源许可证。国际上存在许多开源许可证，国内目前有一项被 OSI 认证的许可证，即木兰宽松许可证[5]。

除开源许可证外，开源运营治理规则和应用评价规则是长期存在于开源世界，对于软件应用和生态发展至关重要的隐性规则。开源运营治理规则分为开源基金会 / 社区、开源企业、开源项目和开源贡献者 4 个层面，是开源社区、开源基金会、开源企业等各类主体在从事开源实践时所遵从的一套方法论。例如，如何组织高效有序的开源治理架构，企业如何遵从一套合规安全的流程来组织技术人员进行开源产品研发，如何衡量开源社区成长发展健康度，如何评价开源项目孵化程度等。

以我国重点研发计划项目培育出的木兰开源社区为例，在其自主运营孵化的 13 项开源项目中，OpenDigger 项目基于 Git 日志、软件制品库等构建开源项目活跃度指标和协作影响力指标，并对木兰开源社区运营的开源项目从多维度进行量化分析和展示结果，如表 1 所示。

表 1　木兰开源社区部分项目活跃度

排名	项目	活跃度
1	ossrs/srs	4048
2	kubeovn/kube-ovn	3346
3	X-lab2017/open-digger	1571
4	MonkSoul/Furion	370
5	rcore-os/zCore	279
6	oceanbase/obclient	40
7	cas-bigdatalab/ piflow	37

我国在开源许可证、开源标准方面的研究逐渐深入和不断完善，从侧面体现了我国本土开源生态从草根、无序化向系统化、规模化方向发展，为我国下一步发展和培育开源产业生态提供了良好的基础和理论支撑。

1.2　开源对象

开源对象是开源软件群智化创新的内核。开源对象，首先是开源代码及构建于开源代码之上的开源项目，这是业界最直观的认知。随着开源的飞速发展及开源研究的不断深入，开源的内涵已大大扩展。从技术层面，开源对象已延伸至硬件、数据等方面，可概括为开源软件、开源硬件、开放数据集 3 类。此外，开源对象的外延也发生了变化，从技术层面向其他层面发散，涌现出开放科学、开源经济、现代服务业等。

开放科学是一种科学实践，即人们在研究数据、实验室笔记和研究过程免费提供的情况下进行协作和贡献。它是科学本身被用作开源运动有效性的主要例子，采用了诸如公开传播信息和科学文献同行评审等实践。开源经济是指创新协作模式，开源作为一种创新协作模式重塑了社会生产模式，符合经济学中的两个要素（商品的生产效率和分发效率）。从经济学角度讲，开源经济主要体现在"商品供给侧的交付效率"，通过开源的创新协作模式可以更高效地生产和交付。

对开源对象这一部分的研究工作还在持续进行中，将会随着开源软件在中国的不断发展而越来越清晰、成熟和丰富。

1.3　参与主体

开源参与主体是推进开源软件不断向前发展的原动力，包括但不限于贡献者（个人 / 企业）、使用者（最终用户）、运营者（组织者 / 管理者）和合作者（法律 / 监管）。

开源生态系统汇聚了企业、开发者、开源基金会、开源社区、政府、科研院校等众多参与主体，持续吸纳来自全球各界的贡献，具有极快的发展速度和极大的创新潜力[6]。

从开发者层面，据全球最大开源项目托管平台 GitHub 统计，2020 年较上年新增了 1600 万名用户，预计 2025 年用户的数量将达到 1 亿人。CSDN 是我国最大的开发者聚集地。CSDN 发布的《2020—2021 中国开发者调查报告》显示，2021 年年初 CSDN 去重用户已达 3200 万人，并且保持高速增长态势，其中 30 岁以下开发者占比为 81%，学生占比为 13%，为开源生态提供了贡献者群体基础，如图 1 所示。

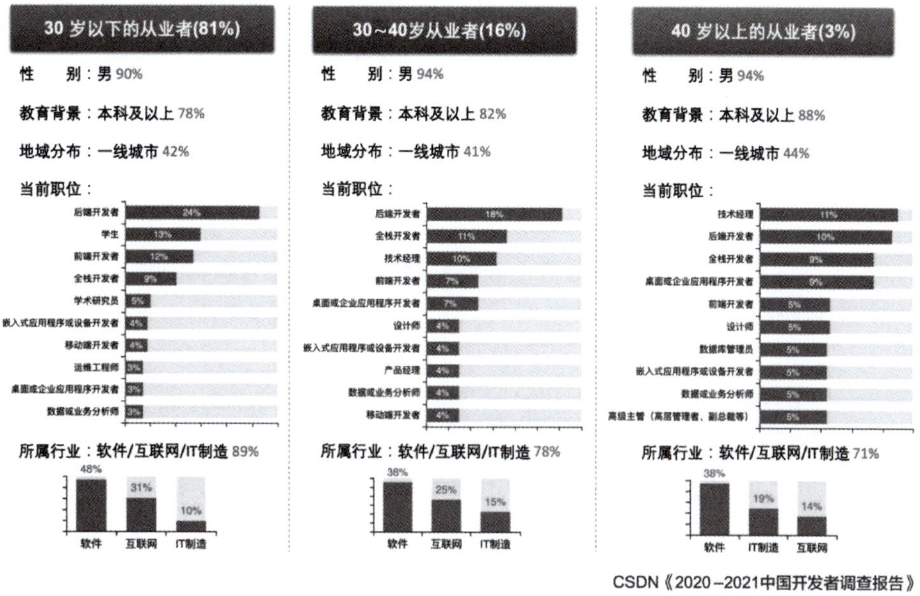

图 1　2020—2021 年中国开发者从业情况

开源基金会以第三方中立身份，汇聚开发者及开源企业能力，孵化培育开源项目，提供知识产权及法务支持，推动形成开源商业及应用生态，在开源生态发展中起到了不可或缺的重要作用[7]。当前我国已成立首个开源基金会——开放原子开源基金会，国际知名的开源基金会种类繁多且各有特色，相关研究资料众多，不再一一赘述。

开源生态的发展还与国家政策的倾向有密切关系。我国于 2021 年将“开源”列入“十四五”规划纲要，为我国开源生态产业发展注入了强劲动力。其他国家政府也早已从政府采购、政策法规制定方面，参与到开源生态建设中[8]。例如，美国于 2016 年推出联邦源代码政策，规定美国政府各部门每年采购的软件中 20% 的代码需开源；英国在 2019 年发布的最新版《数字服务标准》中的第 12 条要求政府开放新的源代码，并选择合适的许可证开源；英国、法国、德国、比利时、巴西等国家已通过议案，要求政府在采购之前要比较商用软件和开源软件，优先考虑开源软件等。

综上所述，我国开源参与主体存量大，近几年一直持续增长，未来在主导技术、引领创新和培育生态等方面具备较突出的后发优势。

1.4　开源基础设施

开源基础设施是开展活动的载体，是指以服务开源项目、开源社区、开源生态为目标提供的软、硬件类平台、工具和服务。最常见的是开源代码托管平台，主要用于代码开发、管理、交流、修改及提出新开发需求等，覆盖开源软件生产全生命周期，业界常见的如 GitHub、GitLab 和 Gitee 等。学术界也长期研究开源群智机制并构建了 Trustie 开源协作平台[9]，2021 年中国计算机学会开源发展委员会以 Trustie 为基础发起了 GitLink，联合产、学、研各界共同推动新型开放创新服务平台的探索。开源基础设施还包括用于技术开发、社区交流、开发者汇聚、宣传推广等的邮件列表、工具集、问题追踪系统等。

开源基础设施是开源要素的汇聚承载枢纽。开源基础设施建设水平的高低，从一定程度上会影响开源对象发展速度、参与主体使用黏性和开源生态的汇聚建设等，也是目前我国在发展开源软件的过程中正在发力建设的重要因素。

2 开源商业化模式

开源商业化是推动开源生态蓬勃、可持续发展的重要动力。在过去，开发者将开源作为产品迭代的手段，而随着云服务时代的到来，开源则成为销售市场的手段，即通过开源让更多人相信自己的技术能力，即使用户不会参与贡献一行代码。开源商业化成功与否取决于很多因素，但核心在于开源项目本身的产品形态，而开源可以有效地帮助企业降低销售成本、免费传播。

经过市场的不断验证，企业服务开源已经被充分证明具有巨大的商业化机会。随着这几年国内数字化转型浪潮的推动，现在出现了很多从诞生起就基于云和技术的新企业，也出现了很多开始拥抱开源云技术的传统企业。同时，中国有很多非常优秀的程序员和技术创业者，中国也有全世界领先的互联网场景，打磨出来的产品不仅可以服务中国，也可以服务全世界。下文从开源商业化模式的历史和现状两个方面总结成功经验和潜在挑战。

2.1 开源商业化模式的历史演进

开源商业化模式的历史演进可以划分为 3 个明显的时期，如图 2 所示。

图 2 开源商业化模式的历史演进

（1）免费软件（20 世纪 70 年代—90 年代）：开源运动始于 20 世纪 70 年代中期，当时的软件是由学者们和爱好者们开发出来的，整体的理念就是“免费提供软件”。当时，还没有一个明确的商业模式的概念，而“免费软件”开发背后的资金支持，大多数来自大学或企业的研发资金。

（2）支持服务（20 世纪 90 年代—21 世纪）：从 1991 年开始，伴随着 Linux 的问世，开源对企业的重要性开始凸显，开源被证明是一种更好、更快的软件开发方式，开源社区和企业开始进行商业化尝试。1998 年，OSI 创造出“开源”（Open Source）这一术语。

同时，以 Red Hat、MySQL 为代表，开源软件的第一个商业模式应运而生，即在免费软件的基础上提供付费支持和服务。

（3）SaaS 及 Open Core（进入 21 世纪以来）：21 世纪中期，开源公司估值开始发生变化，随着云计算作为基础设施越来越普及，企业在开源的基础上开启了 SaaS 模式。当开源服务在云端运行时，用户无须关心云服务底层的代码究竟是开源还是闭源，以软件开箱即用方式使用 SaaS 云服务即可。典型代表如 GitHub、Elastic、MongoDB、Databricks 等。

北京大学计算机学院开源软件研究团队发现，即使在同一开源软件生态系统中，也会存在多种开源商业化模式，如 OpenStack 中同时存在支持服务和 SaaS 等[10]。面向特定开源项目的商业模式不仅与其所处的时期有关，还与开源项目类型与公司所处领域等因素有关[11]。并且，开源商业项目中不同公司的合作、公司与志愿者的关系等，都被发现是开源项目可持续发展需要面对的关键问题[10, 12]。

2.2 开源商业化的现状和发展

开源商业化一直是国内外开源从业者、研究机构及社区媒体等关注的焦点，大家从不同维度与视角，对开源商业化的发展进程、模式等开展研究和梳理。普遍共识是：虽然开源在发展过程中还面临“拿来主义”“安全合规”等各种各样的问题，但是，经过近 50 年的演进发展，开源软件已经成为每个软件公司的一部分，开源开发模式逐渐得到参与主体广泛的认可，开源软件的商业化路径和模式逐渐清晰，其市场份额、用户群体逐渐扩大，其商业价值已逐渐赶上甚至超过闭源软件，并越来越多地受到资本界的青睐，成为软件开发和商业化发展的主流趋势。

2.2.1 开源软件的商业价值已经逐渐开始超过闭源软件

相比闭源软件，开源软件因其异步协作、公开可获取、松散管理等实践呈现更加高效、健壮和灵活的优势。根据中国信息通信研究院发布的《开源生态白皮书（2020 年）》，2019 年我国企业中已经使用开源技术的企业占比为 87.4%，同比增长 10.7%，企业在数据库方面对开源软件的使用比例最高，占比为 58.7%。企业对大数据和存储的开源软件使用占比也均超过五成，分别为 52.4% 和 51.2%，说明我国企业使用开源技术已成为主流。我国企业开源软件应用领域如图 3 所示。

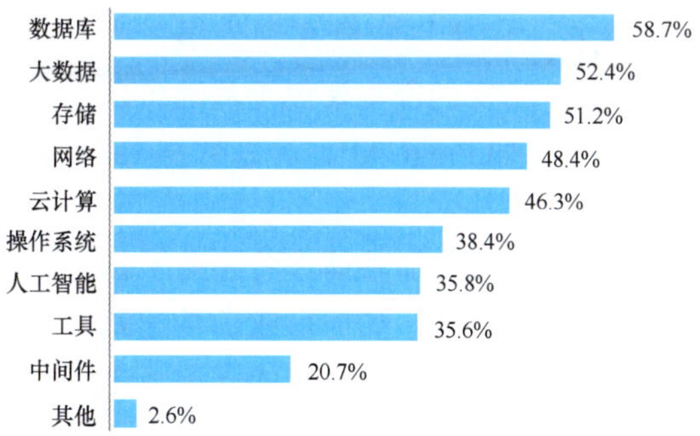

图 3 我国企业开源软件应用领域

2.2.2 商业开源软件的首次公开募股（IPO）、获得风险投资（VC）的数量正在上升

a16z 数据显示，从 1991 年到 2018 年间开源领域的融资数量与融资规模来看，3/4 的开源公司和 80% 的融资额均产生于 2005 年后，并且随着时间的推移，呈现急剧增长趋势（见图 4）。

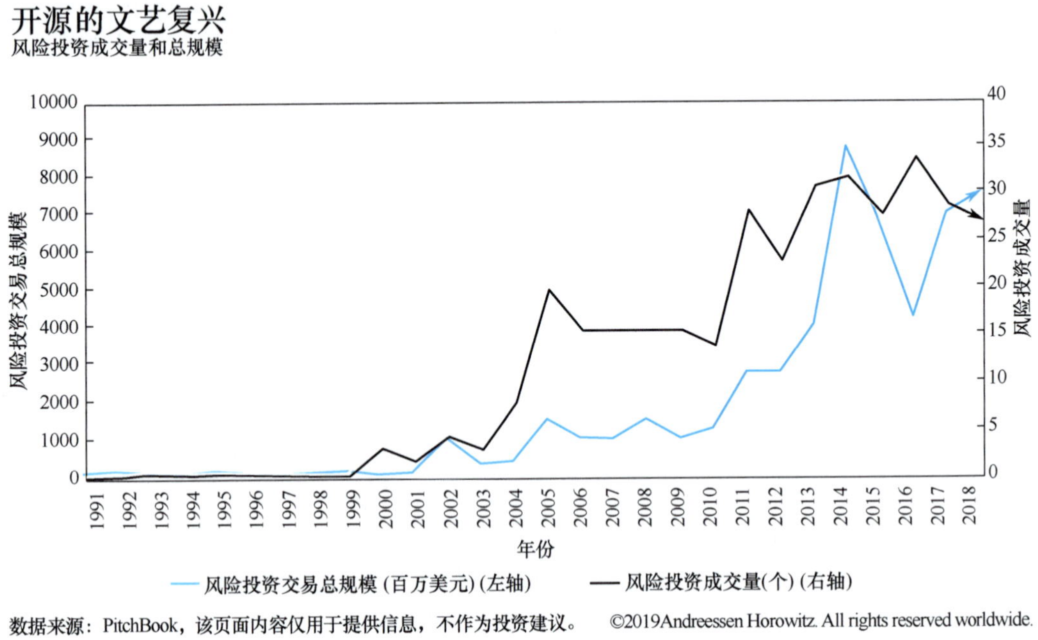

图 4 全球开源融资趋势（资料来源：a16z）

全球已有非常多的开源商业化投融资案例，据 CSDN 数据统计，比较有代表性的案例有：2008 年，MySQL 被 Sun 以 10 亿美元收购（后被 Oracle 收购）；2017 年，MongoDB 提交 IPO 上市，现市值已达 185 亿美元；2018 年，微软以 75 亿美元收购 GitHub；2019 年，Red Hat 被 IBM 以高达 340 亿美元的价格收购；2020 年，SUSE 收购 Kubernetes 管理平台创建者 Rancher Labs；2021 年，Spark 背后的开源公司 Databricks 完成 10 亿美元融资，截至 2021 年估值已高达 280 亿美元等。这些案例表明，开源软件已经成功地创造了商业价值和经济价值，开源商业化也在不断创新和发展。

与此同时，开源商业化在中国市场得到高速发展，大量资本涌入，从 2021 年的中国开源商业化融资情况来看，80% 的资本聚焦于基础类开源软件，如操作系统、数据库、云计算等领域，比较典型的如 PingCAP、涛思数据等。由 CSDN 统计的中国部分开源投融资情况如表 2 所示。

我国开源商业化虽然有一定发展，但整体来看还处于初期，由于底层基础设施部署模式的不同，以及社会结构和文化差异，如何形成良性的商业闭环模式还在进一步探索中。我国开源商业化是否可以完全复制国外已有的开源商业化模式，还需进一步论证实践。但总体而言，打磨好开源产品、建设好开源社区、增强生态伙伴黏性是做好开源商业化的关键。另外，借着我国云计算技术和服务高速发展的东风，以及数字化转型的强劲需求，期待我国开源商业化激发出更多的可能性和发展空间。

表 2　中国部分开源投融资情况（CSDN 持续更新中）

成立时间	组织（公司 / 基金会 / 个人）	核心开源项目	作者 / 创始人	最新融资轮次	融资披露时间	交易金额
2015/4/17	PingCAP（平凯星辰）	TiDB	刘奇、黄东旭	D 轮	2020/11/17	2.7 亿美元
2012/4/19	DCloud（数字天堂）	uni-app	王安	股权融资	2020/8/27	未披露
2012/9/10	云深互联（北京科技有限公司）	Amaze UI	陈本峰	C 轮	2018/8/15	2.5 亿元
2014/10/21	杭州飞致云信息科技有限公司	JumpServer	广宏伟	C+ 轮	2020/4/16	未披露
2011/8/30	武汉深之度科技有限公司	Deepin	王勇、刘闻欢	B 轮	2015/4/3	数千万元
2011/4/15	上海睿德电子科技有限公司	RT-Thread	熊谱翔	股权融资	2020/1/7	未披露
2012/10/11	巨杉数据库	SequoiaDB	王涛	D 轮	2020/10/13	数亿元
2017/5/16	涛思数据	TDengine	陶建辉	pre-A 轮	2020/4/24	超过 1000 万美元
2013/9/17	北京易捷思达科技发展有限公司	EssyStack	程喜伦	D 轮	2019/11/18	数亿元
2016/1/28	上海跬智信息技术有限公司	Kyligence	韩卿	C 轮	2019/3/28	2500 万美元

3　我国开源生态建设面临的机遇和挑战

总体来看，我国从最初的开源使用者逐渐向开源贡献者方向转变，开源生态建设从草根化、碎片化向规模化、系统化方向发展，发展形势整体较好，具备可以充分发挥人多力量大、集中力量办大事的体制优势和发展机遇，但同时也存在开源治理规则体系不健全、志愿贡献文化有欠缺、开源应用需进一步鼓励的挑战。

3.1　开源市场化态势向好，但国内开源商业化的生态环境需进一步营造

中国信息通信研究院发布的《开源生态白皮书 2020》数据显示，我国 50.8% 的开源用户企业认为使用开源技术可以节约成本，45.1% 的企业认为使用开源技术可以大大缩短应用部署时间，30.3% 和 20.7% 的企业分别认为使用开源技术可以提升可控性和降低试错风险。我国超过半数企业在数据库领域使用开源软件，其中，云计算领域已普遍应用云计算开源技术，超过七成的企业已经应用开源容器技术，超过六成的企业已经应用或正在测试微服务框架。可见，我国企业对开源技术的接受度较高，使用开源技术已成为主流。

从我国行业应用来看，各行业正积极拥抱开源。互联网、金融、软件和信息技术服务等行业已成为开源商业化企业服务支持的主要对象，开源商业化企业对互联网服务支持的占比最高，为 40.8%，其次是服务支持软件和信息技术服务行业，占比达 32.6%，

对金融行业服务支持占比达 31.6%。同时，我国各行业开源生态已在加速形成，2021 年金融行业发布了《关于规范金融行业开源技术应用与发展的意见》，鼓励金融机构遵循“安全可控、合规使用、问题导向、开放创新”四大基本原则，将开源技术应用纳入自身信息化发展规划，建立健全开源技术应用管理制度体系，积极参与开源生态建设。与此同时，虽然开源商业化路径已经比较清晰，但我国开源软件产品商业转化的模式仍处于探索期，大多开源初创企业尚不具备盈利能力，同时国内大部分传统企业对开源商业化模式支持力度不够，开源商业化企业布局海外市场的情况较多。

3.2 具备本土后发优势，人才、技术后备力量强

在开源人才方面，中国贡献者在开源社区中持续活跃。2020 年发布的《GitHub 2020 年数字化洞察力报告》（*GitHub 2020 Digital Insight Report*）显示，2018 年，GitHub 上的贡献者数量是 2017 年度的 1.6 倍，其中中国的新注册用户数目仅次于美国，排名第二。截至 2020 年，中国在 GitHub 上的开发者数量年增长率为 37%，增速排名全球第一，并贡献了超过 550 万个项目。截至 2021 年，中国整体开源开发者数量已跃居全球前三，规模庞大。

中国对国际开源社区的贡献逐年增多，其中华人对 Linux 内核的贡献在最新 4.2 版中列国籍排行榜的第一位，在 OpenStack、Hadoop 和 MySQL 项目社区中也越来越活跃 [12]。为了更加全面地呈现中国在过去开源领域的成长过程，结合中国开源软件推进联盟《2021 中国开源发展蓝皮书》调研数据，我们分别通过中国开发者和中国科技企业对 kernel.org 社区的补丁贡献数据来呈现。kernel.org 是全球最大的 Linux Kernel 开源项目社区，Linux Kernel 项目版本通常是每 2 ～ 3 个月发布一次，我们统计对比了 kernel.org 社区中，中国开发者对 Linux Kernel 2.6.12 版本到 5.11 版本的贡献数据（见图 5），此数据可全面展现中国开发者快速成长的历程。

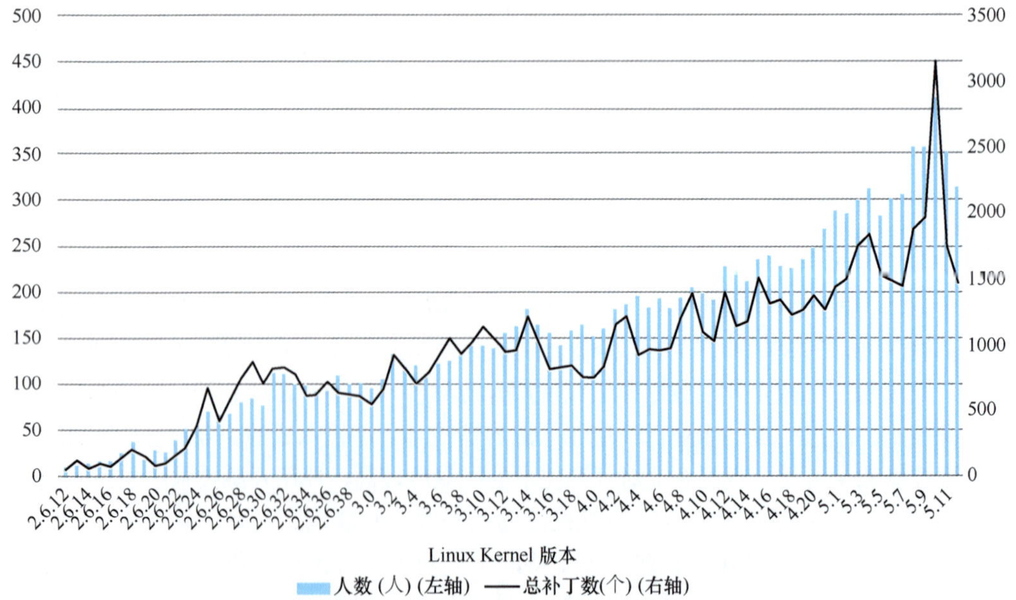

图 5 中国开发者在 kernel.org 社区的贡献统计情况

在开源项目方面，我国自主开源项目覆盖了 IT 领域的全技术栈，如底层操作系统、物联网操作系统和编译器、边缘计算、容器、中间件、微服务、数据库和大数据、上层前端开发、移动开发和 UI 框架，以及人工智能、运维和其他技术领域。我国在操作系统、数据库、人工智能等领域已涌现出多个优秀的自研开源项目，如华为开源服务器操作系统 openEuler、腾讯开源服务器操作系统 OpenCloudOS、阿里巴巴开源服务器操作系统 OpenAnolis、蚂蚁金服开源金融级分布式关系数据库 OceanBase、百度开源深度学习框架 PaddlePaddle 等。开放原子开源基金会已在操作系统领域开展自主孵化工作。2020 年发布的《GitHub 2020 年数字化洞察力报告》（*GitHub 2020 Digital Insight Report*）显示，中国企业如阿里巴巴、百度、华为等正在逐渐成为贡献开源的重要力量，如表 3 所示。在开发者大规模涌入开源项目做贡献的同时，也需要加强核心代码审核者的培养，以缓解因普通开发者迅速增多而给开源项目开发带来的贡献响应不及时问题[14]。

表 3　GitHub 中国企业开源项目活跃度排行榜

序号	公司	活跃度	项目数量	issue comment	open issue	open pull	pull review comment	merge pull	star	fork
1	Albaba	1571.10	1496	130558	33947	29097	22615	17471.6	216980	68864
2	PinCAP	778.4	151	139255	8138	25401	61538	18880.4	18008	5058
3	Baidu	671.2	540	55265	12592	20720	23380	13475.9	70960	22148
4	Tencent	432.3	388	21446	8599	10264	2870	7088.8	69198	19348
5	JD	153	74	20126	4504	4483	2043	3214.2	13119	3316
6	Huawei	101.8	200	10322	1709	2930	3867	2005.2	8758	3168
7	DiDi	89.4	63	3114	1290	827	207	508.7	20489	3907
8	Youzan	88.6	58	7259	2760	1409	634	1068.1	9509	5820
9	Bytedance	59.2	85	1973	645	785	659	514.9	14034	1671
10	WeBank	57.9	59	2197	718	3501	596	2411.9	5225	1902
11	Xiaomi	50.4	98	1767	1604	1007	3001	691.6	5823	1760
12	Meituan	46.9	68	1356	564	305	17	147	10879	2573
13	Bilibili	42.7	51	1306	446	132	52	66.4	10278	2295
14	360	39.8	147	1769	810	441	40	231.7	8105	1914
15	Juejin	39.5	26	3866	578	661	3624	546.9	4208	810
16	Ctrip	36.9	25	2346	537	216	276	130.5	6196	2562
17	Linux China	34.1	16	226	10	3862	11	3123.3	482	302
18	Netease	25	119	1603	777	313	32	149.6	3880	1445
19	Deepin	18.6	267	2555	931	326	21	132.7	1339	821
20	Qunar	7.1	43	113	54	56	10	9.9	1653	478
21	Vipshop	7.1	14	112	127	66	0	14	1604	421
22	Douban	3.7	41	98	43	158	58	1238.6	508	99

3.3 对开源安全性的担忧阻碍技术应用，开源治理难度大

除安全漏洞外，开源软件存在数量庞大、统筹管理困难、技术更新迭代快、运维成本高、开源许可证和知识产权问题复杂等安全性问题。这些问题是影响我国企业应用开源软件的主要原因，也是开源治理的难点。开源供应链风险在很长时间内都将是开源生态的重要挑战[6]，如 2021 年的 Log4j 是一个典型的例子。中国信息通信研究院的调查数据显示，2019 年，我国出于安全性考虑而未使用开源技术的企业占比达 43.8%，比 2018 年度增加 8.6%。2019 年，我国出现了第一例涉及 GPL 开源许可证的诉讼案例，2020 年以来，国内法院陆续出现一些开源许可证侵权案件的审理，一方面说明国内企业对合规、安全地使用开源技术的意识有所提升，另一方面说明开源技术应用逐渐增多，企业对于开源治理的诉求更加迫切。同时，在影响安全性的开源治理规则方面，以开源许可证为例，文中提到的 OSI 设立在美国，其批准发布的 80 余个国际通用开源许可证中，大部分来源于美国并基于美国的法律语境发布。我国在国际通用开源许可证方面，目前仅有木兰宽松许可证 1 项，开源规则尚未成体系，开源相关法律案例判决经验欠缺。

综上所述，我国开展生态建设具备后发优势，尤其是在人才、技术力量、应用层开源项目等方面，但仍需集中力量突破核心基础开源项目孵化、梳理开源知识产权风险和安全漏洞风险，构建完善开源规则体系等短板弱项。

4 后续发展建议

“十四五”规划等国家政策旗帜鲜明地对开源软件发展提出了支持，我国开源环境也得到了显著改善。2020 年，我国成立了第一个开源基金会，即开放原子开源基金会，制定了第一个获得 OSI 认证的中英文双语许可证，即木兰宽松许可证，基于国家重点研发计划项目成立了木兰开源社区，并发展了若干开源项目托管平台。同时，国内许多科技公司纷纷主动开源私有软件项目，我国应用领域的多样性和市场的纵深度正催生未来技术的变革并蓄势引领，如在新一代人工智能、5G、车联网、工业互联网、泛在操作系统等方面潜力巨大。总的来说，我国开源软件生态的发展势头向好，开源生态发展的各开源要素齐头并进，加速前行。

为进一步发展好开源生态，我们提出以下建议：

（1）积极贯彻《中华人民共和国国民经济和社会发展第十四个五年规划和 2035 年远景目标纲要》，为开源生态发展提供更加友好的发展环境。

具体做法：出台相应政策引导政府、企事业单位对于开源软件的支持，如在政府的相关采购政策中加大对开源软件产品的倾斜、放开对开源基金会设立的限制、鼓励社会资本参与、设定相应的地税政策等；加强对开源商业化探索的创新型企业的扶持力度；促进投资机构关注和了解开源企业，提高对开源技术和开源商业模式的评估能力，鼓励在企业和项目发展的早期进入；引导资本与开源软件相结合，培育长期战略投资价值观，推动开源商业化发展。

（2）推动中国开源开发者社区建设，完善开源科研、教育和产业生态，为开源生态发展提供基础动力。

具体做法：鼓励开发者社区发展，举办相关开源活动，进一步推动中国开源开发者的成长、开源应用及创作水平、开源文化的提升；持续加强本土开源社区和开源代码托管平台的建设，鼓励开源开发者能够发现、交流、分享、创新应用及推广开源项目；将开源技术和开源实训融入现有教育体系，建设开源创新科教平台；联合校企社会开设开源实践课程，通过开源高校及职业培训、就业引导和开源人才综合评定等途径，增加国内开源开发者规模，完善开源人力资源库建设；推进开源标准化，建立完善的开源规则体系，提升国内开源产业的风险防范意识，建立跨部门、跨领域的开源风险综合防范体系。产、学、研联合起来交叉赋能，发挥各自优势，推动中国开源生态全面发展。

（3）建立开源发展基金，扶持和支持优秀开源项目及产业发展，为开源生态发展提供持续性资金支持。

具体做法：建立开源专项基金，重点推动中国开源生态的建立及开源供应链的完善；提高开源社区和开源项目的治理和运营能力，为开源社区治理专家、开源项目核心维护人员提供定向资助，让有实力、有经验的专业人员，持续地专注于开源社区和项目的发展；为快速发展的优秀开源项目提供投融资服务；为初创的优秀开源项目提供基础设施服务和孵化；鼓励科技企业进行开源转型，并通过开源孵化平台进行辅导。

（4）面向全球，促进开源国际化合作，为开源生态发展提供更广阔的舞台空间。

具体做法：吸引国外知名开源项目在我国成立中文社区或成立合资企业；吸引全球开源社区基金会在我国设立分支机构；国内企事业单位和高校承接和主办更多的国际开源技术交流活动，鼓励聘请全球开源大师、精英来我国工作，奖励开发者参与开源社区贡献开源项目；支持和扶持我国开源项目走向海外，面向全球贡献智慧。

（5）结合我国国情与开源生态，研究新的群智软件生态模式，以更好地整合软件行业的生产资源，最大限度地发挥与激励开发人员的积极性。

具体做法：突破现有开源模式框架，研究设计符合我国国情和软件开发生产规律的新模式，以克服现有开源模式中开发激励不足，而商业模式中的技术开放程度不够等问题。鼓励有实力、有经验的专业人员系统性地设计符合生态规律的新模式；为初创的新模式提供研究条件和论证条件；鼓励新模式的平台开发与实践试点，持续专注可能的模式更优解，以实现我国软件生态的飞跃性进步，以及对西方国家现有生态的超越。

5 结束语

本文全面分析了开源软件生态关键要素、开源软件的内涵和外延，介绍了开源商业化的演进和现状来揭示开源生态持续发展的关键，分析了我国开源生态建设所面临的机遇和挑战，最后提出若干建议。

面向“十四五”，在以国内大循环为主体、国内国际双循环相互促进的新发展格局下，依托开源模式升级我国科技创新治理体系，成为突破信息技术重点和难点的重要方式，也为我国关键技术创新、软件产业发展带来新机遇和新要求。我国产、学、研、用各界应深入产业供应链和开源生态关键要素建设的发展中，进一步加强协同、完善机制、整合资源，探索有效路径，支持开源商业化发展，从而加快我国开源生态建设的步伐。

参 考 文 献

[1] 国家自然科学基金委员会，中国科学院 . 软件科学与工程：软件生态 [M]. 北京：科学出版社，2021.

[2] 张德光，李兵，何鹏，等 . 基于软件生态系统的开源社区特性研究 [J]. 计算机工程，2015，41（11）：106-113.

[3] MESSERSCHMITT D G, SZYPERSKI C. Software ecosystem: understanding an indispensable technology and industry[M]. Cambridge: MIT Press, 2003.

[4] 中国电子技术标准化研究院 . 信息技术 开源 开源概览与术语：CESA-2021-3-021[S]. 北京：中国电子工业标准化技术协会，2021.

[5] 吴欣，武健宇，周明辉，等 . 开源许可证的选择：挑战和影响因素 [J]. 软件学报，2022，33（1）：1-25.

[6] 周明辉，张宇霞，谭鑫 . 软件数字社会学 [J]. 中国科学：信息科学，2019（11）：1399-1411.

[7] OVERNEY C, MEINICKE J, KÄSTNER C, et al. How to not get rich: An empirical study of donations in open source[C]//Proceedings of the ACM/IEEE 42nd International Conference on Software Engineering. New York: IEEE, 2020: 1209-1221.

[8] 梅宏 . 我国开源软件技术发展策略建议 [R]. 北京：中国科学院学部，2016.

[9] 王涛，尹刚，余跃，等 . 基于群智的软件开发群体化方法与实践 [J]. 中国科学：信息科学，2020，50（3）：318-334.

[10] ZHANG Y, ZHOU M, MOCKUS A, et al. Companies' Participation in OSS development–An empirical study of OpenStack[J]. IEEE Transactions on Software Engineering, 2019, 47(10): 2242-2259.

[11] ZHOU M, MOCKUS A, MA X, et al. Inflow and retention in oss communities with commercial involvement: A case study of three hybrid projects[J]. ACM Transactions on Software Engineering and Methodology, 2016, 25(2): 1-29.

[12] ZHANG Y, ZHOU M, STOL K J, et al. How do companies collaborate in open source ecosystems? an empirical study of openstack[C]//2020 IEEE/ACM 42nd International Conference on Software Engineering (ICSE). New York: IEEE, 2020: 1196-1208.

[13] 欧建深 . 企业视角看到的开源——华为开源 5 年实践经验 [J]. 中国计算机学会通讯，2016，12（2）：40-43.

[14] TAN X, ZHOU M, FITZGERALD B. Scaling open source communities: An empirical study of the Linux Kernel[C]//2020 IEEE/ACM 42nd International Conference on Software Engineering (ICSE). New York: IEEE, 2020: 1222-1234.

作 者 简 介

杨丽蕴，中国电子技术标准化研究院软件中心云计算研究室主任，中国开源云联盟常务副秘书长，工业和信息化部海峡两岸云计算分论坛大陆召集人，全国信标委云计算标准工作组秘书处负责人。长期从事信息技术领域标准化工作，主导和参与 20 余项云计算、中间件及编程语言等领域国家标准和云计算开源技术团体标准。长期从事开源社区建设运营、标准化及技术研究等工作，木兰开源社区和木兰开源许可证的核心发起人和主导人。

耿航航，中国电子技术标准化研究院软件中心木兰开源社区运营负责人、NextArch 基金会 TOC 成员、中国开源云联盟副秘书长、CCF 开源发展委员会执行委员、Ceph 基金会大使、SODA 基金会 AC 委员会成员。目前专注于开源项目孵化、社区运营、开源标准、开源教育等方面。

张宇霞，博士，北京理工大学助理教授。2020 年于北京大学获得理学博士学位并加入北京理工大学。研究方向为开源软件生态系统、智能软件工程、数据挖掘、实证研究等，在 ICSE、FSE 等高水平会议和 *TSE*、*TOSEM*、*ESEM* 等期刊上发表论文 10 余篇。

周明辉，博士，北京大学计算机学院教授。国家杰出青年科学基金项目获得者。中国计算机学会 CCF 开源发展委员会副主任。研究方向为开源软件开发、软件数据挖掘、智能软件工程等，在国际顶级期刊 *TSE*、*TOSEM* 和会议 ICSE、FSE、CSCW 等上发表论文 80 余篇。制定了首次获得 OSI 认证的国内开源许可证木兰宽松许可证。

面向黑土保护战略的农业信息系统构建与应用

张玉成[1]　刘子辰[1*]　胡兆民[2]　曹晓卫[1]　李　蕾[1]

（1. 中国科学院计算技术研究所；2. 呼伦贝尔生态产业技术研究院）

摘　要

面对黑土地保护国家战略，本文基于信息技术手段，综合应用物联网技术、人工智能技术等，以黑土地保护利用为目的，结合农业生产管理流程，基于业务流与生产管理驱动的方法，设计了黑土地农业信息系统，为不同使用人员提供具体业务应用，在种植生产中实现黑土地保护。信息系统构建了地块四级分级管理体系，农场区域网格单元依据系统建议制定种植及轮休规划；生产队区域网格单元具体执行农场规划；自然地块单元是作业方案单位，生产队以此为单位开展作业；最小数据单元则是数据采集、分析与决策、精准作业的执行单位。当前，系统累计推送建议 100 余条，准确率达到 80% 以上，后期将进一步完善功能。最后，本文展望了基于业务流驱动的黑土地农业信息系统的应用前景，以期为探索我国黑土地保护与利用新模式提供参考。

关键词

黑土地；业务流；种植管理；地块分级

Abstract

Facing the national strategy of black soil conservation, this paper designs a black soil agricultural information system based on information technology means, integrated application of Internet of Things technology, artificial intelligence technology, etc., for the purpose of black soil conservation and utilization, combined with agricultural production management process, based on business flow and production management driven approach, to provide specific business applications for different users to realize black soil conservation in planting and production. The information system has built a four-level hierarchical management system for plots, with farm regional grid units developing planting and rotation planning based on system recommendations, production team regional grid units specifically implementing farm planning; natural plot units being units of operational programs, with production teams carrying out operations as such; and minimal data units being units of data collection, analysis and decision making, and implementation of precise operations. At present, the system has pushed more than 100 suggestions with an accuracy rate of over 80%, and we will further improve the functions. Finally, this paper outlooks the application prospect of the business flow-driven blacksoil agricultural information system based on the business flow, with a view to providing reference for exploring a new model of blacksoil conservation and utilization in China.

Keywords

Black Soil; Business Flow; Planting Management; Plot Classification

1　引言

我国东北黑土区每年商品粮产量占全国粮产量的五分之一，是我国粮食安全的“稳压器”和“压舱石”。然而，长期的不合理耕作和高强度利用导致“耕地中的大熊猫”出现“量减质退”的问题，严重威胁国家粮食安全和区域生态安全[1]。结合我国黑土地分布区域、生产特点，我国黑土地保护战略的核心是平衡“用好”和“养好”之间的关系，“养好”侧重于土壤、微生物、有机质等基础机理研究和应用，“用好”侧重于利用科学手段开展定制化和规模化保护性耕作。

“用好”的核心在于农业生产过程的科学决策。在农业生产过程中如何有效地获取、存储与处理信息，是解决农业生产科学组织、有效决策的核心，即在专用智能化农业机械装备的基础上，通过信息化和智能化手段，全面、客观、科学地评价保护性耕作的效果，并给出具体可执行的作业指导与建议，实现全过程的精准、绿色、高效作业[2]。因此，基于信息的有效获取，构建农业领域模型，为农业生产提供决策支撑，是解决黑土地“用好、养好”的核心有效手段之一。

在这一领域，国外已开展了超过 40 年的研究，形成了完整的研究体系及架构，以及包括 DSSAT、APSIM 等在内的一系列农业领域模型体系[3-6]。在农业模拟模型体系的支撑下，近年来与大数据技术结合，涌现出了如 Climate FieldView、AgWorld 等一系列生产及农场管理与决策支撑系统，并在全球范围内获得了推广[7,8]。借助于上述信息化技术的积累，结合农机技术的发展及土壤、微生物等基础机理研究，美国的黑土地保护近年来已经获得了较好的效果。

我国农业信息化起步较晚，但发展较快，在农业领域模型、农业数据采集等单点技术上获得了一定突破，但农业生产管理过程关注度较少，信息化系统与农业生产过程脱节现象较为严重，难以系统化地支撑大规模农业生产。但是，信息技术与农业生产过程结合，通过业务应用支撑，既可以解决农业数据采集过程中的问题，又可以为农业模型与算法的示范提供应用支撑的框架。

2021 年，中国科学院集合院内外优势力量组织实施 A 类战略性先导科技专项“黑土地保护与利用科技创新工程”，开展 6 个科技任务攻关和 7 个示范区建设。中国科学院计算技术研究所（以下简称计算所）牵头负责大河湾示范区建设，旨在探索实践基于“数据决策 + 自动执行”的模式，为黑土地用养平衡提供科学决策支撑。计算所农业智能技术团队结合呼伦贝尔农垦集团有限公司（以下简称农垦集团）大河湾农场的生产管理流程，通过业务流与生产管理驱动的方法，以构建面向规模化种植的管理系统为主线，对农业数据采集组织、农业领域模型应用整合进行了探索，取得了一定成效。

2　业务流与生产管理驱动的系统框架设计

业务流与生产管理驱动方法的核心是围绕农业生产管理流程，打造信息管理的业务体系，设计数据组织管理模式。上述设计思想在大河湾示范区的实践具体如下。

2.1　业务流程设计与应用体系设计

农业生产管理过程中最为重要的流程是对种植全过程的管理，大规模生产活动的核心就是针对大面积种植地块的规划及作业任务管理。大河湾示范区黑土地农业信息系统的核心流程即种植规划业务流程和作业任务管理流程，分别如图 1 和图 2 所示。

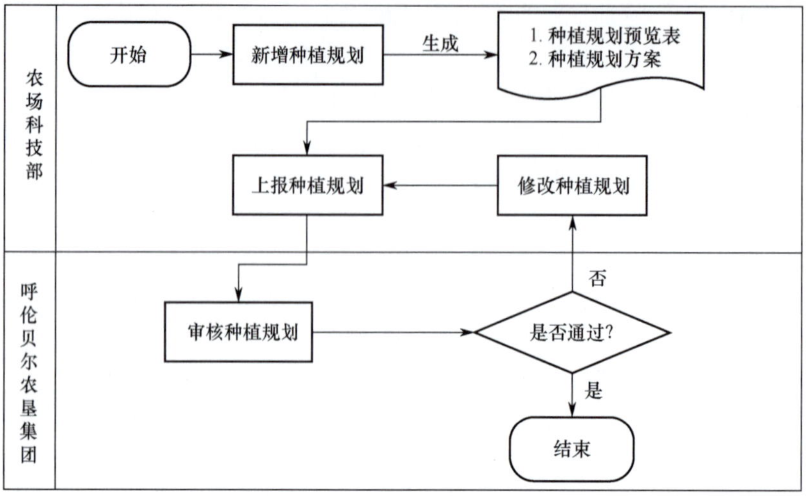

图 1　种植规划业务流程

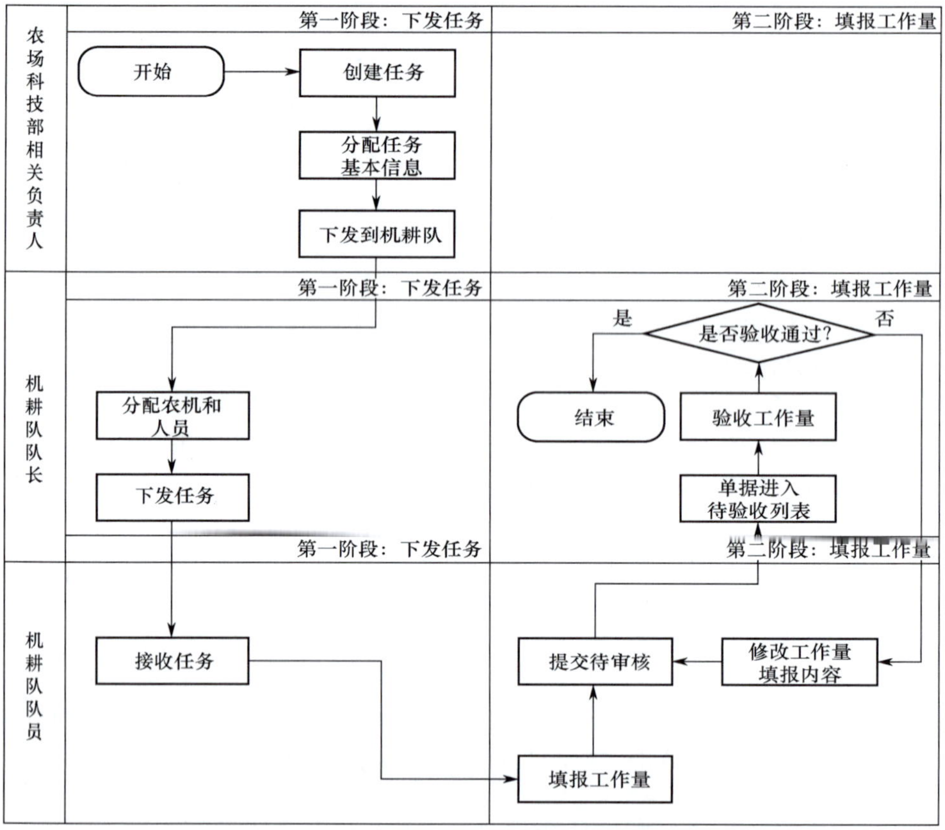

图 2　作业任务管理流程

种植规划是黑土地保护过程中科学决策的核心，将对所有地块的种植任务进行统筹，制订作物品种、肥料种类等计划。种植规划子系统调用基于农业领域模型或人工智能的数据分析过程，根据地块历史数据情况给出合适的优化种植建议。大河湾农场科技部按照建议制订计划；并可以提前规划好地块间或地块内不同区域的轮休方案，实现精细化的灵活种植调度。种植规划子系统的功能调用过程对农场科技部使用人员是透明的。该设计流程既解决了模型的应用问题，又降低了生产管理人员的人工干预程度，可保证系统的应用渗透率，进而保证科学种植决策在生产过程中的应用效果。

作业任务管理流程在黑土地保护过程中可起到两大作用：一是实现地块不同业务流程的标准化管理，确保每块地的作业过程满足作业流程管理要求，符合黑土地保护的作业规范；二是结合农机信息化手段，实现作业全过程的作业质量监控。大河湾示范区作业任务管理流程在设计上重点考虑了两个方面：一是任务分配流程，农场科技部在种植规划的基础上，对每块地统一制定作业规范，作业规范通过 App 分别下发至不同的作业人员手中；二是作业执行与验收过程，作业人员接收任务后，使用经过信息化改造的农机进行作业，作业质量数据可自动实时上报至系统，当作业完成后，农场管理人员确认作业质量，确保作业过程符合作业规范要求。在作业任务分配环节，农业领域模型和人工智能技术也将自动提供优化建议，提高任务分配的管理效率。

基于上述流程，结合数据管理需求，大河湾示范区应用框架体系设计如图 3 所示，自底向上分为三大层次：①数据层。负责地块基本信息及遥感、农机作业、产量等基础数据的组织，其中数据组织以地块为核心进行数据治理。②业务支撑层。以基本的权限管理、业务流管理为基础，结合数据分析引擎和农业领域模型，为业务应用提供支撑。③应用层。针对上述核心业务流程，为农垦集团 5 个层级的不同使用人员提供具体业务应用。

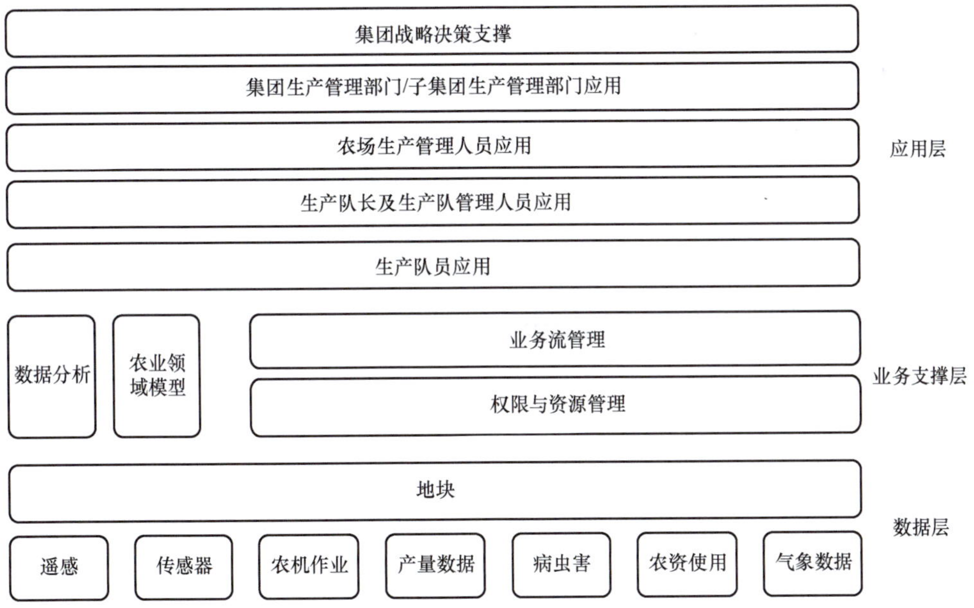

图 3　大河湾示范区应用框架体系设计

2.2 分级地块网格的数据组织方法

基于上述框架和农场业务需求，数据组织模式采用了地块分级网格管理思路，将整个地块分级网格分为 4 级，实现不同分辨率数据的有机整合。

（1）农场区域网格单元。农场区域网格单元为农业生产基本资源配置与管理网格，配属农机、人员、传感器设备及种子、农药、化肥等农业生产要素。在实际生产中，当某个地区作业压力较大时，系统在不同的网格单元间实现作业资源调度，实现农业生产过程中的资源动态分配。

（2）生产队区域网格单元。生产队区域网格单元是生产过程中具体执行任务的单元网格。生产队区域网格单元提供生产管理的具体应用，在实现生产数据采集的同时，提供具体的作业调度与作业决策建议。

（3）自然地块单元。自然地块单元是种植作业的基本地块，对应传统农业生产中一个地块的概念。大河湾示范区黑土地农业信息系统以自然地块单元为最小作业方案单位输出作业方案，并给出地块间的轮休规划建议。自然地块单元规定的农业生产过程中所有数据采集、存储、处理的组织主线，是数据治理过程中所有数据的“线索”。

（4）最小数据单元。最小数据单元是种植单元之下的最小数据采集、分析与决策单位，以 10 米 ×10 米为单位。在最小数据单元内，通过信息化手段采集土壤数据、水肥数据、作物表型数据与产量数据，形成归一化评价指标。大河湾示范区黑土地农业信息系统通过数据分析及农业领域模型给最小数据单元输出精量播种、施肥等作业建议，并给出精细化的地块内区域轮休建议。

在上述网格体系中，农场区域网格单元和生产队区域网格单元是基于生产流程的宏观管理单元，可以提供宏观层面的管理与决策需求。自然地块单元和最小数据单元是数据组织与数据分析应用的微观基础单元，从数据管理角度与技术角度实现设计。微观基础单元与宏观管理单元基于图 3 中的权限与资源管理模块实现映射。通过这种划分方式，多级生产管理体系实现了业务管理，解决了数据来源问题；业务管理过程达成了数据使用者与数据产生者的统一，在实现数据有效治理的同时，也为农业生产管理提供了全过程支撑。

3 技术架构设计与实现

大河湾示范区黑土地农业信息系统在整体设计上以业务流和生产管理驱动为核心，以数据组织、分析为技术支撑，以微服务架构为基础，采用分层模块设计。大河湾示范区黑土地农业信息系统总体技术架构设计如图 4 所示。

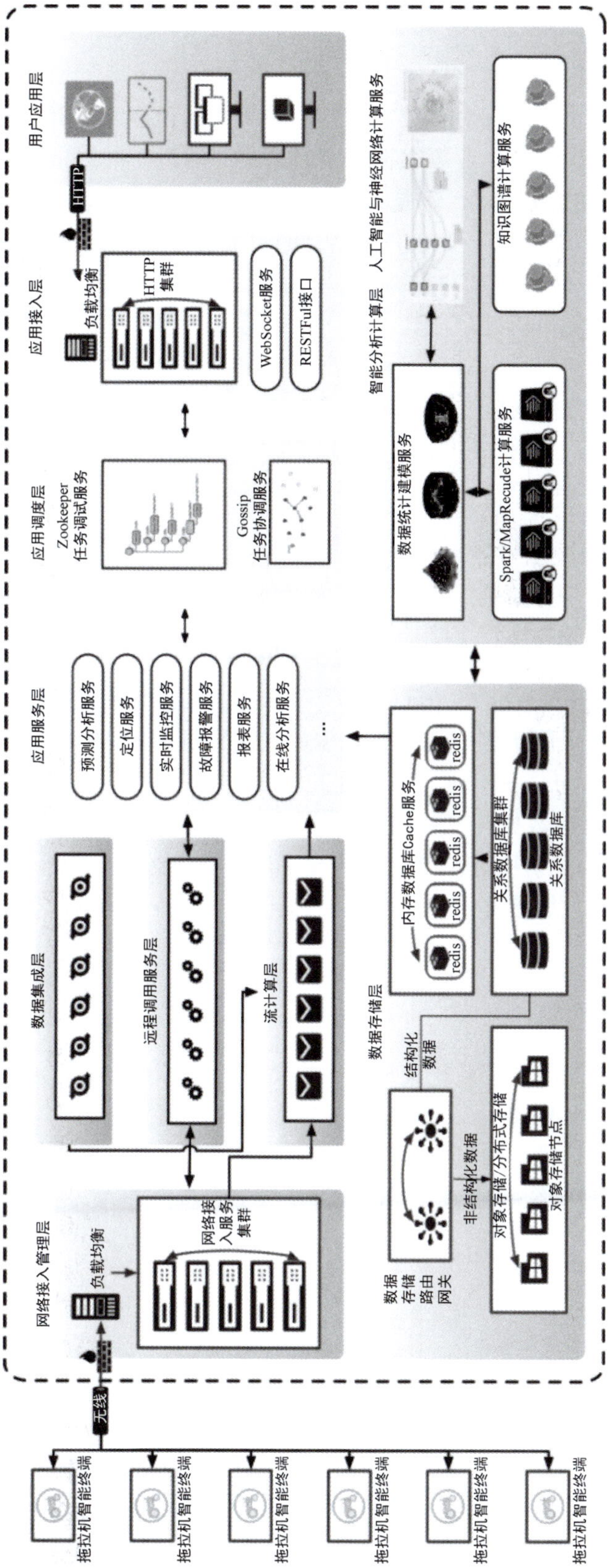

图 4 大河湾示范区黑土地农业信息系统总体技术架构设计

3.1 网络接入管理层

网络接入管理层负责完成对各类农业监测终端的远程接入管理，实现农业生产过程中“水、土、气、生”及作业等数据的实时采集与解析。网络接入层在数据传输协议上采用了多种传输协议模式，一是采用自定义 TCP 数据传输方式，实现轻量级双向数据传输；二是采用 CoMP 和 MQTT 结合的数据传输方式，实现对不同 QoS 数据的传输保证，同时提高数据传输的扩展能力。每个网络接入管理节点采用事件驱动的异步模型实现，以保证单机处理能力，同时网络接入管理节点间支持以负载均衡的方式实现水平扩展，从而使平台具备海量数据接收服务能力，为接入更多农业物联网数据提供扩展支撑。在数据安全方面，采用了 TLS 标准传输协议，以保证链路传输可靠性；在数据字段方面，采用 XXTEA、AES-256、chacha20-ietf 及国密等算法进行二次加密。

3.2 数据存储层

数据存储层实现对平台系统的存储管理，采用分层存储架构。数据存储层的最上层为由 Redis/Memcache 等内存数据库构成的 Cache 服务，保证数据读取速度，Cache 数据层可根据需求向 Ehcache、MongoDB 等 NoSQL 数据库系统扩展。数据存储层的第二层是关系数据库，用于存储结构化数据；关系数据库以 MySQL 集群为基础，混合采用 TiDB、MemSQL、HBase 等 NewSQL 和大数据存储系统的分层存储模式，实现冷热数据分离、业务数据与支撑数据的分析，提供多层次的水平扩展支持，实现 EB 级别的数据存储与分析服务扩展能力。数据存储层还支持 Object Storage、FastDFS 等分布式存储系统的数据读写，提供对非结构化数据包括遥感图像、图像、视频数据的存储。

3.3 数据集成层

数据集成层为不同的外部系统集成提供支持，提高了系统的扩展性，具备 Kafka、HTTP Web Service、WebSocket、Federation 等多种接口调用能力，可以实现对不同系统数据的调用支撑。数据集成层实现了大河湾示范区黑土地农业信息系统与上级单位（农垦集团）已有信息系统的数据交互，保证了数据同步，并为其提供全面的数据分析服务。

3.4 远程调用服务层

远程调用实现具体业务应用对远程终端的控制，是微服务架构的底层支撑服务，是保证系统整体扩展能力的核心。远程调用服务层基于 gRPC 框架实现，目前提供 Java 开发调用接口，并可根据具体业务应用的调用需求支持 C++/Python/JavaScript 的扩展。

3.5　流计算层

流式计算方式提供对海量接入模块的实时数据处理。流计算层以 Kafka 为核心构建，把海量接入的农业并发数据转变为流式数据，并依托流计算思想实现业务模块的松耦合链式数据处理，提升整体系统的吞吐量，提供更好的数据实时处理能力。

3.6　应用支撑模块

应用支撑模块包括 3 层：应用服务层、应用调度层、应用接入层。应用服务层实现对具体应用的业务逻辑支撑，基于前后端分离的设计思想实现，为 Web 应用及移动应用提供统一的服务接口。应用调度层基于 Zookeeper 实现，为业务应用提供集群间任务协调功能，并为业务集群之间提供了水平扩展和高可用性支持。应用接入层通过 HTTP 集群方式实现对 Web 终端业务与移动业务的支撑；其中 HTTP 集群提供 WebSocket、SockJS 和 RESTFul 共 3 种服务。

基于上述基础框架，黑土地农业信息系统设计了智能分析计算层，在完整的数据组织的基础上，面向业务流程提供模型与算法支撑，主要提供以下几个核心功能：①数据统计计算服务。该服务为不同数据的清理及不同数据的分析提供基础运算功能，同时以 BI 系统为基础，结合科学计算框架，提供自定义开发功能。②知识图谱计算服务。该服务以图数据库为基础，提供基础农艺知识的存储和查询功能。③人工智能与神经网络计算服务。该服务是整个智能分析计算层的核心，基于对 PyTorch 框架的集成，在数据组织的基础上，通过神经网络为黑土地保护过程的作业及规划策略的优化建议提供支撑。智能分析计算层通过分布式计算框架实现分布式扩展，以应对大数据量情况的计算服务需求。

4　应用示范情况

计算所在大河湾示范区构建的黑土地农业信息系统得到了大河湾农场的认可，并在农垦集团得到应用推广，获得了农垦集团农业生产部门和管理部门的认可。

在应用构建方面，以种植规划和种植作业管理为核心的概念在整个农垦集团获得了推广，实现了种植管理系统在农垦集团的应用。种植管理系统以大河湾示范区黑土地农业信息系统为蓝本，在 GIS 上对农垦集团的耕地生产管理全过程进行全面管理，主要实现功能如表 1 所示。种植管理系统提供对“耕、种、管、收”所有作业流程、作业数据的详细记录；围绕耕地这一核心要素构建了农垦集团完整的作业数据档案，特别对大河湾农场近 20 年的种植档案进行了梳理，将黑土演变与种植过程数据结合起来，为种植管理与黑土地演变的联合分析提供了增广数据来源。

表 1　种植管理系统主要实现功能

主要模块	主要功能
气象信息	采集温度、湿度、光照、风度、雨量、土壤养分等数据；支持无线传输、太阳能供电
土壤信息	采集 50cm 土壤分层墒情、有机质、氮、磷、钾等数据；支持无线传输、太阳能供电；支持四级地块的信息管理
种植规划	实现五级联动和种植计划的上传下达
田间作业管理	实现耕、种、管、收等各农业作业环节的管理
农业基础数据维护	农场、生产队基础信息维护
数据分析	产量分析、收益分析、农业不同维度数据的分析
农机具管理	实现农机具档案信息的管理

种植管理系统根据农业生产环节制定种植前、种植中、收获期 3 个阶段的农艺指导策略。种植前阶段：通过分析土壤肥力、历史气象、上茬种植作物，提供追加底肥、耕地方式、种植模式、播种期预测等建议（见图 5）。种植中阶段：根据地块种植农作物信息，通过遥感方式对种植区进行出苗率评估，并提供精准补苗建议，针对作物不同生长期的病虫灾害情况提供防治措施，如用药、用肥等建议（见图 6）。收获期阶段：进行农作物产量评估，提供收获期预测、收获方式建议等（见图 7）。每个地块的作物品种类型、发芽率、施肥施药管理、药剂配方及用量都可以通过农业技术员的手机 App（见图 8）进行填报上传，进而精准掌握每块地的农资投入及农艺标准，实现生产实施过程中的数据实时汇总上报，达到生产过程与数据产生过程的一致化。在此基础上，种植管理实现春播计划、春播进度、秋收进度的自动统计，实时掌握所有生产队的作业任务及执行进度。种植管理系统在农垦集团范围内实现了 2.1 节所述的农业种植规划和作业管理流程的应用，为黑土地保护性作业模式更大范围的推广提供了应用平台支撑基础。

图 5　地块种植前数据分析与建议

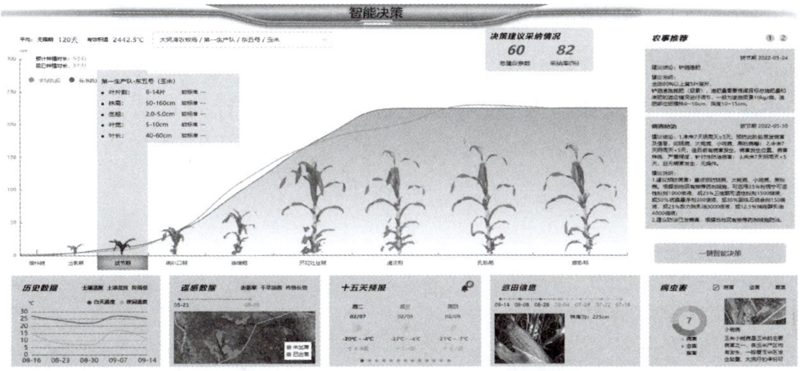

图 6　地块种植中数据分析与建议

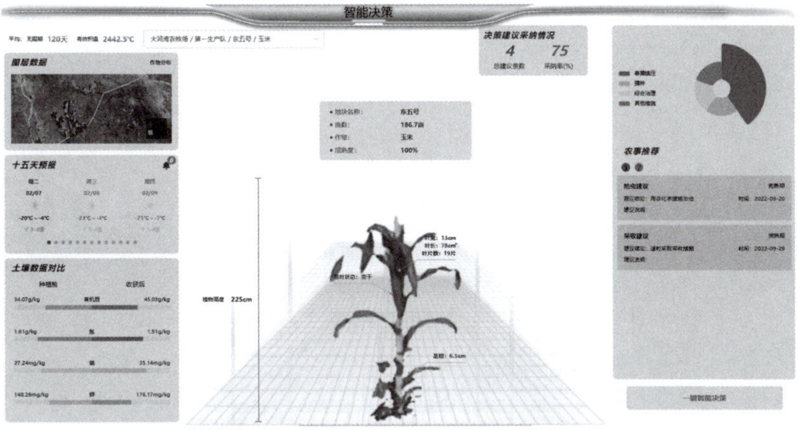

图 7　地块收获期数据分析与建议

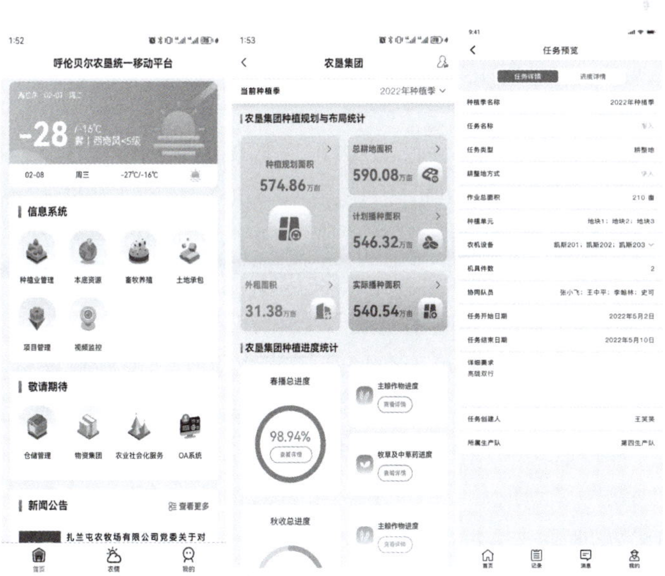

图 8　手机 App 界面

在数据资源管理方面，以四级地块管理体系为基础，结合 GIS 技术对大河湾农场 8 个连队 502 个地块的 16.1 万亩耕地进行数字化管理，包含土壤养分（氮、磷、钾、有机质）、黑土厚度、质地、容重、孔隙度、墒情、面积、作物产量预估等数据。多级数据管理模块（见图 9）不仅为不同层级的不同使用人员提供了业务应用，也实现了农场各类数据的分类、归类，有效提升了生产管理效率。

图 9　大河湾农场多级数据管理模块

截至 2022 年 6 月 30 日，以大河湾分级地块管理的数据组织模式已辐射农垦集团下属所有农场的生产队，实现了对 600 万亩耕地、1000 万亩草场的全面数据管理。目前种植管理系统收录种植作物 30 种，农药化肥及种子品种 300 余种，初步实现了农垦集团农业种植生产作业数字化管理模式，为智能决策提供了大量数据支撑。

基于种植管理构建完成业务应用平台及数据组织后，计算所在农业领域模型结合方面开展了初步工作，目前已经基于数据组织建立了作物表型数据分析、作物生育期分析、生长模型、气象分析、播期收获期预测、土壤墒情、养分反演、出苗率、作物长势、作物识别、干旱指数、病虫害识别、秸秆覆盖、估产等算法模型库。其中，作物生长期指数模型的成熟期预测精度可达 95%，可有效指导作物生长后期农业管理工作。遥感土壤要素反演算法准确率接近 85%，可为精量施肥提供建议。基于小麦、大豆、玉米、番茄、苜蓿、甜高粱等 6 种主要农作物的 47 种病害识别，精确度超过 80%，可有效指导预防病虫灾害。

根据每个地块实际采用的保护性耕作农艺技术体系，同时结合数据采集体系中实时感知的作物生长状态，建立作物生长状态与环境（水、土、气、生、农事过程）之间的动态模拟，打通种植前、种植中、收获期的信息通道，可形成最优的农事作业决策。建立的专家在线决策与诊断推送系统于 2022 年累计推送建议 100 余条，准确率在 80% 以上，为大河湾农场整体效益提升提供了有力的技术支撑。但目前该系统主要基于专家的领域知识和经验，下一步将开发基于大数据、全程自主决策的智能系统。

5 总结与展望

计算所在大河湾示范区的实践过程中，通过业务流驱动的方法构建黑土地农业信息系统，构建了农业生产管理信息化应用体系，帮助其摸清了家底，在有效降低管理成本的同时，探索了黑土地保护科学决策方法的应用推广模式。在下一步工作中，将逐步推进系统数据与功能的完善与升级：

（1）进一步提高农业生产数据全自动化采集程度，大幅度减少人力工时，降低手工输入范围。

（2）持续增加农业生产数据类型，加强农业生产不同环节的数据流通和融合，深度挖掘信息系统在生产决策方面的价值，实现更加精准的支撑服务。

（3）基于业务流管理体系，提供智能生产决策支撑。拟通过 5 年项目实施，基于智能模拟预测实现 3 万亩核心示范区耕地质量提升 0.5 个等级，综合效益提升 10% 以上。

基于业务流驱动的黑土地农业信息系统，不仅能够为黑土地保护利用提供有数据支撑的、因地制宜的决策方法，包括如何采用秸秆覆盖还田免（少）耕、秸秆粉耙等农艺模式，依据粮食增产、耕地质量提升等目标统筹制定轮休计划和种植规划，还可以动态、实时地监测黑土地质量，为国家、地方各部门制定相关政策和措施提供完整的数据支撑。

中国科学院作为我国的战略科技力量，通过与农业领域的主力军农垦集团合作，将东北黑土地作为最好的检验场，探索构建以数据为要素、以信息技术为纽带、以农业生产业务流为驱动的现代农业生产模式，为我国从农业大国转变成农业科技强国提供科技支撑。

致谢

本研究获得中国科学院战略性先导科技专项（A 类）（XDA28120400）的资助。

参考文献

[1] 沈慧 . 破解东北黑土地保护利用难题 [N]. 经济日报，2021-07-26（9）.

[2] 孙凝晖，张玉成，王竑晟，等 . 农业模拟器：用智能技术打通黑土地保护的数据流 [J]. 中国科学院院刊，2021，36（10）：1165-1174.

[3] JONES J W, HOOGENBOOM G, PORTER C H,et al. The DSSAT cropping system model[J]. European Journal of Agronomy, 2003, 18(3-4):235-265.

[4] DZOTSI K A , JONES J W, ADIKU S G K, et al.Modeling soil and plant phosphorus within DSSAT[J].

Ecological Modelling, 2010, 221(23):2839-2849.

[5] KEATING B A, CARBERRY P S , HAMMER G L , et al. An overview of APSIM, a model designed for farming systems simulation[J]. European Journal of Agronomy, 2003, 18(3-4):267-288.

[6] ROBERTSON M J , LILLEY J M. Simulation of growth, development and yield of canola (Brassica napus) in APSIM[J]. Crop and Pasture Science, 2016, 67(4):332-344.

[7] KADOIC N,TOMICIC-PUPEK K,VRCEK N. Decision making on Digital Platforms in Agriculture[C]. 2020 43rd International Convention on Information, Communication and Electronic Technology (MIPRO)，2020.

[8] 赵春江，杨信廷，李斌，等 . 中国农业信息技术发展回顾及展望 [J]. 中国农业文摘 – 农业工程，2018，30（4）：3-7.

作者简介

张玉成，工学博士，中国科学院计算技术研究所正高级工程师，中国科学院智能农业机械装备工程实验室副主任。主要从事“新一代智能农业机械装备技术体系和标准化”研究，提出构建以信息技术为核心的第三代农机技术体系，通过前沿信息技术与农机装备的深度融合，实现“核心技术、重大装备、产业示范”并行突破，探索打造以第三代农机为核心、数据为驱动的新型农业生产模式。

刘子辰，工学博士，中国科学院计算技术研究所助理研究员，中国科学院智能农业机械装备工程实验室核心技术骨干，智慧农业方向技术负责人。研究方向为农机大数据、农业生产执行系统、图数据库系统。带队完成了国家智能农机装备创新中心农机大数据平台、呼伦贝尔农机数据平台与农业生产系统的技术研发，参与了 973 计划、863 计划、工业和信息化部重大专项及北京市科技计划等多个项目。在 VLDB 等数据处理领域的顶级国际会议上发表多篇文章，是 eclipse.jdt.ls 和 vscod-java 等顶级开源项目的代码贡献者。

胡兆民，生态学博士，呼伦贝尔生态产业技术研究院理事长。研究领域为农牧业企业生产经营管理、产业政策研究和信息化工程建设，发表相关文章 9 篇，出版相关专著 3 部。

曹晓卫，中国科学院计算技术研究所工程师，曾从事无线通信、无线广播等方面的标准研究和系统实现工作，现主要从事新能源智能农机的研究工作，参与A类战略性先导科技专项“黑土地保护与利用科技创新工程”、呼伦贝尔农垦集团信息化等项目。

李蕾，中国科学院计算技术研究所在读博士研究生，曾从事智能终端设计与开发工作，参与呼伦贝尔农垦集团信息化等项目，现主要从事人工智能相关研究工作。

区域农业农村数据资产化管理模式创新与应用

刘 娟 崔运鹏 霍梦佳 周书梅
（中国农业科学院农业信息研究所）

摘 要

随着大数据理念及技术的广泛普及，数据资源成为数字农业农村建设的核心要素，数据密集型决策管理成为区域数字经济发展的必经之路。本文基于数据形态演进、数据资产属性及循证数据决策等理论分析，明确农业农村数据资产管理业务定位、区域农业农村数据平台建设的功能、架构及构建数据资产化管理业务模型，基于问题、数据和技术核心要素构建业务数字化、技术迭代化、业务全景化、决策智能化 4 类数字资产管理模式。研究明确盘活农业农村数据资产，需培育大数据决策意识，建立需求问题导向的数据资产管理生态与方法论，激发区域农业农村数据“新基建”项目的效力与活力。

关键词

农业农村；数据资产；管理模式

Abstract

With the widespread popularization of big data concepts and technologies, data resources have become the core elements of digital agricultural rural construction, and data-intensive decision-making management has become the only way for regional digital economic development. Based on the theoretical analysis of data morphological evolution, data asset attributes and evidence-based data decision-making, this paper defines the business orientation of agricultural and rural data asset management, clarifies the function and architecture of regional agricultural and rural data platform construction, and constructs the business model of data asset management. Based on the core elements of problem, data and technology, this paper constructs four types of digital asset management models, namely, business digitalization, technology iteration, business panorama and decision-making intelligence.The study finally proposes that revitalizing agricultural and rural data assets requires cultivating big data decision-making consciousness, establishing demand-oriented data asset management ecology and methodology, and stimulating the effectiveness and vitality of regional agricultural and rural data “new infrastructure” project.

Keywords

Agriculture and Countryside; Data Assets; Management Model

1 引言

2020 年 4 月，中共中央、国务院发布的《关于构建更加完善的要素市场化配置体制机制的意见》将数据列为新型生产要素[1]。2021 年 11 月，工业和信息化部发布

《“十四五”大数据产业发展规划》，明确数据是新时代重要的生产要素，是国家基础性战略资源[2]。数据如何实现资产化管理成为各行业领域面临的重要问题。

数据资产化的研究可追溯至1998年Weir[3]提出数据挖掘可以发现企业资产，通过数据挖掘可以实现数据的价值；国内中国数据资产管理峰会（DAMS）组委会在2015年首次提出“数据资产管理”后，问题研究逐步升温；张莉莉[4]提出资产化管理可推动数据由资源转变为资产，构建基于制度、平台、人力的政务数据资产交易模式；钟军[5]在分析政务数据资产化的瓶颈问题后提出搭建省级数据资产运营平台挖掘数据资产价值；穆勇[6]围绕数据资源资产属性、权属界定、价值评估、数据交易等关键问题进行分析和实证研究，明确数据资源资产化管理方法。

大数据时代所造就的海量数据资源具有极大的数据挖掘及分析应用价值，这已经成为社会共识，但在农业农村领域的数据管理受信息化基础条件弱、业务数字化程度低、数据制度不健全等多重因素影响，农业农村数据资产化仍然处于起步阶段。近年来各地农业农村管理部门开展数据中台、数据平台建设的有益探索，支持数据资产管理。但针对农业农村领域数据如何成为资产，数据资产管理包括哪些业务模式等问题一直缺少研究与探讨。本文结合领域追踪与区域农业农村大数据平台建设实践，开展相关问题的讨论与分析，以期为区域决策管理部门建立科学大数据平台建设方法论与运维理念提供借鉴与启示。

2 区域农业农村数据资产化管理业务界定

数据资产化本质是实现从数据到资产的形态演进，本部分结合农业农村领域数据管理与应用实践，明确农业农村数据资产化管理内涵。

2.1 数据形态的演进

数据本身没有意义，只有在被使用后才能变为信息或知识实现要素价值。李海舰等[7]等提出，数据形态从“数据资源—数据资产（产品）—数据商品—数据资本”的演进过程与价值形态从“潜在价值—价值创造—价值实现—价值增值（倍增）”的演进过程具有动态一致性，由此，企业数据形态演进的过程实质上是不断发现和实现价值的过程，但针对政务视角的数据资产化管理实际上是推进数据资源从分散无序到集中有序和价值发现的过程。

2.2 数据资产属性

朱扬勇等[8]认为，数据资产具有物理属性、存在属性和信息属性，数据资源具有无形资产和有形资产、流动资产和长期资产的特征，是一种新型的资产。针对数据资产在目前没有活跃市场的情形下，数据资产价值的量化评估主要根据数据的发展阶段从成本角度和收益 / 效益角度对数据资产价值进行分析。数据只有在应用的具体场景中才会体现价值，从政务管理视角，农业农村数据价值体现的过程也是在不同应用场景中开展数据挖掘、实现价值发现的过程。

2.3 循证决策理论

美国学者福斯特•普罗沃斯特（Foster Provost）和汤姆•福西特（Tom Fawcett）将数据驱动决策（Data-driven Decision）[9]定义为“将决策建立在对数据的分析之上，而不是纯粹基于直觉的实践”。循证决策是近年来欧美等发达国家和地区政府决策中倡导的一种做法，即为数据驱动型决策（循证决策全证据链框架图如图 1 所示），是围绕决策场景中的具体问题和目标，基于数据与方法提炼形成可供使用的证据，进行证据传播、筛选、运用与修正的过程。大数据与循证决策机制相结合，能有效实现政府治理目标的平衡和公共价值的回归[10]。

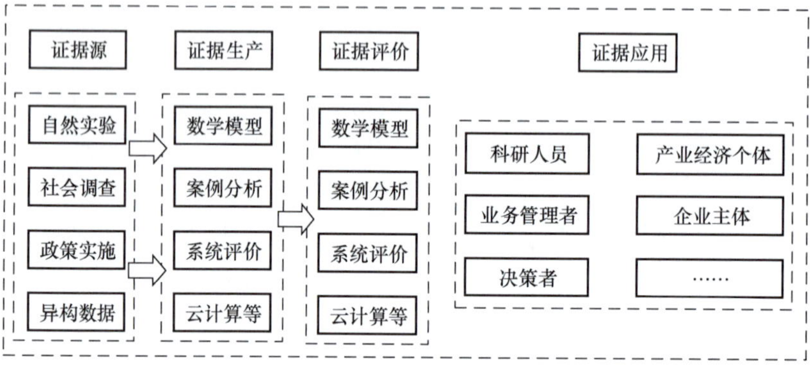

图 1 循证决策全证据链框架图

2.4 区域农业农村数据资产化管理

农业农村涵盖农村生产、农民发展、乡村治理多方面，农业农村数据涵盖城乡统筹发展、农业产业发展，以及农村社会发展中产生的原始性观测数据、探测数据、实验数据、调查数据、统计数据等，数据类型多，囊括种植、畜牧和渔业等产业数据，涉及国际农业、全球遥感、质量安全、科技教育、设施装备、农业要素、资源环境、防灾减灾、疫病防控等多个主题。

区域农业农村数据是指一定空间范围内涉及“三农”数据的集合，本研究中区域农业农村数据资产管理特指省、市、县等行政区划范围内农业农村管理部门数据资产化管理过程，也是决策管理部门规划、控制和提供数据及信息资产，确保数据价值发现的一组业务职能，包括开发、执行和监督有关农业农村数据的计划、政策、方案、项目、流程、方法和程序等。

3 区域农业农村数据资产化管理平台

区域农业农村管理部门挖掘数据价值，加强数据资产管理，多以技术栈为核心建设农业农村大数据平台，整合数据资源，提高数据资源管控能力，通过工具化、产品化手段实现数据汇聚、治理、分析挖掘与服务应用等一站式应用。

3.1 区域农业农村大数据平台建设

区域农业农村大数据平台建设通过数据规范化汇聚治理方法技术的研发应用解决多部门、多系统之间数据互联互通与汇交共享问题，实现分散、异构数据标准化、规范化加工；通过农业农村领域专业模型算法研发应用解决数据挖掘利用不足、深度数据分析应用不足的问题，实现跨领域数据价值发现与深度应用；通过探索式数据分析与可视化技术解决数据分析重静态展示、轻应用服务问题，实现不同层级数据实时动态计算与交互展示。

3.2 区域农业农村大数据平台建设架构

区域农业农村大数据平台建设共涉及 5 个层级（见图 2），其中，数据层开展业务系统数据采集与集成、实时流数据采集以及业务调查数据汇集，支持构建数据中心；支撑层根据数据容量、数据类型存储实际需求涉及分布式存储集群，高性能计算集群、AI 工具建模及深度学习与可视化分析建模工具等，为平台运行提供基础环境支撑；模型层基于问题导向开展专题数据库建设，并针对性地开展数据建模，支持基于组件配置和嵌入式技术的各类模型算法加载与调用；应用层满足问题导向型数据分析需求，开展数据挖掘分析，实现从数据到信息与知识的转化；服务层通过可视化、数据报表、数据服务终端等多技术及载体实现数据与数据产品的发布与服务。

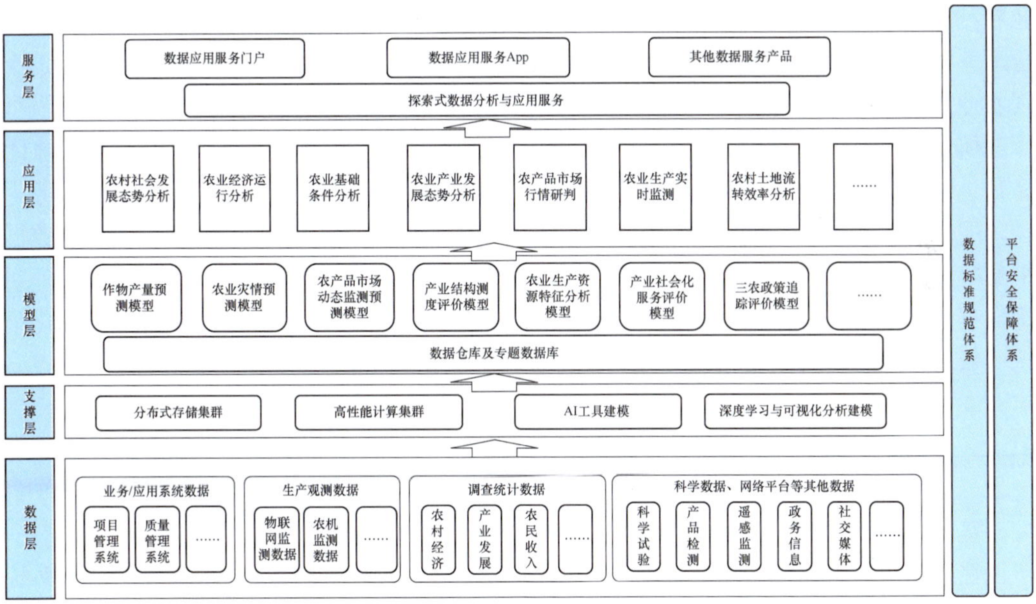

图 2 区域农业农村大数据平台架构

3.3 区域农业农村数据资产化业务模型

区域农业农村大数据平台作为区域农业农村管理部门开展数据资产化管理的工具，

需要通过业务模型明确数据资产化管理的业务流程与业务模式，并在有机系统中运行方可发挥作用，如图 3 所示。

图 3　区域农业农村数据资产化业务模型

问题与需求是区域农业农村数据资产化的基础，数据、技术工具、人才团队是实现数据资产化管理的三大核心要素，农业农村事务数字管理、农业产业数字化升级与农业农村智慧决策是数据资产化管理 3 个维度的应用与输出形式。从业务模式角度分析，农业农村事务数字管理主要通过数据汇聚、治理、挖掘模型等支撑业务管理与农业农村综合事务的数字化；农业产业数字化升级主要通过产业迭代，数字化凝练、业务化激励实现农业产业数字管理业务系统升级与数字化应用；农业农村智慧决策主要通过数据模型算法研发、应用系统开发、服务门户建设等实现决策产品的对外应用与发布。从人才团队角色角度分析，数据业务分析师与业务决策者共同明确数据驱动的业务场景或业务问题，明确数据资产化应用需求；由数据仓库架构师调动开展数据源、数据元确定与数据采集，经清洗加工与质量校验后存储入库，构建形成专题数据库；由数据建模分析师明确数据分析应用的模型或算法选型，联合数据挖掘工程师开展数据挖掘分析与可视化呈现；软件开发工程师负责系统开发，支撑面向用户的管理决策应用。

4　区域农业农村数据资产化管理模式

基于区域农业农村大数据平台建设与运行经验，数据资产化管理的问题解决是一个迭代往复的过程，具体包括问题 / 需求—数据定位—数据库建设—数据分析挖掘—系统与服务应用—服务反馈与问题发现，如上闭环业务流是平台持续运行并实现数据资产化的业务基础，但业务核心是基于问题与需求构建数据库并明确数据分析挖掘方法，支撑数据驱动业务。以问题为核心，数据—技术—人才 3 个核心要素的关系组合为基础，构建区域农业农村数据资产化管理模式，可以形成数据资产化业务的执行结构与规范，支持开展数据平台运行业务诊断与优化方案设计。

区域农业农村数据资产化建设需要从数据丰裕度、技术复杂度两个维度定位区域农业农村数据资产化管理业务模式，其中数据丰裕度和技术复杂度均是相对概念，数据丰裕度代表解决问题所需数据类型、结构化程度、维度等是否复杂；技术复杂度代表解决问题所需技术或模型算法应用普适度、掌握难易度是否复杂。

一般而言，所需解决的问题越复杂，涉及决策要素越多，开展循证决策管理所需的数据丰裕度和数据维度也越大，业务问题解决中数据用户与业务场景之间的交互方式、频率、范围等情景也更加多维。另外，技术发展与技术应用的复杂性，决定问题解决所涉及因素和运用管理方式的差异，往往复杂的问题需要的技术手段也更复杂，这也与大数据环境下深度学习、神经网络等大数据分析技术的应用为复杂场景循证决策管理提供重要工具、手段相吻合。

基于上述分析，本文基于大数据资产丰裕度和技术复杂性两个维度建立区域农业农村数据资产化管理框架，形成 2×2 区域农业农村数据资产化管理业务模式，分为 4 种模式：业务数字化应用模式、技术迭代化应用模式、业务全景化应用模式和决策智能化应用模式（见图 4）。下面分别探讨每种模式的特征及代表实例。

	低	高
复杂	技术迭代化应用模式	决策智能化应用模式
简单	业务数字化应用模式	业务全景化应用模式

图 4　区域农业农村数据资产化管理的 4 种业务模式

4.1　业务数字化应用模式

此模式适用于数据丰裕度低且所需技术复杂度不高的业务场景。在该模式中，解决问题所需数据的内容、结构化程度或数据字段属性较为明确，但业务领域数据积累少，或者积累数据数字化程度低，在数据完备的条件下解决问题的技术手段成熟易用。一般此模式下用户数字化提升业务管理的需求相对明确，业务边界清晰，属于农业农村信息化建设的空窗地带，可通过业务系统建设改进业务流程，加速领域数字资源建设，通过数字化提升业务管理效率。

应用案例：农村土地流转业务数字化及分析应用系统建设。

（1）业务场景：业务需求源于地方政府长期以来依托传统纸质汇总资料及土地流转合同附件形式了解农村土地流转业务概况，对业务动态、微观层级土地、流转主客体及流转方式、土地集中使用等缺乏时空维度的细致分析，需要利用数字化手段构建业务支撑系统，实现数字化且实时了解业务管理状态。

（2）数据资源：解决问题所需数据为土地流转主体、客体、时间、方式、面积、用途等 10 余个字段数据，通过实地调查与将非结构化数据进行结构化处理来完成数据库构建，有效弥补实际业务数据不足的问题。

（3）分析建模：基于准确、有效数据可支撑业务部门开展微观层级业务全景分析、时空维度比较分析。

（4）应用效果：基于业务问题催生土地流转业务数字化数据资产管理应用模式，实现了农村土地流转业务数字化管理与全景化展示。

4.2 技术迭代化应用模式

此模式适用于数据丰裕度低且所需技术相对复杂的业务场景。在该模式中，业务场景问题的典型特征是所需数据的内容、结构化程度或数据字段属性较为明确，但要解决具体业务问题所需的数据分析模型对业务特定场景的适应性较弱，复杂性高。用户循证决策与管理需求相对明确，数据积累度不高，需通过数据分析模型算法开发与优化，提升技术对具体问题的解决与解释能力，提高模型算法精度与应用场景的适应性。

应用案例：农作物种植生产与灾情监测应用系统建设。

（1）业务场景：地方政府需要实时、快速掌握地区农业产业种植面积及作物长势，通过快速灾情测报代替传统人工的方式开展特殊灾害灾情统计，支持业务管理快速响应。此业务场景的核心问题是基于深度学习模型算法实现科学、精准的作物生产规模、长势及灾情信息提取。

（2）数据资源：所需数据为高分遥感数据、雷达遥感数据及地面调查数据，鉴于全球遥感数据开放度较高，专题数据库构建难度不高。

（3）分析建模：基于深度学习算法开发农产品生产遥感解译模型、特定灾情遥感分析模型等支持特定区域、特定农作物、特定种植方式 / 灾情快速评估的数据解译模型，算法模型适应性低，通用模型精准性提高难度大。

（4）应用效果：基于业务问题催生技术迭代化数据资产管理应用模式，支持区域政府实时掌控生产态势、研判灾害威胁程度，科学、快速响应。

4.3 业务全景化应用模式

此模式适用于数据丰裕度高且所需技术相对简单的业务场景。该模式描述业务问题的数据内容相对丰富、数据结构化程度较高，且解决具体业务问题所需的技术复杂性低，更倾向于基于简单统计分析与关联分析的业务场景全景演绎与基本态势判断。在该模式业务中，用户开展业务全景分析的需求明确，但需数据跨度大，时空范围要求高，必须确保数据规范采集与制度化动态更新，逐步提高数据驱动业务场景诠释的精度。

应用案例：特色产品市场监测系统建设。

（1）业务场景：满足产业管理部门实时掌握本地化产品市场价格及销售态势与时空比较需求，支持开展产品竞争力分析及消费者画像呈现。

（2）数据资源：系统所需数据内容广，包括全国范围、长历史维度的销售量、价格、消费者特征等数据，数据保存与获取难度较大。

（3）分析建模：时空动态分析技术成熟，可直接用于时间序列价格与市场监测分析。

（4）应用效果：基于业务问题可实现高数据丰裕度与低技术复杂度的结合，催生业务全景化数据资产管理应用模式，基于第三方网络销售平台电商数据开展特色产品市场监测，帮助产业主体与决策部门构建市场价格曲线，支持短期市场走势判断。

4.4　决策智能化应用模式

此模式适用于对应业务场景问题中数据丰裕度高且所需技术相对复杂的情况。在该模式中，业务场景问题的典型特征是解决决策管理问题的数据内容要求丰富、数据结构化程度不高，而且解决决策问题所需的技术较为复杂，多属于复杂业务场景的深度分析与应用。在该模式中，数据可获取难度大，数据挖掘算法模型复杂度高，获取数据、构建数据挖掘模型是数字化、智能化推进决策管理的重要部分，也是农业农村区域管理中大数据技术应用的核心环节。

应用案例：农业产业政策舆情监测系统建设。

（1）业务场景：立足于实现农业产业信息、品牌信息、舆情动态及产业热点事件的识别与监测预警，支持开展决策响应与危机管理。

（2）数据资源：系统建设数据包括全国范围内相关产业政情数据、权威媒体及重要产业论坛产业舆情数据、销售及电商平台品牌培育与评价数据、产业热点事件追踪数据等，数据涵盖范围大、内容广且通常以非结构化为主。

（3）分析建模：技术复杂度包含多个维度，涉及非结构化数据结构化处理，自然语言处理与自然语言理解技术、标准数据集构建与标注技术、事件抽取与演绎技术等，但由于领域具体问题语料所限，模型算法应用复杂度较高。

（4）应用效果：基于业务问题可实现高数据丰裕度与高技术复杂度的结合，催生了决策智能化数据资产管理应用模式，支持政策环境分析与追踪、产品品牌的塑造与推广。

5　研究结论与展望

本文基于数据资产理论框架研究，明确区域农业农村数据资产化管理是实现数据为农业农村管理决策业务场景提供高准确率的参考性和预见性的数据分析产品的过程。对区域农业农村数据资产平台化管理中存在的问题进行分析，构建区域农业农村数据资产化业务模型，为当前大范围构建农业农村大数据平台运行管理提供诊断与优化依据；从数据丰裕度和技术复杂度两个维度形成农业农村数据资源管理业务数字化、技术迭代化、业务全景化、决策智能化 4 类应用管理模式，形成面向业务问题与决策管理价值导向的数据资产管理方法论，可指导基于业务的数据汇聚、数据融通与数据应用等资产管理实践。

参 考 文 献

[1]　中共中央国务院关于构建更加完善的要素市场化配置体制机制的意见 [N]. 人民日报，2020-04-10（1）.

[2]　工业和信息化部关于印发“十四五”大数据产业发展规划的通知 [EB/OL]. [2021-11-15]. http://www. gov.cn/zhengce/zhengceku/2021-11/30/ content_ 5655089. htm.

[3]　JASON W. Data Mining: Exploring the Corporate Asset[J]. Journal of Information Systems Management, 1998, 15(4): 68-71.

[4] 张莉莉，刘铁 . 浅析政务大数据资产化管理的实现路径 [J]. 经贸实践，2018（23）：151.
[5] 钟军 . 政务数据资产化与交易架构研究 [J]. 福建电脑，2017，33（10）：87-88.
[6] 穆勇，王薇，赵莹，等 . 我国数据资源资产化管理现状、问题及对策研究 [J]. 电子政务，2017(2)：66-74.
[7] 李海舰，赵丽 . 数据成为生产要素：特征、机制与价值形态演进 [J]. 上海经济研究，2021（8）：48-59.
[8] 朱扬勇，叶雅珍 . 从数据的属性看数据资产 [J]. 大数据，2018，4（6）：65-76.
[9] ROVOST F, FAWCETT T. Data science and its relationship to big data and data-driven decision making[J]. Big Data, 2013, 1(1): 51-59.
[10] 郁俊莉，姚清晨 . 从数据到证据：大数据时代政府循证决策机制构建研究 [J]. 中国行政管理，2020（4）：81-87.
[11] 常大伟 . 面向政府决策的大数据资源建设研究 [J]. 图书馆学研究，2018（13）：28-32.

作者简介

刘娟，中国农业科学院农业信息研究所副研究员，博士，主要从事涉农大数据应用等领域研究，主持和参与国家及省部级项目 20 余项，以第一作者或通讯作者发表学术论文 30 余篇，出版学术专著 6 部，获得发明专利 2 项，软件著作权 10 余项。

崔运鹏，中国农业科学院农业信息研究所研究员，博士，长期从事农业信息技术、农业知识管理、数据挖掘技术研究。主持和参加了国家 863 计划、国家支撑计划及省部级项目 20 余项。曾获得省部级奖项 4 项，包括北京市科学技术奖三等奖 2 项、中国农科院科技成果二等奖 1 项、中华神农科技奖 1 项。获得软件著作权登记 30 余项，公开发表论文 30 余篇，出版专著 5 部。组建了“领域需求分析—模型算法研发—工程技术开发”相结合的研究团队，探索形成多专业融合的“问题—数据—建模—可视化—应用”全链条农业农村领域异构数据建模与应用方法论，在多个大数据平台项目中实施应用。

霍梦佳，中国农业科学院农业信息研究所在读硕士研究生，主要研究方向为农业领域文本信息抽取，现主要从事文本挖掘、自然语言处理等方面的工作，参与涉农大数据应用等实践研究。

周书梅，中国农业科学院农业信息研究所在读硕士研究生，主要研究方向为农业领域文本信息挖掘，现主要从事涉农数据处理、数据分析等方面的工作，参与涉农大数据应用等实践研究。

面向国家重大需求

西太平洋科学观测信息化建设进展与成效

王　凡[*]　汪嘉宁

（中国科学院海洋研究所）

摘　要

围绕海洋强国建设的重大需求和印太交汇区海洋物质能量中心形成演化过程与机制等重大科学问题，中国科学院海洋研究所自主建成西太平洋科学观测网并实现稳定运行。观测网基于无线水声通信和有线感应耦合通信方式实现了深海数据从水下传感器到水面通信浮体的实时传输，通过北斗卫星实现了数据从水面到陆基的自主可控传输，通过应用系统的搭建助力了用户对数据的高效获取和使用。西太平洋科学观测网数据有效弥补了西太平洋次表层和中深层长期连续观测数据的缺失，支撑了大量创新性研究成果的产出，提高了对西太平洋三维环流时空变异和其气候效应的认知，提出了气候变化信号向大洋深部传递的新机制，为我国海洋环境和气候模拟预报能力的提高提供了有力保障。

关键词

西太平洋；科学观测网；潜标；实时传输；北斗卫星

Abstract

The Institute of Oceanology, Chinese Academy of Science has established a scientific observing network in the western Pacific Ocean, with objectives to meet requirements of the national marine power strategy and to resolve the key scientific questions, such as formation and evolution of ocean energy and material confluence in the Indo-Pacific convergent area. The deep ocean data are real-time transmitted to the surface buoy through the wireless acoustic and inductive coupling communications, and then to the office through the Beidou satellite in an autonomous and controlled manner. We further build a data application system to help users acquire and analyze observation data efficiently. This network compensates for the deficiency of long-term continuous subsurface, intermediate, and deep layer data in the western Pacific, and contributes to many innovative research findings, including systematically revealing the temporal-spatial variations of three-dimensional ocean circulations in the western Pacific and their climate effect, proposing a new mechanism for the propagating of climate signal into the abyssal ocean, and providing supports for the improvements of the ocean environment and climate simulations and predictions.

Keywords

Western Pacific Ocean; Scientific Observing Network; Subsurface Mooring; Real-time Transmission; Beidou Satellite

1　西太平洋科学观测网简介

经过 7 年多建设，西太平洋科学观测网（见图 1）现已拥有 30 余套深海潜标和大型浮标，成功获取连续 6 ～ 7 年的温度、盐度和海流等数据，首次实现了对西太平洋赤道流系、西边界流和中深层环流的长期同步观测。自 2014 年起，我们每年都使用国家重大科技基础设施“科学”号考察船组织 1 次西太平洋综合考察航次，航次内容主要包括：一是进行船载重复大面和断面观测，实现全水层和多学科海洋要素的同步观测；二是通过观测网内潜浮标的回收和再布放，对潜浮标平台设备电池、易损耗连接件进行更换维护。

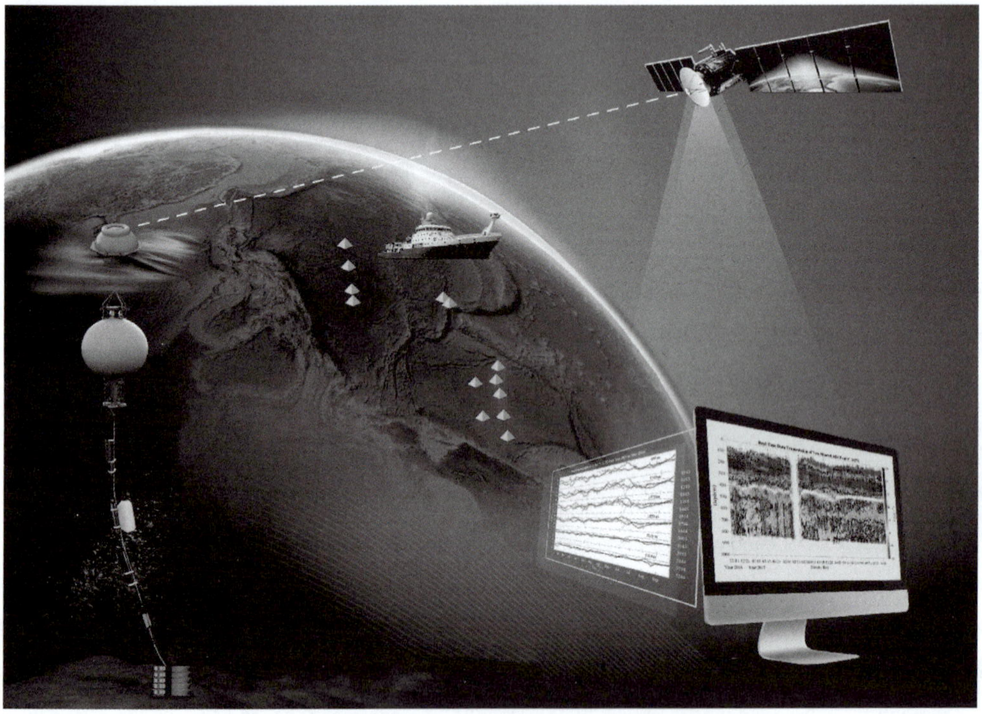

图 1　西太平洋科学观测网和实时通信潜标示意图

观测网多数潜标为全水深潜标，传感器在各水层均有分布，这为认知全水体的三维环流结构和物质能量的垂向交换等奠定了良好的数据基础。部分潜标为深水型潜标，传感器只在 3000 米以深布放，针对深层环流进行观测。除温盐流传感器外，部分潜标加装了溶解氧等传感器，这为认知水文动力与生物化学过程的相互作用提供了数据支撑。所有传感器的观测时间频次均小于或等于 1 小时 / 次，为认知包含内潮、近惯性内波等多尺度动力过程及其相互作用提供了数据保障 [1,2]。深海潜标组成了多个针对海洋上层和中深层的观测阵列。130° E 南北断面阵列主要针对的科学问题有北赤道流和北赤道潜流及其携带水团的特征与多尺度变异、中尺度涡结构及其对物质能量交换输运的影响、暖池对台风的影响等。140° E/142° E 南北断面阵列主要聚焦北赤道逆流、赤道潜流、南赤道流、新几内亚沿岸流及赤道中层流等赤道流系及其携带水团的特征和多尺度变异、暖池热盐结构、环流系统与厄尔尼诺与南方涛动（El Niño-Southern Oscillation,

ENSO）等气候事件的相互作用、南北半球水交换等。深层西边界流的观测阵列主要位于雅浦马里亚纳海沟连接区，近几年向西拓展至九州帕劳海脊和菲律宾海盆、向东拓展至东马里亚纳海盆内，该阵列主要针对的科学问题为深层西边界流上下分支入侵西太平洋的路径、结构和流量，以及其多尺度时间变异规律、深层动力过程与上层海洋和气候变化的联系通道和机制等。

2 观测网信息化建设

2.1 深海数据水下 - 水面通信子系统

深海数据的实时传输对海洋与气候预报预测和深海科学研究等意义重大。我们自2016年起不断攻克大水深、长时序潜标数据实时传输技术难题，成功研发了大水深实时通信潜标装备[3]。2016年，通过无线水声通信的方式，水下500米处两台声学多普勒流速剖面仪（Acoustic Doppler Current Profilers，ADCP）获得的从表层至1000米层的三维流速数据成功传递至水面浮体（见图2）。2017年，通过水声通信系统的升级，可实时传输的数据深度拓展至3000米。2018年，可实时传输的数据深度进一步拓展至5000米，并且融合了有线感应耦合和无线水声通信两种方式，实现了大洋上层和中深层数据的同步实时传输。2019年，实现了双向实时传输，深海数据不仅可以实时回传至陆基，同时陆基可以实时调整深海设备的工作频次和观测层数等。自2017年起，具备实时通信功能的潜标开始组网运行，每年数量在10余套左右，在一年周期内10余套实时潜标平均运行时长在6～8个月，系统运行的稳定性逐步提高。

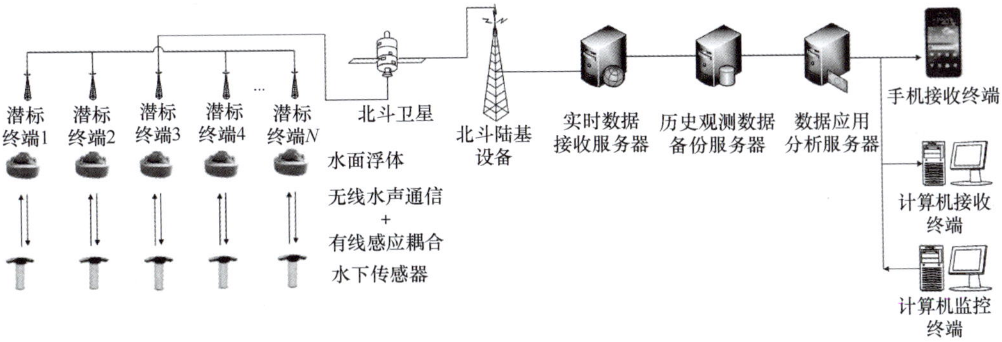

图2 观测网信息化系统结构示意图

2.2 深海数据水面 - 陆基卫星通信子系统

深海数据到达海表浮体后，下一步就需要使用通信卫星将数据继续回传至陆基（见图2）。为了检验实时通信潜标的技术指标、总体性能和系统可靠性，在观测网建设初期使用国外的卫星通信系统进行数据传输，后期为保证深海实时数据传输的自主可控，使用我国自主研发的北斗卫星成为必选项。

在北斗卫星通信子系统自主研发过程中，我们需要克服 3 个方面的限制。第一，潜标的载荷空间很小，可装载卫星模块和天线的容积非常有限；第二，由于没有自主的发电系统，所以卫星模块功耗低；第三，通信数据量远大于北斗单卡的传输能力，比如两台 ADCP 每小时数据量为 2700 多字节，但北斗单卡的传输速率是每分钟 78 字节，如果只用单卡来传输，每小时的数据量最快也需要 30 多分钟完成，海上多变的环境因素使其几乎无法实现。为克服这 3 个方面的限制，我们采用了多种创新设计，第一，针对载荷容积小，设计了通信卡板双层叠加方案，可实现 16 个通信卡的集成和同步传输；第二，针对没有自主发电系统，采用了低功耗微处理器和值班电路，通过数据采集板定时唤醒北斗通信模块来大幅降低能耗；第三，针对通信数据量大，采用了多卡切换运行、动态分包和滑动窗口分包传输的方式，确保数据不丢失。此外，采用双向交互短信的功能进一步实现了双向通信功能。通过上述创新性设计和不断优化，潜标上两台 ADCP 的数据可以在 2 ～ 3 分钟发送完成，实现了深海数据的自主可控传输。

2.3 深海数据陆基 - 用户应用子系统

为了更好地实现深海实时数据的高效应用和面向用户的数据分发，我们构建了观测网数据应用管理系统。该系统主要实现三大功能，一是历史观测数据的结构化存储和下载；二是深海实时数据的自动接收、质控处理、可视化绘图和手机、网页等应用端推送；三是进行海上潜标终端管理和双向配置。系统整体采用了 3 层架构，采用 C 语言进行底层开发，潜标数据接收、备份、应用分析功能分离，保证了数据的实时性和完整性。服务器操作系统采用 Linux 内核和 MySQL 定制数据库，有效避免了微软系统的安全漏洞，提高了数据的安全性。自主研发数据加密算法，有效杜绝了网络传输过程中的泄密漏洞。同时，预留丰富的数据接口，为后续的功能添加、二次开发和与其他数据分析系统对接提供便利。通过应用系统的搭建，科研和业务人员可以通过计算机或手机终端掌握深海大洋历史和实时的水文与动力状况。

2.4 建设成效

西太平洋科学观测网获取的深海观测数据有力地支撑了我国大量创新性研究成果的产出。第一，揭示了西太平洋包含表层、次表层和中深层环流在内的三维环流结构。以往关于西太平洋次表层环流的研究依赖于非常有限的船载断面观测，且每次观测结果差别很大，关于次表层环流的结构特征一直没有明确答案。由于受制于观测数据的缺失，导致以往对中深层环流的认知几近空白。基于观测网长期连续数据，直接观测证实了棉兰老潜流、北赤道潜流、赤道中层流的存在和结构特征 [4, 5]，确定了 3000 米以深深层经向翻转环流入侵西太平洋的路径、流量和结构等 [6, 7]。第二，揭示了西太平洋环流的多尺度变异规律，提出大气季节内振荡、行星和地形罗斯贝波、涡旋等过程在不同尺度上将气候变化信号传递到大洋深部的新机制。基于长期连续数据，揭示了以往很难认知的次表层和中深层流的季节内—季节—年际的变异规律，特别是发现中深层海洋与上层海洋和气候变化联系的快速通道 [7-14]。这些创新性成果有力地推动了由我国科学家主导发起的国际西北太平洋海洋环流与气候实验计划（NPOCE）[15] 和“印太交汇区”多圈层相互作用重大前沿研究。

我们建立了潜标实时数据向科研和业务部门常态化共享机制。国家海洋环境预报中心认为，实时数据对改善西太平洋海域数据预报有帮助，填补了长期以来水下实时数据的空白，有助于提高水下环境预报的准确度，为我国海洋环境预报能力的提升提供了有力支撑。中国科学院大气物理研究所认为，实时数据提高了厄尔尼诺和西太平洋热带海域的气候预报产品的准确度，尤其是西太平洋赤道流系的三维结构模拟改善明显，有效弥补了现有国际海洋观测系统中没有次表层流观测的缺陷，为我国海洋动力和气候模式的发展提供了有力支撑。中国海洋大学物理海洋教育部重点实验室建设的“两洋一海”（太平洋、印度洋和南海）3000 米多圈层耦合预测系统，自 2018 年至今，作为业务化主系统为青岛国家海洋科学与技术试点国家实验室提供了“海上丝绸之路”区域海气环境预测服务，该实验室认为西太平洋科学观测网提供的实时数据提高了西太平洋海域水下温度、盐度、流速流向等预报产品的准确度，改进了西太平洋西边界流系和赤道流系三维结构的模拟，有效解决了现有国际海洋观测系统中没有实时次表层和中深层流数据的问题。中国科学院南海海洋研究所的相关研究表明，在数值模式中同化西太平洋科学观测网数据，可以从较大程度上减小对北赤道逆流、赤道潜流等流速低频变化和流轴位置的模拟误差，可以在低频时间尺度上改善对海洋内部斜压结构的模拟，可以校正对有效位能的模拟估计等[16, 17]。

3 总结和展望

西太平洋科学观测网建设实现了从观测网科学规划、深海潜标设计、大洋海上作业、水下和卫星实时传输、数据分析挖掘到计算机 / 手机终端图形接收的全流程一体化作业，积累了长时序的海洋水文动力观测数据，实现了基于北斗卫星自主可控的 5000 米深度以内数据双向实时传输，使我国全球海洋定点实时观测水平居世界前列。西太平洋科学观测网的建设和运行改变了长期以来国际上缺乏西太平洋次表层和中深层海洋环境长期连续观测的局面，在国内外产生了广泛的影响，成为以此为主要支撑的 NPOCE 国际计划［被誉为 CLIVAR（气候变率及可预测性）计划］实施 20 年来的成功范例，历史性地确定了中国主导国际热带西太平洋前沿研究的地位。

为满足国家深远海科学研究和设备研发等需求，促进学科交叉及重大科技成果产出，我们正稳步推进西太平洋科学观测网观测数据和潜浮标试验平台的有序开放共享。在数据共享方面，一方面融合潜标数据，研发了具有西太平洋区域优势的海洋科学数据集，助力在最新的全球气候变化报告中出现第一条中国曲线；另一方面通过相关网站平台有序分批提供直接的数据下载链接。在潜浮标试验平台共享方面，通过在已有平台加挂设备的方式实现，加挂设备包括但不限于：针对具体科学目标的多学科观测设备，希望与现有观测网设备进行联合观测的设备，需要进行深远海海试的研制设备等。

我们将持续推进西太平洋科学观测网建设，服务于海上丝绸之路、深度参与全球海洋综合治理、海洋防灾减灾等国家重大需求，全方位承接国家发展对深海科学研究和观 / 探测提出的使命任务。

致谢

西太平洋科学观测网建设得到了国家重大科技基础设施“科学”号考察船及其工作人员的大力支持。本文得到了中国科学院科研仪器设备研制项目（YJKYYQ20170038、YJKYYQ20180057）资助。

参考文献

[1] 王凡，汪嘉宁 . 我国热带西太平洋科学观测网初步建成 [J]. 中国科学院院刊，2016，31（2）：258-262.

[2] 汪嘉宁，王凡，张林林 . 西太平洋深海科学观测网的建设和运行 [J]. 海洋与湖沼，2017，48（6）：1471-1479.

[3] WANG F, WANG J, XU L, et al . The development of a new real-time subsurface mooring[J]. Journal of Oceanology and Limnology, 2020, 38(4): 1080-1091.

[4] ZHANG L, HU D, HU S, et al. Mindanao Current/Undercurrent measured by a subsurface mooring[J]. Journal of Geophysical Research: Oceans, 2014, 119(6): 3617-3628.

[5] ZHANG L, WANG F J, WANG Q, et al. Structure and variability of the North Equatorial Current/Undercurrent from mooring measurements at 130° E in the western Pacific[J]. Scientific Reports, 2017, 7(1): 1-9.

[6] WANG J, MA Q, WANG F, et al. Seasonal variation of the deep limb of the Pacific meridional overturning circulation at Yap-Mariana Junction[J]. Journal of Geophysical Research: Oceans, 2020, 125(7): e2019JC016017.

[7] WANG J, WANG F, LU Y, et al. Pathways, volume transport, and seasonal variability of the lower deep limb of the Pacific meridional overturning circulation at the Yap-Mariana Junction[J]. Frontiers in Marine Science, 2021, 8:672199.

[8] WANG J, MA Q, WANG F, et al. Linking Seasonal-to-interannual variability of intermediate currents in the southwest tropical Pacific to wind forcing and ENSO[J]. Geophysical Research Letters, 2021, 48(5): e2020GL092440.

[9] SONG L, LI Y, LIU C, et al . Observed deep-reaching signatures of the Madden-Julian Oscillation in the ocean circulation of the western tropical Pacific[J]. Geophysical Research Letters, 2019, 46(24): 14634-14643.

[10] MA Q, WANG F, WANG J, et al. Intensified deep ocean variability induced by topographic Rossby waves at the Pacific Yap-Mariana Junction[J]. Journal of Geophysical Research: Oceans, 2019, 124(11): 8360-8374.

[11] WANG F, SONG L, LI Y, et al . Semiannually alternating exchange of intermediate waters east of the Philippines[J]. Geophysical Research Letters, 2016, 43(13): 7059-7065.

[12] HU S , SPRINTAL J , GUAN C, et al. Spatiotemporal features of intraseasonal oceanic variability in the Philippine Sea from mooring observations and numerical simulations[J]. Journal of Geophysical

Research: Oceans, 2018, 123(7): 4874-4887.

[13] MA Q, WANG J, WANG F, et al . Interannual variability of lower equatorial intermediate current response to ENSO in the Western Pacific[J]. Geophysical Research Letters, 2020, 47(16): e2020GL089311.

[14] ZHANG Z, PRATT L J, WANG F, et al. Intermediate intraseasonal variability in the western tropical Pacific ocean: meridional distribution of equatorial Rossby waves influenced by a tilted boundary[J]. Journal of Physical Oceanography, 2020, 50(4): 921-933.

[15] HU D, WANG F, SPRINTALL J, et al. Review on observational studies of western tropical Pacific ocean circulation and climate[J]. Journal of Oceanology and Limnology, 2020, 38(4): 906-929.

[16] LIU D, ZHU J, SHU Y, et al. Model-based assessment of a Northwestern Tropical Pacific moored array to monitor the intraseasonal variability[J]. Ocean Modeling, 2018, 126: 1-12.

[17] LIU D, WANG F, ZHU J, et al. Impact of assimilation of moored velocity data on low-frequency current estimation in northwestern tropical Pacific[J]. Journal of Geophysical Research: Oceans, 2020, 125 : e2019JC015829.

作者简介

王凡，研究员，中国科学院海洋研究所/烟台海岸带研究所所长。首批“万人计划”科技创新领军人才入选者和全国优秀科技工作者，国际 NPOCE 计划科学委员会副主席，国际 CLIVAR 计划太平洋工作组委员。

长期开展印太交汇区及其周边海域海洋环流与暖池动力学研究。先后主持 973、重点研发、基金委重点和重大基金、中国科学院先导专项等重大项目。针对热带西太平洋环流与暖池的次表层结构与变异、中深层环流变异等前沿科学问题开展了长期系统研究，取得了重要的科学发现和理论创新，实现深海潜标连续实时观测重大突破，开拓“印太交汇区”多圈层交叉研究领域，倡导并积极开拓“人工智能海洋学”。在 *Nature*、*National Science Review*、*Science Advances* 等国内外主流期刊发表论文 160 余篇，出版专著 3 部，荣获中国科学院杰出科技成就奖（排名第二）、山东省自然科学一等奖（排名第一）、“海洋工程科技奖一等奖”（排名第一）等。

汪嘉宁，研究员，中国科学院海洋环流与波动重点实验室副主任。中国海洋研究青年委员会委员，“2029 年世界海洋观测大会”青年规划委员会委员。

现主要从事深海多尺度动力过程和气候效应研究。先后主持国家自然科学基金重点/面上/青年项目、中国科学院战略性先导科技专项子课题、中国科学院科研仪器设备研制项目等，担任中国科学院战略先导专项、国家自然科学基金委多个大洋航次首席科学家。基于潜标等观测数据，逐步摸清了西太平洋中深层环流的“立交桥”结构，发现了深海与上层海洋和气候变化联系的“高速公路”，改变了以往“深海是死水、杂乱无章和千年尺度变化”的传统认知，将西太平洋三维环流及与气候变化的联系认知拓展至中深层。在 *Nature Index* 等国内外主流期刊发表论文 40 余篇，荣获“海洋工程科技奖一等奖”（排名第二）等。

面向高速列车延寿的高性能数值模拟软件开发与应用

魏宇杰[1*] 杨国伟[2] 陈贤佳[1] 肖 攀[1] 银 波[2] 梁 姗[3] 刘夏真[3] 吴 晗[2]
纪占玲[2] 袁 征[1,4] 周纯葆[3] 陆忠华[3] 崔洪举[5] 马 龙[5]
(1. 中国科学院力学研究所非线性力学国家重点实验室；2. 中国科学院力学研究所流固耦合系统力学重点实验室；3. 中国科学院计算机网络信息中心；4. 北京交通大学机械与电子控制工程学院；5. 中车青岛四方机车车辆股份有限公司国家高速动车组总成工程技术研究中心)

摘 要

本文针对高速列车整车级寿命评估与优化需求，发展了面向 E 级计算的高速列车延寿优化计算理论与模型，突破了适配于国产异构平台的气动大规模并行算法和并行重叠网格技术，实现了气动 / 结构耦合的百万核级并行计算，提升了计算规模和效率。从系统力学原理出发，将多物理场分析和优化与高性能计算技术有机结合，建立了分层次协同的高速列车延寿优化方法。面向延寿优化的全流程仿真需求，自主开发了气动分析、结构参数化建模、结构有限元求解、疲劳寿命计算、结构多目标优化等核心功能模块，集成了高速列车延寿优化数值模拟软件（“数值高铁 V1.0”）。该软件在“神威 • 太湖之光”“东升一号”高性能计算机和中车四方股份计算环境完成了部署和测试，并在 400 km/h 高速列车气动表面改形设计、载荷分量对疲劳寿命贡献预测、关键部件延寿优化等高速列车安全可靠性设计任务中得到了应用。

关键词

高性能计算；高速列车；延寿优化；并行算法；数值高铁 V1.0

Abstract

For the whole-vehicle-level life evaluation and optimization of high-speed trains (HSTs), we develop the theory and model for life extension optimization (LEO) of HSTs for exascale computing, thus improving the scale and efficiency of calculations. We realize a million-core parallel computing for aerodynamics / structure coupling analysis by breaking through the massively parallel algorithms for aerodynamic solving and overset grids that are applicable to domestic heterogeneous supercomputing platforms. From the perspective of system mechanics, we propose a hierarchical and collaborative LEO method for HSTs, which organically links the multi-physics analysis and optimization with the high-performance computing (HPC). For the needs of full-process simulations of LEO, we independently develop the core functional modules used for aerodynamic solving, structural parametric modeling, structural finite element analysis, fatigue life calculation and structural multi-objective optimization, thus integrating the high-performance numerical simulation software for LEO of HSTs (“Numerical HST Version 1.0”). We have completed the software deployment and testing on typical HPC platforms like “Sunway Taihulight” and “SunRising-1”, as well as in the computing environment of CRRC Sifang Co., Ltd. Moreover, the developed software has been applied in the tasks for the safety and reliability design of HSTs, such as aerodynamic surface modification design of 400 km/h HSTs, prediction of the respective contributions of load components on the bogie frame to its structural fatigue life, and LEO for the key components of HSTs.

Keywords

High-performance Computing; High-speed Train; Life Extension Optimization; Parallel Algorithm; Numerical High-speed Train V1.0

1 背景与需求

高性能计算已成为人类解决工程、材料、能源、环境等领域重大挑战问题的利器，其软硬能力是衡量国家科技发展水平的重要标志[1]。美国于2015年发布了国家战略计算倡议（NSCI），以维持并提升其在高性能计算研究、开发与部署领域的科学、技术与经济领导地位[1]。作为NSCI的一部分，美国能源部正在执行E级计算（1 EFlops，每秒百亿亿次计算）计划（ECP），拟在2023年前陆续研制3台E级计算机，并同步支持配套软件和应用的研发[1]。欧盟和日本也推出了多个发展规划以促进超级计算基础设施的发展，如欧盟的地平线欧洲计划（Horizon Europe）和数字欧洲计划（DEP）[1]，日本的旗舰2020计划（Flagship 2020）[2]等。这些计划都将实现超级计算机硬件、软件、算法和应用的协调发展作为重要目标。

我国经过持续多年的努力，陆续研制了天河系列、“神威·太湖之光”等超级计算机，超算硬件基础设施处于国际领先水平，但与之相适应的国产高性能计算应用软件还相对欠缺。据《国家高性能计算环境发展水平综合评价报告（2015—2020）》统计，2020年在国家高性能计算环境19家节点单位（包括6个国家超算中心）的超算平台上运行的2130款科研教育应用软件中，国产软件只有255款，近九成是国外软件[3]。各学科领域缺乏适配于国产高性能计算架构的应用软件，已成为制约我国高性能计算应用发展的“卡脖子”问题。国家“十四五”规划在提出建设E级和10E级超级计算中心的同时，也明确指出要加快补齐基础软件瓶颈短板，提升关键软件产业水平，推动首版次软件示范应用[4]。从2022年5月发布的最新一期全球超级计算机TOP 500榜单可以看到，登顶的美国橡树岭国家实验室的Frontier超级计算机达到了1.1 ExaFlops（百亿亿次）的峰值性能[5]，表明超级计算已经跨入E级计算时代，强大的算力在给科学研究带来无限机遇的同时，也对相关工程应用软件和算法的配套提出了挑战。

在过去10多年间，我国高速铁路技术经历了技术引进、消化吸收、自主创新的发展历程，高速铁路版图持续扩大。国家铁路集团最新数据显示，我国高速铁路营运里程已突破4万千米[6]，“四纵四横”高铁网提前建成，“八纵八横”高铁网加密成型，高速动车组保有量已占世界2/3以上。如果说在高速列车发展初期，人们重点关注的是如何保证列车高速、平稳和安全运行，那么随着大量高速动车组长期在线运营，其服役安全性和关键部件可靠性问题日益突出。高速列车作为高速铁路系统的核心装备，是一个典型的复杂动力学大系统[7]，其安全可靠性设计需要综合考虑轮轨关系、弓网关系和流固耦合关系的影响[8]（见图1）。近年来，国内学者和工程技术人员围绕高速列车设计和安全服役涉及的关键力学问题开展了广泛和深入的研究[9, 10]。在气动方面，计算了横风作用、进出隧道等复杂运行工况下列车的气动特性[11, 12]；发展了列车气动外形的优化设计方法[13]；探究了针对风挡、转向架裙板、受电弓及导流罩等局部不平顺区域的气动减阻措施[14]；搭建了多工况条件下高速列车动模型试验平台，并发展了相关试验技术[15]。在结构安全可靠性设计方面，发展了车—线—网耦合的系统动力学分析模型[7]、高速列车服役模拟计算方法[16]及考虑横风、车轮踏面磨耗、轨道不平顺作用下的列车动力学响应计算模型[17, 18]等；针对转向架、车轴、轴承、齿轮箱等关键承载结构的疲劳可靠性问题，发展了从载荷试验[19, 20]、载荷谱编制[21]到载荷建模[22-24]等一系列可靠性评价方法和技术。然而，由于系统分析方法不足和计算规模效率的限制，目前国内外关于高速列车的寿命与可靠性设计还处在材料及关键构件级别，无法解释并预测高速列车寿命与可靠性方面出现的一些整体性问题，如构件之间的相互影响规律等，也迫切需要多学科交叉的整车级寿命评估与优化设计新方法及高性能计算软件的支持。国产超级计算机采用高度异构和内部网络高速互联的体系架构[25]，这使得用于高速列车多学科分析与优化的主流工程计算软件无法直接在国产超算平台上编译运行，特别是面向异构计算加速需要开展大量的移植与适配工作。

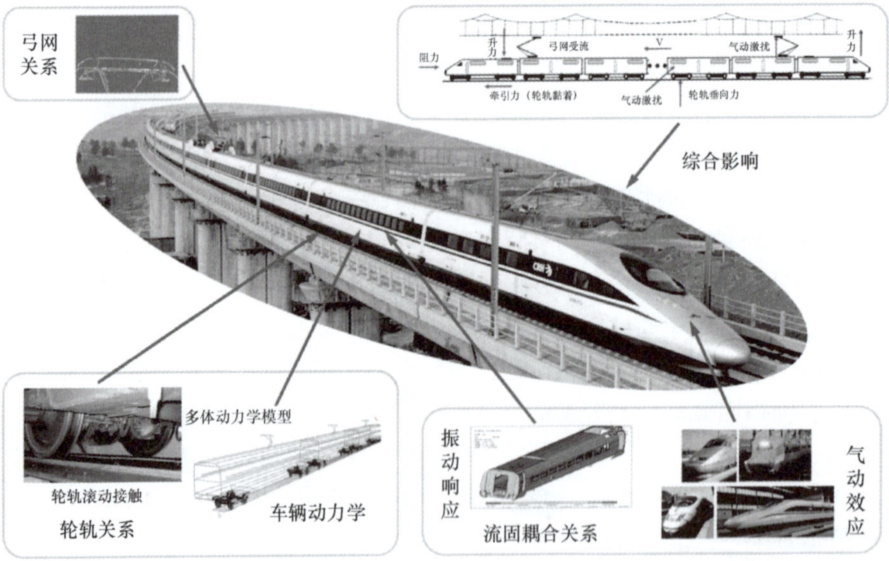

图 1　高速列车轮轨关系、流固耦合关系和弓网关系示意图

在科技部国家重点研发计划“高性能计算”重点专项、中国科学院 B 类战略性先导科技专项和中国科学院信息化专项的支持下，中国科学院力学研究所联合中国科学院计算机网络信息中心、大连理工大学和中车青岛四方机车车辆股份有限公司（以下简称中车四方股份），共同承担了“高速列车延寿优化高性能数值模拟软件及应用”项目。该项目旨在从系统力学原理出发，通过发展适配于国产异构平台的高性能数值计算方法和应用软件，实现高速列车整车级疲劳寿命分析与优化，主要研究目标为：①针对整车级结构有限元、多体动力学和空气动力学等多学科协同仿真需求，突破百万核级并行技术，发展大规模并行算法；②提出以延寿为目标，综合考虑阻力、质量、稳定性等因素的系统优化方案，开发面向 E 级计算的高速列车延寿优化数值模拟软件，解决高速列车

整车级寿命评估及优化设计方法不足、计算规模效率受限的应用难题；③针对高速列车所受气动力、重力、轮轨激扰等复杂载荷，发展载荷分量贡献预测方法；④将软件部署于国家超级计算环境，结合 CRH 380A 高速列车开展应用示范，形成寿命评估与延寿优化建议方案，为高速列车结构寿命管理、维修方案制订和延寿优化设计提供技术支撑。本文将从高速列车延寿优化理论模型与高性能算法、软件研制与部署和高速列车典型应用示范 3 个方面详细阐述取得的重要进展。

2　延寿优化高性能计算模型与方法

模型是实现真实物理问题仿真的重要载体，而算法是保证分析与优化过程合理、有效且高效的关键。我们以 CRH 380A 高速列车为原型，构建了三编组列车多物理场分析模型用于气动、结构有限元和多体动力学模拟。针对最为耗时的气动分析环节，发展了适用于国产异构平台的气动百万核级并行算法，并结合并行重叠网格技术实现了气动 / 结构（多体动力学）耦合的大规模并行模拟。基于系统力学思想，将多物理场分析和优化与高性能计算技术有机结合，建立了面向 E 级计算的分层次协同的高速列车疲劳寿命优化方法。

2.1　三编组列车多物理场计算模型

我们以 CRH 380A 高速列车为原型，选取由头车、中间车和尾车组成的三编组列车作为研究对象，建立了相应的气动模型、结构有限元模型和多体动力学模型，分别用于延寿优化过程中的气动分析、结构有限元模拟和多体动力学计算。其中，三编组列车气动模型（见图 2）的计算域采用全六面体网格划分，网格数量为 113438772（约 1.13 亿个）。三编组列车结构有限元模型（见图 3）采用壳单元、四面体单元对车体、转向架构架、牵引销、支承座等关键部件进行了建模，并通过不同弹簧、阻尼单元的组合实现钢弹簧、空气弹簧、车钩等连接件的简化建模，共计约 456 万个单元、677 万个节点。三编组列车多体动力学模型将车体、转向架、轮对等部件视作刚体，部件之间通过弹簧和阻尼件连接，同时考虑轨道不平顺和轮轨间的弹性支撑和非线性接触。所有参数的选取与真实列车的动力学特性相匹配。

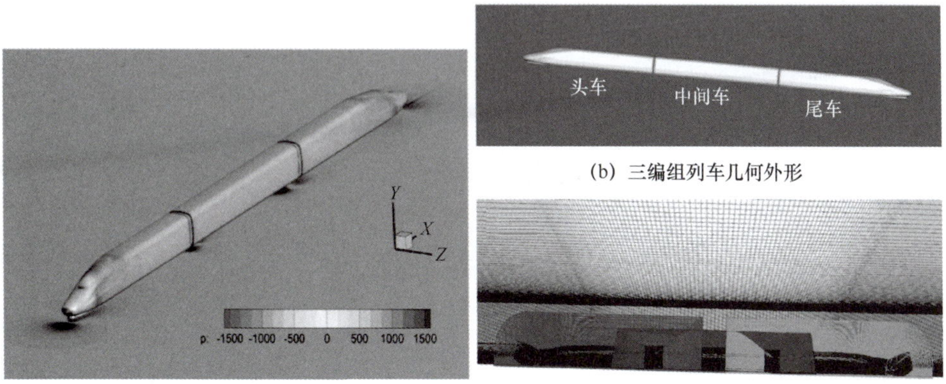

(b) 三编组列车几何外形

(a) 气动压强云图　　(c) 头车、中间车、尾车重叠网格示意图

图 2　三编组列车气动模型

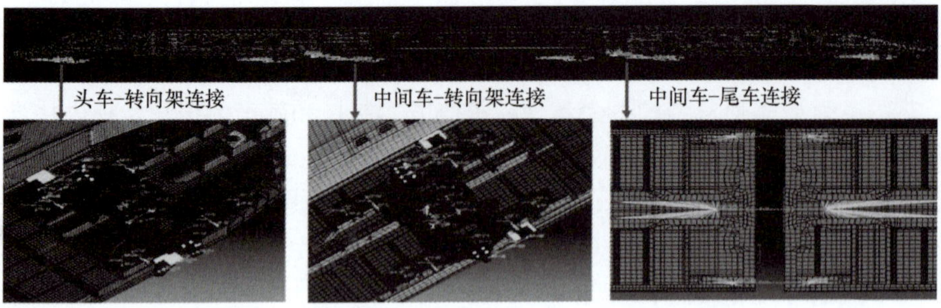

图 3　三编组列车结构有限元模型及关键连接示意图

从延寿优化涉及的不同学科的计算效率来看，气动分析和头型优化的计算代价最大，占整个计算量的 90% 以上，结构有限元动应力计算的时间成本次之，多体动力学分析的计算效率最高。因此，我们利用增量叠加法对高速列车头车气动外形进行参数化建模，并建立了基于交叉验证的 Kriging 模型 [13, 26]，通过较少的样本点便可实现气动力的高精度预测，以降低气动设计的计算量（见图 4）。同时，为了提高关键结构动应力计算的效率，我们建立了结构载荷谱智能化预测模型 [27]（见图 5）。该模型以实际测得的

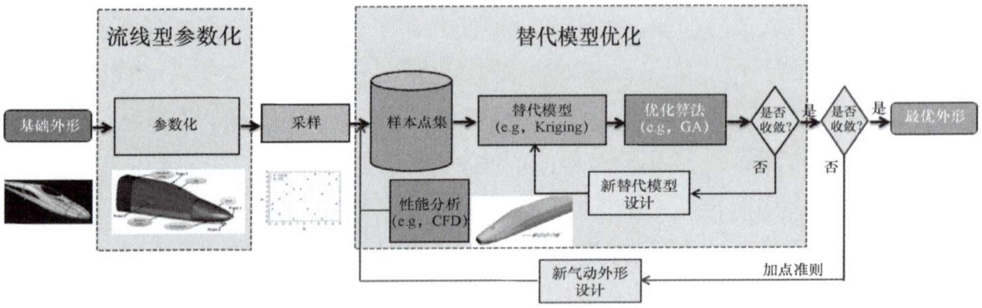

图 4　基于交叉验证的 Kriging 模型及其在气动外形设计中的应用

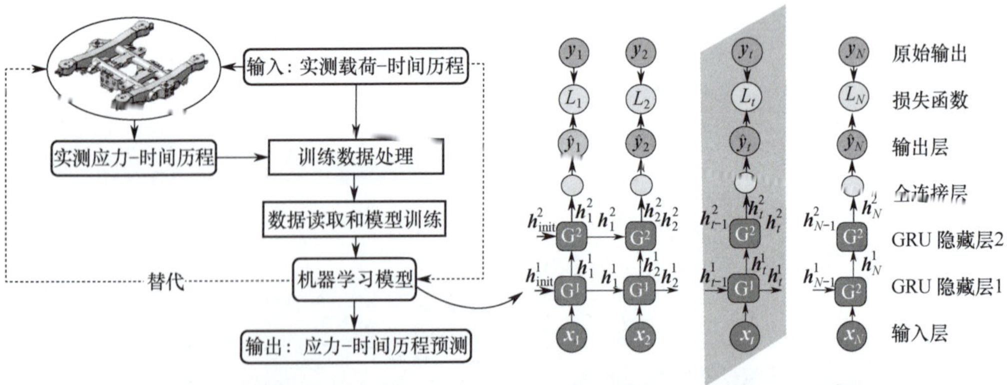

(a) 模型的输入和输出　　(b) 模型使用的 GRU 神经网络示意图

图 5　高速列车关键结构载荷谱智能化预测模型

结构承受的载荷－时间历程为输入，以疲劳关键位置的实测应力－时间历程为输出，采用门控循环单元（GRU）模型来构建两者间的复杂映射关系。通过将有限元模拟与智能化预测相结合，可显著缩短结构动应力求解的时间，从而降低疲劳寿命计算的成本。

2.2　气动 / 结构耦合高效并行算法

针对高速列车延寿优化过程中最为耗时的气动力分析环节，我们发展了适配于国产“神威·太湖之光”异构平台的 CCFDv3.0 软件的并行算法。CCFDv3.0 软件利用有限体积法求解 N-S 方程，采用多块结构网格对计算域进行离散。为实现并行计算，需要利用区域分解技术将大规模的结构网格块划分成多个子结构网格块，并将其分配到不同的处理器上进行求解 [28]。这一映射分配过程涉及网格块在不同节点上的计算、通信负载平衡，以及网格块之间和网格块内部的数据通信等问题。针对国产 SW26010 众核处理器的特点，CCFDv3.0 软件的并行算法采用消息传递机制（MPI）实现核组间的数据通信，并利用 Athread 实现核组内的主从核并行加速。我们通过采取直接存储器访问（DMA）数据传输、线程内部寄存器通信、数据存储和计算流程优化、向量化处理、指令重排等一系列优化方法提升算法在不同节点上的访存和通信效率，实现 CCFDv3.0 软件在国产高性能计算平台上的高效运行。例如，采用结构体数组（SoA）对网格块数据进行存储，以适配国产处理器的向量化及访存特性；通过双缓存区优化使得缓存区内的计算和访存并发执行，实现计算和访存的时间重叠，提高从核的访存效率；通过处理器从核阵列提供同行同列的寄存器通信通路，实现线程组间的高效数据交换，并通过该寄存器通信方式实现 Stencil 高效计算；通过 SW26010 处理器提供的混洗指令，对原始数据重新组装，形成一个按变量连续存放或者满足实际算法计算需要的数据摆放形式，实现计算替代访存优化，完成向量化操作等。我们以单进程的纯 MPE 版本为基准，通过高速列车气动分析案例考察了 CCFDv3.0 在“神威·太湖之光”高性能计算平台上的加速效果。以时间步推进计算为例，图 6（a）给出了不同众核异构优化措施带来的计算性能提升情况，图 6（b）展示了利用 CCFDv3.0 并行求解 N-S 方程时各环节的耗时和加速比情况。结果表明，上述优化措施能有效提升 CCFDv3.0 在国产异构平台上运行时的计算性能。

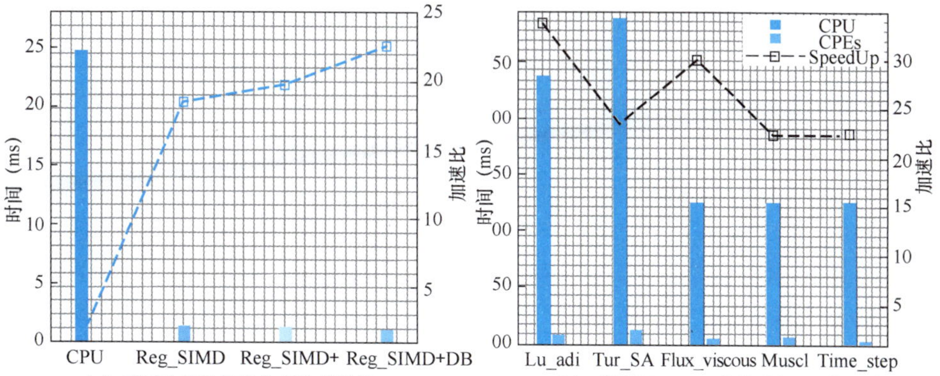

（a）不同众核异构优化方法对时间步推进计算的加速效果

（b）利用CCFDv3.0并行求解N-S方程时各环节的耗时和加速比情况

图 6　CCFDv3.0 在“神威·太湖之光”高性能计算平台上的加速效果

为满足气动载荷影响下高速列车稳定性分析的需要，我们在突破并行重叠网格技术[29]的基础上发展了气动 / 结构耦合的大规模并行算法。气动 / 结构耦合算法的关键在于实现两个学科间的数据传递和气动网格的运动。以三编组列车气动 / 结构耦合分析为例，在每个时间步内，首先通过气动分析获得各节车的气动力和力矩，将其作用于动力学模型中各节车的质心位置，然后结合轨道激扰，经过动力学求解获得各节车的平动和转动位移并传递给气动模型，进而旋转部件网格，更新网格重叠关系，再交由 CCFDv3.0 进行气动计算，如此循环迭代，直至气动和动力学计算都收敛或达到规定次数。我们选取头车模型进行气动分析和气动 / 结构耦合计算，考察算法在“神威 • 太湖之光”计算平台上的大规模可扩展性能。表 1 列出了强可扩展模式下两种算法在不同并行核数下的平均单步计算用时和并行效率情况。可以看出，以 5.2 万核为基准，气动计算和气动 / 结构耦合计算的 104 万核并行效率分别达到了 41.5% 和 44.3%。

表 1　气动计算、气动 / 结构耦合计算并行效率（强可扩展模式，气动网格规模：约 3.6 亿个）

核组数	核心数	网络量 / 核组数	气动计算		气动 / 结构耦合计算	
			平均单步计算用时（s）	并行效率	平均单步计算用时（s）	并行效率
800	52000	449700	3.82	—	6.40	—
1600	104000	224850	1.94	98.5%	3.21	99.8%
3200	208000	112400	1.14	83.9%	1.84	87.0%
6400	416000	562000	0.62	76.8%	0.99	80.1%
16000	1040000	22486	0.46	41.5%	0.72	44.3%

2.3　基于系统力学的延寿优化方法

高速列车是一个典型的复杂力学系统，对其中的关键部件进行延寿优化需要开展系统级的多物理场耦合分析和分层次的协同优化。具体而言，高速列车的疲劳寿命与气动力、轮轨激励等外载荷作用下结构自身的动力学特性相关，需要同时采用空气动力学、多体动力学和结构有限元方法来计算结构的应力分布和应力 - 时间历程，然后结合疲劳分析模型和材料疲劳性能数据确定列车结构的疲劳寿命分布。从耦合关系看，气动和多体动力学之间是一个双向强耦合关系，而结构弹性变形对于气动力的改变相较于动力学刚体位移对于气动力的影响可以忽略。气动 / 动力学分析主要向结构有限元计算提供载荷边界条件，它们之间可看作单向的弱耦合关系。就各学科计算量而言，从高到低依次为气动分析、结构动应力计算、多体动力学求解，且相互之间存在数量级的差异。因此，气动分析环节需要通过大规模的并行计算提高求解效率，多体动力学分析、结构动应力求解和疲劳寿命计算可视情况选择合适的并行规模。

基于上述考虑，我们运用系统力学思想建立了如图 7 所示的分层次协同的高速列车疲劳延寿优化方法，将多物理场分析和优化与高性能计算有机地统一起来。在这一优化框架中，气动优化和结构疲劳寿命优化是分层次进行的，主要步骤如下。

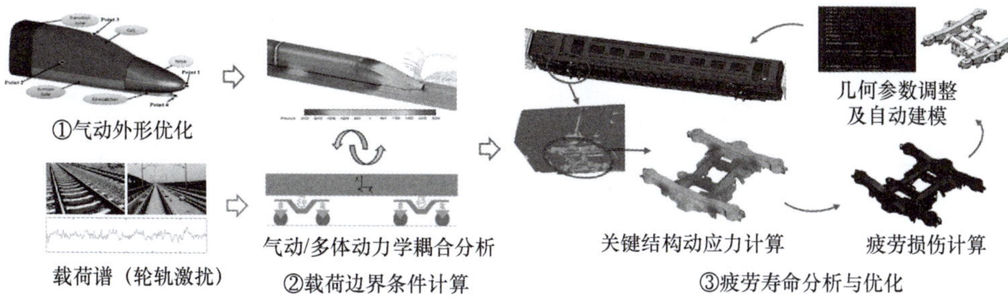

图 7 基于系统力学原理的高速列车疲劳延寿优化方法

（1）气动外形优化：建立高速列车的气动参数化模型，选取部分气动外形的关键控制参数 $\boldsymbol{X}_a=(x_{a1}, x_{a2},\cdots, x_{am})^{\mathrm{T}}$ 作为设计变量（m 为气动设计变量的数目），计算不同设计变量取值（样本点）下的气动力（如升力、阻力等），构建气动力关于设计变量的近似模型 $F_a(\boldsymbol{X}_a)$，利用近似模型开展优化设计，获得最优外形 $\boldsymbol{X}_a^*$。该优化过程可表述为

$$\begin{cases}\text{find } \boldsymbol{X}_a \\ \min\ F_a\ (\boldsymbol{X}_a) \\ \text{s. t. }\ \boldsymbol{X}_a \in \boldsymbol{\Omega}_a\end{cases} \tag{1}$$

其中，$\boldsymbol{\Omega}_a$为 $\boldsymbol{X}_a$ 的设计域。

（2）载荷边界条件计算：建立最优外形 $\boldsymbol{X}_a^*$ 下的三编组列车气动分析模型，并结合多体动力学模型进行气动 / 结构耦合计算，获得气动载荷和轨道激扰共同作用下的高速列车整车动力学响应，确定车体、转向架构架、牵引销等关键部件的动态载荷边界条件 $\boldsymbol{F}_b(t)=(F_{b1}(t), F_{b2}(t),\cdots, F_{bp}(t))^{\mathrm{T}}$，其中 p 为载荷边界条件的数量。

（3）疲劳寿命分析与优化：建立高速列车关键部件的几何参数化模型，选取部分结构几何参数（$\boldsymbol{X}_s=(x_{s1}, x_{s2},\cdots, x_{sn})^{\mathrm{T}}$ 作为设计变量（n 为结构设计变量的数目），自动生成结构有限元网格，求解动态载荷 $\boldsymbol{F}_b(t)$ 作用下的结构应力 - 时间历程，采用雨流计数法将应力 - 时间历程转化为反映应力幅值 - 频次信息的应力谱，利用线性累计损伤理论并结合材料 S-N 曲线计算关键结构的疲劳寿命分布。通过调整结构设计变量的取值并借助优化算法开展关键部件延寿优化，最终获得具有最优疲劳寿命的结构方案。该优化过程可表述为

$$\begin{cases}\text{find } \boldsymbol{X}_s \\ \max\ \text{Life}\ \ (\boldsymbol{X}_s,\ \boldsymbol{F}_b\,(t)) \\ \text{s. t. }\ \boldsymbol{X}_s \in \boldsymbol{\Omega}_s \\ \qquad \boldsymbol{G}\,(\boldsymbol{X}_s)\ \leqslant 0\end{cases} \tag{2}$$

其中，$\boldsymbol{\Omega}_s$为 $\boldsymbol{X}_s$ 的设计域 $\boldsymbol{G}(\boldsymbol{X}_s)=(G_1(\boldsymbol{X}_s), G_2(\boldsymbol{X}_s),\cdots, G_q(\boldsymbol{X}_s))^{\mathrm{T}} \leqslant 0$ 表示约束条件，如质量约束、刚度约束等，q 为约束条件的数量。

需要指出的是，当气动外形和结构几何形状不变时，上述延寿优化框架就退化为基于系统力学原理的关键部件疲劳寿命分析流程。

3 "数值高铁 V1.0"软件平台开发

我们在突破气动、气动 / 结构耦合百万核级并行算法的基础上，围绕基于系统力学的延寿优化流程，自主开发了气动分析、结构参数化建模、结构有限元求解、疲劳寿命计算、结构多目标优化等核心功能模块，完成了面向国产异构平台的高速列车延寿优化数值模拟软件（"数值高铁 V1.0"）[30] 集成和行业数据库构建。

3.1 软件平台总体架构设计

"数值高铁 V1.0"软件平台的总体架构分为 4 层，自下而上依次为基础资源层、应用支持层、应用功能层和用户界面层（见图 8）。基础资源层为整个软件平台提供最基本的硬件设施和软件资源，包括基础算法库、标准解法器和其他模块。应用支持层为应用功能层提供必要的支持，使得应用功能层能够更加方便、安全地使用底层的基础设施，包括作业操作、数据操作、资源调度、过程监控等。应用功能层是进行万核级并行数值模拟的关键环节，包括前处理、（多物理场）求解器、后处理等模块。用户界面层是整个软件平台的人机交互部分，为各模块提供一个集成化的解决方案，能够与前、后处理模块无缝衔接，方便地调用各核心求解器，具有简洁、易用、可定制、专业化的特点。

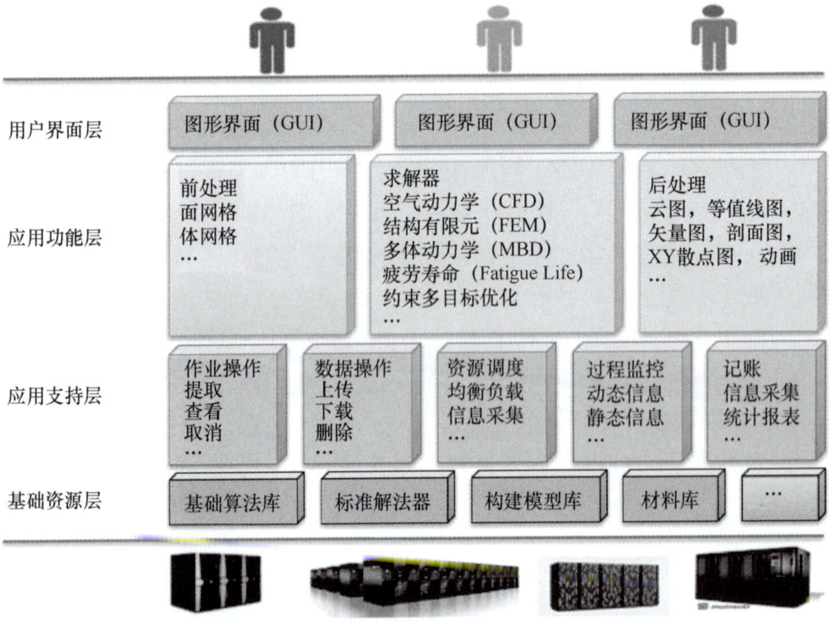

图 8 "数值高铁 V1.0"软件平台的总体架构示意图

"数值高铁 V1.0"软件平台开发遵循模块化、面向服务组件模型、动态化、可扩展的设计思想。软件的应用功能被严格划分为模块，模块以插件的形式实现，插件由插件管理器统一管理，通过向系统增加插件的形式实现新功能的非入侵式扩展。图 9 展示了"数值高铁 V1.0"软件的用户界面，该界面采用 JAVA 语言实现，包括工具栏、快捷按钮、项目导航、文本编辑、控制文件向导视图、文件列表、作业监控视窗等功能区域。

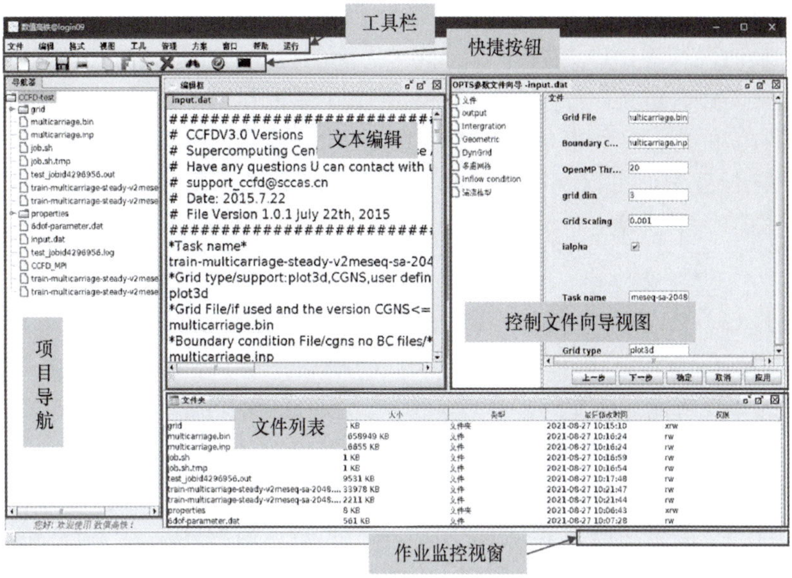

图 9 “数值高铁 V1.0”软件的用户界面及功能区域示意图

3.2 核心功能模块开发

面向高速列车延寿优化设计的全流程任务需求，我们自主开发了前处理、分析与优化、后处理等模块（见图 10），构成了“数值高铁 V1.0”软件应用功能层的核心。

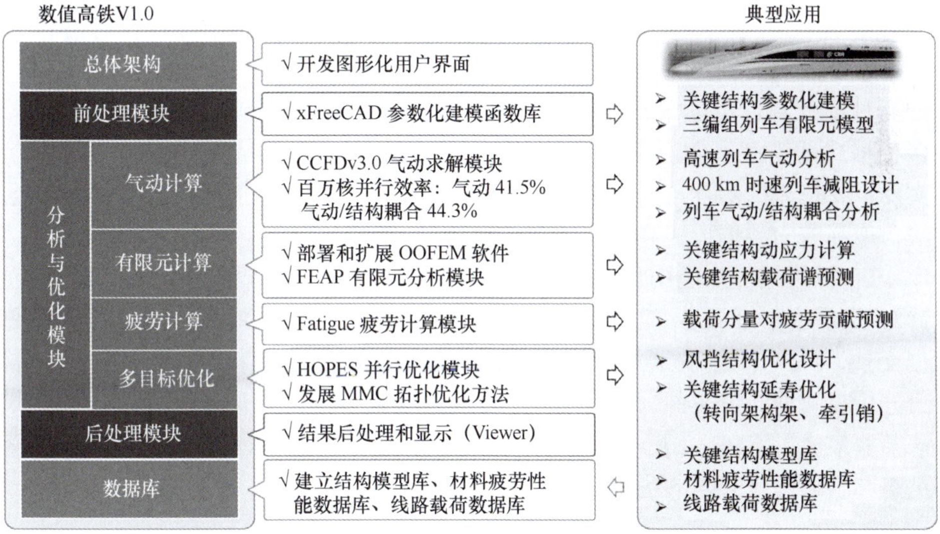

图 10 “数值高铁 V1.0”软件核心功能模块组成及其在高速列车安全可靠性设计中的应用

3.2.1 前处理模块

为了适应延寿优化过程中结构几何尺寸调整的需求，我们基于 Python 语言开发了

xFreeCAD 扩展库用于主要部件的几何参数化建模和有限元网格生成，并作为前处理模块集成到“数值高铁 V1.0”软件平台。该扩展库的主要功能包括简化建模流程和设置、增加复杂建模函数、定义设计变量、增加网格划分控制函数、创建节点和单元组、定义有限元计算所需的力元和约束条件、自动生成有限元计算输入文件等。在实际的疲劳寿命分析与优化任务中，可以利用前处理模块快速调整设计变量的取值，并自动生成车体、转向架构架、车轴等主要承载结构的有限元模型。

3.2.2 分析与优化模块

在多物理场分析与优化方面，我们自主开发了 CCFDv3.0 气动并行求解、FEAP 结构有限元分析、Fatigue 结构疲劳寿命计算和 HOPES 结构多目标并行优化 4 个模块，用于实现高速列车延寿设计所需的多物理场协同分析与优化功能。其中，CCFDv3.0 模块 [31] 用于气动力求解，这也是延寿优化任务中计算量最大的环节。通过设计基础数据结构、计算模式、并行算法、负载平衡模型等，重构 CCFDv3.0 源代码，使其适配于具有多层存储结构、计算核心多层嵌套等特点的国产异构平台，实现百万核级并行的高效计算能力。同时，针对气动 / 结构耦合分析引起的运动边界问题，我们在分布式环境下建立了高效、鲁棒的挖洞和洞面优化算法，突破了重叠网格并行技术。通过耦合多体动力学计算程序，使 CCFDv3.0 模块具备了气动 / 结构耦合大规模并行求解能力 [32]。

FEAP 模块用于实现结构有限元计算功能，为结构疲劳寿命分析模块提供应力数据。目前，FEAP 模块已实现 10 余种单元（实体、梁、桁架、弹簧、质量点等），支持常用约束和加载条件，并支持线性、非线性、显 / 隐式动力学、频率求解。该模块采用 C++ 面向对象开发，支持单元、加载、求解器、材料等 10 多种类的扩展，求解器集成了 PETSc、SPOOLES 等线性代数库，可以满足高速列车关键承载部件的有限元计算需求。

Fatigue 模块 [33] 基于结构有限元分析得到的应力 / 应变数据，结合载荷谱和材料疲劳模型来计算疲劳寿命，为关键部件的延寿优化提供寿命估计。该模块采用 C++ 开发，为适配高性能计算，以命令行和脚本文件的形式进行输入控制。目前，Fatigue 模块可读入多种格式的模型文件，支持常用的 2D 和 3D 单元，可读取不同格式的载荷历程和应力文件，支持载荷历程、应力文件的组合、关联、编辑和插值，同时支持多种雨流计数方法、疲劳应力数据形式和疲劳计算模型。

HOPES 模块是一个通用化的工程结构多目标并行优化框架。该模块采用 Python 开发，针对不同的优化问题，定义了统一的优化问题输入接口和形式，便于不同模块之间的数据交换。HOPES 模块通过调用前处理（结构有限元建模）、结构有限元计算和疲劳寿命分析模块的脚本文件，结合优化算法实现关键部件延寿优化过程的自动迭代。同时，该模块集成了 COBYLA、BOBYQA、MMA、PRAXIS、Nelder-Mead 等多种优化策略，以满足不同学科优化问题的应用需求。

3.2.3 后处理模块

为了更加直观、形象、生动地显示数值模拟结果，我们专门开发了 Viewer 可视化模块 [34] 用于对疲劳延寿优化过程中各模块产生的气动力、结构应力、疲劳寿命等多物理场求解结果进行后处理。该模块采用 C++ 开发，具有良好的可扩展性；界面采用 wxWidgets 开发，可跨平台使用。在显示和操作方面，后处理模块支持对数据进行分组并采用不同的表现样式，支持灵活设置被显示模型的点、线、面表现形式，支持同时显示多个模型及模型局部，支持通过表达式的方式对模型数据进行修改和分析，支持多时间步动态显示，支持不同模式的3D立体显示，支持显示结果以图片或动画的形式导出。

通过综合运用上述模块，用户可以方便地实现高速列车气动分析与优化、气动/多体动力学耦合分析、结构动应力计算、结构疲劳寿命计算和延寿优化等任务。

3.3 行业数据库构建

我们基于在高铁领域多年的研究积累，构建了高速列车关键结构模型库、常用材料疲劳性能数据库和线路载荷数据库，以便“数值高铁 V1.0”软件平台更好地服务于行业应用。

3.3.1 关键结构模型库

如图11所示，我们针对高速列车关键部件建立了结构模型库，涵盖车体横梁、车钩箱、风挡、空调安装支架、车体、车体行李架、车体枕梁、受电弓、转向架齿轮箱、转向架构架、转向架电机吊座、抗蛇形减震器座、轮对、排障器、撒砂装置、一系弹簧、制动吊座、制动盘、牵引销、轴箱体等主要关键结构，以及由这些关键结构组成的三编组列车结构有限元模型。

图11 高速列车关键结构模型库

3.3.2 常用材料疲劳性能数据库

为满足不同构型、不同材料结构的疲劳寿命分析需求，我们构建了常用材料疲劳性能数据库供用户在使用Fatigue模块时选择。该数据库收集和整理了平均应力线性修正、FKM参考线修正、Smith-Watson-Topper修正、Gerber Parabola修正、Soderberg修正、Modified Goodman修正、双线性修正等多种疲劳寿命理论模型，以及50余种采用JSON格式定义的常用材料的疲劳性能数据文件。

3.3.3 线路载荷数据库

我们整理了从线路试验中获得的转向架弹簧、转向架转臂、牵引拉杆、齿轮箱吊杆等位置的力 - 时间历程数据、转向架构架疲劳关键位置的应力 - 时间历程数据及轨道不平顺谱，形成了线路载荷数据库。这些载荷数据来源于 CRH 380A 和 CR 400AF 两种车型在京广、京沪、京成、京津、京太等多条线路上的实际运行过程，可以为相关结构的疲劳寿命分析与优化提供丰富的载荷边界条件。

4 高速列车典型应用示范

“数值高铁 V1.0”软件在“神威·太湖之光”“东升一号”高性能计算机和中车四方股份的计算环境下完成了部署和测试，并在高速列车安全可靠性设计中得到了应用（见图 10）。本节将重点介绍“数值高铁 V1.0”软件在 400 km/h 高速列车气动表面改形设计、转向架构架载荷分量对疲劳寿命贡献预测、关键部件（转向架构架和牵引销）延寿优化等典型任务中的应用情况。

4.1 400km/h 高速列车气动表面改形设计

相较于整车级的气动外形优化，通过对既有车型局部区域进行表面改形来改善全车的气动性能所需的成本更低，且能带来显著的经济效益。我们利用“数值高铁 V1.0”软件提供的气动分析模块对 400km/h 高速列车开展了表面改形气动分析。借鉴生物体非光滑表面结构减阻的思想，通过在转向架区域隔墙表面布置凹坑或凹槽结构，能有效减小列车的气动阻力。非光滑表面结构的气动减阻效果与其拓扑结构，如形状、尺寸、分布方式等密切相关。我们分析了不同形式的表面坑槽结构的减阻效果，发现当在所有转向架区域隔墙表面都布置了如图 12 所示的直径 D=20mm、间距 R=40mm 的半球形凹坑结构时，能够获得最好的减阻效果。采用该方案时，三编组列车的总阻力相较于原型车降低了 2.79%，若推广至八编组列车，预计总阻力能降低 5.34%。研究还表明，在转向架区域进行表面改形设计带来的减阻效果远好于在风挡和受电弓区域采取相同措施所带来的类似效果。该研究结果对于推进 400km/h 高速列车表面仿生改形减阻技术的工程化应用具有指导意义。

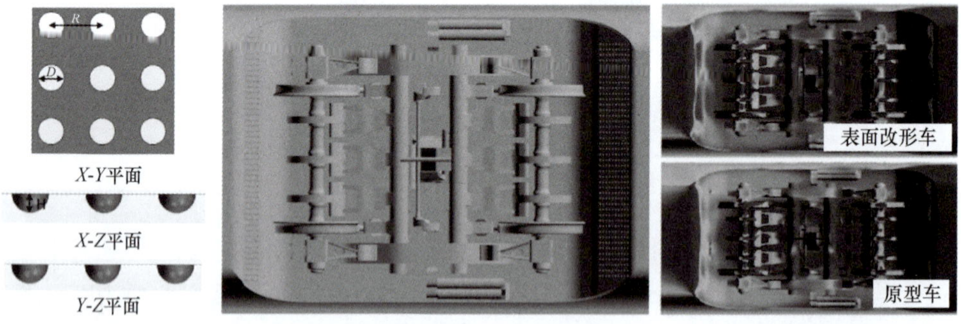

(a) 半球形凹坑结构特征尺寸及分布间距示意图　(b) 转向架区域隔墙表面凹坑结构设置　(c) 表面改形前后转向架区域气动压力云图对比

图 12 转向架区域表面仿生改形设计

4.2　转向架构架载荷分量对疲劳寿命贡献预测

为明确高速列车运行过程中气动力、重力、轮轨激扰 3 种主要载荷对转向架构架疲劳寿命的分量贡献，我们利用“数值高铁 V1.0”软件提供的疲劳寿命分析流程，计算了不同载荷作用下转向架构架的动态响应及疲劳损伤，由此确定各载荷分量对疲劳寿命的贡献。我们设定了列车以 300 km/h 运行时的 6 种工况（① G：重力，② GT：重力 + 轮轨激扰，③ AmG：明线气动力 + 重力，④ AmGT：明线气动力 + 重力 + 轮轨激扰，⑤ AsG：隧道气动力 + 重力，⑥ AsGT：隧道气动力 + 重力 + 轮轨激扰），利用建立的三编组列车多物理场分析模型，通过气动力计算、多体动力学求解、结构有限元分析和疲劳寿命计算，获得了上述工况下转向架构架疲劳关键位置——转臂定位节点处的动应力历程和疲劳损伤结果。

图 13 给出了不同工况下转向架构架转臂定位节点处的应力 - 时间历程。由图 13（a）可知，重力载荷是决定平均应力大小的主要因素，明线气动力和轮轨激扰引起的应力变化范围较小。结构疲劳损伤的大小主要取决于应力幅值及其循环次数，从载荷引起的应力波动来看，轮轨激扰造成的应力变化波动最高，明线气动力次之，重力载荷基本不会引起应力的波动。因此，轮轨激扰是应变循环次数的主要来源。图 13（b）进一步比较了隧道气动力和明线气动力对关注位置动应力水平的影响。从结果来看，隧道气动力相较明线气动力引起的动应力水平更大，但两者的波动频次相近。表 2 给出了 6 种工况下转向架构架转臂定位节点处的疲劳损伤（相对值）和疲劳寿命估计。结果表明，各载荷分量对转向架构架转臂定位节点处疲劳寿命的贡献从高到低依次为轮轨激扰、隧道气动力、明线气动力、重力。

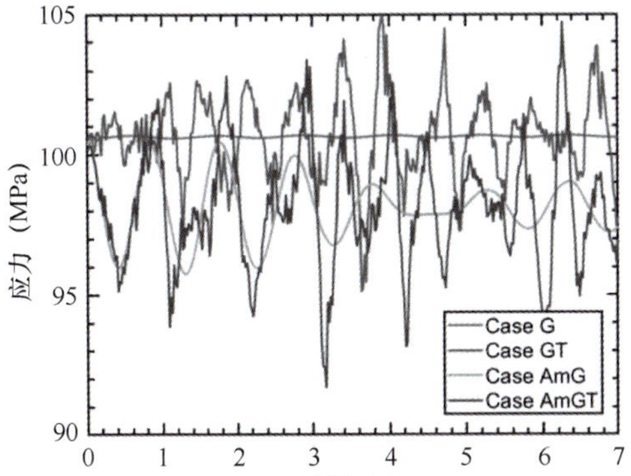

（a）重力、重力+轮轨激扰、明线气动力+重力、明线气动力+重力+轮轨激扰工况

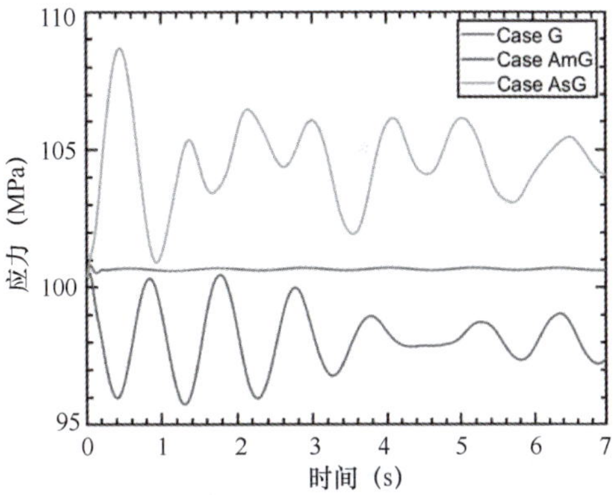

（b）重力、明线气动力+重力、隧道气动力+重力

图 13　不同工况下转向架构架转臂定位节点处的应力 - 时间历程

表 2　不同工况下转向架构架转臂定位节点处的疲劳损伤和疲劳寿命估计

工况	载荷	疲劳损伤值	疲劳寿命（次）
G	重力	6.6×10^{-13}	2.41×10^{18}
GT	重力 + 轮轨激扰	2.7×10^{-5}	6.72×10^{-11}
AmG	明线气动力 + 重力	5.4×10^{-7}	2.4×10^{12}

续表

工况	载荷	疲劳损伤值	疲劳寿命（次）
AmGT	明线气动力 + 重力 + 轮轨激扰	$1.05×10^{-4}$	$1.48×10^{11}$
AsG	隧道气动力 + 重力	$3.8×10^{-6}$	$3.71×10^{11}$
AsGT	隧道气动力 + 重力 + 轮轨激扰	$1.13×10^{-4}$	$1.28×10^{11}$

4.3 关键部件（转向架构架和牵引销）延寿优化

转向架构架是连接车体和轮对的关键承载结构，其疲劳可靠性对于高速列车运行安全至关重要。我们以 CRH 380A 型列车转向架构架为初始方案，利用“数值高铁 V1.0”软件对其进行延寿优化设计。通过分析实测载荷谱作用下转向架构架的动应力和疲劳损伤分布，确定了钢弹簧座上板和转臂定位节点两处疲劳危险位置，并选取这两处的结构厚度为设计变量。经过延寿优化，选取钢弹簧座上板厚度增加至 23mm，转臂定位节点厚度增加至 36mm 的转向架构架结构作为优化建议方案，该方案的计算疲劳寿命为 $1.73×10^{12}$，较初始方案延寿 168%。图 14 给出了优化前后转向架构架的疲劳损伤分布云图。

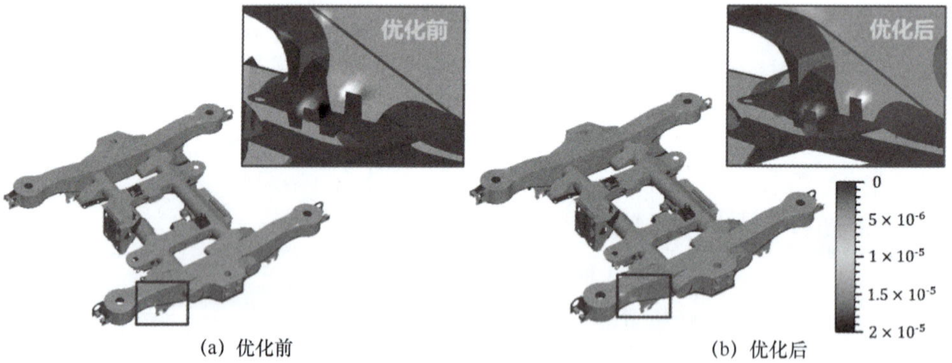

（a）优化前　　（b）优化后

图 14　优化前后转向架构架的疲劳损伤分布云图

牵引销是连接车体与转向架构架的又一关键承载部件，我们以 CRH 380A 型列车牵引销结构为初始方案，利用“数值高铁 V1.0”软件计算了给定载荷谱作用下初始牵引销结构的动应力和疲劳损伤分布，选取对结构损伤有显著影响的牵引销前后侧板和两侧侧板的厚度作为设计变量，并通过调整它们的厚度来提高牵引销的疲劳寿命。经过延寿优化，我们选取两侧侧板厚度增加至 12mm，前后侧板厚度保持不变的牵引销结构作为优化建议方案，该方案的计算疲劳寿命为 $8.30×10^{6}$，较初始方案延寿 54%。图 15 给出了优化前后牵引销结构的疲劳寿命分布云图。为进一步验证建议方案的合理性，对牵引销优化建议方案进行了疲劳强度试验。试验表明，该方案在历经 3 个阶段共计 $1.3×10^{7}$ 次载荷循环后，经无损探伤检查后未发现裂纹，满足疲劳强度要求。

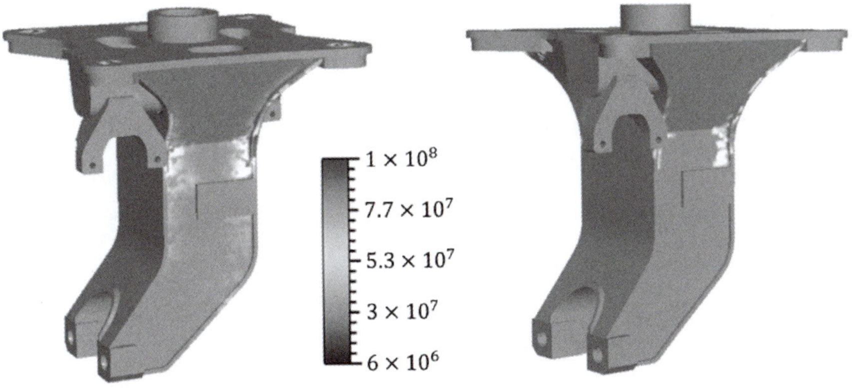

(a) 优化前 (b) 优化后

图 15 优化前后牵引销结构的疲劳寿命分布云图

上述优化工作表明，“数值高铁 V1.0”软件具备开展结构延寿优化设计的功能。通过完善焊缝、结构连接建模，扩充设计变量，调整优化模型等方式可实现不同需求的转向架构架和牵引销延寿设计，这一优化流程也可推广应用到其他工程结构的疲劳寿命分析与优化中。

5 总结与展望

在科技部国家重点研发计划“高性能计算”重点专项、中国科学院战略性先导科技专项（B 类）和中国科学院信息化专项的支持下，我们发展了面向 E 级计算的高速列车疲劳延寿高性能计算理论与模型，突破了适配于国产异构平台的气动大规模并行算法和并行重叠网格技术，实现了气动 / 结构耦合的百万核级并行计算。在强可扩展模式下，以 5.2 万核为基准，104 万核规模的气动计算和气动 / 结构耦合计算的并行效率分别达到了 41.5% 和 44.3%。基于系统力学原理，将多物理场分析和优化与高性能计算技术有机结合，建立了分层次协同的高速列车疲劳寿命优化方法，解决了高速列车整车级寿命评估及优化设计方法不足、计算规模效率受限的应用难题。我们围绕分层次协同的高速列车延寿优化流程，自主开发了气动分析、结构参数化建模、结构有限元求解、疲劳寿命计算、结构多目标优化等核心功能模块，完成了高速列车延寿优化数值模拟软件（数值高铁 V1.0）的集成，构建了高速列车关键结构模型库、常用材料疲劳性能数据库和线路载荷数据库。“数值高铁 V1.0”软件在“神威 • 太湖之光”“东升一号”高性能计算机和中车四方股份计算环境完成了部署和测试，并在 400km/h 高速列车气动表面改形设计、转向架构架载荷分量对疲劳寿命贡献预测、转向架构架和牵引销延寿优化等高速列车安全可靠性设计任务中得到了初步应用。

“数值高铁 V1.0”软件在设计之初就采用了模块化、可扩展的设计思想，可以通过向系统软件增加插件的形式实现新功能的非入侵式扩展。软件的开发是一个反复迭代升级的过程，我们将在当前版本的基础上，持续完善已有模块的处理能力，努力改善用户体验，并扩展新的功能模块，例如：①开发面向工程结构的非传统高效计算模块，将机器学习与传统计算方法相结合，实现复杂结构的高效、高精度力学分析与优化；②完善流固耦合并行计算模块，扩展界面数据信息传递、网格变形功能，实现流固耦合问题的高效求解；③扩充新型结构与材料的本构模型与单元库，提升面向新型结构与材料的仿真分析能力等。通过持续的投入，逐步基于“数值高铁 V1.0”软件发展更为通用的具备高性能计算能力的工程计算软件，为大型工程问题的多学科分析与优化提供高效的仿真手段。

致谢

本文工作得到了国家重点研发计划高性能计算专项项目（2017YFB0202800）、中国科学院战略性先导科技专项（B 类）（XDB22020200）和中国科学院信息化专项（XXH13506-204）的支持。

参考文献

[1] 钱德沛，王锐 . E 级计算的几个问题 [J]. 中国科学：信息科学，2020，50（9）：1303-1326.

[2] 中国科学院计算机网络信息中心 .《中国科学院超级计算发展报告 2016—2020》正式出炉 [EB/OL]. [2022-05-13]. http: //www.cnic.cas.cn /zhxw/202112/t20211229_6329885.html.

[3] 中国国家网格 . 国家高性能计算环境发展水平综合评价报告（2015—2020 年度）[EB/OL]. [2022-05-13]. http: //www.cngrid.org/yjcg/fzbg/201808/W02021101 4388411373175.pdf.

[4] 中华人民共和国中央人民政府 . 中华人民共和国国民经济和社会发展第十四个五年规划和 2035 年远景目标纲要 [EB/OL]. [2022-03-30]. http://www.gov.cn/xinwen/2021-03/13/content_5592681.htm.

[5] 中国国家网格 . 最新超级计算机 TOP500 排名：搭载 AMD 处理器的美国 Frontier 拿下第一，性能达百亿亿次 [EB/OL]. [2022-05-31]. http://www. cngrid.org /xwtz /xw /202205/t20220531_703157.html.

[6] 中国国家铁路集团有限公司 .“十四五”开局之年铁路交出亮眼成绩单 [EB/OL]. [2022-03-31]. http://www.china-railway.com.cn/xwzx/ywsl/202201/ t20220109_119362.html.

[7] 张卫华 . 高速列车耦合大系统动力学研究 [J]. 中国工程科学，2015，17（4）：42-52.

[8] 杨国伟，魏宇杰，赵桂林，等 . 高速列车关键力学问题研究 [J]. 力学进展，2015，45（1）：201507.

[9] 翟婉明，金学松，赵永翔 . 高速铁路工程中若干典型力学问题 [J]. 力学进展，2010，40（4）：358-374.

[10] 丁叁叁，陈大伟，刘加利 . 中国高速列车研发与展望 [J]. 力学学报，2021，53（1）：35-50.

[11] 胥红敏，张鹏，郭湛 . 大风作用下高速列车运行安全性研究综述 [J]. 中国铁路，2019（5）：17-26.

[12] 王慕之，梅元贵，贾永兴 . 重叠网格法应用于模拟高速列车隧道气动效应 [J]. 应用力学学报，2017，34（3）：589-595.

[13] 孙振旭，姚永芳，郭迪龙，等 . 高速列车气动外形优化研究进展 [J]. 力学学报，2021，53（1）：51-74.

[14] 李田，戴志远，刘加利，等 . 中国高速列车气动减阻优化综述 [J]. 交通运输工程学报，2021，21（1）：59-80.

[15] 郭易，郭迪龙，杨国伟，等 . 长编组高速列车的列车风动模型实验研究 [J]. 力学学报，2021，53（1）：105-114.

[16] 张卫华 . 高速列车服役模拟建模与计算方法研究 [J]. 力学学报，2021，53（1）：96-104.
[17] 徐磊，翟婉明 . 横风和轨道不平顺联合作用下的车辆 - 轨道系统随机分析模型 [J]. 振动工程学报，2018，31（1）：39-48.
[18] 徐磊，翟婉明 . 车轮踏面磨耗及轨道不平顺联合作用下的车辆 - 轨道系统随机分析模型 [J]. 铁道学报，2020，42（2）：79-85.
[19] 张亚禹，孙守光，王斌杰，等 . 高速动车组构架载荷分类验证研究 [J]. 机械工程学报，2021，57（6）：156-163.
[20] 张亚禹，孙守光，杨广雪，等 . 高速列车转向架构架载荷特征及疲劳损伤评估 [J]. 机械工程学报，2020，56（10）：163-171.
[21] 孙晶晶，孙守光，李强，等 . 转向架构架试验载荷谱编制方法 [J]. 铁道学报，2021，43（6）：29-36.
[22] 王曦，侯宇，孙守光，等 . 高速列车轴承可靠性评估关键力学参量研究进展 [J]. 力学学报，2021，53（1）：19-34.
[23] 许思思，黄冠华，姜海博，等 . 高速列车齿轮箱振动烈度评价方法探讨 [J]. 铁道技术监督，2017，45（11）：30-32.
[24] YUAN Z, CHEN X J, WEI Y J, et al. A segmented load spectrum model for high-speed trains and its inflection stress as an indicator for line quality[J]. International Journal of Fatigue, 2021, 148: 106221.
[25] 金钟，陆忠华，李会元，等 . 高性能计算之源起——科学计算的应用现状及发展思考 [J]. 中国科学院院刊，2019，34（6）：625-639.
[26] YAO S B, GUO D L, SUN Z X, et al. Multi-objective optimization of the streamlined head of high-speed trains based on the Kriging model[J]. Science China Technological Sciences, 2012, 55(12): 3494-3508.
[27] CHEN X J, YUAN Z, WEI Y J, et al. A computational method on the load spectra of large-scale structures using data-driven learning algorithm[J]. Science China Technological Sciences, 2022.
[28] LIANG S, ZHANG J, LIU X Z, et al. Domain decomposition based exponential time differencing method for fluid dynamics problems with smooth solutions[J]. Computers & Fluids, 2019, 194(15): 104307.
[29] 胡晓东，梁姗，袁武，等 . 混合重叠网格通信优化算法 [J]. 计算机系统应用，2019，28（12）：146-151.
[30] 中国科学院计算机网络信息中心，中国科学院力学研究所 . 高速列车延寿优化高性能数值模拟软件（NHST）V1.0：2021SR2042068[Z]. 2021-12-10.
[31] 中国科学院计算机网络信息中心 . 大规模并行 CFD 模拟软件（CCFD）V3.0：2019SR0764891[Z]. 2019-07-23.
[32] 中国科学院计算机网络信息中心 . 基于多重网格 / 重叠网格的大规模并行 CFD 求解器软件 V3.0（CCFDv3.0-MGOG）：2020SR1885027[Z]. 2020-12-23.
[33] 中国科学院力学研究所 . 模力疲劳寿命计算软件（SIMECH Fatigue）1.0：2018SR443875[Z]. 2018-06-12.
[34] 中国科学院力学研究所 . 模力多尺度力学可视化软件（SIMECH Viewer）1.0: 2020SR0592824[Z]. 2020-06-09.

作者简介

魏宇杰，中国科学院力学研究所研究员，博士生导师，非线性力学国家重点实验室主任，中国科学院大学现代力学系主任，国家杰出青年科学基金获得者（2014），中国科学院优秀导师奖获得者。1997 年于北京大学力学系本科毕业，2000 年在中国科学院力学研究所获硕士学位，2001—2006 年在麻省理工学院机械工程系攻读博士并取得博士学位，2006—2008 年在布朗大学开展博士后研究，2008—2009 年在阿拉巴马大学机械工程系任助理教授，自 2010 年开始在中国科学院力学研究所任现职。主要研究方向为固体强度、塑性变形机理与其本构模型、服役可靠性等。主持国家重点研发计划项目、中国科学院先导专项（B 类）等多项重大任务研究，作为通讯作者在 *Nature*、*Rev Mod Phys*、*Nature Mater*、*Nat Sci Rev*、*Nature Comm*、*PRL*、*PNAS*、*Nano Lett*、*Acs Nano*、*Adv Mater*、*J Mech Phys Solids*、*Acta Mater*、*PRB* 等国际学术期刊上发表 SCI 论文 120 余篇，出版专著 1 部。

杨国伟，中国科学院力学研究所研究员，博士生导师，流固耦合系统力学重点实验室主任。1996 年获西北工业大学博士学位，曾在日本东京大学做访问学者、德国慕尼黑工业大学做“洪堡”学者和日本东北大学工作。先后被聘为“高速列车自主创新联合行动计划”和国家重点研发计划“先进轨道交通”总体专家组成员。承担了国家重大基础研究计划 973 项目和“十二五”国家科技支撑计划项目负责人。参与了“和谐号”“复兴号”等系列高速列车研制。建设了国际上规模最大、实验速度最高的双向运行高速列车动模型实验平台。参与和承担的项目获国家科技进步特等奖 1 项、国防科技进步三等奖 1 项、中国力学学会科技进步奖一等奖 1 项、中国铁道学会科技进步特等奖 2 项。在国内外学术期刊发表论文 100 多篇。

陈贤佳，中国科学院力学研究所助理研究员。2018 年获北京航空航天大学工学博士学位。主要研究方向为高速列车结构可靠性、计算固体力学、流固耦合分析与优化、机器学习方法在工程科学中的应用等。参与国家重点研发计划、中国科学院先导专项（B 类）等项目研究，在国际学术期刊上发表 SCI 论文 11 篇。

肖攀，中国科学院力学研究所副研究员。主要从事计算固体力学中的多尺度算法和软件研究，自主研发的计算力学软件包括分子 / 连续耦合的跨尺度计算、有限元计算、疲劳寿命计算、多目标优化计算、参数化建模、多尺度力学计算可视化等，这些软件已应用于材料和结构的微观机理研究、高速列车结构延寿高性能计算、高速运载系统结构可靠性分析和优化等。发表学术论文 33 篇，自主研发软件代码 17 万多行，获得软件著作权 6 项。

银波，中国科学院力学研究所副研究员。主要从事计算流体力学、复杂边界流固耦合、仿生流体力学和水下新型智能推进等研究。现为美国机械工程师协会和中国力学学会会员，任《力学与实践》青年编委，发表 SCI/EI 论文 20 余篇，获得相关技术专利多项，主持和参与国家自然科学基金、国家重点研发计划项目、中国科学院先导专项等研究。

梁姗，中国科学院计算机网络信息中心高级工程师。2012 年获中国科学院数学与系统科学研究院计算数学理学博士学位，2014 年于中国科学院计算技术研究所博士后出站。主要从事高性能并行计算和软件开发。参与国家重点研发计划、国家 863 计划、国家自然科学基金、中国科学院信息化专项、中国科学院先导专项（B 类）等多项研究。

刘夏真，中国科学院计算机网络信息中心工程师。2021 年获中国科学院计算机网络信息中心工学博士学位。主要从事高性能并行计算和软件开发。参与国家重点研发计划、国家 863 计划、基金委、中国科学院信息化专项、中国科学院先导专项（B 类）等多项研究。

吴晗，中国科学院力学研究所高级工程师。2015 年获中国科学院力学研究所工学博士学位。主要面向高速轨道交通等国家重大工程，从事高速轮轨列车及磁悬浮列车的车轨耦合动力学、运动稳定性以及悬浮稳定性控制与优化研究。主持国家自然科学基金、中国科学院先导专项（A 类）子课题、中国科学院仪器设备研制项目、企业横向课题、开放课题等多项研究，参与中国科学院先导专项（B 类）、国家重点研发计划、中国科学院信息化专项等多项重大任务，发表 SCI 论文 20 余篇。

纪占玲，中国科学院力学研究所助理研究员。2016 年获北京航空航天大学博士学位。主要研究方向为高速列车系统动力学，主持博士后基金和中国科学院先导专项（A 类）子课题研究，发表论文 20 余篇。

袁征，北京交通大学和中国科学院力学研究所联合培养博士研究生。主要研究方向为高速列车结构载荷谱建模和疲劳可靠性问题，发表 SCI 论文 2 篇。

周纯葆，中国科学院计算机网络信息中心副研究员、硕士生导师。主要研究方向为异构计算，大规模并行算法优化。合金微结构演化大规模模拟（第二作者，负责程序开发工作）入围国际高性能计算最高奖——“戈登 • 贝尔”奖，申请 / 授权国家发明专利 7 项，发表论文 10 余篇。

陆忠华，中国科学院计算机网络信息中心副总工、研究员、博士生导师；中国计算机学会（CCF）高性能计算专家委员会常委；中国大数据与智能计算产业联盟专家委员会副主任；科技部“十三五”高性能计算重点专项总体专家组成员。主要从事高性能计算应用研究，先后主持或参与国家863计划、国家自然科学基金委员会、国家发展和改革委员会和中国科学院信息化专项、中国科学院先导专项及国家博士后科学基金和地方与横向等项目30余项，发表论文逾百篇。曾荣获2006年北京市科学技术奖二等奖、2007年国家科技进步奖二等奖、2013年陕西省国防科学技术进步奖一等奖、2013年陕西省科学技术奖三等奖、2013年教育部自然科学奖二等奖、2014年浙江省自然科学奖一等奖、2018年陕西省科学技术奖二等奖。

崔洪举，中车青岛四方机车车辆股份有限公司正高级工程师，曾任中车青岛四方机车车辆股份有限公司国家工程实验室试验部主任、实验室副主任。获铁道学会科学技术奖特等奖、铁道学会科学技术奖二等奖。

马龙，中车青岛四方机车车辆股份有限公司工程研究中心高级工程师。

面向 RISC-V 指令集生态的开源软件供应链

武延军[1] 梁冠宇[1, 2] 田思洋[1] 赵 琛[1]
（1. 中国科学院软件研究所；2. 中国科学院大学）

摘 要

开源软件已逐步成为主流的软件协同开发和分发模式。开源软件数量的快速增长和应用的日趋广泛，使得构建高质量开源软件供应链成为当前信息产业的重要需求，也成为指令集生态的核心竞争力。RISC-V 作为新一代精简指令集架构，对比当前已经成熟而繁荣的 X86 和 ARM 生态，如何快速构建高质量的 RISC-V 开源软件供应链，是其生态可持续且繁荣的关键。本文首先介绍了开源软件供应链的定义和特点，以及 RISC-V 指令集快速发展的现状。之后对面向 RISC-V 指令集的开源软件供应链的通用开源 IP 核、通用基础软件、开源代码迁移工具、开源软件上游社区、生态碎片化管理等关键环节进行了深入分析，同时指出了可能存在的知识产权风险、软件漏洞风险、漏洞传播风险、持续维护风险等开源软件供应链构建需要解决的问题，以及在 RISC-V 下可能的解决方案。我们相信 RISC-V 指令集与开源软件供应链的结合，将带来全新的、更加繁荣的软硬件生态。

关键词

开源软件；开源软件供应链；RISC-V；指令集生态

Abstract

Open source software has gradually become the mainstream mode of software co-development and distribution. With the rapid growth of the number of open source software and its increasingly wide application, the construction of high-quality open source software supply chain has become an important demand of the current information industry and the core competitiveness of instruction set ecology. As RISC-V is a new generation of reduced instruction set architecture, compared with the current mature and prosperous X86 and ARM ecosystem, how to quickly build a high quality RISC-V open source software supply chain is the key to its ecological sustainability and prosperity. This article first introduces the definition and characteristics of open source software supply chain, the present situation of the rapid development of RISC-V. After that, the key links of RISC-V oriented open source software supply chain, such as general open source IP core, general basic software, open source migration tools, upstream community of open source software, ecological fragmentation management, are deeply analyzed. At the same time, we points out the possible intellectual property risk, software vulnerability risk, vulnerability dissemination risk, continuous maintenance risk and other problems that need to be solved in the construction of open source software supply chain, as well as possible solutions under RISC-V. We believe that the combination of RISC-V and open source software supply chain will lead to a new and more prosperous hardware and software ecosystem.

Keywords

Open Source Software; Open Source Software Supply Chain; RISC-V; Instruction Set Ecosystem

1 开源软件供应链

软件具有两个显著的特点：一是软件是人的智力活动的产物，软件的创造者是人，不可能通过引进或仿造、改造生产设备实现自动化流水线般的生产效率增速；二是软件产品一旦开发完成，再分发只需简单的复制，边际成本几乎为零，但通常需要持续更新维护，以适应需求更迭和维持竞争力。前者决定了软件生产过程中人是最为关键的因素，人力资源消耗往往是最大的成本；后者决定了软件产业对人力资源的投入是长期的，而不是一次性的。由此，我们可以得出软件开发的第一性原理：软件应尽可能代码复用，并在使用中持续迭代。

开源软件正是以上软件开发第一性原理的必然产物。1983 年，Richard Stallman 发起自由软件运动，开源软件正式登上软件历史的舞台。1998 年，Eric Raymond 等成立开放源码促进会（Open Source Initiative，OSI），逐步给出关于开源软件的官方定义[1]。开源软件继承了软件的特点，但同时扩展出源代码可自由分享、传播、修改及开发过程可大规模分布式协作等特点，从很大程度上解决了软件产业的代码复用、人力资源组织协调、产品持续迭代演进等问题。

开源软件目前已成为席卷全球的不可阻挡的潮流，正在成为软件开发、发布、部署和运营维护的主流模式。根据美国福雷斯特研究公司（Forrester Research）统计[2]，超过 80% 的商业软件使用了开源组件，在互联网、金融等领域更是达到了 95% 以上。在这种趋势下，软件开发的模式也发生了变化，从之前的单人 / 单组织独立开发，变成现在的多人 / 多组织协作。在软件模块化设计的加持下，基于他人已发布的开源软件模块，构建自己定制软件的开发模式逐渐成为主流，开源操作系统就是这种模式的典型产物。

由于开源软件的规模越来越大，开源项目之间存在着越来越明显的依赖与组合关系，例如，一个典型的开源操作系统（如 Ubuntu、Android 等）是由数万个上游开源软件组成的。这些上游开源软件被广泛复用，成为软件世界的“原材料”和“元器件”。我们把开源软件领域存在的这种供应链关系，称为开源软件供应链。操作系统构建过程本质上就是对开源软件供应链的整合优化过程。

供应链的概念最早面向企业管理领域提出，可以追溯到 20 世纪 60 年代“物料需求计划”（Material Requirement Planning，MRP）。由于当时企业产能较低，供需矛盾主要聚焦在资源上，MRP 的提出主要是为了解决原材料库存与产品零部件投产量之间的计划问题，以最少的投入和关键路径作为其基本出发点。时至今日，根据目标需求、应用环境等的不同，有很多关于供应链的不同定义。其中，英国供应链管理专家 Martin Christopher 在 1998 年给出的定义具有较高的公共认可度，他将供应链定义为“供应链是一种由多个组织参与组成的网络，在这个网络中，组织以上下游的关系相互关联，他们在不同的生产活动或过程中，以产品或者服务的形式为最终客户产品贡献价值”。

对应传统供应链的概念，可以将开源软件供应链一个非形式化的定义表述如下：开源软件供应链是一个实际业务系统，在开发和运行过程中，涉及的所有开源软件上游社区（Upstream）、源码包（Source Package）、二进制包（Binary）、包管理器（Package Manager）、存储仓库（Repository），以及开发者（Developer）和维护者（Maintainer）、社区（Community）、基金会（Foundation）等，按照依赖、组合、托管、指导等关系形成的供应链网络。

这是一个相对宽泛的定义，或者可以称之为广义开源软件供应链的定义。相对地，狭义开源软件供应链等同于软件料单（Software Bill of Materials，SBOM），只涉及开源软件本身（源码包或者二进制包）的依赖、组合等关系。

根据前面提到的软件开发第一性原理，追求软件代码最大化复用和快速迭代使得软件的构成和开发过程都发生了巨大的变化。现今，软件开发更加关注敏捷和高效，基础功能通常会优先考虑复用相关的开源软件，开发者仅需进行必要的扩展和改进即可。事实证明，这种模式可以有效降低软件开发成本，加速软件迭代，降低开发门槛，加快需求响应速度。这也使得一个巨大的开源软件供应链体系逐渐浮出水面。GitHub 的统计网站 Octoverse 的年度报告[3]显示，截至 2019 年年底，超过 360 万个开源仓库对排名前 50 位的开源项目有依赖，平均每个开源项目包含 180 个包依赖。我们再以操作系统这一典型的大型复杂系统软件为例，来展示开源软件供应链的组织方式和复杂程度。操作系统从组织结构上看是管理计算机硬件资源和软件资源的系统程序集合，包括内核及其他系统工具。由 Linux 内核衍生出的操作系统发行版，如 Ubuntu、CentOS、Android 等，统称为 Linux 发行版，它们将众多实现不同功能的开源软件，以软件包的形式与 Linux 内核有机地整合在一起，以满足终端用户不同的使用需求。DistroWatch[4] 和 Repository Statistics[5] 的数据显示，较为常用的 Linux 发行版，仅一个版本就需要维护数以万计的软件包以支撑自身功能和生态，如 Ubuntu 18.04 涉及 29207 个软件包、Debian Unstable 涉及 32453 个软件包。即便是通过剪裁构建而成的较为精简的系统，也包含近百个软件包。从以上数据不难看出，在开源协作模式下，软件之间的供应链关系已经非常普遍和繁杂，构建和维护开源软件供应链已成为全球开源领域的共同挑战。

2 RISC-V 指令集的发展现状

指令集架构（Instruction Set Architecture，ISA）简称指令集，是计算机系统中硬件与软件之间的分界线和交互规范标准，是基础软件编写、处理器设计的基本依据和生态源头，决定了软硬件协同的生态。当前主流指令集是 X86 和 ARM。以英特尔为首的 X86 处理器最显著的特征之一就是丰富且全面的指令，涵盖了各种各样可能的操作。当程序员根据指令集构建软件时，每一条指令都有一个硬件的基本实现，运算效率比较高，但由此也会导致 CPU 设计复杂化。与此同时，功耗也会随着 CPU 的复杂化设计而增加，很难面对具体的嵌入式场景进行优化。ARM 指令集作为 RISC 指令集的代表，有效弥补了 X86 的空白，从嵌入式场景开始，通过智能手机爆发，逐渐向服务器领域延伸。

无论是 X86 还是 ARM，都受益于开源软件。例如，X86 处理器与 Linux 的良好适配，使得其成为服务器处理器市场的垄断者。同样，在开源的 Android 操作系统诞生之前，ARM 处理器集中在微控制器等嵌入式领域，而 Android 的诞生，使得 ARM 处理器一跃成为移动终端市场无可争议的主流，整个生态的市场规模从约百亿美元级别扩大到万亿美元级别。

然而，X86 和 ARM 指令集存在一个共同的问题，即它们都属于商业公司的私有指令集。计算机领域很多技术，如 TCP/IP 协议等都是基于开放标准发展起来的，形成了竞争合作的格局。但指令集属于公司私有则意味着其他人无法获取、修改，或需高额授权费。考虑到指令集是一个生态的起始原点，很难想象未来开源软件生态能够在私有指令集上得到不受限制的长远发展。同样，一个从私有指令集出发的开源软件供应链，不可能从根本上解决知识产权、代码质量、漏洞传播及长期维护等风险，因为开源开发者将会面临种种技术上的不公开、不透明，或者受制于指令集所属商业公司的知识产权条款和保密条款。

在这一背景下，RISC-V 指令集登上了历史舞台，并取得了快速发展。2011 年，加利福尼亚州伯克利大学发布了面向未来 50 年计算领域设计和创新需求的第五代精简指令集 RISC-V。RISC-V 最主要的特征是开源开放。RISC-V 指令集规范采用“Creative Commons Attribution 4.0 International License”开放共享协议，RISC-V 国际协会（RISC-V International，RVI，前身是 RISC-V 基金会）负责指令集规范的定义和发展，目前已经迁到永久中立国瑞士；RISC-V 指令集规范下的微架构设计、外围电路设计等虽然可能存在专利，但 RVI 正在通过构建共享专利池来逐步解决。

除此之外，RISC-V 还具备精简及模块化的特征。RISC-V 指令集分为基础指令集、标准扩展指令集和其他自定义指令集，其中，基础指令集和标准扩展指令集由 RVI 来制定、审核和维护，只维持尽可能少的数量。这样可以为芯片设计和流片留下很好的优化空间，例如，基础指令集中的 32 位整数指令集 RV32I 仅有 47 条指令，且不会再做更改。而其他模块，诸如乘法指令集模块 M、单精度浮点指令集 F 等只需要根据实际使用情况进行硬件实现即可。一些复杂指令集的专用指令，则可以通过多条简单指令组合而成，不必再单独进行硬件设计。基于这些特点，RISC-V 非常适合灵活多变的场景，依据场景应用进行精细化的功能、性能和能耗等定制。

近年来，全球 RISC-V 生态飞速增长，截至 2021 年 12 月，RVI 企业成员来自 70 多个国家和地区，企业成员数量增长至 2000 多家，与 2015 年初创时相比增长了 50 多倍，涵盖教育科研、芯片、软件、安全、金融等行业。截至 2021 年 12 月，全球范围内 RISC-V 核累计出货超过 20 亿颗，已有近 100 款不同门类及型号的 RISC-V 芯片应用于物联网、工业控制和机器学习等多个产业。咨询机构 Semico 在 2019 年发布的调查报告《RISC-V 市场分析：新兴市场》中指出，预计到 2025 年市场总计消费 RISC-V 芯片达 624 亿颗，其间复合增长率达 146%[1]。RISC-V 已经成为与 X86/ARM 并列的三大指令集生态之一。

在中国，已有多家科研单位和公司启动了 RISC-V 研发与应用的道路。中国科学院软件研究所作为 RISC-V 生态基础软件的活跃力量，为 RISC-V 的编译器、模拟器、JavaScript 运行时环境、基础库等做出了持续而核心的贡献[6]。中国科学院计算所在 2021 年 6 月开源了“香山”RISC-V 处理器[7]，首代架构“雁栖湖”主频达到 1.3GHz，芯片设计采用 11 级流水、6 发射、4 访问部件的乱序处理核，主要对标 ARM 的 A72 产品。2021 年 10 月的云栖大会上，阿里平头哥开源了 4 款 RISC-V 玄铁处理器，并同步开源了全套的软件工具链[1]。国内规模最大的 openEuler 开源操作系统社区，在成立之初就开始了对 RISC-V 的架构支持，成立了专门的 RISC-V SIG 组，开展面向

RISC-V 的软件包迁移和编译构建。面向万物互联的 OpenHarmony 开源项目也开展了面向 RISC-V 的迁移适配。RISC-V 基金会官网发布的信息显示，截至 2021 年 8 月，RVI 的 13 个高级会员中的 11 个来自中国，2 个来自美国；208 个战略会员中的 72 个来自中国，78 个来美国，47 个来自欧洲；17 个理事会成员中的 9 个来自中国，6 个来自美国；4 个发展伙伴中的 3 个来自中国，1 个来自美国。

在 RISC-V 广阔的科研和商业前景上，每个流程、每个环节都有着极其丰富的机会等待被挖掘。在这些复杂的流程、环节上，构建高质量的开源软件供应链意义重大，并且正当其时。

3 RISC-V 开源软件供应链的关键环节

软件是生态的催化剂和黏合剂，从开源理念出发的 RISC-V 指令集，必然一开始就与开源软件相得益彰。早在 2012 年（RISC-V 诞生的第二年）UC Berkeley 的科研人员就已经对常用的基础软件进行了适配，例如 GCC、Clang、Linux 等软件。为了提高处理器 IP 核的编程效率，科研人员还开发了高层逻辑抽象的硬件编程语言 Chisel，经过转换后可以兼容 Verilog 语言，但更重要的是实现了代码的复用，引入了函数、面向对象等传统编程概念，在提高编程效率的同时，还降低了技术门槛，使得开发人员更易上手。

但是，一个指令集生态的开源软件供应链远不止于此。RISC-V 开源软件供应链，本质上是一个从指令集出发的大规模软件图谱。这一图谱呈现了整个开源世界里各个组成部分的连接和依赖。每个软件包实体是一个顶点，而每条边代表着两个软件包之间的关联关系。就像高速公路连接着不同的城市，许多条高速公路共同组成了开源世界的交通网。不论是开发者、使用者还是维护者抑或管理者，只要能在建好的高速公路上按照交通规则行驶就可以快速、高效地在各个交通节点中穿梭。如此，原本组织松散且地域分散的开源世界就被黏合起来了。大型复杂系统软件的构建和演化也变得井然有序。

RISC-V 生态中有一些关键的环节，是构建开源软件供应链的重中之重。

3.1 通用标志性开源 IP 核

虽然 RISC-V 的模块化设计理念可以让指令模块进行无限制的组合，但处理器的设计同样也有着较高的门槛，绝大多数软件、硬件开发公司，还是需要一款或多款“经典款”芯片的。当出现了这样一款标志性的优秀芯片后，将会带来明显的多米诺骨牌效应，后续的嵌入式硬件、配套软件，整套的商业化流程都将产生。UC Berkeley 的 Rocket 及 BOOM 提供了入门的基础知识，但距离真正实用的通用标志性开源 IP 核还存在一定的差距。这里需要强调的是，由于 Chisel、Verilog 等编程语言的大量使用，开源 IP 核的开发过程完全可以采用开源软件的成熟模式和平台，如 DevOps、持续集成（CI）、持续测试（CT）等。在某种意义上，IP 核代码也构成了开源软件供应链的重要一环。

3.2 通用基础软件

有了 RISC-V 芯片之后，还要有配套的基础软件工具，如汇编器、编译器等。目前已经有多款编译器、基础库等支持 RISC-V，如 GCC、LLVM、QEMU、GLIBC 等。同样，支持 RISC-V 的操作系统也越来越多，如 Fedora、Debian、openEuler 等。即便这样，在实际使用过程中还面临众多问题。以中国科学院软件研究所正在负责迁移适配的 openEuler 操作系统为例，在 8000 多个社区维护的软件包（在 X86 和 ARM 上能够编译构建和运行）中，经过近一年的努力，也仅仅完成了 2400 多个软件包的顺利编译构建。如果再考虑到 Fedora 和 Debian 的 30000 多个软件包，就可以估算出后续迁移的工作量，但这绝非易事。在此种状况下，需要瞄准最通用、最重要的一些软件包优先进行移植。例如，OpenCV 这类机器视觉和人工智能领域里大量使用的基础库，或者 OpenJDK 这类企业级商业软件大量使用的编程工具包和运行时环境。

3.3 开源代码迁移工具

对于 RISC-V 平台的软件，人们不可能全部都从头实现，这样既不划算，也不可行。更加理性、高效的想法是将现有的大量可用的软件自动化或者半自动化地迁移到 RISC-V 平台。目前，开源社区有着海量的开源项目，都是迁移到 RISC-V 平台的潜在对象。为此，必须有一些快捷、实用的源码级迁移工具，来提高软件迁移的效率和开源代码的复用率。

3.4 开源软件上游社区

一个指令集成为主流指令集的显著标志是被大量上游开源软件（Upstream）所支持。这里的上游开源软件通常指独立自包含、被主流操作系统发行版采用的开源项目，每个上游开源软件通常都代表着供应链中不可或缺的一个环节。目前，RISC-V 在上游软件中的支持程度尚不成规模。就定制和优化程度而言，还远没有体现出 RISC-V 应有的独特优势。

3.5 生态碎片化管理

RISC-V 模块化指令集的设计理念既容易形成多样化，同时很容易导致碎片化。碎片化的一个典型案例如谷歌的安卓操作系统。安卓的开源策略使得用户可以随意根据自己的需求对其开源版本（AOSP 版本，采用 Apache 2 的许可协议）进行定制，然后固化为自己的产品线。谷歌为了解决这一问题，先后通过协议对手机厂商进行约束，通过 JetPack/AndroidX 对第三方库进行供应链梳理，甚至把使用了 12 年之久的 App 打包格式从 APK 切换为 AAB，可谓大费周折。 RISC-V 生态需要未雨绸缪，从指令集规范制定、编译工具链（Toolchains）、软件开发套件（SDK）、发行版包管理工具，甚至通过 RVI 的会员协议等所有可能的措施，避免出现类似的问题。

以上构成了 RISC-V 指令集开源软件供应链构建过程中的五大关键要素。这些都是在 X86/Linux 和 ARM/Android 的开源生态构建中得到启发的。

4 RISC-V 开源软件供应链的主要风险

开源软件供应链不仅需要聚焦关键环节，还要面对复杂多样的风险。这些风险在已有 X86/ARM 指令集生态中同样存在，但因为开源发展的历史局限而几乎没有系统性的准备，导致风险不断累积，已成为开源产业的沉重包袱。为此，当 RISC-V 作为一个新指令集构建自己的开源软件供应链时，必须提前考虑风险，尽最大可能避免“重蹈覆辙”。

4.1 知识产权风险

任何开源软件都一定至少有一个开源许可证。开源许可证标志着使用者可以在何种程度上使用及改造、发布源代码。有一些许可证非常宽松，如 MIT 许可证，当源代码被修改后，可以选择闭源，而且不必注明版权，当需要宣传软件时，还可以用源代码的项目名称进行促销“背书”。有一些许可证则非常严格，如 GPL，当源代码被修改后，新的代码也必须开源，同时也必须使用 GPL 许可证。

当一个大型复杂开源软件包含了大量开源软件包后，就意味着可能包含了各种各样的开源许可证。如果忽视对许可证的管理，就很容易留下知识产权隐患。例如，专注开发路由器的 LINKSYS 公司在 2003 年发布了 WRT54G 路由器，之后有人发现这个路由器的固件是基于 Linux 内核开发的，而 Linux 内核使用了 GPL 许可证，意味着路由器固件代码必须开源。同年，Cisco（思科公司）收购了 LINKSYS，迫于 Linux 起诉压力，不得不将 WRT54G 软件开源，直接催生了开源路由器操作系统 OpenWRT。这对于开源社区来说多了一款开源的企业级路由器操作系统，但是对于当事公司来说可能意味着辛苦构建的技术壁垒被打破。因此，商业公司必须重视许可证，稍有不慎，就可能造成巨大损失。

RISC-V 指令集自身的开源许可规则并不能代表其生态中其他开源软件的知识产权约定，但指令集是生态的起始原点，从 RISC-V 出发，完全有可能构建出更加商业、友好的开源软件供应链，从而大大降低商业应用的知识产权风险。

4.2 软件漏洞风险

漏洞（Vulnerability，也被称为脆弱性或缺陷）广泛存在于每个软件之中。一些漏洞会引发广泛的恶劣影响甚至恶意攻击，一些漏洞直到软件生命周期终结也不会被发现。同许可证问题一样，海量的软件包会带来大量的缺陷代码。使用者不可能对每个软件包都进行漏洞筛查。但这些带有漏洞的开源软件很有可能如同尘封多年的“哑炮”一样，不知什么时候会毫无征兆地炸开，从而让整个业务系统宕机并遭受损失。

一个典型且严重的例子是 2014 年的 HeartBleed 漏洞 [8]。这个漏洞存在于被全球广泛使用的 OpenSSL 某个版本的开源软件包中。特别是大量的互联网站点都在使用 OpenSSL 组件，从而导致众多的用户名及密码和相关敏感数据被盗取。在漏洞被曝出时，全球范围内被影响的主机数量在百万量级。实际上，这个漏洞早在 2012 年就已经被引入 OpenSSL 代码，直到两年之后才被一位谷歌的工程师发现并曝光。这期间有多少服务器被黑客入侵不得而知。针对软件漏洞，目前有一些漏洞扫描工具，如 Vtopia、FOSSID、SONATYPE 等。这些软件通过整合上游社区发布的漏洞信息，以及主动扫描发现漏洞信息来做到提前预警。

RISC-V 指令集本身并不能降低软件出现漏洞的概率，但一个开源的指令集可以提供更加透明的二进制级别的漏洞扫描方法，避免之前专用指令集特别是非文档化指令（Undocumented Instructions）带来的程序调试和漏洞检测“黑洞”。

4.3　漏洞传播风险

当一个大型复杂软件发现新的漏洞时，必须有具体到个人的精准修复指示，才能提高漏洞修复的速度。对于公司维护的商业软件，通常有专门的测试人员负责查找软件漏洞，当找到一处漏洞时，会直接向相应的代码编写维护人员请求修复。但是在开源软件的供应链体系中，测试人员无法将漏洞快速、准确地反馈给指定开发人员，反馈渠道不通畅，最终导致漏洞无法及时修复。一个常用的开源软件模块被修复时，我们还希望可以快速同步到其他所有使用了该模块的开源项目中去，而不是同一个漏洞被一次次在不同软件中反复发现、反复修复，浪费人力、物力，甚至被攻击者反复利用。开源代码维护人员能否稳定和及时响应，漏洞修复能否大规模、全覆盖地推送，正是开源软件供应链漏洞传播的特殊风险所在。

我们以刚刚爆发的 Log4j2 为例，来阐述为什么开源软件模块的维护非常重要但却非常困难。2021 年 12 月 10 日，Apache Log4j2 零日（0 day）漏洞（Log4Shell、CVE-2021-44228）被公开，其“Lookup”机制存在解析问题，导致 JNDI 注入漏洞。该漏洞的触发条件简单，但危害却极大。攻击者可向程序输入特定的攻击字符串，当程序进行日志记录时，该漏洞即可被触发，这可被进一步用来执行恶意代码。Log4j2 是 Java 代码项目中广泛使用的开源日志组件，因此这个漏洞很快演变为一场开源软件供应链的安全危机。据不完全统计，GitHub 超过 8600 多个开源软件直接依赖 Log4j2 组件，但通过这些开源软件继续追溯，最终有超过 20 万个开源软件受到了影响。同时，在官方第一次发布修复版本的一周时间后，仍然有超过 80% 的间接关联开源软件没有被修复。从数据上可以看出，这类开源组件中一旦发现有严重漏洞，就会直接或间接地影响到依赖它的上层开源软件。直接依赖该类组件的开源软件可以轻易排查并修复该组件漏洞，但是通过开源软件之间错综复杂的层级依赖关系的传播后，该漏洞隐匿在深层依赖的应用中不易被发现，将为全球的软件供应链生态带来无法估量且不可控的影响，并且这种影响将持续很长时间。

前面提到导致 HeartBleed 漏洞的 OpenSSL 也属于这类组件，此外类似的开源组件还有 Apache Struts2 及 Linux Kernel 等被广泛使用的开源软件。Apache Struts2 是一个基于 MVC 设计模式的 Web 应用框架，该组件的一系列安全漏洞直接影响了包括百度、腾讯、淘宝在内的多个大型网站，甚至包括国家级的政府网站，几乎让国内互联网全网沦陷。脏牛（Dirty Cow）漏洞也是一个影响巨大的漏洞，该漏洞存在于 Linux Kernel 中，持续存在了 9 年后才被修复。由于 Android 是基于 Linux Kernel 的操作系统，因此也间接传播了脏牛漏洞，影响了当时市面上大部分的 Android 手机。对一个系统来说，出现漏洞的位置越靠近系统底层，影响的范围越大，修复的难度也越大，传播的风险也就越高。

RISC-V 指令集开放属性有望形成同一指令集下不同处理器厂商共同参与的漏洞信息共享机制，使不同供应链在更短的时间内得以修复，甚至可以引入一种专门针对漏洞修复的标准扩展指令集，把当前智能终端设备普遍具备的 OTA 升级机制，进一步下沉到指令集层次，一旦该指令集启用，则在设备联网时自动远程修复。

4.4 持续维护风险

开源软件的长期义务维护可能会导致一系列不公平的现象，如商业公司通过开源软件赚取了丰厚利润，但并没有给维护者任何回馈，甚至会刻意回避谈及对开源软件的使用，由此引起开源维护者的反感甚至一些过激行为。近期发生的 faker.js 与 colors.js 开源库遭到作者恶意破坏的事件就是典型的例子。faker.js 与 colors.js 使用范围较广，faker.js 在 npm 上的每周下载量接近 250 万次、colors.js 的每周下载量则达到约 2240 万次，属于较为关键的开源软件供应链上游节点。faker.js 使用的是十分宽松的 MIT 开源许可协议，因此许多商业公司并没有为使用此项目支付任何费用。作为虚假数据生成领域最优秀的开源项目之一，faker.js 和 colors.js 庞大的工作量主要由其作者 Marak 一人完成，并且没有从商业公司得到相应的支持和回报。长期积累的恶性循环终于爆发，作者通过向两个包提交恶意代码进行供应链投毒，并发布到 GitHub 和 npm 包管理器中，之后又将项目仓库所有代码清空，完全停止维护，从而使依赖于这两个库的数千个项目无法运行。

其实之前 OpenSSL 出现漏洞时，人们已经发现，维护 OpenSSL 库的只有两位兼职人员，而且是完全义务行为。Log4j 也是由几位兼职社区开源爱好者在维护。可想而知，这些软件包在出现漏洞后，修复的及时程度和全面程度必然会受到影响。

由于场景的多样化，RISC-V 生态下开源软件供应链的维护将会更加困难。传统的“志愿者”模式需要被打破，取而代之的可能是一种“有限责任”模式，即开源开发者需要承担一定的持续维护责任，同时匹配以固定的收益。供应链的组织模式也将由传统的“水平分层”模式转变为“垂直贯通”模式，使得在单个供应链上的上下游协同更为紧密。

以上对 RISC-V 开源软件供应链中风险的揭示，并不能推翻开源作为未来软件模式的大趋势。相反，对这些风险的逐一排查和解决，将带来 RISC-V 产业乃至整个信息技术生态发展的新机遇，甚至会成为未来 RISC-V 生态相比其他私有指令集的核心竞争力。

5 结束语

开源软件与 RISC-V 指令集的结合将产生巨大潜力，即开源软件借助 RISC-V 开源指令集，从源头解决知识产权、软件漏洞等问题，不必受历史包袱的束缚；反之，RISC-V 借助开源软件，也可以发展与 X86/ARM 差异化的、全栈开源的生态体系。随着开源模式和 RISC-V 的进一步普及，RISC-V 生态开源软件供应链将会越来越清晰地呈现在产业界面前，不仅贯穿整个信息技术产业，同时也渗透到其他各行各业，成为生产生活的基础要素；而开源软件供应链存在的问题也将无法回避，需要全球开发者、开源社区甚至政府机构共同解决。总之，围绕 RISC-V 的开源软件供应链构建过程虽任重道远，但未来可期。

参考文献

[1] SEGALL R S. What Is Open Source Software (OSS) and What Is Big Data?[M]//Research Anthology on Usage and Development of Open Source Software. IGI Global, 2021: 817-857.

[2] 齐越，刘金芳，李宁 . 开源软件供应链安全风险分析 [J]. 信息安全研究，2021，7（9）：5.

[3] 梁冠宇，武延军，吴敬征，等 . 面向操作系统可靠性保障的开源软件供应链 [J]. 软件学报，2020，31（10）：3056-3073.

[4] SEARLS D. EOf: what does Linux want?[J]. Linux Journal, 2011(201): 12.

[5] LEGAY D, DECAN A, MENS T. A Quantitative Assessment of Package Freshness in Linux Distributions[C]//2021 IEEE/ACM 4th International Workshop on Software Health in Projects, Ecosystems and Communities (SoHeal). IEEE, 2021: 9-16.

[6] 刘畅，武延军，吴敬征，等 . RISC-V 指令集架构研究综述 [J]. 软件学报，2021，32（12）：3992-4024.

[7] 中科院发布国产 RISC-V 处理器“香山”[J]. 信息系统工程，2021（7）：2.

[8] HU Z, CHEN P, ZHU M, et al. A co-design adaptive defense scheme with bounded security damages against Heartbleed-like attacks[J]. IEEE Transactions on Information Forensics and Security, 2021, 16: 4691-4704.

作者简介

武延军，中国科学院软件研究所总工程师、研究员、博士生导师。兼任中国规模最大的操作系统社区——开源欧拉社区副理事长，同时担任 RISC-V 基金会（RVI）技术战略委员会（TSC）委员。中国科学院青促会优秀会员。主要研究方向为操作系统和 RISC-V 生态基础软件。

梁冠宇，中国科学院软件研究所工程师，博士研究生。作为核心人员负责开源软件供应链重大基础设施的数据采集与可视化工作。主要研究方向为开源软件供应链。

田思洋，中国科学院软件研究所助理研究员。曾与企业合作联合出品Linux操作系统课程，并在高校进行教学。主要研究方向为操作系统。

赵琛，中国科学院软件研究所所长、研究员、博士生导师。长期从事系统软件相关的研究工作，曾主持多项重大项目。主要研究方向为形式逻辑、程序语言和基础软件。

面向工程科技战略咨询与决策的智能支持系统研究与展望

周 源[1*] 刘宇飞[2] 郑文江[2]

（1. 清华大学公共管理学院；2. 中国工程院战略咨询中心）

摘 要

中国工程科技领域依靠中国工程院院士、广大专家的经验与智慧取得了一系列战略咨询研究成果。但随着知识爆发式增长和大数据时代的到来，以新一代人工智能为代表的技术已成为辅助咨询研究的重要手段。数据分析支撑已成为工程科技重大咨询研究的迫切需求。在大数据时代，信息技术与数据环境的发展，使得数据获取与分析变得更加容易，以客观数据分析结果支撑院士专家的战略决策成为可能。在此基础上，工程科技战略咨询智能支持系统（intelligent Support System，iSS）应运而生，iSS 平台不仅能够对主流论文、专利等科技文本数据库的数据进行一键式分析，同时也构建了未来技术库、技术清单库、咨询报告库等面向工程科技的特色数据库，并通过规范式的流程与方法，为战略咨询研究人员提供支持服务。围绕以专家为核心，流程为规范，数据为支撑，交互为手段的建设目标，iSS 平台已为多个中国工程院战略咨询项目及百余个课题组提供智能决策支持。同时，为清华大学、新加坡南洋理工大学、华中科技大学、北京邮电大学等高校本科、硕士、留学生的相关课程教学提供支持。本研究从概述、平台结构、支撑流程、总结与展望 4 个部分，详细论述了工程科技战略咨询智能支持系统的建设背景、建设方案及功能与服务，为读者使用 iSS 平台进行战略咨询研究提供流程指导与方法工具支撑。

关键词

iSS 平台；智能决策支持；技术预见；战略咨询

Abstract

Relying on the experience and wisdom of the academician of the Chinese Academy of Engineering, a series of strategic consulting research achievements have been made in the field of engineering science in China. However, with the explosive growth of knowledge and the advent of the era of big data, technology represented by a new generation of artificial intelligence has become an important tool to support consulting research. Data analysis support has become an urgent demand for engineering science and technology consulting research. At the same time, the development of information technology and data environment makes it easier to obtain and analyze data, and it is possible to support the strategic decisions of academicians and experts with objective data analysis results. On this basis, the Intelligent Support System (iSS for short) for engineering science and technology strategic consulting emerged. At the same time, it has built characteristic databases for engineering technology such as future technology library, technology list library, consulting report library, etc., and provides support services for strategic consulting researchers through standardized processes and methods. Focusing on the construction goal of taking experts as the core, process as the norm, data as the support, and interaction as the means, iSS platform has provided intelligent decision support for several strategic consulting projects of the Chinese Academy of Engineering and more than 100 project groups. At the same time, it provides support for the teaching of relevant courses for undergraduates, masters and international students in Tsinghua University, Nanyang Technological University, Huazhong University of Science and Technology, Beijing University of Posts and Telecommunications and other universities. This research discusses the construction background, construction plan, functions and services of the intelligent support system for engineering science and technology strategic consulting in detail from four parts: the overview of the research content, the platform structure, the support process, and the summary and outlook, so as to provide process guidance and methodological tool support for readers to use the iSS platform.

Keywords

iSS Platform; Intelligent Decision Support; Technology Foresight; Strategy Consulting

1 概述

大数据时代的到来及人工智能技术的发展，使得海量数据存储、多源数据挖掘、云计算等技术不断发展成熟，为新一轮科技革命与产业变革带来了新的发展机遇。大数据技术通过对海量数据的快速收集与深度挖掘、及时研判与共享，促进数据资源向有价值信息的转化，已在优化生产、降低能耗、精准推送等方面开展大量应用服务，成为支持社会治理科学决策和准确预判的有力手段。云计算能够实现网络数据的便捷访问和计算资源的按需共享，提高了人与人之间的协同能力，降低了数字资源管理的技术门槛，能够对打造生态绿色、智慧管理的新型社会治理模式发挥重要作用。人工智能赋予机器交互学习的能力，在智能制造、药物研发、无人驾驶等领域融合衍生出丰富的行业应用场景，为社会治理方式乃至治理模式保持与时俱进的创新优化提供专业化技术。随着知识爆发式增长，以及科技管理和相关科研活动产生的数据存量大、增速快，使得任何一个个体，无论是资深学者还是经验丰富的专家，都无法完全掌握某一领域的所有信息与数据。而在以技术预见为代表的战略咨询研究中，需要专家与数据的充分交互，在交互的过程中，既需要数据及分析工具的支持，又需要科学规范流程的引导。因此，应用最前沿的数据分析技术，客观的数据分析结果、科学有效的技术预见流程，构建一个服务于专家的数据分析交互式平台，辅助专家进行决策咨询，对于提高战略咨询服务的质量具有重要的意义。

战略咨询研究工作需要从不同视角解决产业或技术发展规划问题，涉及众多的利益相关者，难度大，复杂性高。仅依靠专家的经验知识，往往难以获取对领域的全面认知，专家意见难以收敛且易产生主观偏误，而信息技术的发展使得大数据的获取与分析变得更加便捷与高效。因此，工程科技战略咨询研究需要以专家为核心，以大数据与人工智能方法为支撑为专家提供客观的科学数据测度，同时需要一个科学的流程框架，使得专家知识能够与客观数据分析结果进行更好的交互与融合，以提高咨询研究的效果与质量。在此背景下，依托于中国工程科技知识中心，清华大学、浪潮集团、华中科技大学与湖南大学共同建设了工程科技战略咨询智能支持系统（intelligent Support System，iSS），为工程科技领域高端智库提供智能化、流程化的线上支持服务。iSS 平台于 2017

年正式上线提供服务，所有用户可免费注册使用，其主界面如图 1 所示。

图 1 iSS 平台主界面

iSS 平台建设遵循边研究、边建设、边推广和边应用的建设理念，遵循方法科学性、数据权威性、思考前瞻性与结论可信性的建设原则，在构建“以专家为核心，流程为规范，数据为支撑，交互为手段”的总体目标下，iSS 平台定位为搭建面向战略咨询研究的，集流程、方法、工具、案例与操作手册于一体的工程科技战略咨询智能支持系统。该平台的总体功能包括设计并完善院士咨询工作流程，提供技术预见方法、工具、案例和手册，辅助支持项目完成政策分析、技术分析、市场与产品分析、调研报告与技术路线图等数据支撑报告。

iSS 平台以聚焦世界科技发展大势、研判世界科技革命新方向为应用场景，结合云计算、大数据、人工智能等现代信息技术，是以专家为核心、数据为支撑、交互为手段、嵌入咨询研究流程的工程科技战略研究智能化支持平台。该平台以科学方法支撑科学咨询，以科学咨询支撑科学决策，以科学决策引领科学发展，能有效支撑工程科技战略咨询的科学发展，切实提高国家高端科技智库战略咨询的质量和水平。

2 平台结构

为更好地发挥科技文献、专利数据、行业报告等多源异构数据对战略咨询的支撑作用，以及更充分地发挥院士专家在整个战略咨询过程中的核心作用，本研究基于“优质数据—客观认知（知识）—专家研判—咨询成果”的思路对咨询流程与分析框架进行了系统设计，聚焦课题组实际需求，遵循实用、好用、管用原则，围绕技术态势分析、技术体系建设、技术清单、德尔菲调查、技术路线图，建成多维度、流程化、智能化、交互性强的技术预见特色产品。本研究设计以技术预见为特色服务，以数据库、方法库、指标库为主要支撑数据分析的功能模块，以更好地完成数据收集、数据挖掘、数据分析工作。数据分析模块的开发以数据库、方法库、指标库为基础功能模块进行了框架设计。基于这些数据分析模块建成工程科技战略咨询智能支持系统，并基于该系统完成科技创新预见与战略规划应用。iSS 平台结构如图 2 所示。

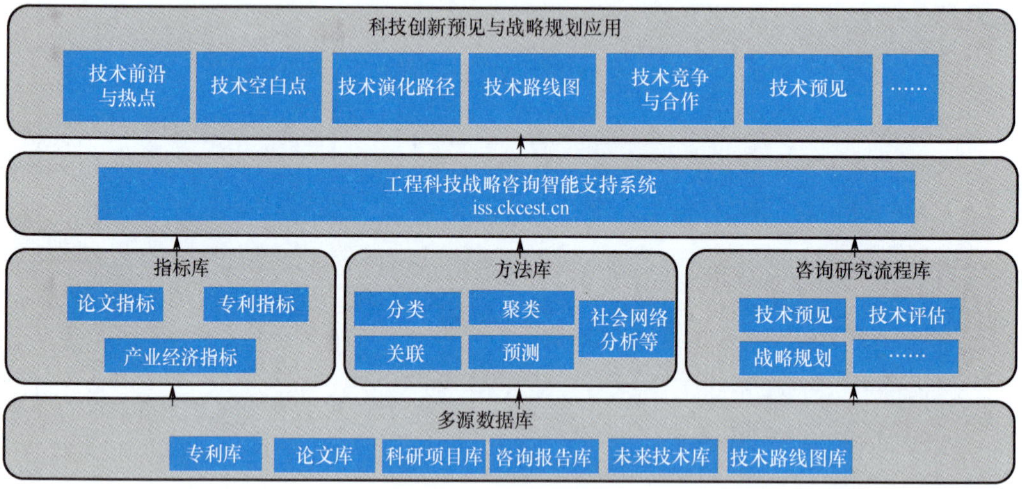

图 2　iSS 平台结构

2.1　多源数据库

结合中国工程院、清华大学的数据资源及用户上传数据，对科技文献、专利文件、科研项目、商业报告、产业数据等数据进行归纳整理，目前已完成专利库、论文库、科研项目库、咨询报告库、未来技术库与技术路线图库的建设（见图 3）。专利和论文数据库通过 Thomson Innovation 的专利数据、中国知网的中文论文数据、Web of Science 的英文论文数据等检索的文献数据收集，以数据可视化的方式向用户展示当前文献任务各个维度的信息，主要包括时间趋势、国家分布、主题河流、关键词共现、相关性分析等；科研项目库主要采集各国基金项目数据，从地区、项目、关键词、承担单位、承担人、领域方向、支持类型、金额等多个维度揭示未来技术发展方向，揭示学科发展资助情况与区域学科分布情况，构建关键领域与资助经费关联，最终为高端智库在专家选取、德尔菲调查、技术路线图制定等方面提供支撑；咨询报告库主要建设内容为收集世界范围内各领域机构发布的研究报告，并人工整理、划分领域后解读，按字段整理摘要、关键词等以构建数据库，用户可通过关键词检索相应报告以分析技术发展状况；未来技术库主要建设内容为收集世界范围内对于未来技术发展的展望与预见性的报告，并人工整理其中重要的技术发展方向，形成技术清单条目，按字段整理技术条目并构建数据库，以支撑战略咨询研究；技术路线图库主要建设内容为使用文本挖掘的方法对全球各产业技术路线图报告中的文本框架、文本内容、文本图片等多源异构数据进行分析，按文本内容整理发布时间、地区、发布机构、领域分类等以构建数据库，为绘制技术路线图提供了数据支撑。

(a) iSS平台多源数据库查询界面1

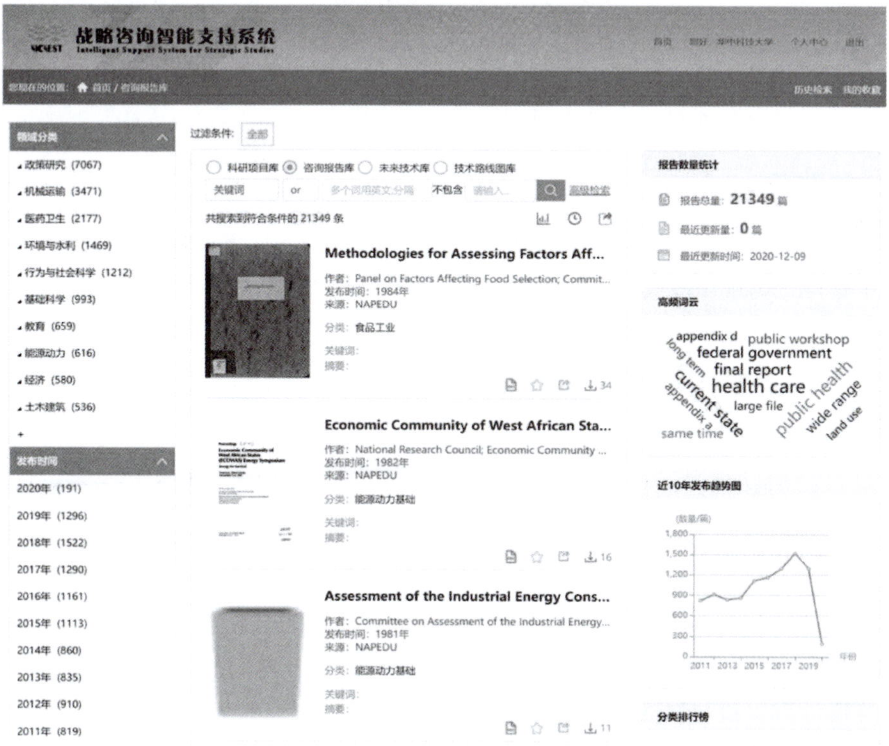

(b) iSS平台多源数据库查询界面2

图 3　iSS 平台多源数据库

2.2 指标库

目前，指标库已积累了一定的研究成果，主要有专利分析指标[1]、论文分析指标[1]和产业经济指标[2-4]。

2.3 方法库

iSS 平台建设过程中需要使用数据挖掘与数据分析的方法对数据库中的数据进行清洗与处理，并对不同来源的数据进行关联分析。数据源的质量决定分析结果的准确性，所以在数据整合过程中，使用自然语言处理、机器学习、深度学习等方法对数据进行预处理，然后利用关联规则、聚类、分类、预测等数据挖掘方法对不同类别的数据进行综合分析，并生成技术态势分析报告供院士专家参考。同时，随着用户的增加，平台在处理海量数据方面会面临算力不足的情况，需要开发高并发的深度学习算法库及其体系结构，以支撑大量用户的并发使用，从而支撑平台被更广泛地应用与推广。

2.4 咨询研究流程库

咨询研究流程库通过调研国内外战略咨询的现状和发展趋势，针对战略咨询的研究特点，将战略咨询流程分为 3 类：技术预见、技术评估、战略规划。技术预见通过对咨询项目领域内过往的数据进行挖掘与分析，总结其发展趋势、技术路线、相关成果发布，预测候选热点技术以供专家参考；技术评估通过对已往项目产生的成果变化趋势进行评估；战略规划通过对领域内学术论文、专利数据、科研项目、咨询报告、未来技术、技术路线图进行综合分析，明确该领域研究成果转化到产业过程的时间，利用数据发现产业重点，为专利判断提供支撑。

2.5 系统层

基于以上数据分析模块，应用目前大数据分析与新一代人工智能研究的前沿技术，结合人工智能 2.0 的分布式计算平台，使用该平台作为底层运算框架支撑平台各分析功能的应用，最终建立一个以专家为核心、数据为支撑，集咨询流程、分析方法、分析工具、咨询案例、操作手册于一体的线上服务平台。

2.6 应用层

基于工程科技战略咨询智能支持系统，可以为战略咨询服务提供更具科学性的决策支持，为广大科研人员提供多种维度的分析工具，以支撑领域识别技术前沿与热点[5]、技术空白点[6]、技术演化路径[7, 8]、技术路线图[9]、技术预见[10, 11]、新兴技术[12]、技术融合[13]等研究。

该平台在建设过程中，深入调研并解析了国内外战略咨询的现状和发展趋势，探析客观大数据分析、新一代人工智能技术、技术路线图[6]等方法与专家知识的内部关联，针对中国工程院战略咨询研究特点，系统地对咨询流程与框架进行标准化设计，将大数据分析与人工智能技术以功能模块的方式从流程阶段就嵌入技术预见的咨询服务中，打通了各工具之间的联系，实现各阶段成果的相互调用，增强环节控制。本研究所建设的分布式的数据计算平台，封装了一系列以深度学习为代表的新一代人工智能算法，实现了数据资源的深度挖掘与揭示，提升了大数据分析能力，扩展了数据挖掘功能，增强了多源异构数据间的关联分析能力，进一步优化了以德尔菲专家分析法为核心的决策支持过程，通过加强人机交互功能，引导专家进行高效研讨，从而提高咨询服务质量。

为研究上述嵌入式的技术预见分析框架和流程，iSS 平台以边研究、边建设、边推广、边应用为理念，一方面研究多源异构技术、深度学习技术、知识图谱技术，以及人机协同智能交互技术、技术路线图方法与技术预见的契合点；另一方面针对契合点探讨新技术、新方法在技术预见领域如何进行具体方法和工具的创新、开发与应用，不断迭代平台功能以优化决策咨询质量。

从总体上说，通过整合大量多源数据并融合新一代人工智能技术中的大数据智能技术及人机协同智能技术，使平台集成了多个辅助分析的特色产品与通用工具，并应用于“战略性新兴产业”“智能制造”“制造业高质量发展”等领域实际案例的研究，为尽早捕捉关键技术未来的发展趋势和可能的演化路径，制定合理的技术战略与创新政策，把握好科技发展大势，为明确发展的主攻方向和突破口提供科学数据与决策支撑。

3　支撑流程

技术路线图的设计与制定是战略规划中最重要的环节，也是咨询工作的核心与关键。在 iSS 平台建设过程中，以技术路线图项目为牵引进行了长期而深入的战略管理理论与咨询实践探索，并在此基础上设计了 iSS 平台支撑技术路线图研究流程，为我国工程科技的战略咨询研究做出了有益的探索与扎实的积累。

3.1　技术预见与技术路线图研究

为把握领域技术发展趋势，展望技术发展未来，获取技术与产业竞争优势，世界各国纷纷开展技术预见活动，进行技术的前瞻和布局。技术路线图作为一种灵活的战略管理工具，能够支撑技术创新与战略规划，是技术预见的核心方法之一。同时，在工程科技咨询战略研究中，技术路线图是技术预见工作的一个重要产物。技术路线图由一个基于时间的分层的图表组成，为探索并沟通战略规划提供了一个可视化分析框架[14]。作为一种探索组织目标、技术资源和变化环境之间动态联系的技术管理方法，技术路线图能够帮助识别潜在的发展机会与技术差距，能够深入支撑国家中长期科技发展规划、重大工程等科技发展战略。在此基础上，技术路线图广泛应用于宏观的、国家战略规划等方面。一方面，技术路线图可以帮助识别市场和技术知识的关键缺口，分析市场、竞争和技术情报，并以此为基础制定技术战略。另一方面，技术路线图可以支持国家宏观层面的战略规划，支持资源配置、风险管理和投资决策，提供技术方向的关键信息，识别跨机构的协同能力与障碍。技术路线图能够提升产业、跨机构网络中不同机构间的沟通交流的效率，如龙头企业、核心供应商、关键客户、协会机构及政府机关之间的沟通。在制定技术路线图的过程中，参与专家们会建立共识和信任，这些共识及信任将在专家学者、重点企业、协会学会及政府机关之间传播，从而促进信息的收敛，有助于他们协同制定基于共识的未来发展战略。

在面临创新与战略研究存在各种复杂性、不确定性、知识差距及信息不对称等难题的情况下，技术路线图提供了一个直观且逻辑清晰的框架，可以帮助解答以下 3 个方面的关键问题：①我们现在在哪里？（Where are we now?）②我们要去哪里？（Where do we want to be?）③我们如何去那里？（How can we get there?）进而帮助描绘潜在的和首选的技术或创新发展路径，有效地支撑创新管理与战略规划 [15]。

技术路线图的制定流程很大程度上影响了技术路线图的质量，对技术预见与战略咨询工作的开展至关重要。早期的技术路线图开发多采用流程驱动的研讨会方法，比较著名的是英国剑桥大学 Phaal 教授开发的 T-Plan[16] 与 S-Plan[17] 技术路线图快速启动方法。T-Plan 提供了一种流程化的方法，以研讨会的形式将参与技术路线图制定的人员聚集在一起，发挥群体优势，探讨各种选项和机遇，并就初步构建技术路线图达成共识。在 T-Plan 的基础上，适用于战略规划的技术路线图开发流程 S-Plan 被提出，相比 T-Plan，S-Plan 主要聚焦于产业、政策、市场层面，通过开展 1 ～ 2 天的研讨会，利用头脑风暴方法快速确定现状、目标、机遇、壁垒和未来发展战略，并基于此制定产业、创新等发展战略。T-Plan 与 S-Plan 方法为其他组织与机构开发技术路线图提供了标准化与流程化的方法，在此基础上，学者们通过融入情景分析法、质量功能展开法（Quality Function Deployment，QFD）、形态学分析方法（Morphology Analysis，MA）、项目组合评估法（Portfolio Assessment，PA）等一系列创新管理工具辅助技术路线图构建。基于专家研讨的标准化流程与定性研究方法的应用为技术路线图构建提供了参考，但专家的时间、精力有限，仅靠专家知识作为技术路线图的输入，缺乏客观数据与定量研究方法的支撑，导致技术路线图呈现的信息不够全面。同时，专家决策也易产生主观偏误。

随着机器学习和大数据技术的快速发展，对指数级增长的文献数据进行分析成为可能，有学者开始结合专家知识与机器学习方法识别新兴技术 [18]、分析技术演化路径 [7] 及技术融合发展趋势 [13]，同时加强数据与专家知识的交互以提升技术路线图的质量。在此研究背景下，iSS 平台提供的战略咨询服务主要以专家为核心，以数据为支撑，各项功能、流程也在不断改进和完善。

3.2 iSS 平台支撑技术路线图研究流程

iSS 平台引入了技术预见及相关系统性定量分析方法和技术路线图绘制工具，为展望我国工程科技的发展方向和重点任务、制定各领域技术路线图提供丰富、翔实的数据支撑，可以提高技术路线图研究的系统性、全面性和规范性。具体来说，可按照如图 4 所示的 4 个步骤使用 iSS 平台开展研究战略咨询与技术预见研究工作。

图 4　iSS 平台支撑流程

3.2.1　第一步：工程科技需求分析

结合近年来的重点事件，从政治、经济、社会、技术、市场等因素开展需求分析，分析技术发展趋势变化和宏观环境的变化，识别领域未来发展需求。同时，也可基于iSS平台自有的报告数据库，从工程科技分类及排行、报告时间、高频词云、发布趋势等多个维度对研究领域的未来预测技术需求做重要数据支撑。最后，由专家组确定领域发展需求、目标与任务。在此基础上，确定技术路线图需求层内容，即目标技术或产业应当发展到什么程度，在该领域的技术与产业层面需要实现哪些目标，为实现技术与产业目标需要完成哪些技术任务及明确战略重点等。

3.2.2　第二步：技术体系与技术态势分析

技术呈现体系化、系统化的特点，可以通过构建多层级技术分类结构，来描述特定领域内技术之间的关系。技术间关系的基本要素是“技术A”“技术B”及两项技术间的关系，这3个要素符合新一代人工智能研究中知识图谱的三元组模式。技术支撑人员利用大数据、人工智能、机器学习等先进信息技术，快速对某一领域进行技术梳理，以支持专家梳理技术脉络并形成技术体系。技术体系可引导专家参与到技术预见过程中，通过结构化的技术体系帮助专家把握分析的内容与方向。同时，技术体系提供了全面的技术信息，有利于保证技术清单的全面性与颗粒度的均匀性，也可帮助后续加入的专家快速了解前期专家的工作成果，快速达成一致意见。经过专家研讨后，最终完善确定的技术体系可作为技术路线图技术层内容的参考，帮助专家高效提炼有价值的信息。

根据上一步确定的技术体系，可以制定领域技术或产业检索关键词，关键词可以包括体系中的所有内容，以此检索、获取专利、论文、基金等多源数据并完成技术态势分析。iSS平台提供专利、论文、科研项目等分析功能，可帮助用户从全球、国家、机构、专利权人、关键信息等角度完成对论文和专利的趋势分析、对比分析，得到技术态势分析相关结果，支撑课题组完成开题选材、宏观分析、技术态势分析报告撰写。图5为数控机床领域技术态势分析结果示意图。

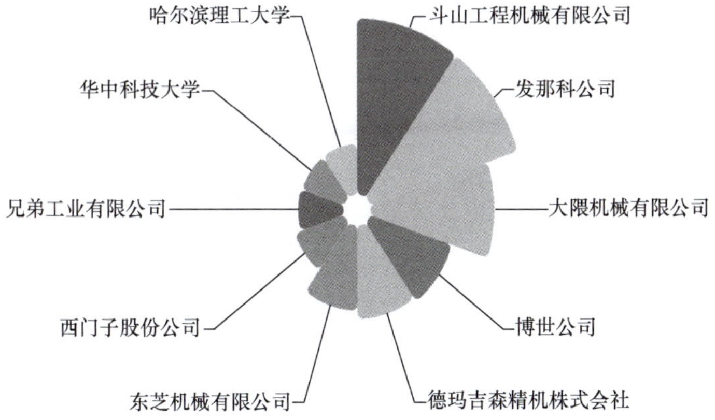

(a) 机构分析

图5　数控机床领域技术态势分析结果示意图

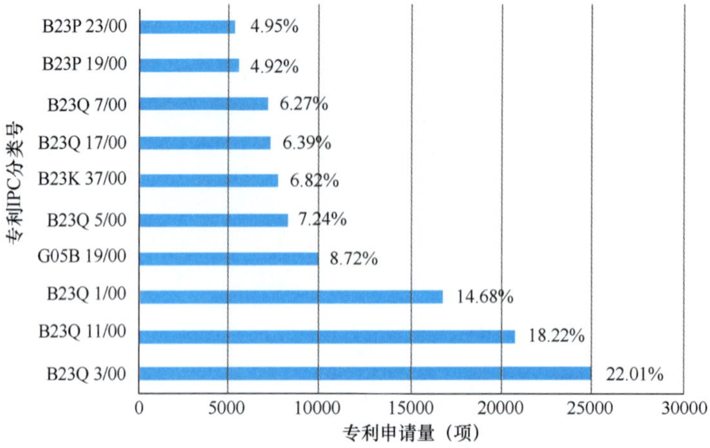

(b) 专利IPC分析

注：图中百分比是指每种 IPC 分类号申请的专利数量占总专利申请量的比例。

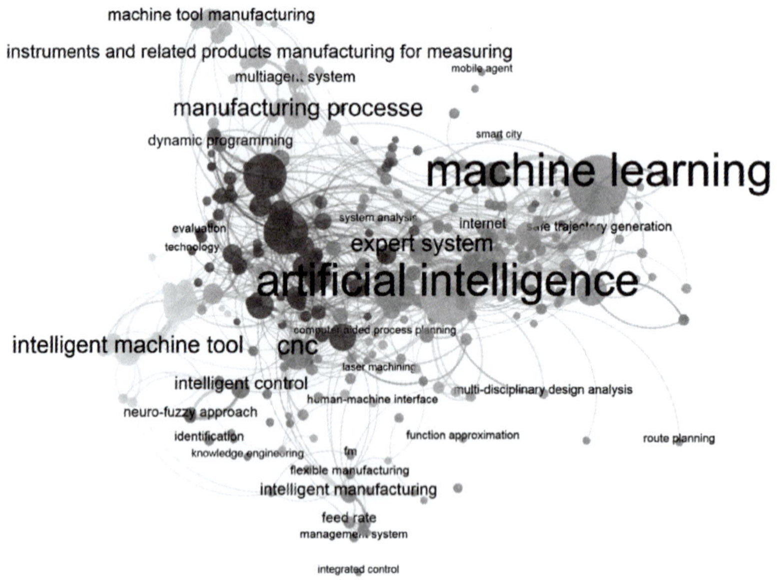

(c) 关键词共现分析

图 5 数控机床领域技术态势分析结果示意图（续）

3.2.3 第三步：技术清单制定

技术清单制定是对面向未来关键技术的遴选，也是技术预见工作成功与否的关键。技术清单的来源主要有 3 个方面：①基于领域技术态势分析结果，利用自然语言处理、聚合与分类算法，进行深度挖掘，形成领域知识聚类图，分析主要的研究主题，经过人工整理后，形成相关技术条目；②使用 iSS 平台的未来技术库，检索其他国家地区开展的相关领域面向未来的关键技术研究内容，整理分析其中适合我国该领域发展的技术条目；③通过专家研讨会与专家访谈，由专家提出面向未来的关键技术。技术清单分析流程如图 6 所示。

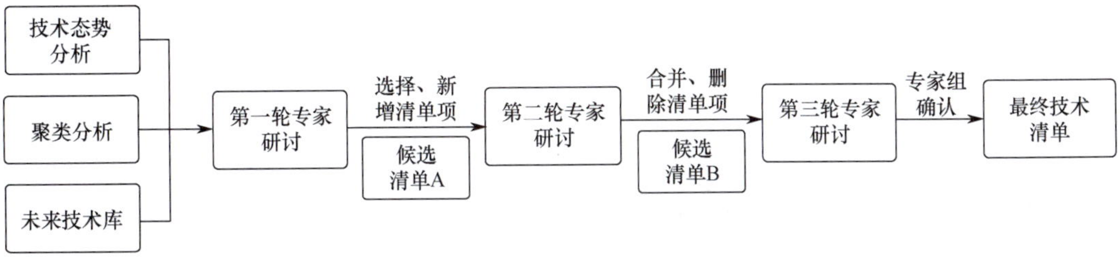

图 6　技术清单分析流程

技术清单的具体制定过程：首先，基于技术态势分析报告，用户使用聚类分析与自然语言处理等方法，挖掘领域核心研究主题，经过研究人员人工整理后，总结出若干关键技术条目，形成初始技术清单。其次，检索并筛选各个国家或地区开展的该领域面向未来的关键技术项，对初始技术清单进行补充，得到候选技术清单。最后，召开 3 轮专家研讨会：第一轮研讨会，专家对候选技术清单进行补充，增加分析中遗漏的技术项；第二轮研讨会，删除内容不合适或颗粒度过小的技术项、合并内容相似的技术项；第三轮研讨会，专家调整清单中技术项的颗粒度，使清单中的所有技术项保持颗粒度基本一致，并撰写每个技术项的范畴与内涵，形成最终的关键技术清单。

3.2.4　第四步：技术路线图绘制

技术路线图具有高度概括、高度综合和前瞻性的基本特征，可以将市场、产品及技术的演变信息置于一张图中展示出来，既可以看到不同层之间的相互关系，也可以看到不同层的横向发展，能够帮助使用者明确目标领域的发展方向和实现目标所需的关键技术，厘清产品和技术之间的关系。技术路线图的最终结果和制定过程是综合需求分析、技术体系、技术态势分析、技术清单等成果，结合专家意见制定合理的发展阶段性目标。在技术路线图绘制的过程中，能够根据德尔菲调查结果，帮助专家厘清该技术的现状，了解我国目前该技术在世界范围所处的发展水平，研究目前该技术领域国际领先的国家或竞争对手，该技术的重要性、预计实现时间、重要的产品和实施项目，以及制约该技术发展的瓶颈、相应的保障措施等，辅助专家绘制技术路线图。最后，iSS 平台提供了线上与线下两个版本的技术路线图绘制工具，可以帮助专家完成最终的技术路线图绘制任务。图 7 是用 iSS 平台绘制的技术路线图示例。

4　总结与展望

iSS 平台重点围绕战略咨询课题组实际需求，以“以专家为核心、流程为规范、平台为工具、交互为手段”为指导思想，经过多年的建设，已建成“数据集中、应用集成、基础设施整合、标准规范、安全高效的咨询服务与工具体系信息化支撑平台”，集成了以技术预见为核心的技术态势分析、技术清单、德尔菲问卷、技术路线图等特色产品，项目云盘、开题助手、语音助手、关联分析、社交网络分析、引用网络分析、知识库、文献地图 8 个通用工具集，为研究人员提供多种维度的分析工具。截至 2020 年，iSS 平台已经支撑中国工程院和国家自然科学基金委员会“中国工程科技 2035 发展战略研究”“制造强国战略研究”和“战略性新兴产业发展战略研究”等重大咨询项目近100个课题组完成战略咨询任务。

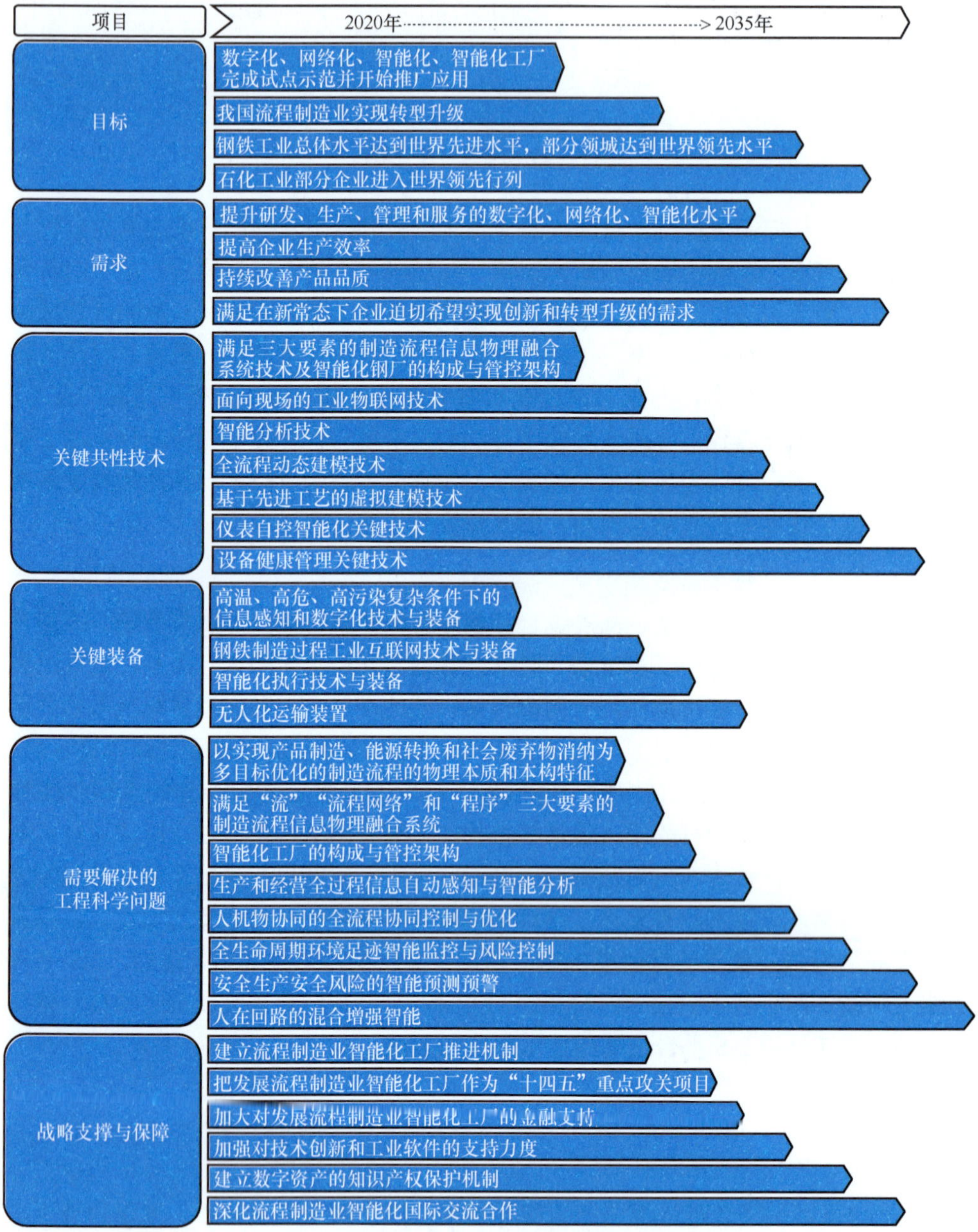
项目
2020年--------------------> 2035年
目标
数字化、网络化、智能化、智能化工厂完成试点示范并开始推广应用
我国流程制造业实现转型升级
钢铁工业总体水平达到世界先进水平，部分领城达到世界领先水平
石化工业部分企业进入世界领先行列
需求
提升研发、生产、管理和服务的数字化、网络化、智能化水平
提高企业生产效率
持续改善产品品质
满足在新常态下企业迫切希望实现创新和转型升级的需求
关键共性技术
满足三大要素的制造流程信息物理融合系统技术及智能化钢厂的构成与管控架构
面向现场的工业物联网技术
智能分析技术
全流程动态建模技术
基于先进工艺的虚拟建模技术
仪表自控智能化关键技术
设备健康管理关键技术
关键装备
高温、高危、高污染复杂条件下的信息感知和数字化技术与装备
钢铁制造过程工业互联网技术与装备
智能化执行技术与装备
无人化运输装置
需要解决的工程科学问题
以实现产品制造、能源转换和社会废弃物消纳为多目标优化的制造流程的物理本质和本构特征
满足“流”“流程网络”和“程序”三大要素的制造流程信息物理融合系统
智能化工厂的构成与管控架构
生产和经营全过程信息自动感知与智能分析
人机物协同的全流程协同控制与优化
全生命周期环境足迹智能监控与风险控制
安全生产安全风险的智能预测预警
人在回路的混合增强智能
战略支撑与保障
建立流程制造业智能化工厂推进机制
把发展流程制造业智能化工厂作为“十四五”重点攻关项目
加大对发展流程制造业智能化工厂的金融支持
加强对技术创新和工业软件的支持力度
建立数字资产的知识产权保护机制
深化流程制造业智能化国际交流合作

图 7　用 iSS 平台绘制的技术路线图示例

目前，iSS 平台支撑的咨询研究类型以技术预见型为主，在咨询研究过程中，除技术预见类课题外，基于产业图谱对各个产业及各细分市场规模、发展现状、发展趋势等数据进行全面研究分析，分别辅以产业分布图、产业链全景图、产业热力图和重点列表等对产业链上、中、下游进行多维度分析，从“补链”“强链”“延链”的角度提出产业

的发展重点，完善和优化产业链也是一类重要的课题。另外，iSS 平台经过多年的建设与应用，已经积累了一些用户使用数据，未来在服务过程中，将更充分地挖掘这些数据中包含的知识，为用户提供更有效的支撑，同时，随着用户的增加，平台积累的数据量越来越大，用户高并发使用需求也越来越强，平台在使用统计学和机器学习的相关方法处理海量数据时会面临算力不足的情况，需要开发高并发的深度学习算法库及其体系结构，以支撑大量用户的并发使用并保障平台的平稳运行，未来也将加强大数据运算能力相关的研究，综合应用多源异构技术、深度学习技术及人机协同智能交互技术，探讨新流程、新方法、新工具在工程科技战略咨询领域的应用，从而支撑平台被更广泛地应用与推广，为领域项目组提供更好的使用体验。

参考文献

[1] 刘宇飞，周源，廖玲 . 大数据分析方法在战略性新兴产业技术预见中的应用 [J]. 中国工程科学，2016，18（4）：8.

[2] 袁海红，张华，曾洪勇 . 产业集聚的测度及其动态变化——基于北京企业微观数据的研究 [J]. 中国工业经济，2014（9）：13.

[3] 张琳彦 . 产业集聚测度方法研究 [J]. 技术经济与管理研究，2015（6）：6.

[4] 王媛媛，张华荣 . G20 国家智能制造发展水平比较分析 [J]. 数量经济技术经济研究，2020，37（9）：21.

[5] 林亨，周源，刘宇飞 . 技术热点、前沿识别支持的 2035 技术清单调整方法——以机器人技术为例 [J]. 中国工程科学，2017，19（1）：9.

[6] 刘宇飞，刘怀兰，伍思远 . 基于专利文献计量的中外中高档数控机床技术差距分析 [J]. 科技管理研究，2021，41（2）：1-8.

[7] LIU H , CHEN Z , TANG J , et al. Mapping the technology evolution path: a novel model for dynamic topic detection and tracking[J]. Scientometrics, 2020(2):1-48.

[8] 周源，杜俊飞，刘宇飞，等 . 基于引用网络和文本挖掘的技术演化路径识别 [J]. 情报杂志，2018，37（10）：76-81.

[9] 刘宇飞，周源，褚恒，等 . 工程科技知识图谱驱动的专家交互技术路线图方法 [J]. 科学学与科学技术管理，2021，42（3）：29-47.

[10] 中国工程科技 2035 发展战略研究项目组，工程科技战略咨询研究智能支持系统项目组中国工程院战略咨询中心 . 中国工程科技 2035 发展战略研究——技术路线图卷（一）[M]. 北京：电子工业出版社，2020.

[11] 中国工程科技 2035 发展战略研究项目组，工程科技战略咨询研究智能支持系统项目组中国工程院战略咨询中心 . 中国工程科技 2035 发展战略研究——技术路线图卷（二）[M]. 北京：电子工业出版社，2020.

[12] ZHOU Y, DONG F , LIU Y , et al. A deep learning framework to early identify emerging technologies in large-scale outlier patents: an empirical study of CNC machine tool[J]. Scientometrics, 2021,126(2): 969-994.

[13] KONG D, YANG J, LI L. Early identification of technological convergence in numerical control machine tool: a deep learning approach[J]. Scientometrics, 2020(125):1983-2009.

[14] VINAYAVEKHIN S, PHAAL R, THANAMAITREEJIT T, et al. Emerging trends in roadmapping research: A bibliometric literature review[J]. Technology Analysis & Strategic Management, 2021: 1-15.

[15] 周源，PHAAL R, FARRUKH C，等 . 创新与战略路线图——理论、方法及应用 [M]. 北京：科学出版社，2021.

[16] PHAAL R, FARRUKH C, PROBERT D R. T-Plan: The Fast-start to Technology Roadmapping- Planning Your Route to Success[M]. Cambridge: University of Cambridge, Institute for Manufacturing, 2011.

[17] PHAAL R, FARRUKH C, PROBERT D R. Strategic Roadmapping: A Workshop-based Approach for Identifying and Exploring Strategic Issues and Opportunities[J]. Engineering Management Journal, 2007, 19(1): 3-12.

[18] ZHOU Y, DONG F, LIU Y, et al. Forecasting emerging technologies using data augmentation and deep learning[J]. Scientometrics, 2020, 123(1): 1-29.

作 者 简 介

周源，清华大学长聘副教授、博士生导师、特别研究员；清华大学中国工程科技发展战略研究院副院长，清华大学国家治理与全球治理研究院兼职研究员。在新加坡南洋理工大学获学士和硕士学位，在英国剑桥大学获博士学位（科技管理）。研究领域为公共政策、创新管理、创新政策。

刘宇飞，中国工程院战略咨询中心助理研究员。在华中科技大学获博士学位。研究方向为大数据与人工智能、科技创新决策支持系统、技术预见与技术路线图。

郑文江，中国工程院战略咨询中心副研究员。主要从事技术创新与预见、科技体制改革等相关领域的战略咨询研究，自 2015 年起参与工程科技智能支持系统建设。

我国卫星导航时空信息处理技术及其未来发展

陈俊平[1,2,3] 周建华[4]

（1. 中国科学院上海天文台；2. 中国科学院大学天文与空间科学学院；3. 上海市空间导航与定位技术重点实验室，中国科学院上海天文台；4. 北京卫星导航中心）

摘 要

2020 年 7 月 31 日，习近平主席宣布北斗三号全球卫星导航系统正式开通，向全球提供服务。北斗系统是我国独立自主建设，是时空基准建立、维持和传递的重要基础设施。时空参数信息处理技术作为北斗系统时间和空间信息服务的关键，存在卫星星座复杂、监测站网局域覆盖等一系列难题。本文介绍了北斗系统时空信息处理的部分创新技术及其性能，并对未来综合时空体系的时空信息处理关键技术进行了讨论与展望。

关键词

北斗系统；时空信息处理；时空基准；精密修正信息

Abstract

The Beidou satellite navigation system(BDS), together with other 3 global navigation satellite systems (GNSS), i.e. GPS, GLONASS and Galileo, is now available to offer free access to accurate positioning, navigation, and timing (PNT). Time and space information, the key service of the BDS, is generated by the spatio-temporal parameter information processing system, which suffers a series of challenges, such as complex satellite constellation, and restricted regional distribution of monitoring station network and so on. In this paper, we review some innovative technologies of BDS spatio-temporal information processing system, and discusses the key technologies of the future development of GNSS spatio-temporal information processing.

Keywords

Beidou Satellite Navigation System; Spatio-temporal Information Processing; Spatio-temporal Reference; Precise Correction Information

1 引言

从大航海时期开始，天文导航技术就为人类探索地球提供了工具。人们通过对自然天体赤经和本地时角的测量来确定用户位置。20 世纪中叶，发展了罗兰 C 系统和卫星多普勒导航系统等导航技术，通过测量和处理无线电信号传播和频移实现用户位置信息的确定。

从 20 世纪 70 年代开始，基于高精度原子时频技术的无线电卫星导航技术逐渐成熟，目前已形成美国 GPS、中国北斗、欧洲 Galileo 及俄罗斯 GLONASS 四大卫星导航系统（GNSS）鼎立的格局。

按照规划，北斗卫星导航系统（以下简称北斗系统）的发展经历了北斗一号、北斗二号及北斗三号 3 个阶段，它是世界上首个混合轨道星座导航系统，包括空间卫星星座、地面控制中心和用户设备 3 个部分。其中，地面控制中心计算的卫星星座轨道和时间等参数，是卫星导航系统服务用户的关键核心参数。北斗系统卫星星座中除有与 GPS 系统相近的中圆轨道卫星（MEO）外，还包括地球同步轨道卫星（GEO）和地球倾斜同步轨道卫星（IGSO）[1]。北斗系统的地面监测站仅分布在我国国土范围之内，地面测控网覆盖极端受限（约为 GPS 系统的 1/50），MEO 存在超过 3/4 的时间无法被区域网进行观测。由此造成卫星的时间和空间参数耦合性强，观测误差特性复杂，时空参数难以精确确定。在此困难情况下，精确确定北斗卫星轨道和时间（钟差）参数需要创新新技术，采用新策略。

以全球海量 GNSS 观测数据特性分析为基础，北斗系统创新性地提出了集基本导航、广域增强、精密定位于一体的服务系统架构，建立了北斗系统性能提升与星基广域增强成套理论方法，解决了北斗系统监测网观测能力及卫星播发资源受限（“限”）、误差来源多且特性复杂（“杂”）、系统兼容和多种服务融合（“容”）等难题。图 1 为目前北斗系统 3 类主要服务的性能指标，北斗系统星座整体钟差的精度优于 1.5ns，广播星历轨道径向精度优于 10cm，基本导航空间信号精度（SISRE）约为 50cm[1]，对应于导航定位误差约为 1m。北斗在广播星历的基础上，采用实时改正参数叠加的四重广域星基增强方法[2-5]，实现了最高达到 0.2m（95%）的广域差分空间信号精度[6]。

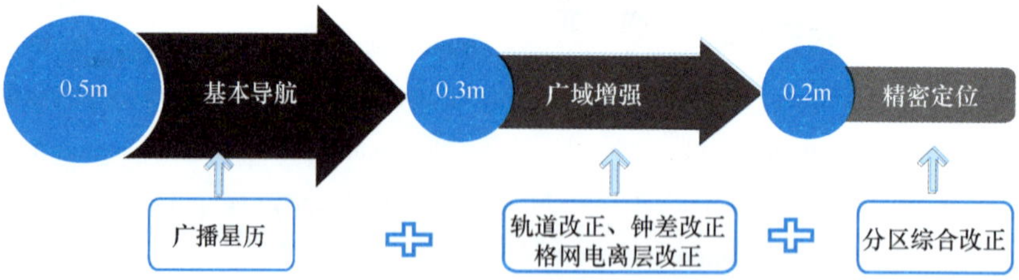

图 1　北斗系统基本导航、广域增强、精密定位服务空间信号精度（95%）及四重参数叠加示意图

2　卫星导航时空信息处理技术

卫星导航时空信息处理技术主要包括时空参考框架定义与维持、精密定轨与时间同步处理、导航误差修正技术等。

2.1　时空参考框架定义与维持

高精度时空基准的建立与维持是确保导航系统高精度服务的基本前提保障。

卫星导航观测的基本原理是通过测量本地时间与卫星时间的差异获得观测值，其本质是精确时间的测量。各导航系统时间基准采用各自定义的原子时，通过与 UTC 溯源，实现时间系统的兼容性。

另外，导航、定位和授时都是相对于特定的时空参考基准。空间基准（参考框架）的定义包括了坐标原点、坐标轴指向及尺度。国际上统一的空间基准为国际地球参考框架（ITRF），其综合了甚长基线测量（VLBI）、激光测距（SLR）、多普勒定轨和无线电定位（DORIS）及全球卫星导航（GNSS）4 种空间大地测量技术的精密结果。各大卫星导航系统的参考框架都有独立的定义，但是它们都通过分布在地球上的监测站实现与国际基准 ITRF 的定期归算，获得各个台站在相同基准下的空间坐标，从而实现各系统的兼容。

2.2　精密定轨与时间同步处理

卫星的时间、轨道参数是导航系统服务用户的时空参考。卫星的精密定轨和时间同步处理通常利用分布在地面观测网的数据，结合力学模型、观测方程实现卫星的精确时间和空间参数的确定。

卫星精密定轨与时间同步理论主要包括摄动力模型、观测模型及参数解算模型等。由于北斗系统星座构型复杂并且只有局域监测网，北斗系统定轨与时间同步处理在观测模型和参数解算模型等方面与其他卫星导航系统存在明显的不同。通过采用星地、星间时间同步与动力学精密定轨结合的方法，降低了参数相关性，大幅提升了北斗系统区域测控条件下的参数求解精度 [7-9]，轨道精度实现了厘米级（见图 2）。

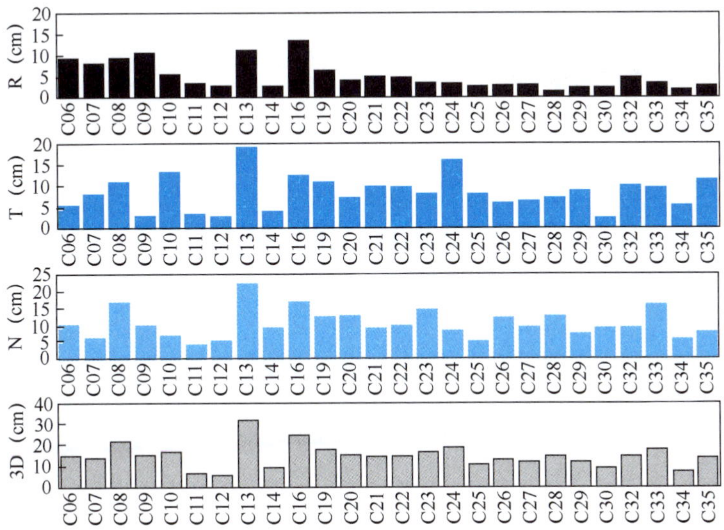

图 2　北斗卫星轨道 3 个坐标分量（R：径向，T：切向，N：法向）及三维坐标（3D）的误差统计

注：横轴为卫星名。

2.3　导航误差修正技术

卫星导航观测值在卫星端、传播路径、用户端等存在诸多误差，影响了卫星导航的服务性能。导航误差修正技术用于对卫星轨道、钟差、对流层延迟、电离层延迟等误差

进行精确修正。对于北斗系统来说，存在的主要挑战包括卫星高动态对处理强实时性的要求、紧张播发资源对电文编排能力的要求等。北斗系统采用了卫星轨道、卫星钟差、格网电离层和分区综合改正分层叠加的实时四重广域增强方法[2-5]，实现了导航误差的精确修正。图 3 为北斗系统导航误差修正及参数播发架构示意图，通过基本导航、广域增强、精密定位电文参数叠加的电文结构和信息编排方案设计，在导航电文资源受限、卫星状态不变的条件下，实时电文参数的播发量小于 150bps，解决了高精度导航参数播发的难题，实现了北斗性能增量式提升的多业务导航服务。

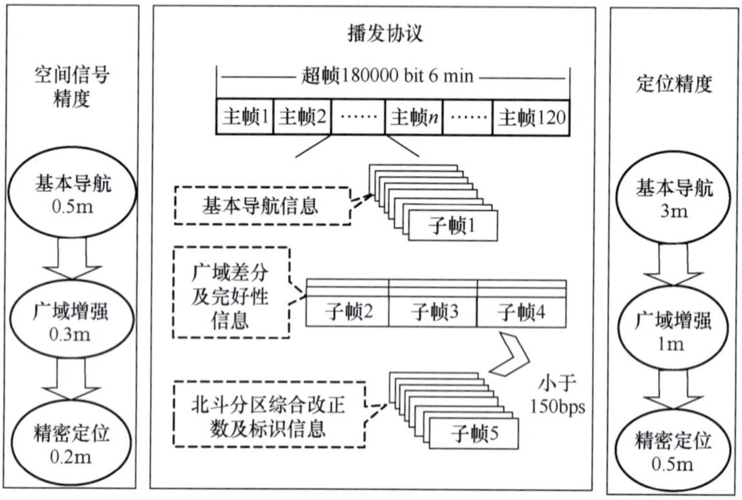

图 3　北斗系统导航误差修正及参数播发架构示意图

3　卫星导航时空信息处理现状

卫星导航系统基于以上信息处理技术，构建地面运控时空数据处理平台，向导航用户提供时空参数服务。

3.1　北斗时空信息处理系统

将以上创新时空信息处理技术软件工程化，北斗系统建立了时空参数信息处理系统。图 4 为北斗系统“双工热备 + 伴随”的三重体系架构，建立了基于故障预判和背景数据同步的高可靠性服务机制和时间同步机制，构建了实时基础数据镜像环境，解决了稳定服务、性能优化、异常容错并行的难题，实现了稳定服务与性能优化同步运行可靠性指标。

在此架构下，提出了以精度与可用性为目标函数的伴随机组与双工机组输出控制策略。提出了多路数据并行处理及完好性监测交叉验证等机制，以及定位精度、空间信号精度与用户距离误差等综合加权性能评估方法，实现了高可靠性与完好性评估统一，既保证了运行服务与性能优化的相对独立，又实现了最优服务管控无缝切换输出的灵活性。

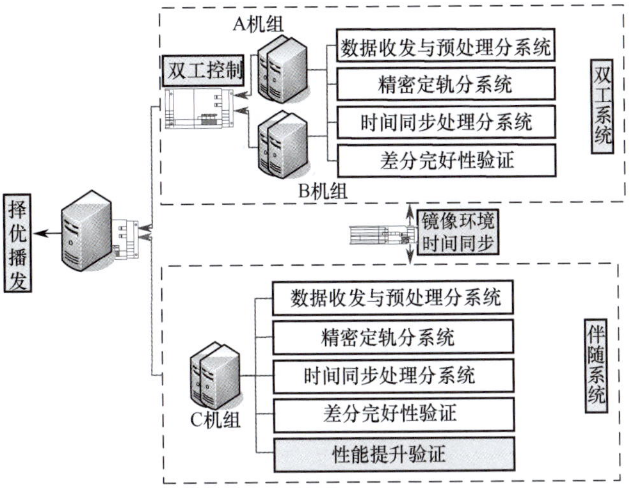

图4　北斗系统“双工热备+伴随”的三重体系架构

3.2　卫星导航时空信息服务性能

基于以上时空信息处理技术，卫星导航系统通过卫星向用户广播各类时空参数，实现定位、导航、授时（PNT）服务。空间信号精度（SISRE）是用于评估卫星导航时空信息服务性能的综合指标，反映了卫星轨道、钟差等误差的水平。Montenbruck等（2020）对目前四大卫星导航系统基本导航电文的空间信息服务性能进行了系统评估，其中各大系统基本导航的空间信号精度（SISRE）及轨道（Orbit）、钟差（Clock）的均方根（RMS）如图5所示。从图5中可以看出，目前欧洲Galileo系统的性能最优，达到了优于0.2m；其次是北斗系统，优于0.4m；GPS约为0.6m，而GLONASS则约为1.7m。

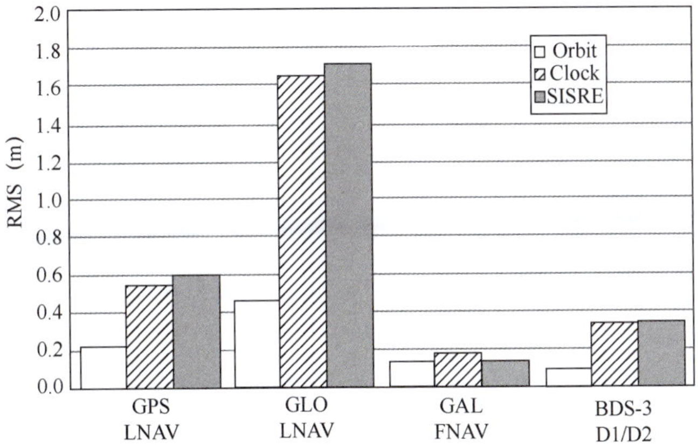

图5　四大卫星导航系统的空间信号精度（SISRE）[10]及轨道（Orbit）、钟差（Clock）的均方根（RMS）

注：图中GLO为俄罗斯GLONASS系统，GAL代表欧洲Galileo系统，BDS-3代表中国北斗系统，LNAV、FNAV及D1/D2为相应卫星导航系统基本导航电文的类型。

3.3 北斗系统广域增强服务性能

北斗系统播发的星基广域增强改正数实现了用户定位性能的提升。图 6 统计了北斗二号和北斗二号 / 北斗三号双系统融合两种情况下单频动态定位三维位置精度分布情况。从总体上看，北斗系统动态单频的定位精度绝大部分优于 0.6m，北斗二号 / 北斗三号双系统融合情况下三维位置精度达到 0.1m 的比例有较大增加。图 7 统计了以上两种情况下双频动态定位的三维位置精度分布情况，与单频情况相比，两种策略下定位误差都得到了显著降低。

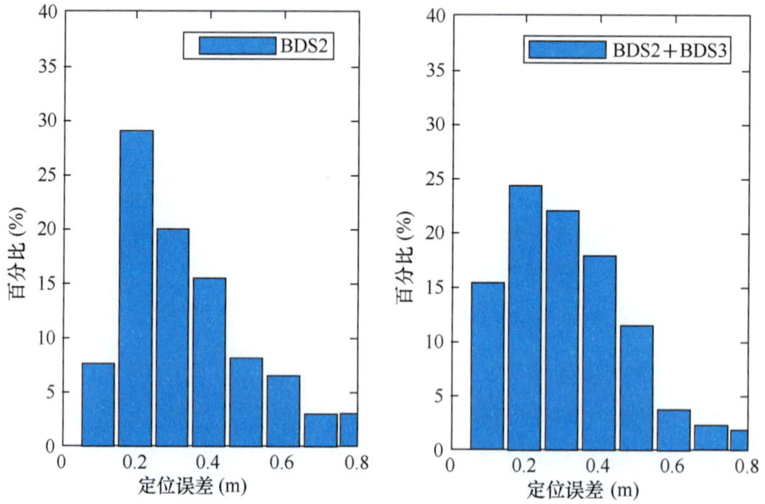

图 6　北斗二号（左）和北斗二号 / 北斗三号双系统融合（右）两种情况下单频动态定位三维位置精度分布情况

注：横轴为位置误差，纵轴为每个误差区间的百分比。

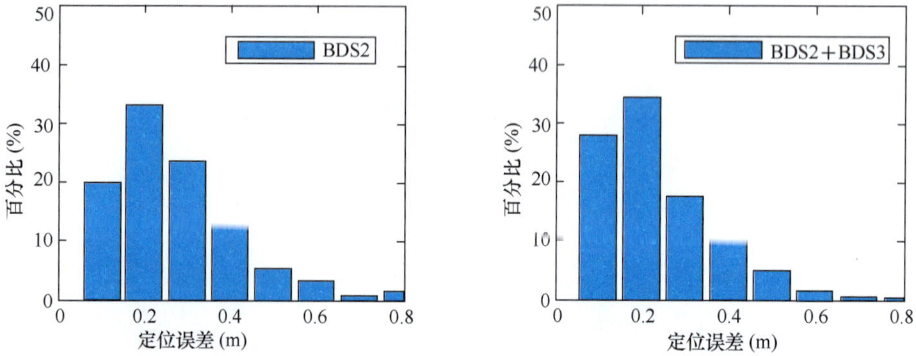

(a) 北斗二号双频组合　　(b) 北斗二号/北斗三号融合双频组合

图 7　双频动态定位的三维位置精度分布情况

注：横轴为位置误差，纵轴为每个误差区间的百分比。

3.4 北斗系统位置报告服务性能

北斗系统位置报告利用北斗无线电卫星测定业务（RDSS）链路将用户的卫星天线

电导航业务（RNSS）伪距、载波相位观测数据回传至地面运控中心站，在中心站实现广义 RDSS 定位服务[11,12]。北斗系统位置报告的组成包括中心处理系统和 RDSS/RNSS 双模用户终端两个部分。中心处理系统的主要功能是接收中心站发来的各类实时数据，对所有请求精密定位的 RDSS 用户进行数据处理和位置报告。RDSS/RNSS 双模用户终端是位置报告系统的应用服务单元，其对可视范围内各卫星进行实时观测，并将观测数据通过传输链路回传到中心站，同时接收传输链路发送的定位结果。

北斗系统位置报告包括 3 种定位模式：区域伪距差分定位（SPP）、精密单点定位（PPP）和双差相对定位；北斗系统位置报告的响应时间小于 2 分钟，设计的平面和高程精度优于 1m。图 8 为 SPP、PPP 和双差相对定位 3 种定位模式下的平面和高程定位误差直方图。从图 8 中可以看出，3 种定位模式误差分布基本相同，其中高程方向上误差差异最大，所有结果中误差小于 1m 的比例分别达到了 67%、67%、65%。3 种定位模式精密定位结果的三维误差的平方根分别为 1.29m、1.07m、1.14m。

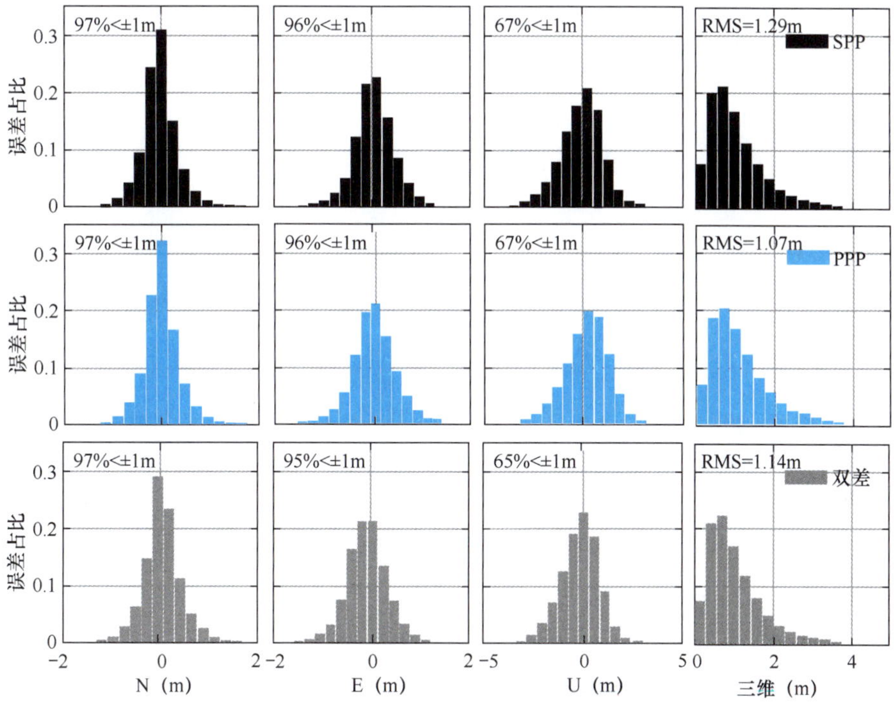

图 8 3 种定位模式下的平面和高程定位误差直方图

注：上、中、下子图分别为 SPP、PPP 和双差相对定位模式的结果，每幅子图分别统计了坐标南北、东西、高程分量和三维方向的误差。

4 卫星导航时空信息处理未来发展

结合目前的航天技术状态，各 GNSS 系统都在探索未来导航系统服务模式。国际上，美国一方面继续优化 GPS 系统设计，同时探索不依赖或者少依赖 GPS 系统的导航模式。例如，为解决 GPS 地面信号弱的问题，美国提出利用铱星系统辅助增强 GPS 系统性能。近年来，“OneWeb”“StarLink”等计划设计上千颗甚至近万颗低轨卫星，探索利用低成本“通、导、遥”一体化低轨星座提供更加便捷的导航服务。欧洲则将重点放在解决导航卫星钟差对服务性能的影响上，探索利用低轨卫星搭载高精度原子钟，实现时间系统的在轨维持。

在我国，随着北斗三号系统正式建成开通，面向全球提供卫星导航服务，标志着北斗系统“三步走”发展战略圆满完成。习近平主席 2018 年在给联合国全球卫星导航系统国际委员会第十三届大会的贺信中，针对北斗未来发展提出：“2035 年前还将建设完善更加泛在、更加融合、更加智能的综合时空体系。”综合时空体系高精度服务要解决的基础问题在于高精度时空参数的确定。低轨卫星星座的卫星可视时间短，卫星切换频繁，时空参数的精密处理方面存在全新的挑战：①星座构型复杂，既包括高轨、中轨卫星，也包括海量低轨星座；②观测类型复杂，既有地面对卫星的观测，也有高、中、低轨卫星之间的观测；③参数类型和参数模型复杂，各种卫星及地面接收设备存在大量时空相关的信息需要精确计算。

围绕我国卫星导航未来的持续发展，需要精化局域北斗自主空间基准，以及空间钟组及地面钟组综合的自主时间基准，提升北斗系统的时空基准性能。需要突破天地一体化导航时空信息处理关键技术，提高我国以北斗系统为核心的自主导航服务能力。研究低轨卫星实时自主定轨方法，确定中、高轨导航卫星与低轨卫星联合的用户定位新模式。最终实现北斗空间基准与国际地球参考框架（ITRF）归算精度优于 1cm，北斗系统基本导航空间信号精度提升 1 倍，从目前的优于 0.4 m 达到优于 0.2m。

4.1 时空基准精度和可靠性的提升

北斗系统的监测站仅布设于我国国土范围之内，对导航卫星的观测覆盖有限，对时空基准建立、维持和传递的性能产生了极大的影响。如何利用星地、星间多类型观测数据提高卫星轨道、时间参数及监测站坐标、速度等参数的精度是有待解决的问题。此外，北斗系统的时空信息处理目前仍部分依赖国际地球自转服务组织（IERS）提供的地球定向参数（EOP），如何利用中国境内多种观测技术实现自主 EOP 估计和预报，是实现北斗系统自主时空基准建立和维持的关键问题。

4.1.1 大地融合的北斗综合原子时

根据北斗三号在轨铷钟、氢钟，以及未来可能搭载的冷原子钟的不同特征，建立反映原子钟物理特征的函数模型，提高北斗时间基准服务的性能；发展综合北斗系统地面、星载原子钟信号特征的综合原子时算法，建立融合不同钟组长期、中期和短期特征的滤波方法，实现更高性能的综合原子时。实现从脆弱的地面单一守时钟组维持北斗系统时间基准，转变为全国范围内多地域守时钟组及空间卫星共同维持时间基准，提升导航星座自主原子时系统的性能。

4.1.2 局域观测站网条件下的自主参考框架

利用我国现有的地基甚长基线干涉（VLBI）/ 激光测距（SLR）的数据资源，与北斗系统进行融合，实现服务北斗系统的自主参考框架；探索基于少量地面站联合北斗星间链路的 EOP 测定方法，研究自主、稳健的 EOP 预报方法；研究自主参考框架向 ITRF 归算策略，以及少量地面监测站联合星间链路的北斗坐标系维持方法。

4.1.3 空间钟精度提升及在轨守时

通过物理和电路系统改进，使得氢钟天稳定度进入 10^{-16} 量级，实现空间钟组自主守时功能；研究星地及星间时间备份策略，实现在失去地面支持时，空间钟组能够高精度自主运行。

4.2 星间链路数据处理技术优化

星间链路突破了地面局域跟踪网对北斗系统服务精度和范围的限制，在国际卫星导航系统事实服务上属首次应用，是北斗系统解决地面局域监测网覆盖不足的重要手段。针对未来导航高、中、低轨卫星之间的星间链路观测，需要进一步发展基准归算、系统差标校等方法。

4.2.1 星间链路与地面局域网融合轨道测定与预报

创新多源数据融合的北斗精密定轨方法，探索将低轨卫星数据、星间链路数据、北斗地面监测站数据进行融合的卫星精密定轨处理方法。

研究北斗卫星星间链路时分和连续体制双向测量精密归算方法；建立星间链路天线的相位中心修正模型、地影期间卫星姿态控制模型；研究星地星间观测数据深度融合函数模型、随机模型和参数估计模型，以及卫星轨道和钟差估计、轨道长期预报方法，实现星座自主运行情况下的高精度服务。

4.2.2 星间链路与地面局域网融合时间同步与预报

研究多类型设备时延的动力学标定算法；建立星间链路测量误差随指向变化的函数模型；研究星载和地面原子钟白噪声模型、钟差参数精密测定方法，建立钟差短期变化模型，使钟差短期预报性能提升 1 倍以上。

4.2.3 北斗系统时空信息处理模型精化

提高观测模型精度。研究北斗卫星及不同类型接收机各频点天线相位中心（PCO/PCV）的标定方法，利用北斗卫星星间链路和监测站观测数据建立北斗卫星 PCO/PCV 修正模型规范；提升北斗伪距、相位数据偏差及卫星群时延参数的精度。

精化卫星姿态模型、摄动力模型。利用星间链路和全球可用测站的长期观测数据，建立北斗卫星光压模型，精化北斗卫星轨道精密处理摄动力模型，建立动力学模型规范。

4.3 未来导航系统定轨定位模式研究

低轨卫星作为未来卫星导航体系的重要组成，在未来导航系统建设中还存在诸多需要探索的问题。例如，低轨卫星运动速度快，如何实现载波模糊度参数的快速收敛？低轨卫星数量多，如何实现其整网时空参数的实时高精度解算？在综合利用高、中、低轨卫星时，如何在提高定位精度的同时兼顾使用效率？需研究有别于传统模式的未来卫星导航系统定轨与定位模式。

4.3.1 未来卫星导航系统的用户定位模式

研究高、中、低轨卫星拓扑结构及星座演化规律；设计高、中、低轨星座最佳空间构型，利用低轨卫星几何构型变化快的特点，探索并确定未来高、中、低轨卫星星座融合的用户定位新方法。

4.3.2 未来卫星导航系统的卫星定轨模式

针对低轨卫星数量多的情况，研究适用于低轨卫星自主运行的实时轨道测定方法；研究基于小推力摄动力模型的短期轨道预报方法，以及低轨卫星芯片级原子钟钟差短期预报方法，实现低轨卫星实时高精度导航时空参数服务。

4.3.3 未来卫星导航星座的监测

针对未来导航星座卫星易发生碰撞的情况，研究基于不同轨道数据的低轨卫星轨道长期预报方法，包括基于卫星自主运行轨道、基于少数地面站微波及光学数据的轨道，建立导航卫星防碰撞监测数据库。

5 结束语

随着当代信息化社会对时间和空间信息应用需求的不断提高，服务未来导航技术变革及创新需求，增强卫星系统自主维持能力及研究未来卫星导航系统定轨定位模式是北斗系统未来建设的重要方向。北斗系统性能提升技术，以及未来卫星导航系统定轨与定位模式的研究，将有助于北斗系统工程的性能不断提升，并为未来卫星导航系统建设方案提供技术依据。

参 考 文 献

[1] YANG Y. MAO Y, SUN B. Basic performance and future developments of Beidou global navigation satellite system[J]. Satell Navig , 2020, 1, 1.

[2] 陈俊平，张益泽，周建华，等 . 分区综合改正：服务于北斗分米级星基增强系统的差分改正模型 [J]. 测绘学报，2018，47（9）：1161-1170.

[3] CHEN J, ZHANG Y, WANG A, et al. Models and performance of SBAS and PPP of BDS[J]. Satellite Navigation, 2022, 3:4.

[4] CHEN J, WANG A, ZHANG Y, et al. BDS Satellite-Based Augmentation Service Correction Parameters and Performance Assessment[J]. Remote Sensing, 2020, 12(5): 766.

[5] 陈俊平，杨赛男，周建华，等 . 综合伪距相位观测的北斗导航系统广域差分模型 [J]. 测绘学报，2017，469（5）：537-546.

[6] 周建华，陈俊平，张晶宇 . 北斗“一带一路”服务性能增强技术研究 [J]. 中国工程科学，2019，21（5）：69-75.

[7] 陈倩，陈俊平，吴杉，等 . 基于预报钟差的轨道快速恢复 [J]. 测绘学报，2020，49（1）：24-33.

[8] TANG C, HU X, ZHOU S, et al. Improvement of orbit determination accuracy for Beidou Navigation

Satellite System with Two-way Satellite Time Frequency Transfer[J]. Advances in Space Research, 2016, 58(7)：1390-1400.

[9] TANG C, HU, X, ZHOU, S, et al. Initial results of centralized autonomous orbit determination of the new-generation BDS satellites with inter-satellite link measurements[J]. Journal of Geodesy, 2018, 92(10): 1155-1169.

[10] MONTENBRUCK O, STEIGENBERGER P, HAUSCHILD A. Comparing the ‘Big 4’ - A User’ s View on GNSS Performance[C]. 2020 IEEE/ION Position, Location and Navigation Symposium (PLANS), 2020: 407-418.

[11] 谭述森. 北斗系统创新发展与前景预测 [J]. 测绘学报，2017，46（10）：6.

[12] 陈俊平，张益泽，于超，等. 北斗卫星导航系统精密定位报告算法与性能评估 [J]. 测绘学报，2022，51（4）：511-521.

作者简介

陈俊平，上海天文台研究员，博士生导师，国家级“有突出贡献中青年专家”，国际大地测量协会（IAG）中国委员会委员。主要从事卫星导航（GNSS）数据处理技术、北斗地面运控信息处理技术研究。入选国家高层次人才计划、上海市优秀学术带头人。获 2020 年度中国科学院青年科学家奖、第八届中国侨界贡献一等奖等。发表论文 170 余篇，出版专著 3 部，授权专利 13 项（包含 3 项国际专利）。获国家科技进步二等奖 1 项，省部级科技进步特等奖 2 项、一等奖 2 项。

周建华，北斗二号地面运控系统总师，北京卫星导航中心研究员，博士生导师。长期从事我国卫星导航定位领域的科研和工程研制建设工作，是国内外卫星导航领域的知名专家，时空网首席科学家。率领北斗二号地面运控系统全体建设者们一路闯关，提出了区域测控条件下异构混合星座轨道确定、时间同步的理论方法体系，创立了卫星导航四重星基增强理论方法与技术体制，实现了北斗系统“基本导航、广域增强、精密定位”三位一体的服务能力。获国家科技进步特等奖、一等奖、二等奖各 1 项；先后获中国科协“求是奖”、全国三八红旗手标兵等荣誉。

面向人民生命健康

新型冠状病毒国家科技资源服务系统支撑科技抗疫

马俊才 吴林寰 张荐辕
（中国科学院微生物研究所）

摘 要

国家微生物科学数据中心和中国疾病预防控制中心于 2020 年 1 月 24 日联合发布了新型冠状病毒国家科技资源服务系统。该系统第一时间权威发布新型冠状病毒电镜照片、核酸序列和引物设计建议等信息，为全球新冠病毒感染疫情防控和科研工作提供了重要数据支撑。

新型冠状病毒国家科技资源服务系统在对科学数据资源进行管理和发布的基础上，进一步发挥在微生物领域长期的大数据积累和分析模型开发经验的优势，加强对微生物数据分析与挖掘的支撑。从基因组学和结构生物学角度入手，建立了新型冠状病毒国家科技资源服务系统 2.0——新型冠状病毒变异评估和预警系统，采用人工智能分类器算法，实现了基于病毒序列的风险评估和预警。

新型冠状病毒国家科技资源服务系统数据对外发布后，引起国内外广泛关注。该系统通过发布基因组序列数据、蛋白质晶体结构数据支持我国科学家在 *Nature*、*Science*、*Lancet* 等国际著名期刊上发表文章。2020 年 11 月 23 日，该系统入选乌镇世界互联网大会全球 15 项世界互联网领先科技成果，国务院联防联控 4 次发布会和中国政府《抗击新冠肺炎疫情的中国行动》白皮书都介绍了该系统的工作。

关键词

新型冠状病毒；数据；评估和预警

Abstract

The Novel Coronavirus National Science and Technology Resource Service System which jointly constructed by Institute of Microbiology, Chinese Academy of Sciences and Chinese Center for Disease Control and Prevention was officially launched on Jan 24, 2020. The system authoritatively released scientific data of novel coronavirus immediately and without any delay including the first electron micrograph of the novel coronavirus, nucleic acid sequence information and primer design suggestions which provide important data support for global pneumonia epidemic prevention, control and scientific research work.

On the basis of the management and release of scientific data resources, the service system further utilizes the advantages of long-term data accumulation and analysis model development experience in the field of microbiology, and strengthens support for microbiological data analysis and mining.Focused on genomics and structural biology, the Novel Coronavirus National Science and Technology Resource Service System 2.0—New Coronavirus Variation Evaluation and Early Warning System (VarEPS) was officially released. It is the world’s first system for multi-dimensional risk assessment and early warning of known and virtual variants in the SARS-CoV-2 genome.

This system has received widespread attention from the domestic and international community. The system supports Chinese scientists to publish articles in internationally renowned journals such as *Nature*,

Science and *Lancet* by publishing genome sequence data and protein crystal structure data.On November 23, 2020, the system was selected as one of the 15 world' s leading scientific and technological achievements of Wuzhen World Internet Conference. The four Press Conference of the Joint Prevention and Control Mechanism of the State Council and the Chinese Government' s White Paper on "*Fighting COVID-19 China in Action* " introduced the work of the system.

Keywords

COVID-19; Data; Assessment and Early Warning

新冠病毒感染疫情在全世界范围暴发，并迅速蔓延，正在引发一场肆虐全球的疫情危机，新发和再发病毒是对公共卫生的全球性挑战，直接威胁着全球卫生安全。世界卫生组织 2020 年 3 月 11 日宣布，新冠病毒感染疫情已具备“大流行”特征。疫情发生后，中国公共卫生和科研机构与病毒“全速赛跑”，中国定期向世界卫生组织、有关国家和地区等及时、主动通报疫情信息并共享科研数据。中国科学院北京基因组研究所（国家生物信息中心）建立了 2019 新型冠状病毒信息库（RCoV19），中国科学院武汉文献情报中心和中国科学院文献情报中心合作建立了 新冠病毒感染科研动态监测平台。

由中国科学院微生物研究所牵头的国家微生物科学数据中心联合中国疾病预防控制中心牵头的国家病原微生物资源库等单位共同建设的新型冠状病毒国家科技资源服务系统于 2020 年 1 月 24 日正式启动，第一时间建立了全球科学数据发布及共享平台，并在后疫情时代为全球重大新发、突发传染病防控和科研工作提供重要支撑。

1　权威数据发布，支撑科技抗疫

新型冠状病毒国家科技资源服务系统权威发布疫情相关的可供公开的科技资源信息和科学数据，包括分离的毒株资源信息（国家病原微生物资源库）、电镜照片、检测方法、基因组序列、晶体结构、科学文献等综合信息。2020 年 1 月 24 日，系统上线后，即发布了新型冠状病毒毒株信息及电镜照片（见图 1），同时发布了详细的新型冠状病毒核酸检测引物和探针序列信息，为核酸检测试剂的设计和制造提供了重要的参考。

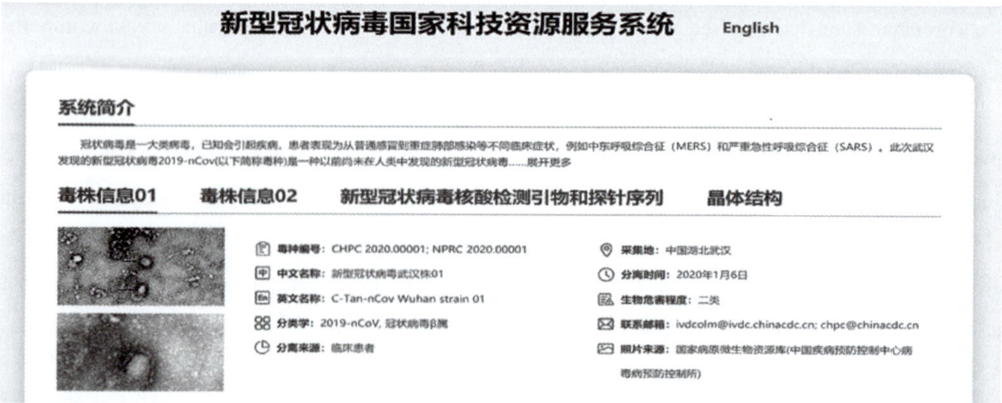

图 1　发布第一株分离自人体的新型冠状病毒毒株信息及电镜照片

2　提供全球数据发布平台，助力疫苗、抗体研发

抗击疫情是一场人类社会与病毒的赛跑，科学数据是助力抗击疫情的重要“武器”。利用国家科学数据平台，及时向社会公布和共享科学数据，是发挥科学数据价值，连同全球科研力量抗击疫情的重要举措。国家微生物科学数据中心与科学家们合作，建立快速通道，在第一时间通过国家数据中心快速向全世界共享多条核酸序列、晶体结构等重要数据，充分体现了我国科学家的责任、担当和贡献，数据的快速发布，对全球新型冠状病毒溯源研究、病毒感染机制解析、疫苗和药物开发起到了重要的作用。该系统支持我国科学家在 *Nature*、*Science*、*Lancet* 等国际著名期刊上发表文章。

2020 年 1 月 30 日，国际顶级医学期刊《柳叶刀》在线发表最新论文，揭示新型冠状病毒（2019-nCoV）的基因组序列与 SARS-CoV 的差异很大，可以被认为是一种新型的人类感染性冠状病毒（见图 2）。该研究在取自患者的全部 10 份基因样本中均发现了新型冠状病毒，包括 8 个完整基因组和 2 个部分基因组。各样本的基因序列几乎完全相同（超过 99.98% 的基因序列相同），这表明该病毒是最近才侵染人类的。通过分析 9 名患者的样本，研究者获得了新型冠状病毒 8 个完整的和 2 个部分的基因组序列。这些数据由国家微生物科学数据中心（登录号 NMDC10013002，基因组登录号 NMDC60013002-01 至 NMDC60013002-10）向全社会共享。

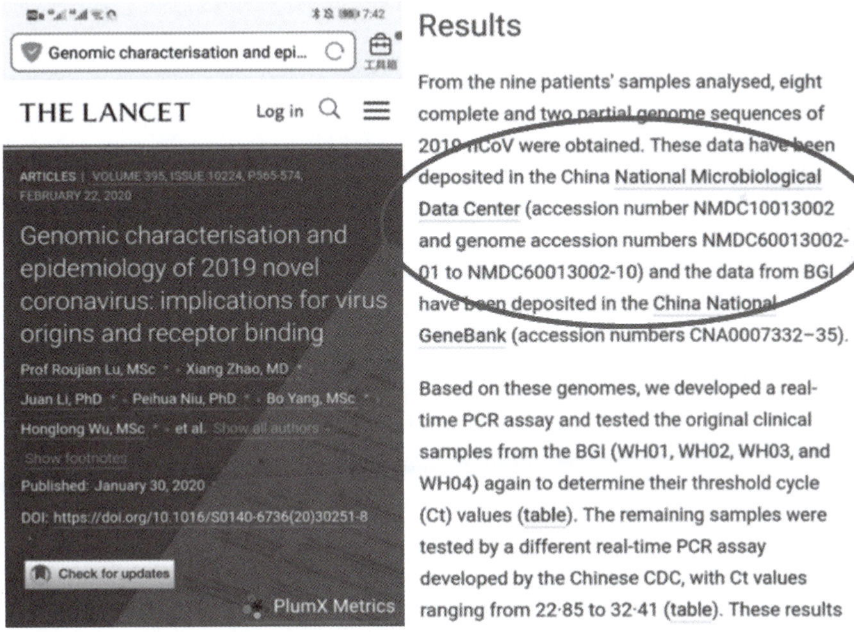

Genomic characterisation and epi...

THE LANCET　Log in

ARTICLES | VOLUME 395, ISSUE 10224, P565-574, FEBRUARY 22, 2020

Genomic characterisation and epidemiology of 2019 novel coronavirus: implications for virus origins and receptor binding

Prof Roujian Lu, MSc · Xiang Zhao, MD · Juan Li, PhD · Peihua Niu, PhD · Bo Yang, MSc · Honglong Wu, MSc · et al. Show all authors

Show footnotes

Published: January 30, 2020

DOI: https://doi.org/10.1016/S0140-6736(20)30251-8

Check for updates

PlumX Metrics

Results

From the nine patients' samples analysed, eight complete and two partial genome sequences of 2019-nCoV were obtained. These data have been deposited in the China National Microbiological Data Center (accession number NMDC10013002 and genome accession numbers NMDC60013002-01 to NMDC60013002-10) and the data from BGI have been deposited in the China National GeneBank (accession numbers CNA0007332–35).

Based on these genomes, we developed a real-time PCR assay and tested the original clinical samples from the BGI (WH01, WH02, WH03, and WH04) again to determine their threshold cycle (Ct) values (table). The remaining samples were tested by a different real-time PCR assay developed by the Chinese CDC, with Ct values ranging from 22·85 to 32·41 (table). These results

图 2　国家微生物科学数据中心支撑核酸序列数据研究文章在《柳叶刀》杂志发表

2020 年 2 月 20 日，中国科学院微生物所齐建勋研究员团队完成了新型冠状病毒 S 蛋白结构解析，并在文章发表前，第一时间将结构数据上传到了国际蛋白质结构数据库（PDB）和国家微生物科学数据中心（见图 3），6 个小时后，数据在国家微生物科

学数据中心网站上线并供全球科学家下载。2020 年 3 月 18 日，PDB 公布该结构数据，2020 年 4 月 9 日，国际著名期刊 *Cell* 正式发表相关文章。新型冠状病毒属于囊膜病毒，表面的刺突蛋白（S）在病毒的入侵过程中至关重要。其负责识别和结合宿主细胞表面的受体，并促使病毒囊膜与宿主细胞膜的融合，介导病毒进入细胞。此外，S 也是重要的免疫原，是疫苗设计和治疗性抗体的关键靶点。因此，解析其与受体的复合物三维结构可为靶向二者界面的干预手段开发提供重要的结构依据，对于疫苗和抗体研发具有十分重要的意义，对基于 S 蛋白的血清学诊断试剂研发也有指导作用。我国科学家在第一时间通过国家数据中心向全世界共享该数据，也充分体现了我国科学家的责任、担当和贡献。

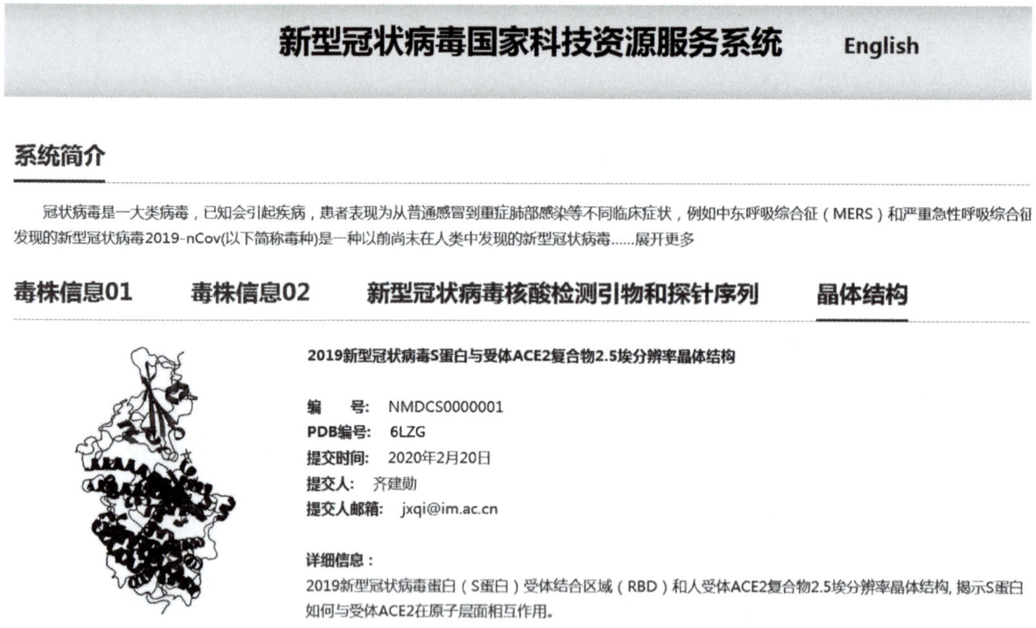

图 3　新型冠状病毒 S 蛋白与受体 ACE2 复合物晶体结构数据

2020 年 4 月 9 日，上海科技大学饶子和院士 / 杨海涛研究员团队与上海药物所蒋华良院士团队在 *Nature* 上联合发表了新型冠状病毒的重要研究成果 *Structure of Mpro from COVID-19 virus and discovery of its inhibitors*，率先在国际上成功解析新型冠状病毒关键药物靶点——Mpro 的高分辨率三维空间结构。研究者锁定新型冠状病毒的新靶点 Mpro 蛋白酶，通过结构辅助药物设计、计算机虚拟筛选和高通量筛选手段，在 FDA 批准的已上市和临床试验药物中发现镇痛"老药"依布硒啉对 Mpro 具有强烈的结合能力，并在细胞实验中展现出优异的抗病毒效果。结构坐标数据文件亦已投递至国家微生物科学数据中心平台，登记编号为 NMDCS0000004。

2020 年 4 月 10 日 22 时，由饶子和院士 / 娄智勇教授 / 王权教授团队在 *Science* 杂志发表题为 *Structure of the RNA-dependent RNA polymerase from COVID-19 Virus* 的研究论文，发布了该团队率先在国际上成功解析新型冠状病毒"RdRp（RNA 依赖的 RNA

聚合酶）-nsp7-nsp8 复合物”近原子分辨率三维空间结构的研究成果。该研究揭示了该病毒遗传物质转录复制机器核心“引擎”的结构特征，为开发针对新冠病毒感染的药物奠定了重要基础。两个结构坐标数据文件已投递至国家微生物科学数据中心，提供公开下载，登记编号为 NMDCS0000002 和 NMDCS0000003。

3 基于人工智能的新型冠状病毒虚拟变异评估和预警系统，支持精准防控

随着全球新冠病毒感染疫情的持续，新型冠状病毒基因组在流行过程中持续发生变异。迄今，在全球科学技术人员的共同努力下，已经对超过 400 万例病毒基因组进行了测序，并构建了多个病毒基因组数据库。然而，随着对变异研究的深入，对变异造成的功能影响日渐成为关注的焦点。目前，在全球多个国家或地区均发现了包括 Alpha、Beta、Delta 和 Omicron 在内的多种感染力增强的变异毒株，尤其是关键位点积累的氨基酸变异，极大地改变了病毒的免疫学特征，增加了病毒免疫逃逸的风险，可能会降低现有疫苗、抗体、药物等疫情控制方法的保护性，影响核酸诊断试剂的适用性，对疫情的防控构成了严峻挑战。因此，现有的以收集、展示数据为主的基本数据库已经难以满足未来疫情防控的需求，急需一个基于大数据的病毒变异风险评估及预警系统，对现有及未来可能出现的各种变异造成的影响进行系统性评估和解读，从而实施更加精准、有效的疫情防控策略。

基于新型冠状病毒国家科技资源服务系统已经收集的海量数据及分析系统，国家微生物科学数据中心开发并建立了新型冠状病毒国家科技资源服务系统 2.0——新型冠状病毒变异评估和预警系统（SARS-CoV-2 Variations Evaluation and Prewarning System，VarEPS）。VarEPS 是全球首个对 SARS-CoV-2 基因组已知变异及虚拟变异进行多维度风险评估和预警的系统。

该系统从基因组学和结构生物学角度入手，在基于变异位点频率评估的基础上，从核苷酸变异发生难易程度、氨基酸替换难度、变异对蛋白质二级结构的影响、单个氨基酸突变引起的 SARS-CoV-2 病毒功能宿主受体血管紧张素转化酶 2（ACE2）及中和抗体结合自由能变化等参数对变异进行多维度的评估，全面对已知变异和潜在的虚拟变异对病毒的功能造成的影响进行综合分析。在此基础上，该系统采用人工智能分类器算法，将变异株从传播性和对中和抗体亲和力两方面进行有效分组，实现了基于病毒序列的风险评估和预警[1]。

该系统不仅可以作为全球病毒变异监测和追踪的工具，同时还可以基于虚拟变异和风险评估模型，为针对新型变异毒株的精准防控和抗体疫苗设计提供有效的参考信息。目前，基于该系统的分析结果为精准、高效应对 SARS-CoV-2 突发疫情提供了重要的决策依据，同时也为应对其他突发传染性公共卫生事件提供了技术储备。

VarEPS 通过国家微生物科学数据中心对全球用户公开免费开放，系统的功能界面由 5 个主要部分组成：病毒和变异、结合能力评估、引物功效评估、统计和分析工具。

3.1 病毒和变异功能

病毒和变异功能以表格形式显示包括谱系、单核苷酸多态性（SNP）数及核苷酸和氨基酸的变异信息，并对每个病毒序列提供了所有相关突变和引物评估结果的单独页面。

SARS-CoV-2 突变率对于确定病毒的传播能力变化和免疫逃避发生的速度至关重要。观察到的平均突变发生率与系统估算率一致，并且与谱系密切相关。

3.2 结合能力评估功能

结合能力评估功能允许用户通过变异所在基因、谱系和抗体结合位点上的位置进行查询，结果以表格的形式展示每个已知变异及所有虚拟变异的多维度风险评估结果，计算并显示抗体亲和力、与 ACE2 的结合稳定性、氨基酸替代的风险，以及第一次和最后一次检出的时间等数据。

3.3 引物功效评估功能

引物功效评估功能可评估每个突变株对 RT-PCR 引物效力的影响，并给出受影响的相应毒株信息。VarEPS 评估了对于可能影响世界卫生组织（WHO）、疾病预防控制中心（CDC）和中国疾病预防控制中心推荐引物性能的变异，这些变异大多数发生在 Alpha 毒株 3’ 末端的第一个核苷酸处，但受此影响的病毒数量非常少。

3.4 用于风险评估的人工智能学习模型

VarEPS 从核苷酸变异发生难易程度、氨基酸替换难度、变异对蛋白质二级结构的影响、单个氨基酸突变引起的 SARS-CoV-2 病毒 ACE2 及中和抗体结合自由能变化等参数对变异进行多维度的评估，全面对已知变异和潜在的虚拟变异对病毒的功能造成的影响进行综合分析，对病毒株风险水平进行了综合分析。上述研究成果已于 2021 年 10 月 11 日在 *Nucleic Acids Research* 上在线发表。

截至 2022 年 1 月，全球累计确诊的新冠病毒感染人数达到 3.66 亿人，死亡人数超过 560 万人。目前正在开发的疫苗达到 70 余种，已接种疫苗达到 40 亿剂。快速诊断和疫苗接种仍然是控制病毒大规模流行的最有效方法，因此了解 SARS-CoV-2 变异是否影响当前正在开发的中和抗体亲和力或当前诊断方法的性能仍然至关重要。VarEPS 实现了密切监测和评估全球 SARS-CoV-2 遗传变异状况。

2021 年 11 月下旬，南非新冠病毒感染确诊病例数激增，2021 年 11 月 25 日南非卫生部和专家宣布了发现新冠病毒变异株的消息，并将之称作“重大威胁”。2021 年 11 月 26 日，世界卫生组织举行紧急会议，将其列为“需要关注”的变异株（Variant of Concern），并命名为 Omicron（奥密克戎）。VarEPS 系统基于毒株基因组数据，通过人工智能模型第一时间对奥密克戎病毒株进行了预警分析。VarEPS 系统从核苷酸变异发生难易程度、氨基酸替换难度、变异对蛋白质二级结构的影响、单个氨基酸突变引起的 ACE2 及中和抗体结合自由能变化等角度对变异进行多维度的评估。VarEPS 系统预测显示，奥密克戎存在通过与 ACE2 结合力的增强而更具感染性的可能，对目前的部分抗体将会产生影响。对奥密克戎变异株的基因组分析显示，奥密克戎变异株突变的位点主要集中在 S 蛋白基因的高变异区，不位于我国公布的核酸检测试剂引物和探针靶标区域，其突变位点不影响我国主流核酸检测试剂的敏感性和特异性。

4 为国家疫情防控提供科学数据分析，支持精准防控

自新冠病毒感染疫情暴发以来，国家微生物科学数据中心依托中国科学院微生物研究所，基于新型冠状病毒国家科技资源服务系统，在大数据平台建设、生物信息分析、病毒溯源及变异研究方面，形成了针对疫情的快速响应机制和作战团队，迅速搭建新型冠状病毒战略生物资源信息平台，全力推进新型冠状病毒基因组序列研究、新型冠状病毒变异特征分析等工作，分析境外基因变异对我国核酸检测、疫苗、药物研发的影响，支撑相关部门精准施策，及时回应社会关切，为疫情防控、科研攻关及打赢疫情防控阻击战做出积极贡献。

国务院联防联控 4 次发布会和中国政府《抗击新冠肺炎疫情的中国行动》白皮书都介绍了新型冠状病毒国家科技资源服务系统的工作。

5 广泛国际影响，支撑全球抗疫，体现大国担当

自疫情发生以来，我国始终秉持人类命运共同体理念，及时发布疫情信息，毫无保留地同世界卫生组织和国际社会分享防控、治疗经验，加强科研攻关合作。新型冠状病毒国家科技资源服务系统信息的发布引起了国内外的高度关注，2020 年 1 月 27 日，我国发布毒株信息。为了响应该号召，新型冠状病毒国家科技资源服务系统第一时间同步上线了英文网站，以中英文两种语言同时向国际社会发布有关信息。此举也获得了国际社会的广泛关注，截至 2022 年 1 月，新型冠状病毒国家科技资源服务系统为全球 177 个国家和地区的 58.4 万名用户提供了 2135 万次数据浏览和检索，其中境外 176 个国家和地区的 14 万名国际用户访问 439.8 万次，下载次数 2900 万次，下载文件总量约 50TB。

2020 年 11 月 23 日至 24 日，世界互联网大会•互联网发展论坛在浙江乌镇举行，新型冠状病毒国家科技资源服务系统在世界互联网大会•互联网发展论坛上作为 15 项世界互联网领先科技成果之一隆重发布（见图 4）。

6 下一步工作设想

开展与金砖国家的科技抗疫合作，继续为新型冠状病毒的数据管理和科技支撑提供服务，建立新型冠状病毒资源大数据平台，通过对公共数据和自产数据的综合分析，形成以突变为核心的知识库。并通过对关键区域多态性造成的功能效应进行研究，发展快速预警新系统，通过与输入本地新发病例流调数据结合，实时监控输入病例病毒序列特征，研判世界疫情形势，为防疫决策提供支撑数据。

图 4　新型冠状病毒国家科技资源服务系统入选世界互联网领先科技成果

参考文献

[1] SUN Q L, WU L H, MA J C, et al. VerEPS: an evaluation and prewarning system of known and virtual variation of SARS-CoV-2 genomes[J]. Nucleic Acids Research, 2021, 50(1): 888-897.

[2] MCCALLUM, M, BASSI, J, MARCO, D. A, et al. SARS-CoV-2 immune evasion by the B. 1. 427/B. 1. 429 variant of concern[J]. Science, 2021, 373: 648-654.

[3] CHEN, J H, WANG R, WANG M L, et al. Mutations strengthened SARS-CoV-2 infectivity[J]. Journal of Molecular Biology , 2020, 432: 5212-5226.

作者简介

马俊才，博士，研究员，现任国家微生物科学数据中心主任，中国科学院微生物研究所微生物资源与大数据中心主任，世界菌种保藏联合会（WFCC）世界微生物数据中心（WDCM）主任、中国生物工程学会生物技术与生物产业信息中心主任、世界微生物菌种保藏联合会执委、亚洲研究资源网络数据管理工作组主席、国际生命条形码项目数据镜像工作组共同主席。

数据智能驱动新型冠状病毒疫情防控管理与处置

李　刚[1]　高燕琳[1]　杜　婧[1]　王　苹[1]　栗　圆[1]　闫　峻[2]

［1. 北京市疾病预防控制中心；2. 医渡云（北京）技术有限公司］

摘　要

国内新型冠状病毒感染疫情防控虽已逐步转为常态化，但从本土到境外输入，从散发病例到聚集性暴发流行，以及病毒的不断变异，仍然让国内疫情防控体系持续承受着巨大压力。本文围绕数据智能在新型冠状病毒感染本地疫情防控工作中的广泛应用，针对疫情的早期发现预警、控制传染源、切断传播途径、保护易感染人群等关键环节，对数据智能在提升疫情防控工作效率、精准度和科学性等方面的贡献做了阐述。深刻剖析了数据智能在疫情防控应用中仍然存在的差距和短板，并对建立数据智能驱动型疫情防控综合管理和处置平台的前景，以及数据智能助力国家公共卫生系统应急处置能力的全面升级进行了展望。

关键词

新型冠状病毒；数据智能；疫情防控；公共卫生；应急体系

Abstract

Although the COVID-19 epidemic prevention and control in China has gradually become normalized, the domestic epidemic prevention and control system is still under great pressure due to imported cases, sporadic cases, clusters of outbreaks, and the constant variation of the virus. This paper introduces the application of data intelligence in COVID-19 epidemic prevention and control measures such as epidemic monitoring and early warning, controlling infectious sources, cutting off the transmission routes, protecting susceptible population, and data intelligence to the efficiency, accuracy and scientificity of epidemic prevention and control. Meanwhile, this paper deeply analyzes the shortcomings and gaps of data intelligence in the application of epidemic prevention and control. It also looks forward to the establishment of a comprehensive management and disposal platform for data-driven epidemic prevention and control in the future and helping to comprehensively upgrade the capacity of the national public health system.

Keywords

Corona Virus Disease 2019 (COVID-19); Data Intelligence; Epidemic Prevention and Control; Public Health; Emergency System

1　引言

新冠病毒感染疫情是当前全球范围内传播速度最快、感染范围最广、防控难度最大的一次重大突发公共卫生事件，是对全球的一次大的考验。2020 年 3 月 11 日，世界卫生组织宣布新冠病毒感染疫情全面暴发，截至 2022 年 9 月 27 日，全球累计新冠感染 6.139 亿人，累计死亡 653.22 万人，我国大陆地区累计报告感染者 1292792 例，累计死亡病例 5211 例。病毒株也从 Alpha（阿尔法）、Beta（贝塔）、Gamma（伽马）、Delta（德尔塔）到 Omicron（奥密克戎）不断变异，让全球疫情防控体系持续承受着巨大压力 [1-3]。新冠病毒感染疫情发生后，中国政府始终把人民群众的健康与安全放在第一位，把疫情防控工作作为最关键、最紧迫的任务 [4-7]。面对新冠病毒感染疫情，全国范围内进行了规模宏大、世所罕见的组织动员，最大限度地保障了人民群众的生命健康权益，全面、果断的防控措施也有效遏制了疫情的蔓延。尽管采取了最严厉的防控措施，但病毒仍然无时无刻不在全国各地散发。武汉之后，北京、瑞丽、深圳、扬州、南京、呼伦贝尔、西安等地，均发生了较大范围的继发流行，奥密克戎变异株引发病例的风险持续加大。

面对严峻复杂的疫情形势与艰巨的防控任务，作为新一轮科技革命核心驱动力的人工智能技术，加速与医疗、交通、教育、生活、服务等领域的深度融合，在疫情防控、民生保障、复工复产各环节都发挥了积极效用，使疫情防控工作的决策部署与落地实施更加科学精准，成为科技抗“疫”的中坚力量。但与此同时，受到数据支撑、算法创新、技术融合等因素的影响，人工智能在一些复杂、特殊场景下的应用局限也随之凸显，阻碍了技术潜力的进一步发挥。如何针对人工智能在疫情防控中的应用效果，深入思考存在的关键问题，进而提出切实可行的对策建议，是推动人工智能在重大突发公共卫生事件应急管理中深化应用的重要基础。近年来，随着大数据与人工智能的不断发展融合，“数据智能”（Data Intelligence）这一概念逐渐涌现出来。数据智能是指基于大数据引擎，通过大规模机器学习和深度学习等技术，对海量数据进行处理、分析和挖掘，提取数据中所包含的有价值的信息和知识，使数据具有“智能”，并通过建立模型寻求现有问题的解决方案及实现预测等 [8]。应用数据智能驱动的新冠病毒感染疫情防控管理与处置的变革势在必行。

2 数据智能助力疫情高效精准防控

传统的疫情处置主要依靠疾病预防控制中心工作人员既往经验和人工分析操作为主的人力的支撑 [9]，疫情处置需要人工填写大量文本，阅读分析海量资料，基于个人经验和既往案例进行疾病溯源和研判。对风险场所、风险人员的划分也多数依靠传统流行病学模型和经验进行判定，最终防控效果难以精准评估 [10]。数据智能可以通过语义识别、信息抽取等，完成关键信息的结构化，便于专业人员分析和检索。数据智能驱动的方法通过 SEIR、Agent 等模型预测疫情规模，通过轨迹碰撞等大数据技术准确溯源，提升风险识别能力和传染源发现效率 [11, 12]，快速判定风险场所，对风险人员进行排查，设置管控优先级规则，评估管控效果，提升疫情防控精度和效率（见图 1）。

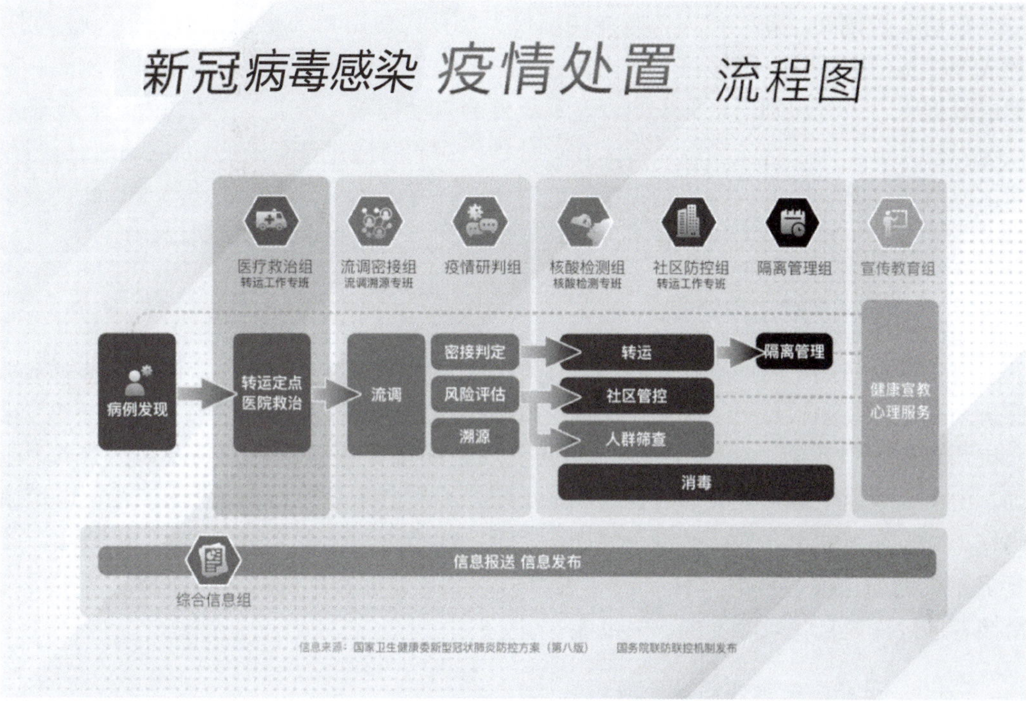

图 1 工作效率和数据准确性的提升

2.1 科技发展推进公共卫生数据智能化

当今世界，重大突发公共卫生事件已经成为威胁人类身体健康和生命安全的重要因素，其不确定性、传染性、系统性、复杂性等特征对传统治理模式提出了严峻挑战。大数据，汇聚海量、多维、异质、动态的数据信息，数据只是“大”，并没有太大意义，关键是如何最大限度地挖掘高价值的数据，并使这些数据成为“智能数据”。

通过人工智能算法和云计算处理，提升对重大突发公共卫生事件的预测、预警和响应能力，优化风险治理结构、降低风险治理成本，数据智能相关的核心技术大致可以分为数据平台技术、数据整理技术、数据分析技术、数据交互技术、数据可视化技术等。

2.2 数据智能助力疫情防控

本次新冠病毒感染疫情的防控任务艰巨，资源调动水平和科技水平也是历史最高。人工智能和大数据的应用也为疫情防控提供了技术支撑，为精准、高效的疫情防控政策制定奠定了基础[13]。同时，疫情数据的实时动态更新和及时发布，避免了谣言和公众恐慌[14]。尤其针对重大节日及事件带来的停工后复工这一关键节点，各级政府均积极利用大数据和人工智能技术，精准掌握调控疫区人员动态，确定复工政策[15]。利用数据智能对重大公共卫生突发事件进行精准防控，是未来疫情防控的关键手段[16]。

2.3 智能测温设备升级迭代

疫情防控期间，新一代人工智能测温仪大量投入使用[17]。温感摄像头、人脸识别、热成像体温检测系统，能够在 2 米内快速、精准地采集体温，并将身份信息和体温匹配形成数据表，一旦识别出疑似发热者，系统便会自动报警，帮助工作人员及时、准确地锁定发热人员。人工智能测温仪可以在 1 分钟内对同时通过单行道的 200~300 人进行快速体温监测。升级后的人脸识别系统，能对佩戴口罩的受检者进行快速筛查。此类设备高效、安全、可靠，极大地节省了人力，降低了体温监测人员的感染风险。

2.4 健康码实现动态管理

疫情暴发初期，国内就开始利用大数据和人工智能技术跟踪病例，依靠面部识别摄像头来跟踪有疑似旅行史的人员。浙江省杭州市率先推出互联网健康码，对市民和拟进入杭州市的人员实施“绿码、红码、黄码”三色动态管理[18]。健康码以真实数据为基础，由市民或返工返岗人员通过自行网上申报，经后台审核即可生成个人二维码。健康码作为个人在当地出入通行的电子凭证，实现一次申报，全市通用。健康码的推出，让复工复产更加精准、科学、有序[19]。大数据与人工智能技术的结合，使新冠病毒潜在密接者进行快速自我风险发现成为可能[20]。

2.5 人工智能模型实现精准预测

钟南山院士团队与多家大数据和人工智能科技企业合作，基于经典的 SEIR 模型，通过机器学习构建人工智能模型，得出湖北和全国感染人数预测趋势曲线，准确预测了中国疫情拐点和感染人数[21]，并证明了中国政府的强力干预和延迟复工复学等措施对防控疫情所起的关键作用[22]。该团队还与腾讯合作，基于深度学习、大数据分析等技术，研发出能预测新冠病毒感染患者病情发展的模型。通过这个模型，医生能够根据患者年龄、恶性肿瘤病史、气促等 10 项特征，计算出患者 5 天、10 天和 30 天内的重症风险系数[23]，为重症高风险患者的救治抢占了先机。该研究成果发表在 *Nature Communications* 上，模型代码面向全球开源，助力全球战“疫”[24]。

3 数据智能驱动的疫情防控管理与全流程处置

传染病在人群中的传播与流行须具备 3 个环节，即传染源、传播途径和易感人群，这 3 个环节是构成传染病流行的生物学基础[25]，同时，流行过程始终受到自然因素和社会因素的影响，使这一过程表现出不同强度和性质。数据智能驱动下的大数据和人工智能技术，实现了从疾病及疫情的监测预警到阳性病例发现、流行病学调查、病例溯源、重点场所和区域风险分析与管控、人群风险分析与管控，以及政策调控与效果评价等全流程的疫情风险深入认知和明确预判（见图 2）。

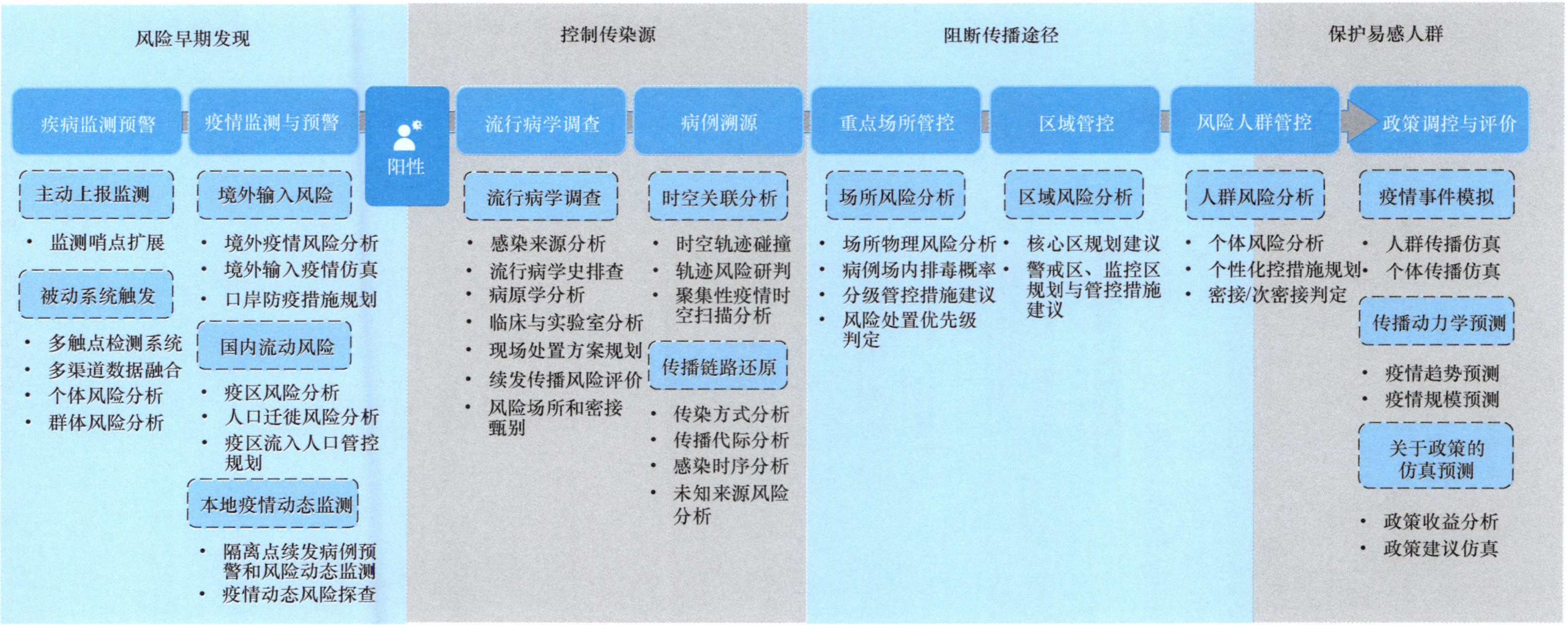
风险早期发现
控制传染源
阻断传播途径
保护易感人群
疾病监测预警
疫情监测与预警
阳性
流行病学调查
病例溯源
重点场所管控
区域管控
风险人群管控
政策调控与评价
主动上报监测
· 监测哨点扩展
被动系统触发
· 多触点检测系统
· 多渠道数据融合
· 个体风险分析
· 群体风险分析
境外输入风险
· 境外疫情风险分析
· 境外输入疫情仿真
· 口岸防疫措施规划
国内流动风险
· 疫区风险分析
· 人口迁徙风险分析
· 疫区流入人口管控规划
本地疫情动态监测
· 隔离点续发病例预警和风险动态监测
· 疫情动态风险探查
流行病学调查
· 感染来源分析
· 流行病学史排查
· 病原学分析
· 临床与实验室分析
· 现场处置方案规划
· 续发传播风险评价
· 风险场所和密接甄别
时空关联分析
· 时空轨迹碰撞
· 轨迹风险研判
· 聚集性疫情时空扫描分析
传播链路还原
· 传染方式分析
· 传播代际分析
· 感染时序分析
· 未知来源风险分析
场所风险分析
· 场所物理风险分析
· 病例场内排毒概率
· 分级管控措施建议
· 风险处置优先级判定
区域风险分析
· 核心区规划建议
· 警戒区、监控区规划与管控措施建议
人群风险分析
· 个体风险分析
· 个性化控措施规划
· 密接/次密接判定
疫情事件模拟
· 人群传播仿真
· 个体传播仿真
传播动力学预测
· 疫情趋势预测
· 疫情规模预测
关于政策的仿真预测
· 政策收益分析
· 政策建议仿真

图 2　疫情风险研判与处置一体化流程

3.1 疫情监测与预警

一是早期疫情监测。病例发现前，公共卫生分析人员需持续对来自境外和国内其他疫区的潜在风险进行监测[26]。从常态化疫情事件监测和预警工作来看，通常分为两种方式，即主动监测和被动监测[27]。其中，主动监测是疫情监测的主要手段。被动监测灵敏度的提升依赖于监测哨点的不断延伸和工作人员上报的主观认知能力提升，主动监测则需要实现疾病监测网络的不断完善，通过多渠道、多触点联动，实现疾病的早发现。二是既发事件风险监测[28]。疫情常态化后，公共卫生分析人员需要对境内外疫情进行深度解析和风险分析，实时播报全球疫情资讯，自动生成疫情风评报告，动态采集疫情情报并综合分析疫区风险，结合区域间人口流动规模、人口交流方式和特点等因素，研判本地受疫情影响的潜在风险，并作为口岸策略制定的重要参考（见图 3）。

（a）舆情追踪

（b）人口流动带来的疫情风险评估

图 3　境内疫情分析与定制化智能风评

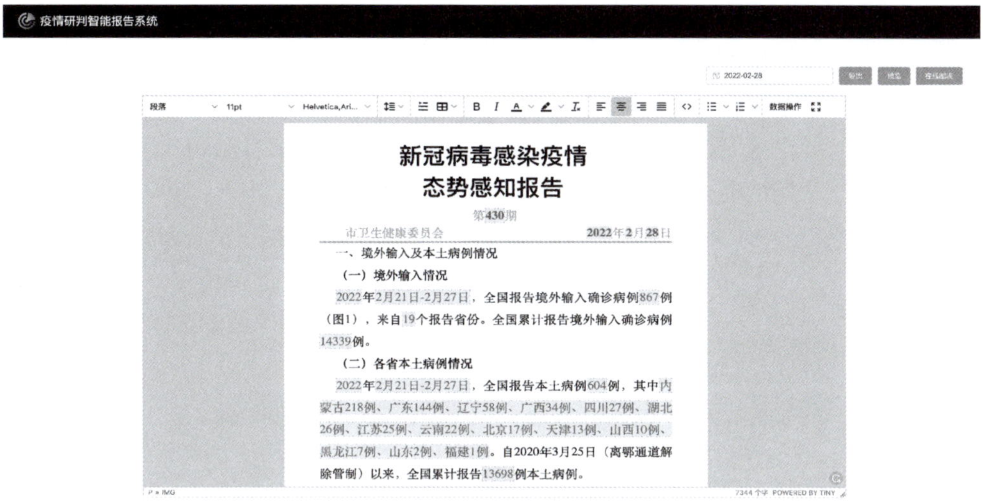

（c）智能风评报告生成

图 3　境内疫情分析与定制化智能风评（续）

3.2　控制传染源

3.2.1　面临的问题

新冠病毒感染疫情发生后，及时定位病例 / 密接的活动轨迹所面临的主要问题有[29]：一是因流调人员对地理信息不熟悉、患者自己表述不准确等造成的信息收集不规范；二是阅读流调报告，摘取时间、地点等过程烦琐，造成信息提取耗时长；三是信息整合分析难度大，依据多人是否到过“同名场所”或者分析人员已知的“邻近”场所，要准确做出对距离、到访时间、活动规律的判断甚至多个病例的轨迹碰撞难度巨大。大数据与人工智能技术可以实现流调报告结构化，自动提取时间、空间信息，并形成个人活动轨迹地图，按人员的活动时间、轨迹进行碰撞分析，快速、精确地确定人群的活动轨迹和空间关系[30]。

3.2.2　流调信息采集的智能化

人工智能技术能对音频、图片、文本、表格等流调素材进行采集。通过计算机自然语言处理技术，从语音、图片等转文字后的自然语义文本中快速甄别和读取关键信息，通过公共卫生术语标准体系建设和文本资料机器学习，构建精准的关键信息和识别模块[31]。这些识别模块能精准识别病例基本信息（姓名、年龄、性别、出生日期、现住址、工作单位等）、发病与就诊信息（症状和体征、症状出现时间、并发症、血常规检查结果、肺炎影像学特征、就诊记录等）、危险因素与暴露史（职业、既往病史、风险区域旅行史、聚集性发病史等）、流行病学史（近 14 天活动轨迹、接触人员等）、实验室检测结果（核酸检测结果、病毒载量、抗体水平等）等常用关键字段。自然语言结构化处理后的结果可自动填充到流调信息采集表单中，提升了信息采集的灵活性、易用性和容错性[32]。

3.2.3　流调信息处理的智能化

流调时空信息可视化系统能对流调过程采集到的病例住址、工作单位、流行病学史活动轨迹，与地理位置相关经纬度坐标等标准地理信息相关联，将涉疫点位进行空间可视化展示，呈现精准定位信息。在活动轨迹空间信息还原的基础上，叠加时间信息进行复合分析，基于病原学结论定义高风险轨迹，进行活动轨迹时序分析，辅助洞察患者轨迹动线和活动模式，绘制密接关系图谱，根据密接人员信息自动生成密接流调和重点场所摸排任务。最终，基于流调结果和各级疾控中心流调报告模板的预置结构，自动填充信息，将文本信息转录形成标准流行病学调查格式的报告，并审批、发布和存档（见图 4）。

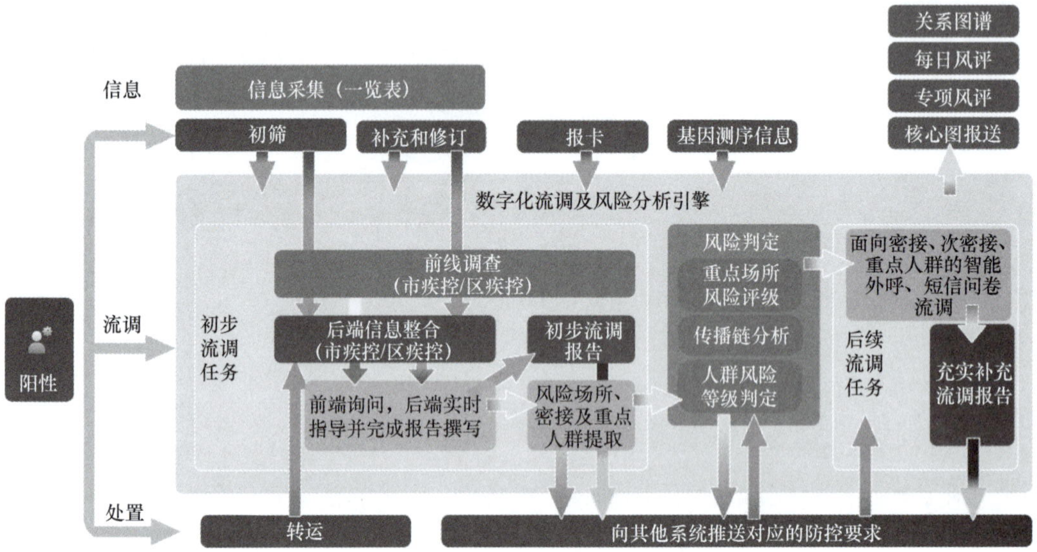

图 4　智能化流调

3.2.4　病例溯源的智能化

时空伴随是病例溯源的重要依据，人工智能技术能通过动态调整时空伴随的“时间约束”“空间约束”“排毒性约束”（是否在发病前 4 天以来产生时空伴随）等风险判断阈值，进行时空轨迹碰撞分析（依据确诊者在时间、空间的分布，利用大数据技术发现与其在相同时间、空间出现的密切接触者）。通过对存在交叉感染风险的轨迹点位进行特殊标注，基于轨迹碰撞计算的结果，可单独对可疑时空伴随的风险点在地理空间和时间维度上进行标注并快速明确涉疫点位。通过传染方式分析、传播代际分析、感染时序分析、未知来源风险分析等进行传播链路还原，逐个排查风险存在及发生感染的可能性，找到病例相互传染或共同暴露于感染源的线索[33, 34]。利用溯源推理图模型（溯源推理图是指借助于确诊者之间的关系图，确定病毒在患者之间的传染顺序），可以挖掘病例间传染发生的概率差异，溯源推理图模型成功还原了“北京顺义”“广州 521”疫情中 95% 以上的病例关联，在抗疫实战中得到了很好的验证。

人工智能技术能自动提取流调报告中涉及的病例关系线索，通过姓名、事件、场所等命名实体构建关系网络图谱，直观查看病例之间存在的显性流调关系及关系原始描述，为聚集性疫情溯源分析和病例个案感染来源分析提供直观依据。基于实体关系挖掘的结果，病例之间的关系可进行网络图谱展示。网络中的节点代表病例个案，节点之间的连线代表病例之间的关联，每个关联对应流调报告中的文本描述。可通过点击行为追溯该描述的具体内容并查看流调报告原文（见图 5 ～图 7）。

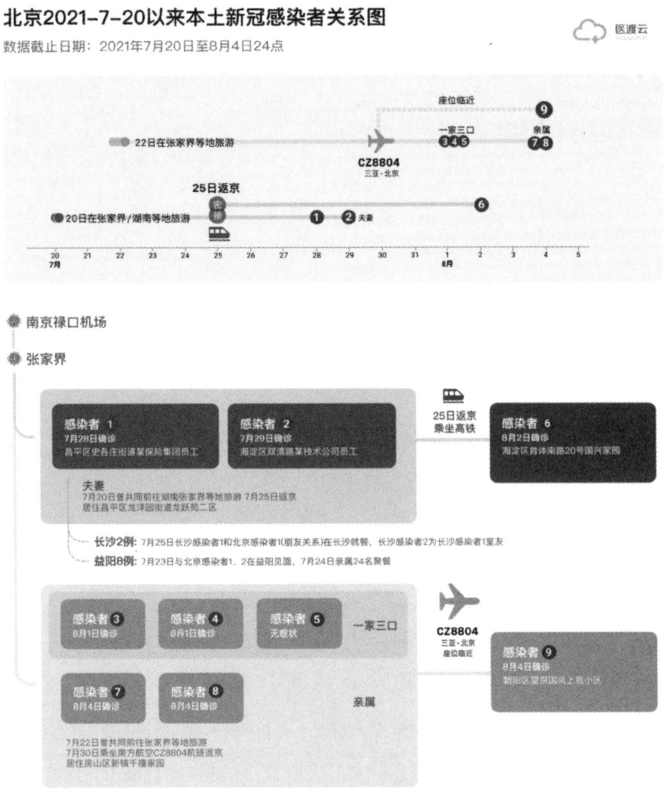

图 5　传播链路图

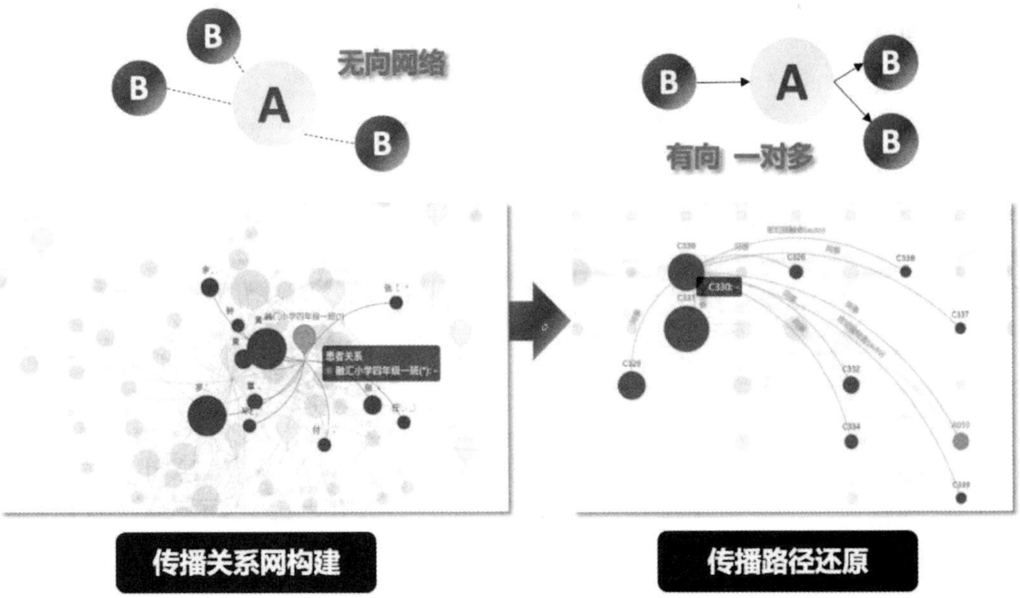

图 6　时空轨迹碰撞与关系挖掘溯源

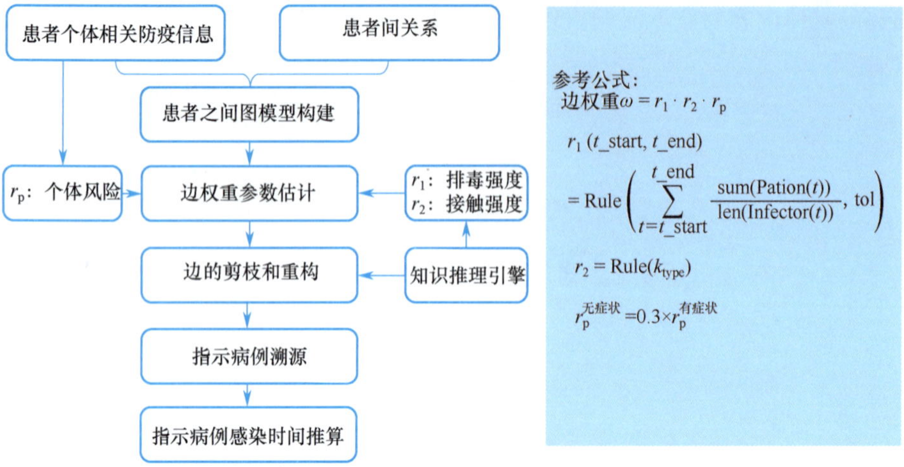

图 7　用溯源推理图模型挖掘病例间传染发生的概率差异

3.3　切断传播途径与保护易感人群

3.3.1　重点场所和区域风险的动态追踪

基于病例流行病学史，应研判病例在其具有理论排毒可能性以来到访过的所有可能造成病毒传播的场所，包括室内场所和室外场所，并对场所进行采样、消毒，对风险关联人员进行有效管理。同时，在重大传染病疫情事件中，如果面临资源紧缺的情况，应进一步将场所风险进行分级划定，制定场所排查优先级。在疫情事件横断面分析中，公共卫生分析人员需要基于所有病例的热点活动区等特点，整体研判疫情造成的宏观风险，并依据差异化的风险评级，在疫情传播途径无法准确阻断时，明确需要管控的重点区域及需要采取的有效区域管控策略，为区域政府划定管控区域的范围、管理方式、管控的时长、采样和消杀计划等进行专业建议。利用机器学习甄别、计算风险因素，可以大幅减少人工研判的主观性，降低场所分级划定的经验门槛 [35]。

一是进行疫情风险区域研判。人工智能联合大数据技术能通过坐标拾取工具自由选择二维空间上的合围区域，定义中、高、低风险区域，进行涉疫区域边界拾取，并通过颜色标记风险等级的差异，提升视觉易读性。同时，通过与病例活动轨迹和高频复现情况相结合，对风险区域和病例活动点位进行复合分析，明确高风险区域和易感人群，为制定区域防疫政策提供重要参考。二是进行涉疫场所风险分析。基于传染病防控工作过程中的经验、规则与前沿学术研究成果，利用病例到访某场所的时间、到访时的健康状态及场所固有的社会特性和物理特性，抽象出病例当时的传播能力，快速得出该场所的综合风险评估量化分值。同时，建立动态学习的风险调整模型，通过监测病例续发传染、密接转归状态等，不断调整其到访场所的风险评估评分，包括空间风险、到访风险、动态风险和综合风险 4 个维度。此外，通过借助于人工智能可视化分析技术的风险分析，将新冠病毒感染者去过的地点精准呈现、纳入管控，避免遗漏。上述提到的场所风险判别分析在实际案例的处置过程中受到诸如场所通风情况、曾到访病例数等多种复杂可变因素的影响，需要有根据实际情况变化调整参数的能力（见图 8）。

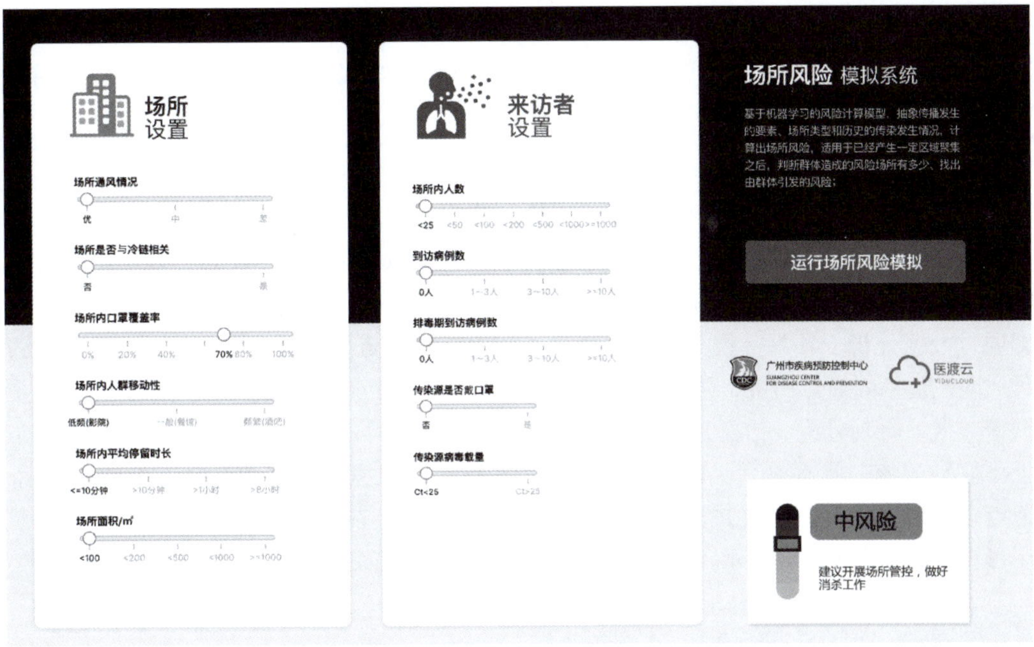

图 8　病例到访场所（续发传染）风险计算

3.3.2　风险人群识别和管控

城市规模越大、人口密度越高，城市发生重大风险的可能性就越大，对风险人群的识别和管控就越复杂困难。基于病例流行病学史分析，应辨别其具有理论排毒能力以来可能密切接触过的所有人员，根据社交距离、接触时长、接触方式等因素，判别密切接触者和一般接触者，并对两类人员施以管控，规划个性化管控措施[36]。同时，对于传染能力较强、潜伏期较短的传染性疾病，应对密切接触者开展进一步调查，并根据疾病防控的具体要求对密切接触者的密切接触者进行有效控制，防止其携带病毒造成进一步疫情扩散[37]。利用传播风险分析、时空数据分析，构建数据智能多源多维数据的融合模型，可有效通过位置、行为信息来识别高危人员的行动轨迹和接触人群，能够从源头上降低疫情的传播速度，提高对风险人群的管控。

一是密接人员风险分析。基于既往新冠病毒感染疫情密接数据，通过机器学习算法动态学习密接转确诊的关联特征并构建密接转确诊（感染）风险概率模型。利用模型自动对密接人员进行风险评估，形成个体的密接转确诊风险值。工作人员可以按密接转确诊风险进行密接人群风险排序，并判定对密接人员处置的优先级。同时，可将所有密接人员现住址还原到地图，结合地理分布情况进行深层次区域风险研判，根据行政区划、风险值大小等对需要观测的密接人员进行过滤操作。二是流调病例关系挖掘。利用数据智能系统对命名实体进行关系挖掘。自动提取流调报告中涉及的病例关系线索，通过姓名、事件、场所等命名实体构建关系网络图谱，直观查看病例之间存在的显性流调关系并查看关系原始描述，为聚集性疫情溯源分析和病例个案感染来源分析提供直观依据。三是聚集性疫情传播链路图推演。传播链路推演模型通过分子流行病学的研判知识沉淀，以及对现场流行病学真实数据的学习，拟合出传染性疾病传播方向和传播强度的判定依据，从而支持基于流调病例关系网络的聚集性疫情传播链路推演，自动生成疑似零号病例和潜在传播链路，同时提示散发病例的存在，支持流行病学溯源工作科学、高效开展。

3.3.3 疫情管控过程风险的持续动态监测

风险监测与识别，一直是化解重大风险的第一要求[38]。在常态化监测的基础上，提高风险识别的敏锐性，实现实时动态监测风险，并采取有针对性的防控措施。在已知风险得以管控的情况下，仍需对管理过程、隔离场所等风险点进行持续监测和风险感知，即通过数据分析、异常上报等形式，尽早发现由于管理疏漏或者处置不当造成的处置过程风险，包括隔离点污染、院内感染等情况。通过构建“应急智慧指挥系统”，基于监测预警数据的研判分析、仿真建模、预测分析，建设跨部门多元融合数据平台和高效协同、上下联动的统一指挥平台；汇聚公共卫生、医疗、人口家庭等多源数据，推动跨部门、跨行业、跨层级数据开放共享，开展大数据智能分析，包括时空分析、研判分析等，利用可视化技术进行综合展示，实现疫情风险的持续动态监测，为决策提供综合数据支撑。

3.3.4 政策调控与疫情处置评价

疫情处置措施及执行落地的有效性会对疫情控制的效率起到决定性作用，公共卫生分析人员需对已发生疫情及其处置全过程进行详尽分析，总结疫情防控的成就和不足，为公共卫生重大传染病事件处置的流程优化、组织架构调整和团队能力建设提供重要建议。利用人工智能提升模型动态学习能力，突破传统确定性模型在实践中较弱的适应性和可扩展性，实现智能化疫情预测预警和政策措施模拟仿真。利用 Agent-based Model 智能体模型[39]，进行局部传播仿真模拟（仿真模拟是指利用物理的、数学的模型来类比、模仿现实系统及其演变过程，以寻求过程规律的一种方法），该模型可实现针对个体健康属性和活动属性对疾病传播过程产生的影响进行仿真，适用于重大会议、赛事等特定空间内的聚集性活动。从群体角度，利用仓室模型，可进行大规模疫情仿真模拟，该模型针对疫情在群体中的发生发展过程，适用于大规模、跨人群和跨区域的传播事件。

新冠病毒感染疫情发生以来，世界各国采取多种措施遏制病毒蔓延，但病毒变异株层出不穷，使全球疫情陷入一次次危机中。利用智能模型，模拟仿真不同疫情政策，如有无学校管控、公共交通限制、是否采取人员管控等，结合不同病毒变异株的传播效力，评估疫苗不同接种比例及保护效力等预测病毒传播速度及人群感染规模。通过模型，可以直观、有效地说明不同政策下对病毒传播的影响，可为决策部门提供政策与疫情处置评价依据（见图 9）。

4 新冠病毒感染疫情防控中发现的问题

4.1 现场流调智能化程度不够，关键信息采集效率有待提升

当前流调为单向作战模式，流调人员通过现场询问，获取被调查人核心信息和传播

期内行程轨迹，甄别密接人员和次密接人员，完成流调报告，形成任务清单，需 6 ～ 12 小时，应对变异毒株疫情或个案流行病学史较复杂时消耗人力成本较大[40]。信息的不对称、不及时使得初次流调难以面面俱到，后续仍需多轮次补充流调，带来额外负担[29]。如何“更早更快”流调成为疫情防控的关键。目前的涉疫数据根据确诊患者和无症状感染者的确诊时间进行计算，尚未有针对初筛阳性人员计算的涉疫数据，及时性有待提高[41]。密接人员相关数据匹配手机号时间较长，信息流转渠道和环节不畅通，关键环节需 1 ～ 2 天。此外，目前开展省际协查工作需要人工发函，亦影响时效性。

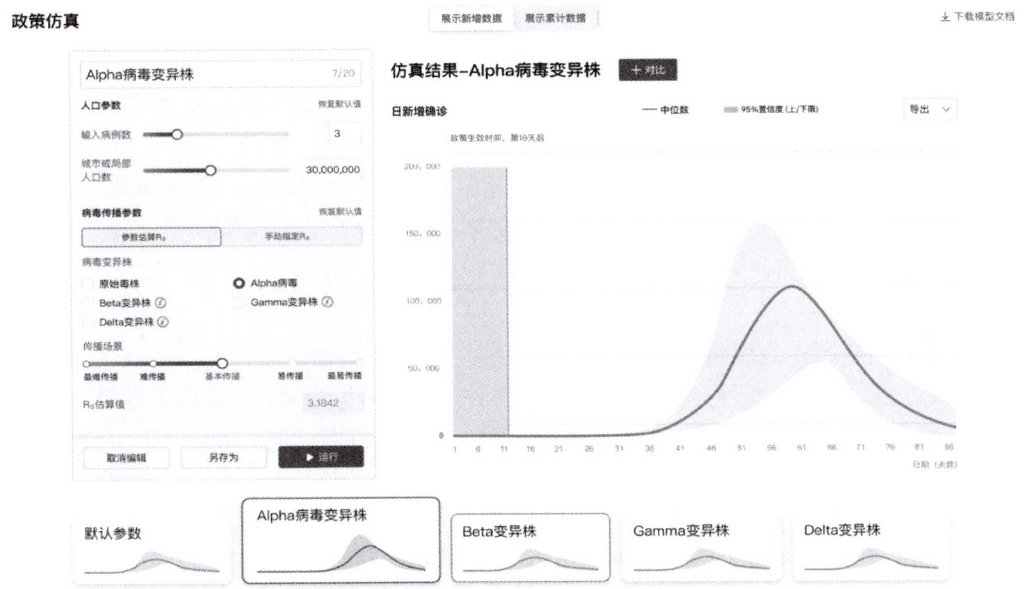

图 9 基于不同变异株和疫苗覆盖率的疫情政策仿真及预测

4.2 疫情防控信息化建设欠缺，多源数据尚未实现互联互通

由于缺乏统一的防控数据平台，与疫情防控相关的各类数据，包括感染者个案信息、密接人员、次密接人员、重点人群管理、环境监测、发热门诊信息、药店购药信息、核酸筛查等诸多数据，均为信息孤岛，需人工整合，耗费大量人力且效率低下，还会造成数据多头统计，来源不一；此外，一些需要形成闭环的工作，如密接甄别、确认、转运、管控等，也因信息化程度太低，存在管理漏洞[42]。工信部门推送的区域协查数据，因位置信息仅能到地市级，还需要各省进行二次计算匹配，将位置信息落位到区县级才能下发使用，同时由于在各省实际执行中存在多头下发、数据无法有效去重等问题，造成基层多次“认领”、重复排查[43]。密接人员数据，也存在因卫生健康、公安等多渠道下发，导致数据不同源、口径不一致。

4.3 智能化疫情研判能力不足，数据分析处理能力有待提高

一方面是信息需求广泛，数据采集协调困难，信息获取迟滞，质量参差不齐，导致

疫情研判难度增大[37]。由于疫情数据具有多模态、异构性等特征，一般还需进行分类、清洗、集成、规约、脱敏等预处理操作，以提高数据的可用性，而对分析结果精准度要求高的关键数据，还需利用领域专业知识和人类工程进行标注，将原始数据转换为适用于机器学习、深度学习算法训练的合适表征，建立领域知识库、训练资源库、评估样本库，满足人工智能的应用需求[36]。另一方面是疫情研判与防控工作并行，数据分析需求繁重，研判效率降低，影响处置决策的及时传达。

4.4 疫情应急模拟演练形式化，数据智能赋能应用场景不够

新冠病毒具有人群普遍易感、发病隐匿、传染性强等特点，给医疗及护理工作带来了全新挑战。应急演练是应急准备阶段中的一项重要活动，是组织机构检验应急预案、完善应急准备、锻炼专业应急队伍、磨合应急机制的主要手段。而我国目前缺乏专注于新冠病毒感染疫情的预警报告、紧急动员、疫情处置、应急物资管理、警戒与管制、现场控制及恢复等维度统一的应急演练形式，应急演练评价具有随意性和主观性。新冠病毒感染疫情面前应急预案体系暴露了诸多问题，模拟演练的实战和仿真能力亟待提高[44, 45]。

4.5 底层算法与应用算法存在瓶颈，人工智能技术融合能力不足

面对算法瓶颈，我国科研机构和人工智能企业应积极致力于底层基础算法和应用算法创新，推动人工智能关键共性技术研发，并以国家“新基建”（新型基础设施建设，主要包括 5G 基站建设、特高压、城际高速铁路和城市轨道交通、新能源汽车充电桩、大数据中心、人工智能、工业互联网七大领域）战略为引导，促进以人工智能为核心的新一代信息技术的融合应用。加快以算法为核心的人工智能关键共性技术研发。围绕原始核心模型、算法和框架，对卷积神经网络、循环神经网络等深度学习基础框架开展优化创新研究，并积极探索深度强化学习、迁移学习、元学习、生成对抗网络等方法在无标注数据集、小样本数据、半结构与非结构化数据分析中的应用，提高机器从海量复杂疫情数据中自主探寻规则、模式、关联、趋势等隐性知识的认知能力，实现从数学建模到算法设计再到模拟训练的协同优化；同时，针对人工智能算法“黑箱”在分析结果可解释性上的缺陷，对疫苗制造、药物研发等领域高度严谨的科学研究进行模型构建理论攻关，促进新一代信息技术的融合应用[34, 36]。

5 值得改进和创新的领域方向

5.1 发挥“新基建”的协同效应共防疫情

针对疫情防控的多元化需求，应进一步发挥“新基建”的协同效应[35]：一是通过云计算与人工智能结合，构建一站式智能云平台。二是通过物联网与人工智能结合，建立智联网生态体系，实现包含人、机、物在内的智能实体语义层面的互联互通，满足居民健康状况实时监控、医疗物资调度追踪、隔离人员精准管控、智能生产和智慧社区服务等关键需求，为大规模社会化协作和智能服务提供有力支撑。三是通过区块链与人工智能结合，重塑信任机制，实现疫情信息的公开透明与不同级别医疗机构间的数据安全

使用，在此基础上建立国家级和省、市级区块链自动化数据同步网络，提高突发传染疾病的应急响应能力。四是通过 5G 与人工智能结合，为疫情防控构筑数字基础设施，加快高清视频、虚拟现实、无人驾驶、机器人四大核心基础应用的验证与示范，保障疫情期间的高清云直播、远程诊断和高危场景下的无人作业等工作的顺利开展。

5.2　构建数据智能驱动的疫情处置新模式

深化和丰富“智能”背景下的疫情防控场景应用。实现从疫情前的动态预警到疫情中的疾病诊疗和社会治理再到疫情后的复工复产全场景覆盖，是进一步提升人工智能应对突发公共卫生事件能力的重要途径。构建以数据为核心的智能预警、智能诊疗、智能社会治理和智能复工复产的疫情防控模式不可或缺。数据智能驱动的疫情处置能力及模式建设应以国家已建成的各类政务大数据平台为基础，打破数据壁垒，实现疫情防控所需的医疗数据（诊治情况、医疗资源、研究进展等）、交通数据（道路监控、交通出行等）、公安数据（人口信息、执法监督等）和社区管理数据（用户填报信息、志愿者信息等）的多源融合；同时，采用开放合作模式，开拓政务数据与互联网用户行为数据、运营商数据的整合渠道，为基于人工智能的临床诊断、药物研发、疫情研判、交通管制、资源调配、舆情传播等模型算法的构建与应用提供维度完整的海量数据集合，全面呈现疫情防控态势，提高决策部署的科学性与精准性[34]。

5.3　优化公共卫生服务资源，降低社会成本

加强、加大数据智能技术在新冠病毒感染疫情精准防控、态势研判、传播路径分析及对流动人员的健康监测、精准施策等方面的作用。搭建畅通的数据通道、用数据筑牢疫情扩散隔离墙，提高防控智能效率，有效降低社会防控成本。搭建大数据疫情防控指挥中心，在省、市、县区间建立有效的数据沟通机制，及时对来自各渠道的数据进行梳理、整合、分析，推进各类数据汇集、共享、工作联动，指导各地充分利用大数据做好疫情排查防控，提高公共卫生服务资源的调配效率。

6　总结与展望

我们正处于大数据和数字化转型的时代：数据无处不在；运用数据驱动的思想和策略在实践中逐渐成为共识；数据的价值已在科学研究和社会的不同领域得到充分展现。然而，如果无法从数据中提取出知识和信息并加以有效利用，数据本身并不能驱动和引领数字化转型取得成功。如何让数据发挥它最大的价值？“数据智能”应运而生。

数据智能是一个跨学科的研究领域，它结合大规模数据处理、数据挖掘、机器学习、人机交互、可视化等多种技术，从数据中提炼、发掘、获取有揭示性和可操作性的信息，从而为人们在基于数据制定决策或执行任务时提供有效的智能支持。数据智能通过分析数据获得价值，将原始数据加工为信息和知识，进而转化为决策或行动，已成为推动数字化转型不可或缺的关键技术。数据智能的重要性越来越凸显，并在近年来取得快速发展。随着数据智能在更多领域的落地和发展，新的应用和场景、新的问题和挑战将进一步激发和驱动数字智能研究保持强劲的发展势头，迈向更高的层次。展望未来，

数据智能技术将朝着更自动、更智能、更可靠、更普适、更高效的方向继续发展。

同时，我们也应清醒地意识到，面对未来人工智能大规模应用时代的到来，人工智能的发展不是单纯的技术问题，而是涉及诸多伦理和法律规范的问题。这个问题能否得到完满的解决，既是从事人工智能技术研发企业的问题，也是中国和世界所共同面临的社会问题。就此而言，人工智能立法的意义在于关涉人工智能能否顺利“落地”。实际上，人工智能法规的合理制定，既是法律前沿的难题，更是人工智能技术亟待深究的重大课题，可能是人类有史以来最具挑战的法律创设问题之一。推动人工智能技术的发展，与推动人工智能领域的立法需要齐头并进。因为人们既希望人工智能造福人类，同时又不被企业或坏人滥用，更要明确责任的边界，如此，技术进步才会更好地造福于人类未来。习近平总书记指出，“要把增强早期监测预警能力作为健全公共卫生体系当务之急，完善传染病疫情和突发公共卫生事件监测系统，改进不明原因疾病和异常健康事件监测机制，建立智慧化预警多点触发机制”。在此次新冠病毒感染疫情的防控过程中，“大数据防疫”成为在各级新闻媒体上频繁“露脸”的热词，运用大数据分析可以支持疫情态势研判和疫情防控部署，并有助于对流动人员进行病情监测。重大流行病疫情防控是一项长期的复杂的系统工程，是国家治理能力现代化的重要组成部分。疫情防控工作全面启动以来，许多地方政府与高科技企业合作联动，利用大数据平台开展工作，带来了许多便利，积累了有益的经验。当前，新冠病毒仍在全球蔓延，国际社会将面临更加严峻的困难和挑战。在未来的疫情防控中，大数据和人工智能技术必将扮演更加重要的角色，数据智能驱动的疫情防控科技水平也会被不断推上新高。

参考文献

[1] 贺雪峰 . 武汉疫情防控的几点思考 [J]. 社会学评论，2021，8（2）：8-12.

[2] LIU N Q, ZHANG F, WEI C, et al. Prevalence and predictors of PTSS during COVID-19 Outbreak in China Hardest-hit Areas: Gender differences matter[J]. Psychiatry Research, 2020, 287: 112921.

[3] SMITH J A, JUDD J. COVID‐19: vulnerability and the power of privilege in a pandemic[J]. Health Promotion Journal of Australia, 2020, 31(2): 158-160.

[4] 旷思思 . 中国战“疫”彰显大国担当 [J]. 红旗文稿，2020（4）：19-20.

[5] 宋歆 . 全力战“疫”为世界——感受中国抗击疫情的大国担当和赤诚情怀 [J]. 雷锋，2020（4）：2.

[6] 刘世强 . 疫情冲击下的世界局势之四：中国选择与大国担当 [J]. 半月谈，2020（7）：2.

[7] 李慧明 . 百年变局下中国与世界的复合生态关系及中国的责任担当 [J]. 教学与研究，2021（9）：13.

[8] 孟小峰 . 科学数据智能：人工智能在科学发现中的机遇与挑战 [J]. 中国科学基金，2021，35（3）：419-425.

[9] 张虎，沈寒蕾，夏伦 . 基于大数据视角的新冠肺炎疫情防控能力建设 [J]. 应用数学学报，2020，43（2）：468-481.

[10] 王舒帆 . 基于大数据技术的重大传染病监测、预警和应对体系建设 [J]. 数码设计（下），2021，10（5）：333-334.

[11] HE S B, PENG Y X, SUN K H. SEIR modeling of the COVID-19 and its dynamics[J]. Nonlinear Dynamics, 2020, 18(3): 1-14.

[12] YIN S, ZHANG N. Prevention schemes for future pandemic cases: mathematical model and experience of interurban multi-agent COVID-19 epidemic prevention[J]. Nonlinear Dynamics, 2021, 27: 1-36.

[13] 蔡耀婷，宋锦平 . 人工智能技术在新型冠状病毒肺炎疫情防控工作中的应用及启示 [J]. 护理研究，2020，34（7）：1117-1118.
[14] 胡晓翔 . 浅议传染病疫情预警和信息发布机制 [J]. 南京医科大学学报（社会科学版），2020（1）：1-4.
[15] 陈一飞，周伟 . 重大疫情后全面推进复工复产的思考与建议 [J]. 决策与信息，2020（5）：21-27.
[16] 许欢，彭康珺，魏娜 . 预测赋能决策：从传统模型到大数据的方案——新冠疫情趋势研判的启示 [J]. 公共管理学报，2021，18（4）：116-125，173.
[17] WHITELAW S, MAMAS M A, TOPOL E, et al. Applications of digital technology in COVID-19 pandemic planning and response[J]. The Lancet Digital Health, 2020, 2(8): 435-440.
[18] 查云飞 . 健康码：个人疫情风险的自动化评级与利用 [J]. 浙江学刊，2020（3）：8.
[19] 杨震 . 信息通信技术在抗击新冠肺炎疫情中的重要作用（下）[J]. 前进论坛，2020（5）：6.
[20] MASHAMBA-THOMPSON T P, CRAYTON E D. Blockchain and artificial intelligence technology for novel coronavirus disease 2019 self-testing[M]. Multidisciplinary Digital Publishing Institute, 2020, 10(4): 198.
[21] 肖思思，王攀 . 钟南山院士再谈科学防控新型冠状病毒肺炎疫情 [J]. 科技传播，2020，12（3）：14-15.
[22] 董丽，于晶 . 人工智能在疫情防控中的应用探讨 [J]. 科技与创新，2021（7）：136-137，139.
[23] 佚名，钟南山团队与腾讯研发新冠重症 AI 预测 [J]. 上海医药，2020，41（17）：13.
[24] LIANG W H, YAO J H, CHEN A, et al. Early triage of critically ill COVID-19 patients using deep learning[J]. Nature Communications, 2020, 11(1): 1-7.
[25] 詹思延 . 流行病学 [M]. 7 版 . 北京：人民卫生出版社，2012.
[26] 冯子健，李克莉，金连梅，等 . 中国突发公共卫生事件发现人及报告人职业特征的研究 [J]. 中华流行病学杂志，2008（1）：1-4.
[27] 陈健，郑雅旭，孔德川，等 . 上海市实施急性呼吸道感染综合监测应对新发呼吸道传染病的实践与思考 [J]. 中华流行病学杂志，2020，41（12）：1994-1998.
[28] 刘冰，肖高飞，晁世育 . 重大突发公共卫生事件风险研判与决策模型构建研究 [J]. 信息资源管理学报，2021，11（5）：17-26，37.
[29] 柴光军，索继江，刘运喜，等 . 新型冠状病毒肺炎暴发疫情流行病学调查经验初探 [J]. 中华医院感染学杂志，2020，30（8）：1147-1151.
[30] 孙朋，王领会，张健 . 新冠肺炎疑似患者流行病学调查辅助决策系统设计与实现 [J]. 医疗卫生装备，2020，41（6）：5-10，31.
[31] 雷霆，王孟轩 . 基于 NLP 的 新冠肺炎疫情研判系统设计与实现 [J]. 电信快报，2020（6）：21-25.
[32] 费晓璐，江澜，陈鹏宇，等 . 基于自然语言处理进行新冠肺炎确诊患者流行病学史的变化趋势分析的探索 [J]. 中国数字医学，2020，15（5）：76-78，106.
[33] 杨维中，兰亚佳，吕炜，等 . 建立我国传染病智慧化预警多点触发机制和多渠道监测预警机制 [J]. 中华流行病学杂志，2020，41（11）：1753-1757.
[34] 赵杨，曹文航 . 人工智能技术在新冠病毒疫情防控中的应用与思考 [J]. 信息资源管理学报，2020（6）：20-27，37.
[35] ALLAM Z, JONES D S. On the coronavirus (COVID-19) outbreak and the smart city network: universal data sharing standards coupled with artificial intelligence (AI) to benefit urban health monitoring and management[J]. Healthcare(Basel), 2020, 8(1): 46.

[36] ALIMADADI A, ARYAL S, MANANDHAR I, et al. Artificial intelligence and machine learning to fight COVID-19[J]. Physiological Genomics, 2020, 52(4): 200-202.
[37] 渠慎宁，杨丹辉 . 突发公共卫生事件的智能化应对：理论追溯与趋向研判 [J]. 改革，2020，3（14）：14-21.
[38] 杨宏山 . 提升重大风险识别能力的基层经验与理论思考 [J]. 国家治理，2020（27）：21-24.
[39] CUEVAS E. An agent-based model to evaluate the COVID-19 transmission risks in facilities[J]. Computers in Biology and Medicine, 2020, 121: 103827.
[40] 栗圆，高燕琳，李刚 . 新冠肺炎疫情现场流行病学调查系统的建设与应用 [J]. 中国卫生信息管理杂志，2020，17（5）：627-631.
[41] 唐川，李若男 . 信息科技在新冠肺炎疫情防控中的应用分析与探讨 [J]. 世界科技研究与发展，2020，42（4）：426-438.
[42] 熊文景 . 重大疫情防控视野下的数据治理：主要价值、现实困境与优化路径 [J]. 山西档案，2020，251（3）：22-28.
[43] 王辉，张成云，陈俊华，等 . 四川省新冠肺炎密切接触者跨省协查情况分析 [J]. 中国公共卫生，2020，36（11）：1579-1581.
[44] 李虹彦，王鹏举，昝涛，等 . 应急演练在新冠肺炎应急管理中的实践 [J]. 中国护理管理，2021，21（4）：555-558.
[45] 梁立波，孙明雷，邹丹丹，等 . 新冠疫情下完善卫生应急预案体系思考 [J]. 中国公共卫生，2020，36（12）：1693-1696.

作者简介

李刚，医学博士，主任医师，硕士生导师。北京市疾病预防控制中心信息统计中心主任。主要研究方向为统计学方法应用、流行病学和病因学等。兼任中华预防医学会健康大数据与智能应用专业委员会副主任委员，北京预防医学会健康统计与大数据应用专业委员会主任委员，《首都公共卫生》期刊编委等。

高燕琳，公共卫生管理硕士，副主任医师。北京市疾病预防控制中心信息统计中心副主任。主要从事疾病监测和预警、疾控信息系统建设工作，中华预防医学会健康大数据与智能应用专业委员会委员，北京预防医学会健康统计与大数据应用专业委员会常务委员。

杜婧，就职于北京市疾病预防控制中心信息统计中心，高级统计师，医学博士。主要研究方向为生存分析、生物统计、环境流行病学。主要从事死因和传染病监测工作，新冠病毒感染疫情期间参与北京市疫情防控大数据专班工作。参与包括国家重点研发计划、国家自然科学基金、首都卫生发展科研专项等多项科研项目。

王苹，就职于北京市疾病预防控制中心信息统计中心，主管医师，在读博士，主要从事北京市人群死因监测工作，负责历年全市人群死亡信息统计分析，新冠病毒感染疫情期间曾参与疫情监测报告及数据统计汇总工作，熟悉疫情监测处置及相关信息报告各项流程。

栗圆，女，管理学学士，高级工程师，北京市疾病预防控制中心信息统计中心科员，北京预防医学会健康统计与大数据应用专业委员会委员，主要从事疾控信息化建设与网络安全工作。

闫峻，北京大学数学博士，医渡云（北京）技术有限公司首席 AI 科学家，公共卫生数据智能解决方案负责人，曾在新冠病毒感染疫情发生后的国内 12 座城市参与一线疫情分析、处置工作，曾任哈佛大学医学院助理研究员，微软亚洲研究院资深研究员，清华大学智能产业研究院客座研究员，研究方向为医疗健康大数据的治理与建模应用。

国际权威 PIWI 蛋白相互作用 RNA 数据库资源平台建设与现状

何顺民　王佳佳　张　鹏
（中国科学院生物物理研究所）

摘　要

PIWI 蛋白相互作用 RNA（PIWI-interacting RNA，piRNA）是一类主要在生殖细胞中表达并与 PIWI 蛋白结合的非编码小 RNA，其在生殖细胞及基因调控中发挥重要作用。由于相关的数据资源庞杂，缺少系统整理，导致大量数据未能得到充分的挖掘利用，因此限制了 piRNA 的进一步研究。为了更有效地解读海量的数据，辅助其相关功能的研究，中国科学院生物物理研究所健康大数据研究中心搭建了一个整合不同类型的 piRNA 数据及靶基因信息的综合数据资源平台 piRBase（piRNA Database）。该平台现已收录非冗余 piRNA 序列 1.8 亿多条，覆盖了 44 个物种的 440 个数据集，从多个方面对相关数据资源进行了整合分析和注释，为 piRNA 的功能研究提供了重要支撑。本文从平台的组成、收录的数据、多维度注释信息及平台应用服务等方面对 piRBase 进行了介绍，并对基于该平台产生的一系列成果和现状进行了简单概述。

关键词

PIWI 蛋白；piRNA；数据资源平台；功能研究；高通量测序

Abstract

piRNA (PIWI interacting RNAs) is a kind of noncoding small RNA mainly expressed in germ cells and bound to PIWI proteins. It plays an important role in germ cells and gene regulation. Due to the huge amount and complexity of related data resources and the lack of systematic integration, a large number of data have not been fully mined and utilized, which limits the further study of piRNA. In order to interpret the massive data more effectively and assist in its functional studies, Center for Big Data Research in Health, Institute of Biophysics, Chinese Academy of Sciences has built a comprehensive database platform piRBase（piRNA Database）that integrates different types of piRNA data and targets information. Now the platform has collected more than 180 million non-redundant piRNA sequences, covering 440 data sets of 44 species. These data resources are integrated, analyzed and annotated from many aspects, which provides important support for the functional study of piRNA. This paper introduces the piRBase database platform from the aspects of platform composition, data collected, multidimensional information annotation, and platform application services, and briefly summarizes outcomes based on the platform and current status.

Keywords

PIWI Protein; piRNA; Database Platform; Functional Study; High-throughput Sequencing

1 引言

piRNA（PIWI-interacting RNAs）是一类与 PIWI 蛋白结合的长度为 24~31 nt 的非编码小 RNA，主要在生殖细胞系中表达[1, 2]。piRNA 的发现为非编码小 RNA 的研究开辟了一个新领域，因其数量庞大，一经发现就引起了众多科研人员的广泛关注，并被 *Science* 评为 2006 年十大科技进展之一[3]。作为一类非常重要的非编码 RNA，它在抑制转座子转录和基因转录后的调控中扮演着重要角色，同时其在生殖干细胞分化、胚胎发育、维持基因组完整性、表观遗传学调控、异染色质的形成和物种的性别决定等方面也发挥着重要作用[4-14]，并且越来越多的研究表明，piRNA 在多种疾病中也扮演着重要角色[15-19]。

随着对 piRNA 相关研究的进行，其相关的数据资源越来越多，自 2006 年至今，相关的研究报道已达 1600 多篇，相关数据 3500 多套，且数据类型多样，但庞杂的数据缺少系统性的整合梳理，导致数据未能得到充分的挖掘利用，这在一定程度上限制了 piRNA 的进一步研究。为了更有效地解读海量的数据来辅助研究人员对其相关功能的研究，需要对不同类型的数据及相关信息进行整合处理。从 2008 年起，国际上相继已有多个 piRNA 数据库发布，但这些数据库涉及的信息相对单一。例如，piRTarBase[20] 仅对线虫的靶基因信息进行整理收录，piRNA cluster[21] 数据库只是收录了 piRNA 簇相关的信息，piRDisease[22] 则仅收录了与疾病相关的 piRNA，且未能持续维护，导致目前不能被正常访问。此外，piRNABank[23]、piRNAdb 包含的物种较少，也没有进行后续的更新。鉴于此，建设一个覆盖更广泛、注释更全面、数据类型更齐全、用户友好、周期性持续更新的 piRNA 数据资源库非常有必要。

piRBase 是一个整合了不同类型 piRNA 数据及靶基因信息的用于辅助 piRNA 功能研究的数据资源平台。piRBase 的特点是包含了大量的记录，收集整理了功能相关研究，特别是 piRNA 的靶基因。piRBase 于 2014 年正式发布，至今已进行了两次全面升级更新。该平台从多个方面对 piRNA 进行了注释，拓宽了研究方向，如提供了 piRNA 序列黄金集合来帮助用户更有效地研究，还收集整理了高质量的 piRNA 簇相关的信息和序列变异信息，为不同层次的研究提供数据基础。此外，piRBase 还提供了多种应用服务，如在数据可视化方面，对调控网络进行了可视化，使 piRNA 与靶基因间的调控关系更加直观。piRBase 为研究人员提供了一个涵盖物种更广泛、注释信息更全面、数据类型更齐全、用户体验更好、信息更新及时的数据资源，为研究 piRNA 的功能和机制提供了基础和支持。

2 piRBase 数据资源平台的组成

piRBase 数据资源平台是一个基于 piRNA 相关大数据，统一了数据采集、数据存储、数据分析、数据整理、数据应用的综合资源平台。

该平台基于高效、专业、安全、稳定的软硬件设施（基础设施层和平台软件层），将从文献及相关数据库中收集的大量数据，经过清洗、处理、分析、整理后把相关信息导入数据库（数据支撑），再根据数据内容运用应用服务层的各种手段通过界面展示层与科研人员达到交互的作用。piRBase 数据资源平台组成如图 1 所示。

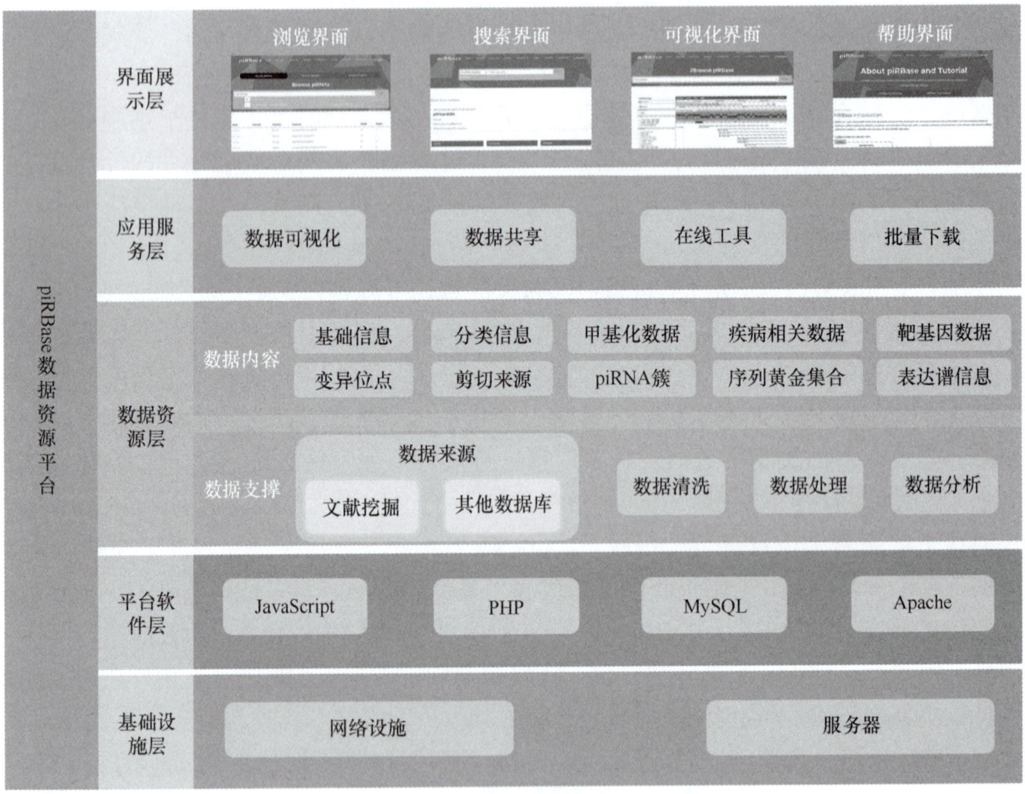

图 1　piRBase 数据资源平台组成

3　piRBase 数据资源平台的数据

3.1　piRBase 的数据量

piRBase 中非冗余的 piRNA 序列数量达到了 1.8 亿多条，覆盖了 44 个物种的 440 个数据集（见图 2），超过了国际上其他相关的数据库（见表 1），如 piRNABank[23]（5 个物种，18 万条）、piRNAQuest[24]（3 个物种，99 万条）和 IsopiRBank[25]（4 个物种，6000 万条）。piRBase 是目前数据量最大的 piRNA 数据库，并且保持周期性更新，以保证数据内容的及时性、前沿性。

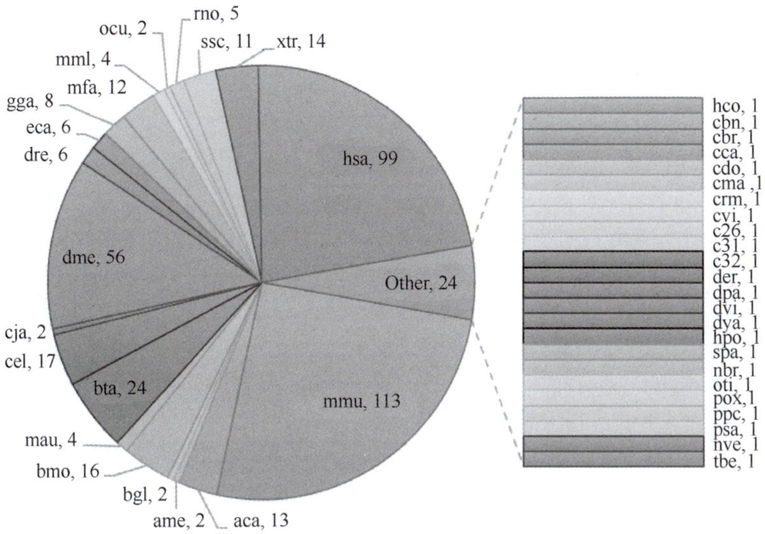

图 2 piRBase 数据资源平台数据集

注：物种缩写：hsa 人，mmu 小鼠，dme 黑腹果蝇，xtr 爪蟾，ssc 猪，rno 大鼠，ocu 兔，mml 恒河猴，mfa 食蟹猴，gga 鸡，eca 马，dre 斑马鱼，cja 狨猴，cel 秀丽线虫，bta 牛，mau 金黄地鼠，bmo 家蚕，bgl 双脐螺，ame 蜜蜂，aca 海兔，hco 捻转血矛线虫，cbn 线虫 C. brenneri，cbr 线虫 C. briggsae，cca 线虫 C. castelli，cdo 线虫 C. doughertyi，cma 线虫 C. macrosperma，crm 线虫 C. remanei，cvi 线虫 C. virilis，c26 线虫 sp26，c31 线虫 sp31，c32 线虫 sp32，der 果蝇 D. erecta，dpa 线虫 D. pachys，dvi 果蝇 D. virilis，dya 果蝇 D. yakuba，hpo 线虫 H. polygyrus，spa 青蟹，nbr 线虫 N. brasiliensis，oti 线虫 O. tipulae，pox 线虫 P. oxycercus，ppc 线虫 P. pacificus，psa 线虫 P. sambesii，nve 新星海葵，tbe 树鼩。

表 1 piRBase 与其他 piRNA 数据库数据对比

物种	piRBase	piRNABank	piRNAQuest	IsopiRBank	piRNAdb
人	8592949	35356	41749	4564080	27700
小鼠	68542499	55359	890078	38093003	54865
大鼠	4081625	46444	66758		54475
黑腹果蝇	41950613	44417[a]		15058093	21570
秀丽线虫	30036				15913
斑马鱼	1330692			6367811	
鸭嘴兽		51[b]			
中国地鼠					25600[b]
其他物种	57088926				

注：[a] 非冗余 piRNA 可能小于表中显示数值；[b] 对应参考文献中未提供序列文件，piRBase 未进行收录。

3.2 piRBase 的多维度注释

鉴于 piRNA 的功能多样性，为了便于研究，piRBase 除了对 piRNA 基本信息的收录，如序列信息、序列长度、来源数据集、基因组位置、表达谱信息等，还从其他多个方面进行了注释，从而扩展其研究方向，也为 piRNA 引发的功能异常提供更多的候选解读，旨在从更多方面推动与 piRNA 功能相关的研究。

3.2.1 piRNA 序列的来源

利用 Bowtie[26] 软件将 piRNA 序列比对到对应的基因组来获得基因组上的定位信息，piRBase 根据基因组定位信息将 piRNA 划分为重复序列相关和基因相关两大类（见图 3，Repeat & piRNA 和 Gene & piRNA），并对序列的来源进行了注释。

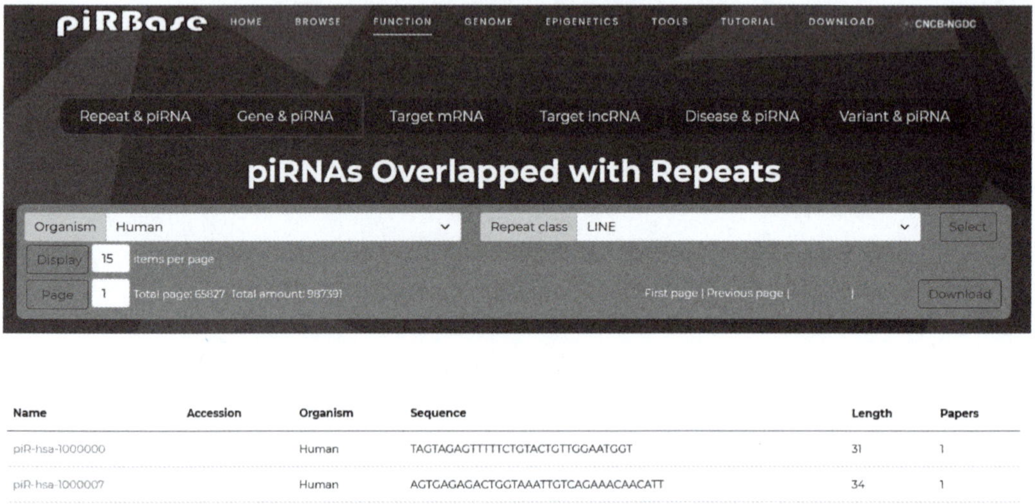

图 3 重复序列来源和基因来源的 piRNA 序列

3.2.2 piRNA 序列黄金集合

由于 piRNA 的数量巨大，检测手段较多，为了获得更有代表性的 piRNA 集合，piRBase 基于 piRNA 的两个典型特征（一是与 PIWI 蛋白相互作用，二是其序列的 3’端有 2-O- 甲基化修饰）引入了黄金集合的概念，以期帮助用户更有效地进行研究。根据这两个特征，我们可以通过 PIWI 蛋白的免疫共沉淀实验和氧化处理实验对 piRNA 进行富集。首先，收集通过以上两种实验和背景对照小 RNA 测序获得的数据；其次利用二项分布模型对收集到的数据集进行分析以获得显著富集的 piRNA；最后对黄金集合进行标注注释（见表 2）。

表 2 piRBase 中黄金集合 piRNA 统计

物种	序列数量（个）
人	77242
小鼠	85563
大鼠	2578
黑腹果蝇	68707
牛	5640
食蟹猴	26309

3.2.3　piRNA 簇相关信息

许多 piRNA 来源于基因组上的大段区域，这些区域称为 piRNA 簇。piRNA 簇可以转录生成长的单链前体，并进一步加工成成熟的 piRNA 序列。piRBase 收集整理了高质量的 piRNA 簇相关的信息（见图 4、表 3），如基因组位置、长度、文献来源等。用户可以通过单击 piRNA 簇的名字进入详情页，获得来源的 piRNA 序列列表。piRNA 簇相关信息的收录为不同层次 piRNA 的研究提供了数据基础。

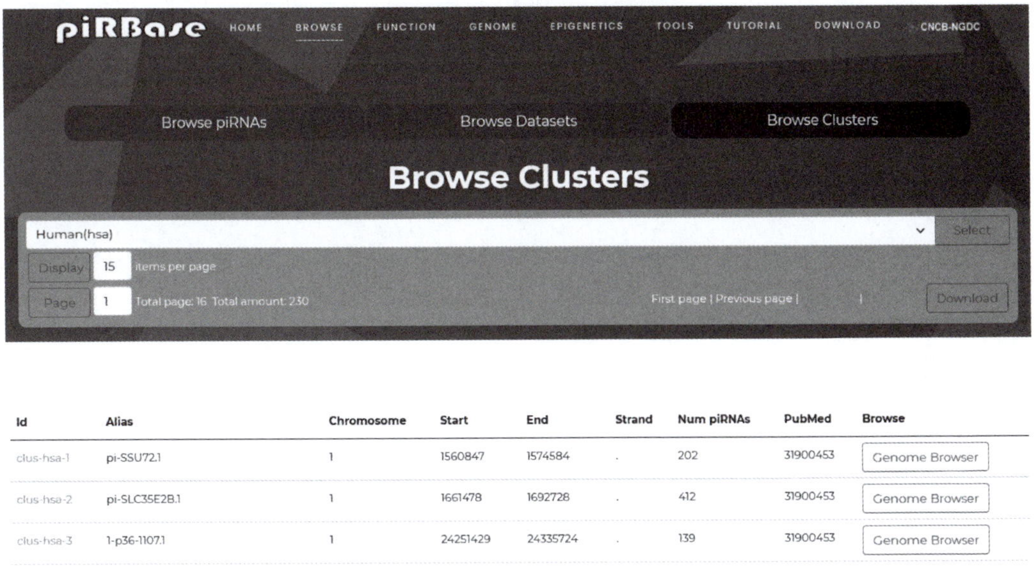

图 4　piRBase 数据资源平台收录的 piRNA 簇信息

表 3　piRNA 簇信息统计

物种	piRNA 簇数量（个）
人	230
小鼠	620
大鼠	123
恒河猴	160
黄金鼠	2246

3.2.4　piRNA 变异位点注释

单核苷酸多态性（SNP）是一种常见的基因组变异类型，研究表明许多 SNP 与表型和疾病密切相关。通过对基因组比对结果分析发现，并非所有的 piRNA 在基因组中都是完美匹配的，而 piRNA 序列与参考基因组序列之间存在的错配可能是由基因组变异引起的。为了获得序列中变异位点的信息，我们从 Bowtie 比对结果中筛选仅有一个错配的比对记录，并统计具有相同错配位点的 piRNA 的数量，将大于 10 个序列支持的错配位点定义为 piRNA 序列的变异位点。piRBase 中收录了基于基因组位置、位点变异类型和支持该变异的 piRNA 数量的变异位点（见表 4）。针对人的 piRNA 变异位点，我们还进行了 dbSNP 数据库的注释，并提供了其他 SNP 功能注释数据库的链接（见图 3，Variant 和 piRNA）。

表 4　piRBase 中 piRNA 变异位点统计

物种	变异位点数量（个）	物种	变异位点数量（个）
人	1151	家蚕	313
小鼠	53473	双脐螺	119
牛	15657	果蝇 D. virilis(dvi)	103
黑腹果蝇	12504	果蝇 D. erecta(der)	90
食蟹猴	3445	果蝇 D. yakuba(dya)	81
兔子	2315	恒河猴	49
马	2222	树鼩	21
狨猴	2044	大熊猫	10
鸡	1430	斑马鱼	8
大鼠	1086	拟穴青蟹	2
爪蟾	868	黄金鼠	2
猪	528		

3.2.5　RNA 剪接来源的 piRNA

有研究发现，有些 piRNA 前体中含有内含子，同时有些 piRNA 不能通过 Bowtie 的全长比对策略定位到基因组上。鉴于以上两点，我们的分析流程中增加了 STAR[27] 的比对策略，用来挖掘一些潜在的剪接位点来源的 piRNA 序列。剪接来源序列的相关信息已添加到 piRNA 序列详情页，同样根据与重复序列和基因的位置关系进行了注释标注。

3.2.6　piRNA 靶基因信息

基于 piRBase 收集整理的数据集，本团队研究发现哺乳动物 piRNA 对信使 RNA（messenger RNA，mRNA）有转录后剪切作用。通过对 piRNA 数据和 5' RACE 数据进行整合分析，并结合低通量的实验验证，我们证明了 piRNA 剪切 mRNA 靶基因现象的存在 [14]。基于这些研究成果，我们进一步开发了基于高通量测序数据来预测 piRNA 靶基因的方法 [28]。piRBase 的靶基因模块中除了从文献中收集的靶基因，还根据团队自己研发的预测方法对靶长非编码 RNA（long noncoding RNA，lncRNA）进行了预测，并在 piRBase 中进行了收录展示，同时提供查询下载功能，为相关研究人员提供可靠的候选靶基因（见图 3，Target mRNA 和 Target lncRNA）。目前，piRBase 包含了 4 个物种（小鼠、黑腹果蝇、线虫和家蚕）的 mRNA 靶基因和 1 个物种（小鼠）的 lncRNA 靶基因信息（见表 5）。

表 5　piRBase 中靶基因信息统计

物种	mRNA（个）	lncRNA（个）
小鼠	3240	1199
黑腹果蝇	57	
线虫	27040	
家蚕	1	

3.2.7　piRNA 与疾病的信息

越来越多的研究表明，piRNA 与疾病之间存在一定的相关性，为了辅助相关疾病的进一步研究，piRBase 增设了疾病模块。目前该模块主要收录了 13 种癌症（乳腺癌、膀胱癌、胰腺癌、胃癌、肝癌、肾癌、骨髓瘤、结直肠癌、甲状腺癌、肺癌、前列腺癌、恶性胶质瘤、卵巢癌）、心血管疾病、中风、帕金森和阿尔兹海默症中 300 多条已报道的 piRNA 记录（见表 6），记录的信息包括疾病类型、piRNA 名称、表达（上调、下调比例及变异情况）、功能描述和文献来源等。这些信息在疾病模块的信息页面及 piRNA 信息页面上可以进行查询和展示，可作为精准医学研究的重要依据。

表 6　与疾病相关 piRNA 信息的统计

疾病类型	记录条目（条）	疾病类型	记录条目（条）
膀胱癌	198	肺癌	3
中风	24	心血管疾病	3
帕金森	20	卵巢癌	2
乳腺癌	16	前列腺病	2
结直肠癌	12	肝癌	1
肾癌	6	骨髓癌	1
胃癌	5	甲状腺癌	1
恶性胶质瘤	4	胰腺癌	1
阿尔兹海默症	3		

4　piRBase 数据资源平台的应用服务

自 piRBase 发布以来，本团队一直不断研发和更新平台的应用服务（见图 5），为用户提供更便捷的操作和更直观的呈现。除了其他 piRNA 数据库（如 piRNAQuest[24]、piRNABank[23] 等）中提供的数据浏览、数据搜索等功能，piRBase 还提供了 piRNA 相关数据的可视化、快速查询、在线工具、数据共享、批量下载功能。

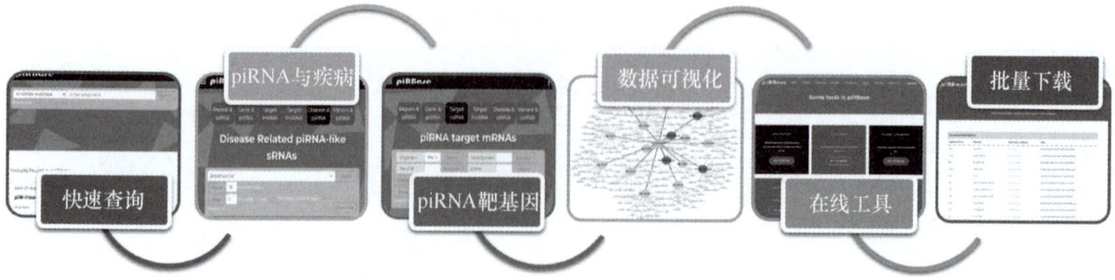

图 5　piRBase 数据资源平台应用服务与展示

4.1　数据可视化

piRBase使用JBrowse基因组浏览器来对piRNA的位点及其他注释信息进行可视化，包括变异位点信息、靶基因信息、相关表观数据等。此外，piRBase对piRNA在不同数据集中的表达情况及与靶基因的调控关系（见图6）也进行了可视化，以便为用户提供更加直观的图像展示。

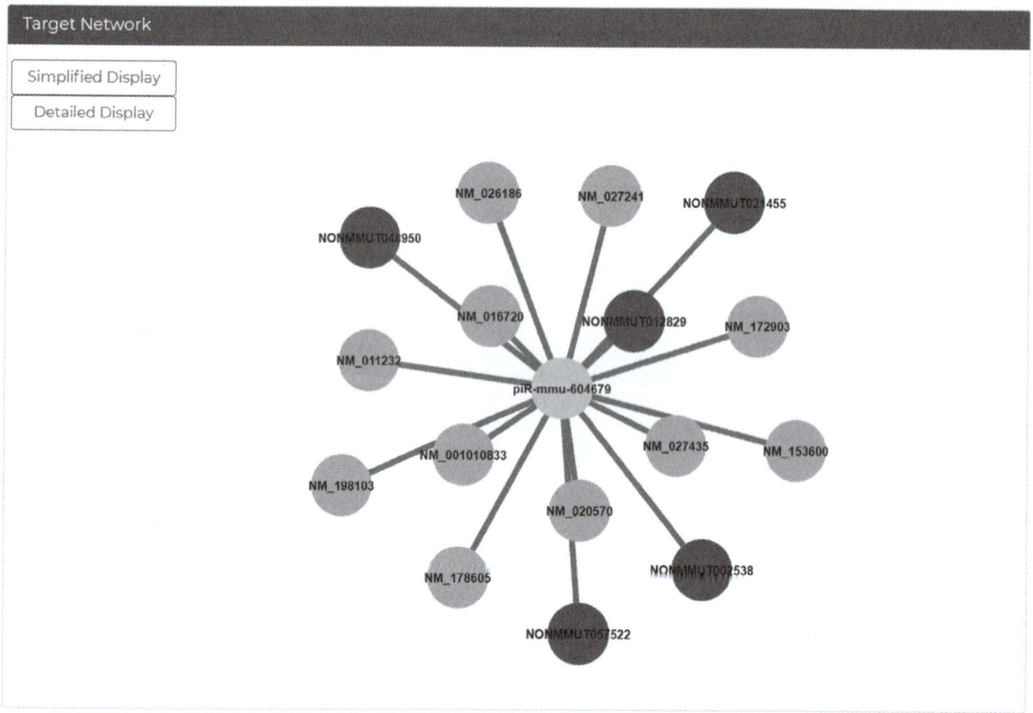

图 6　piRNA 与靶基因调控关系可视化

4.2　快速查询

piRBase 数据资源平台首页提供了快速搜索工具（见图 7），用户可以根据需求输入 piRBase ID 查询收集的相关信息。该搜索工具提供两种搜索模式：piRNA 全集合搜索和黄金集合搜索，用户可以根据自己的需求进行更准确的搜索以获得更明确的信息。

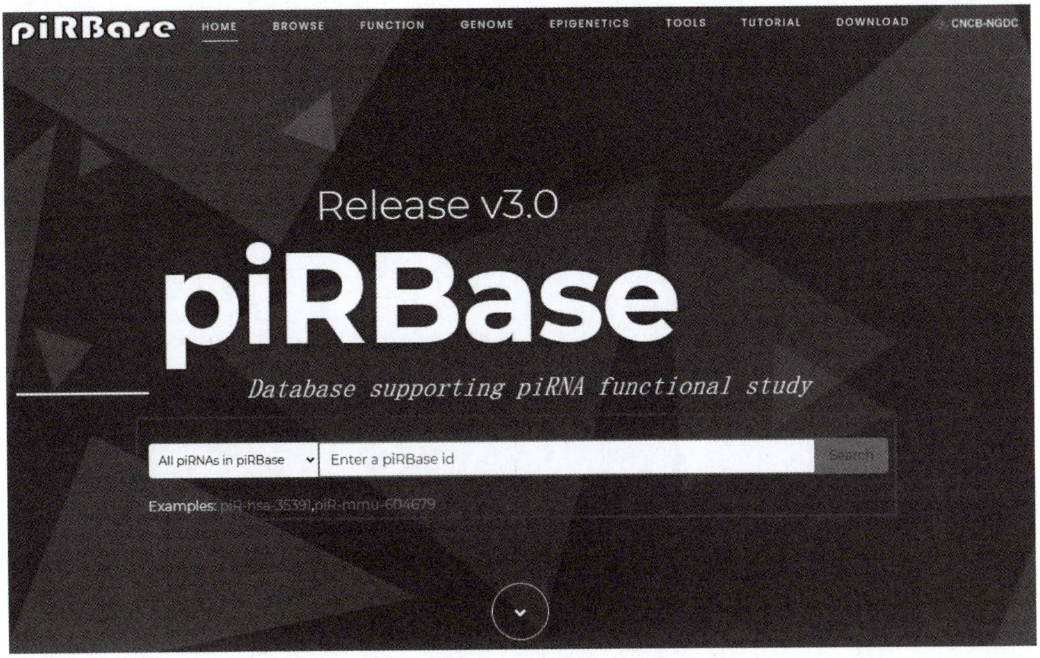

图 7　piRBase 数据资源平台首页快速搜索工具

4.3　在线工具

为了给用户提供更好的体验，piRBase 还提供了在线工具模块（见图 8）。该模块为科研人员提供了一些快速上手的数据分析工具，包括 ID 转换工具、序列到名字工具、序列的反向互补工具、在线比对工具、超几何检验工具等。其中，ID 转换工具支持将多数据库来源 ID 转换成 piRBase ID，以实现数据的标准化、规范化，便于进一步查询与 piRNA 相关的信息。

4.4　数据共享和批量下载

piRBase 数据资源平台无须注册，相关数据信息可以免费进行访问、浏览、搜索和下载。下载页面根据物种提供了相应的 piRNA 序列文件，用户可以直接批量下载压缩好的文件。此外，piRBase 数据资源平台还提供定制化结果下载，用户可以在浏览模块根据需求进行检索并获得对应的结果列表，然后通过结果页面直接下载相关结果。

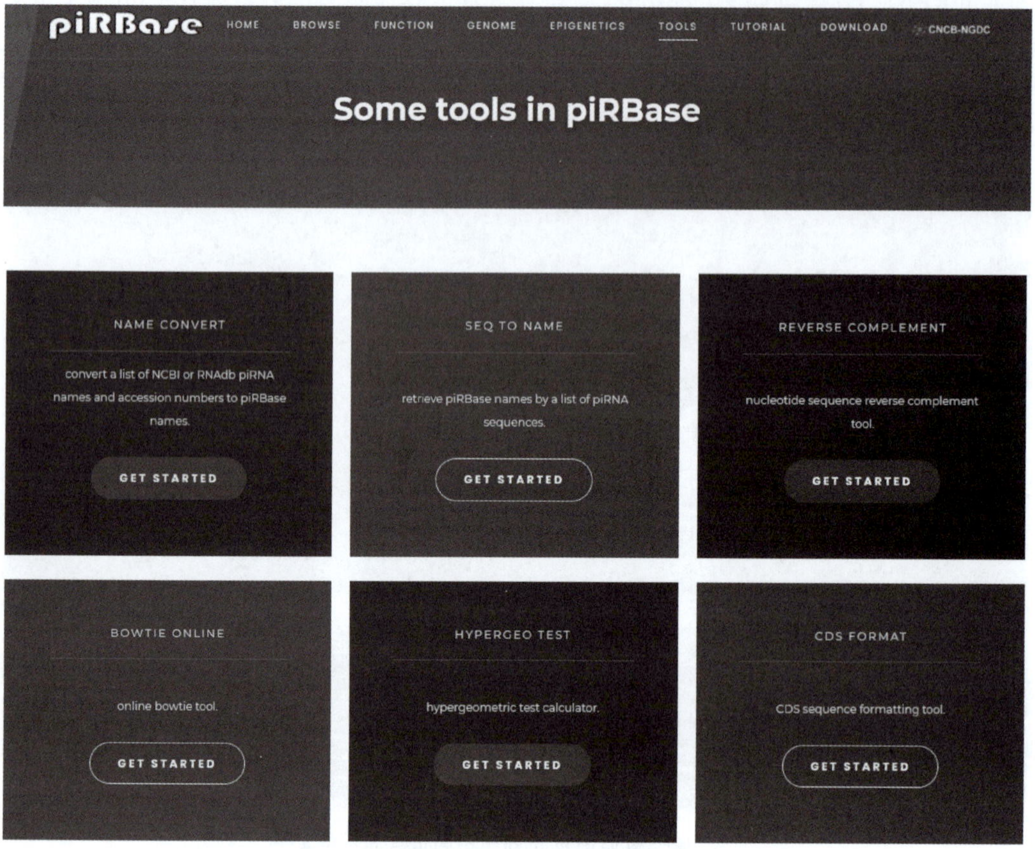

图 8　piRBase 数据资源平台在线工具

5　piRBase 数据资源平台的成果与现状

5.1　piRBase 相关成果

2014 年，piRBase 正式发布。之后，本团队又系统地研究了线虫中的 piRNA，以及与小 RNA 的调控关系，于 2015 年系统地发现了 piRNA 对编码基因的剪切调控作用，并开发了靶基因预测算法。基于这些工作成果，本团队对 piRBase 进行了升级，极大地提高了 piRBase 的综合性和全面性。此外，piRBase 会周期性地进行数据内容的更新扩充，以保证其及时性和前沿性；随着相关研究的进行，piRNA 的多维度信息被挖掘，piRBase 根据研究进展增加内容模块，对相应信息进行收集、整理、收录、展示等，实现对 piRNA 进行更全面的信息注释。

基于 piRBase 产出了一系列相关的科研成果。通过对相关数据的研究发现，小鼠中 piRNA 通过不完全匹配识别 mRNA 靶基因，并通过结合的 MIWI 蛋白剪切 mRNA 靶基因，从而促使精子正常发育成熟；若该调控机制异常会影响精子成熟，导致雄性不育。

同样，有研究表明，在人体内的 piRNA 互作蛋白 HIWI 的变异会导致调控通路异常，阻滞精子形成，从而导致男性不育。piRBase 数据资源平台及其相关科研成果如图 9 所示。

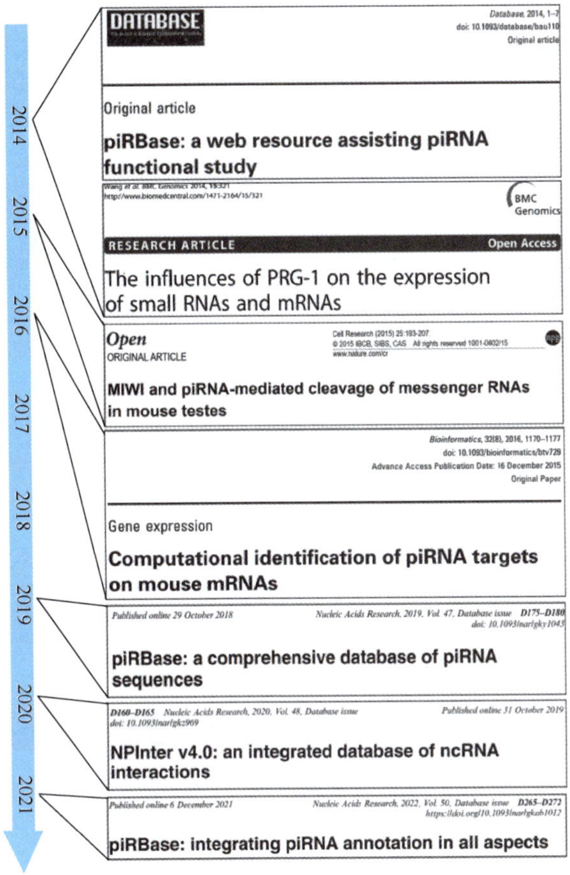

图 9　piRBase 数据资源平台及其相关科研成果

piRBase 是目前国际 RNA 数据库联盟 RNAcentral 收录的唯一一个 piRNA 专业数据资源库，于 2019 年加入了国家基因组科学数据中心。

5.2　piRBase 数据资源平台的现状及影响力

piRBase 数据资源平台于 2014 年正式上线发布，至今已经历两次全方面升级更新。基于 piRBase 产出的相关科研成果的引用量逐年增加，累计引用量已达 300 多次（见图 10），包括 *Nature*、*Cell* 等国际顶级期刊论文的引用（见图 11），其中大约三分之二的引用来自国外相关领域的科研人员发表的科研成果（见图 12），如 Martinez, V. D. 等基于 piRBase 提供的人类 piRNA 在基因组上的定位信息，发现在胎盘中高表达的 15 个 piRNA 定位于 DLK1-DIO3（14q32.31）印记区，表明它们与胎盘生物学相关[29]。这些都体现了该平台对基础科研的强大支撑作用。自 2021 年 11 月 piRBase 第三版正式上线以来，截至 2022 年 2 月月底，网站所有页面累计访问达 6 万多次，独立访问 IP 有 1588 个。

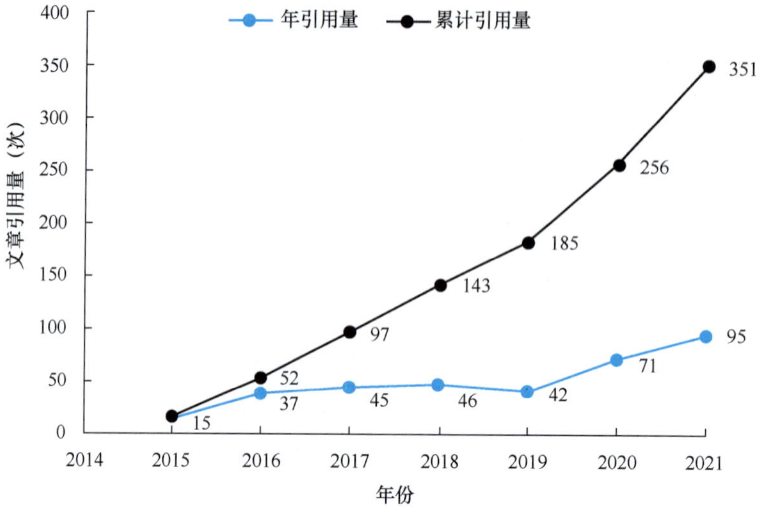

图 10　piRBase 数据资源平台科研成果引用量 1

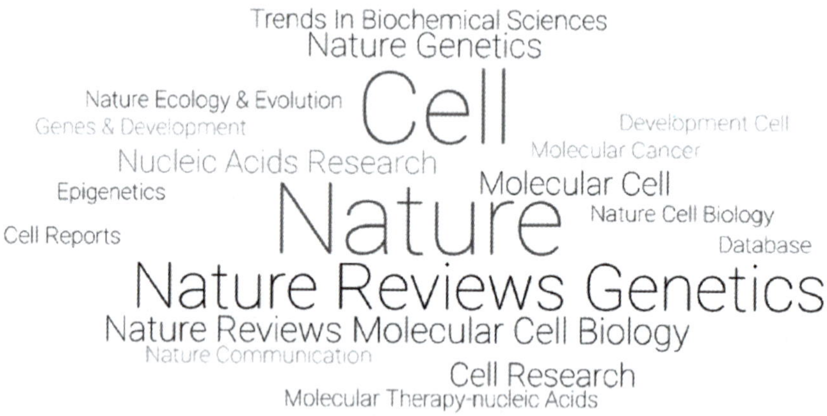

图 11　piRBase 数据资源平台科研成果引用概览

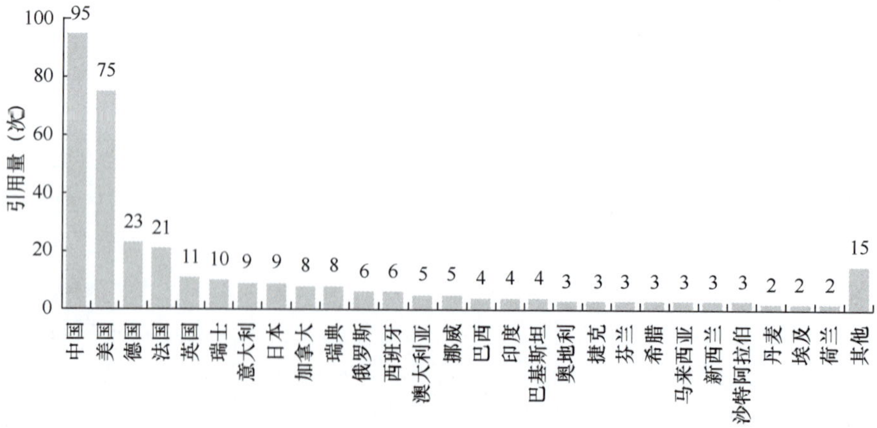

图 12　piRBase 数据资源平台科研成果引用量 2

国际 RNA 数据库联盟 RNAcentral 是由 EBI 开发的一个非编码 RNA 数据库，整合了 Ensembl、GENCODE、miRBase、Rfam 等多个数据库中的非编码 RNA 信息，旨在为非编码 RNA 的研究提供一个统一的参考。piRBase 作为专家数据库被 RNAcentral 收录，是目前被收录的唯一一个 piRNA 专业数据资源库。piRBase 于 2021 年 3 月完成数据提交，通过与 RNAcentral 的数据交流（见图 13），扩大了国际影响力，为进一步推动 piRNA 领域的研究做出了贡献。

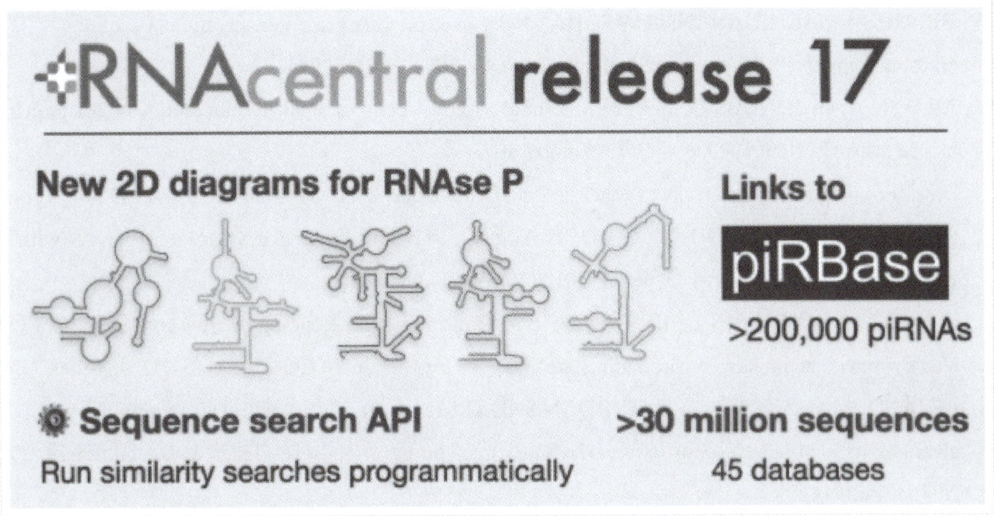

图 13　与国际 RNA 联盟 RNAcentral 进行数据交流

自 piRBase 数据资源平台发布以来，根据用户的使用反馈意见及时进行调整，使得平台不断完善，可以提供更好的用户体验；通过与国内外相关领域科研工作人员进行学术交流，丰富了平台的内容，进一步扩大了该平台在 piRNA 研究领域的影响力。

6　结束语

piRBase 数据资源平台旨在整合不同类型的 piRNA 数据及靶基因信息用于辅助其功能研究，是目前全球范围内数据量最大的 piRNA 数据库。piRNA 数据的整合与信息化为研究者参考使用已发表的组学大数据提供了方便。为了更好地利用信息化技术，以及保证数据内容的及时性、前沿性，piRBase 会周期性地进行全面的更新和完善。

piRBase 数据资源平台提供特色应用服务，如提供快速查询、在线工具、批量下载等功能，此外，其还提供定制化结果下载，用户可根据需求进行检索，在结果页面下载相关结果；根据国内外用户反馈的意见，piRBase 数据资源平台不断完善，良好的用户体验助力产生更大的社会价值；通过与国际 RNA 数据库联盟 RNAcentral 的数据交流，扩大了 piRBase 的国际影响力，进一步推动了相关研究领域的发展；开发团队积极与国际科研机构、科研人员进行学术交流，以期促进国际间科研合作，进一步实现 piRBase 平台的社会价值。

本文从平台的组成、收录的数据、piRNA 的注释信息及应用服务等方面对 piRBase 进行了介绍。piRBase 为 piRNA 功能的研究提供了重要的支撑，并为用户提供了良好的访问体验，必将对 piRNA 领域的发展做出有价值的贡献。

参 考 文 献

[1] GIRARD A, SACHIDANANDAM R, HANNON G J, et al. A germline-specific class of small RNAs binds mammalian PIWI proteins[J]. Nature, 2006, 442(7099): 199-202.

[2] ARAVIN A, GAIDATZIS D, PFEFFER S, et al. A novel class of small RNAs bind to MILI protein in mouse testes[J]. Nature, 2006, 442(7099): 203-207.

[3] Breakthrough of the year. Areas to watch in 2007[J]. Science, 2006, 314(5807): 1854-1855.

[4] OZATA D M, GAINETDINOV I, ZOCH A, et al. PIWI-interacting RNAs: small RNAs with big functions[J]. Nature Reviews Genetics, 2019, 20(2): 89-108.

[5] SIENSKI G, DONERTAS D, BRENNECKE J. Transcriptional silencing of transposons by PIWI and maelstrom and its impact on chromatin state and gene expression[J]. Cell, 2012, 151(5): 964-980.

[6] PEZIC D, MANAKOV S A, SACHIDANANDAM R, et al. piRNA pathway targets active LINE1 elements to establish the repressive H3K9me3 mark in germ cells[J]. Genes & Development, 2014, 28(13): 1410-1428.

[7] TEIXEIRA F K, OKUNIEWSKA M, MALONE C D, et al. piRNA-mediated regulation of transposon alternative splicing in the soma and germ line[J]. Nature, 2017, 552(7684): 268-272.

[8] CZECH B, MUNAFO M, CIABRELLI F, et al. piRNA-Guided Genome Defense: From Biogenesis to Silencing[J]. Annu Rev Genet, 2018, 52: 131-157.

[9] HOUWING S, KAMMINGA L M, BEREZIKOV E, et al. A role for PIWI and piRNAs in germ cell maintenance and transposon silencing in Zebrafish[J]. Cell, 2007, 129(1): 69-82.

[10] KIUCHI T, KOGA H, KAWAMOTO M, et al. A single female-specific piRNA is the primary determiner of sex in the silkworm[J]. Nature, 2014, 509(7502): 633-636.

[11] TANG W, SETH M, TU S, et al. A Sex Chromosome piRNA Promotes Robust Dosage Compensation and Sex Determination in C. elegans[J]. Developmental Cell, 2018, 44(6): 762-770. e3.

[12] WATANABE T, CHENG E C, ZHONG M, et al. Retrotransposons and pseudogenes regulate mRNAs and lncRNAs via the piRNA pathway in the germline[J]. Genome Research, 2015, 25(3): 368-380.

[13] ZHANG D, TU S, STUBNA M, et al. The piRNA targeting rules and the resistance to piRNA silencing in endogenous genes[J]. Science, 2018, 359(6375): 587-592.

[14] ZHANG P, KANG J Y, GOU L T, et al. MIWI and piRNA-mediated cleavage of messenger RNAs in mouse testes[J]. Cell Research, 2015, 25(2): 193-207.

[15] MULLER S, RAULEFS S, BRUNS P, et al. Next-generation sequencing reveals novel differentially regulated mRNAs, lncRNAs, miRNAs, sdRNAs and a piRNA in pancreatic cancer[J]. Mol Cancer, 2015, 14: 94.

[16] LIU Y, DOU M, SONG X, et al. The emerging role of the piRNA/PIWI complex in cancer[J]. Mol Cancer, 2019, 18(1): 123.

[17] MAO Q, FAN L, WANG X, et al. Transcriptome-wide piRNA profiling in human brains for aging genetic factors[J]. Jacobs J Genet, 2019, 4(1): 14.

[18] QIU W, GUO X, LIN X, et al. Transcriptome-wide piRNA profiling in human brains of Alzheimer's disease[J]. Neurobiol Aging, 2017, 57: 170-177.

[19] LI M, YANG Y, WANG Z, et al. PIWI-interacting RNAs (piRNAs) as potential biomarkers and therapeutic targets for cardiovascular diseases[J]. Angiogenesis, 2021, 24(1): 19-34.

[20] WU W S, BROWN J S, CHEN T T, et al. piRTarBase: a database of piRNA targeting sites and their roles in gene regulation[J]. Nucleic Acids Research, 2019, 47(D1): D181-D187.

[21] ROSENKRANZ D, ZISCHLER H, GEBERT D. piRNAclusterDB 2.0: update and expansion of the piRNA cluster database[J]. Nucleic Acids Research, 2022, 50(D1): D259-D264.

[22] MUHAMMAD A, WAHEED R, KHAN N A, et al. piRDisease v1.0: a manually curated database for piRNA associated diseases[J]. Database (Oxford), 2019: baz052.

[23] SAI LAKSHMI S, AGRAWAL S. piRNABank: a web resource on classified and clustered PIWI-interacting RNAs[J]. Nucleic Acids Research, 2008, 36(Database issue): D173-177.

[24] SARKAR A, MAJI R K, SAHA S, et al. piRNAQuest: searching the piRNAome for silencers[J]. BMC Genomics, 2014, 15: 555.

[25] ZHANG H, ALI A, GAO J, et al. IsopiRBank: a research resource for tracking piRNA isoforms[J]. Database (Oxford), 2018: bag059.

[26] LANGMEAD B, TRAPNELL C, POP M, et al. Ultrafast and memory-efficient alignment of short DNA sequences to the human genome[J]. Genome Biology, 2009, 10(3): R25.

[27] DOBIN A, DAVIS C A, SCHLESINGER F, et al. STAR: ultrafast universal RNA-seq aligner[J]. Bioinformatics, 2013, 29(1): 15-21.

[28] YUAN J, ZHANG P, CUI Y, et al. Computational identification of piRNA targets on mouse mRNAs[J]. Bioinformatics, 2016, 32(8): 1170-1177.

[29] MARTINEZ V D, SAGE A P, MINATEL B C, et al. Human placental PIWI-interacting RNA transcriptome is characterized by expression from the DLK1-DIO3 imprinted region[J]. Scientific Reports, 2021, 11(1): 14981.

作者简介

何顺民，中国科学院生物物理所研究员，健康大数据研究中心常务副主任。主要从事生物大数据的分析工作，开发相关算法、软件和数据库 20 多个，发表 SCI 论文 30 多篇。有 PB 量级大数据处理分析的经验和能力；擅长基因组数据的分析和变异位点的解读，尤其是针对基因组中 97% 的非编码区域的变异位点的解读；擅长不同来源数据和多组学数据的整合分析。

王佳佳，中国科学院大学生命科学学院博士研究生。主要从事全基因组、线粒体基因组分析研究及非编码 RNA 数据资源库维护升级。

张鹏，中国科学院生物物理研究所副研究员，健康大数据研究中心算法研发主管。主要从事全基因组测序数据分析、基因组变异与疾病的关联分析、用人工智能算法对健康大数据进行学习和预测等工作。

肿瘤大数据平台建设的机遇和挑战

郭 强
（国家癌症中心，国家肿瘤临床医学研究中心，中国医学科学院
北京协和医学院肿瘤医院）

摘 要

恶性肿瘤防治是全世界面临的一大难题，利用大数据研究肿瘤致病因素、主要原因和发展趋势，不仅能为中国人的防癌抗癌提供科学依据，也能为世界的防癌抗癌提供借鉴。本文对肿瘤大数据平台建设面临的机遇和挑战进行了分析，对未来肿瘤大数据平台的建设提出了建设性意见，期望对提高我国肿瘤大数据平台整体建设水平起到积极的推动作用。

关键词

肿瘤大数据；顶层设计；数据质量；数据安全

Abstract

The prevention and treatment of cancer is a big problem faced by the world. Using big data to study the pathogenic factors, main causes and development trend of cancer can not only provide scientific evidence for China's anti-cancer strategies, but also provide reference for the world. This paper analyzes the opportunities and challenges we faced when constructed big data platform of cancer, and puts forward constructive suggestions on big data platform of cancer in the future. It is expected to play a positive role in improving the overall construction level of big data platform of cancer in China.

Keywords

Big Data Platform of Cancer; Top-level Design; Data Quality; Data Security

当今医学已经成为信息科学，随着新兴信息技术的应用，健康医疗数据正以前所未有的速度爆发式增长。以大数据、人工智能、云计算为代表的先进数据与计算技术，成为科技创新的巨大驱动力，正在推动医疗服务、新药研发、科学研究、医院管理等多个领域快速发展。

恶性肿瘤致病因素复杂，发病率和死亡率高，恶性肿瘤的防治是全世界面临的难题。借助于大数据和人工智能技术能更有效地分析肿瘤与多因素的相关性，能更早地监测到肿瘤的发生和发展，从而使预防和治疗更容易和有效。但是，我们也应了解，由于肿瘤诊疗数据的多源异构、结构化、标准化等问题，在共享、治理、分析应用等多个环节还存在诸多挑战，可以说肿瘤大数据的建设与应用风险与机遇共存，挑战与发展同在。

1 肿瘤大数据平台的发展机遇

1.1 政策体系趋于完善

2015 年 9 月，国务院审议发布《促进大数据发展行动纲要》，阐述了大数据的发展形势和重要意义，对大数据的发展做了顶层规划和统筹部署，大数据产业正式上升至国家战略层面。2016 年 6 月，国务院印发《关于促进和规范健康医疗大数据应用发展的指导意见》，要求夯实健康医疗大数据应用基础，全面深化健康医疗大数据应用。2018 年 4 月，国务院发布《关于促进“互联网 + 医疗健康”发展的意见》，提出要加快实现医疗健康信息互通共享、建立健全“互联网 + 医疗健康”标准体系；同年 7 月，国家卫生健康委员会印发《关于印发国家健康医疗大数据标准、安全和服务管理办法（试行）的通知》，对健康医疗大数据从标准管理、安全管理、服务管理、监督管理等方面加以规范。此后，国家卫生健康委员会先后印发了《互联网诊疗管理办法（试行）》《关于加强全民健康信息标准化体系建设的意见》《关于深入推进“互联网 + 医疗健康”“五个一”服务行动通知》等一系列文件，指导推进标准化工作机制创新，鼓励医疗机构运用互联网、大数据等信息技术拓展服务空间和内容。2021 年是“十四五”开局之年，一系列与医疗健康大数据发展相关的重磅文件陆续发布：3 月，《中华人民共和国国民经济和社会发展第十四个五年规划和 2035 年远景目标纲要》发布；6 月，国家发展和改革委员会等四部委公布《“十四五”优质高效医疗卫生服务体系建设实施方案》；12 月，中央网络安全和信息化委员会印发《“十四五”国家信息化规划》。推进信息互联互通、互认共享、数据规范及数据整合，打造高水平智慧医院，建设重大疾病数据中心等都是上述文件中的重要任务内容。

顶层规划与行业性、专业性政策前后呼应，在时间和空间上为大数据产业创造了快速发展的条件。2016 年，第一批国家试点健康医疗大数据中心在福建、江苏启动建设。2017 年，国家发展和改革委员会批复 13 个国家大数据工程实验室。2018—2019 年，各地政府设立大数据园区 109 个，大部分省市已经建立了区级以上大数据园区。2019 年，全国开放数据集总量 62801 个，是 2017 年的 7 倍左右[1]。2022 年 2 月，国家发展和改革委员会等四部委联合印发通知，同意在京津冀、长三角、粤港澳大湾区、成渝、内蒙古、贵州、甘肃、宁夏等 8 地启动建设国家算力枢纽节点，并规划了 10 个国家数据中心集群，我国一体化大数据中心体系完成总体布局设计。

1.2 新技术蓬勃发展

Hadoop 项目的诞生标志着大数据技术时代的开始，而 AWS（Amazon Web Services）商用则表明云计算正式开始了改变信息时代的步伐[2]。自此之后，大规模集群计算、服务器、处理器芯片、基础软件等方面成熟的商业化产品不断涌现。近年来，以 Spark 和 Flink 为代表的新计算引擎取代了 MapReduce 框架，能更好地满足数据的实时处理需求；Greenplum 框架提供了强大的并行数据计算性能和海量数据管理能力；Impala、Spark SQL 等工具解决结构化数据问题。随着算力、数据、算法等要素逐渐齐备，先进的算法结构不断涌现。Transformer 模型不仅在自然语言处理领域大放异彩，在计算机视觉领域也取得了不错的表现，已成为计算机视觉领域的重要网络架构；Prompt Tuning 成为自然语言处理领域预训练语言模型新型训练范式；GPT-3 模型问世激发了研究者探索规模更大、性能更惊人的超大规模预训练模型，多模态预训练模型成为下一个大模型重点发展领域 [3]。各种技术不断发展，研究成果层出不穷，使大数据技术架构体系获得不断的完善和发展。

新一代测序技术的发展使精准医疗成为现实。自二代测序技术推出以来，基因测序成本以超越“摩尔定律”的速度不断降低，根据美国国立卫生研究院（National Human Genome Research Institute , NHGRI）的调研数据，单个人类全基因组的测序成本在 2001 年接近 1 亿美元，到 2015 年降至约 1000 美元，而这一数字在 2021 年已刷新到 500 美元左右。随着测序技术的不断进步、检测成本的不断降低，临床医疗数据和组学数据的融合趋势已不可阻挡，生物医学研究进入大数据时代。

1.3 数据资源丰富，科研优势明显

我国是世界第一人口大国，拥有最为丰富的临床研究资源，每年医疗卫生机构总诊疗人次达 70 亿人次以上，2021 年达 84.7 亿人次，居民平均到医疗卫生机构就诊 6 次 [4]。根据《健康中国（2019—2030 年）》，以心血管系统疾病、肿瘤、糖尿病、呼吸系统疾病等为代表的慢性病人群超过 5 亿人（未去重），近 1.8 亿个老年人患慢性病。以恶性肿瘤为例，2016 年全国新发恶性肿瘤 406.4 万例，世标发病率为 186.46/10 万，恶性肿瘤死亡病例 241.4 万例，死亡率为 105.19/10 万 [5]。随着我国人口老龄化、环境因素、社会经济发展及人们生活方式的改变等，恶性肿瘤的发病数和死亡数在未来仍会持续增长。庞大的诊疗人群、不同的流行病学和基因组学特征，依托于肿瘤大数据平台的整合与治理，势必能为医疗科研、新药研发创新提供丰富且高质量的数据支撑。

2 国内外肿瘤大数据平台建设现状

2.1 国外建设现状

欧美等发达国家和地区早在 20 世纪就已开展肿瘤数据平台和生物样本库的建设和应用，为其合理制定肿瘤的防控策略和诊治规范起到了重要的支撑作用。美国拥有完整的医疗健康数据库，已建成覆盖本土的 12 个区域电子病历数据中心、9 个医疗知识中心、8 个医学影像与生物信息数据中心。SEER 数据库是北美最具代表性的大型肿瘤登记注册数据库之一，覆盖 28% 的美国人口，收集了大量循证医学数据并对所有研究者开放，为降低美国肿瘤发病率、提升人口生活质量做出了积极贡献。美国临床肿瘤学会（ASCO）首创的 CANCER-LINQ ™由智能计算机网络组成，这个网络将收集和分析数以百万计的患者就诊数据及专家的指导信息，并将分析的信息回馈于数据提供者，为他们的健康医疗服务提供支持。美国国立卫生研究院（NIH）的 All of Us Research Program 预计收集了约 100 万人的数据，利用基因组学来管理和分析大型数据集，从而加速生物医学的发现，

研究和改善健康状况，揭示实现精准医学的途径。英国国民医疗服务系统（NHS）有着庞大而完备的医疗数据，包括病人的健康记录、疾病数据等，这些数据可以用来为公共卫生服务、医学研究等创造更多的价值。英国生物样本库 UK Biobank 目前拥有全球最大的基因组数据，这些数据对外开放，可供全球范围内的研究者申请使用。

2.2 国内建设现状

我国尚未建立面向研究者开放的、以肿瘤临床数据为基础的多中心研究网络，但是在政策扶持下，国内顶级医院和知名数据企业已经在健康医疗大数据、生物大数据等方面取得了快速进展。

国家健康医疗大数据中心（福州）于 2017 年 4 月率先启动，截至 2020 年 7 月，已完成福州市医保用户在 14 家省属医院、全市 37 家二级以上公立医疗机构、174 家基层医疗卫生机构的数据汇聚工作，已入库结构化存量数据 400 多亿条，总计超过 180TB，共吸引到了中国电子、微软、腾讯等 440 余家数字经济的领军企业落户，注册资本达到了 386 亿元，其中健康医疗大数据企业 122 家，注册总资本超过 53.06 亿元 [6]。

华西生物医学大数据中心成立于 2016 年，目前其科研大数据平台拥有高性能计算（HPC）集群、云平台和 AI 计算集群，总体量包含 103 个计算节点、7200 多核 CPU、68 张 V100GPU 显卡、14PB 存储空间，整体算力达到 1.16PFLOPS，目前已产出乳腺癌专病库、新冠专病库、结直肠癌专病库、抑郁症专病库、肾脏病专病库、食管癌专病库，并支持数据溯源及安全等级管理，已支撑 42 个科研团队、100 多位研究者开展工作，共承载各类研究项目 70 多个。解放军总医院 2019 年组建了医学大数据研究中心，其医学大数据平台包括专科专病数据库、医学影像库和电子病历文本库三大基础数据库，实现了对超过 25 年全部临床数据的汇聚整合，建立了临床基础数据资源池，实现了全院历史影像的在线访问和全院文本数据的整合入库，支持对数据的自由检索。以临床科研为目的，建立了 30 多个专病数据库，包括心衰数据库、急救病例数据库、肺癌数据库等，在此基础上，通过整理发布专题数据集、组织多种主题的数据竞赛活动等，进一步扩大了数据利用范围 [7]。

国家癌症中心 2019 年建设了“国家抗肿瘤药物临床应用监测网”，监测的目的是全面掌握我国抗肿瘤药物的临床应用情况，进一步加强肿瘤规范化诊疗管理，为卫生行政决策提供及时、可靠的数据。监测网的监测范围覆盖全国 31 个省（自治区、直辖市）的 1400 多家医院，主要监测抗肿瘤药物的采购使用情况、肿瘤患者诊疗规范化情况。经过 3 年的数据治理，已经开始在抗肿瘤药物临床应用合理性与可及性分析、规范化诊疗、单病种质控等方面进行了深入研究。

3 肿瘤大数据平台建设面临的挑战

3.1 数据共享

开放共享是数据效能最大化的基础，但真正实现共享还存在较多挑战。数据的归属权、使用权、侵犯个人隐私数据所要承担的法律后果不明确[8]，不同区域、不同行业、不同部门之间的数据壁垒广泛存在，数据的公开、流动、交易等运行机制尚需完善。数据如全部归个人所有，则不利于技术创新和数据流通；如全部归企业所有，又容易造成数据垄断和用户隐私的泄露；如全部归国家所有，则可能需付出巨大的收集、存储成本维持运营。由于数据具有非独占性和非排他性，并且在不同主体手中或不同的场景下有不同的价值，导致数据收益难以评估和分配。在我国，个人用户除获得免费服务外，难以获得其他额外收益[9]。2021 年，《数据安全法》《个人信息保护法》发布实施，法律明确了数据安全和发展之间的关系、个人隐私受到法律保护，而如何兼顾个人隐私保护、数据开发利用及公共利益三方面的诉求还需要各行业主管单位、机关单位、企业进一步的动态研判和界定。

3.2　数据安全

医疗行业网络安全形势不容乐观。一方面，大数据、“互联网 + 医疗”、智能健康设备等新技术与新业态对现有的数据安防体系提出了新的挑战；另一方面，医疗行业仍存在医疗信息系统的安全防护水平相对落后等问题。在中国医院协会信息专业委员会（CHIMA）发布的《2018—2019 年中国医院信息化状况调查报告》中，参与调查的 839 家医院中仅有 43.95% 通过了等级保护测评，其中三级以下医院中 75% 的医院未开展过等级保护测评。2018 年，腾讯发布的《医疗行业勒索病毒专题报告》显示，自当年 7 月以来，在全国三甲医院中，有 247 家医院检出了勒索病毒，几乎每个月都会发生 3 ～ 4 起重大医疗数据泄露事件。在 2021 年上半年发生的勒索病毒事件中，数据价值较高的传统行业、医疗、政府机构遭受攻击总计占比高达 69%。如何提高医疗行业网络安全保障能力，如何平衡效率和风险，是大数据平台建设过程中需要解决的难题。

3.3　数据标准化

“十三五”时期，国家卫生健康委员会共发布卫生健康标准 597 项，但是由于卫生信息标准起步晚、起点低，标准执行缺少强制、有效的执行措施，在标准应用方面还存在不少问题[10]。医疗厂家众多、各医疗厂商的信息系统设计缺乏规范，各医疗单位的数据质量不完整、不标准、不规范、不准确、缺关联等现象普遍[11, 12]，难以达到数据互联互通、数据共享的要求。《2018—2019 年中国医院信息化状况调查报告》显示，在受访医院中，认为医疗信息化产品集成缺乏标准、集成困难的医院占比为 60.35%；参加电子病历系统应用水平分级评价的医院占比为 39.71%；参加互联互通标准化成熟度测评的医院占比仅为 14.61%。2022 年，国家卫生健康委员会印发《“十四五”卫生健康标准化工作规划》，提出要增强标准的及时性、针对性、有效性，加强卫生健康信息标准应用效果评价，促进信息共享互认和互联互通。可以预见，建立完善的卫生健康标准体系，进而带动产业链协同发展，还需要一个循序渐进、困知勉行的过程。

3.4　数据治理与知识转化

医疗数据面临诸多质量问题，阻碍了数据资源的价值转化，亟须探索适宜的数据治理技术。临床上大约有 80% 的数据为非结构化的自由录入的文书，如入院 / 出院记录、影像学诊断报告、病理学诊断报告、手术记录等，大量的高价值的信息蕴藏其中，但是病历文本上下文信息往往具有多模态、多源的特点，再加上汉字歧义性和原始信息结构不完整等因素，现有的信息抽取、知识融合和知识加工技术还难以满足大数据应用的需求，缺乏高效的算法和模式以实现随心所欲的“大海捞针”。近些年来，BERT、ERNIE 在自然语言处理领域虽然取得了重要进展并屡屡刷榜，但依然无法很好地处理医学领域的常识和推理问题。而标注数据稀缺、标注过程复杂则是阻碍 AI 技术发展的另一个重要方面。医疗概念复杂，数据涉及个人隐私，导致数据获取难度大，数据标注工作周期长、成本高。Cognilytica 分析公司的报告显示，大约 80% 的 AI 项目时间都花费在了机器学习模型数据的聚合、清理、标记和扩充上，人工智能项目中只有 20% 的时间用于算法开发、模型训练和调整及机器学习运算。

高质量的数据转化为有用的信息和知识仍然需要一个由低到高、循序渐进的过程。在知识图谱和知识库的构建上，国内尚未见到被广泛采纳的通用术语标准。医学文献、临床指南、循证医学证据、真实世界临床证据之间的内容存在不一致和冲突，新的医学概念、新的药物和治疗不断出现，如何统一标准，如何构建本体，如何持续维护和更新以保证知识的正确性和时效性，都是巨大的挑战。

4 肿瘤大数据平台建设展望

互联网领域的大数据在移动支付、网络征信、电子商务等应用领域取得了巨大成功，肿瘤大数据平台建设既要充分借鉴互联网领域大数据的成功经验，又需要结合自己行业的特点，转变观念、长远谋划，为医疗服务的数字化、智能化转型提供重要平台支撑。

2016 年 10 月，中共中央、国务院印发了《“健康中国 2030”规划纲要》，确立了“以促进健康为中心”的“大健康观”“大卫生观”[13]。如果说“继续着力推动把以治病为中心转变为以人民健康为中心”是国家医疗改革未来的工作重点，那么，构建高效、统一、协同的多中心乃至全国性的肿瘤大数据平台，实现三级预防和诊疗流程的规范化、科学化管理，将成为肿瘤预防与治疗未来的数字化工作重点。肿瘤大数据平台应该紧紧围绕该项工作重点开展规划设计，遵循 1234 原则，即服务于 1 个中心转变，聚焦 2 个发展维度，实现 3 个互联互通，夯实 4 个环节，分层次、分阶段实施（见图 1）。

1 个中心转变：肿瘤领域未来发展将从以治疗为中心向以全面健康和肿瘤预防为中心方向转变，从“治病”转向“健康”，强调早诊断、早治疗、早康复，这对数据获取的范围、渠道和方式都将产生影响。

2 个发展维度：服务对象广泛化，未来大数据平台要广泛地面对不同群体管理和科研的需求，包括政府、高校、医疗机构、药企、保险公司等，数据的完整性、机密性、易用性、真实性将成为平台价值的关键考量；技术发展多元化，5G、云计算、大数据、物联网、区块链等新技术簇的发展将构建泛在智能生态，诊疗模式、科研模式、管理模式等都将发生颠覆性变化。

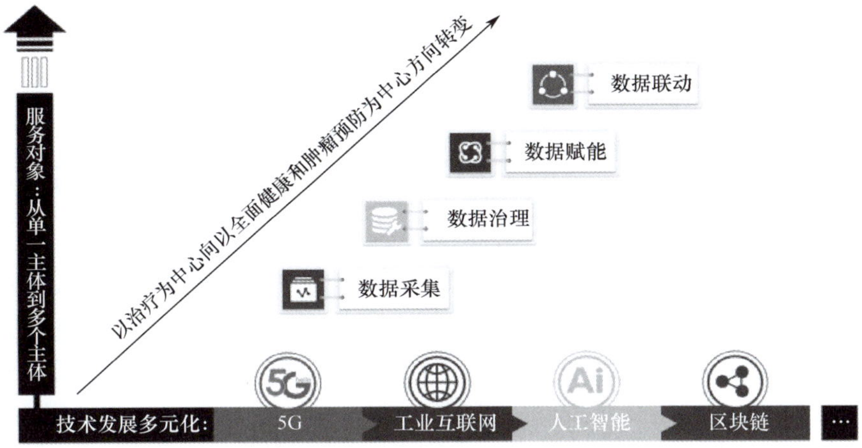

图 1　肿瘤大数据平台顶层设计与规划的 1234 原则之 124

3 个互联互通：肿瘤大数据平台要与各医疗机构数据互通，与区域人口健康信息平台业务互联，与关键技术研究领域实现成果共享。肿瘤大数据平台的标准化建设是基础，也是灵魂（见图 2）。

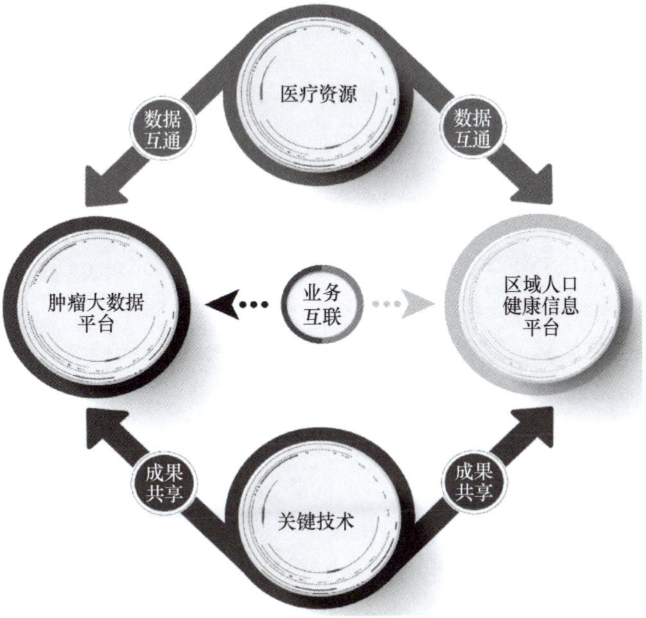

图 2　肿瘤大数据平台顶层设计与规划的 1234 原则之 3

4 个环节：数据采集环节，实现全维度自动化采集。随着数据标准化和数据采集流程规范化，手工填报或文件上传等被动的数据采集方式将被淘汰，支持多方数据聚合的自动化采集技术将发展为主流；数据治理环节，从碎片化数据治理发展为流程化、自动化治理，平台具备更加灵活的元数据配置管理功能，采用高可靠、可解释的治理技术和工具完成数据的结构化和标准化；数据赋能环节，构建知识图谱和知识库，化数据为信息、知识，形成业务智能；数据联动环节，开放共享，互动协同，医疗、医保、医药平台与肿瘤大数据平台实现业务和项目联动，提高肿瘤预防和诊疗的整体水平。

5 结束语

近些年来，政府积极、主动地为大数据平台的发展提供了宏观动力、政策及法规环境，以大数据、人工智能、云计算为代表的先进数据与计算技术为大数据平台的建设提供了技术保障，同时医疗卫生行业信息标准逐步完善、各医疗机构互联互通水平逐年提升，肿瘤大数据平台的建设可以说是机遇大于挑战，已知大于未知。肿瘤大数据平台建设既要抓住政策和行业机遇，又需结合自身特点丰富大数据技术体系，做到长远谋划、与时俱进，成为医疗卫生行业数字化、智能化转型的重要支撑平台。

参 考 文 献

[1] 陈军君，端木凌，吴红星 . 中国大数据应用发展报告（2019）[M] . 北京：社会科学文献出版社，2019.

[2] 刘汪根，孙元浩 . 大数据 3.0——后 Hadoop 时代大数据的核心技术 [J]. 数据与计算发展前沿，2019，1（1）：94-104.

[3] 北京智源人工智能研究院 . 2021—2022 年度智源人工智能前沿报告 [EB/OL]. [2022-10-26]. https://www. shangyexinzhi.com/article/4812076.html.

[4] 国家卫生健康委 . 2021 年我国卫生健康事业发展统计公报 [EB/OL]. [2022-10-26]. http://www.gov.cn/xinwen/2022-07/12/content_5700670.htm.

[5] ZHENG R S, ZHANG S W, ZENG H M, et al, Cancer incidence and mortality in China, 2016[J].Journal of the National Cancer Center, 2022, 2(1): 1-9.

[6] 刘燕婷 . 福州市卫健委：国家健康医疗大数据福州试点工程硕果累累 [EB/OL]. [2022-10-26]. http://fj.people.com.cn/n2/2020/1006/c181466-34334945.html.

[7] 石金龙 . 解放军总医院医学大数据平台建设与科研利用实践 [R]. 天津：第五届世界智能大会智能健康与医疗高峰论坛，2021.

[8] 郭强，王乐子，母健康，等 . 医疗数据信息安全政策研究 [J]. 医学信息学，2020，41（1）：22-25.

[9] 陈铭 . 数据产权归属的若干思考 [EB/OL]. [2022-10-26]. https://www.zhonghongwang.com/show-278-241412-1.html.

[10] 金小桃 . 健康医疗大数据 [M]. 北京：人民卫生出版社，2018.

[11] 傅昊阳，徐飞龙，范美玉 . 论医院健康医疗大数据治理及体系构建 [J]. 中国中医药图书情报杂志，2019，43（3）：1-5.

[12] 阮彤，等 . 医疗数据治理——构建高质量医疗大数据智能分析数据基础 [J]. 大数据，2019（1）：12-24.

[13] 郭强，王从，衡反修 . 医疗大数据平台建设的机遇挑战与发展 [J]. 医学信息学，2021，42（1）：2-8.

作者简介

郭强，国家癌症中心 / 中国医学科学院肿瘤医院大数据办公室主任、信息中心副主任，信息系统项目管理师，高级工程师。负责和参与包括国家肿瘤大数据平台、国家癌症防控信息管理平台、国家抗肿瘤药物临床应用监测网等多个项目的建设和管理工作；负责国家癌症中心数据中心和远程信息中心建设。主要社会任职：国家抗肿瘤药物临床应用监测专家委员会副秘书长 / 委员，中国研究型医院协会智能医疗研究院理事，CSCO 肿瘤大数据专家委员会常委，中国卫生信息与健康医疗大数据学会慢病大数据应用发展联盟常务理事。

内窥图像大数据技术服务精准医疗研究与探索

张金刚[#1,6]　纵　亮[#2,5]　魏　民[#3]　任文琦[1]　王雄智[1]　董研博[4]
刘　坤[2,5]　刘良发[*4]　杨仕明[*2,5]

（1. 中国科学院大学智能成像中心；2. 中国人民解放军总医院耳鼻咽喉头颈外科医学部；3. 中国人民解放军总医院骨科医学部；4. 首都医科大学附属北京友谊医院；5. 国家耳鼻咽喉疾病临床医学研究中心；6. 怀柔科学城产业研究院）

摘　要

根据《"健康中国 2030"规划纲要》安排，着眼推动大数据技术应用于医学临床诊断，本文深入探索内窥图像大数据服务精准医疗的新范式，构建辅助内窥诊疗的数据基础，努力提高诊疗精准度、患者舒适度，满足人民群众日益增长的高质量医疗服务需求。本文对新型内窥成像技术、智能标记方法和多模态融合技术等进行详细解读，系统梳理内窥图像大数据发展现状，介绍内窥图像大数据服务平台研究情况及关键技术，展望内窥图像大数据技术在精准医疗领域的发展前景。

关键词

内窥图像；多模态融合；超分辨重建；智能标记；辅助诊断

Abstract

According to *Tutorial for Outline of the Healthy China 2030 Plan* issued by China' s State Council, focusing on promoting the application of big data technology to clinical diagnosis, our research team explore a new paradigm of the big data from endoscopic image for Smart HealthCare, and build the data foundation for assisting endoscopic diagnosis and treatment. Meanwhile, we strive to improve the accuracy of diagnosis and patient comfort to meet the growing demand for high-quality medical services. In this paper, the new endoscopic imaging technology, intelligent labeling method and multi-modal fusion technology are explained in detail, the development status of endoscopic image big data is systematically reviewed, the current research situation and key technologies of endoscopic image service platform are introduced. Finally, the prospect of endoscopic image big data technology in the field of precision medicine is proposed.

Keywords

Endoscope Image; Multimodal Fusion; Super-resolution Reconstruction; Intelligent Labeling; Aided Diagnosis

1　引言

2016 年 10 月，国务院印发《"健康中国 2030"规划纲要》，明确提出"加强慢病

共同第一作者。

* 通讯作者。

防控、精准医学、智慧医疗等关键技术突破”“全面实现人口健康信息规范管理和使用，满足个性化服务和精准化医疗的需求”[1] 的论述，为探索医疗服务新范式指明了方向。以电子鼻咽喉镜、电子胃肠镜为代表的内窥诊断系统，可以实时获取更为直观的病灶图像数据，辅助医生快速得出诊疗方案，具有重要的临床应用价值，成为精准医疗领域重点发展的技术之一。

内窥图像大数据服务平台是大数据和人工智能技术结合的典型应用，内窥图像大数据服务平台一般由内窥图像数据采集系统、病理数据综合处理系统、辅助诊断应用系统3个部分组成。内窥图像数据采集系统通过医院信息系统（Hospital Information System，HIS）采集并存储海量的内窥图像数据、患者病历数据和专家知识等；病理数据综合处理系统利用存储的大数据样本，对内窥图像等数据进行预处理、自动标注，并对病灶识别模型进行训练；辅助诊断应用系统采用训练后的模型提供可视化诊断结果，可与医生进行友好的人机交互。目前，内窥图像在膀胱镜、胃肠镜检查领域获得了较好的应用，由于智能医疗诊断需要基于深度学习模型和海量样本，借助人工智能算法进行智能分析，这将面临采集图像数据足够多、专家标注足够快、多维信息融合足够准等新的挑战。

精准医疗发展实践表明，内窥镜检查及镜下活检是病灶早期发现和筛查的金标准，特别是对呼吸道、消化疾病的早期癌症预防具有重大意义。然而，由于内窥镜检查方式受制于腔体空间的局限性，以及各部位影像信息特征差异，一直存在采集困难、分辨率低、多模态融合分析难等问题挑战，导致基于人工智能辅助诊断的精准诊疗方案缺乏足够的基础数据支撑，精准医疗的智能发展应用推进较为缓慢。为此，本文研究提出构建内窥图像大数据服务平台，整合多维度的存量内窥镜检查病例数据，为基于内窥镜诊疗领域的智能化发展应用提供强大的数据资源和平台支撑。

2 内窥图像大数据技术的发展现状及面临的挑战

2.1 国内外现状

2.1.1 内窥图像采集已迈入电子式获取新阶段

内窥镜是内窥图像大数据技术的硬件基础，承载高质量图像数据获取的关键作用。随着光学、机械、电子学和软件等技术的飞速发展，集成化的医用内窥镜在临床上得到了广泛的应用，为内窥图像数据的大规模获取提供了重要途径。然而，传统内窥镜成像模式单一，信息维度较少，获取的内窥图像仅能发挥诊断参考作用。

内窥镜是一种观察人体内部器官状况的医疗仪器，主要经历了硬管式、光纤式、电子式3个发展阶段[2-4]。其中，硬管式内窥镜体积较大，对腔体也具有一定的危险性，无法观测位置深在或解剖复杂的器官。英国霍普金斯等将光纤束引入内窥镜的设计，发明了光纤内窥镜，突破了对复杂器官部位观测的限制[5]。美国 Welch Allyn 公司研制并应用电子耦合器件（CCD）代替了纤维内镜的光纤束，宣告了电子内窥镜的诞生[6]。电子内窥镜具有结构紧凑的特点，释放了仪器末端的大量空间用于其他功能的实现，同时能够将图像和视频实时传输并在监测器上显示，可供多人查看，也可将图像和视频信息记录在案。电子内窥镜已成为应用最广泛的一种医疗仪器，覆盖临床多学科和多领域，是检查、诊断体内黏膜病变不可或缺的重要工具[7]。

目前，世界范围内高端内窥镜市场几乎都被日本、欧美等公司占据，其产品性能的显著特点是能够实现大视场（优于 80°）、高清（优于 1920 像素 ×1200 像素画质）、高速（60Hz）、自动化的高质量成像。以国内高端电子咽喉镜市场为例，仅日本奥林巴斯（Olympus）和德国艾克松（XION）两家公司的产品，市场占有率就高达 87.5%，而日本宾得（Pentax）、德国史托斯（STORZ）等其他国外品牌约占据了 11.5% 的市场。国产电子咽喉镜产品受限于技术、资金、品牌、人才和经验等多重因素的综合影响，在仪器分辨能力、光学系统精细化制造、设备小型化和集成化等方面与世界先进水平仍有不小的差距。国内内窥镜自主品牌企业仍处于中低端水平，少数规模较大的企业实现了高端产品零的突破，为内窥大数据获取提供了初步的国产化方案[8]。

2.1.2 内窥图像数据库不断发展完善成为诊断的重要基础支撑

内窥图像数据库是患者样本数据的载体，记录了患者病灶部位的多维影像数据及医生的诊断信息，是未来实现病灶识别模型训练和辅助诊断的数据基础。内窥图像数据库的建设，经历了从简单的关系型数据库向分布式、多模态数据库方向发展的历程。1980 年，I-I Rosen 等开发了一个计算机化数据库系统（DIASTU），用于存储和选择性检索医学诊断研究的结果[9]。2008 年，朱婧基于 SQL Server2000 数据库，对无线内窥镜系统的数据库设计进行了研究[10]。2015 年，冀鸿涛等基于医学影像信息管理系统（PACS）建设乳腺超声工作站，共采集了 27432 例乳腺超声检查资料，建立了超声数据库[11]。2016 年，吴辉群等研究国内外医学影像大数据的存储和挖掘主要技术手段，并提出分布式存储框架[12]。同年，西班牙病理学家和工程师多学科团队创建了体外人脑组织高光谱数据库，发现可使用光谱信息自动区分体外样本中的健康和肿瘤脑组织[13]。2019 年，Himar Fabelo 等在神经外科手术期间将高光谱成像应用于实时描绘脑肿瘤研究过程中，构建了第一个体内人脑组织高光谱数据库[14]。包括消化道、呼吸道等门类众多的内窥图像数据库经过多年发展，在存储能力上已经日趋成熟，但还是存在检索效率低、智能化管理程度不高等问题，特别是针对辅助诊断所需的高光谱、多模态图像融合，缺乏高效的智能存储框架。

2.1.3 内窥图像大数据服务于精准医疗逐步走向成熟

人工智能具有强大的数据处理能力，可以对内窥镜图像进行特征等上下文信息学习，建立内窥镜图像与疾病症状的关联关系，模仿医生的认知判断技能，提供高质量的实时内窥镜图像、辅助检测病变区域、缩短手术的时间，辅助医生完成快速、精准诊断。人工智能正逐步应用到各个医学领域，目前在消化道内窥镜领域与人工智能技术结合的研究成果较为突出。

在辅助胃镜检查方面，Hirasawa T 等[15]基于卷积神经网络，开发了一种从胃镜图像中检测胃癌的人工智能系统，该系统使用普通白光胃镜图像作为训练集，能在一分钟内检测上千张胃镜图像，识别胃癌的总敏感度为92.2%，阳性预测值为30.6%。Zhu Y等[16]使用790张胃癌图像训练了卷积神经网络ResNet50，该系统模型的准确率和特异度均有提高，灵敏度为76.47%，特异度为95.56%，总体准确率达89.16%。在辅助结肠息肉检测方面，基于卷积神经网络（CNN）的人工智能模型在结肠镜视频研究中检测结肠息肉的敏感性高于90%，特异性为63%～95%，每秒可处理25～98幅图像[17-19]。在辅助食管癌检测方面，CNN综合诊断的敏感度为98%，对于浅表癌症的诊断准确率为99%，对于晚期癌症的诊断准确率为92%，对食管鳞状细胞癌症和食管腺癌症的诊断准确率分别为99%和90%。腾讯公司发布的腾讯觅影，筛查1个内镜检查用时小于4秒，对早期食管癌的检测准确率高达90%[20]。

从以上应用研究中可以看出，人工智能技术可极大地帮助内镜医师提高诊断效率和准确率，减轻医师工作负担，精准医疗领域引入人工智能技术势在必行。

2.2 数据服务平台建设发展面临的挑战

综合分析，内窥图像智能诊断涉及数据全链路获取、高精度提取与标注、多类型数据融合，以及病例智能化分析等技术，需从硬件设计、软件处理、应用集成等方面深入研究，切实提高内窥图像数据的覆盖面、信息量和分析效能。

2.2.1 内窥图像采集设备设计与实现面临更高精度、更多类型的发展需要

首先，内窥镜的功能主要是将人的视力延伸至器官内部，解决“看得见”的问题。从硬管式到光纤式再到电子内窥镜，硬件设计方案旨在进一步适合狭小曲折腔体空间使用，内窥镜小型化一直是发展的主题，以克服现有内窥镜的空间限制。近年来，能够实现超薄结构的超构材料透镜[21, 22]、去除光学透镜组的无透镜计算成像[23]，以及减少成像探测器件的单像素成像[24]等技术，为内窥镜小型化提供了新的思路和技术，有望使内窥镜的视域延伸到亚毫米量级。如何研制适用于狭小复杂腔体空间的超小型化内窥镜是内窥镜系统设计要解决的一大难题。

其次，图像传感器引入数字图像处理技术正在解决“看得清”的问题。神经网络模型能否得到良好的训练及优秀的效果，数据集的选择是关键，既需要低分辨率内窥镜图像，又需要高分辨率内窥镜图像，以支撑开发内窥图像的超分辨模型[25]。然而，目前能使用的公开内窥镜图像数据集较少，需充分挖掘现有硬件的探测能力，使得图像分辨率提升至4倍甚至达到高清标准。如何获得一个既包含低分辨率与高分辨率内窥图像，又具有多种人体部位场景的数据集，是目前面临的另一大难题。

最后，新型内窥镜硬件获取多模态图像数据能够解决“看得准”的问题。在发病早期，正常组织和病变组织形态、颜色差异较小。传统模拟人眼视觉方式只能采集平面几何形貌和颜色信息，无法满足快速、准确揭示病理组织生化特性的要求。器官组织的物质属性差异可通过窄带光谱[26]、高光谱[27]、偏振[28]等高维度多模态形式表现，近红外窄带光谱可区分血管和其他组织的分布状况，高光谱信息可分割和识别早期病变组织区域，偏振信息可推断细胞组织的病理变化。新型内窥镜采集设备主要面临可用光学模态

选择、一体化多模态成像系统和快照式计算成像采集技术等问题。

2.2.2 临床病灶数据标注面临的自动化处理、格式转换、多维融合问题

人工智能技术在医学诊断分析领域的应用效果依赖于大量的标注数据。多模态内窥图像数据标注需投入巨大的人力、时间和经济成本，标注数据的数量和质量均有待提高，极大地限制了人工智能模型的开发和推广。当前，临床病灶数据标注主要面临 3 个方面的问题：一是关于手动标注向半自动和全自动升级问题 [29]，对于内窥图像数据，需研究模拟专业内窥镜检查医生的半自动或全自动的智能标记技术，减轻医生负担，提高大规模标注数据建设能力，解决临床病灶数据标注的源头问题；二是关于综合规范的标注格式和工具问题 [30]，针对标注工具种类繁多、标注格式不统一问题，研究通用的标注格式规范，开发适用于多学科、多组学的统一标注工具，解决数据标注的标准化问题；三是关于多模态标注数据的标注融合问题，针对多模态内窥图像的光学性能和生化差异，分析图像数据呈现的形貌、强度及数值分布，研究高维度信息的数据降维、分离提取、有机融合技术，提出相应的方法、标准、机制，解决标注数据的质量问题 [31]。

2.2.3 多模态数据融合面临的模态选择、融合策略、隐私保护问题

内窥图像大数据融合应用与传统诊断方式存在明显差异，需对多模态、非结构和跨领域数据进行融合处理，并针对病理个性择优选择融合模式以确保诊断的准确性、有效性，同时要考虑数据安全、个人隐私等问题，这对数据存储操作环境应用方式提出了新的要求。多模态图像融合通过一定的算法，将不同类型的图像生成一幅或几幅图像，提取更多、更准确的信息，以适应人眼 / 机器视觉或者图像处理任务。内窥镜采集的图像包含超声图像、荧光图像、高光谱图像、白光图像等多模态数据，根据信息补偿和改善需要选择不同模态数据的组合方案，避免错误的组合导致性能下降，这是模态融合面临的首要问题。模态融合策略包括输入级、层级和决策级 3 种融合，输入级融合是对不同模态的原始信息进行整合，层级融合是将它们的提取特征进行融合，决策级融合是在模型输出时融合到最终预测结果，确保采用的融合策略能够充分利用各个模态的信息，是模态融合面临的又一个问题。训练神经网络模型算法需要大量的数据，包括涉及个人信息的敏感数据，因此加强数据保护是模态融合面临的另一个问题。

3 内窥图像大数据服务平台建设应用实践

随着人工智能和大数据技术的崛起，高质量的数据库建设成为智慧医疗发展的重要保障。为满足智能内窥诊疗的巨大需求，内窥图像大数据服务平台应运而生。例如，英国自 2013 年开始开展了自动化的国家内窥镜数据库（NED）的建设 [32]，用于收集英国内窥手术中采集的内窥图像数据。然而，现有的大数据平台均以图像数据的获取和管理为主，缺乏与智能诊断系统的连接，难以满足全链路覆盖的内窥图像大数据服务平台智能诊断功能的需求。

以“中国科学院网络安全和信息化专项”为契机，中国科学院大学智能成像中心承

担了“内窥高光谱大数据库与智能诊断系统”建设的重任，并会同国家耳鼻咽喉疾病临床医学研究中心、解放军总医院、首都医科大学附属北京友谊医院等，初步探索了面向精准医疗的内窥图像大数据服务平台的研制、试用、推广等发展路径。内窥高光谱大数据库与智能诊断系统的总目标是建立一个内窥图谱大数据库（MRI、CT 和多组学数据等），引入内窥高光谱数据，结合机器学习算法，最终实现快速、实时、高效在线精准诊断。

本研究团队已按实施方案初步完成系统研制，该系统已采用新型内窥成像设备对 200 多例患者病灶进行了图像数据采集、标记和融合，因对病灶区域进行多角度、多方法拍摄，采集的内窥图像总数量达上千张，构建了鼻咽喉内窥基础数据库。基于这一初步数据集，可训练内窥图像超分辨卷积神经网络，后续采集的低分辨率内窥图像通过该网络模型，可自动转换为高分辨率内窥图像，继而实现未来高清内窥图像大数据的构建，后续随着样本的丰富，还将拓展至消化道、耳道等内窥影像领域。内窥高光谱大数据库与智能诊断系统的建立及其包含的病理研究，对推动精准医疗的发展有重大意义。首先，其数据采集过程的无创性和实时性，可以最大限度地减轻患者的不适感，提升医生现场诊断的速度；其次，构建的大数据库可以为基层医院的一线医生提供丰富的病例参考资料，有利于提高疾病诊断准确性，并为医生提供智能辅助诊疗方案，降低医生的工作强度；最后，海量的已标记病例样本数据为研究病理诊断模型提供了坚实的样本数据基础，有助于提高病灶诊断模型的准确率。因此，内窥高光谱大数据的建立，将全面推动传统经验医学向着以最小化医源性损害和最大化健康效益为目标的现代精准医疗理念和范式转变。

3.1 总体技术路线图

内窥高光谱大数据库与智能诊断系统拟建立一个内窥图像大数据服务平台，针对内窥图像多模态、分辨率不足、样本数据难标注等多种特性问题，研发多模态内窥成像、超分辨内窥图像、多模态内窥图像融合的智能诊断技术，实现海量内窥数据的存储，以及病情实时智能诊断。首先，使用新型内窥成像技术（包括微型化、多模态采集）研制高清内窥图像模块，包括退化预测网络模型与光照增强－超分模型，获取成对的低光照－低分辨率与正常光照－高分辨率的图像对，建立多个维度的内窥图像数据集作为图像深度学习网络模型的训练集。下一步将使用基于 Retinex 理论与频率域的深度内窥镜图像光照增强与超分辨网络模型，实现低光照、低分辨率内窥图像的增强与超分辨，建立高清多模态内窥图像数据集，并利用大数据智能标记算法，获得带有病灶标签的数据集，作为人工智能实时智能诊断系统的训练集。基于上述数据集，开发人工智能实时智能诊断系统，将多种模态内窥数据分别置于深度特征提取网络中，在训练过程中进行层级融合，高效利用多种数据进行病灶区域识别、分割，为医生提供诊断预选方案建议。系统总体技术路线如图 1 所示。

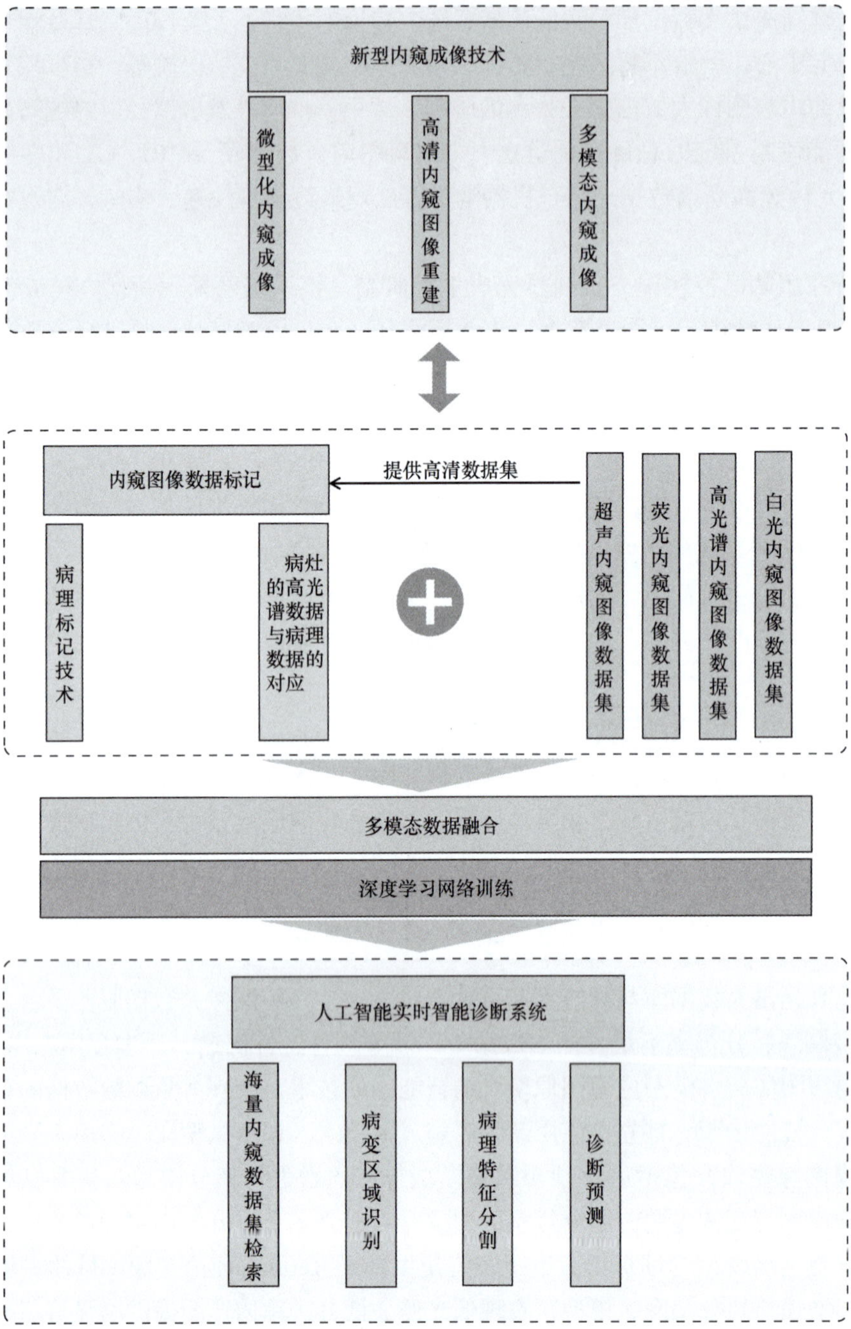

图 1　系统总体技术路线

3.2　新型内窥成像技术

3.2.1　微型化内窥成像技术

微型化内窥成像技术主要有超透镜成像、无透镜成像、单像素成像 3 种路线可选。

超透镜采用二维平面亚波长结构作为基本单元，能够实现对光的振幅、相位和偏振的全面调制，可极大地减小透镜的体积和重量，使得大视场、大孔径的平面光学成像成为可能[32]。微型化内窥成像技术工作波段逐渐从近红外光过渡到可见光，从单波长成像提升至全彩色成像，甚至高光谱和超光谱成像，对偏振态的要求也从无偏振到线偏振和圆偏振调制，甚至全斯托克斯成像及穆勒矩阵成像。超透镜技术刷新了微小型成像系统的尺寸纪录，还具有灵活调制的特点，应用前景广阔。无透镜成像技术采用振幅调制或相位调制的元件，通过设计光学元件的形态实现在硬件上对光信息的编码功能，在软件算法中设计对应的图像重建方法，通过求解数学逆问题获取高质量图像[33]。无透镜成像元件设计具有灵活性的特点，通过光谱滤光单元实现复原多光谱图像的快照式无透镜光谱仪，以及采用偏振探测器实现复原线偏振信息的偏振无透镜成像，有望成为新的快照式多模态内窥成像方法。单像素成像以压缩感知的原理为基础，在硬件设计上避免冗余信息的重复采集，仅利用一个光敏单元收集信号，再利用算法重建就能实现对二维空间图像的采集[34]。内窥镜尺寸受限于成像探测器自身的大小，尽管像素尺寸已经接近1微米，但传统内窥镜需要像素阵列才能完整获得空间图像信息。单像素成像既可在空间域采样实现，也可在傅里叶域采样实现，与结构光照明单元配合，可有效解决探测器尺寸的限制问题，进而研制新的微型内窥成像仪器。

3.2.2 高清内窥图像重建技术

针对内窥镜图像普遍存在低光照或光照不均匀的现象，利用内窥镜图像光照与超分辨的互补促进关系，基于 Retinex 理论与频率域的深度内窥镜图像光照增强与超分辨算法，实现内窥镜图像的实时自动高质量转换。高清内窥图像重建技术主要包括两个模块。退化预测模块对真实高分辨率内窥镜图像的光照、模糊、噪声退化进行建模，获得与真实高分辨率图像成对的真实低分辨率图像。利用超分－光照增强模块，将图像分为高频与低频两个分支，低频分支对应 Retinex 理论中的照度图，使用双边网格进行超分辨与增强，双边网格可对超分辨过程加速，使得超分－光照增强模块能够实时运行；高频分支对应 Retinex 理论中的反射图，使用 octave 卷积提取图像的高频信息作为引导，使得反射图的超分辨率效果更加准确。低频与高频分支相互引导与通信，可获得具有高清细节及良好光照的增强图像。

3.2.3 多模态内窥成像技术

多模态内窥成像技术旨在搭建一种采用硬件编码、软件解码方式设计的新型内窥成像系统，用于从二维原始数据获取高维度多模态信息，因此多模态内窥镜系统组成具有软硬件联合优化设计的明显特征。当前较为成熟的多模态内窥镜主要有窄带和多光谱内窥成像技术、偏振内窥成像技术及超声内窥成像技术。窄带和多光谱内窥成像技术通常采用主动光照明方式，包含自由曲面大视场、大孔径前段成像模组，连续可调节窄谱段照明光源模块。成像模组采用“单波长、宽谱段设计”[35]，结合先进的自由曲面多视场光学直接设计方法，采用自由曲面透镜、衍射光学元件、亚波长超表面结构等不同尺度的光学元件作为实现单元，将光学硬件设计中较难光学校正的像差转移到后续图像重建算法中，转移光学元件设计的压力，可最大限度地降低光学系统的复杂度。主动照明单元提供可见光照明和窄波段照明两种工作模式，光谱波段采用 4 个单独的光纤通道进行不同光亮度和光谱范围的窄带光源组合，为连续窄谱段高光谱成像提供相应照明。图像重建利用计算成像技术，考虑硬件设计中的光谱像差先验，建立从光学成像到图像重建的端对端全链路模型[36]。偏振内窥成像技术将光的偏振维度信息引入成像系统设计中，设计超透镜结构单元，实现对线偏振、圆偏振、非偏振态的调制作用，生成依赖偏振态变化的光学点扩散函数，并通过调制变换照明光源的偏振态，以及采用偏振焦平面器件，实现对斯托克斯矢量、穆勒矩阵等偏振相关信息的多维度内窥成像；利用无透镜成像的原理，可去除成像系统中的透镜单元，转而采用相位型的衍射光学元件，在大大缩小光学系统尺寸的同时，实现偏振可变的点扩散函数，将目标中的偏振信息通过卷积叠加的方式编码到可采集的二维强度信号，再采用基于偏振的图像先验知识，通过高效的优化算法或人工神经网络，求解逆问题重建偏振信息；采用焦平面偏振探测器组件，则可进一步通过电子器件的优化，精简光学系统设计的难度，在图像重建中设计基于深度学习的偏振图像重建算法，从而获取偏振度、偏振角等偏振相关的信息[37，38]。超声内窥成像技术的基本原理是由于人体的各种器官与组织，包括病理组织具有特定的声阻抗和衰减特性，超声射入机体后，将经过不同声阻抗和不同衰减特性的器官与组织，产生不同的反射和衰减，这种不同的反射与衰减形成超声图像，目前多频换能技术是超声内窥成像的主流研究方向。多模态内窥成像技术需要将各模态成像一体化，实现一种设备同时支持各种模态的成像。

3.3 跨模态融合数据智能标记方法

跨模态融合数据智能标记方法是目前解决精准医疗所需的海量样本标注难题的新趋势，跨模态融合数据标记将可见、近红外、窄带、多光谱图像，通过对各种模态的影像特征进行定量提取，挖掘不同模态图像之间的关联关系，形成病灶图像的融合信息，自动标记图像中的病灶异常点。

跨模态融合数据智能标记方法通过特殊的电子内镜光学系统可获得多种模态的图像（可见光、近红外光谱、窄带光谱、多光谱），不同种类的图像对同一病灶的表征效果并不相同（比如窄带容易发现黏膜表层的早期癌变），这为病灶图像的智能标记提供了数据基础，在同一病灶的一种图像样本中发现病理特征后，即可对同一病灶的其他图像类型进行自动化的关联性标记，同时结合 CNN 特征提取网络、代价敏感向量机，实现其他图像异常区域的辅助标注。最后在预先智能标注的基础上，由专业医护人员进行校对核准，即可获得高质量的病灶样本数据。

通过多模态图像的融合，并基于深度学习进行异常点自动标记，能够较好地辨识病灶和正常组织边界。本研究团队前期在咽喉病灶特征分析方面开展了相关的基础研究工作，对收集到的咽喉癌组织样本进行高光谱成像信息分析，与临床医生标记一致率达 96%，目前正在进一步优化识别算法。

3.4 多模态数据融合技术

多模态数据融合技术借鉴 CT 图像、MRI 图像融合应用经验，将内窥镜设备采集的超声、荧光、高光谱、白光等特有的多模态数据进行融合。超声影像既能显示内脏器官的解剖结构，又能显示器官的生理功能。荧光内窥图像则具备宽光谱成像优势，病灶和病变前区域的可视性很高，可以用于观察真实影像无法有效捕捉的病灶或病变前部位。高光谱图像可区分病变组织与正常组织的边界。白光内窥图像则为最常见的内窥图像，它可以直观、清晰地展示各身体组织的情况。基于此，多模态融合技术使用特征级融合策略，对每种模态数据进行特征提取，这些特征信息是对多模态图像中与病灶相关区域的特征提取，如边缘、轮廓、颜色、饱和度等病变信息，然后对这些特征信息进行分析、处理与整合，得到融合后的图像特征。对融合后的特征进行病灶识别的精确度会明显高于直接对原始图像的识别精确度。特征级融合对多模态图像信息进行了压缩，通过提取和保留病灶相关的有用信息，然后融合高频、低频特征数据，获得频率信息加强的特征，利用超声图像的信息作为引导补充，提取的特征信息既全面又丰富，可对病灶部位进行识别、分割。

3.5　内窥图像大数据平台服务于精准医疗的总体实现过程及初步应用实践结果

本项目的内窥图像大数据平台可提供实时、高清的内窥镜图像，并且能自动识别病灶区域，辅助医师进行疾病的诊断和预测。内窥图像大数据平台服务于上述精准医疗的过程可分为 3 个阶段。第一个阶段是进行大数据收集，使用微型化内窥成像技术与多模态内窥镜技术采集初步的内窥图像，之后使用研发的内窥图像超分辨率卷积神经网络将部分低分辨率的内窥图像转换为高分辨率的内窥图像，构成高清内窥大数据集合。第二个阶段是进行智能分析网络模型的训练，使用构建好的数据集，对开发的多模态数据融合网络和跨模态融合数据智能标记网络进行神经网络训练。第三个阶段是实施临床应用阶段，在设备上部署上述训练好的网络模型，可实现智能诊断、精准医疗，通过一个友好的人机交互过程辅助医师进行疾病诊断治疗。

目前，内窥图像大数据平台已取得一些初步应用实践成果，在大数据收集阶段，使用医院提供的部分基础数据及已训练好内窥镜适用的超分辨神经网络，实现了低分辨率内窥图像向高分辨率内窥图像的自动转换，得到的高清数据集可用于下一步数据标注及病灶识别相关的研究。

4　总结与展望

精准医疗和智慧医疗是我国在新时代医疗健康领域的重要发展方向，是提高全国人民健康水平的重要举措。作为大数据智能诊断技术的重要组成部分，内窥图像大数据平台的建设势必加速内窥成像硬件设备、多模态数据融合、高精度智能诊断等关键技术的突破与跨越式发展。随着大数据模型的不断深入和优化，未来内窥图像大数据平台将朝着大而精的方向进一步发展，以构建从光子和细胞的微观形态到病理特征的宏观结果之间端对端的关联机制，建立光学内窥快速筛查的新标准，推动精准医疗和智慧医疗迈向更加成熟的发展新阶段。

参考文献

[1] 中华人民共和国中央人民政府 . 中共中央、国务院办公厅印发《"健康中国 2030"规划纲要》[EB/OL]. [2016-10-25].http: //www. xinhuanet. com//politics/2016-10/25/c_1119785867.htm.

[2] ACHORD J L, MUTHUSAMY V R. The history of gastrointestinal endoscopy[M]. Amsterdam: Elsevier, 2019.

[3] DE GROEN P C. History of the endoscope[scanning our past][J]. Proceedings of the IEEE, 2017, 105(10): 1987-1995.

[4] 吕平，刘芳，吕坤章，等 . 内窥镜发展史 [J]. 中华医史杂志，2002，32（1）：10-14.

[5] ELAHI S F, WANG T D. Future and advances in endoscopy[J]. Journal of Biophotonics, 2011, 4(7-8): 471-481.

[6] 周水淼 . 电子喉镜和纤维喉镜诊断治疗学 [M]. 上海：上海第二军医大学出版社，2002.

[7] 张雯雯，周正东，管绍林，等 . 电子内窥镜的研究现状及发展趋势 [J]. 中国医疗设备，2017，32（1）：93-98.

[8] 陈婧婧，蔡天智 . 2014 年我国内窥镜产业发展分析 [J]. 中国医疗器械信息，2015（10）：16-21.

[9] ROSEN I I, HALL T C, METTLER F, et al. A computerized database system for medical diagnostic studies (DIASTU)[J]. Computer Programs in Biomedicine, 1980, 12(2): 249-261.

[10] 朱婧 . 无线内窥镜系统的图像工作站的数据库研究 [J]. 中国医疗器械信息，2008，14（10）：5.

[11] 冀鸿涛，常靖，朱强 . 基于医学影像信息管理系统的乳腺超声数据库建设探讨 [J]. 中华普外科手术学杂志：电子版，2015，9（5）：3.

[12] 吴辉群，翁霞，王磊，等 . 医学影像大数据的存储与挖掘技术研究 [J]. 中国数字医学，2016，11（2）：5.

[13] ORTEGA S, CALLICO G M, PLAZA M L, et al. Hyperspectral database of pathological in-vitro human brain samples to detect carcinogenic tissues[C]. Prague: 2016 IEEE 13th International Symposium on Biomedical Imaging (ISBI), 2016.

[14] FABELO H, ORTEGA S, SZOLNA A, et al. In-vivo Hyperspectral Human Brain Image Database for Brain Cancer Detection[J]. IEEE Access, 2019, 7: 39098-39116.

[15] HIRASAWA T, AOYAMA K, TANIMOTO T, et al. Application of artificial intelligence using a convolutional neural network for detecting gastric cancer in endoscopic images[J]. Gastric Cancer, 2018, 21(4): 653-660.

[16] ZHU Y, WANG Q C, XU M D, et al. Application of convolutional neural network in the diagnosis of the invasion depth of gastric cancer based on conventional endoscopy[J]. Gastrointest Endosc, 2019, 89(4): 806-815.

[17] MISAWA M, KUDO S E, MORI Y, et al. Artificial intelligence-assisted polyp detection for colonoscopy: initial experience[J]. Gastroenterology, 2018, 154(8): 2027-2029.

[18] URBAN G, TRIPATHI P, ALKAYALI T, et al. Deep learning localizes and identifies polyps in real time with 96% accuracy in screening colonoscopy[J]. Gastroenterology, 2018, 155(4): 1069-1078.

[19] WANG P, XIAO X, BROWN J G, et al. Development and validation of a deep-learning algorithm for the detection of polyps during colonoscopy[J]. Nature Biomedical Engineering, 2018, 2(10): 741-748.

[20] 人工智能腾讯科技 . 腾讯发布一个 AI 神器有望攻克食管癌早筛难题 [J]. 信息与电脑，2017（15）：1.

[21] MING L T, HSIAO H H, CHENG H C, et al. Metalenses: Advances and Applications[J]. Advanced Optical Materials, 2018, 6(18): 1800554.

[22] LIU W, CHENG H, TIAN J, et al. Diffractive metalens: from fundamentals, practical applications to current trends[J]. Advances in Physics: X, 2020, 5(1): 1742584.

[23] BOOMINATHAN V , ROBINSON J T , WALLER L , et al. Recent advances in lensless imaging[J]. Optica, 2022, 9(1): 1-16.

[24] EDGAR M P, GIBSON G M, PADGETT M J. Principles and prospects for single-pixel imaging[J]. Nature Photonics, 2019, 13(1): 13-20.

[25] AGUSTSSON E, TIMOFTE R. NTIRE 2017 Challenge on Single Image Super-Resolution: Dataset and Study[C]. Honolulu: 2017 IEEE Conference on Computer Vision and Pattern Recognition Workshops (CVPRW), 2017.

[26] PIAZZA C, COCCO D, BENEDETTO L D, et al. Narrow band imaging and high definition television in the assessment of laryngeal cancer: a prospective study on 279 patients[J]. European Archives of Oto-Rhino-Laryngology, 2010, 267(3): 409-414.

[27] COLLINS T, MAKTABI M, BARBERIO M, et al. Automatic Recognition of Colon and Esophagogastric Cancer with Machine Learning and Hyperspectral Imaging[J]. Diagnostics, 2021, 11(10): 1810.

[28] FU Y, HUANG Z, HE H, et al. Flexible 3x3 Mueller Matrix Endoscope Prototype for Cancer Detection[J]. IEEE Transactions on Instrumentation and Measurement, 2018, 67(7): 1700-1712.

[29] WANG S, CONG Y, FAN H, et al. Computer-aided endoscopic diagnosis without human-specific labeling[J]. IEEE Transactions on Biomedical Engineering, 2016, 63(11): 2347-2358.

[30] NAJAFABADI M M, VILLANUSTRE F, KHOSHGOFTAAR T M, et al. Deep learning applications and challenges in big data analytics[J]. Journal of Big Data, 2015, 2(1): 1-21.

[31] 杨豪，张睿，王觅也. 基于影像云的多模态医学影像标注系统的开发 [J]. 华西医学，2021，36(9)：6.

[32] LEE T J, SIAU K, ESMAILY S, et al. Development of a national automated endoscopy database: the United Kingdom national endoscopy database (NED)[J]. United European Gastroenterology Journal, 2019, 7(6): 798-806.

[33] ZHANG S, WONG C L, ZENG S, et al. Metasurfaces for biomedical applications: imaging and sensing from a nanophotonics perspective[J]. Nanophotonics, 2021, 10(1): 259-293.

[34] TSVIRKUN V, SIVANKUTTY S, BAUDELLE K, et al. Flexible lensless endoscope with a conformationally invariant multi-core fiber[J]. Optica, 2019, 6(9): 1185-1189.

[35] GIBSON G M, JOHNSON S D，PADGETT M J. Single-pixel imaging 12 years on: a review[J]. Optics Express, 2020, 28(19): 28190-28208.

[36] ZHANG J, NIE Y, FU Q，et al. Optical–digital joint design of refractive telescope using chromatic priors[J]. Chinese Optics Letters, 2019,17(5): 052201.

[37] ZHANG J G , SU R M, FU Q,et al. A survey on computational spectral reconstruction methods from RGB to hyperspectral imaging[J].Scientific Reports, 2022, 12(1): 107-124.

[38] RAMELLA-ROMAN J C, SAYTASHEV I, PICCINI M. A review of polarization-based imaging technologies for clinical and preclinical applications[J]. Journal of Optics, 2020, 22(12): 123001.

[39] QIU S, FU Q, WANG C, et al. Polarization demosaicking for monochrome and color polarization focal plane arrays[C]. Rostock: The Eurographics Association, 2019.

作者简介

张金刚，博士，中国科学院大学副教授、智能成像中心执行主任，西安电子科技大学特聘教授，科技部信息领域专家组成员、国资委创投基金评委，国家自然科学基金委员会评审专家。主要从事光学与智能计算、临床与医用光学、遥感监测与大数据分析等交叉前沿技术研究，重点面向医疗健康和智慧监测两个领域开展技术研究与成果转化应用。先后主持国家自然科学基金、国家高分重大科技专项、中国科学院科研装备专项、空军装备专项等国家级科研项目 20 余项，授权发明专利 10 余项、软件著作权 4 项，发表学术论文 30 余篇，合作撰写著作 2 部。

纵亮，副主任医师，医学博士，解放军总医院耳鼻咽喉头颈外科医学部派驻一中心头颈病区主任。发表论文 50 余篇，其中以第一作者发表 SCI 论文 11 篇。专注头颈肿瘤的外科治疗与分子机制研究，着重甲状腺肿瘤、喉癌、下咽癌的手术治疗与功能重建。作为负责人完成国家及省部级重点课题 3 项，以第一完成人获得国家发明专利 1 项。

魏民，解放军总医院骨科医学部运动医学科主任，主任医师，教授，医学博士，研究生导师。长期从事骨关节疾病和运动损伤的诊疗，尤其擅长膝关节运动医学和足踝外科，改良和创新了多种手术方式并进行了相应的器械设备研发，以第一负责人承担国家 863 重点课题 1 项、国家自然科学基金面上项目 3 项、北京市自然科学基金面上项目 1 项、军队面上项目 3 项。以第一作者或通讯作者发表论文 60 余篇，其中 SCI 论文 13 篇，Medline 论文 11 篇。获得医院医疗成果一等奖 2 项，获得专利 3 项。主编专著 1 部，主译英文著作 3 部。

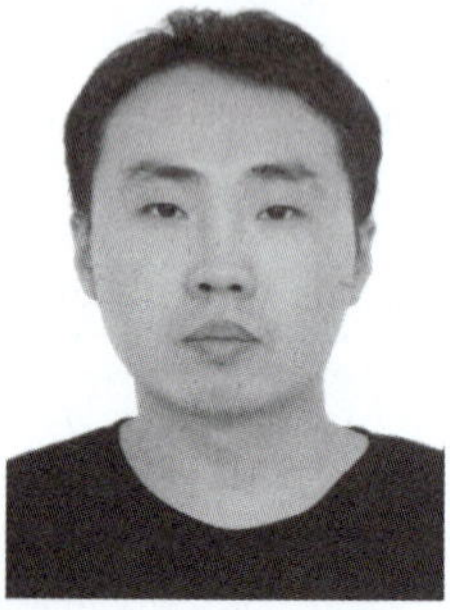

任文琦，副教授。主要研究方向包括图像视频处理和增强等相关问题。在本领域内国际主要期刊和会议发表 CCF-A 类学术论文 50 余篇，谷歌学术引用 5000 余次，包括 5 篇 ESI 高被引论文。担任《中国图象图形学报》青年编委，北京图象图形学学会理事等。入选 2021 年度吴文俊人工智能优秀青年奖和 2022 年度百度发布的全球高潜力 AI 华人青年学者榜。

王雄智，西安电子科技大学博士二年级在读，目前研究方向为计算机视觉和深度学习。特别关注基于深度学习的双目 / 单目深度估计、深度补全、高速结构光三维成像（相移条纹结构光、散斑结构光）、自由曲面光学联合设计等。

董研博，医学博士，北京友谊医院耳鼻咽喉头颈外科医师。主要研究领域为头颈肿瘤的基础研究与临床诊治。以第一作者发表文章 9 篇，其中英文论著 6 篇。

刘坤，解放军总医院耳鼻咽喉头颈外科医学部医师、硕士。发表 SCI 论文 6 篇，中文核心期刊论文 4 篇，其中以第一作者发表 SCI 论文 3 篇，medline（国际性综合生物医学信息书目数据库）2 篇，获得河北省科技进步奖二等奖。主要研究领域为头颈肿瘤临床研究工作等，以主要参与人身份参与国家耳鼻咽喉疾病临床医学研究中心研究课题 1 项。

刘良发，医学博士。首都医科大学附属北京友谊医院主任医师、教授、博士生导师；科室副主任、党支部书记，头颈外科主任；首都医科大学耳鼻咽喉科学院副院长。从事头颈肿瘤基础与临床研究，承担国家自然科学基金课题 1 项，省部级课题 6 项，发表论文 130 余篇，其中 SCI 论文 20 余篇，获省部级医疗成果及科技成果奖 3 项，译著 2 部。

杨仕明，主任医师，教授，博士生导师。现任解放军总医院耳鼻咽喉头颈外科医学部主任，国家耳鼻咽喉疾病临床医学研究中心主任。发表第一作者或通讯作者论文 351 篇，其中 SCI 论文 133 篇，撰写著作 12 部。主要从事耳科学、人工耳蜗和侧颅底外科、聋病防治等研究。

第三篇

基础设施篇

面向全球科技合作的开放科学云计划

黎建辉[1] 张丽丽[1] 温亮明[1,2]

（1. 中国科学院计算机网络信息中心；2. 中国科学院大学）

摘 要

在全球化背景下，开放科学是解决人类面临的共同挑战的有效途径，而科研基础设施开放共享则是开放科学的重要内容之一。本文对全球开放科学云的概念内涵、愿景目标和实践进展进行了综述，首先梳理了全球科研基础设施的发展现状，指出跨领域、跨国界的多云联邦服务将成为全球科研基础设施合作发展的趋势；其次给出了全球开放科学云的概念定义，描述了全球开放科学云的典型应用场景，设计了全球开放科学云的逻辑框架；再次介绍了全球开放科学云的预期愿景、理想形态、重点突破方向等；最后介绍了全球开放科学云在战略规划、工作机制、合作网络、国际声誉、技术实现等方面的进展。未来，全球开放科学云将构建开放的合作框架，建立广泛的合作对话机制，形成适应典型跨洲际科研合作场景的云服务体系。

关键词

开放科学；科研基础设施；云联邦；全球开放科学云

Abstract

Under the tide of globalization, open science has become an effective way to solve the common challenges faced by the human race. The open research infrastructure is one of the crucial elements in open science. This paper introduces the concept and vision of the Global Open Science Cloud (GOSC) idea, and the progress of the GOSC Initiative. Firstly, the status of global research infrastructures is reviewed with cloudification, interconnectivity, and federalization identified as research infrastructure features. Secondly, given the conceptual definition, application scenarios are analyzed in detail followed by the GOSC framework and vision. Initial work of the GOSC Initiative is also introduced, including the strategic planning, governance mechanism, collaboration, and current technical development. In the future, GOSC will be built on a robust open cooperation framework, driven by a much broader collaboration network, thus providing tailored cloud services for scientific discoveries.

Keywords

Open Science; Research Infrastructure; Cloud Federation; Global Open Science Cloud

当前，人类正面临贫困、粮食安全、教育机会、饮水安全、清洁能源、就业机会、灾害防御、气候变化、海洋环境、生态系统等方面的共同挑战，联合国于2015年9月通过了《2030年可持续发展议程》，提出了可持续发展目标（Sustainable Development Goals，SDGs）[1]。“走到一起是开始，团结合作就能进步，齐心协力才能成功”[2]。可持续的创新解决方案不仅需要科学界的努力，还需要产业界乃至社会普通民众主动参与开放科学运动，各利益攸关方进行开放协作是趋势，开放科学将驱动《2030年可持续发展议程》目标的实现[3]。所谓开放科学，即科研过程全链条公开透明与开放合作，实现科研条件、科研资源与服务的融通共享。开放科学是一种以开放性为特征的科学文化，是一种基于大规模协作的科学研究范式，也是利用信息技术实现研究合作的创新方法，其核心内容是扩大对科学出版物和数据的获取，核心理念是自由、开放、合作、共享[4]。2020年以来的新冠病毒感染疫情防控，让我们认识到知识分享和国际科研合作的重要性，也证明了开放科学可为全球挑战提供解决方案。

近年来，开放科学逐步上升到国际、国家战略层面：2014年，荷兰政府制定《开放科学与研究计划》并成立知识社会开放科学国家协调联盟，随后欧盟、波兰、法国、加拿大等国家和地区陆续发布开放科学路线图；2016年，欧洲委员会发布《开放创新，开放科学，向世界开放》研究报告，介绍欧洲已经采取或正在准备的行动，公布“欧洲开放科学议程”并推出“欧洲云计划”；2017年，荷兰启动开放科学国家计划，发布《荷兰开放科学宣言》；2018年4月，法国高等教育研究创新部发布《法国开放科学国家计划》并做出3项承诺：开放访问出版物、开放访问研究数据、参与欧洲和国际开放科学活动；2018年7月，美国国家科学院发布《开放科学设计：实现21世纪科研愿景》报告，提出了“开放科学设计”框架；2019年7月，塞尔维亚政府通过《科学与研究新法》，承认开放科学是科学研究的一项基本原则。我国也在开放科学数据、开放期刊获取、开放基础设施等方面积极实践，出台了《科学数据管理办法》，发起“OSID”（Open Science Identity）开放科学计划，布局了20个国家级科学数据中心等。

随着开放科学进程的推进，不同学科领域的共性需求更加密集，建设以海量数据资源为基础、以通用算法模型为核心、以超强计算能力为支撑的信息化基础设施成为现实所需，科学家们设想构建一种软硬件兼容的平台来整合已有的科研资源，开放科研基础设施成为开放科学的重要组成[5]，联合国教科文组织（United Nations Educational, Scientific and Cultural Organization，UNESCO）在2021年11月正式发布的《开放科学建议书》中将开放科学基础设施与开放获取科学知识、开放科学传播、社会行为者的开放式参与、知识体系的开放式对话等列为开放科学的重要支柱。各国家、地区也在布局建设开放科研基础设施，如欧洲开放科学云（European Open Science Cloud，EOSC）、马来西亚开放科学平台（Malaysia Open Science Platform，MOSP）、非洲开放科学平台（African Open Science Platform，AOSP）、澳大利亚研究数据共享中心（Australian Research Data Commons，ARDC）、拉丁美洲开放基础设施（RedCLAra and LA Referencia in Latin America）、中国科技云（China Scicence & Technology Cloud，CSTCloud）等。可见，开放科研基础设施的发展在全球范围内方兴未艾，在开放科学全球化背景下开展科研基础设施的研究具有十分重要的科学理论和实践应用意义。

1 全球科研基础设施发展现状

1.1 开放科研基础设施概述

从本质而言，全球开放科学云（Global Open Science Cloud，GOSC）属于开放科研基础设施的范畴[6]，所谓开放科研基础设施，是指将实验室、大科学装置、科研数据中心、科研信息化平台、科学计算网格等基础设施进行开放共享[7]，包括科研网络、计算、存储基础设施，开放科研数据与科研软件，开放获取文献平台，虚拟实验室等。表 1 展示了部分国家和地区的开放科研基础设施举措。

表 1　部分国家和地区的开放科研基础设施举措

国家和地区	年　份	举　措
美国	1993 年	启动“国家信息基础设施”计划
	2013 年	成立非营利组织“开放科学中心”
欧盟	2009 年	发起“欧洲开放获取基础设施”项目
	2016 年	发起“欧洲开放科学云”计划
英国	2012 年	将建设“国家核心基础设施数据集”作为国家数据战略之一
	2015 年	启动“国家信息基础设施”项目建设
	2016 年	启动“国家基础设施交付计划（2016—2021）”
南非	2016 年	发起“非洲开放科学平台”倡议
澳大利亚	2018 年	启动“研究数据共享基础设施”项目
法国	2019 年	建设“欧洲天文和粒子物理科学集群研究基础设施”
马来西亚	2019 年	启动“开放科学平台”先导计划

1.2　开放科学云的建设进展

随着开放科学对资源操作云端化处理的需求不断加快，以开放科学云为代表的开放科研基础设施开始出现，开放科学云以提供计算资源、存储空间、网络带宽等硬件资源为主要功能[8]，用户可以采用即用即付的方式租用基础设施资源。2009 年，美国率先发起了开放科学数据云（Open Science Data Cloud，OSDC）项目[9]。这是一个提供科学数据集资源存储、共享和分析的数据科学生态系统，研究人员可以存储科学数据，访问补充公共数据集，创建、共享和定制虚拟机。2015 年 10 月，欧洲网格基础设施（European Grid Infrastructure，EGI）、欧洲科研和教育网络（GEANT）、欧洲数据基础设施（European Data Infrastructure，EUDAT）、欧洲研究型图书馆协会（Association of European Research Libraries，LIBER）和欧洲科研开放获取基础设施（Open Access Infrastructure Research for Europe，OpenAIRE）5 家科学组织联合发布开放科学云声明，阐述了合作伙伴对开放科学云的组织、可持续发展和治理方面的愿景，声明了欧洲开放科学云的目标导向。2016 年，欧洲正式启动“欧洲云计划”，借助云的理念将欧洲现有的信息化基础设施、数据资源、云战略和高性能战略成果等联合起来，形成一体化的信息化基础设施环境。在“欧洲云计划”的带动下，“欧洲开放科学云”旨在为 170 万名欧洲科研人员和 7000 万名领域人士提供可跨境、跨领域的科研数据访问、存储、管理、分析和再利用[10]。EOSC 是欧盟理事会认可的欧洲研究领域（2022—2024 年）政策议程 20 项行动之一，用于深化欧洲开放科学实践。2017 年 12 月，中国启动“中国科技云”

工程建设，可面向众多学科领域提供计算服务、存储服务、网络服务、平台社区、科学软件、运行维护、数据信息、安全认证等服务[11]，已为多个重大科研项目提供支撑服务。

然而，随着边缘侧对“大连接、低时延、大带宽”的云资源需求更加旺盛，采用单一的中心化模式部署的开放科学云服务模式在扩展性、负载均衡、服务效能等方面逐渐显现出局限性。云服务提供者已较难达到承诺的服务质量水平，也难以满足动态型的资源请求[12]。开放科学基础设施要发挥最大化效用，必须对现有云服务模式进行优化，将不同专业和标准化服务的云进行聚合，云服务商通过协作构建基于云的体系结构，而创建联邦型的云服务环境成为可行途径之一[13]，《UNESCO 开放科学建议书》也在呼吁加强现有科研基础设施的互联互操作。

1.3　中国科技云的创新探索

中国科技云是由中国科学院牵头建设的公益性、非营利性、学术性国家级新型科研信息化基础设施。依托中国科技网，中国科技云集网络、数据与计算于一体，动态汇聚科研信息化资源及服务，为全国广大科技工作者提供服务，支撑重大科学发现、科技创新和国家战略。作为云网融合的新型国家级信息基础设施，中国科技云统一门户依托按需扩展的柔性云服务模式，实现算力（315PF）、存储（150PB）、数据（PB 级）、软件（千余款）及平台（52 个）等九大类云服务的互联互通（核心骨干网 100G，覆盖国内国际多链路），全面支持多学科领域交叉引用示范与前沿科学创新。

面对科研基础设施云际化、跨洲际和联邦化发展趋势，中国科技云团队于 2019 年 10 月国际数据委员会（Committee on Data, International Science Council，CODATA）北京会议期间，提出了共同设计和共建“全球开放科学云”设想，探索全球科研基础互联互通的可能性，希望通过 GOSC 推动中国科技云与国际开放科学基础设施之间的互联互通[14]。2021 年，该项目作为中国科学院大科学培育项目和 CODATA 十年规划重要项目，正式落地实施。

2　全球开放科学云的概念内涵

GOSC 是一个为满足科研活动的特定需求和规则要求而设计，将多个科研基础设施逻辑组合的生态系统，是一个集技术、基础设施、标准、政策、组织等于一体的云际互联协作环境[15]。此环境集成了多种科研资源，横跨多个利益相关者，应用场景和应用特点也更加符合科学研究需求，研究人员将能够处理大量科研资源并共享其科学成果，是开放科学环境下云联邦技术在科学研究领域的实践探索。

GOSC 主要针对以下典型科学应用场景：①算力共享与多任务计算，如大型科研信息基础设施具有海量数据生产和捕获能力，而中心化的单一算力的数据中心的响应速度远低于数据产生速度，难以对这些海量数据进行分析梳理，借助 GOSC 的分布式计算资源联邦，可根据负载状态将待处理数据传输给最合适的计算中心执行计算[16]，能够同时满足高性能计算（用最短的时间完成某一项科学计算任务）和高通量计算（在同一时间内尽可能完成多个计算任务）[17]。②联邦学习，如各国家/地区的详细人口信息、资源分布数据、大气环境数据等属于敏感数据，这些原始数据基本被各国家/地区本地化保存，在 SDGs 评估过程中各成员可将数据分析所需之算法、软件及运行环境共享给 GOSC 成员，所有参与者共同训练数据模型，最终训练结果回传给 SDGs 评价中心[18]。③云功能集成，如不同科研机构在文献汇聚、数据生产及算力、存储容量等方面各具优势，通过 GOSC 可将不同机构集合成一个虚拟化的联邦组织，实现资源更广范围内统一访问、共建共享[19]。④云平台拓展，与前述类似，科研机构面临临时任务所带来的短时段、大规模存储、传输、计算等需求。为此，可通过 GOSC 分节点资源交互来满足以上要求，以避免基础设施过度建设，而各机构分散的富余资源也可以在资源池中共享，通过供需调节，实现不同资源主体的最大化利益、资源的最大化利用[20]。

GOSC 采用联邦化分布式云服务模式，在资源供给、服务质量、治理机制等方面均具有突出特征。在资源供给方面，加入 GOSC 的云服务需求者能够访问联邦内其他供给者的资源或者向更大范围的群体提供资源供给，这突破了资源数量供给限制；在服务质量方面，参与者只有符合相关标准才能加入 GOSC 联邦，且资源的供需过程需要遵循一定的服务协议；在治理机制方面，GOSC 探索制定特定的身份识别、资源操作、资源交易等规则，联邦参与者在本地规则和联邦规则的双重约束下参与 GOSC 治理。综上所述，GOSC 允许根据需求变化将资源外包给其他提供者，将免费资源租给其他提供者或关闭未使用的节点，为分布式云资源服务的动态性、扩展性、可靠性和效能性管理提供了一个实用平台[21]，具备云际交互、跨越平台、动态扩展、负载均衡、分布自治等特征。

根据概念定义、应用场景、应用特点可知，GOSC 是多元科研资源的综合生态体，图 1 为 GOSC 的逻辑框架。

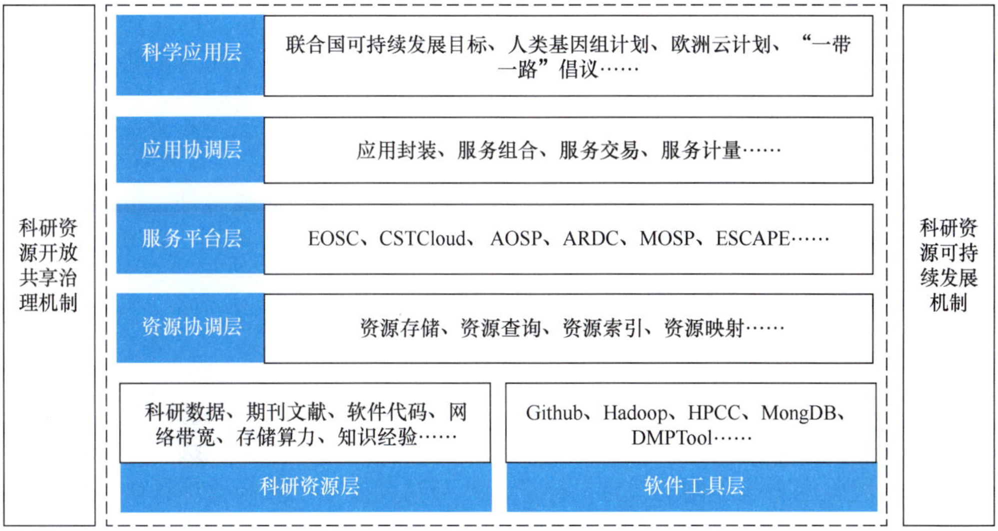

图 1 GOSC 的逻辑框架

GOSC 的逻辑框架主要由科研资源层、软件工具层、资源协调层、服务平台层、应用协调层、科学应用层等构成：科研资源层汇聚了全球各类型开放科研资源，既有显性资源（如期刊文献、软件代码、网络带宽、存储算力等），又有隐性资源（如科研数据、政策制度、语言工具、知识经验等）；软件工具层主要汇聚了各类处理开放科学资源的云端操作软件工具包及开源虚拟学术交流社区，软件工具如 Hadoop、HPCC、MongDB、DMPTool 等，虚拟社区如 Github、Wikipedia、木兰社区、CSDN 等；资源协调层主要实现对异构开放科研资源和常用软件工具的标准化封装与组织管理，如资源标记、资源分类、资源存储、资源查询、资源索引、资源映射、应用程序接口适配、可视化展示等；服务平台层互联了现有的开放科研基础设施（云服务平台），如 EOSC、CSTCloud、AOSP、ARDC、MOSP、ESCAPE 等，这些平台是资源、工具、政策、知识的集合体；应用协调层主要支撑科研人员、科研资源、软件工具、服务平台与科学应用之间的互操作，如资源 / 服务描述、应用封装、服务 / 资源排序、资源 / 服务发布、资源调度、资源 / 服务交互、资源 / 服务组合、资源 / 服务交易、资源 / 服务计量等；科学应用层主要支持 GOSC 在具体科研场景中的落地应用，目标是为联合国可持续发展目标、人类基因组计划、“一带一路”倡议等国际大科学合作科研项目提供全流程服务支撑。此外，科研资源开放共享治理机制和科研资源可持续发展机制为不同层级之间的交流互通提供了制度保障，如科研资源层与资源协调层之间通过各种标准协议实现资源交互，应用协调层与科学应用层之间通过应用程序接口实现服务调度，这些交互 / 调度都在遵循服务级别协议（Service Level Agreement，SLA）和服务质量要求的前提下进行。

3 全球开放科学云的愿景目标

GOSC 倡议提出后，经过与合作机构多次磋商，确定了发展愿景：通过统一的政策制度、互操作协议、可持续机制、典型应用场景等关键行动，联合数字基础设施、技术专家、数据科学家、政策制定者、政策研究者、虚拟学术社区等利益相关者，共同设计研究架构、共同开发支撑软件、共同部署测试平台以连接不同国家和地区的开放科学云平台，构建用于全球合作和开放科学的跨洲际联邦数字基础设施和虚拟研究环境，为全球科研工作者提供网络互联、计算联邦、数据“FAIR”（Findable Accessible Interoperable Reusable）化、授权认证交互等云服务。GOSC 是一个用户驱动的多元化应用平台，首先从区域合作最佳实践开始，逐步面向更广泛的国际用户提供服务，最终实现世界各地的科研资源得到最大化利用，协助填补不同群体间的基础设施和技术能力鸿沟，支持全球科学长期合作，真正促进国际科学事业可持续发展。图 2 勾勒了 GOSC 的理想形态。

基于设定的愿景和使命，GOSC 将在 4 个方面重点发力：一是发挥现有国际组织的力量，深度参与重大国际合作项目，形成多科学交叉的国际合作网络；二是依托现有合作网络，共同制定全球遵循的政策、标准规范与治理体系，共同设计科研互信协作机制，共同构建开放科学基础设施生态体系；三是在 FAIR 原则的指引下共同建立开放的系统框架与技术体系，实现跨洲际间开放科学云资源与服务的充分共享及互操作；四是在天文空间、灾害风险、智慧城市、精准医疗、网络安全等典型领域布局实践，最终形成可大范围推广的云服务应用示范。

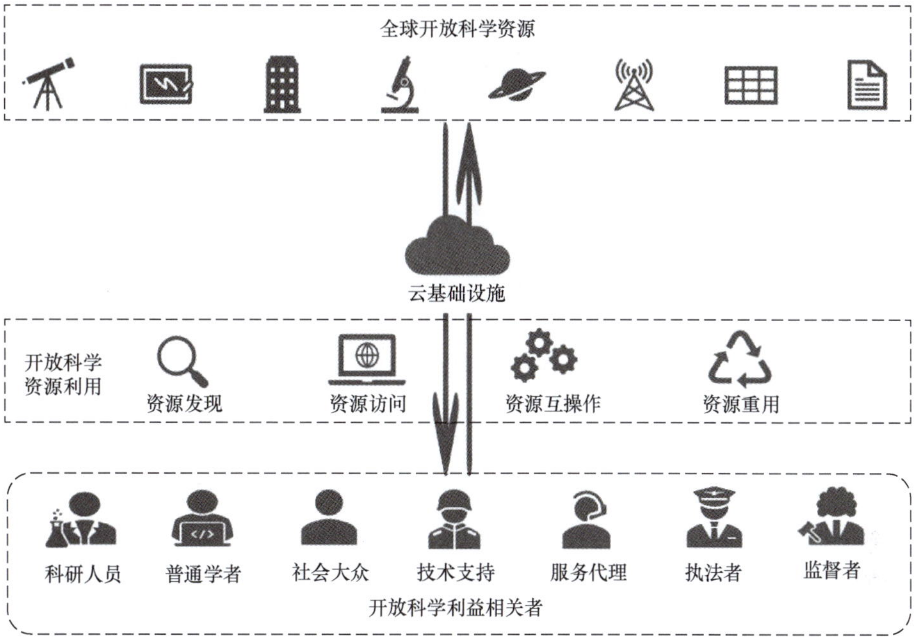

图 2　GOSC 的理想形态

GOSC 将围绕以下核心问题进行重点突破：跨洲际开放科学云联邦系统治理体系、全球化云资源服务标准 / 框架 / 指南、协调一致的数据资源和服务跨境共享的政策、突破多类开放科学云资源联邦服务关键技术、跨洲际联邦云服务测试平台、多学科领域大科学应用示范、平等互利的治理规则和可持续运行机制、跨域学科交叉云联邦服务模态、跨洲际自主自治云联邦互操作关键协议和工具包。

综上所述不难看出，全球开放科学云思想的提出，是面向 UNESCO 开放科学倡议实施的基础设施层面的综合保障：在技术层，更广范围内的技术互操作性方案将使科研尺度和规模达到空前水平，有助于全球治理和重要课题攻关；在政策层，全球范围内互信平等机制的进一步建立，将为更好地推进科研服务社会治理提供重要契机；在语义层，跨域资源更加顺畅、高效地流动，将进一步提升科研创新与知识发现水平；在社群生态构建方面，跨领域合作的广泛兴起与特定科研场景的结合，广泛相关利益群体的互联，为推动科研发展、服务联合国可持续发展目标 2030 日程等一系列重要工作提供了文化与组织层面的双重保障。为此，积极倡导和推进全球开放科学云倡议落地、助推计划实施，具有重要的现实和前瞻性意义。

4　全球开放科学云的实践进展

GOSC 倡议提出后得到了全球多个国际组织的广泛支持，多个科研机构积极响应并参与 GOSC 建设。按照规划，GOSC 计划共分为 3 个阶段，如图 3 所示。

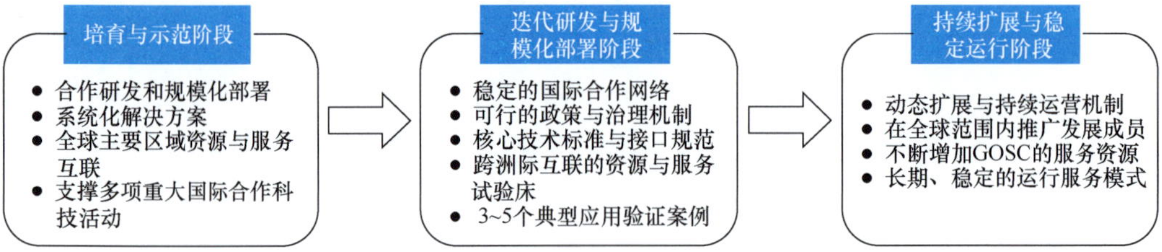
培育与示范阶段
• 合作研发和规模化部署
• 系统化解决方案
• 全球主要区域资源与服务互联
• 支撑多项重大国际合作科技活动
迭代研发与规模化部署阶段
• 稳定的国际合作网络
• 可行的政策与治理机制
• 核心技术标准与接口规范
• 跨洲际互联的资源与服务试验床
• 3~5个典型应用验证案例
持续扩展与稳定运行阶段
• 动态扩展与持续运营机制
• 在全球范围内推广发展成员
• 不断增加GOSC的服务资源
• 长期、稳定的运行服务模式

图 3　GOSC 的实施规划

当前，GOSC 正处于培育与示范阶段中期，预期重点通过两到三年为“全球开放科学云”构建提供政策依据、技术保障、可行性验证，推动开放科学基础环境的云际互联与资源共享。培育与示范阶段的相关工作正在有序推进，并在多个方面取得实质性进展。

（1）设立指导组、工作组和案例组。围绕既定的愿景目标，GOSC 成立了 1 个指导组（Steering Group）、组建了 4 个任务组（Working Group）并遴选了 5 个科学应用案例（Case Study），这为 GOSC 的实施提供了基础和范例 [22]。GOSC 指导组（Steering Group）旨在为管理整个倡议提供持续的指导，指导组的 8 位常驻成员分别代表了国际组织、亚洲、欧洲和美洲，保障了工作组和案例组工作的开展。工作组和案例组的基本情况如表 2 所示。值得指出的是，应用案例并不局限于上述内容，欢迎其他与“全球开放科学云”分享类似理念的科研应用示范，向指导组提交申请 GOSC 计划，共同推进全球开放科学云生态治理。

表 2　GOSC 的工作组和案例组的基本情况

工作组名称	聚焦的科学问题	Co-chair 来源
战略、治理和可持续工作组	• GOSC 的治理模式及其相关举措 • GOSC 的使命、愿景和战略举措 • GOSC 的资金来源和需求模型 • 所有利益相关者的参与机制	马来西亚开放科学平台（MOSP）、RedClara and Open Science Platforms in Latin America（乌拉圭）、国际科学理事会灾害风险综合研究计划国际项目办公室（中国）
政策与法律工作组	• GOSC 的政策指南 / 清单 / 指标 • GOSC 的互操作解决方案 • GOSC 的指导原则 • GOSC 相关案例的选择与研究	澳大利亚科研软件联盟、GEANT（荷兰）、CODATA 数据政策委员会 / 研究数据联盟（Research Data Alliance，RDA）委员会 / 加拿大研究数据组织、中国科学院计算机网络信息中心
技术平台工作组	• 全球数字研究基础设施的技术互操作方案 • GOSC 的联邦能力测试模板 • GOSC 测试平台和用例演示 • 国际研究合作和开放科学	EGI（荷兰）、中国科学院计算机网络信息中心、南非科学与工业研究理事会（Council for Scientific and Industrial Research，CSIR）

续表

工作组名称	聚焦的科学问题	Co-chair 来源
数据互操作工作组	• 分布式且兼容的跨域数据模型 • 元数据互操作性解决方案 • 数据互操作标准和指标 • 语义工具的长期保存策略	北美元数据技术组织（加拿大）、中国科学院计算机网络信息中心、美国圣地亚哥超级计算中心、欧洲开放科学云（斯洛文尼亚）、澳大利亚研究数据共享中心（ARDC）
非相干散射雷达数据融合与计算案例组	• 雷达数据和元数据联邦模型 • 雷达数据协同生产和共享模型 • 雷达数据处理过程中的质量控制 • 联邦学习增强算法	欧洲非相干散射雷达（European Incoherent Scatter，EISCAT）科学协会（瑞典）、中国科学院地质与地球物理研究所
生物多样性与生态信息平台案例组	• 相机捕获数据的存储一致性问题 • 生物圈保护区数据系统的实践规范 • 模块化功能在线云服务开发 • 基于深度学习算法的图像智能分析	全球生物多样性信息机构（丹麦）、中国科学院动物研究所
SDG-13 气候变化和自然灾害案例组	• 气候变化和自然灾害的同质性和异质性 • 区域极端气候及相关自然灾害的成因和频率 • GOSC 测试平台和云联邦技术成熟度验证	Tonkin+Taylor（新西兰）、中国科学院大气物理研究所、泰国国家研究委员会
人口健康敏感数据联邦分析案例组	• 完全分布式的数据分析和学习系统开发 • 联邦或集中的屏蔽数据访问平台设计 • 遵循 FAIR 原则的敏感数据联邦分析原型系统开发	复旦大学、CODATA/GO FAIR 基金会（荷兰）、德国海德堡大学、尼日利亚洛科亚联邦大学
流行疾病中的晶体衍射数据联邦分析案例组	• “明确的可重用性”指标体系 • 基于 XRDa 的语义互操作解决方案 • 实现（元）数据协同生产和共享的模型 • 适应多源数据捕获 / 实时数据共享和联邦数据学习的工作流规范	英国曼彻斯特大学、日本大阪大学

（2）构建广泛的合作网络。GOSC 依托单位充分利用国际组织建立国际网络［CODATA、RDA、GO-FAIR、WDS（World Data System，世界数据系统）］，就政策、技术、平台多层面展开合作，共建科研互信机制。2020 年 6 月，CSTCloud 与 EGI 签署战略协议，双方将在跨洲际开放科学云环境构建、跨洲际云联邦核心技术研发、开放科学云治理政策研究等方面展开合作 [23]，共同推动跨洲际开放科学云建设。与 GEANT、MOSP、AOSP、ARDC、NDRIO、RedCLAra and LA Referencia in Latin America 等世界主要科研基础设施的深化合作也在积极推进。当前，GOSC 基本完成了在全球的宣传活动，汇聚和形成了广泛的合作共识。截至 2022 年 10 月，GOSC 项目注册专家代表已逾百人，分布在中国、泰国、荷兰、法国、南非、澳大利亚、美国、加拿大、巴西等 30 余个国家

和区域。

（3）努力提升国际影响力。基于已有广泛的国际合作网络，GOSC 以国际研讨会议为平台并利用其他途径向世界传递 GOSC 主张 [24]：2020 年 11 月，GOSC 国际研讨会召开；2020 年 12 月，“FAIR 融合研讨会”召开，与会专家呼吁全球积极参与 GOSC 建设；2021 年 6 月，“GOSC 项目启动暨咨询研讨会”召开 [25]，初步明确了任务分工和国际合作网络；2021 年 9 月 2 日，发布 GOSC 联席主席简报，明确各工作组和案例组的任务；2021 年 10 月 22 日，第二届全球开放科学云研讨会召开；2021 年 10 月 27 日，与 CODATA 联合发布了 GOSC 各任务组和工作组未来两年的工作计划和预期产出；2021 年 11 月，GOSC 团队在线发布了《全球开放科学云全景》（*The Global Open Science Cloud Landscape*）研究报告，详细梳理了当前全球主要开放科学基础设施的建设进展，识别了全球开放科学云的关键推进维度。

（4）实现科研资源初步互联。形成了跨云安全认证与授权的技术标准，研发了开放科学云认证与授权联盟系统，基本可实现对等条件下的用户身份认证与授权，支持国际联盟用户资源交互。在此基础上，与 EGI 联合研发首个中欧间跨洲际云联邦实验床 [26]，双方共同设计形成了面向多云复杂环境、跨域资源流动的云联邦互联综合架构方案。该实验床于 2021 年 9 月开始提供服务。

5 总结与展望

人类命运共同体构建和百年未有之大变局相互交织，对加快世界科技合作、构建全球开放创新生态提出了更加迫切的要求，全球科学家需要在政策、技术、平台等方面进行合作，开放科学正成为一种新的科学研究范式。开放科学不仅是社会得以可持续发展的外部需要，更是科学研究自身发展的内在需要，我们比历史上任何时期都更加需要开放科学为科技创新提供解决方案 [27]。GOSC 计划的实施将有效推动全球科技资源的流动与共享，这是以 CSTCloud 为代表的中国科研基础设施向国际社会的延伸，是中国科技界发展和利用国际科技资源的桥梁，是中国积极践行 UNESCO 开放科学倡议的生动体现。

GOSC 是一个由全球科学合作的典型用例驱动的、不断迭代开发和持续进化的长期过程，还需从政策、组织、机构、技术等多个方面对 GOSC 的发展进行深入思考 [28]：在政策层面，需要思考如何构建平等互信、共建共享、长效可持续发展的开放科学云生态，实现长期迭代、大量积累、多元发声、互利共赢；在组织层面，需要思考如何推进我国科研人员积极参与 GOSC 计划、如何建立长效机制保障其活跃度及在 GOSC 实施中的主导权；在机构层面，需要思考如何与 CODATA 等国际组织建立长效联合机制，高效地推进国际项目办公室（International Project Office，IPO）持续运行并进一步提高 GOSC 的国际影响力；在技术层面，需要思考如何推进中国科技云持续支持 GOSC 技术研发、迭代与应用示范，使其具备适应计算和人工智能时代的智能处理能力，完成从轻量级试验床到大型融合平台的转变。

展望未来，GOSC 将在全球范围内寻求建立更广泛互信的合作对话机制，继续与全球现有主要科研基础设施和国际组织、研究机构、大学等战略合作伙伴一道，共同设计框架、共同开发使能软件和工具、共同部署测试平台、共同测试和展示、共同评估和演化、共同识别典型应用场景，进一步丰富 GOSC 框架，提供更加适应学科科研场景的综合云服务，持续推进全球科研资源协作共享和科研基础设施广泛互联互通。

致谢

本研究获得国家重点研发计划“中欧跨洲际开放科学云联邦技术与示范”（2021YFE0111500）、中国科学院国际合作局国际伙伴计划“全球开放科学云”培育计划（241711KYSB20200023）和国家自然科学基金“基于引用扩展框架的科学数据可复用性测度研究”（72104229）的支持。

参 考 文 献

[1] BEXELL M, JÖNSSON K. Responsibility and the United Nations' Sustainable Development Goals[J]. Forum for Development Studies, 2017, 44(1): 13-29.

[2] SERRUYS P W. Coming Together is a Beginning, Keeping Together is Progress, Working Together is Success[J]. EuroIntervention, 2014, 10(1): 11.

[3] 郭华东. 开放数据与开放科学驱动可持续发展目标实现 [J]. 科技导报，2021，39（2）：68-69.

[4] RAMACHANDRAN R, BUGBEE K, MURPHY K. From Open Data to Open Science[J]. Earth and Space Science, 2021, 8(5): e2020EA001562.

[5] 廖方宇，洪学海，汪洋，等. 数据与计算平台是驱动当代科学研究发展的重要基础设施 [J]. 数据与计算发展前沿，2019，1（5）：2-10.

[6] 廖方宇，汪洋，马永征，等. 国家科研信息化基础环境建设与实践 [J]. 中国科学院院刊，2016，31（6）：639-646.

[7] MASUM H, RAO A, GOOD B M, et al. Ten Simple Rules for Cultivating Open Science and Collaborative R&D[J]. PLoS Computational Biology, 2013, 9(9): 1-4.

[8] MANVI S S, SHYAM G K. Resource Management for Infrastructure as a Service (IaaS) in Cloud Computing: A survey[J]. Journal of Network and Computer Applications, 2014, 41(5): 424-440.

[9] GROSSMAN R L, GU Y, MAMBRETTI J, et al. An Overview of the Open Science Data Cloud[C]. In Proceedings of the 19th ACM International Symposium on High Performance Distributed Computing (HPDC '10), 2010: 377-384.

[10] BURGELMAN J C. Politics and Open Science: How the European Open Science Cloud Became Reality (the Untold Story)[J]. Data Intelligence, 2021, 3(1): 5-19.

[11] 危婷，张宏海，蔺小丽，等. 中国科技云门户用户忠诚度的研究 [J]. 数据与计算发展前沿，2020，2（6）：74-81.

[12] GHAZI A, BAHAEI H, ARANI M G. A New Framework for the Evaluation of QoS in Cloud[J]. International Journal of Computer Applications, 2014, 107(1): 44-49.

[13] RAY B K, SAHA A, KHATUA S, et al. Toward Maximization of Profit and Quality of Cloud Federation: Solution to Cloud Federation Formation Problem[J]. The Journal of Supercomputing, 2019, 75: 885-929.

[14] Computer Network Information Center, Chinese Academy of Sciences. International Initiative: Global Open Science Cloud[EB/OL]. [2022-01-22]. http://english.cnic.cn/nws/202106/t20210608_271753.html.

[15] Chinese Academy of Sciences. Global Open Science Cloud Initiated for Dialogue and Alignment between Open Science Platforms[EB/OL]. [2022-01-22]. https://english.cas.cn/newsroom/news/202106/t20210630_273264.shtml.

[16] INKPEN K. Many Computers, Many People, and Everything in Between: Supporting Shared Computing[C]. Proceedings of the 13th International Conference on Computer Supported Cooperative Work in Design, Santiago, Chile, 2009: 1.

[17] CABELLOS L, PLASENCIA I C, FERNÁNDEZ-DEL-CASTILLO E, et al. Scientific Workflow Orchestration Interoperating HTC and HPC resources[J]. Computer Physics Communications, 2011, 182(4): 890-897.

[18] YANG Q, LIU Y, CHEN T, et al. Federated Machine Learning: Concept and Applications[J]. ACM Transactions on Intelligent Systems and Technology, 2019, 10(2): 1-19.

[19] STERGIOU C, PSANNIS K E, KIM B, et al. Secure Integration of IoT and Cloud Computing[J]. Future Generation Computer Systems, 2018(78): 964-975.

[20] SINGH J. Exploring Expansion and Innovations in Cloud Computing[J]. International Journal of R&D Innovation Strategy, 2019, 1(1): 46-59.

[21] GOIRI I, GUITART J, TORRES J. Characterizing Cloud Federation for Enhancing Providers' Profit[C]. Proceedings of the 3rd IEEE International Conference on Cloud Computing, Miami, USA, 2010: 123-130.

[22] Computer Network Information Center, Chinese Academy of Sciences. Global Open Science Cloud Workshop Connects Policy, Science and Technology Experts for Open Science Infrastructure[EB/OL]. [2022-01-23]. http://english.cnic.cn/rsearch/rp/202106/t20210608_271755.html.

[23] 中国科学院. 中国科技云与欧洲开放科学云启动战略合作 [EB/OL]. [2022-01-24]. http://www.cas.cn/yx/202006/t20200624_4751116.shtml.

[24] China Science and Technology Cloud. "Global Open Science Cloud" Series Discussion Held Successfully[EB/OL]. [2022-01-24]. http://www.cstcloud.net/news/36.jhtml

[25] 中国科学院. 中科院国际大科学计划培育专项项目"全球开放科学云 GOSC 培育计划"启动实施 [EB/OL]. [2022-01-24]. https://www.cas.cn/yx/202106/t20210630_4795892.shtml.

[26] Chinese Academy of Sciences. CNIC and EGI to Cooperate on Open Science Cloud[EB/OL]. [2022-01-25]. https://english.cas.cn/newsroom/news/202006/t20200624_239185.shtml.

[27] 陈传夫，李秋实. 开放社会与图书馆发展 [J]. 中国图书馆学报，2020，46(1)：16-37.

[28] Computer Network Information Center, Chinese Academy of Sciences. Review of the Global Open Science Cloud Initiative in 2021[EB/OL]. [2022-01-25]. http://english.cnic.cn/coll/ic/202112/t20211223_295159.html.

作者简介

黎建辉，中国科学院计算机网络信息中心研究员，博士生导师，科技云运行与技术发展部主任，CODATA 副主席，中国科学院“全球开放科学云”培育计划、国家重点研发计划“中欧跨洲际开放科学云联邦技术与示范”等项目负责人。研究方向为开放科学、云计算与分布式系统、智能运维 AIOps 等。

张丽丽，中国科学院计算机网络信息中心高级工程师，硕士生导师，CODATA 数据政策委员会委员。研究方向为开放科学技术与政策、信息经济学。

温亮明，中国科学院计算机网络信息中心 / 中国科学院大学，博士研究生。研究方向为开放科学、云服务。

科学数据银行 ScienceDB 的可信体系与国际化服务能力建设

周园春　王鹏尧　李成赞　李宗闻　姜璐璐　张泽钰　刘　佳

（中国科学院计算机网络信息中心）

摘　要

科学数据作为重要科研驱动要素的价值日益凸显，近年来论文关联数据出版在国际上形成快速增长态势，我国科研人员发表国际论文的数量持续增长，导致大量论文关联科学数据存储于境外数据存储平台。此外，我国科学数据开放共享文化生态尚不成熟，缺少具有国际影响力且获得国际出版商数据存储推荐的可信科学数据出版平台基础设施。为此，中国科学院建设了通用型科学数据出版平台——科学数据银行。目前，该平台已获得多家国际主流出版集团的推荐认可及权威科研数据检索平台的收录。

本文在分析国内外科学数据开放共享发展形势的基础上，重点从建设中国自主且具有国际影响力的通用可信科学数据出版平台需求出发，系统介绍了科学数据银行的总体目标、可信体系技术架构、建设成果和服务成效，并对科学数据银行的下一步建设思路与发展方向进行了展望。

关键词

科学数据银行；数据出版；可信体系；国际标准

Abstract

The value of research data as an important driving factor for scientific research has become increasingly prominent. In recent years, the publication of papers associated data has performed a rapid growth trend internationally. While the number of international papers published by Chinese researchers continues to increase, a large number of papers associated data stored on overseas data repositories. In addition, the culture and atmosphere of open data sharing in China is still immature, and there is a lack of credible research data publishing platform infrastructure that has international influence and is recommended by international publishers for data storage. To this end, the Chinese Academy of Sciences has built a general research data publishing platform-Science Data Bank. At present, the platform has been recommended by many international mainstream publishing groups and indexed by the authoritative research data retrieval platforms.

On the basis of analyzing the development situation of open data sharing at home and abroad, this paper systematically introduces the overall goal, technical structure, credible system, construction achievements and service effects of Science Data Bank from the demand of building Chinese independent and internationally recognized general research data publishing platform. This paper also looks forward to the next construction ideas and development direction of Science Data Bank.

Keywords

Science Data Bank; Data Publishing; Trustworthy Architecture; International Standard

1 引言

科学数据是科研活动的输入和输出，是科技创新的核心驱动要素。尤其在大数据时代，科学数据的开放共享已成为科学界所有利益相关者共同的需求。通过科学数据开放共享，能够推动科学进步，减少重复劳动并收获更多生产力，打造高效的科学政策边界；推进科研与教育长期进步；为社会问题带来新的解决方案；缩短新产品孵化周期、满足大众信息诉求等[1]。

科学数据的开放获取最初源自1957—1958年间举办的国际地球物理年所创建的World Data Center系统，该系统要求数据必须以“机器可读取”的格式存储，并尽可能增强数据的获取性[2]。随着数据开放共享价值和意义逐渐被认识，一大批数据开放倡议、政策和原则被制定和公布。1996年，国际人类基因组计划的科学家及资助机构共同提出了Bermuda Principles，要求遵循“共有、共享、共为”的原则进行数据公开和资源共享，并要求将数据在24小时内递交到国际基因数据库中[3]。2014年，FORCE11（Future of Research Communications and e-Scholarship）成员共同提出FAIR（Findable, Accessible, Interoperale and Reusable）原则，从数据的可发现性、可访问性、互操作性和可重用性4个方面为数据生产者和出版商提高科学数据的可重用性提供指导[4]。2019年，RDA（Research Data Alliance）成员提出了面向数据存储库可信性的TRUST（Transparency, Responsibility, User Focus, Sustainability and Technology）原则，并于2020年通过*Scientific Data*期刊正式发表，该原则从透明性、担负责任、用户导向、可持续性、技术能力等维度对如何构建可信数据存储库提供了指导[5,6]。

其间，National Academies Press、Public Library of Science（PLoS）、Springer Nature、BioMed Central（BMC）等诸多学术出版商均对科研数据的存储及传播提出明确政策，纷纷出台政策要求作者在发表论文时按照期刊的数据要求将出版物相关的数据和材料进行开放，并以适当的、标准的电子形式存储，确保开放获取出版物及补充数据和材料允许所有的读者免费、永久地获取、复制、传播[7]。

这些开放共享倡议、政策和原则对数据开放共享活动的深入开展和推进起到了关键指导意义。在过去几十年中，越来越多的国家、机构、高校、国际组织等建立了科学数据存储库，允许在可靠的环境中永久访问和使用数据，推动着科学数据开放共享事业的发展。

2001年，中国开始启动科学数据共享工程建设；2004年，设立国家科技基础条件平台建设专项，统筹推进相关工作[8]。在多年的实践探索中，中国积累建立起了日臻完善的科学数据政策体系。2018年3月，国务院办公厅印发《科学数据管理办法》（以下简称《办法》），《办法》明确了“政府预算资金资助形成的科学数据应当按照开放为常态、不开放为例外的原则”开展数据共享与利用工作[9]。科技部、财政部于2019年6月发布国家科技资源共享服务平台优化调整名单，确立了20个国家科学数据中心和30个国家生物种质与实验材料资源库，为科学研究、技术进步和社会发展提供高质量的科技资源共享服务。

经过多年努力，我国在科学数据开放共享方面取得了长足的进步，建设了一批科学数据开放共享服务平台等基础设施。但是，随着科学数据作为重要科研驱动要素价值的日益凸显，我国科学数据存储库等配套基础设施的建设与运维服务依然面临着诸多问题和挑战。当前，我国科学数据存储库等基础设施覆盖的学科范围仍然有限，主要集中在生物医学、地球科学等传统数据开放共享优势学科领域，其他学科领域的开放共享服务平台等基础设施相对比较匮乏，基础设施建设和开放共享文化氛围需要持续加强。此外，对标国际主流数据存储库，如 Figshare、Zenodo、Dryad 等，可以发现国际主流数据存储库在数据政策、国际标准规范、平台可信能力建设、数据资源规模、生态建设、影响力等诸多方面都卓有成效 [10]。近年来，在国际主流出版商的推动下，论文关联数据的出版在国际上形成快速增长态势；我国科研人员每年国际发表论文数量居全球第一位，并根据出版规则发布了大量的论文关联数据。但目前，我国数据开放共享服务平台的规模、质量、可信性、影响力尚未建立，论文关联数据的存储平台与出版服务配套不足，与国内外出版行业合作欠缺，导致我国科学数据境外存储现象普遍较为严重，国产平台的国际优质资源持续汇聚能力匮乏，并难以有效掌握科学数据领域的话语权。

因此，数据存储库应发挥平台和技术优势，在国际间的数据创建、流通与利用中起到良好的调和作用，应对全球数据出版与数据共享的基础设施建设挑战，加强国际间的合作互联，构建全球数据资源网络，在提升共享数据的可访问性、互操作性等方面发挥重要作用。尤其在大数据时代，采用合理的基础架构和技术路线支撑海量数据的高效传输、安全长期存储、稳定可靠服务，遵循 TRUST 等国际原则与标准规范，建设一个自主可控、具有国际影响力的可信科学数据存储库服务平台是我国科研信息化建设过程中的重要基础设施和当前的主要挑战。坚持集约化方式建设数据存储库基础设施，可以有效避免资源分散、重复建设，无法形成规模效应等问题，全面提升存储库基础设施的安全可靠运行及运维服务能力，探索可持续的发展模式，提升基础设施的可信性、权威性，吸引优质科学数据，形成我国科学数据领域的国际影响力和话语权。

2 科学数据银行可信体系架构

2.1 技术架构

科学数据银行（以下简称 ScienceDB）是一个公共的通用型科学数据存储库，由中国科学院计算机网络信息中心建设维护，主要面向科研人员、科研项目 / 团队、学术期刊、科研机构及高校等利益相关者，提供科学数据汇交、长期保存、出版、共享和获取等服务，支持多种数据获取与使用许可，在保障数据所有人权益的基础上，促进数据的可发现、可引用、可重用。ScienceDB 的目标是建立国际通用、安全可靠的通用型科学数据存储库。围绕这一目标，ScienceDB 综合利用云原生相关技术，以集约化方式建立安全可靠的云服务体系，支持数据社区快速构建，支持打造数据开放共享社区生态，同时基于该云服务体系，结合大数据分析技术提供了数据社区构建、机构画像分析、影响力追踪等一系列增值服务。ScienceDB 遵循 FAIR、TRUST、数字对象唯一标识符（DOI）

等开放共享原则及学术出版国际规范，支持出版科学数据资源的国际化传播与利用，实现了论文关联科学数据的国际标准化开放共享。同时，ScienceDB 全面加强数据及平台的安全可靠服务能力建设，提升平台的可信性。

如图 1 所示，ScienceDB 可信体系技术架构由三大体系组成，分别是 ScienceDB 云服务体系、标准化体系和安全防护体系。

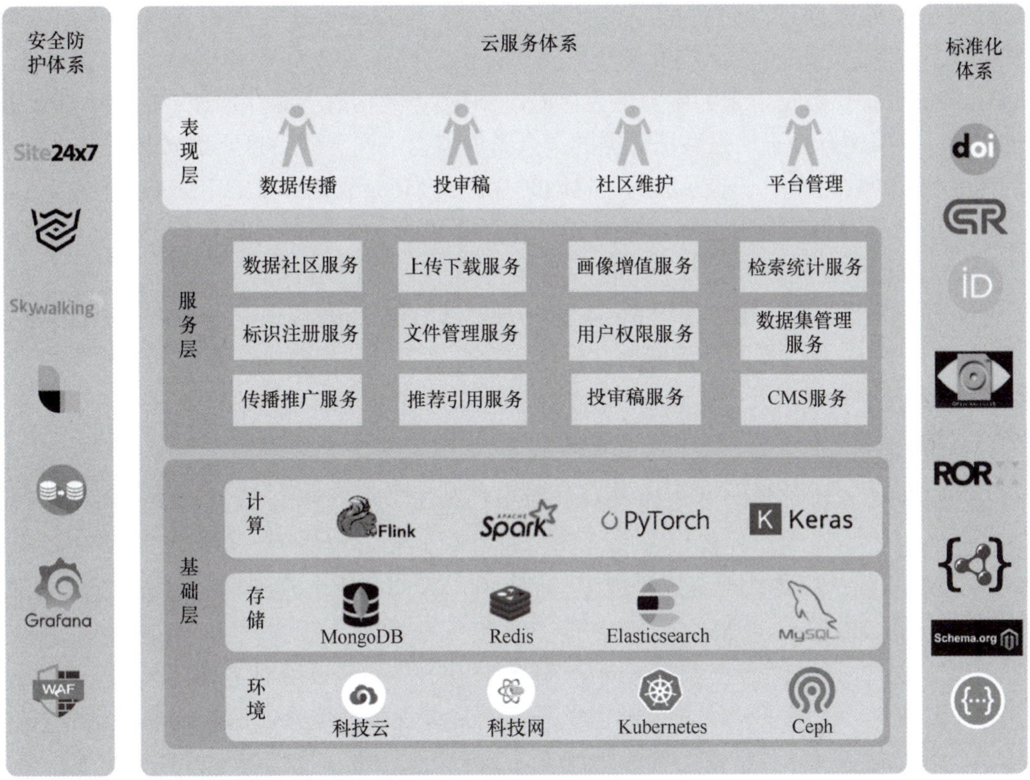

图 1 ScienceDB 可信体系技术架构

2.2 云服务体系

ScienceDB 云服务体系自下而上由基础层、服务层和表现层 3 层结构组成。基础层提供整个云平台基础的环境、存储、计算资源；服务层综合利用基础层资源形成 ScienceDB 的微服务集群；表现层使用微服务集群的接口对用户提供数据传播、投审稿、社区维护、平台管理等服务。

2.2.1 基础层

基础层分为环境、存储和计算 3 个部分。环境部分提供基础的软硬件资源，存储部分提供结构化、半结构化和非结构化的数据存取能力，计算部分提供实时和离线的大数据计算平台及人工智能分析处理能力。

整个云服务体系的环境部分建设在科技云提供的基础设施环境中，通过科技网对外提供服务，同时为了保障全球服务的稳定性和可靠性，平台通过内容分发网络（Content Delivery Network，CDN）实现了全球对 ScienceDB 访问的加速；Kubernetes 在基础层提供虚拟化运行环境，支持软件容器的编排和调度，Ceph 在云体系中提供存储支撑，为数据集文件的存储提供支持。

ScienceDB 数据由结构化信息（如用户信息）、半结构化信息（如数据集元数据信息和日志信息）和非结构化信息（如数据集描述文本）组成，因此架构设计在数据持久化存储方面选择多种类型的数据库协同完成 ScienceDB 数据支撑业务。具体来说，MySQL 负责提供结构化数据存储能力，MongoDB 负责存储半结构化数据，Elasticsearch 提供数据检索和聚合能力，Redis 对热点数据进行缓存加速。同时，在元数据方面，该架构有助于加强系统数据的冗余备份能力，同样的信息元素同时以多种形式存储在不同的数据库中（如元数据信息同时存储在 MongoDB 和 Elasticsearch 中）。

计算层需要为整个 ScienceDB 云服务体系提供多种不同的计算能力支撑，包括提供大体量数据的离线分析能力，及时、可靠的实时数据分析能力，以及人工智能算法的处理能力。因此，在计算层采用 Spark 来处理离线数据（包括日志分析、批量数据清洗等），使用 Flink 提供实时处理能力（包括用户日志实时分析和统计），结合 PyTorch 和 Keras 工具为平台提供人工智能处理能力（数据集描述信息的自然语言处理）。

2.2.2 服务层

云服务体系的服务层采用前后端分离架构建设，整体拆分为 12 个微服务，所有微服务通过统一网关对外提供服务，网关具有限流和鉴权能力，保障系统稳定运行。ScienceDB 自研的服务软件全部实现了云原生化，所有微服务全部以容器方式运行在基础层提供的 Kubernetes 集群中。

基于云原生的扩缩容技术和自动化调度能力[11]，ScienceDB 所有服务升级全部采用滚动升级模式，保障了软件升级过程中服务的持续性和稳定性。服务层在保证服务多副本、负载均衡和容器互相隔离的前提下，基于 Promethus 提供的集群性能监控结果，尽可能地共用节点资源，有效减少了物理机的使用数量，充分利用了主机性能的集约化部署。

微服务之间采用 SideCar 代理模式交互，服务层结合 SideCar 模式和出入口网关配置，不仅支持 A/B 测试，而且提供了服务间调用的认证、授权和加密；同时，服务层还实现了微服务调用的自动化负载均衡，保证资源的公平分配；系统整体支持微服务调用全链路的追踪和观察。

2.2.3 表现层

云服务表现层分为 4 个系统，分别为数据传播系统、数据投审稿系统、社区维护系统和平台管理系统。

数据传播系统服务对象为公众用户，支持用户检索和使用 ScienceDB 中出版的数据集，同时传播系统借助 ScienceDB 标准化体系的能力，将数据集信息以符合国际标准的形式推广到 Data Citation Index、Google Dataset Search、Mendeley Data、Scopus 等一系列收录 ScienceDB 的国际化索引平台中，帮助数据集实现国际化传播与提升影响力。

数据投审稿系统面向数据集作者、同行评议者和数据集编辑，主要业务为数据集的提交、审核和编辑，该系统通过自动化手段实现组织机构、基金信息、论文信息等关联信息的清洗和规范，对数据集的原始数据信息进行标准化加工。数据投审稿系统支持评审过程中数据集的私有链接访问，以满足数据集发布之前第三方编辑对数据集进行访问。

社区维护系统对 ScienceDB 云服务平台中的数据社区进行维护管理，数据社区是 ScienceDB 平台中的数据治理单元。期刊、会议或其他组织机构可以在 ScienceDB 上通过社区模式治理其论文关联数据，进行数据出版。社区维护系统主要对社区的展示模板、基本信息、主页内容、链接信息进行维护。

平台管理系统是 ScienceDB 的后台管理系统，提供全平台的维护监管功能，主要功能包括平台和社区用户的管理、Kubernetes 集群的监控管理、DOI 注册状态的追踪和云平台展示内容的管理等。

2.3　标准化体系

ScienceDB 致力于建成遵循国际标准规范、发布内容能够有效融入国际学术资源传播生态的科学数据出版平台。为此，ScienceDB 不断提升平台国际化、标准化能力，致力于实践数据共享的 FAIR 原则，初步形成了平台的标准化建设体系。该体系主要包括 3 个方面，即数据格式标准化、数据出版流程标准化和数据互操作标准化。

2.3.1　数据格式标准化

ScienceDB 元数据标准，在元素设计、元素著录标准两个方面保障了数据描述的标准化、规范化，提高了数据的国际传播能力。其中，元素设计基于都柏林核心（Dublin Core，DC），在标识标准的支持上兼容了 DOI 和我国国家标准科技资源标识 CSTR，有效增强了平台资源与国内外其他科技资源的互联性。元素著录过程，集成了人员标识信息（如 ORCID）、组织机构标识（如 ROR、GRID）、基金标识信息（如 CrossRef Funder）等国际标识体系，有效增强了数据的可操作性和可互访问性。此外，数据格式的标准化建设为数据服务提供了良好的基础，各种标识服务系统的兼容，一方面规范了用户注册和元数据提交过程中的相关重要元素的标准化；另一方面为广大用户快速定位研究机构、找到所属科学数据集提供了准确、便利的途径，更好地展现出科学数据与研究机构的隶属关系，凸显了用户的科学数据研究实力。

在数据文件的标准化方面，ScienceDB 制定了一套关于数据文件格式的标准。其中包括纯文本文件、标签语言文件、文本文档、电子数据表等 10 种文件类型，以及这些文件类型所分别对应的优先推荐格式和非首选格式，共 50 余种，可有效提升平台发布数据的可重用性和长期可访问性等。

2.3.2　数据出版流程标准化

在数据出版流程标准化方面，ScienceDB 建立了严格、完整的数据出版流程，包括数据集元数据填报、实体文件上传、数据文件安全扫描、数据格式及元数据格式自动检测、数据评审、返修、录用等。

在数据提交过程标准化方面，ScienceDB 建立了遵循国际标准元数据的提交流程，以支持科学数据的标准化描述和出版。此外，平台整体采用 i18n 多语言架构设计，支持至少中 / 英两种语言，保证了中英双语呈现内容实体的一致性。

在文件采集过程标准化方面，ScienceDB 支持带目录结构的文件上传，同时支持 Http 和 Ftp 两种协议的上传方式，提供包括大文件断点续传、文件重传等功能。对于所有上传至平台的文件，系统自动为其进行数字文摘 MD5 计算。将 MD5 计算结果写入系统，以确保文件在平台环境内全生命周期的一致性。

在数据提交后的分级存储标准化方面，也参考 OAIS（Open Archival Information System）[12] 实施，将数据文件按照出版的不同阶段对数据存储空间进行分级，包括提交后的缓存空间、审核阶段的审核空间及正式出版后的归档发布空间，并实现了数据文件的多副本存储和异地灾备，保障了数据的安全可靠存储。

2.3.3 数据互操作标准化

平台遵循开放存档计划元数据收割协议（OAI-PMH），该协议是一种通用的元数据开放收割协议，提供了标准化的元数据开放获取服务（见图 2）。该协议有效解决了存储库元数据层面的互操作壁垒，在数据共享传播中发挥了重要的桥梁作用。ScienceDB 通过提供基于 OAI-PMH 协议的元数据收割服务，以 XML 格式提供数据集元数据，确保平台发表的元数据具有良好的机器可读性。

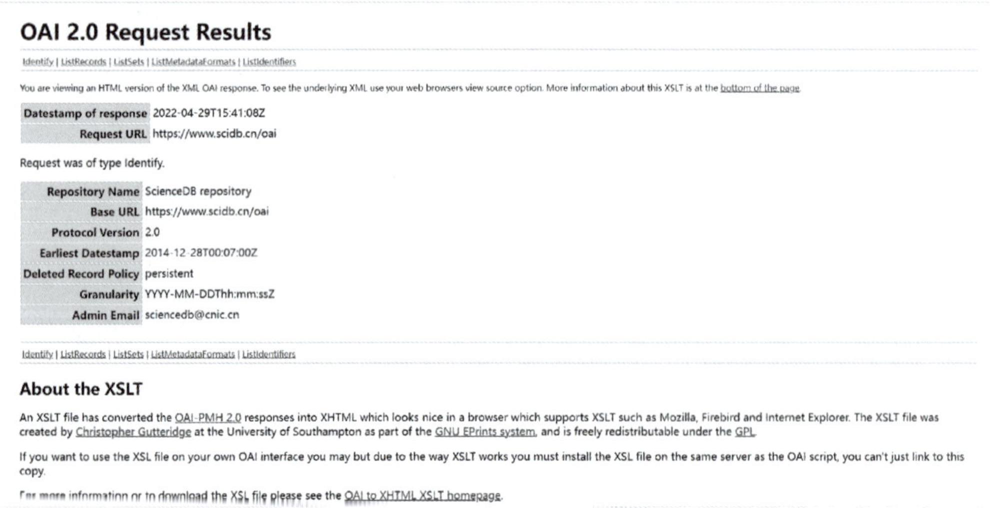

图 2 平台集成 OAI-PMH 服务

此外，ScienceDB 搭建并向用户提供基于 Swagger 框架的 ScienceDB API Doc 服务。任何第三方程序均可访问、调用 ScienceDB 的 Open API，实现对站点的元数据访问、查询。ScienceDB 开放的元数据支持 Dublin Core、Schema.org 等多种元数据标准，在开放接口设计和实现上支持同一数据集的多种不同的数据返回格式（XML、JSON-LD 等）。

2.4 科技资源标识体系

科技资源标识是科学数据的唯一“身份证”，是科学数据可查找、可获取、可重用、可发现的信息化基础设施，是国际公认的科学数据存储库构建的必备条件，如 figshare 采用的 DOI 标识体系，美国国家生物信息数据库（NCBI）采用的 PMID 标识体系，欧洲开放数据基础设施（EUDAT）采用的 Handle 标识体系，全球生物物种数据库采用的 GBIF 标识体系等。我国的科技资源标识（Common Science and Technology Resource Identification，CSTR）国家标准（GB/T 32843—2016）于 2016 年发布。与 DOI 等单一资源标识不同，该标准适用于学术论文、科学数据、科研仪器等多种科技资源的统一标识，规范了科技资源标识的对象从产生到标识符的结构、编目、注册、发布、查询、维护和管理全流程。

ScienceDB 基于我国自主 CSTR 构建科学数据标识体系，是 CSTR 在科学数据领域的具体实践。CSTR 采用兼容互通的标识体系架构，支持国际 DOI、Handle、ORCID、ROR 等多标识资源定位，面向科学数据提供统一的科学数据双标识一站式服务。CSTR 体系包括科技资源标识标准体系、科技资源标识原则与要求、科技资源标识服务平台 3 个方面。

2.4.1　科技资源标识标准体系

科技资源标识标准体系包括 4 类 19 项，由总体标准、关键技术标准、系统平台标准和应用支撑标准组成，其中《科学数据标识编码规范》已报送国家标准立项。随着数据驱动的科研新范式的不断发展，科技资源标识已逐步形成《科技资源标识 学术论文编码规范》《科技资源标识 科研仪器设备编码规范》《科技资源标识 专利编码规范》等一系列面向典型学科领域的编码规范体系及配套的核心元数据标准体系，并在空间科学、遥感、植物种质等学科领域成为事实标准。ScienceDB 的科技资源标识机构码为“31253”，面向全球科学数据形成了一套具有“ScienceDB”可辨识标签统一编码规范及可与国际交互的核心元数据标准。科技资源标识标准体系如图 3 所示。

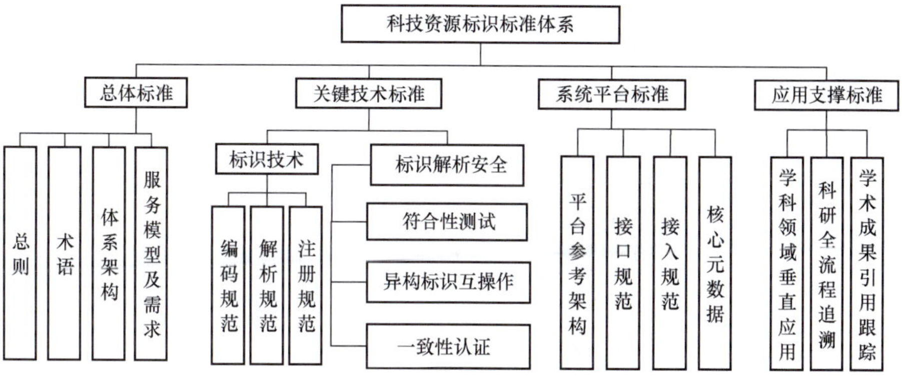

图 3　科技资源标识标准体系

2.4.2　科技资源标识原则与机制

科技资源标识遵循国际永久标识（Persistent Identifer）原则，标识一旦发布终身维护不可删除，实现数据全局定位。“统一编码”原则规定，科技资源标识研制针对各类科技资源的编码规范，通用编码由前缀和后缀组成，前缀按照统一规则分配，后缀由资源提供者自定义规则，实现编码原则一致性和容量可扩展。“兼容解析”原则指不仅支持科技资源标识单一解析，还支持国际 DOI、Handle 等开放标识统一解析。科技资源标识采用分层分级架构，支持分布式解析，代理机构合规接入，提供统一的多维统计、标识监控等功能。科技资源标识具有核心元数据标准体系，并提供面向不同科技资源的可扩展元数据标准，如地理位置数据等。

2.4.3 科技资源标识服务平台

科技资源标识服务平台是落实国家标准的具体实践，基于我国国家标准 GB/T 32843—2016《科技资源标识》建设，面向全球科学数据、学术论文、科研机构、科研人员、科研仪器、专利等科技资源提供唯一标识服务，是我国国家标准服务全球科技资源的重要载体，是推动我国标准国际互认的全球通用基础服务平台。科技资源标识服务平台旨在通过唯一标识推动构建跨学科、跨地域、跨平台的全球科技资源互联互通体系，追踪科技资源全球影响力，实现科技资源全球范围快速定位与获取，是开放科学与科研创新环境建设的数字化底座。科技资源标识服务平台面向全球科技资源提供统一的标识注册服务，通过科技资源标识和元数据的注册，使所发布的科技资源更易被发现和使用；统一的查询服务，通过科技资源标识、关键字、元数据等作为输入条件，提供便捷的查询搜索服务；统一的关联服务，通过科技资源标识将论文与作者、论文与资源关联起来，在庞大的关联网络中，将研究过程和成果数据联系在一起；统一的数据服务，提供资源总量、解析量、查询量等多维度统计分析，形成我国科技资源全面的数据服务。

科技资源标识服务平台于 2017 年正式上线，截至 2022 年 8 月 24 日，共有机构用户 184 个。注册量约为 2.5 亿条，解析 17 万次，平台资源总访问量 9.2 万余次。该平台支持 8 类标识资源定位，即支持 8 种标识解析（DOI、Handle、CSTR、ORCID、GRID、ROR、EU、NSF）。覆盖 9 类资源类型（科学数据、学术论文、预印本、科研人员、专利、仪器设备、科研项目、种质资源、科研机构）。

在国际互认方面，CSTR 科技资源标识已成为国际互联网数字分配机构 IANA（Internet Assigned Numbers Authority）认可的国际标准协议标识符之一。IANA 是 INTERNET 域名系统的最高权威机构，负责 INTERNET 域名系统的设计、维护及地址资源分配等工作。“Uniform Resource Identifier (URI) Schemes”是 IANA 维护的重要资源定位符国际标准，该标准支持 DOI、DNS 等基础性标识符，目前该标准已采纳 CSTR 标识。同时，CSTR 科技资源标识在联合国粮食及农业组织（Food and Agriculture Organization of the United Nations，FAO）、ORCID、Harvard Dataverse 等获初步应用。

2.5 安全防护体系

建设安全可信的保障体系是 ScienceDB 提供可持续性服务的基础，ScienceDB 的安全防护体系在满足国家网络安全等级保护三级要求的基础上，重点从以下 3 个方向进行了安全加强。

2.5.1 灾备安全性

在文件系统灾备方面，ScienceDB 内部采用两种文件系统互为备份的方式存储用户提交的实体文件，分别为开源的 Ceph 文件存储和商业的 GPFS 存储，两套存储分别部署在不同位置，通过异地镜像备份保障了数据文件的安全可靠性。

在数据库灾备方面，首先 ScienceDB 的所有数据库均采用多节点集群模式搭建，所有数据库均具备实时热备份能力。其次核心数据库节点移植到 Kubernetes，在节点异常的情况下可通过 Kubernetes 自动调度能力实现数据库的自愈[13]。此外，ScienceDB 采取定时备份策略，将数据库内容定时备份到异地节点。

2.5.2 网络安全性

为了保证用户数据在网络环境中安全传播，保障系统在全球范围内服务的稳定性和安全性，ScienceDB 安全防护体系在网络安全方面采取了多种手段进行规范和加强。

一方面，ScienceDB 核心业务通过 CDN 方式对外进行服务，保证全球各地用户访问 ScienceDB 核心业务时的稳定性，同时在 CDN 出口端启用了 WAF 防火墙，以过滤攻击请求。

另一方面，ScienceDB 的技术研发团队借助 Kubernetes 的 Sidecar 模式，在所有 ScienceDB 的自研软件上均安装了 RASP[14]（应用运行时自我保护），RASP 通过边车模式保护 ScienceDB 服务中的所有出入口函数，在代码零侵入的情况下检测漏洞，防护攻击。

2.5.3 平台服务可监控性

除了文件和网络层面的安全性，ScienceDB 安全体系中另一个重要的安全指标是系统和服务应用的可监控性，确保异常问题早监测、早发现及提前预防。ScienceDB 的平台可监控性建设主要从以下两个方面构建。

在网络方面，ScienceDB 利用 Site24×7 服务实现从全球 30 余个节点进行平台服务的自动监测能力，并实时给出各个节点的可用性和加载速度报告。在微服务集群内部，ScienceDB 搭建了服务调用链路追踪系统，通过该系统实时采样分析服务调用的全生命周期信息，并对异常调用进行告警。

在平台运维服务监控方面，ScienceDB 中所有服务软件均已完成云原生部署，可通过 Kubernetes Dashboard 对整个平台软件进行监控，同时 ScienceDB 实时采集运行指标信息，并将这些信息存储到时序数据库 Promethus 中，然后通过 Grafana 面板进行展示，从而实现对计算机集群和 Docker 容器进行 CPU、内存、网络等主要指标的实时监控。

3 科学数据银行服务成效

3.1 平台能力建设成效

3.1.1 数据出版服务

ScienceDB 的数据集提交界面具有良好的交互性，如支持中英文双语元数据填写、填写界面显示提示信息、机构名称查询等功能，辅助提交者准确、规范填写数据集的元数据。所有数据集都要经过严格的数据审核流程，最终录用发布的数据集将自动分配

CSTR 和 DOI 标识，并提供标准的数据集引用格式等信息。

3.1.2 数据国际访问服务

ScienceDB 通过 CDN 服务，确保国际访问顺畅。平台采用动态 CDN 进行内容分发和用户访问加速，CDN 全球节点 2800 多个，海外节点 500 多个，支持五大主流运营商；利用 DCDN WAF 防火墙保护数据信息，为全球用户提供快速、安全、稳定的数据集访问网络。

3.1.3 数据使用情况追踪服务

ScienceDB 对数据集全球使用影响力进行追踪，数据集详情页（见图 4）实时对全球访问和下载量进行可视化呈现，及时追踪引用该数据的学术论文情况，为数据集提供了有效的影响力参考。

图 4　数据集详情页

以《中国高分辨率大气污染再分析数据集（CAQRA）》为例，该数据集详情页对访问次数、文件下载次数、引用文件下载量等统计信息进行了可视化呈现（见图 5），同时还以世界地图用户数量分布的形式展示数据集全球访问量和下载量。

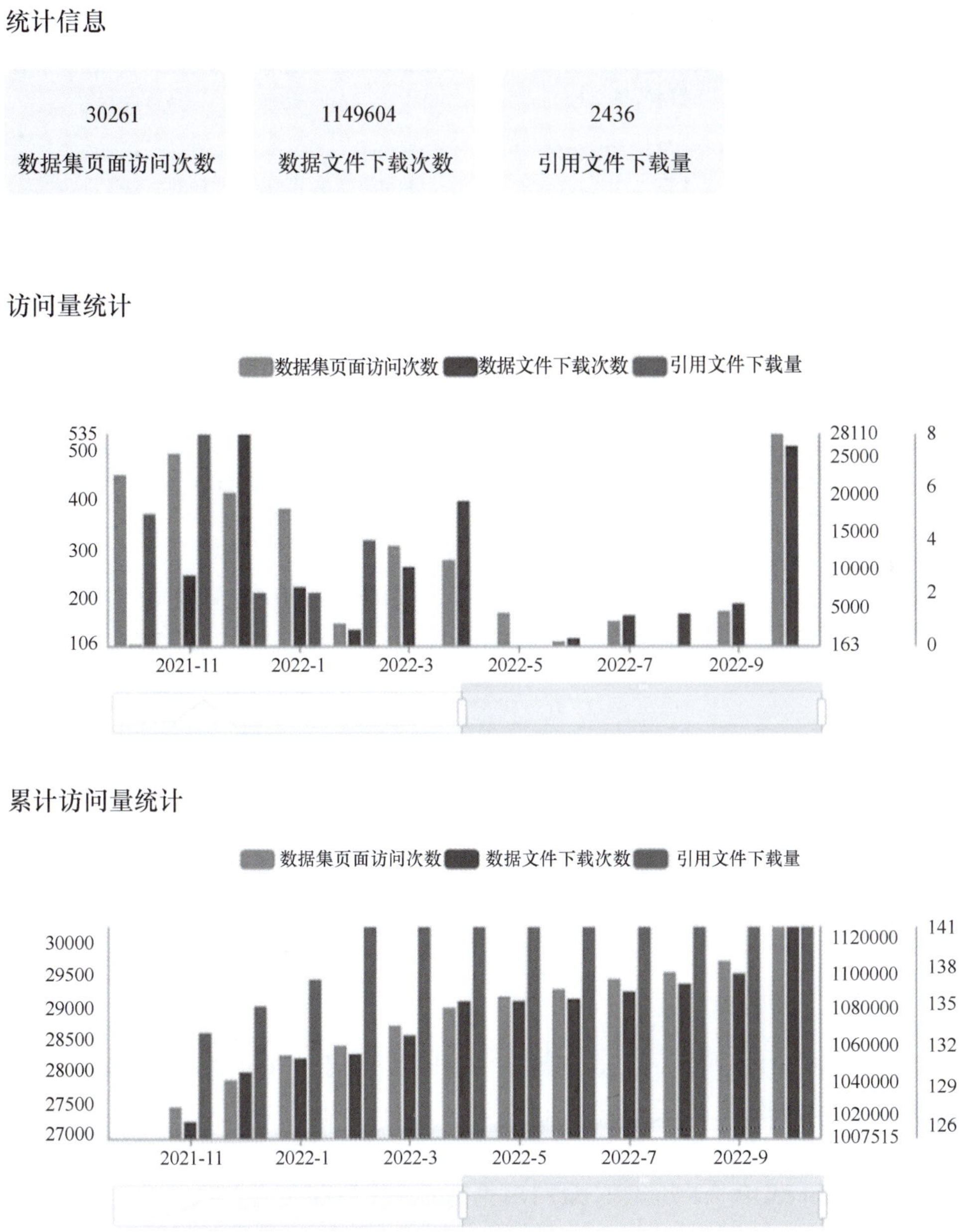

图 5 《中国高分辨率大气污染再分析数据集（CAQRA）》影响力统计信息

如图 6 所示，平台实时追踪数据集的全球引用影响力情况，并在首页实时展示数据集最新被引用信息，以及按照数据浏览量和数据引用量的排名情况。数据的最新被引用信息还会以邮件形式向数据作者及时推送。

数据浏览量排名
on ScienceDB
中巴经济走廊沿线上游冰川冰湖相关灾害（事件）数据集
cstr: 31253.11.sciencedb.j00001.00145
doi: 10.11922/sciencedb.j00001.00145
地/空背景下红外图像弱小飞机目标检测跟踪数据集
cstr: 31253.11.sciencedb.902
doi: 10.11922/sciencedb.902
青藏高原MODIS逐日无云积雪面积数据集
cstr: 31253.11.sciencedb.55
doi: 10.11922/sciencedb.55
Ultraviolet radiation datasets in Chinese terrestrial ecosystems
cstr: 31253.11.sciencedb.332
doi: 10.11922/sciencedb.332
2010年中国生态系统服务空间数据集
cstr: 31253.11.sciencedb.458
doi: 10.11922/sciencedb.458
2000～2012年全国气温和降水1 km网格空间插值数据集
cstr: 31253.11.sciencedb.319
doi: 10.11922/sciencedb.319
数据引用量排名
on ScienceDB
A bimodal burst energy distribution of a repeating fast radio burst source
cstr: 31253.11.sciencedb.01092
doi: 10.11922/sciencedb.01092
Global radiation; photosynthetically active radiation; and the diffuse components dataset...
cstr: 31253.11.sciencedb.555
doi: 10.11922/sciencedb.555
基于MASH进一步调整的中国均一化长期气温序列集
cstr: 31253.11.sciencedb.516
doi: 10.11922/sciencedb.516
Datasets of meteorological drought events and risks for the developing countries in Eurasia
cstr: 31253.11.sciencedb.898
doi: 10.11922/sciencedb.898
Constructing and Cleaning Identity Graphs in the LOD Cloud
cstr: 31253.11.sciencedb.j00104.00017
doi: 10.11922/sciencedb.j00104.00017
Dataset of high temperature extremes over major land areas of the Belt and Road during...
cstr: 31253.11.sciencedb.904
doi: 10.11922/sciencedb.904

图 6　数据浏览量和数据引用量的排名

3.2　科研成果支撑成效

目前，ScienceDB 已被 Springer Nature、Taylor & Francis、Cell Press、Elsevier 和 AGU 旗下期刊收录为推荐通用存储库；获 Data Citation Index、Google Dataset Search 和 Mendeley Data 收录索引。

此外，ScienceDB 面向全球公众用户免费开放注册和使用。截至 2022 年 1 月，平台数据集访问量达 4174548 次，文件下载量达 14034354 次，公开数据集 1724875 个（见图 7）。首发数据集作者来自全球，包括荷兰、美国、英国、印度、巴西、西班牙、南非、伊朗、意大利、越南、法国等 30 多个国家和地区，访问用户遍布全球近 160 个国家和地区。近年来，ScienceDB 首发数据集持续增长，2021 年首发数据集数量相比 2020 年提升了 3.14 倍。国际数据集的数量也逐年增加，尤其是自 ScienceDB 被 Springer Nature 指定为推荐通用存储库以来，相比推荐前，国际数据集的数量提升了 7.84 倍，国际数据集整体占比达到了 14.3%。在数据社区生态建设方面，ScienceDB 已陆续建成期刊、机构、学会等各类社区 150 余个，持续以数据社区方式推动科学数据开放共享生态的建设。

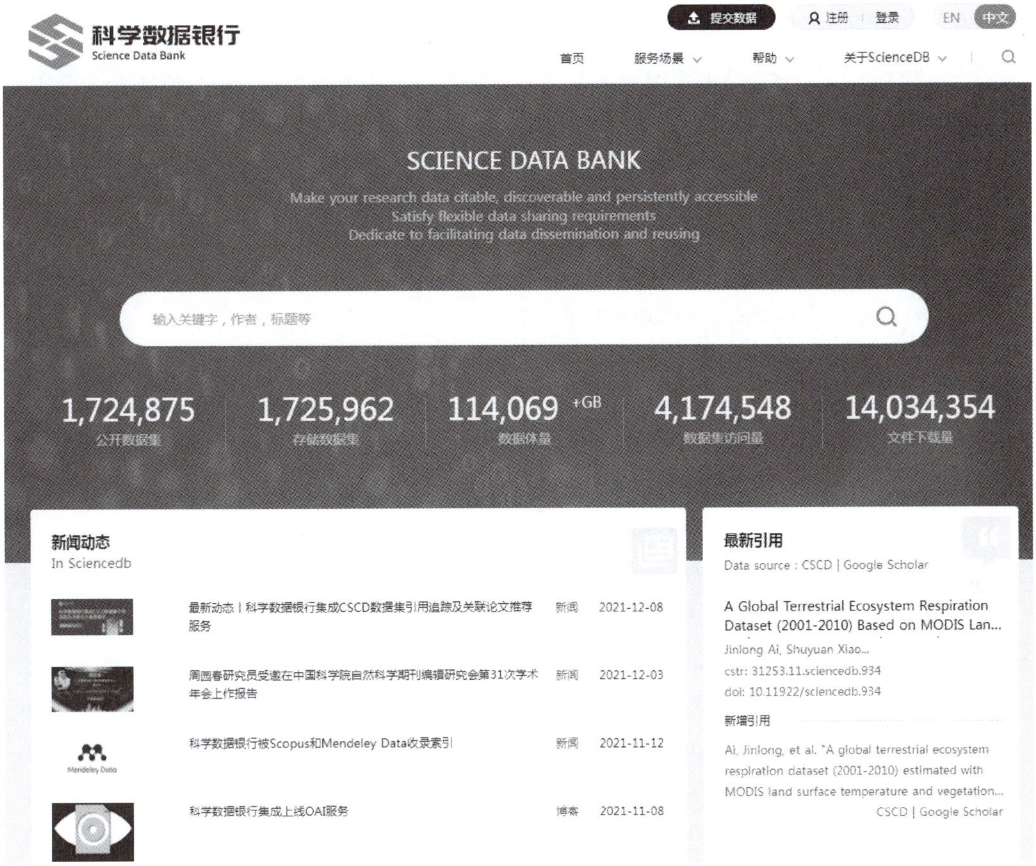

图 7　ScienceDB 数据集及访问统计信息

ScienceDB 服务支撑国家基础学科公共科学数据中心、国家空间科学数据中心等多个国家科学数据中心的数据出版工作；支持中国科学院 A 类战略性先导科技专项“地球大数据科学工程”数据汇交；支撑建设的《中国科学数据（中英文网络版）》期刊获得了“第五届中国出版政府奖先进出版单位”。

4　总结与展望

科学数据作为重要科研驱动要素的价值日益凸显，科学数据开放共享事业在国家政府、国际组织、学术界等的共同努力下，取得了长足的进步。近年来，随着论文关联数据出版在国际上形成快速增长态势，我国科学数据面临外流严重、开放共享文化生态尚不成熟等问题，这些问题都亟待解决。

科学数据银行 ScienceDB 致力于建设一个自主可控、具有国际影响力、安全可信的通用科学数据出版与存储平台，从技术架构上积极探索基于数据社区集约化云服务的开放共享生态建设，加强平台开放共享原则和国际标准建设，不断强化平台及数据的安全可靠服务能力，提升平台的可信性。通过努力，ScienceDB 已经取得了一定的建设成效和服务效果。未来，ScienceDB 将继续做好平台服务，持续汇聚优质科学数据资源，结合大数据和人工智能、数算一体化发展思路，进行科学数据融合分析技术的应用研究，服务科研人员与科研创新；持续推动中国的科学数据开放共享生态和文化建设，探索适合中国国情的数据开放共享模式，推动中国科学数据开放共享事业的可持续发展。

参 考 文 献

[1] ZHANG L L, WEN L M, SHI L, et al. Progress in Scientific Data Management and Sharing[J]. Bulletin of Chinese Academy of Sciences, 2018, 33(8): 774-782.

[2] 李慧佳，马建玲，王楠，等. 国内外科学数据的组织与管理研究进展 [J]. 图书情报工作，2013，57（23）：130-136.

[3] 黄如花. 信息资源开放存取：国际组织的动向 [J]. 图书与情报，2009（5）：63-69.

[4] WILKINSON M D, DUMONTIER M, AALBERSBERG I J J, et al. The FAIR Guiding Principles for scientific data management and stewardship[J]. Scientific data, 2016, 3(1): 1-9.

[5] LIN D, CRABTREE J, et al. The TRUST Principles for digital repositories[J]. Scientific Data, Springer Science and Business Media LLC, 2020, 7(1): 1-5.

[6] DELGADO J, ROMERO C A, et al. Approaches to the integration of TRUST and FAIR principles[C]// Short papers proceedings of the First SWForum Workshop on Trustworthy Software and Open Source 2021: virtual conference, March 23-25, 2021. CEUR-WS. org, 2021: 1-5.

[7] PIWOWAR H A, DAY R S, FRIDSMA D B. Sharing detailed research data is associated with increased citation rate[J]. PLoS one, 2007, 2(3): e308.

[8] SU J, SHI L, WANG Z, et al. Thoughts and Countermeasure to Promote Management and Sharing of Scientific Data and Information Resources[J]. China Science & Technology Resources Review, 2015(5):45-49.

[9] 邢文明，洪程. 开放为常态，不开放为例外——解读《科学数据管理办法》中的科学数据共享与利用 [J]. 图书馆论坛，2019，39（1）：117-124.

[10] 张恬，刘凤红. 数据出版新进展 [J]. 中国科技期刊研究，2018，29（5）：453-459.

[11] BALALAIE A, HEYDARNOORI A, JAMSHIDI P. Microservices architecture enables devops: Migration to a cloud-native architecture[J]. IEEE Software, 2016, 33(3): 42-52.

[12] LEE C A. Open Archival Information System (OAIS) reference model[J]. Encyclopedia of Library and Information Sciences, 2010, 3: 4020-4030.

[13] LI F. Cloud-native database systems at Alibaba: Opportunities and challenges[J]. Proceedings of the VLDB Endowment, 2019, 12(12): 2263-2272.

[14] HUANG Y U, SHUAI W, HUAMIN J I N. RASP based Web security detection method[J]. Telecommunications Science, 2020, 36(11): 113.

作者简介

周园春，博士，研究员，博士生导师，研究领域为科学大数据与知识图谱等。现任中国科学院计算机网络信息中心副主任、科技委员会主任，中国科学院科学数据总中心主任，中国信息协会科学数据专委会副会长。先后承担国家自然科学基金重点项目、国家重点研发计划、科技部创新方法工作专项项目、工业互联网创新发展工程项目等；参与制定国家标准 5 项；出版专著 3 本；获得专利 30 多项；多篇成果文章发表于 IJCAI、AAAI、*IEEE TKDE*、*ACM TKDD*、*ACM TIST*、*Nucleic Acids Research* 等国际著名期刊和会议上。

王鹏尧，硕士，工程师，主要研究方向为科学大数据开发与应用、数据工程等。重点负责科学数据银行 ScienceDB 的技术选型、平台功能与服务建设、安全防护、运维实施等工作。

李成赞，博士，高级工程师，主要研究方向为数据出版、数据开放共享、数据工程等，先后承担多项数据工程项目建设任务，重点负责科学数据银行 ScienceDB 的总体架构、平台建设等工作。

李宗闻，硕士，工程师，主要研究方向为科学数据出版与开放共享。主要负责科学数据银行 ScienceDB 的宣传推广工作及期刊、机构等用户的需求分析工作。

姜璐璐，硕士，工程师，主要研究方向为数据出版、数据开放共享。主要参与设计与建设的产品包括科学数据银行 ScienceDB、中国科学院期刊在线采编发平台等。

张泽钰，硕士，工程师，中国科学院计算机网络信息中心大数据部 IP（知识产权）专家，主要研究方向为数据权益管理。长期从事知识产权法与网络法研究领域，包括个人信息保护、著作权、大数据等。

刘佳，硕士，高级工程师，中国科学院青促会成员，主要研究方向为数据标识技术与标准，先后承担国家科技基础条件平台专项课题、国家科技支撑计划课题、国家发展和改革委员会物联网、工业和信息化部工业互联网等专项。重点负责科技资源标识服务平台 CSTR 总体架构，现任欧洲永久标识联盟（ePIC）管理委员会委员、DataCite 亚太地区专家委员，工业和信息化部“互联网 + 节能”产业联盟标准技术组副主席。

面向科技创新范式的中国科技资源共享网建设与服务

张 辉[1] 徐 波[2]

（1. 北京航空航天大学；2. 国家科技基础条件平台中心）

摘 要

科技资源开放共享是贯彻落实国家科技发展战略，全面推动科技进步和经济发展，切实提升我国创新能力和竞争力的重要举措。中国科技资源共享网的建设着眼于科技创新的新型范式及新需求，围绕科技资源整合、共享和服务的核心目标，以标准规范制定和资源标识导航为抓手，实现我国各领域多门类科技资源目录信息的汇聚与共享服务，全方位促进科技资源的优化配置和高效利用，助推创新型国家建设。本文全面介绍了共享网的系统架构、关键技术、功能模块及取得的重要进展和成效，以期在我国科技资源信息汇聚、共享服务及决策支撑中发挥重要作用。

关键词

科技创新；科技资源；开放共享

Abstract

The opening and sharing of scientific and technological resources is an important measure to implement the national scientific and technological development strategy, comprehensively promote scientific and technological progress and economic development, and effectively enhance Chinese innovation capability and competitiveness. The construction of China Science and Technology Resource Sharing Portal focuses on new paradigms and new demands of scientific and technological innovation, focusing on the core goals of integration, sharing and service of scientific and technological resources, with standard specification and resource identification and navigation as the starting point, to realize the realization of multi-category scientific and technological resources in various fields in my country, the aggregation and sharing service of catalog information promotes the optimal allocation and efficient utilization of scientific and technological resources in an all-round way, and promotes the construction of an innovative country. This paper comprehensively introduces the system architecture, key technologies, functional modules, and important progress and achievements of the sharing network, in order to play an important role in Chinese scientific and technological resources information aggregation, shared services and decision support.

Keywords

Science and Technology Innovation; Science and Technology Resources; Open Sharing

1 新时期中国科技资源共享网建设发展的重大意义

近年来，大数据、人工智能等新兴信息技术快速发展，科学数据、科研设施与仪器、生物种质与实验材料等科技资源的产生、流通和使用越来越频繁，科技创新资源及资源信息数量呈指数级增长。海量、异构、分散科技资源增加了资源获取与使用难度，在增加创新成本的同时也降低了创新的效率。为有效解决科技资源共享难的问题，在科技资源信息管理和开放共享中构建新型科技创新范式，充分利用大数据、人工智能技术对海量科技资源信息进行深度挖掘和精准匹配，发现和洞察其中蕴藏的知识和智慧，是新时期对科技资源信息化建设的新目标和新需求[1]。在促进科技资源开放共享和各要素良好互动发挥重要作用方面，急需一个整合海量科技资源信息、连接供需双方关系的桥梁，营造出更加开放透明、安全可信的创新生态系统。

中国科技资源共享网（以下简称共享网）由科技部、财政部共同支持建设，由国家科技基础条件平台中心具体组织建设。共享网于 2009 年 9 月正式开通，2019 年完成重大改版，已整合涵盖科学数据、生物种质与实验材料、重大科研基础设施、大型科学仪器设备等领域的海量科技资源信息，形成了逻辑统一、物理分布的科技资源管理与服务网络体系，成为我国科技资源信息汇集中心和信息发布与成果展示的窗口，是科技资源管理决策的支持系统和中外科技资源信息交流的枢纽[2]。

根据国务院办公厅印发的《科学数据管理办法》（国办发〔2018〕17 号），科技部、财政部印发的《国家科技资源共享服务平台管理办法》（国科发基〔2018〕48 号）文件要求，新版共享网定位于建设国家科学数据网络管理平台，同时建设国家科技资源共享服务信息发布和网络管理平台。共享网按照统一标准发布科学数据等科技资源目录，提供多样化的科技资源信息服务，支撑国家科学数据中心、国家生物种质与实验材料等国家科技资源共享服务平台（以下简称国家平台）的组建、运行管理和评价考核，承担国家平台资源服务和平台建设运行网络管理功能，并与各部门、地方及科研院所、高校等科技资源相关服务平台实现互联互通，是我国科技资源共享服务的门户系统。

新版共享网从服务功能、服务模式和服务内容等方面对网站进行了全面升级和优化。在建设过程中应用云计算、人工智能和区块链等先进信息技术，制定了科技资源元数据标准、数据汇交规范、用户统一认证规范、科技资源标识注册及解析等系列标准，设计了系统架构并开发了高效、安全、可信的软件系统及相关工具软件，结合个性化服务、精准检索、资源标识和产权保护等科技资源共享应用场景开展创新研发与应用，全面地推动了科技资源的开放共享与利用。共享网首页如图 1 所示。

图 1　共享网首页

2　共享网的主要功能

共享网作为科技资源共享服务的门户，是国家科技资源目录管理的总中心和统一入口，也是科技相关工作者获取国家平台科技资源服务的总平台 [3]。共享网以安全稳定、方便快捷、权威可靠和互联互通为建设目标，设计并实现了科技资源信息管理、标识管理、信息检索、信息服务、服务绩效评估和用户统一身份认证等功能模块。

2.1　科技资源信息管理

科技资源信息管理包括科技资源信息的汇交、整编、分析和发布，是促进科技资源被更好挖掘利用的重要途径 [4]。共享网根据科技资源元数据及信息汇交相关标准要求，对科技资源名称、标识符、关键词、描述、产权信息等描述信息进行收集整理，形成科技资源目录，并基于资源目录做好资源分类、标识注册、汇交更新、质量审核、发布展示、资源评价等科技资源管理工作，既保证科技资源信息汇交质量，支撑科技资源管理与服务，又将资源实体（如科研仪器、生物种质等）保持在资源所有方或服务方，形成资源信息通过共享网统一检索和发现、资源实体由各平台独立服务的分布式服务架构，在保护知识产权的同时提高了科技资源的共享效率。

目前，共享网将科技资源信息分为科学数据、生物种质与实验材料、重大科研基础设施、大型科研仪器四大类。为方便用户快速、精准地获取资源，各类科技资源信息进一步划分了二级分类和三级分类。共享网科技资源目录及分类体系如图 2 所示。

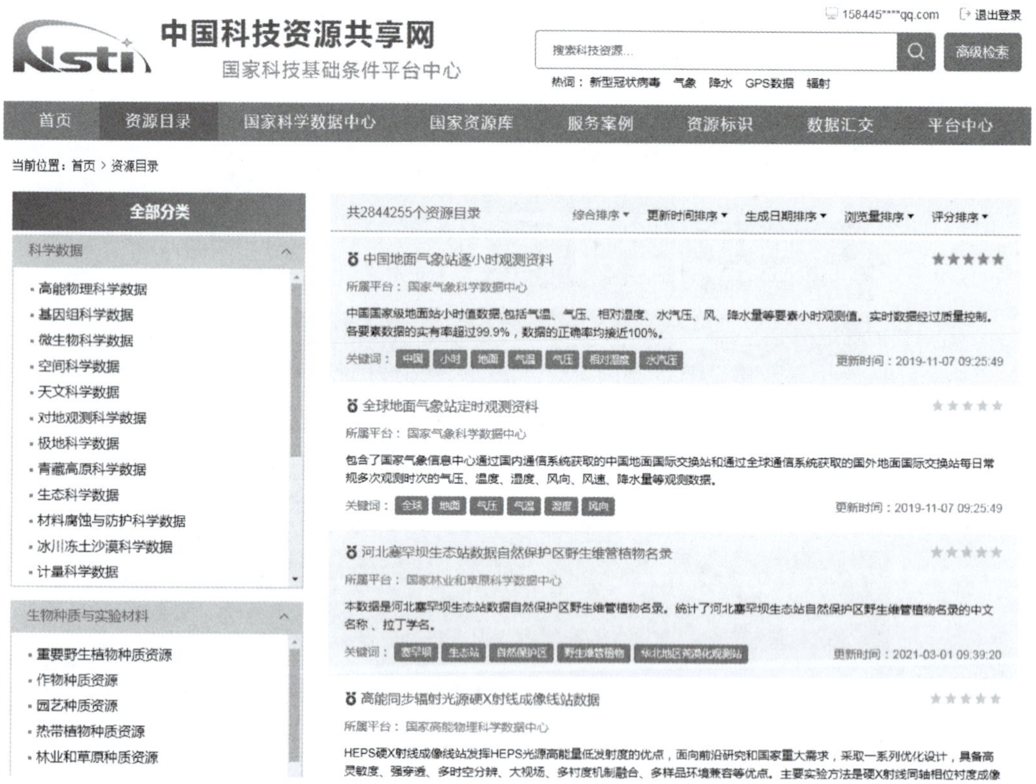

图 2　共享网科技资源目录及分类体系

2.2　科技资源标识管理

中国科技资源标识符（CSTR）是科技资源的唯一统一编码，也是资源管理、服务、流通和评价、资源确权和溯源的唯一资源关联号。依据国家标准《科技资源标识》建设我国的科技资源标识体系，依托共享网搭建科技资源标识系统，通过标识的注册及解析，科技资源标识符能够解决科技资源发现、查找和统计中的唯一性和永久性问题，并为科技资源确权与溯源提供支撑。科技资源标识系统建设是科技资源开放共享框架的重要组成部分，是推进科技资源开放服务和稳定管理的重要基础设施和服务，为国内科技资源的规范化管理和统一标识奠定了坚实的基础[5]。

依托共享网形成了分布式科技资源标识系统数据同步协议，开发了分布式科技资源标识管理系统、数据同步系统及元数据溯源系统，实现了科技资源标识的在线注册、分配、解析、统计分析及科技资源核心元数据的永久保存和溯源等功能。

2.3　科技资源信息检索

科技资源信息检索由共享网提供的关键词检索与分类导航两项服务组成，用户可以在检索框中输入关键词进行查询，也可以通过资源分类体系进行分类查找。资源检索的实现流程包括：科技资源所有方或服务方将科技资源目录（元数据）汇交到对应的国家平台，各领域国家平台根据元数据标准将目录信息整合并汇交到共享网，再由共享网建立资源目录索引和分类树。当用户通过信息检索定位到目标资源后，该资源的获取由资源所属国家平台的在线服务系统提供，其中数据信息类资源可通过线上完成浏览、下载等服务，实物类资源则根据资源类型及各领域国家平台的相关要求完成相应的服务。

2.4　科技资源信息服务

共享网提供的科技资源信息服务包括转载自各领域国家平台的科技资源新闻资讯、服务案例和主题资源等，用户通过共享网可快速浏览各国家平台的简介、新闻动态、服务案例、标准规范等信息。

主题资源是共享网建设的重点内容之一，是各领域国家平台围绕国家战略需求、重大时事热点和突发性自然灾害等对本平台资源进行深度挖掘，通过重新组织和筛选构成的某一专题资源的集合，如新型冠状病毒感染科技资源服务、夏季洪涝灾害科学数据资源服务等专题，为用户提供专题性、知识性、公益性科技资源服务。

2.5　科技资源服务绩效评估

共享网具备平台组建、运行管理和评价考核等工作的在线管理功能。在运行服务过程中，共享网通过开发的一套评估探测工具软件对各领域国家平台的运行状态、使用情况、资源信息变化量等情况统计分析，为管理人员提供服务绩效评估的支撑数据，也为制定科技资源管理制度提供决策支撑。

科技资源共享服务评价受多因素协同作用影响，为准确度量科技资源共享服务绩效水平，新版共享网总结了多年来共享服务绩效评估的成功经验，并依据考核指标科学性、客观性、综合性、可获取性、简洁性、灵活性的原则，对各领域国家科技平台的用户访问量、页面点击量、网页出错率、网站连通率、科技资源目录链接有效率、平台网站平均响应时间等指标进行持续测评。同时，通过调查问卷等方式，从资源质量和服务质量两个角度调查用户对国家各科技资源平台运行服务情况的满意度。统计结果以图形、报表等多种可视化形式进行呈现，可较为全面地反映各科技资源平台的运行服务情况，为各平台的绩效考核提供重要支撑。

2.6　用户统一身份认证

科技资源管理与服务过程包括科技资源管理方、服务方、所有方、需求方 4 种角色。科技资源管理方通过共享网完成资源统计、用户共享访问统计、数据质量评测、用户满意度调查、服务性能测评等具体管理任务；科技资源服务方是为用户提供各类科技资源服务的机构，包括已建立的 20 个国家科学数据中心、31 个国家生物种质与实验材料资源库等；科技资源所有方是指科技资源的产权或其他同类权益的持有者，既可以独立提供科技资源服务，也可以在资源确权后委托科技资源服务方代理对外服务；科技资源需求方即科技资源的终端用户，包括政府机构、科研机构、企业或个人等，需通过共享网、科技资源服务方获取服务。

为确保用户信息的安全性，共享网建立了完善的资源信任与授权管理机制，并建设了分布式的用户注册系统、用户认证系统、资源授权管理系统和统一的科技资源授权策略框架体系，实现了国家平台在线服务系统与共享网之间的用户信息安全共享，普通用户只需一次登录共享网就可方便、快捷地访问多个国家平台，提高了资源获取的效率。

3 共享网的服务成效

共享网依据研究制定的《中国科技资源共享网科技资源信息汇交工作规范（试行）》，整合海量的科技资源信息，向各类用户提供科技资源信息导航和资源检索、主题资源、服务案例等信息服务，构建了资源标识体系，支撑我国科技资源的开放共享和高效利用。

整合海量科技资源信息，有效促进科技资源开放共享。截至 2021 年 10 月，共享网的科技资源目录整合了 51 个国家平台（20 个国家科学数据中心、31 个国家资源库），以及重大科研基础设施和大型科研仪器的资源，共有超过 283 万条资源数据。其中，科学数据类科技资源目录超过 10 万条，生物种质与实验材料类科技资源目录超过 263 万条；重大科研基础设施信息 82 条；大型科研仪器信息超过 10 万条。海量科技资源的信息整合使管理部门掌握了科研“家底”，盘活了科技资源的存量，实现了跨部门、跨领域、跨地区的科技资源信息的有效集成，通过科技资源的信息共享带动科技资源的实体共享，进一步促进了科技资源的开放共享和高效利用。

初步搭建科技资源标识体系，标识一批重要科技资源。截至 2021 年 10 月，共享网已注册科技资源标识符总量超过 273 万条，注册标识机构 54 个。科技资源标识代理机构包括北京航空航天大学、中国科学技术信息研究所、中国科学院计算机网络信息中心 3 家机构。科技资源标识体系的构建，规范了标识符编码规则及标识符管理与使用等，为科技资源可定位、可追溯、可引用、可统计与可评价提供了基础保障。科技资源标识系统的稳定运行和推广应用，在提升科技资源管理规范化及标准化能力的同时，提高了科技资源管理与共享服务的效率，对科技资源的溯源及产权保护也起到了支撑作用。

围绕国家重大需求，分主题提供信息服务。共享网的信息服务主要包括动态信息、主题资源、服务案例等。主题资源根据选题和内容分为重要主题资源和普通主题资源。截至 2021 年 10 月，共享网围绕平台资源特色、国家发展重点和社会普遍关注的热点问题，已建设发布主题资源共 48 个。

共享网已发布新型冠状病毒感染科技资源服务专题、中国洪涝灾害数据服务专题两个重要主题资源。“新型冠状病毒感染科技资源服务专题”由国家基因组织科学数据中心、国家微生物科学数据中心、国家病原微生物资源库、国家地球系统科学数据中心、国家人口健康科学数据中心、国家标准物质资源库 6 个国家平台围绕新型冠状病毒感染联合创建发布。“中国洪涝灾害数据服务专题”由国家对地观测科学数据中心、国家青藏高原科学数据中心、国家地球系统科学数据中心、国家气象科学数据中心 4 个国家平台围绕我国夏季各地强降雨引发洪涝的自然灾害联合创建发布，如图 3 所示。

图 3　共享网“中国洪涝灾害数据服务专题”

此外，共享网发布了各国家平台科技资源典型服务案例 246 条（案例页面如图 4 所示），涵盖服务国家重大战略、重大科学研究、社会民生、企业创新等方面。服务案例包括服务名称、时间、对象和范围、背景和意义、成效、内容和主要方式及发布单位等内容，充分展示了国家平台科技资源共享工作的成效。

基于系统客观数据，有效支撑国家平台考核评价工作。根据《中国科技资源共享网科技资源信息汇交工作规范（试行）》《国家科技资源共享服务平台在线服务系统建设运行管理规范（试行）》相关要求，对 51 家国家平台在线服务系统的运行及服务情况进行评估。评估内容包括资源目录量、访问用户数、用户搜索热词、动态信息更新，以及信息质量等，并根据统计分析结果定期形成国家平台运行服务报告，有效地支撑了管理部门对各领域国家平台服务绩效评估工作的开展。

图 4　共享网典型服务案例页面

4　未来展望

共享网建设运行坚持目标导向、需求导向，面向大数据、人工智能、区块链等先进技术驱动的新型科技创新范式，持续整合全社会的各类科技数据资源，扩展系统功能，为科技人员和社会公众提供日益完善和有效的科技数据信息服务，为科技研发提供资源、数据和信息等各类支撑服务。随着数据量的日益增大、用户需求的不断提高、技术进步的不断加速，共享网在技术水平、资源质量、服务水平及决策支撑方面也需要与时俱进，同时加大宣传推广力度，打造平台门户品牌，提高共享网在科技资源共享领域的核心地位及引领作用。

未来，共享网将积极承担《科学数据管理办法》《国家科技资源共享服务平台管理办法》等赋予的各项任务，打造国家平台建设体系的重要组成部分，在我国科技资源信息汇交管理、信息发布和科技成果开放共享服务过程中发挥重要的作用，为国家科技管理提供决策支持，为我国创新创业提供支撑服务，为国内外科技资源交流合作搭建平台。

参 考 文 献

[1]　周俊杰，赵晓萌，方少亮，等. 科技资源共享服务中用户“画像”研究 [J]. 中国科技资源导刊，

2019，51（4）：11.

[2] 张绍丽，郑晓齐，张辉，等. 科技资源共享网络模式创新与实践——以中国科技资源共享网为例 [J]. 科技管理研究，2018，38（13）：10.

[3] 国家科技资源共享服务平台管理办法 [EB/OL]. [2018-02-24]. http://www.most.gov.cn/xxgk/xinxifenlei/fdzdgknr/fgzc/gfxwj/gfxwj2018/201802/t20180224_138207. html.

[4] 石蕾，袁伟. 建立科技计划资源汇交长效机制的思考 [J]. 中国科技资源导刊，2012，44（4）：2-5.

[5] 石蕾，袁伟，程女范，等. 科技资源标识：GB/T 32843—2016[S]. 中华人民共和国国家质量监督检验检疫总局，中国国家标准化管理委员会，2016：1.

[6] 王宏起，李力，李玥. 区域科技资源共享平台集成服务流程与管理研究 [J]. 情报理论与实践，2014，37（8）：5.

[7] WANG J, TANG K, FENG K, et al. Impact of temperature and relative humidity on the transmission of COVID-19: a modelling study in China and the United States[J]. BMJ Open, 2021, 11(2): e043863.

作者简介

张辉，博士，北京航空航天大学计算机学院研究员，博士生导师，国家科技资源共享服务工程技术中心副主任，负责“中国科技资源共享网”的技术研发和运维。作为项目负责人，承担过多项国家级研发项目，包括国家重点研发计划现代服务业专项项目“分布式科技资源体系及服务评价技术研究”、国家科技基础条件平台建设项目“国家科技基础条件平台门户系统运行与服务”、国家自然科学基金项目“科学基金共享服务关键技术研究”等。主要研究方向为大数据、科技资源共享、计算机网络与安全，发表相关 SCI、EI 论文 60 多篇。获得部级科技进步奖二等奖 1 项。

徐波，国家科技基础条件平台中心副研究员，现从事国家科技资源共享服务平台的开放共享与服务相关政策与机制研究、国家科学数据中心和国家野外科学观测研究站的相关管理工作。参与中国科技资源共享网建设运行、科技资源标识应用、科学数据标准制 / 修订等工作。

面向公共政策研究的全球智库网络文献资源数据库建设

马　冉　马　帅

（中国社会科学院中国社会科学评价研究院）

摘　要

“全球智库信息集成及分析系统项目”是中国社会科学院重大信息化项目。全球智库信息集成及分析系统的建设是当前中国社会科学评价研究院面向全球智库评价研究项目的重要内容。鉴于公共政策研究与智库研究对科研信息化的迫切需求，中国社会科学评价研究院建设了全球智库信息集成及分析系统，旨在为公共政策评价与智库评价提供专业、高效、精准的知识服务。本文从公共政策研究与智库评价的客观需求出发，系统介绍了平台建设的总体目标、技术特点、建设情况和科研成效，并对平台的下一步建设思路和发展方向进行了展望。

关键词

公共政策；全球智库；网络文献资源；数据库建设

Abstract

“Global think tank information integration and analysis system project” is a major information project of the Chinese Academy of social sciences. The construction of global think tank information integration and analysis system is the top priority of the current global think tank evaluation research project of China Academy of social sciences. In view of the urgent demand for scientific research in public policy research and think tank research, China Academy of social sciences has built a global think tank information integration and analysis system, which aims to provide professional, efficient and accurate knowledge services for public policy evaluation and think tank evaluation. Starting from the objective needs of public policy research and think tank evaluation, this paper systematically introduces the overall goal, technical route, construction achievements and service effectiveness of the platform construction, and looks forward to the next construction ideas and development direction of the platform.

Keywords

Public Policy; Global Think Tank; Network Document Resource; Database Construction

2015 年 1 月 20 日，中共中央办公厅、国务院办公厅印发了《关于加强中国特色新型智库建设的意见》（以下简称《意见》），《意见》指出：纵观当今世界各国现代化发展历程，智库在国家治理中发挥着越来越重要的作用，日益成为国家治理体系中不可或缺的组成部分，是国家治理能力的重要体现[1]。市场化、信息化、全球化的发展，显著增强了社会关系的复杂性，更进一步加剧了世界联系紧密度，智库应当树立国际视野，开放思维，坚持以我为主，为我所用，在智库国际交流和合作中发挥引领作用[2]。加快智库大数据建设，需要加强和规范科学数据管理，积极推进科学数据资源开发利用和开放共享，依法确定数据安全等级和开放条件，建立数据共享和对外交流的安全审查机制，为政府决策、公共安全、国防建设、科学研究提供有力支撑。高效运用大数据分析技术，特别是在网信智库的综合研究体系建设方面，真正实现用数据说话、数据决策、数据管理和数据创新，更好地服务于国家网络强国战略[3]。

中国特色新型智库已经迎来了快速发展的黄金时期，抓住这个历史机遇，将极大地促进智库的发展，反之将削弱智库的功能。当前，对我国智库的相关研究还需要加强定性和定量相结合的分析，建立相对成熟的智库研究和评价机制。

1　全球智库信息集成及分析系统网络文献大数据平台的客观要求

1.1　将全球智库研究成果用于公共政策研究

对公共政策的制定产生影响是智库的核心功能。“智库对公共政策具有影响力，并不一定要被理解为具有特殊的政治意识形态倾向。制定政策者、影响政策者和利益相关者之间进行着不断的沟通，利益相关者试图直接影响政策制定者的决策，或者间接地通过政策影响者对政策制定者施压，获得对自身有利的政策出台[4]。”随着社会发展及公共事务的范围不断扩大，政府在庞大的社会系统面前并不总是处于信息的优势地位，尤其是在对新兴事物的了解上。为此，我们要通过加强智库建设来弥补政府在许多领域专业性及信息方面的弱势，推动公共政策研究水平的提高。

1.2　面向智库研究与评价的科研信息化需求

大数据已成为当前各界关注的焦点。2015 年 9 月，国务院印发《促进大数据发展行动纲要》，2017 年年初，工业和信息化部印发《大数据产业发展规划（2016—2020年）》等配套文件，中国的大数据时代已经到来[5]。大数据与智库都是我国的未来重点发展领域，二者联动将起到事半功倍的效果。数据科学的进步和数据产业的发展能为智库建设和研究提供技术支撑；智库可以成为大数据发展的实体依托，促进大数据研究成果的转化和落地[6]。

全球智库信息集成及分析系统的建设将立足技术领域，进行全球智库的成果研究分析工作。当前，对智库进行综合的跟踪研究并进行系统性分析是一个基本趋势，为了打造中国特色新型智库体系的新格局，中国社会科学评价研究院启动“中国智库综合评价AMI 指标体系研究”项目，进一步深化对中国智库全面、客观的综合评价，并相继发布了《全球智库评价报告（2015）》《中国智库 AMI 综合评价研究报告（2017）》。2021年，中国社会科学评价研究院发布国家标准《人文社会科学智库评价指标体系》（GB/T 40106—2021）。随着中国日渐走近世界舞台中央，中国特色新型智库建设愈加成为影响全球经济、政治、文化交流的主要力量。智库学者需要站在国际视野下审视国内的经济社会发展状况，善用全球资源和科技成果。基于自身国情和发展目标，建立具有公信力的国内智库评价体系[7]。

2　全球智库信息集成及分析系统建设的意义与主要目标

2.1　意义

全球智库信息集成及分析系统的定位是：在科学、系统、全面地采集整理、存储开发全球智库数据库的基础上，进一步开展调查方法与相关技术的研究，集成前沿数据挖掘技术，实施全球智库热点研究与分析，为智库研究与评价提供支撑平台。作为一个综合性智库研究平台，全球智库信息集成及分析系统将聚焦当前全球智库研究的热点问题、急需解决的战略性问题和难点问题，通过对各类智库机构数据的采集、发掘和分析，实现对重大经济和社会问题的监测和评估，定期推出数据研究报告，打造权威学术发布品牌。

2.2　主要目标

全球智库信息集成及分析系统的主要目标有 3 个：第一，对全球智库的各要素进行准确识别，力求全面、准确地描述和反映智库的基础信息、人员、成果、活动、影响力等诸方面的情况。第二，以多维度垂直查询的方式全方位展示查询结果，实现对智库机构从内部组成到外部活动、从智库研究员到成果发布的展示。第三，为全球智库评价研究工作提供针对性的基础数据和统计结果。

3　全球智库信息集成及分析系统框架

3.1　总体设计

本系统包含 5 层架构设计，具体为用户层、功能层、业务层、数据层及设施层（见图 1）。

针对用户层不同人群的需求和业务场景，提供不同权限的数据应用服务；功能层是建成的智库系统平台包含完备的前后台功能，如智库综合分析后台系统中的数据导入、数据对接、数据规范、数据管理等，数据采集子系统中的任务配置、任务管理、数据管理等，评价平台前台功能中的可视化展示、资源检索等；业务层是针对具体业务开发数据采集、数据标准、数据集成、内容管理、检索引擎、用户认证、可视化设计、消息中间件等应用功能或服务模块；数据层是将数据对接国外数据采集系统，包含机构信息库、专家信息库、资讯信息库、评价报告库、指标管理库和系统词库；设施层是系统的底层服务模块，包括计算服务、存储服务、网络服务、开发服务、运维服务、API（第三方接口）服务和安全服务等功能模块。

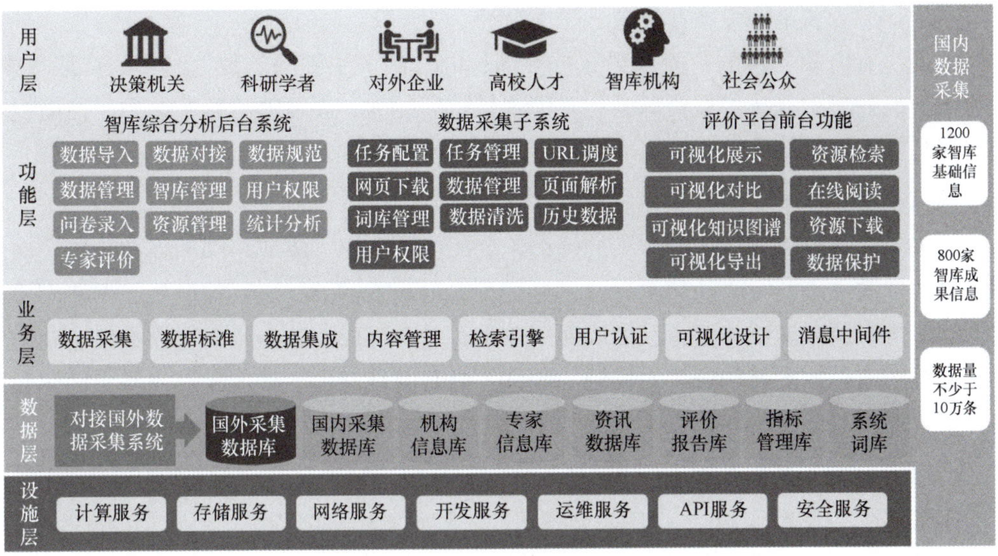

图 1　系统架构

在技术核心图中，主要技术特点体现为：数据库方面主要运用了 MySQL、Neo4j 和 Redis 技术；在程式语言方面主要运用了 Java 和 HTML5 技术；在检索引擎中，主要运用了 Elasticsearch 和 jieba 分词技术；在可视化实现方面，主要运用了 echarts 技术（见图 2）。

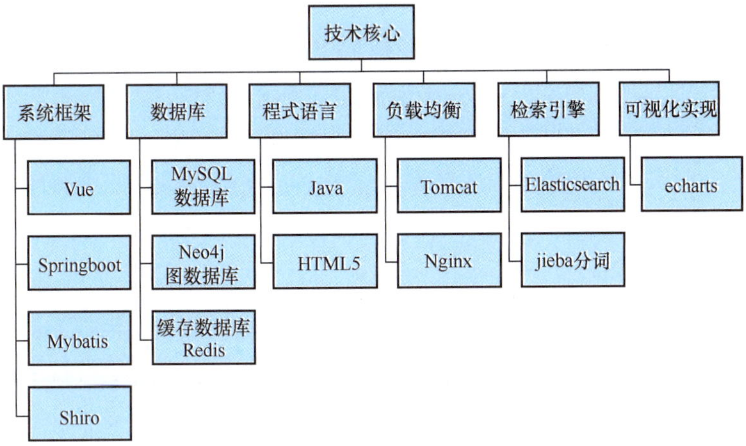

图 2　技术核心图

3.2　技术特点

3.2.1　智库成果数据采集技术

按照既定的规则，自动地抓取网络信息的程序或者脚本，将非结构化智库成果数据和半结构化智库成果数据的网页数据从网页中提取出来，转换成结构化的数据，将其存储为统一的数据库数据。

3.2.2 智库成果数据存储技术

本系统有着多样性的智库成果数据存储机制，服务于不同的数据结构与存取需求，相对于传统的集中式技术在资源池化、大规模扩展能力、硬件故障容错能力、性能提升方面都有巨大的优势。

3.2.3 智库成果数据预处理服务

由于不同智库成果数据源产出的结构不同、内容不同，需要不同的处理逻辑，而且面临着处理需求不断演变的情况。通过设计具有过滤器链的数据处理模型，将智库成果数据处理逻辑的粒度放小至足以抽取通用逻辑，然后再以链式组装。这样不仅达到了按需对应智库成果数据处理场景的目的，而且可以有效规避由于处理需求的差异性而引发的程序变更。

3.2.4 智库成果数据校验技术

本系统在库表设计时对关键库表设置了单向散列加密校验字段，旨在防止技术人员对业务数据的非法篡改，实现方法是对一个关键库表的关键字段进行加密运算，得出校验码存放在校验字段中，一旦有人对数据库进行更改，则校验出错，系统将其视同无效数据。

3.2.5 智库成果搜索引擎技术

本系统构建了强大的数据检索服务，以多索引集群加前端路由服务的方式来对外提供检索服务，每个索引集群都是通过索引数据冗余来提高并发查询执行效率的，可以满足跨数据源检索、多维度条件检索需求。

3.2.6 知识图谱设计技术

知识图谱设计技术的应用相较于传统数据库不仅能更好地表达关系层级的多样性，而且可以通过处理复杂多样的关联分析而满足各种角色对数据分析和管理的需要。同时，知识图谱利用交互式机器学习技术，支持根据推理、纠错、标注等交互动作的学习功能，不断沉淀知识逻辑和模型，提高系统智能性，将信息进行归纳整理，节约时间和人力成本。

3.2.7 机器学习技术

大数据处理与机器学习等技术是不可分割的，通过提升机器深度学习的精度，可以使得数据特征的提炼、大数据内容的分析等更加准确。为更好地进行系统的运营管理工作，系统后台通过用户画像技术为管理人员提供了丰富的运营管理工具。用户画像技术是通过对用户在平台上的操作痕迹数据和日志数据的记录，根据用户的检索习惯与兴趣，判断用户的研究方向，从而着重推荐相关信息，满足用户的检索需求。

4 系统建设基本情况

智库综合分析系统建设分为网站前台和管理后台两部分。全球智库信息检索及分析系统作为数据展示应用端，主要承担了数据展示、检索和分析的作用（见图 3）。智库综合分析管理系统作为数据管理应用端，主要承担了智库机构管理、专家管理、数据管理、指标分类管理等多项管理功能。

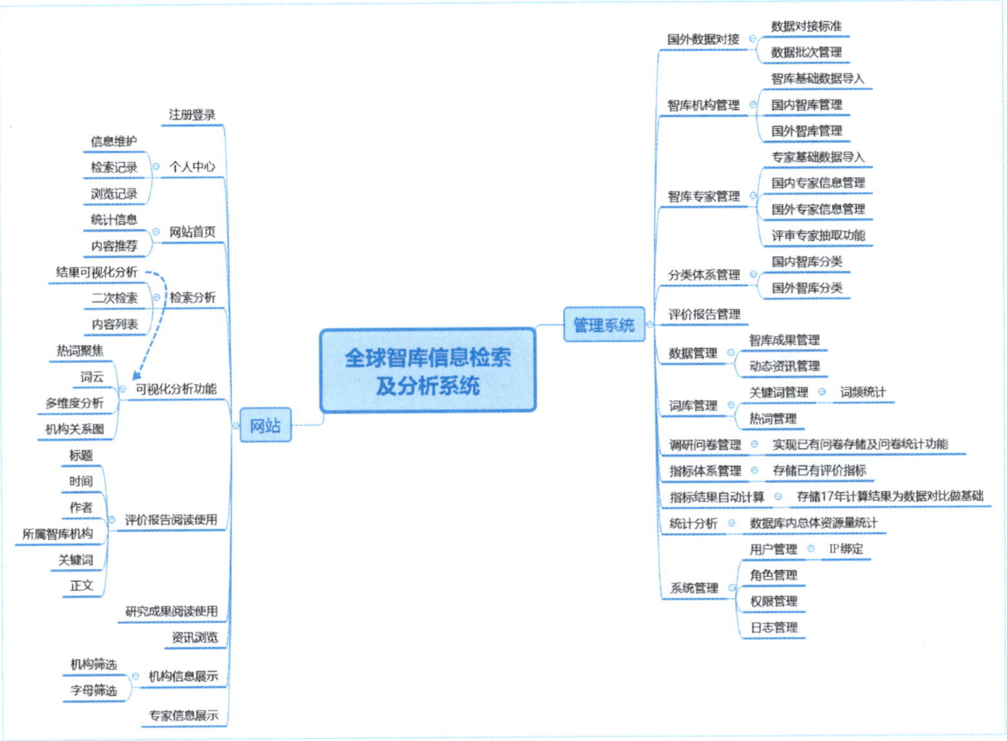

图 3　系统建设内容

4.1　系统栏目介绍

全球智库信息检索及分析系统首页由导航栏、系统 logo、快速检索、统计信息和推荐资源构成（见图 4），数据资源时间跨度为 2018 年 1 月到 2020 年 12 月（截图时间）。

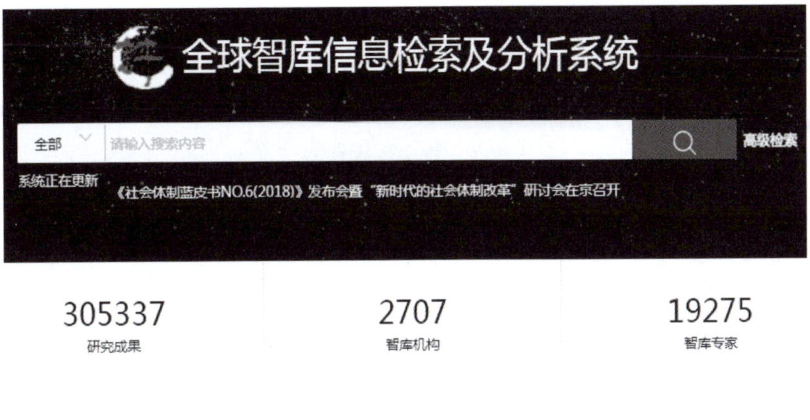

图 4　系统栏目

4.2 系统功能介绍

4.2.1 检索功能

图 5 和图 6 分别为系统的快速检索功能和高级检索功能。快速检索功能是在检索框选择检索条件，输入检索词，点击“检索”按钮，即可查看检索结果；高级检索功能是通过单击“高级检索”按钮，可以增加检索条件，并选择检索条件之间的逻辑关系（与、或、非），还可以选择时间段，在指定的时间范围内进行精细检索。运用多种检索方式，可以保证检索效率，避免重复劳动，且可以将机构检索、题名检索和作者检索等各种检索途径相结合，保证了信息的正确性和完整性。

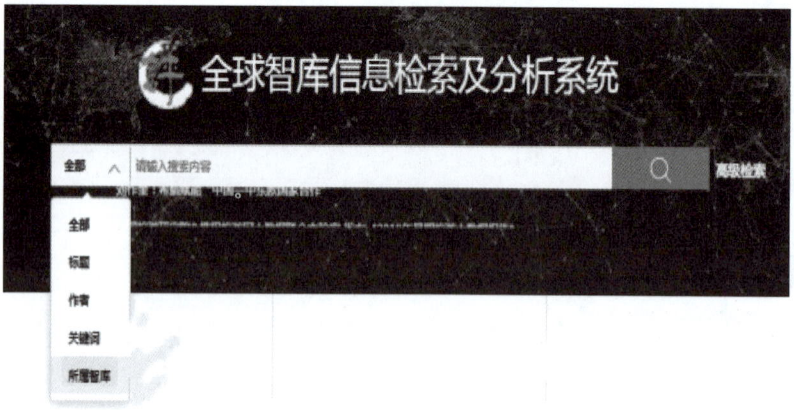

图 5　快速检索功能

图 6　高级检索功能

4.2.1.1 智库机构与专家检索

图 7 和图 8 分别为国内智库机构检索页面和国外智库机构检索页面。按智库种类划分，国内智库可划分为企业智库、高端智库、政党系统智库、科研院所智库、社会智库、政府部门智库、高校智库等。国外智库可划分为健康、国际关系与安全、教育、环境、商业与经济、国际事务、社会政策、技术等。智库机构信息包含智库机构的中英文名称、主要研究领域、机构关系可视化图谱、主管单位、成立时间、所属智库类别、第一负责人姓名、所在区域省份、联系电话、联系传真、网址、邮箱、办公地址等。

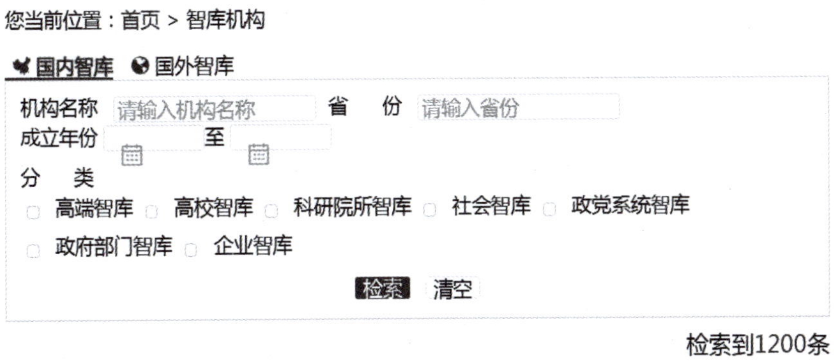

图 7　国内智库机构检索页面

图 8　国外智库机构检索页面

图 9 和图 10 分别为国内智库专家检索页面和国外智库专家检索页面。智库专家与智库机构的检索方式相同，在选择好国内外智库或专家后，一种是按照智库类别或研究领域筛选，另一种是直接输入智库名称或专家姓名，还可以按照首字母进行精细筛选。智库专家库中主要包含了近万名智库机构内专家的信息，如智库专家姓名、国籍、所属机构、研究领域及研究成果等。

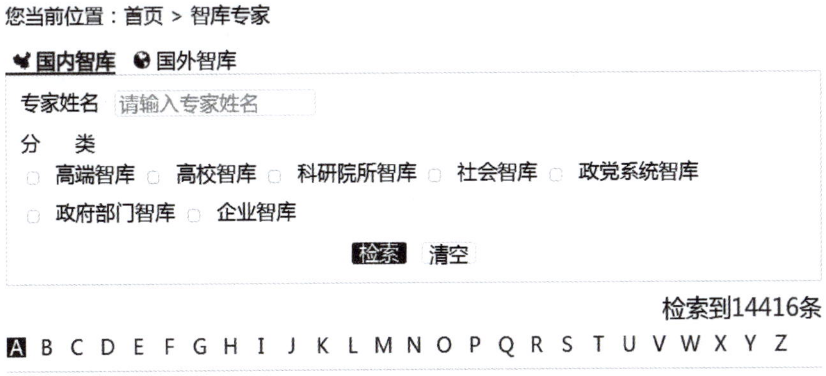

图 9　国内智库专家检索页面

图 10　国外智库专家检索页面

4.2.1.2　智库成果检索

智库成果的展现形式分为两种，第一种是网页文本形式的研究成果或新闻资讯，可以直接进行复制粘贴引用（见图 11）；第二种是以 pdf 形式呈现的，此类资源大多数为上传的评价报告，可以直接在网页上阅读 pdf 形式的文件（见图 12）。

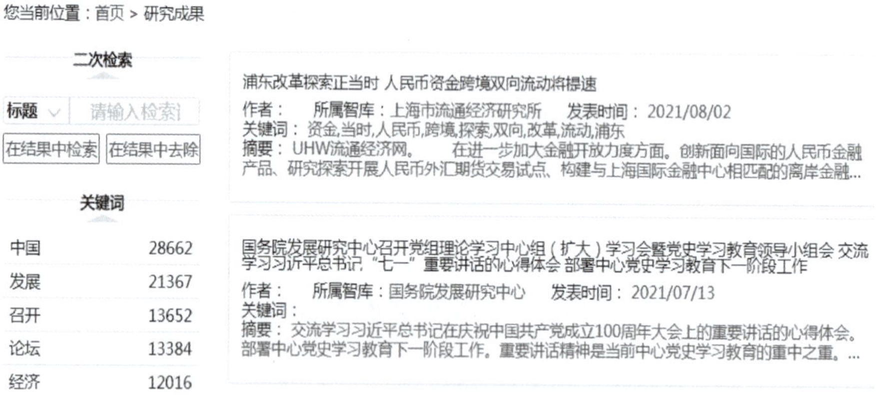

图 11　智库机构研究成果检索（网页文本形式）

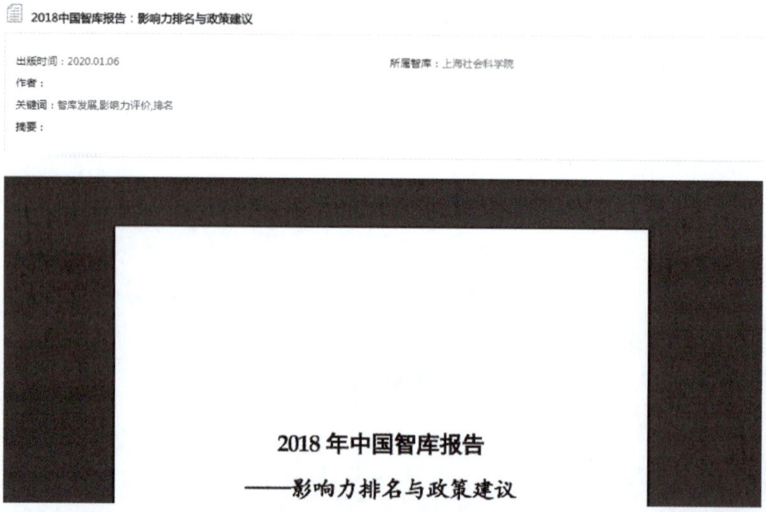

图 12　智库机构研究成果检索（pdf 形式）

4.2.2　内容管理功能

内容管理系统是数字资源信息化管理的必要组成部分。该内容资源管理系统可以对智库机构、智库专家、研究成果等实现多种类型、多种格式、多种维度的资源快速整合处理，降低内容资源管理成本，提高管理效率（见图 13）。

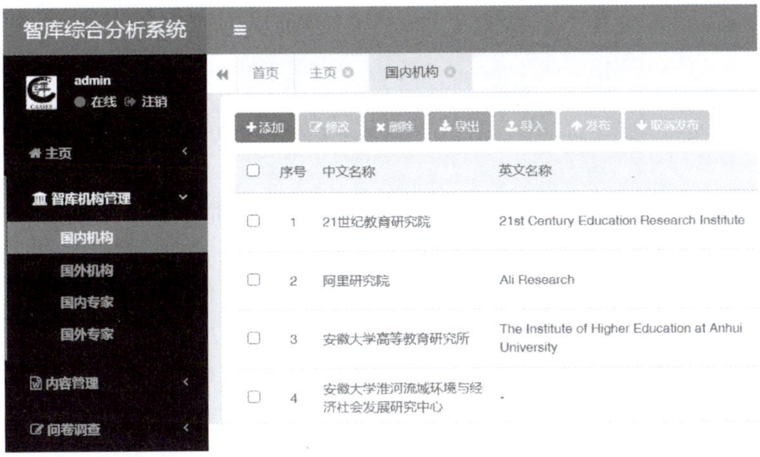

图 13　内容管理系统

4.2.3　分析功能

4.2.3.1　可视化分析

可视化主要包括关键词图谱、词云图、时间分布图和智库分布图。

关键词图谱是把以检索词为中心发散的相关词，按相关度的强弱性依次排序，采用可视化图谱形式展现出来（见图 14），即距离中心词越近的词汇与中心词的相关性越强。关键词图谱是通过统计文本中每个词出现的次数来描述词汇分布规律，并将抽象数据用可视化的形式表示出来，为后期分析数据提供条件。随着大数据技术的迅速发展，这种方法得到了广泛的应用。

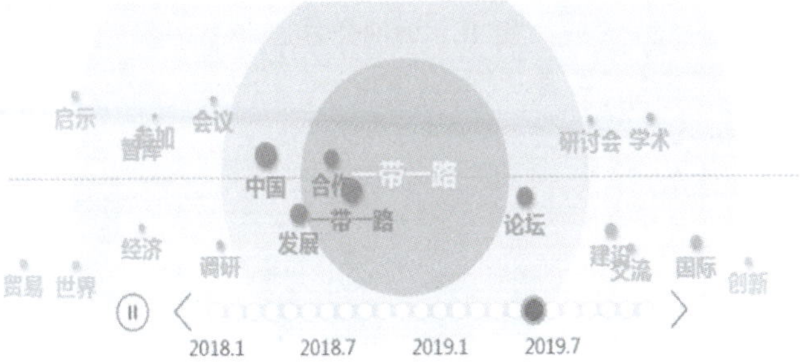

图 14　关键词图谱

如图 15 所示，词云图是词频分析时最常用的可视化方法，词云图是将文本中出现频率较高的关键词予以视觉上的突出，从而过滤掉大量的文本信息，使浏览者只要一眼扫过文本就可以领略文本的主旨。

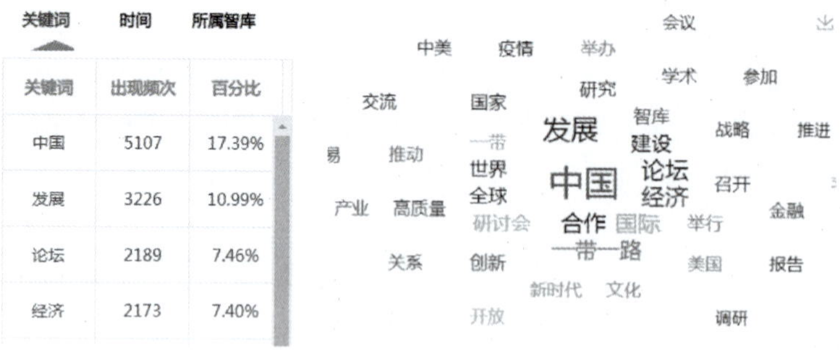

图 15　词云图

图 16 和图 17 分别为研究成果时间分布图和智库分布图。时间分布图和智库分布图也是将检索结果的关键词提取出来以图片形式展现；同时，对检索结果的时间、所属智库进行可视化排序展示。当前，以大数据、人工智能为代表的新一代信息技术蓬勃发展，随着数据量的积累及数据多样性的扩充，基于知识图谱的人工智能的应用是减少人力依赖，实现知识沉淀和传承的主要方式。知识图谱的应用可以处理复杂多样的关联分析，满足各种角色对数据分析和管理的需要，提高系统的智能化水平，从而有利于数据分析效率及科研信息化水平的提升。

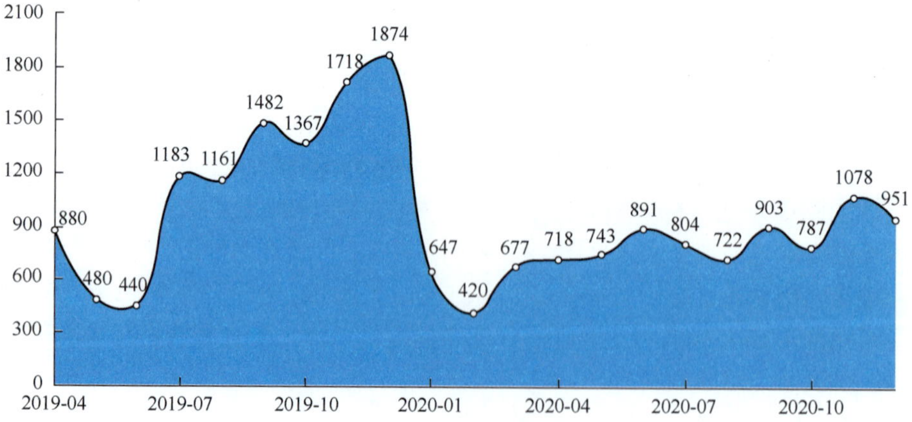

图 16　时间分布图

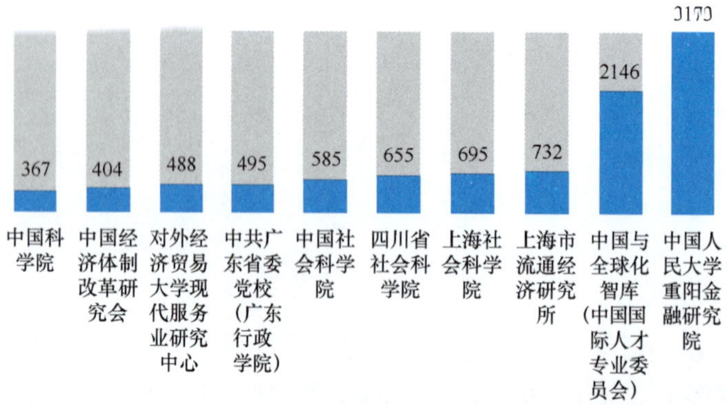

图 17　智库分布图

4.2.3.2　智库机构详情及研究领域分析

图 18 和图 19 分别为智库机构详情页和智库机构关系图谱。现今，智库机构间的合作研究已成为一种趋势，合作研究的建立是基于共赢理念，集聚且充分发挥各自的优势，真正实现效用的最大化，为国家和地区发展产出高质量的研究成果，同时也为智库本身的发展提供外力支撑。合作研究的目的主要在于通过举办系列学术交流活动，为联合开展专题调研和课题研究搭建共享资源建设平台。机构关系图谱可以显示出各机构之间的研究方向相似性程度，机构间的研究内容与合作度越高，机构间的连接线越多、越密。

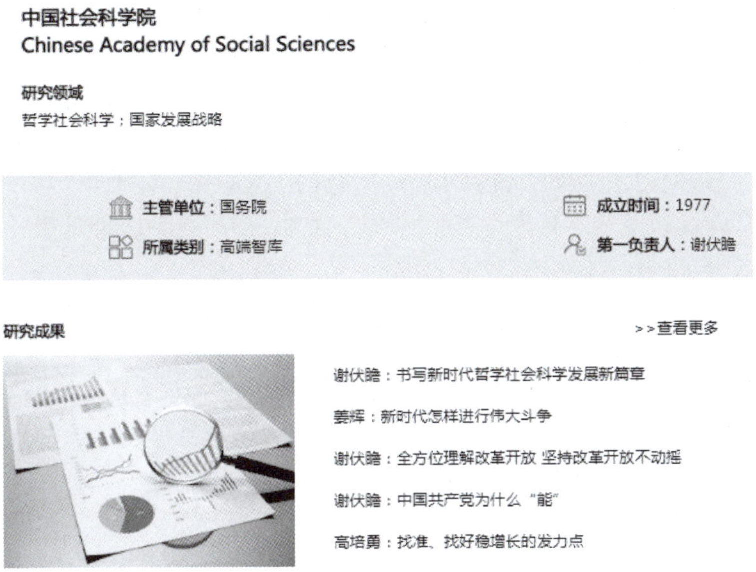

图 18　智库机构详情页

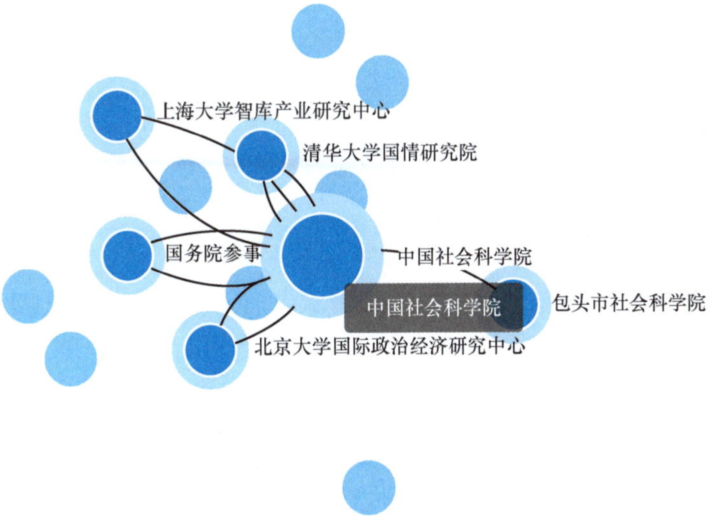

图 19　智库机构关系图谱

5 科研成效

通过对协同实验平台的不断升级改进和优化，已经取得了很好的科研应用成效，主要表现在以下方面：

（1）促进了科研资源的整理与收集。通过全球智库信息集成及分析系统的建设，收集整理近年来国内外智库的研究成果，通过对各类智库机构数据的采集、发掘和分析，实现对当前重大经济和社会问题的监测、评估，这些成果也会成为公共政策领域学术研究的重要数据资源。

（2）提高了科研人员研究分析数据的效率。全球智库信息集成及分析系统的建设，为智库研究人员提供了检索方便、新颖实用的文献检索工具，为有关智库研究与评价提供了客观、准确的统计信息。全球智库信息集成及分析系统的建设为科研人员提供了数据辅助分析，节省了大量时间，提高了科研人员的工作效率。

（3）多年持续跟踪全球智库重点领域研究动向，撰写数十份研究专报，总计 10 多万字，研究成果得到有关部门的充分肯定。

鉴于该系统刚进入运维阶段，因此在数据总量上仍然需要提高，随着后期运维的开展，在可负担经费允许的情况下将增加对数据的采集，数据量将会进一步提高，关于各研究领域的智库成果将会越来越全面，因此分析结果也更加具有代表性和全面性，对后期相关工作更具指导意义。

6 总结与展望

近年来，中国社会科学评价研究院不断加强公共政策评价研究，结合全球智库信息集成及分析系统的设计和实施，这种知识图谱量化分析方法也进一步充实了传统智库的研究理论。

关于全球智库信息集成及分析系统的未来升级与使用，我们考虑加强以下几方面工作：

（1）强化技术优势，提高数据质量。我们还将进一步在数据平台加强数字化、标准化、智能化模块设计，并定期进行系统优化升级，确保数据采集、存储、分析和处理效率进一步提升。

（2）围绕公共政策研究热点，不断深入开展数据挖掘。在公共政策的多个研究领域，我们将及时对研究热点、重点问题进行智库成果的资源集结，这也是建设高质量智库成果数据库的要求，彰显数据库独特性的关键所在。

（3）要加大智库间的研究合作，扩大全球智库信息集成及分析系统的推广使用。目前，中国社会科学评价研究院公共政策评价研究室正在以打造智库型研究室为目标，面向社科院兄弟研究所及政府内的相关政策研究机构开展广泛合作，在公共政策研究领域共享资源技术平台。

致谢

全球智库信息集成及分析系统的建设离不开中国社会科学院信息化主管单位的支持，离不开中国社会科学评价研究院公共政策评价研究室、机构与智库评价研究室等多部门科研人员的通力协作，感谢中国社会科学评价研究院院长荆林波研究员对本项目的科研指导，同时感谢甘大广老师和徐喻老师带领下的技术团队提供的帮助，以及对本项目付出劳动的所有科技人员。

参考文献

[1] 中共中央办公厅，国务院办公厅 .《关于加强中国特色新型智库建设的意见》[EB/OL].[2015-01-20]. http://www.gov.cn/xinwen/2015-01/20/content_2807126.htm.

[2] 李国强，李初 . 加快中国智库国际化建设是一项重要而紧迫的任务 [J]. 智库理论与实践，2021，6（2）：2-7，32.

[3] 马冉．建设网信智库服务网络强国战略 [N]. 经济日报，2018-07-12（16）.

[4] 荆林波．中国智库发展的问题及策略 [J]. 新闻与写作，2018（6）：14-18.

[5] 工信部解读《大数据产业发展规划（2016—2020 年）》[J]. 中国信息安全，2017（5）：59-60.

[6] 吴田．大数据助推新型智库建设 [N]. 科学导报，2017-06-13（B02）.

[7] 胡薇，吴田，王彦超．《全球智库报告》解析及评价 [J]. 中国社会科学评价，2018（3）：116-124，128.

作者简介

马冉，中国社会科学院中国社会科学评价研究院公共政策评价研究室副主任（主持工作）。中央国家机关第七批援藏干部，中国社会科学院青年中心理事。主要研究领域为社会科学情报学、智库研究与评价、公共政策评价等。先后在《理论动态》《经济日报》、智库要报、内参等媒体发文 20 余篇。主持中国社会科学院所级重点课题、西藏社会科学院重大精品课题项目等。中华人民共和国国家标准《人文社会科学智库评价指标体系》GB/T 40106—2021 主要起草组成员。

马帅，中国社会科学院中国社会科学评价研究院研究实习员，研究方向为数据挖掘与文本分析。

面向多领域的科学数据管理与服务软件体系架构建设

王华进[1] 沈志宏[1] 路长发[1] 朱小杰[1] 周园春[1] 冯伟华[2] 王永胜[2]
（1. 中国科学院计算机网络信息中心；2. 中国烟草总公司郑州烟草研究院）

摘要

科学数据资源普遍具有类型丰富、领域多样、语义联系密切等特征，传统科研信息化技术难以同时支撑对不同领域的科学数据资源进行融合管理、处理和服务，导致科学数据软件重复开发。本文提出了可应用于多领域科学数据管理、处理、服务的软件体系参考架构。该架构自底向上由混合云管理、引擎集成化部署、异构数据融合存储、数据流水线、数据中台等功能模块组成，可提供跨域异构基础设施整合、软件栈弹性部署、异构数据融合管理、流水线处理、公共主数据服务等功能，可整体提升多领域科学数据的治理、服务和分析利用水平。

关键词

科学数据；开放科学；异构融合；数据中台；数据流水线

Abstract

Scientific data resources generally have the characteristics of rich data types, diverse fields, and close semantic links. Traditional e-scientific technologies cannot simultaneously support the fusion management, processing and service of multi-field scientific data resources, therefore have caused the repeated development of scientific data software. This article proposes a reference software architecture for the management, processing, and service of multi-field scientific data. This architecture consists of function modules like hybrid cloud management, integrated elastic deployment, heterogeneous data fusion store, data pipeline, and data middle platform from the bottom to the top. It can provide cross-domain heterogeneous infrastructure integration, heterogeneous data fusion management, data pipeline processing, and public master data services, which can improve the technical level of multi-field scientific data governance, service and utilization.

Keywords

Scientific Data; Open Science; Heterogeneous Fusion; Data Middle Platform; Data Pipeline

1 引言

科学数据普遍具有类型丰富、领域多样、语义联系密切的显著特点。一方面，传统科研信息化技术难以同时支撑对不同领域的科学数据资源进行融合管理、处理和服务，导致科学数据软件重复开发；另一方面，在进行问题导向的科学研究时，应充分汇聚所有相关领域的数据资源，并进行跨领域融合分析，以保障研究工作全面、充分开展。然而，科学数据正面临着因存储环境、数据类型、领域语义等方面的异构性造成的软件复用壁垒，阻碍了科学数据全生命周期各环节（汇聚、存储、加工、分析）的有效衔接与高效运转，导致科学数据在实际科研应用中被分散管理、孤立分析，未能充分利用多领域数据资源中的语义关联信息。亟须借助云计算、大数据相关方法与技术，构建一个能力全面、技术先进、多领域适用的科学数据管理、处理、服务软件体系参考架构，提供多领域数据的一站式汇聚、存储、加工、分析能力与服务，以期在新一代科研信息化基础设施的建设中发挥指导作用，推动我国科研领域信息化战略的高质量落地实施。

现有云计算、大数据相关理论[1,2]、工具[3-6]已十分成熟，在将其应用到参考架构中时，应重点研究如何在安全、易用、资源弹性、资源隔离等云计算、大数据标准特性的基础上，针对科学数据在多学科、领域综合应用中存在的突出问题，提供特需功能集合。为此，本文首先对科学数据管理、处理、服务能力需求进行分析，进而提出参考架构的功能模块设计，最后给出参考架构的原型实现。本文研究路线图及主要内容如图 1 所示。

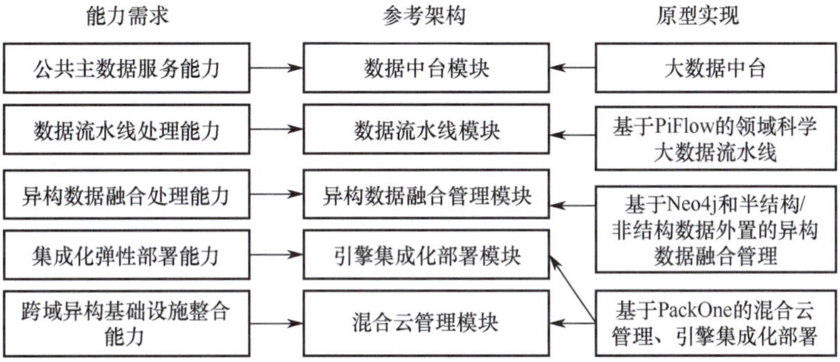

图 1　本文研究路线图及主要内容

2　对参考架构的能力需求

2.1　跨域异构基础设施整合

由于不同学科领域的数据资源往往归属于不同的科研机构，跨领域数据融合往往也意味着对数据资源进行跨机构汇聚。不同科研机构的 IT 基础设施不尽相同，且存储系统与底层硬件之间耦合紧密，数据传输链路存在内网隔离问题。这种存储环境上的异构性，造成跨机构数据汇聚只能通过人工查找、下载的方式进行。参考架构须能够整合跨域异构基础设施，打通不同机构间的数据传输链路，从而实现对跨机构数据资源进行程序化查找和下载。

2.2　集成化弹性部署

科学数据治理、服务、分析相关软件是一个复杂的软件体系，由底层的大数据存

储 / 处理软件、中层的大数据仓库软件、上层的领域算法模型构成。参考架构须能够将种类繁多的相关软件进行集成化部署，形成可被统一管理、配置、监控的科学大数据集群。为匹配不断增长的科学数据规模，科学大数据集群应能够弹性扩展部署。为满足易用性和可维护性，应允许用户选择性地部署自己需要的软件集合，以便尽可能地降低系统的复杂度。

2.3 异构数据融合管理

以问题为导向的科学研究，须首先发现、获取相关领域的科学数据，然后进行融合分析。科学数据之间往往存在着丰富的语义关联关系，对科学数据资源进行关联存储，可实现基于关联关系的数据资源高效发现、获取、分析。然而，科学数据在数据格式上往往是异构的。例如，物种元数据是结构化的，通常采用关系型数据库存储；专利、论文等科技信息是文本结构的，通常采用文档型数据库存储；地学遥感数据中含有大量的图形数据，通常采用分布式文件系统存储。参考架构应具备异构数据融合管理能力，即支持对异构科学数据进行关联存储和关联检索。由于数据结构的差异性，异构数据被存储于异构系统上，导致异构数据关联存储须借助一系列 ETL（抽取、转换、加载）关联处理流程才能实现，包括“从各类异构系统中读取数据”“将异构数据加工处理为格式相同的数据中间体”“对数据中间体进行关联关系识别”等 ETL 环节。传统情况下，ETL 关联处理流程需要手动编写，且复用性差，导致关联分析的整体效率低下。参考架构应支持关联处理流程的自动生成和执行，并支持对异构数据进行批量协同读写和关联检索。

2.4 数据流水线处理

经过多年的研究和实践，技术实力较强的科研单位已收集了较丰富的科学数据资源，如科技文献、知识产权、领域实体数据（如基因组、遥感、雷达等）等。然而，科学数据资源的管理 / 处理工作仍然面临着数据资源重复采集、数据集查找困难、导出数据的版本混乱等现实挑战，亟须借助大数据技术，将数据采集、传输、加工、存储、分类、索引和利用过程标准化、流水线化，实现科研数据的自动实时采集和流程化处理。此外，参考架构应预置典型领域数据处理算子和流水线，并支持对算子和流水线进行定制、复用，实现特定领域的科学数据流水线的快速构建和高效执行。

2.5 公共主数据服务

主数据是指生产经营活动中一些实体的孪生数字对象的数据结构模型，如生物物种主数据可以用其栖息地、形态学等方面的元数据进行描述。统一的主数据是进行跨领域数据共享的先决条件，是将种类丰富但缺乏统一标准体系的科学数据进行整合的基础手段。参考架构应结合大数据技术的发展，约定适合科学数据应用的主数据体系，提供标准化的数据预处理能力，以满足主数据体系的约定，从而形成能够支撑上层各类信息化子系统的标准化数据资源池。

3　参考架构功能模块设计

科学数据管理、处理、服务软件体系参考架构如图 2 所示。本节自底向上介绍各模块的功能设计。

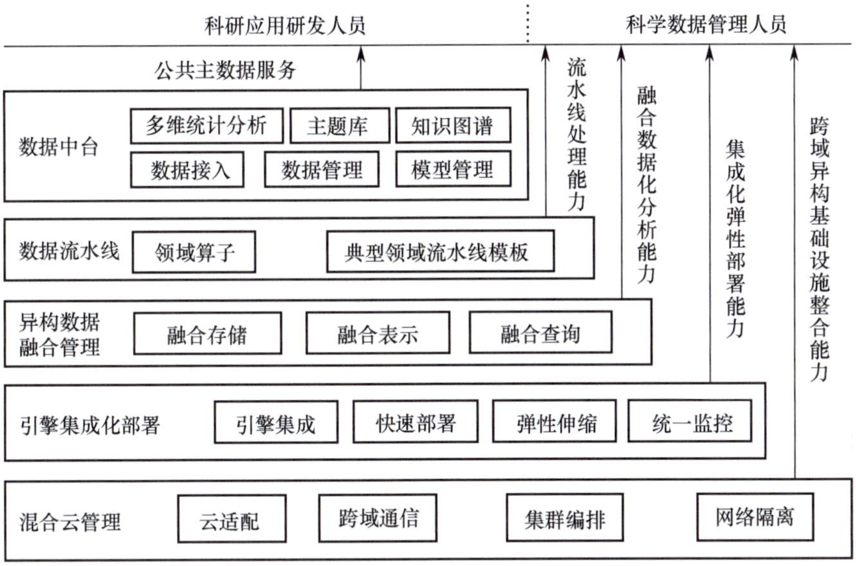

图 2　科学数据管理、处理、服务软件体系参考架构

3.1　混合云管理模块

该模块基于混合云架构对软件体系的底层基础设施进行管理，赋予参考架构对跨域异构基础设施进行整合的能力。该模块采用虚拟化技术将计算、存储资源池化，并提供 API 以支持虚拟机、存储卷的增 / 删 / 改 / 查等操作。主要功能组件如下：

（1）云适配。本组件提供异构基础设施整合能力：通过约定标准化的云资源 API 集合，对下屏蔽底层异构基础设施在云资源管理上的 API 差异，对上提供一致的虚拟机、存储卷的增 / 删 / 改 / 查等 API。当前，混合云的实现形式以特定公有云厂商的商业化方案为主，云厂商改造客户的本地机房并将其虚拟化，通过 VPN 技术实现本地虚拟化资源池与目标公有云相互通信。这意味着客户无法自行接入第三方公有云，即被单一厂商锁定，导致成本压力和管理风险增大。通过设置该组件，可有效规避上述风险。

（2）跨域通信。本组件提供跨域基础设施整合能力：支持按需打通跨数据中心虚拟机之间的通信链路。

（3）集群编排。本组件在跨域通信组件的配合下提供跨域集群的一键创建和销毁能力（集群指一组虚拟机、存储卷集合）。

（4）网络隔离。本组件提供资源隔离能力：支持按需阻断不同集群之间的网络通信。

3.2 引擎集成化部署模块

该模块负责参考架构的软件（引擎）集成、快速部署、集群弹性伸缩等功能，赋予参考架构集成化弹性部署能力。

（1）引擎集成。该模块可实现领域科学数据软件与以 Hadoop 生态为主的大数据软件栈的无缝集成，所采用的集成协议可有效表达大数据软件典型的 Master-Slave-Client 三组件架构，并支持通过配置文件指明各软件之间的依赖关系和各软件的各组件之间的同节点耦合 / 排斥部署关系，即能够实现如图 3 所示的典型大数据管理引擎集成方式。

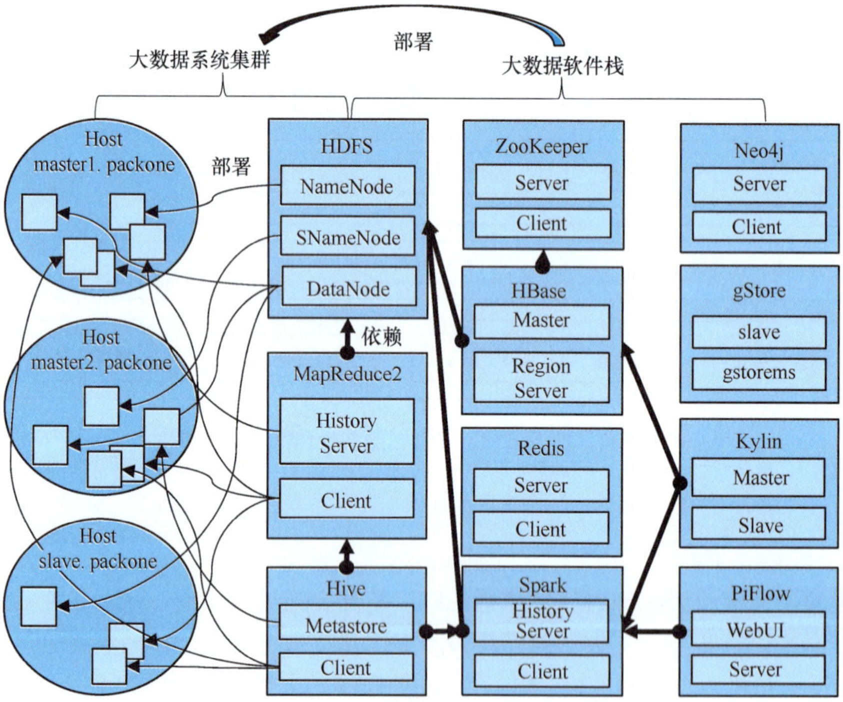

图 3 典型大数据管理引擎集成方式

（2）快速部署。该模块可支持在混合云端进行软件体系的自动化部署，形成科学大数据集群。部署效率应控制在分钟级别，以快速响应用户集群构建需求。应允许用户在部署开始前选择要部署的软件组合、虚拟机集群规模，在部署完成后支持批量启动、停止各类科学数据软件的运行。此外，为满足资源隔离需求，不同集群之间的网络通信默认被阻断。

（3）弹性伸缩。该模块能够参考存储、计算资源的开销情况，动态伸缩科学大数据集群的规模。即计算和存储资源随上层应用负载规模的变化而弹性伸缩，从而达到处理时间与资源投入的比例最优化。目前，弹性伸缩分为渐进式和定量式两种方法。渐进式伸缩方法监控上层应用对底层计算和存储资源的竞争度，动态地增加或缩减底层资源。定量式伸缩方法可通过预估目标应用的计算和存储资源需求，提前为应用分配充足的计算/存储资源配额。由于难以保证预估的准确性，定量式伸缩方法的实用性较差。因此，该组件应优先支持渐进式伸缩方法。

3.3　异构数据融合管理模块

该模块提供结构化、半结构化、非结构化等异构科学数据的融合管理能力，具体包括融合查询、融合表示、融合存储等功能，实现异构科学数据在存储结构、处理算子、查询语言上的关联融合优化。该模块的功能组件包括：能够表达多种数据类型的底层融合存储结构，能够被多种异构数据处理系统专有算子适配的抽象ETL算子，能够表达不同类型数据常见分析方法的融合查询语言。融合存储结构、抽象算子、融合查询语言共同组成了异构数据融合处理框架，对外提供形式一致的数据查询和分析接口。

（1）融合查询。该模块允许通过命令式查询语言对异构科学数据进行交互式查询，支持即席式用户查询，查询指令采用类SQL语言表示。为满足交互式查询的低延时需求，该模块应支持对异构数据进行自动化原位（In-situ）处理，避免手动编写数据ETL处理流程。

（2）融合表示。为实现融合查询，需要设计专门的数据模型，实现对同一实体的异构数据进行融合表示。这是因为对类SQL语言进行查询解析和生成查询计划后，生成的操作算子，特别是关联算子（Join），需要基于具有统一数据模型的操作数表达。因此，当原始数据格式为异构时，需要设计这种数据模型对异构数据进行融合表示。

（3）融合存储。为支撑对同一实体异构数据进行融合表示，对于不特别指定存储系统的数据，应尽可能地用同一种物理存储结构进行保存，以减少不同数据模型之间的转换代价。当存在某种数据不能被这种融合存储结构保存时，该存储结构应能在线接入这种数据。

3.4　数据流水线模块

该模块面向领域科学数据的流程化处理需求，提供领域算子和典型领域流水线模板。

（1）领域算子。科学数据的处理过程包括采集、清洗、融合、存储，具有典型的流水线特征。该模块针对科学数据海量、多源、异构特征，采用大数据技术，以算子的形式实现多类型数据的采集、清洗、关联和存储。

（2）典型领域流水线模板。该模块调用上述算子将数据处理过程装配成数据流水线。基于复用性及运维成本的考量，应支持将数据流水线保存成模板，形成领域流水线模板库，并支持模板的下载、上传。

3.5　数据中台模块

该模块为上层应用提供数据接入、数据管理、模型管理服务，为应用开发者提供主题库、知识图谱等数据服务的调用入口。

（1）数据接入。该模块通过集成FTP、Socket、Flume、Kafka等多种软件框架，支持从传统关系型数据库、HDFS文件系统、日志文件中获取数据，支持接入方式自定义，快速完成不同数据源的高速接入（见图 4）。

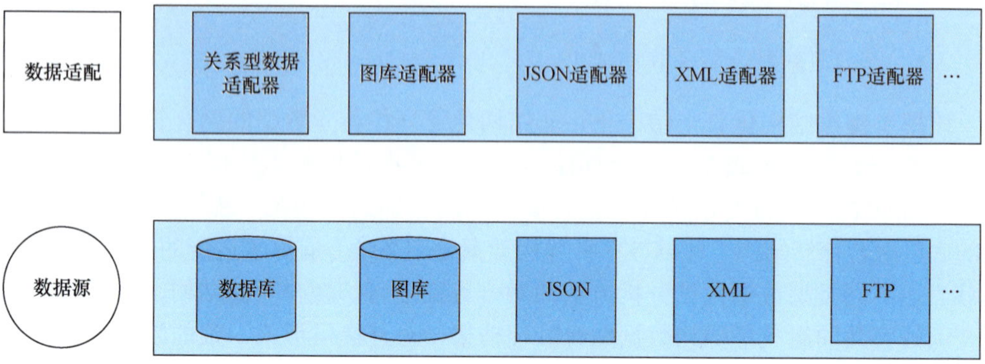

图 4　数据中台模块的数据接入适配方式

（2）数据管理。该模块构建元数据存储管理区，将基于统一规范，对元数据进行集中存储与管理。

（3）模型管理。该模块须能解决架构设计和应用开发在数据模型上的不一致性，支持对数据模型进行分层管理，包括数据标准化、模型创建、模型配置、模型检索、变更监控、模型补全等功能，以提升数据质量，促进数据的资产化。

（4）主题库。该模块须能对接入的数据进行分类处理，生成符合主数据标准的主题数据集，即主题库，同时提供主题库的发布、服务注册、服务编排与服务发现功能。

（5）知识图谱。该模块提供基于人机交互界面的知识图谱构建方案，通过人机界面选择数据、构建知识图谱中的节点和边，提供知识图谱的构建服务，并进一步提供关系检索、主题挖掘、社区发现等知识图谱分析服务。

4　参考架构原型实现

4.1　基于 PackOne 的混合云管理模块、引擎集成化部署模块

PackOne 是一款云端大数据软件栈集成化部署工具。在参考架构的原型实现中，我们基于 PackOne 适配了 OpenStack、H3CloudOS、EVCloud 等异构云计算基础设施，实现了对混合云的成员云 API 和 Apache Ambari API 的联合调用（混合云管理模块），实现了多种大数据系统在混合云平台上的全自动化部署和弹性伸缩（引擎集成化部署模块）。

为与特定云厂商解耦，混合云管理模块约定了公开标准 API 集合，如表 1 所示。所有被支持的云架构均实现了一个适配驱动（Driver），负责将标准 API 翻译为该云平台的原生调用接口。为实现跨域通信，混合云的每个成员云平台均设置一个边缘网关（Gateway），由网关 IP 与 IP 地址段构成。网关 IP 是混合云其他成员云平台上的主机与该云平台主机进行通信的入口 IP，IP 地址段是该云平台主机的有效 IP 地址范围。当云平

台 B 上的主机与云平台 A 上的主机进行网络通信时，B 上的主机先建立与 A 的网关之间的加密隧道，并将该隧道的网关设置为 A 的网关 IP，路由 IP 段设置为该网关的 IP 地址段。加密隧道基于 Wireguard 协议实现，通过该协议的 AllowIPs 参数设置要连通或阻断的 IP 地址。

表 1 混合云管理模块的主要公开标准 API 集合

组 件	功能描述
Driver	表征混合云的一个成员云平台的驱动，可将对该混合云资源的操作翻译为该云平台的原生调用接口
Gate	特定云的边缘网关，由网关 IP 和代理路由构成，是其他云访问该云的网络入口
Volume	特定云上的存储卷
Flavor	特定云上的主机规格
Image	特定云上的主机镜像
Blueprint	特定云上的主机镜像、主机规格、存储卷大小的组合，用于快速初始化对应配置的主机
Instance	特定云上的主机

引擎集成化部署模块采用 Apache Ambari 的组件定义框架和软件依赖描述协议，将大数据软件栈（Stack）各软件抽象成一系列服务（Service），如 HDFS、MapReduce、Spark、Hive 等。一个 Service 由多个 ServiceComponent 构成，如 HDFS.NameNode、YARN.ResourceManager、HBase.RegionServer 等。一个 ServiceComponent 由运行在一个或多个节点上的 ServiceComponentHost 构成，如 HDFS.NameNode.HostA、YARN.ResourceManager.HostB 等。对于以上 3 种资源，可进行以下 3 种操作。

- Operation：Service 层面的操作（Install/Start/Stop/Config），一个 Operation 可以作用于一个或多个 Service。
- Stage：ServicesComponent 层面的操作，根据不同 ServicesComponent 操作间的依赖关系，一个 Operation 的所有 Task 可能被划分成多个 Stage，一个 Stage 内的多个 Task 相互没有依赖，可以并行执行。
- Task：ServiceComponentHost 层面的操作，为了完成一个 Operation，需要为不同的机器分配一系列的 Task 去执行。

如图 5 所示，集群部署规模由集群尺度（Scale）的 Blueprints 控制，其中，一个 Blueprint 描述了一组节点的规格、镜像、存储卷、节点数、运行的服务等信息。此外，集群尺度还规定了集群的初始化 Remedy 脚本、伸缩 Remedy 脚本，可以自动完成虚拟机、存储卷、大数据软件的添加、配置。

将 Scale 实例化为科学大数据集群的过程是基于并发工作流实现的，即各实例的同步骤的任务可并发协同执行。主要的引擎集成化管理工作流如表 2 所示。

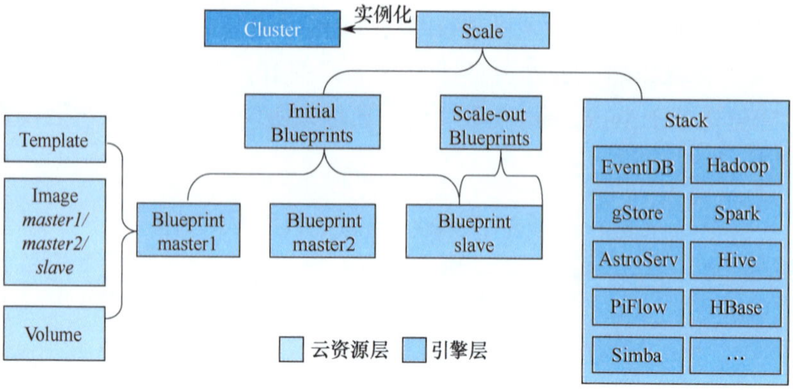

图 5　集群尺度的定义

表 2　主要的引擎集成化管理工作流

工作流	Stage 1	Stage 2	Stage 3	Stage 4
自启动部署	将初始化 Blueprint 实例化为 Instance	在 Instance 上安装 Scale 的大数据软件栈各大数据系统的组件	启动大数据系统各组件	将 Instance 镜像化，并创建对应的 Blueprints 和 Scale
快速部署	将初始化 Blueprint 实例化为 Instance	在 Instance 上启用选中的大数据系统的各组件	启动大数据系统各组件	—
弹性伸缩	将单步伸缩 Blueprints 实例化为 Instances	在 Instance 上启用选中的大数据系统的各组件	启动大数据系统各组件	—

集群创建功能界面如图 6 所示，用户首先在 PackOne 集群创建界面选择一个集群尺度（Scale），然后在引擎列表（Engines）中勾选自己需要的大数据管理引擎和其他大数据软件，最后点击创建集群。若干分钟后即可登录 Ambari Web UI 验证科学大数据集群在云主机上的部署和运行情况。

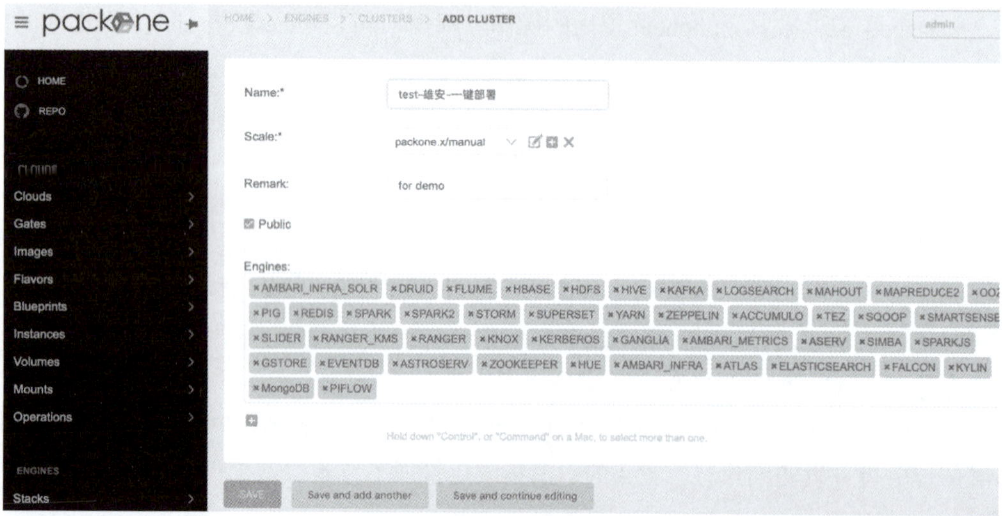

图 6　集群创建功能界面

4.2　基于 Neo4j 和半结构 / 非结构数据外置的异构数据融合管理模块

本模块基于 Cypher、Neo4j、ElasticSearch、HBase 提供结构化、半结构化、非结构化等异构科学数据的融合管理能力。

如图 7 所示，该模块从下至上分 3 层实现，具体介绍如下。

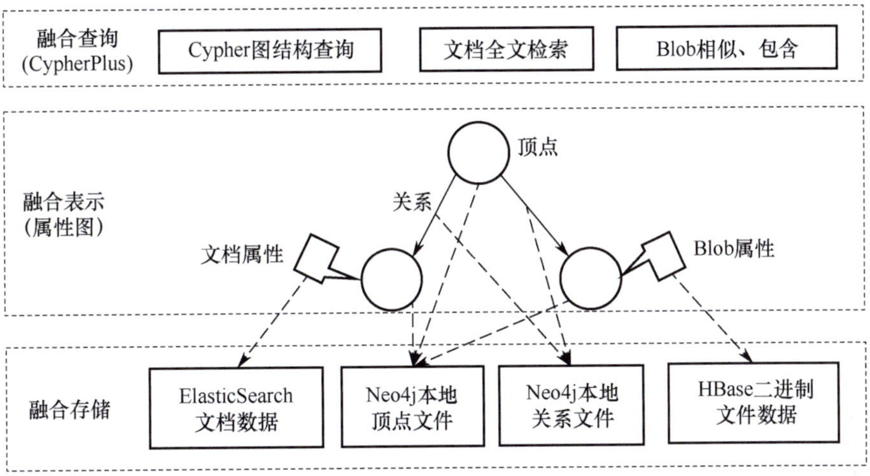

图 7　异构数据融合管理架构

（1）融合存储。该模块基于 Neo4j 本地存储管理图结构数据，基于 ElasticSearch 管理半结构化数据，基于 HBase 存储无结构化小文件数据。为保存同一实体异构数据之间的关联关系，分别在 ElasticSearch 和 HBase 中成对存储实体 ID 和实体文档数据、实体 ID 和小文件二进制数据；为保存不同实体之间的关联关系，分别在 Neo4j 本地存储的顶点文件和关系文件中存储实体 ID 和关联关系。

（2）融合表示。该模块基于属性图模型对异构数据进行融合表示。具体包括：将半结构数据（文档型数据）映射为属性图的顶点属性字段，将无结构数据（图片等数据）映射为属性图的 Blob 顶点属性字段，将图结构数据映射为属性图顶点之间的关联关系。例如，采用隶属于同一顶点的不同属性字段分别表示隶属于同一生物物种的图像、文档，采用顶点之间的关联关系表示不同种之间的亲缘关系。

（3）融合查询。该模块对开源的 Cypher 图查询语言进行扩展，使其同时支持根据顶点 ID、顶点属性、顶点关系对顶点进行过滤，通过扩展的算子（全文检索、相似、包含）对文档数据类型和二进制小文件数据 Blob 进行过滤。

4.3　基于 PiFlow 的领域科学大数据流水线

PiFlow[7] 是一款大数据流水线工具。本模块基于 PiFlow 算子扩展功能，面向科研领域数据的处理需求，提供领域科学数据的采集、清洗、融合、存储算子，并基于 PiFlow 通用算子及扩展的领域算子，实现领域科学数据采集、清洗、融合和存储流水线配置，形成了领域科学数据流水线模板库。

图 8 展示的“烟草 CSCD 成果增量采集流水线”是科学大数据流水线在烟草科研中的应用。该流水线共涉及 3 个数据来源，调用了 87 个算子完成增量数据采集、入库。这些算子分别负责论文、标准、专利、成果、图书等不同类型数据中的人才、机构、关键词等信息的解析与关联处理。经由该流水线构建的关联关系被存入异构数据融合管理模块中，供数据中台调用。

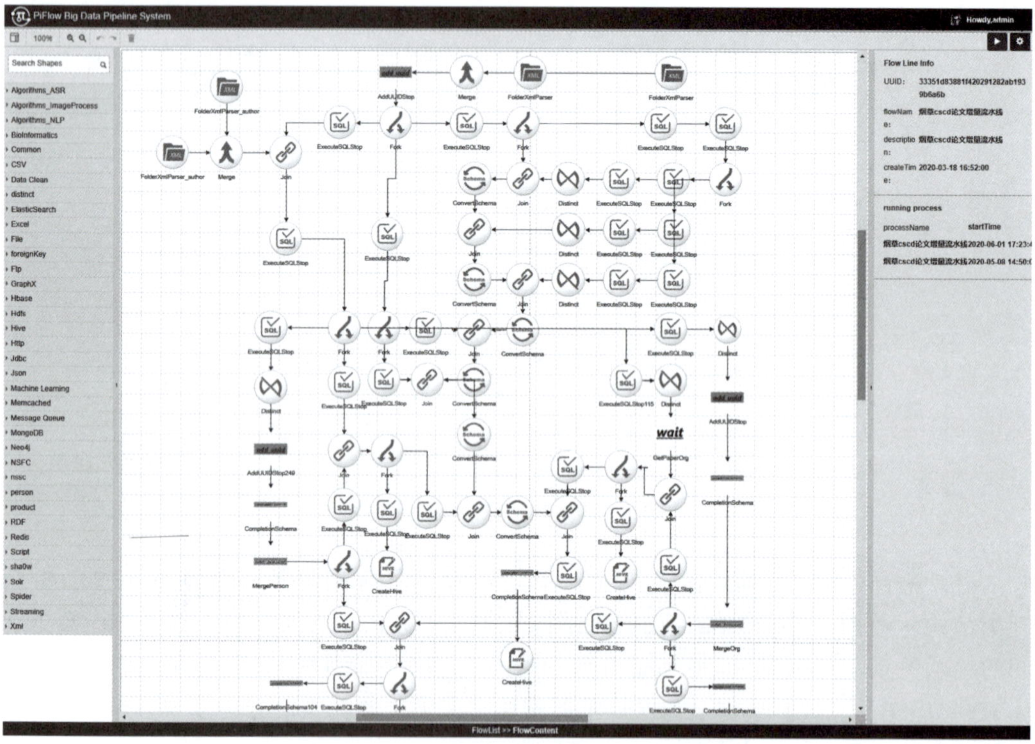

图 8　科学大数据流水线案例：烟草 CSCD 成果增量采集流水线

4.4　大数据中台

大数据中台通过调用底层的融合数据管理模块和领域科学大数据流水线，支撑上层应用访问各类数据资产及其元数据，并生成主题库和知识图谱服务。具体而言，大数据中台包括以下功能组件：

（1）元数据管理。该组件将数据库 / 表 / 字段、数据血缘关系、数据变更历史等元数据信息进行集中存储与管理，并采用初始配置加自动检测的方式，保持元数据命名的规范性。

（2）数据资产管理。该组件基于统一的开发规范提供数据标准、模型配置、模型检索、模型补全等功能。

（3）数据接入。该组件支持从 MySQL、Oracle、PostgreSQL、HTTP 接口、Neo4j 在线接入数据，支持从 JSON、CSV、XML 等离线文件接入数据，支持管理、调度、监控数据接入任务。

（4）数据加工。该组件支持对数据处理工作流进行可视化配置、模板库管理，对基于 Python、Spark、Shell、MapReduce 的数据处理任务进行调度、监控和调试。

（5）数据服务。该组件支持创建并发布主题库服务，在线调试主题库 API，对主题库进行通用检索和可视化；该组件还可创建并发布知识图谱服务及其 API，对知识图谱进行关联关系、合作网络、相似社区、研究热点、关联路径分析。

目前，数据中台已经应用于烟草科研、科技管理、航空航天、工业互联网等领域的多源异构科学数据的管理、处理和服务构建，作为整个参考架构的最上层，初步验证了参考架构的多领域适配能力。以烟草科研领域为例，数据中台实现了该领域的论文、成果、项目、机构、人员等数据的统一接入、治理和服务发布，目前已累积了 10^7 级数据实体、3×10^7 条实体关系。图 9 展示了基于烟草数据中台构建的烟草科技知识图谱服务。

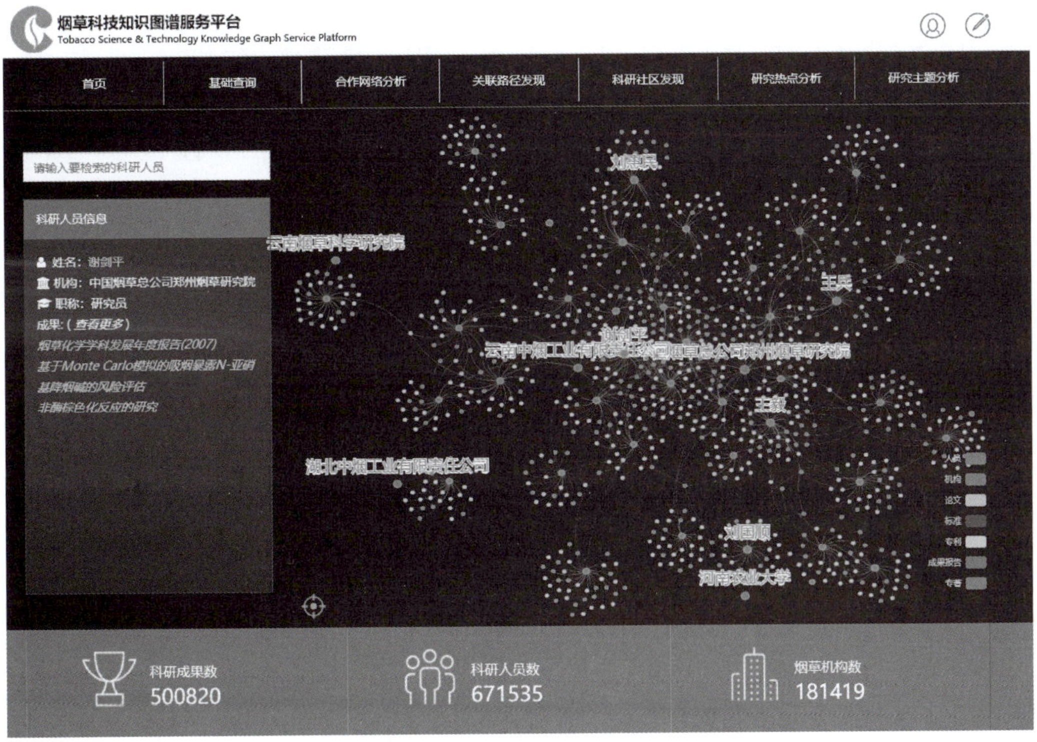

图 9　基于烟草数据中台构建的烟草科技知识图谱服务

5　总结与展望

不同领域的科学数据格式多样、语义关联丰富，但缺乏有效的融合管理、处理、服务手段。为解决这些问题，科学数据管理、处理、服务软件体系应提供跨域异构基础设施整合能力、集成化弹性部署能力、异构数据融合处理能力、数据流水线处理能力和公共主数据服务能力。本文提出了由混合云管理模块、引擎集成化部署模块、异构数据融合管理模块、数据流水线模块、数据中台模块等组成的软件体系参考架构。我们在PackOne、PiFlow等现有工作的基础上，构建了参考架构的原型实现。参考系统的设计不可避免地偏理想化，将其应用于实践时，应根据实际科研需求对相关功能进行取舍，根据成本收益对相关特性进行折中实现。

致谢

本文工作受中国烟草总公司科技重大专项——烟草科研数据集成服务关键技术研究与应用（110202101030 SJ-01）资助。

参考文献

[1] 施巍松，张星洲，王一帆，等. 边缘计算：现状与展望 [J]. 计算机研究与发展，2019，56（1）：69-89.

[2] 黎建辉，沈志宏，孟小峰. 科学大数据管理：概念，技术与系统 [J]. 计算机研究与发展，2017，54（2）：235-247.

[3] ZAHARIA M, CHOWDHURY M, FRANKLIN M J, et al. Spark: Cluster computing with working sets[C]//Proceedings of the 2nd USENIX conference on Hot topics in cloud computing: USENIX, 2010: 1-7.

[4] ZAHARIA M, CHOWDHURY M, DAS T, et al. Resilient distributed datasets: A fault-tolerant abstraction for in-memory cluster computing[C]//Proceedings of USENIX Symposium on Networked Systems Design and Implementation - NSDI, 2012: 1-14.

[5] CARBONE P, KATSIFODIMOS A, EWEN S, et al. Apache Flink: Stream and batch processing in a single engine[J]. Bulletin of the IEEE Computer Society Technical Committee on Data Engineering, 2015, 36(4): 28-38.

[6] THUSOO A, SARMA J S, JAIN N, et al. Hive: a warehousing solution over a map-reduce framework[J]. Proceedings of the VLDB Endowment, 2009, 2(2): 1626-1629.

[7] 朱小杰，赵子豪，杜一. PiFlow：模型驱动的大数据流水线框架 [J]. 计算机应用，2020，1：1-12.

作者简介

王华进，博士，助理研究员，目前任职中国科学院计算机网络信息中心大数据技术与应用发展部大数据技术研发，主要研究方向为大数据管理、处理技术。在《软件学报》、CCGrid等国内外重要期刊、会议发表论文8篇，主持/参与了云端大数据软件栈弹性管理工具PackOne、异构数据融合管理系统PandaDB等开源软件的研发，目前承担国家重点研发计划“面向国家科学数据中心的软件栈及系统”子课题。

沈志宏，博士，正研级高工，博士生导师，中国科学院计算机网络信息中心大数据技术与应用发展部主任，大数据分析与计算技术国家地方联合工程实验室总工程师，主要研究方向为科学大数据、图数据管理技术。主持开发了大数据流水线 PiFlow、异构数据融合管理系统 PandaDB 等开源软件，申请发明专利 30 余项，授权 10 项，在国内外重要刊物及会议上发表学术论文 30 余篇。

路长发，硕士，高级工程师，中国科学院计算机网络信息中心大数据技术与应用发展部大数据技术与应用实验室主任，主要研究方向为大数据管理技术。先后主持 / 参与了“大数据中台”“中国科协大数据知识管理与服务平台”“烟草科技知识图谱”“国家空间科学中心领域大数据知识图谱服务平台”“智慧中科院知识图谱与专家画像系统”“中国科学院学部专家人才推荐系统”等项目的技术研发和工程实施。

朱小杰，硕士，高级工程师，中国科学院计算机网络信息中心大数据技术与应用发展部知识图谱技术与应用实验室主任，主要研究方向为大数据处理技术。主持 / 参与了国家重点研发子课题、国家自然科学基金、中国科学院“十三五”信息化等多个项目。

周园春，博士，研究员，博士生导师，研究领域为科学大数据与知识图谱等。现任中国科学院计算机网络信息中心副主任、科技委员会主任，中国科学院科学数据总中心主任，中国信息协会科学数据专委会副会长。先后承担国家自然科学基金重点项目、国家重点研发计划、科技部创新方法工作专项项目、工业互联网创新发展工程项目等；参与制定国家标准 5 项；出版专著 3 本；获得专利 30 多项；多篇成果文章发表于 IJCAI、AAAI、*IEEE TKDE*、*ACM TKDD*、*ACM TIST*、*Nucleic Acids Research* 等国际著名期刊和会议上。

冯伟华，硕士，高级工程师，目前任职于中国烟草总公司郑州烟草研究院，主要研究方向为烟草大数据。承担了中国烟草总公司科技重大专项，在烟草科研大数据领域取得数项专利授权。

王永胜，硕士，工程师，目前任职于中国烟草总公司郑州烟草研究院，主要研究方向为烟草大数据。